# RPM

유형의 완성 RPM

# 대수

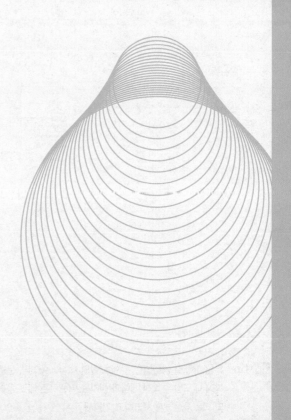

# 유형의 완성 RPM 구성과 특징

개념원리 RPM 수학은 중요 교과서 문제와 내신 빈출 유형들을
엄선하여 재구성한 교재입니다.

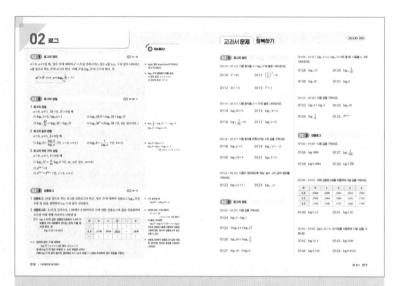

학습 tip 핵심 개념과 중요 공식은 문제 해결의 밑바탕이 되므로 확실하게 알아 두고,
교과서 문제 정복하기 문제를 통해 완전히 익혀 두자.

## 핵심 개념 정리

교과서 필수 개념만을 모아 알차게 정리하고, 개념 이해를
돕기 위한 추가 설명은 예, 주의, 참고 등으로 제시하였습
니다.

### 교과서 문제 정복하기

개념과 공식을 적용하는 교과서 기본 문제들로 구성하고,
충분한 연습을 통해 개념을 완벽히 이해할 수 있도록 하였
습니다.

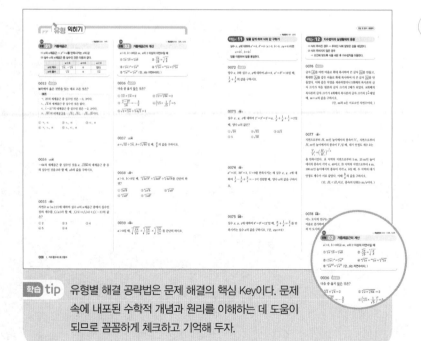

학습 tip 유형별 해결 공략법은 문제 해결의 핵심 Key이다. 문제
속에 내포된 수학적 개념과 원리를 이해하는 데 도움이
되므로 꼼꼼하게 체크하고 기억해 두자.

## 유형 익히기

개념&공식/해결 방법/문제 형태에 따라 유형을 세분화하
고, 유형별 해결 공략법을 제시하여 문제 해결력을 키울
수 있도록 하였습니다. 또 각 유형의 중요 문제를 대표문제
로 선정하고, 그 외 문제는 난이도 순서로 구성하여 자연
스럽게 유형별 완전 학습이 이루어지도록 하였습니다.

### 유형P

고난도 유형과 개념 복합 유형을 마지막에 구성하여 수준별 학습
이 가능하도록 하였습니다.

### 개념원리 기본서 연계 링크

각 유형마다 개념원리의 해당 쪽수를 링크하여 개념과 공
식 적용 방법을 더 탄탄하게 학습할 수 있도록 하였습니다.

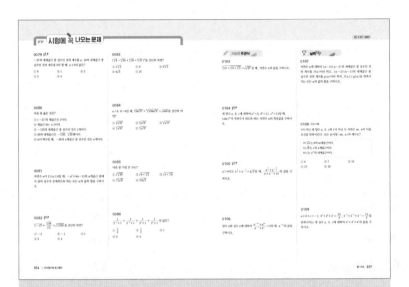

시험에 꼭 나오는 문제를 선별하여 유형별로 골고루 구성하였고, 출제율이 높은 문제는 중요★ 표시를 하였습니다.

### 서술형 주관식

전국 내신 기출 문제를 분석하여 자주 출제되었던 서술형(논술형) 문제로 구성하였습니다.

### 실력 Up

내신 고득점 획득과 수학적 사고력을 기르는 데 필요한 문제로 구성하였습니다.

**학습 tip** 출제율이 높은 문제로 학습 성취도를 확인하고 실력을 점검해 보자. 또 서술형 문제는 단계별 채점 기준을 참고하여 논리적으로 서술하는 연습을 확실히 해 두자.

## 정답 및 풀이

혼자서도 충분히 이해할 수 있도록 풀이를 쉽고 자세히 서술하였고, 수학적 사고력을 기를 수 있도록 다른 풀이를 충분히 제시하였습니다.

**RPM 비법노트** 를 통해 문제의 핵심 개념, 문제 해결 Tip을 확인할 수 있습니다.

## 한눈에 보이는 정답

정답을 빠르게 채점하고 오답 문항을 바로 확인할 수 있습니다.

**학습 tip** 틀린 문제는 풀이를 보면서 어느 부분을 놓쳤는지 꼼꼼히 확인하고, 이를 보완하려는 노력이 필요하다. 문제 해결력은 올바른 풀이 과정에서부터 시작됨을 꼭 기억해 두자.

유형의 완성 RPM **차례**

# I

# 지수함수와 로그함수

# 01 지수

## 01 1 거듭제곱과 거듭제곱근　　　　유형 01

**1 거듭제곱:** 실수 $a$와 자연수 $n$에 대하여 $a$를 $n$번 곱한 것을 $a$의 $n$제곱이라 하고, $a^n$으로 나타낸다. 이때 $a$, $a^2$, $a^3$, $\cdots$, $a^n$, $\cdots$을 통틀어 $a$의 거듭제곱이라 하고, $a^n$에서 $a$를 거듭제곱의 **밑**, $n$을 거듭제곱의 **지수**라 한다.

**2 거듭제곱근:** $n$이 2 이상의 자연수일 때, $n$제곱하여 실수 $a$가 되는 수, 즉 방정식 $x^n = a$의 근 $x$를 $a$의 **$n$제곱근**이라 한다. 이때 실수 $a$의 제곱근, 세제곱근, 네제곱근, $\cdots$을 통틀어 $a$의 거듭제곱근이라 한다.

$$x^n = a$$
($x$의 $n$제곱 ─┐  └─ $a$의 $n$제곱근)

● 실수 $a$의 $n$제곱근은 복소수의 범위에서 $n$개가 있다.

**3** 실수 $a$의 $n$제곱근 중 실수인 것은 다음과 같다.

|  | $a > 0$ | $a = 0$ | $a < 0$ |
|---|---|---|---|
| $n$이 짝수 | $\sqrt[n]{a}$, $-\sqrt[n]{a}$ | $0$ | 없다. |
| $n$이 홀수 | $\sqrt[n]{a}$ | $0$ | $\sqrt[n]{a}$ |

● $\sqrt[n]{a}$를 '$n$제곱근 $a$'로 읽는다. 또 $\sqrt[2]{a}$는 간단히 $\sqrt{a}$로 나타낸다.

## 01 2 거듭제곱근의 성질　　　　유형 02, 03

$a > 0$, $b > 0$이고 $m$, $n$이 2 이상의 자연수일 때

① $(\sqrt[n]{a})^n = a$

② $\sqrt[n]{a}\,\sqrt[n]{b} = \sqrt[n]{ab}$

③ $\dfrac{\sqrt[n]{a}}{\sqrt[n]{b}} = \sqrt[n]{\dfrac{a}{b}}$

④ $(\sqrt[n]{a})^m = \sqrt[n]{a^m}$

⑤ $\sqrt[m]{\sqrt[n]{a}} = \sqrt[mn]{a} = \sqrt[n]{\sqrt[m]{a}}$

⑥ $\sqrt[np]{a^{mp}} = \sqrt[n]{a^m}$ (단, $p$는 자연수이다.)

● 거듭제곱근의 대소 관계
$a > 0$, $b > 0$이고 $n$이 2 이상의 자연수일 때
$a > b \Longleftrightarrow \sqrt[n]{a} > \sqrt[n]{b}$

## 01 3 지수의 확장　　　　유형 04~12

**1 지수법칙; 지수가 정수인 경우**

(1) 0 또는 음의 정수인 지수의 정의

　$a \neq 0$이고 $n$이 양의 정수일 때

　① $a^0 = 1$　　　　② $a^{-n} = \dfrac{1}{a^n}$

(2) $a \neq 0$, $b \neq 0$이고 $m$, $n$이 정수일 때

　① $a^m a^n = a^{m+n}$　　② $a^m \div a^n = a^{m-n}$　　③ $(a^m)^n = a^{mn}$　　④ $(ab)^n = a^n b^n$

● 밑이 0인 경우, 즉 $0^0$, $0^{-2}$ 등은 정의되지 않는다.

**2 지수법칙; 지수가 유리수인 경우**

(1) 유리수인 지수의 정의

　$a > 0$이고 $m$, $n$ $(n \geq 2)$이 정수일 때

　① $a^{\frac{m}{n}} = \sqrt[n]{a^m}$　　　② $a^{\frac{1}{n}} = \sqrt[n]{a}$

(2) $a > 0$, $b > 0$이고 $p$, $q$가 유리수일 때

　① $a^p a^q = a^{p+q}$　　② $a^p \div a^q = a^{p-q}$　　③ $(a^p)^q = a^{pq}$　　④ $(ab)^p = a^p b^p$

● 지수가 정수가 아닌 유리수인 경우에는 밑이 양수일 때에만 정의되므로 밑이 음수이면 지수법칙을 적용할 수 없다.

**3 지수법칙; 지수가 실수인 경우**

　$a > 0$, $b > 0$이고 $x$, $y$가 실수일 때

　① $a^x a^y = a^{x+y}$　　② $a^x \div a^y = a^{x-y}$　　③ $(a^x)^y = a^{xy}$　　④ $(ab)^x = a^x b^x$

# 교과서 **문제** 정복하기

## 01 **1** 거듭제곱과 거듭제곱근

[0001 ~ 0004] 다음 거듭제곱근 중 실수인 것을 구하시오.

**0001** $-8$의 세제곱근

**0002** $81$의 네제곱근

**0003** $0.027$의 세제곱근

**0004** $-16$의 네제곱근

[0005 ~ 0008] 다음 값을 구하시오.

**0005** $\sqrt[3]{0.008}$

**0006** $\sqrt[5]{(-3)^5}$

**0007** $\sqrt[6]{(-1)^6}$

**0008** $\sqrt[3]{-\dfrac{8}{27}}$

**0009** $2$ 이상의 자연수 $n$에 대하여 **보기**에서 옳은 것만을 있는 대로 고르시오.

> **보기**
> ㄱ. $n$이 짝수일 때, 양수 $a$의 $n$제곱근 중 실수는 $\sqrt[n]{a}$, $-\sqrt[n]{a}$ 이다.
> ㄴ. $n$이 홀수일 때, 음수 $a$의 $n$제곱근 중 실수는 $-\sqrt[n]{a}$이다.
> ㄷ. $n$이 짝수일 때, 음수 $a$의 $n$제곱근 중 실수인 것은 $1$개 이다.
> ㄹ. $n$이 홀수일 때, 양수 $a$의 $n$제곱근 중 실수인 것은 $1$개 이다.

## 01 **2** 거듭제곱근의 성질

[0010 ~ 0014] 다음 식을 간단히 하시오.

**0010** $\{\sqrt[3]{(-2)^4}\}^3$

**0011** $(\sqrt[8]{16})^2$

**0012** $\sqrt[3]{4} \times \sqrt[3]{16}$

**0013** $\dfrac{\sqrt[4]{80}}{\sqrt[4]{5}}$

**0014** $\sqrt[3]{\sqrt{729}} \times \sqrt{\sqrt{256}}$

## 01 **3** 지수의 확장

[0015 ~ 0018] 다음 값을 구하시오.

**0015** $3^0$

**0016** $\left(-\dfrac{1}{2}\right)^0$

**0017** $(-5)^{-2}$

**0018** $\left(\dfrac{1}{9}\right)^{-2}$

[0019 ~ 0022] 다음 □ 안에 알맞은 수를 써넣으시오.

**0019** $\sqrt[4]{2} = 2^{\square}$

**0020** $\sqrt[5]{3^4} = 3^{\square}$

**0021** $\dfrac{1}{\sqrt[3]{2^2}} = 2^{\square}$

**0022** $\dfrac{1}{\sqrt[6]{3^{-2}}} = 3^{\square}$

[0023 ~ 0026] 다음 식을 간단히 하시오. (단, $a>0$, $b>0$)

**0023** $(a^{\frac{3}{4}})^2 \times a^{\frac{1}{4}}$

**0024** $(a^3 b^2)^{\frac{1}{12}} \times (a^{\frac{1}{3}} b^{\frac{1}{4}})^4$

**0025** $(\sqrt{a^3} \times \sqrt[5]{a} \times a^{-\frac{1}{2}})^{\frac{1}{3}}$

**0026** $(a^{-\frac{3}{4}})^2 \times \sqrt{a} \div a^{\frac{3}{4}}$

[0027 ~ 0030] 다음 식을 간단히 하시오.

**0027** $(3^{\sqrt{4}})^{\sqrt{25}}$

**0028** $8^{-\frac{\sqrt{3}}{6}} \times 2^{\frac{\sqrt{3}}{2}}$

**0029** $2^{\sqrt{8}} \times 4^{\sqrt{18}} \div 4^{\sqrt{8}}$

**0030** $(4^{\frac{1}{\sqrt{6}}} \times 3^{\sqrt{\frac{2}{3}}})^{\sqrt{3}}$

[0031 ~ 0032] 다음 식을 간단히 하시오. (단, $x>0$, $y>0$)

**0031** $(x^{\frac{1}{2}} + y^{\frac{1}{2}})(x^{\frac{1}{2}} - y^{\frac{1}{2}})$

**0032** $(x^{\frac{1}{3}} + y^{\frac{1}{3}})(x^{\frac{2}{3}} - x^{\frac{1}{3}} y^{\frac{1}{3}} + y^{\frac{2}{3}})$

 유형 | 01  거듭제곱근

▶ 개념원리 대수 14쪽

(1) $a$의 $n$제곱근 ⟹ $x^n=a$를 만족시키는 $x$의 값

(2) 실수 $a$의 $n$제곱근 중 실수인 것은 다음과 같다.

|  | $a>0$ | $a=0$ | $a<0$ |
|---|---|---|---|
| $n$이 짝수 | $\sqrt[n]{a}$, $-\sqrt[n]{a}$ | $0$ | 없다. |
| $n$이 홀수 | $\sqrt[n]{a}$ | $0$ | $\sqrt[n]{a}$ |

**0033** 대표문제

보기에서 옳은 것만을 있는 대로 고른 것은?

보기
ㄱ. 27의 세제곱근 중 실수인 것은 $-3$, 3이다.
ㄴ. $\sqrt{4}$의 세제곱근 중 실수인 것은 없다.
ㄷ. $(-2)^4$의 네제곱근 중 실수인 것은 $-2$, 2이다.
ㄹ. $\sqrt{81}$의 네제곱근은 $-\sqrt{3}i$, $\sqrt{3}i$, $-\sqrt{3}$, $\sqrt{3}$이다.

① ㄱ, ㄷ  ② ㄴ, ㄹ  ③ ㄷ, ㄹ
④ ㄱ, ㄴ, ㄹ  ⑤ ㄴ, ㄷ, ㄹ

**0034** 상중**하**

$-64$의 세제곱근 중 실수인 것을 $a$, $\sqrt{256}$의 네제곱근 중 음의 실수인 것을 $b$라 할 때, $ab$의 값을 구하시오.

**0035** 상**중**하

자연수 $n$ $(n\ge 2)$에 대하여 실수 $a$의 $n$제곱근 중에서 실수인 것의 개수를 $f_n(a)$라 할 때, $f_2(5)+f_3(4)+f_4(-3)$의 값은?

① 2  ② 3  ③ 4
④ 5  ⑤ 6

유형 | 02  거듭제곱근의 계산

▶ 개념원리 대수 15쪽, 16쪽

$a>0$, $b>0$이고 $m$, $n$이 2 이상의 자연수일 때

① $\sqrt[n]{a}\sqrt[n]{b}=\sqrt[n]{ab}$
② $\dfrac{\sqrt[n]{a}}{\sqrt[n]{b}}=\sqrt[n]{\dfrac{a}{b}}$
③ $(\sqrt[n]{a})^m=\sqrt[n]{a^m}$
④ $\sqrt[m]{\sqrt[n]{a}}=\sqrt[mn]{a}=\sqrt[n]{\sqrt[m]{a}}$
⑤ $\sqrt[np]{a^{mp}}=\sqrt[n]{a^m}$ (단, $p$는 자연수이다.)

**0036** 대표문제

다음 중 옳지 않은 것은?

① $\sqrt[3]{2}\times\sqrt[3]{4}=2$
② $\sqrt[3]{2}\times\sqrt[3]{64}=2$
③ $\dfrac{\sqrt[3]{-27}}{\sqrt[3]{8}}=-\dfrac{3}{2}$
④ $\left(\sqrt[3]{5}\times\dfrac{1}{\sqrt{5}}\right)^6=5$
⑤ $\sqrt{2\times\sqrt[3]{4}}\div\sqrt[3]{4\sqrt{2}}=1$

**0037** 상중**하**

$a=\sqrt{32}\div\sqrt[4]{4}$, $b=\sqrt[3]{\sqrt{64}}$일 때, $\dfrac{a}{b}$의 값을 구하시오.

**0038** 상중**하**

$a>0$, $b>0$일 때, $\sqrt[12]{2a^5b^4}\times\sqrt[4]{2ab^2}\div\sqrt[6]{4a^3b}$를 간단히 하면?

① $\sqrt[3]{a^2b}$  ② $\sqrt[6]{a^2b}$  ③ $\sqrt[6]{ab^4}$
④ $\sqrt[12]{ab^4}$  ⑤ $\sqrt[12]{ab^8}$

**0039** 상**중**하

$a>0$일 때, $\sqrt[3]{\dfrac{\sqrt[4]{a}}{\sqrt[5]{a}}}\div\sqrt[4]{\dfrac{\sqrt[3]{a}}{\sqrt[5]{a}}}\times\sqrt[5]{\dfrac{\sqrt[3]{a}}{\sqrt[4]{a}}}$를 간단히 하시오.

▶ 개념원리 대수 16쪽

**유형 03** 거듭제곱근의 대소 비교

$a>0$, $b>0$이고 $n$이 2 이상의 자연수일 때
$$a>b \Longleftrightarrow \sqrt[n]{a}>\sqrt[n]{b}$$

**0040** 대표문제

세 수 $A=\sqrt{\sqrt{5}}$, $B=\sqrt[3]{2}$, $C=\sqrt{\sqrt[3]{10}}$ 의 대소 관계를 바르게 나타낸 것은?

① $A<B<C$     ② $A<C<B$     ③ $B<A<C$
④ $B<C<A$     ⑤ $C<B<A$

**0041** 상중하

세 수 $A=\sqrt[3]{\dfrac{1}{6}}$, $B=\sqrt{\dfrac{1}{5}}$, $C=\sqrt[3]{\sqrt{\dfrac{1}{17}}}$ 의 대소 관계를 바르게 나타낸 것은?

① $A<C<B$     ② $B<A<C$     ③ $B<C<A$
④ $C<A<B$     ⑤ $C<B<A$

**0042** 상중하 ◀서술형

네 수 $\sqrt{2}$, $\sqrt[3]{3}$, $\sqrt[4]{5}$, $\sqrt[3]{\sqrt{7}}$ 중 가장 큰 수를 $a$, 가장 작은 수를 $b$라 할 때, $a^{12}+b^{12}$의 값을 구하시오.

**0043** 상중하

세 수 $A=3\sqrt[3]{5}-\sqrt{3}$, $B=4\sqrt[3]{5}-2\sqrt{3}$, $C=5\sqrt[3]{5}-3\sqrt{3}$의 대소 관계를 바르게 나타낸 것은?

① $A<B<C$     ② $B<A<C$     ③ $B<C<A$
④ $C<A<B$     ⑤ $C<B<A$

▶ 개념원리 대수 21쪽

**유형 04** 지수가 정수인 식의 계산

(1) $a\neq0$이고 $n$이 양의 정수일 때
    ① $a^0=1$           ② $a^{-n}=\dfrac{1}{a^n}$

(2) $a\neq0$, $b\neq0$이고 $m$, $n$이 정수일 때
    ① $a^m a^n=a^{m+n}$       ② $a^m \div a^n=a^{m-n}$
    ③ $(a^m)^n=a^{mn}$       ④ $(ab)^n=a^n b^n$

**0044** 대표문제

$\dfrac{2^{-3}+4^{-1}}{6}\times\dfrac{10}{3^4+27^2}$을 간단히 하면?

① $6^{-6}$        ② $6^{-5}$        ③ $6^{-4}$
④ $12^{-3}$       ⑤ $12^{-2}$

**0045** 상중하

$a^{-8}\times(a^{-3})^{-2}\div a^{-5}=a^k$일 때, 정수 $k$의 값을 구하시오.
(단, $a\neq0$, $a\neq1$)

**0046** 상중하

$(3^{-3}\div27^{-2})^{-4}\div9^{-5}$을 간단히 하면?

① $3^{-2}$        ② $3^{-4}$        ③ $3^{-6}$
④ $3^{-8}$        ⑤ $3^{-10}$

**0047** 상중하

$\sqrt{\dfrac{2+2^3}{5^{-1}+5^{-3}}}\times\sqrt{\dfrac{5+5^3}{2^{-1}+2^{-3}}}$의 값을 구하시오.

▶ 개념원리 대수 21쪽

## 유형 05 지수가 실수인 식의 계산

(1) $a>0$이고 $m$, $n$ $(n \geq 2)$이 정수일 때

① $a^{\frac{m}{n}} = \sqrt[n]{a^m}$  ② $a^{\frac{1}{n}} = \sqrt[n]{a}$

(2) $a>0$, $b>0$이고 $x$, $y$가 실수일 때

① $a^x a^y = a^{x+y}$  ② $a^x \div a^y = a^{x-y}$

③ $(a^x)^y = a^{xy}$  ④ $(ab)^x = a^x b^x$

**0048** 대표문제

$\left\{ \left( \dfrac{9}{25} \right)^{\frac{3}{4}} \right\}^{\frac{2}{3}} \times \left\{ \left( \dfrac{27}{125} \right)^{-\frac{1}{6}} \right\}^4$ 의 값을 구하시오.

**0049** 상중하

$(a^{\sqrt{2}})^{4\sqrt{2}} \div a^{2\sqrt{3}} \div (a^5 \div a^{2+\sqrt{3}})^2 = a^k$일 때, 실수 $k$의 값을 구하시오. (단, $a>0$, $a \neq 1$)

**0050** 상중하

$(a^{-\frac{1}{3}} b^{\frac{1}{2}})^{\frac{1}{2}} \times (a^{\frac{4}{3}} b^{-\frac{3}{4}})^{-1}$을 간단히 하면? (단, $a>0$, $b>0$)

① $\dfrac{\sqrt{a}}{a^2}$  ② $\dfrac{b\sqrt{a}}{a^2}$  ③ $\dfrac{b\sqrt[3]{a}}{a^2}$

④ $\dfrac{b\sqrt{a}}{a}$  ⑤ $\dfrac{b\sqrt[3]{a}}{a}$

**0051** 상중하 ◀서술형

$\left( \dfrac{1}{2^{12}} \right)^{\frac{1}{n}}$이 정수가 되도록 하는 정수 $n$의 개수를 구하시오.

▶ 개념원리 대수 22쪽

## 중요 유형 06 거듭제곱근을 지수로 나타내기

$a>0$이고 $m$, $n$이 2 이상의 자연수일 때

$$\sqrt[n]{a} = a^{\frac{1}{n}}, \quad \sqrt[m]{\sqrt[n]{a}} = \sqrt[mn]{a} = a^{\frac{1}{mn}}$$

**0052** 대표문제

$\sqrt{\sqrt[4]{a^3}} \times \sqrt{a\sqrt{a\sqrt{a}}}$ 를 간단히 하면? (단, $a>0$, $a \neq 1$)

① $a^{\frac{7}{8}}$  ② $a$  ③ $a^{\frac{9}{8}}$

④ $a^{\frac{5}{4}}$  ⑤ $a^{\frac{11}{8}}$

**0053** 상중하

$\sqrt{2 \times \sqrt[3]{2 \times \sqrt[4]{2}}} = 2^{\frac{n}{24}}$일 때, 자연수 $n$의 값을 구하시오.

**0054** 상중하

$a>0$, $a \neq 1$일 때, $\sqrt{a^2 \times \sqrt{a \times \sqrt[3]{a^4}}} = \sqrt[3]{\dfrac{\sqrt[4]{a^n}}{\sqrt{a^5}}}$ 을 만족시키는 자연수 $n$의 값을 구하시오.

**0055** 상중하

$A = \sqrt[3]{4\sqrt{4} \times \dfrac{4}{\sqrt[4]{4}}}$ 일 때, $A^n$이 정수가 되도록 하는 자연수 $n$의 최솟값을 구하시오.

## 유형 07 지수를 변형하여 문자로 나타내기

$a>0$, $k>0$이고 $x$는 0이 아닌 정수일 때

$$a^x=k \Longleftrightarrow a=k^{\frac{1}{x}}$$

### 0056 대표문제

$5^8=a$, $8^6=b$일 때, $200^{10}$을 $a$, $b$를 이용하여 나타낸 것은?

① $a^{\frac{1}{8}}b^{\frac{1}{6}}$      ② $a^{\frac{1}{6}}b^{\frac{1}{8}}$      ③ $a^{\frac{5}{2}}b^{\frac{2}{3}}$

④ $a^{\frac{5}{2}}b^{\frac{5}{3}}$      ⑤ $a^5 b^{\frac{2}{3}}$

### 0057 상중하

$a=25^2$일 때, $125^3=a^k$을 만족시키는 유리수 $k$의 값을 구하시오.

### 0058 상중하

$a=\sqrt[3]{2}$, $b=\sqrt[4]{3}$일 때, $\sqrt[12]{6^7}$을 $a$, $b$를 이용하여 나타낸 것은?

① $a^{\frac{7}{4}}b^{\frac{7}{3}}$      ② $a^{\frac{7}{4}}b^{\frac{7}{2}}$      ③ $a^{\frac{5}{2}}b^{\frac{7}{3}}$

④ $a^{\frac{5}{2}}b^{\frac{5}{2}}$      ⑤ $a^{\frac{7}{2}}b^{\frac{7}{3}}$

### 0059 상중하

두 양수 $a$, $b$에 대하여 $a^4=2$, $b^{10}=8$일 때, $(\sqrt[6]{a^2 b^5})^k$이 자연수가 되도록 하는 자연수 $k$의 최솟값을 구하시오.

## 유형 08 지수법칙과 곱셈 공식

$a>0$, $b>0$이고 $x$, $y$가 실수일 때

① $(a^x+b^y)(a^x-b^y)=a^{2x}-b^{2y}$

② $(a^x\pm b^y)^2=a^{2x}\pm 2a^x b^y+b^{2y}$ (복호동순)

③ $(a^x\pm b^y)^3=a^{3x}\pm 3a^{2x}b^y+3a^x b^{2y}\pm b^{3y}$ (복호동순)

④ $(a^x\pm b^y)(a^{2x}\mp a^x b^y+b^{2y})=a^{3x}\pm b^{3y}$ (복호동순)

### 0060 대표문제

$a>0$, $b>0$일 때, $(a^{\frac{1}{4}}-b^{\frac{1}{4}})(a^{\frac{1}{4}}+b^{\frac{1}{4}})(a^{\frac{1}{2}}+b^{\frac{1}{2}})$을 간단히 하시오.

### 0061 상중하

$x=2$일 때, $(x^{\frac{1}{3}}+x^{-\frac{2}{3}})^3+(x^{\frac{1}{3}}-x^{-\frac{2}{3}})^3$의 값을 구하시오.

### 0062 상중하

$\dfrac{1}{1-3^{\frac{1}{8}}}+\dfrac{1}{1+3^{\frac{1}{8}}}+\dfrac{2}{1+3^{\frac{1}{4}}}+\dfrac{4}{1+3^{\frac{1}{2}}}$의 값은?

① $-6$      ② $-4$      ③ $-2$

④ $2$      ⑤ $4$

### 0063 상중하

$a>0$, $b>0$일 때, **보기**에서 옳은 것만을 있는 대로 고르시오.

> **보기**
>
> ㄱ. $(a^{\frac{1}{4}}+b^{\frac{1}{4}})(a^{\frac{1}{4}}-b^{\frac{1}{4}})=\sqrt{a}-\sqrt{b}$
>
> ㄴ. $(a^{\frac{1}{2}}+a^{-\frac{1}{2}}+1)(a^{\frac{1}{2}}+a^{-\frac{1}{2}}-1)=a+\dfrac{1}{a}+1$
>
> ㄷ. $(a+b^{-1})\div(a^{\frac{1}{3}}+b^{-\frac{1}{3}})=a^{\frac{2}{3}}+a^{\frac{1}{3}}b^{-\frac{1}{3}}+b^{-\frac{2}{3}}$

## 유형 | 09 지수법칙과 곱셈 공식을 이용하여 식의 값 구하기

$a>0$일 때

① $\left(a^{\frac{1}{2}}\pm a^{-\frac{1}{2}}\right)^2=a\pm 2+a^{-1}$ (복호동순)

② $\left(a^{\frac{1}{3}}\pm a^{-\frac{1}{3}}\right)^3=a\pm 3\left(a^{\frac{1}{3}}\pm a^{-\frac{1}{3}}\right)\pm a^{-1}$ (복호동순)

### 0064 대표문제

$a^{\frac{1}{3}}+a^{-\frac{1}{3}}=\sqrt{5}$일 때, $a+a^{-1}$의 값은? (단, $a>0$)

① $\dfrac{\sqrt{5}}{5}$   ② $\dfrac{2\sqrt{5}}{5}$   ③ $\dfrac{3\sqrt{5}}{5}$

④ $\sqrt{5}$   ⑤ $2\sqrt{5}$

### 0065 상중하

$5^x+5^{1-x}=8$일 때, $25^x+25^{1-x}$의 값을 구하시오.

### 0066 상중하 ◀서술형

$x>0$이고 $\sqrt{x}+\dfrac{1}{\sqrt{x}}=3$일 때, $\dfrac{x^2+x^{-2}+7}{x+x^{-1}+2}$의 값을 구하시오.

### 0067 상중하

$x=3^{\frac{1}{3}}-3^{-\frac{1}{3}}$일 때, $3x^3+9x-10$의 값은?

① $-5$   ② $-4$   ③ $-3$

④ $-2$   ⑤ $-1$

## 유형 | 10 $\dfrac{a^x-a^{-x}}{a^x+a^{-x}}$의 꼴의 식의 값 구하기

$a^{-x}\,(a>0)$을 포함한 분수식은 분모, 분자에 각각 $a^x$을 곱한다.

### 0068 대표문제

$a^{2x}=10$일 때, $\dfrac{a^x-a^{-x}}{a^x+a^{-x}}$의 값을 구하시오. (단, $a>0$)

### 0069 상중하

$a>0$이고 $\dfrac{a^x+a^{-x}}{a^x-a^{-x}}=3$일 때, $a^{2x}$의 값을 구하시오.

### 0070 상중하

$\dfrac{3^x-3^{-x}}{3^x+3^{-x}}=\dfrac{1}{3}$일 때, $9^x-9^{-x}$의 값은?

① $\dfrac{1}{3}$   ② $\dfrac{1}{2}$   ③ $1$

④ $\dfrac{3}{2}$   ⑤ $2$

### 0071 상중하

$3^{\frac{1}{x}}=4$일 때, $\dfrac{8^x+8^{-x}}{2^x-2^{-x}}$의 값을 구하시오.

▶ 개념원리 대수 25쪽

**유형 11** 밑을 같게 하여 식의 값 구하기

실수 $x$, $y$에 대하여 $a^x=k$, $b^y=k$ $(a>0, b>0, xy\neq0)$이면

$$a=k^{\frac{1}{x}}, b=k^{\frac{1}{y}}$$

임을 이용하여 밑을 통일한다.

**0072** 대표문제

양수 $a$, $b$와 실수 $x$, $y$에 대하여 $ab=8$, $a^x=b^y=16$일 때, $\dfrac{1}{x}+\dfrac{1}{y}$의 값을 구하시오.

**0073** 상중하

실수 $x$, $y$, $z$에 대하여 $2^x=3^y=5^z=a$, $\dfrac{1}{x}+\dfrac{1}{y}+\dfrac{1}{z}=2$일 때, 양수 $a$의 값은?

① $\sqrt{10}$      ② $\sqrt{15}$      ③ $2\sqrt{5}$

④ $5$      ⑤ $\sqrt{30}$

**0074** 상중하

$a^x=27$, $30^y=3$, $5^z=9$를 만족시키는 세 실수 $x$, $y$, $z$에 대하여 $\dfrac{1}{x}-\dfrac{1}{y}+\dfrac{2}{z}=-1$이 성립할 때, 양수 $a$의 값을 구하시오.

**0075** 상중하

실수 $x$, $y$, $z$에 대하여 $8^x=9^y=12^z$일 때, $\dfrac{a}{x}+\dfrac{1}{y}=\dfrac{2}{z}$를 만족시키는 실수 $a$의 값을 구하시오. (단, $xyz\neq0$)

**유형 12** 지수법칙의 실생활에의 응용

(1) 식이 주어진 경우 ➡ 주어진 식에 알맞은 값을 대입한다.

(2) 식이 주어지지 않은 경우

   ➡ 조건에 맞도록 식을 세운 후 지수법칙을 이용한다.

**0076** 대표문제

글자 $\boxed{\text{A}}$를 어떤 비율로 확대 복사하여 큰 글자 $\boxed{\text{A}}$를 만들고, 확대한 $\boxed{\text{A}}$를 같은 비율로 확대 복사하여 더 큰 글자 $\boxed{\text{A}}$를 만들었다. 이와 같은 작업을 계속하였더니 5회째의 복사본의 글자 크기가 처음 원본의 글자 크기의 2배가 되었다. 8회째의 복사본의 글자 크기가 4회째의 복사본의 글자 크기의 $2^{\frac{n}{m}}$배일 때, $m+n$의 값을 구하시오.

(단, $m$과 $n$은 서로소인 자연수이다.)

**0077** 상중하

지면으로부터 $H_1$ m인 높이에서의 풍속이 $V_1$, 지면으로부터 $H_2$ m인 높이에서의 풍속이 $V_2$일 때, 대기 안정도 계수 $k$는

$$\dfrac{V_2}{V_1}=\left(\dfrac{H_2}{H_1}\right)^{\frac{2}{2-k}}$$

을 만족시킨다. A 지역의 지면으로부터 5 m, 25 m인 높이에서의 풍속이 각각 4, 40이고, B 지역의 지면으로부터 4 m, 100 m인 높이에서의 풍속이 각각 $a$, $b$일 때, 두 지역의 대기 안정도 계수가 서로 같았다. 이때 $\dfrac{b}{a}$의 값을 구하시오.

(단, $H_1<H_2$이고, 풍속의 단위는 m/s이다.)

**0078** 상중하

어느 도시의 인구는 2000년 말에 4만 명이었고, 매년 일정한 비율로 증가하여 2020년 말에는 676만 명이었다. 2010년 말의 이 도시의 인구는 몇 명인지 구하시오.

**0079** 중요★

$-27$의 세제곱근 중 실수인 것의 개수를 $a$, 10의 네제곱근 중 실수인 것의 개수를 $b$라 할 때, $a+b$의 값은?

① 0      ② 1      ③ 2

④ 3      ⑤ 4

**0080**

다음 중 옳은 것은?

① $(-2)^2$의 제곱근은 2이다.

② 제곱근 9는 $\pm 3$이다.

③ $-125$의 세제곱근 중 실수인 것은 1개이다.

④ 20의 네제곱근은 $-\sqrt[4]{20}$, $\sqrt[4]{20}$뿐이다.

⑤ $n$이 짝수일 때, $-36$의 $n$제곱근 중 실수인 것은 $n$개이다.

**0081**

자연수 $n$이 $2 \le n \le 8$일 때, $-n^2+8n-15$의 $n$제곱근 중에서 음의 실수가 존재하도록 하는 모든 $n$의 값의 합을 구하시오.

**0082** 중요★

$\sqrt[3]{-27} + \dfrac{\sqrt[4]{48}}{\sqrt[4]{3}} + \sqrt{\sqrt[4]{256}}$ 을 간단히 하면?

① $-2$      ② $-1$      ③ 1

④ 2      ⑤ 4

**0083**

$\left( \sqrt[6]{9} - \sqrt[3]{24} + \sqrt[4]{16} \times \sqrt[9]{27} \right)^6$을 간단히 하면?

① $3\sqrt[3]{3}$      ② 9      ③ $9\sqrt[3]{3}$

④ $9\sqrt{3}$      ⑤ 27

**0084**

$a>0$, $b>0$일 때, $\sqrt[6]{8a^3b^3} \times \sqrt[16]{256a^6b^4} \div \sqrt{4ab}$를 간단히 하면?

① $\sqrt[4]{a^3b^2}$      ② $\sqrt[6]{a^3b^2}$      ③ $\sqrt[6]{a^2b^3}$

④ $\sqrt[8]{a^3b^2}$      ⑤ $\sqrt[8]{a^2b^3}$

**0085**

다음 중 가장 큰 수는?

① $\sqrt{\sqrt[3]{30}}$      ② $\sqrt{6 \times \sqrt[3]{5}}$      ③ $\sqrt{5 \times \sqrt[3]{6}}$

④ $\sqrt[3]{5\sqrt{6}}$      ⑤ $\sqrt[3]{6\sqrt{5}}$

**0086**

$\dfrac{1}{2^{-4}+1} + \dfrac{1}{2^{-2}+1} + \dfrac{1}{2^2+1} + \dfrac{1}{2^4+1}$의 값은?

① $\dfrac{1}{4}$      ② $\dfrac{1}{2}$      ③ 1

④ 2      ⑤ 4

**0087**

양수 $a$에 대하여 $a^5=7$일 때,

$$\frac{a^5+a^4+a^3+a^2+a}{a^{-9}+a^{-8}+a^{-7}+a^{-6}+a^{-5}}$$

의 값을 구하시오.

**0088**

$18^{\frac{3}{2}}\times24^{\frac{2}{3}}\div9^{-\frac{3}{4}}=2^x\times3^y$일 때, 유리수 $x$, $y$에 대하여 $x+y$의 값을 구하시오.

**0089**

$a>0$, $a\neq1$일 때, $\sqrt{\sqrt{a}\times\dfrac{a}{\sqrt[3]{a}}}\div\dfrac{\sqrt{\sqrt{a}\times\sqrt[3]{a}}}{\sqrt[4]{\sqrt[3]{a^2}}}=a^m$을 만족

시키는 유리수 $m$의 값을 구하시오.

**0090** 교육청 기출

2 이상의 두 자연수 $a$, $n$에 대하여 $(\sqrt[n]{a})^3$의 값이 자연수가 되도록 하는 $n$의 최댓값을 $f(a)$라 하자. $f(4)+f(27)$의 값은?

① 13      ② 14      ③ 15
④ 16      ⑤ 17

**0091** 중요★

$a=\sqrt{2}$, $b=\sqrt[3]{3}$일 때, $\sqrt[12]{12}$를 $a$, $b$를 이용하여 나타낸 것은?

① $a^{\frac{1}{2}}b^{\frac{1}{4}}$      ② $a^{\frac{1}{3}}b^{\frac{1}{3}}$      ③ $a^{\frac{1}{3}}b^{\frac{1}{4}}$
④ $a^{\frac{1}{4}}b^{\frac{1}{2}}$      ⑤ $a^{\frac{1}{4}}b^{\frac{1}{3}}$

**0092**

$(1+3^2)(1+3)(1+3^{\frac{1}{2}})(1+3^{\frac{1}{4}})(1+3^{\frac{1}{8}})(1-3^{\frac{1}{8}})$의 값을 구하시오.

**0093**

이차방정식 $x^2+2kx+6=0$의 두 근 $\alpha$, $\beta$가

$$\frac{\alpha^{-1}-\beta^{-1}}{\alpha^{-2}-\beta^{-2}}=\frac{4}{25}$$

를 만족시킬 때, 상수 $k$의 값을 구하시오. (단, $\alpha>0$, $\beta>0$)

**0094**

두 실수 $a$, $b$에 대하여 $a-b=4$, $2^{\frac{a}{2}}-2^{-\frac{b}{2}}=5$일 때, $2^a+2^{-b}$의 값을 구하시오.

**0095**

양수 $x$에 대하여 $\sqrt[3]{x}+\dfrac{1}{\sqrt[3]{x}}=4$일 때, $\sqrt[3]{x^4}+\dfrac{1}{\sqrt[3]{x^4}}$의 값을 구하시오.

**0096**

$x=\sqrt[3]{4}-\sqrt[3]{2}$일 때, $x^4+6x^2-2x+4$의 값을 구하시오.

**0097**

$\dfrac{5^x-5^{-x}}{5^x+5^{-x}}=k$일 때, $25^x+25^{-x}$을 $k$를 이용하여 나타낸 것은? (단, $x\neq0$)

① $\dfrac{1-k^2}{1+k^2}$  ② $\dfrac{k^2}{1+k^2}$  ③ $\dfrac{2k}{1+2k^2}$

④ $\dfrac{2k}{1-2k^2}$  ⑤ $\dfrac{2(1+k^2)}{1-k^2}$

**0098**

$a^{2x}=\sqrt{2}$일 때, $\dfrac{a^{5x}-a^{-5x}}{a^x-a^{-x}}$의 값을 구하시오. (단, $a>0$)

**0099**

실수 $x$, $y$에 대하여 $5^x=27$, $45^y=81$일 때, $\dfrac{3}{x}-\dfrac{4}{y}$의 값을 구하시오.

**0100** 중요★

양수 $a$, $b$, $c$와 실수 $x$, $y$, $z$에 대하여 $abc=9$,
$a^x=b^y=c^z=27$일 때, $\dfrac{1}{x}+\dfrac{1}{y}+\dfrac{1}{z}$의 값을 구하시오.

**0101**

$\dfrac{1}{x}+\dfrac{1}{y}=3$, $8^x=27^y$을 만족시키는 두 실수 $x$, $y$에 대하여 $(2^x+3^y)^3$의 값을 구하시오.

**0102**

어떤 바이러스는 한 시간마다 일정한 비율로 그 개체 수가 늘어난다고 한다. 이 바이러스 한 마리가 8시간 후에 8마리로 늘어난다고 할 때, 이 바이러스 한 마리가 16시간 후에는 몇 마리로 늘어나는지 구하시오.

✏️ **서술형 주관식**

### 0103

$\sqrt[n]{27 \times \sqrt[3]{9 \times \sqrt[4]{3}}} = \sqrt{\sqrt{27}}$ 일 때, 자연수 $n$의 값을 구하시오.

### 0104 중요★

세 양수 $a$, $b$, $c$에 대하여 $a^3 = 5$, $b^4 = 11$, $c^6 = 13$일 때, $(abc)^n$이 자연수가 되도록 하는 자연수 $n$의 최솟값을 구하시오.

### 0105 중요★

$x > 0$이고 $x^{\frac{1}{2}} + x^{-\frac{1}{2}} = 2\sqrt{2}$일 때, $\dfrac{x^{\frac{3}{2}} + x^{-\frac{3}{2}}}{x + x^{-1} + 14}$의 값을 구하시오.

### 0106

양수 $a$와 실수 $x$에 대하여 $\dfrac{a^{-3x} + a^{3x}}{a^{-x} + a^x} = 3$일 때, $a^{-2x}$의 값을 구하시오.

🏆 **실력Up**

### 0107

자연수 $n$에 대하여 $(n-2)(n-5)$의 세제곱근 중 실수인 것의 개수를 $f(n)$이라 하고, $(n-2)(n-5)$의 네제곱근 중 실수인 것의 개수를 $g(n)$이라 하자. $f(n) \geq g(n)$을 만족시키는 모든 $n$의 값의 합을 구하시오.

### 0108 교육청 기출

1이 아닌 세 양수 $a$, $b$, $c$와 1이 아닌 두 자연수 $m$, $n$이 다음 조건을 만족시킨다. 모든 순서쌍 $(m, n)$의 개수는?

> (가) $\sqrt[3]{a}$는 $b$의 $m$제곱근이다.
> (나) $\sqrt{b}$는 $c$의 $n$제곱근이다.
> (다) $c$는 $a^{12}$의 네제곱근이다.

① 4      ② 7      ③ 10
④ 13      ⑤ 16

### 0109

$a + b + c = -1$, $2^a + 2^b + 2^c = \dfrac{13}{4}$, $2^{-a} + 2^{-b} + 2^{-c} = \dfrac{11}{2}$을 만족시키는 세 실수 $a$, $b$, $c$에 대하여 $4^a + 4^b + 4^c$의 값을 구하시오.

# 02 로그

개념 플러스

## 02 1 로그의 정의
유형 01, 02

$a>0$, $a \neq 1$일 때, 양수 $N$에 대하여 $a^x = N$을 만족시키는 실수 $x$를 $\log_a N$과 같이 나타내고, $a$를 밑으로 하는 $N$의 로그라 한다. 이때 $N$을 $\log_a N$의 진수라 한다. 즉

$$a^x = N \iff x = \log_a N \leftarrow 진수$$
$$\uparrow 밑$$

- log는 영어 logarithm의 약자이고 '로그'라 읽는다.

- $\log_a N$이 정의되기 위한 조건
  ① 밑의 조건: $a>0$, $a \neq 1$
  ② 진수의 조건: $N>0$

## 02 2 로그의 성질
유형 03~08, 11

### 1 로그의 성질

$a>0$, $a \neq 1$, $M>0$, $N>0$일 때

(1) $\log_a 1 = 0$, $\log_a a = 1$

(2) $\log_a MN = \log_a M + \log_a N$

(3) $\log_a \dfrac{M}{N} = \log_a M - \log_a N$

(4) $\log_a M^k = k \log_a M$ (단, $k$는 실수이다.)

- $\log_a \dfrac{1}{N} = \log_a N^{-1} = -\log_a N$

  $\log_a a^k = k \log_a a = k$

### 2 로그의 밑의 변환

$a>0$, $a \neq 1$, $b>0$일 때

(1) $\log_a b = \dfrac{\log_c b}{\log_c a}$ (단, $c>0$, $c \neq 1$)

(2) $\log_a b = \dfrac{1}{\log_b a}$ (단, $b \neq 1$)

- $\log_a b \times \log_b a = 1$

  $\log_a b \times \log_b c \times \log_c a = 1$
  (단, $b \neq 1$, $c>0$, $c \neq 1$)

### 3 로그의 여러 가지 성질

$a>0$, $a \neq 1$, $b>0$일 때

(1) $\log_{a^m} b^n = \dfrac{n}{m} \log_a b$ (단, $m$, $n$은 실수, $m \neq 0$)

(2) $a^{\log_a b} = b$

(3) $a^{\log_c b} = b^{\log_c a}$ (단, $c>0$, $c \neq 1$)

## 02 3 상용로그
유형 09~12

### 1 상용로그
10을 밑으로 하는 로그를 상용로그라 하고, 양수 $N$에 대하여 상용로그 $\log_{10} N$은 보통 밑 10을 생략하여 $\log N$과 같이 나타낸다.

- $n$이 실수일 때
  $\log 10^n = n \log 10 = n$

### 2 상용로그표
0.01의 간격으로 1.00에서 9.99까지의 수에 대한 상용로그의 값을 반올림하여 소수점 아래 넷째 자리까지 나타낸 표

> 예 $\log 3.82$의 값은 상용로그표에서 3.8의 가로줄과 2의 세로줄이 만나는 곳의 수를 찾으면 된다. 즉
> $$\log 3.82 = 0.5821$$

| 수 | 0 | 1 | 2 | ... | 9 |
|---|---|---|---|---|---|
| ... | ⋮ | ⋮ | ⋮ | ⋮ | ⋮ |
| 3.8 | .5798 | .5809 | .5821 | ... | .5899 |
| ... | ⋮ | ⋮ | ⋮ | ⋮ | ⋮ |

- 임의의 양수 $N$에 대하여
  $$N = a \times 10^n$$
  $(1 \leq a < 10, n은 정수)$
  의 꼴로 나타내면
  $$\log N = \log(a \times 10^n) = n + \log a$$
  이므로 상용로그표를 이용하여 상용로그표에 없는 양수의 상용로그의 값도 구할 수 있다.

- 상용로그표에서 상용로그의 값은 어림한 값이지만 편의상 등호를 사용하여 나타낸다.

참고▶ 임의의 양수 $N$에 대하여
$$\log N = n + \alpha \ (n은 정수, 0 \leq \alpha < 1)$$
일 때 $\log N$의 정수 부분은 $n$, 소수 부분은 $\alpha$이다.
이때 $\log N$의 값이 음수인 경우에도 $0 \leq$ (소수 부분) $< 1$임에 주의하여 정수 부분을 구한다.

# 교과서 문제 정복하기

## 02 1 로그의 정의

[0110~0113] 다음 등식을 $x=\log_a N$의 꼴로 나타내시오.

**0110** $3^4=81$

**0111** $\left(\dfrac{1}{2}\right)^{-3}=8$

**0112** $25^{\frac{1}{2}}=5$

**0113** $7^0=1$

[0114~0117] 다음 등식을 $a^x=N$의 꼴로 나타내시오.

**0114** $\log_2 32=5$

**0115** $\log_{\sqrt{3}} 9=4$

**0116** $\log_{\frac{1}{2}} \dfrac{1}{64}=6$

**0117** $\log_5 1=0$

[0118~0121] 다음 등식을 만족시키는 $x$의 값을 구하시오.

**0118** $\log_2 x=3$

**0119** $\log_{\frac{1}{3}} x=-2$

**0120** $\log_x 16=4$

**0121** $\log_x 2=5$

[0122~0123] 다음이 정의되도록 하는 실수 $x$의 값의 범위를 구하시오.

**0122** $\log_3 (x+1)$

**0123** $\log_{x-5} 4$

## 02 2 로그의 성질

[0124~0127] 다음 값을 구하시오.

**0124** $\log_3 3-\log_5 1$

**0125** $3\log_2 4+2\log_2 \sqrt{2}$

**0126** $\log_3 24+3\log_3 \dfrac{3}{2}$

**0127** $\log_2 18-2\log_2 6$

[0128~0131] $\log_{10} 2=a$, $\log_{10} 3=b$라 할 때, 다음을 $a$, $b$로 나타내시오.

**0128** $\log_{10} 12$

**0129** $\log_{10} \dfrac{4}{27}$

**0130** $\log_3 16$

**0131** $\log_6 9$

[0132~0135] 다음 값을 구하시오.

**0132** $\log_3 2 \times \log_2 3$

**0133** $\log_{27} 81$

**0134** $\log_4 \dfrac{1}{8}$

**0135** $3^{\log_3 10}$

## 02 3 상용로그

[0136~0139] 다음 값을 구하시오.

**0136** $\log 1000$

**0137** $\log \dfrac{1}{100}$

**0138** $\log 0.0001$

**0139** $\log \sqrt[5]{100}$

[0140~0141] 아래 상용로그표를 이용하여 다음 값을 구하시오.

| 수 | 0 | 1 | 2 | 3 | 4 |
|-----|------|------|------|------|------|
| 5.0 | .6990 | .6998 | .7007 | .7016 | .7024 |
| 5.1 | .7076 | .7084 | .7093 | .7101 | .7110 |
| 5.2 | .7160 | .7168 | .7177 | .7185 | .7193 |

**0140** $\log 5.13$

**0141** $\log 5.02$

[0142~0145] $\log 1.54=0.1875$임을 이용하여 다음 값을 구하시오.

**0142** $\log 15.4$

**0143** $\log 1540$

**0144** $\log 0.154$

**0145** $\log 0.0154$

▶ 개념원리 대수 32쪽

### 유형 |01| 로그의 정의

$a>0$, $a\neq1$일 때, 양수 $N$에 대하여
$$a^x=N \Longleftrightarrow x=\log_a N$$

**0146** 대표문제

$\log_{\sqrt{3}} a=4$, $\log_{\frac{1}{9}} b=-\dfrac{1}{2}$일 때, $ab$의 값은?

① 18  ② 27  ③ 48

④ 63  ⑤ 81

**0147** 상중하

$\log_a \dfrac{1}{2}=\dfrac{4}{3}$일 때, $a^8$의 값을 구하시오.

**0148** 상중하

$\log_7\{\log_3(\log_2 x)\}=0$을 만족시키는 $x$의 값은?

① 2  ② 4  ③ 6

④ 8  ⑤ 10

**0149** 상중하

$x=\log_4(3-2\sqrt{2})$일 때, $4^x+4^{-x}$의 값은?

① 2  ② $2\sqrt{2}$  ③ 4

④ $4\sqrt{2}$  ⑤ 6

▶ 개념원리 대수 32쪽

### 유형 |02| 로그의 밑과 진수의 조건

$\log_a N$이 정의되려면
(1) 밑의 조건 ➡ $a>0$, $a\neq1$
(2) 진수의 조건 ➡ $N>0$

**0150** 대표문제

$\log_{x-2}(-x^2+8x-7)$이 정의되도록 하는 정수 $x$의 개수는?

① 2  ② 3  ③ 4

④ 5  ⑤ 6

**0151** 상중하

$\log_2(x-1)+\log_2(x-2)$가 정의될 때, $|x-1|+|x-2|$를 간단히 하면?

① 3  ② $-2x$  ③ $2x-3$

④ $2x$  ⑤ $3x-2$

**0152** 상중하

모든 실수 $x$에 대하여 $\log_{a-3}(x^2+ax+2a)$가 정의되도록 하는 모든 정수 $a$의 값의 합을 구하시오.

**0153** 상중하 ◀서술형

$\log_{|x-2|}(8+2x-x^2)$이 정의되도록 하는 정수 $x$의 개수를 구하시오.

▶ 개념원리 대수 36쪽, 38쪽

## 유형 03 로그의 성질

$a>0$, $a\neq1$, $M>0$, $N>0$일 때

(1) $\log_a 1=0$, $\log_a a=1$

(2) $\log_a MN=\log_a M+\log_a N$

(3) $\log_a \dfrac{M}{N}=\log_a M-\log_a N$

(4) $\log_a M^k=k\log_a M$ (단, $k$는 실수이다.)

### 0154 대표문제

$5\log_5 \sqrt[5]{2}+\log_5 \sqrt{10}-\dfrac{1}{2}\log_5 8$의 값을 구하시오.

### 0155 상중하

다음 중 옳지 <u>않은</u> 것은?

① $\log_5 9+2\log_5 \dfrac{1}{3}=0$

② $\dfrac{1}{4}\log_3 27-\log_3 \sqrt[4]{3}=\dfrac{1}{2}$

③ $\log_2 \dfrac{1}{16}\times\log_{\frac{1}{2}} 4=8$

④ $\log_5 \dfrac{4}{5}+6\log_5 \dfrac{1}{\sqrt[3]{10}}=3$

⑤ $\log_3 9\sqrt{5}-\dfrac{3}{2}\log_3 5+\log_3 45=4$

### 0156 상중하

세 양수 $x$, $y$, $z$가 $\log_5 x+2\log_5 \sqrt{y}-2\log_5 z=2$를 만족시킬 때, $\dfrac{xy}{z^2}$의 값을 구하시오.

### 0157 상중하

$\log_2 \left(1-\dfrac{1}{2}\right)+\log_2 \left(1-\dfrac{1}{3}\right)+\log_2 \left(1-\dfrac{1}{4}\right)+\cdots$

$+\log_2 \left(1-\dfrac{1}{32}\right)$

의 값을 구하시오.

▶ 개념원리 대수 37쪽

## 유형 04 로그의 밑의 변환

로그의 밑이 다를 때에는 밑의 변환 공식을 이용하여 밑을 같게 한다.

➡ 1이 아닌 세 양수 $a$, $b$, $c$에 대하여

(1) $\log_a b=\dfrac{\log_c b}{\log_c a}$　　(2) $\log_a b=\dfrac{1}{\log_b a}$

### 0158 대표문제

$\log_3 5\times\log_5 7\times\log_7 9$의 값을 구하시오.

### 0159 상중하

$\dfrac{1}{\log_2 12}+\dfrac{1}{\log_3 12}+\dfrac{1}{\log_{24} 12}$의 값을 구하시오.

### 0160 상중하

1이 아닌 세 양수 $a$, $b$, $c$에 대하여 $\log_c a=2$, $\log_b c=3$일 때, $70\log_{\sqrt{ab}} c$의 값을 구하시오.

### 0161 상중하

$\log_a (\log_2 9)+\log_a (\log_7 16)+\log_a (\log_3 49)=2$일 때, 양수 $a$의 값을 구하시오.

## 유형 05 로그의 여러 가지 성질

$a>0$, $a\neq1$, $b>0$일 때

(1) $\log_{a^m} b^n=\dfrac{n}{m}\log_a b$ (단, $m$, $n$은 실수, $m\neq0$)

(2) $a^{\log_a b}=b$

(3) $a^{\log_c b}=b^{\log_c a}$ (단, $c>0$, $c\neq1$)

### 0162 대표문제

$27^{4\log_9 2+\log_3 4-\log_3 8}$의 값을 구하시오.

### 0163 상중하

$\log_2 81+\log_4 9-\log_8 9=a\log_2 3$일 때, 상수 $a$의 값은?

① $\dfrac{11}{3}$  ② $\dfrac{13}{3}$  ③ $5$

④ $\dfrac{17}{3}$  ⑤ $\dfrac{19}{3}$

### 0164 상중하

$\left(\log_3 5+\log_9 \dfrac{1}{5}\right)\left(\log_5 \sqrt{\dfrac{1}{3}}+\log_{25} 9\right)$의 값을 구하시오.

### 0165 상중하

세 수 $A=3^{1-\log_9 2}$, $B=\log_2 3\times\log_3 4$, $C=\log_4 2+\log_9 3$의 대소를 비교하시오.

## 유형 06 로그의 성질의 활용

$\log_a b=c$ 또는 $a^x=b$의 꼴의 조건이 주어지고 이를 이용하여 다른 로그를 나타낼 때에는 다음과 같은 순서로 한다.

(ⅰ) 주어진 식과 구하는 식을 밑이 동일한 로그에 대한 식으로 변형한다.

(ⅱ) 구하는 식의 진수를 곱의 형태로 바꾼 다음 로그의 합으로 나타낸다.

(ⅲ) (ⅱ)의 식에 주어진 식을 대입한다.

### 0166 대표문제

$\log_7 2=a$, $\log_7 3=b$일 때, $\log_{12}\sqrt{24}$를 $a$, $b$로 나타내면?

① $\dfrac{2(3a+b)}{2a+b}$  ② $\dfrac{3a+b}{2(2a+b)}$  ③ $\dfrac{3a+b}{3(2a+b)}$

④ $\dfrac{2(2a+b)}{3a+b}$  ⑤ $\dfrac{2a+b}{2(3a+b)}$

### 0167 상중하

$10^a=x$, $10^b=y$, $10^c=z$일 때, $\log_{10}\dfrac{x^2 z^4}{y^3}$을 $a$, $b$, $c$로 나타내시오.

### 0168 상중하

$\log_2 5=a$, $\log_5 3=b$일 때, $\log_6 45$를 $a$, $b$로 나타내시오.

### 0169 상중하

$\log_2 3=a$일 때, $\log_3 \sqrt{6\sqrt{6}}-\log_6 \sqrt{3\sqrt{3}}$을 $a$로 나타내시오.

▶ 개념원리 대수 38쪽, 40쪽

**유형 07  조건을 이용하여 식의 값 구하기**

로그의 정의와 성질을 이용하여 주어진 조건을 변형한 후 구하는 식에 대입한다.

**0170** 대표문제

0이 아닌 세 실수 $x$, $y$, $z$에 대하여 $5^x = 2^y = \sqrt{10^z}$일 때, $\dfrac{1}{x} + \dfrac{1}{y} - \dfrac{2}{z}$의 값을 구하시오.

**0171** 상중하

$108^x = 27$, $4^y = 81$일 때, $\dfrac{3}{x} - \dfrac{4}{y}$의 값을 구하시오.

**0172** 상중하

양수 $a$, $b$에 대하여 $a^2 b^5 = 1$일 때, $\log_a a^7 b^{10}$의 값을 구하시오. (단, $a \neq 1$)

**0173** 상중하

세 양수 $a$, $b$, $c$가 다음 조건을 만족시킬 때, $\log_2 abc$의 값을 구하시오.

(가) $\sqrt[8]{a} = \sqrt[4]{b} = \sqrt{c}$

(나) $\log_4 a + \log_{16} b + \log_{64} c = \dfrac{8}{3}$

---

▶ 개념원리 대수 41쪽

**유형 08  로그와 이차방정식**

이차방정식 $ax^2 + bx + c = 0$의 두 근이 $\log_p \alpha$, $\log_p \beta$이면

$$\log_p \alpha + \log_p \beta = \log_p \alpha\beta = -\frac{b}{a}$$

$$\log_p \alpha \times \log_p \beta = \frac{c}{a}$$

**0174** 대표문제

이차방정식 $x^2 - 6x + 3 = 0$의 두 근이 $\log_{10} a$, $\log_{10} b$일 때, $\log_a b + \log_b a$의 값은?

① 8          ② 9          ③ 10
④ 11         ⑤ 12

**0175** 상중하

이차방정식 $x^2 - 10x + 8 = 0$의 두 근을 $\alpha$, $\beta$라 할 때, $\log_2 \alpha + \log_2 \beta$의 값을 구하시오.

**0176** 상중하 서술형

이차방정식 $x^2 - 2x \log_2 3 + 1 = 0$의 두 근을 $\alpha$, $\beta$라 할 때, $2^{\alpha + \beta - \alpha\beta}$의 값을 구하시오.

**0177** 상중하

이차방정식 $x^2 - ax + b = 0$의 두 근이 1, $\log_3 4$일 때, 실수 $a$, $b$에 대하여 $\dfrac{a}{b}$의 값은?

① $\log_4 12$      ② 2          ③ $\log_3 10$
④ $\log_2 10$      ⑤ $\log_2 12$

▶ 개념원리 대수 47쪽, 48쪽

## 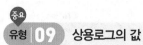 유형 |09| 상용로그의 값

양수 $N$에 대하여 $N=a\times10^n$ $(1\le a<10,\ n$은 정수$)$일 때,
$$\log N=n+\log a$$

### 0178 대표문제

$\log2=0.3010$, $\log3=0.4771$일 때, $\log72$의 값은?

① $1.5562$      ② $1.8572$      ③ $2.0333$

④ $2.1582$      ⑤ $2.3343$

### 0179 상중하

$\log67.4=1.8287$일 때, 다음 중 옳지 <u>않은</u> 것은?

① $\log6740=3.8287$      ② $\log674=2.8287$

③ $\log0.674=0.8287$      ④ $\log0.0674=-1.1713$

⑤ $\log0.00674=-2.1713$

### 0180 상중하

다음 상용로그표를 이용하여 $\log\sqrt[3]{78.6}$의 값을 구하시오.

| 수 | 5 | 6 | 7 | 8 | 9 |
|---|---|---|---|---|---|
| **7.6** | .8837 | .8842 | .8848 | .8854 | .8859 |
| **7.7** | .8893 | .8899 | .8904 | .8910 | .8915 |
| **7.8** | .8949 | .8954 | .8960 | .8965 | .8971 |

### 0181 상중하

$\log1.82=0.2601$일 때, $\log A=-1.7399$를 만족시키는 $A$의 값을 구하시오.

▶ 개념원리 대수 52쪽

## 유형 |10| 상용로그의 실생활에의 활용

주어진 식에 알맞은 값을 대입하고 로그의 정의와 성질을 이용한다.

### 0182 대표문제

자동차의 소음의 세기가 $P\,\mathrm{W/m^2}$일 때의 소음의 크기를 $D\,\mathrm{dB}$라 하면 $P$와 $D$ 사이에는 다음과 같은 관계가 성립한다.
$$D=10(\log P+12)$$
올해 A사, B사에서 출시한 자동차의 소음의 크기가 각각 $40\,\mathrm{dB}$, $60\,\mathrm{dB}$일 때, B사에서 출시한 자동차의 소음의 세기는 A사에서 출시한 자동차의 소음의 세기의 몇 배인가?

① $\sqrt{10}$배      ② $10$배      ③ $10\sqrt{2}$배

④ $100$배      ⑤ $100\sqrt{2}$배

### 0183 상중하

지진에 의하여 발생하는 에너지 $E\,\mathrm{erg}$와 리히터 규모 $M$ 사이에는 다음과 같은 관계가 성립한다.
$$\log10E=11.8+1.5M$$
리히터 규모 7인 지진에 의하여 발생하는 에너지는 리히터 규모 3인 지진에 의하여 발생하는 에너지의 $10^k$배일 때, $k$의 값을 구하시오.

### 0184 상중하

지반의 유효수직응력을 $S$, 시험기가 지반에 들어가면서 받는 저항력을 $R$라 할 때, 지반의 상대밀도 $D\,\%$에 대하여
$$D=-98+66\log\frac{R}{\sqrt{S}}$$
가 성립한다. 지반 A의 유효수직응력은 지반 B의 유효수직응력의 $2.56$배이고, 시험기가 지반 A에 들어가면서 받는 저항력은 시험기가 지반 B에 들어가면서 받는 저항력의 $2$배이다. 지반 B의 상대밀도가 $70\,\%$이면 지반 A의 상대밀도는 $a\,\%$일 때, $a$의 값을 구하시오. (단, $\log2=0.3$으로 계산한다.)

▶ 개념원리 대수 41쪽, 47쪽, 48쪽

## 유형 11 로그의 정수 부분과 소수 부분

$a>1$이고 양수 $N$과 정수 $n$에 대하여 $a^n \leq N < a^{n+1}$일 때
$$\log_a a^n \leq \log_a N < \log_a a^{n+1}$$
$$\therefore n \leq \log_a N < n+1$$
➡ $\log_a N$의 정수 부분은 $n$, 소수 부분은 $\log_a N - n$이다.

**0185** 대표문제

$\log_2 15$의 정수 부분을 $a$, 소수 부분을 $b$라 할 때, $8(a+2^b)$의 값을 구하시오.

**0186** 상중하

$\log a$의 정수 부분이 3일 때, 자연수 $a$의 개수는?

① 90      ② 99      ③ 900
④ 999      ⑤ 9000

**0187** 상중하

$\log_5 10$의 정수 부분을 $x$, 소수 부분을 $y$라 할 때, $\dfrac{5^y - 5^{-y}}{5^x - 5^{-x}}$의 값을 구하시오.

**0188** 상중하 ◀서술형

양수 $A$에 대하여 $\log A$의 정수 부분과 소수 부분이 이차방정식 $2x^2 - 5x + k - 3 = 0$의 두 근일 때, 상수 $k$의 값을 구하시오.

▶ 개념원리 대수 51쪽

## 유형 12 상용로그의 소수 부분의 활용

(1) 두 상용로그의 소수 부분이 같다.
   ➡ (두 상용로그의 차) = (정수)
(2) 두 상용로그의 소수 부분의 합이 1이다.
   ➡ (두 상용로그의 합) = (정수)

**0189** 대표문제

$10 < x < 100$이고 $\log x$의 소수 부분과 $\log \dfrac{1}{x}$의 소수 부분이 같을 때, $x^2$의 값은?

① $10^{\frac{5}{2}}$      ② $10^{\frac{8}{3}}$      ③ $10^3$
④ $10^{\frac{10}{3}}$      ⑤ $10^{\frac{7}{2}}$

**0190** 상중하

$\log x$의 정수 부분이 1일 때, $\log x^2 - \log \dfrac{1}{x}$의 값이 정수가 되도록 하는 모든 실수 $x$의 값의 곱은?

① $10^2$      ② $10^3$      ③ $10^4$
④ $10^5$      ⑤ $10^6$

**0191** 상중하

$\log x$의 정수 부분이 2이고, $\log x$의 소수 부분과 $\log \sqrt{x}$의 소수 부분의 합이 1일 때, $\log x$의 소수 부분을 구하시오.

**0192**

$x=\log_3 64$일 때, $3^{\frac{x}{3}}$의 값을 구하시오.

**0193** 중요★

$\log_{a+2}(-a^2+a+12)$가 정의되도록 하는 모든 정수 $a$의 값의 합은?

① 2      ② 3      ③ 4
④ 5      ⑤ 6

**0194**

$5\log_3 \sqrt{3}+\dfrac{1}{2}\log_3 2-\log_3 \sqrt{6}$의 값은?

① 1      ② 2      ③ 3
④ 4      ⑤ 5

**0195**

세 양수 $x$, $y$, $z$가 $\log_3 x+\log_3 2y+\log_3 3z=1$을 만족시킬 때, $\{(81^x)^y\}^z$의 값은?

① $\sqrt{3}$      ② 3      ③ 9
④ 18      ⑤ 27

**0196**

$\log_3 45-\dfrac{\log_5 35}{\log_5 3}+\dfrac{\log_{10} 21}{\log_{10} 3}$의 값을 구하시오.

**0197**

1이 아닌 양수 $a$, $b$, $c$, $x$에 대하여 $\log_a x=1$, $\log_b x=2$, $\log_c x=3$일 때, $\log_{abc} x$의 값을 구하시오.

**0198**

$\left(\log_2 3+\log_{\sqrt[3]{4}} 9\right)\left(2\log_3 2+\dfrac{1}{2}\log_3 4\right)$의 값을 구하시오.

**0199** 중요★

$\dfrac{\left(5^{\log_5 2+\log_5 6}\right)^2}{2^{(\log_3 2+\log_3 4)\times \log_2 9}}$의 값을 구하시오.

**0200** 평가원 기출

두 양수 $a$, $b$에 대하여 좌표평면 위의 두 점 $(2, \log_4 a)$, $(3, \log_2 b)$를 지나는 직선이 원점을 지날 때, $\log_a b$의 값은?

(단, $a \neq 1$)

① $\dfrac{1}{4}$      ② $\dfrac{1}{2}$      ③ $\dfrac{3}{4}$

④ $1$      ⑤ $\dfrac{5}{4}$

**0201** 중요★

$\log 2 = a$, $\log 3 = b$일 때, $\log_{0.2} 45$를 $a$, $b$로 나타내면?

① $\dfrac{a-2b-1}{a-1}$    ② $\dfrac{a-2b+1}{a-1}$    ③ $\dfrac{a+2b+1}{a-1}$

④ $\dfrac{a-2b-1}{1-a}$    ⑤ $\dfrac{a+2b+1}{1-a}$

**0202**

두 실수 $x$, $y$가 $2^x = 5^y = 80$을 만족시킬 때, $(x-4)(y-1)$의 값을 구하시오.

**0203** 평가원 기출

1보다 큰 세 실수 $a$, $b$, $c$가

$$\log_a b = \frac{\log_b c}{2} = \frac{\log_c a}{4}$$

를 만족시킬 때, $\log_a b + \log_b c + \log_c a$의 값은?

① $\dfrac{7}{2}$      ② $4$      ③ $\dfrac{9}{2}$

④ $5$      ⑤ $\dfrac{11}{2}$

**0204**

1이 아닌 세 양수 $x$, $y$, $z$에 대하여 $x^3 = y^4 = z^5$이 성립할 때, 세 수 $A = \log_x y$, $B = \log_y z$, $C = \log_z x$의 대소 관계를 바르게 나타낸 것은?

① $A < B < C$    ② $A < C < B$    ③ $B < A < C$

④ $B < C < A$    ⑤ $C < B < A$

**0205**

이차방정식 $x^2 - 4x + 2 = 0$의 두 근을 $\log_3 a$, $\log_3 b$라 할 때, $\log_a \sqrt[3]{b} + \log_b \sqrt[3]{a}$의 값을 구하시오.

**0206**

양수 $x$에 대하여 $\log \sqrt{x} = 0.612$일 때, $\log x^4 + \log \sqrt[3]{x}$의 값을 구하시오.

**0207**

다음 상용로그표를 이용하여 $\log (28.2 \times 260)$의 값을 구하면?

| 수 | 0 | 1 | 2 | 3 | 4 |
|---|---|---|---|---|---|
| 2.6 | .4150 | .4166 | .4183 | .4200 | .4216 |
| 2.7 | .4314 | .4330 | .4346 | .4362 | .4378 |
| 2.8 | .4472 | .4487 | .4502 | .4518 | .4533 |

① $2.8702$    ② $2.8801$    ③ $3.8513$

④ $3.8652$    ⑤ $3.8990$

**0208**

양수 $y$에 대하여 $\log y = -1.5986$일 때, $10^4(\log 2520 - y)$의 값을 구하시오. (단, $\log 2.52 = 0.4014$로 계산한다.)

**0209** 중요★

소리의 강도가 $P \text{ W/m}^2$일 때의 소리의 크기를 $D$ dB라 하면 $P$와 $D$ 사이에는 다음과 같은 관계가 성립한다.

$$D = 10 \log \frac{P}{k} \text{ (단, } k\text{는 상수)}$$

B 지역의 소리의 강도가 A 지역의 소리의 강도의 500배일 때, A 지역과 B 지역의 소리의 크기의 차이는 몇 dB인지 구하시오. (단, $\log 2 = 0.3$으로 계산한다.)

**0210**

산성도를 나타내는 단위 pH에 대하여 용액에 포함된 수소 이온의 농도가 $X$일 때, $-\log X$를 산성도 pH의 값으로 정의한다. 정상적인 비의 산성도는 pH 5.6이고 어느 지역에 내린 비의 산성도가 pH 4.82이었을 때, 그 지역의 대기 중에 포함되어 있는 오염 물질의 양은 정상적인 상태의 몇 배인지 구하시오. (단, 빗물에 포함된 수소 이온의 농도는 대기 중에 포함되어 있는 오염 물질의 양에 비례한다고 가정하고, $\log 2 = 0.30$, $\log 3 = 0.48$로 계산한다.)

**0211**

자연수 $N$에 대하여 $\log N$의 정수 부분을 $f(N)$이라 할 때, $f(1) + f(2) + f(3) + \cdots + f(199) + f(200)$의 값을 구하시오.

**0212**

다음 조건을 만족시키는 실수 $x$의 최댓값을 $k$라 할 때, $100 \log k$의 값을 구하시오.

(가) $\log x$의 정수 부분은 2이다.

(나) $\log x^3$의 소수 부분과 $\log \dfrac{1}{x}$의 소수 부분이 같다.

**0213**

$\log x$의 정수 부분이 3이고, $\log \sqrt{x}$의 소수 부분과 $\log \sqrt[3]{x}$의 소수 부분의 합이 1일 때, $\log x^2$의 소수 부분은?

① $\dfrac{1}{6}$  ② $\dfrac{1}{5}$  ③ $\dfrac{1}{4}$

④ $\dfrac{1}{3}$  ⑤ $\dfrac{1}{2}$

## 서술형 주관식

**0214**

$a=\log_9(2-\sqrt{3})$일 때, $\dfrac{27^a-27^{-a}}{3^a+3^{-a}}$의 값을 구하시오.

**0215**

이차방정식 $x^2+x\log_2 12+2\log_2 3=0$의 두 근을 $\alpha$, $\beta$라 할 때, $2^\alpha+2^\beta$의 값을 구하시오.

**0216**

1보다 큰 세 실수 $a$, $b$, $c$에 대하여 $\log_a c:\log_b c=2:1$일 때, $\log_a b+\log_b a$의 값을 구하시오.

**0217**

$\log x$의 정수 부분이 7이고 $\log\sqrt{x}$의 소수 부분이 0.8일 때, $\log\dfrac{1}{x}=n+\alpha$ ($n$은 정수, $0\le\alpha<1$)이다. 이때 $10\alpha$의 값을 구하시오.

## 실력Up

**0218**

네 자연수 $a$, $b$, $c$, $d$가 다음 조건을 만족시킬 때, $a+b+c+d$의 값을 구하시오.

> ㈎ $a\log_{360}2+b\log_{360}3+c\log_{360}5=d$
> ㈏ $a$, $b$, $c$의 최대공약수는 3이다.

**0219**

$\log_{27}3n^2+\dfrac{1}{3}\log_3\sqrt{n}$의 값이 30 이하의 자연수가 되도록 하는 자연수 $n$의 개수를 구하시오.

**0220**

1이 아닌 세 양수 $a$, $b$, $c$에 대하여 $a^x=(\sqrt[3]{b^2})^y=(\sqrt[5]{c})^z=64$이고 $\dfrac{ab}{c}=2^{18}$이 성립할 때, $\dfrac{1}{x}+\dfrac{3}{2y}-\dfrac{5}{z}$의 값을 구하시오.

**0221**

양수 $x$에 대하여 $\log x$의 정수 부분을 $f(x)$라 할 때,
$$f(2n)=f(n)+1$$
을 만족시키는 100 이하의 자연수 $n$의 개수를 구하시오.

# 03 지수함수

## 03 1 지수함수의 뜻과 그래프 | 유형 01~04

### 1 지수함수
임의의 실수 $x$에 $a^x$을 대응시키는 함수 $y=a^x$ $(a>0, a\neq1)$을 $a$를 밑으로 하는 지수함수라 한다.

● 함수 $y=a^x$에서 $a=1$이면 $y=1$이므로 상수함수이다.

### 2 지수함수 $y=a^x$의 그래프와 성질
(1) 정의역은 실수 전체의 집합이고, 치역은 양의 실수 전체의 집합이다.
(2) 그래프는 점 $(0, 1)$, $(1, a)$를 지나고 $x$축 (직선 $y=0$)을 점근선으로 갖는다.
(3) $a>1$일 때, $x$의 값이 증가하면 $y$의 값도 증가한다. ← $x_1<x_2$이면 $a^{x_1}<a^{x_2}$
    $0<a<1$일 때, $x$의 값이 증가하면 $y$의 값은 감소한다. ← $x_1<x_2$이면 $a^{x_1}>a^{x_2}$
(4) $y=a^x$의 그래프와 $y=\left(\dfrac{1}{a}\right)^x$의 그래프는 $y$축에 대하여 대칭이다.

● 곡선이 어떤 직선에 한없이 가까워질 때, 이 직선을 그 곡선의 점근선이라 한다.

● 함수 $y=a^x$ $(a>0, a\neq1)$의 그래프를 $x$축의 방향으로 $m$만큼, $y$축의 방향으로 $n$만큼 평행이동한 그래프의 식은 $y=a^{x-m}+n$

## 03 2 지수함수의 최대·최소 | 유형 05~09

지수함수 $y=a^{f(x)}$ $(a>0, a\neq1)$은
(1) $a>1$인 경우 ⇨ $f(x)$가 최대일 때 최댓값, $f(x)$가 최소일 때 최솟값을 갖는다.
(2) $0<a<1$인 경우 ⇨ $f(x)$가 최대일 때 최솟값, $f(x)$가 최소일 때 최댓값을 갖는다.

● $a^x$의 꼴이 반복되는 함수의 최댓값과 최솟값은 $a^x=t$ $(t>0)$로 치환하여 구한다.

## 03 3 지수함수의 활용; 방정식 | 유형 10~14, 19

### 1 밑을 같게 할 수 있을 때: 밑을 같게 한 후 지수가 같음을 이용한다.
⇨ $a^{f(x)}=a^{g(x)} \Longleftrightarrow f(x)=g(x)$ (단, $a>0$, $a\neq1$)

### 2 $a^x$의 꼴이 반복될 때: $a^x=t$ $(t>0)$로 치환하여 $t$에 대한 방정식을 푼다.

### 3 밑에도 미지수가 있을 때
(1) 지수가 같은 경우: 밑이 같거나 지수가 0임을 이용한다.
    ⇨ $a^{f(x)}=b^{f(x)} \Longleftrightarrow a=b$ 또는 $f(x)=0$ (단, $a>0$, $b>0$)
(2) 밑이 같은 경우: 지수가 같거나 밑이 1임을 이용한다.
    ⇨ $x^{f(x)}=x^{g(x)} \Longleftrightarrow f(x)=g(x)$ 또는 $x=1$ (단, $x>0$)

● 지수에 미지수가 있는 방정식을 지수방정식이라 한다.

## 03 4 지수함수의 활용; 부등식 | 유형 15~19

### 1 밑을 같게 할 수 있을 때: 밑을 같게 한 후 다음을 이용한다.
(1) $a>1$인 경우 ⇨ $a^{f(x)}<a^{g(x)} \Longleftrightarrow f(x)<g(x)$ ← 지수의 부등호 방향 그대로
(2) $0<a<1$인 경우 ⇨ $a^{f(x)}<a^{g(x)} \Longleftrightarrow f(x)>g(x)$ ← 지수의 부등호 방향 반대로

### 2 $a^x$의 꼴이 반복될 때: $a^x=t$ $(t>0)$로 치환하여 $t$에 대한 부등식을 푼다.

● 지수에 미지수가 있는 부등식을 지수부등식이라 한다.

# 교과서 문제 정복하기

## 03 1 지수함수의 뜻과 그래프

**0222** 보기에서 지수함수인 것만을 있는 대로 고르시오.

> **보기**
>
> ㄱ. $y=2^x$   ㄴ. $y=x^3$   ㄷ. $y=\dfrac{1}{x^2}$
>
> ㄹ. $y=0.5^x$   ㅁ. $y=(\sqrt{3})^x$   ㅂ. $y=(4x)^2$

[0223~0224] 다음 지수함수의 그래프를 그리시오.

**0223** $y=2^x$      **0224** $y=\left(\dfrac{1}{2}\right)^x$

**0225** 함수 $y=a^x$의 그래프가 오른쪽 그림과 같을 때, 다음 함수의 그래프를 그리시오.

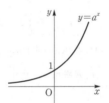

(1) $y=a^{x-1}$

(2) $y=a^x+1$

(3) $y=-a^x$

(4) $y=\left(\dfrac{1}{a}\right)^x$

[0226~0229] 함수 $y=\left(\dfrac{1}{2}\right)^x$의 그래프를 다음과 같이 평행이동 또는 대칭이동한 그래프의 식을 구하시오.

**0226** $x$축의 방향으로 2만큼, $y$축의 방향으로 $-2$만큼 평행이동

**0227** $x$축에 대하여 대칭이동

**0228** $y$축에 대하여 대칭이동

**0229** 원점에 대하여 대칭이동

## 03 2 지수함수의 최대·최소

[0230~0233] 다음 함수의 최댓값과 최솟값을 구하시오.

**0230** $y=5^x\ (-1\le x\le 1)$

**0231** $y=\left(\dfrac{1}{4}\right)^x\ (-2\le x\le 2)$

**0232** $y=3^{2x-1}\ (0\le x\le 2)$

**0233** $y=\left(\dfrac{1}{2}\right)^{x^2+2x+3}$

## 03 3 지수함수의 활용; 방정식

[0234~0235] 다음 방정식을 푸시오.

**0234** $2^x=128$      **0235** $\left(\dfrac{1}{9}\right)^x=3\sqrt{3}$

**0236** 방정식 $4^x-6\times 2^x+8=0$에 대하여 다음 물음에 답하시오.

(1) $2^x=t\ (t>0)$라 할 때, 주어진 방정식을 $t$에 대한 방정식으로 나타내시오.

(2) (1)의 방정식의 해를 구하시오.

(3) (2)를 이용하여 주어진 방정식의 해를 구하시오.

## 03 4 지수함수의 활용; 부등식

[0237~0238] 다음 부등식을 푸시오.

**0237** $3^{2x+1}<3^x$      **0238** $\left(\dfrac{1}{5}\right)^{2x}<\left(\dfrac{1}{5}\right)^3$

**0239** 부등식 $3^{2x}-10\times 3^x+9\le 0$에 대하여 다음 물음에 답하시오.

(1) $3^x=t\ (t>0)$라 할 때, 주어진 부등식을 $t$에 대한 부등식으로 나타내시오.

(2) (1)의 부등식의 해를 구하시오.

(3) (2)를 이용하여 주어진 부등식의 해를 구하시오.

## 유형 익히기

▶ 개념원리 대수 61쪽

### 유형 | 01 지수함수의 성질

지수함수 $y=a^x$에 대하여
(1) 정의역: $\{x \,|\, x$는 실수$\}$, 치역: $\{y \,|\, y>0\}$
(2) 그래프의 점근선: $x$축 (직선 $y=0$)

**0240** 대표문제

다음 중 함수 $y=a^x\,(a>0,\ a\neq1)$에 대한 설명으로 옳지 않은 것은?

① 그래프의 점근선은 $x$축이다.
② 그래프는 점 $(0,\ 1)$을 지난다.
③ 그래프는 제1, 2사분면을 지난다.
④ $x$의 값이 증가하면 $y$의 값도 증가한다.
⑤ 치역은 양의 실수 전체의 집합이다.

**0241** 상중하

함수 $f(x)=\left(\dfrac{1}{5}\right)^x$에 대하여 **보기**에서 옳은 것만을 있는 대로 고르시오.

┌ 보기 ─────────────────────
ㄱ. 정의역은 실수 전체의 집합이다.
ㄴ. 그래프의 점근선은 직선 $y=0$이다.
ㄷ. 그래프는 $y=5^x$의 그래프와 $y$축에 대하여 대칭이다.
ㄹ. $x_1<x_2$이면 $f(x_1)<f(x_2)$이다.
└────────────────────────

**0242** 상중하

다음 중 임의의 실수 $a$, $b$에 대하여 $a<b$일 때, $f(a)<f(b)$를 만족시키는 함수는?

① $f(x)=2^{-x}$  
② $f(x)=0.1^x$  
③ $f(x)=\left(\dfrac{1}{3}\right)^{-x}$  
④ $f(x)=\left(\dfrac{1}{4}\right)^x$  
⑤ $f(x)=\left(\dfrac{4}{5}\right)^x$

▶ 개념원리 대수 63쪽

### 유형 | 02 지수함수의 그래프의 평행이동과 대칭이동 중요

지수함수 $y=a^x$의 그래프를
(1) $x$축의 방향으로 $m$만큼, $y$축의 방향으로 $n$만큼 평행이동
 ⇒ $y=a^{x-m}+n$
(2) $x$축에 대하여 대칭이동 ⇒ $y=-a^x$
(3) $y$축에 대하여 대칭이동 ⇒ $y=\left(\dfrac{1}{a}\right)^x$
(4) 원점에 대하여 대칭이동 ⇒ $y=-\left(\dfrac{1}{a}\right)^x$

**0243** 대표문제

함수 $y=a^x$의 그래프를 $y$축에 대하여 대칭이동한 후 $x$축의 방향으로 4만큼, $y$축의 방향으로 $-5$만큼 평행이동한 그래프가 점 $(2,\ 11)$을 지날 때, 양수 $a$의 값을 구하시오.

**0244** 상중하

함수 $y=\left(\dfrac{1}{2}\right)^x$의 그래프를 $x$축의 방향으로 2만큼 평행이동한 후 원점에 대하여 대칭이동한 그래프가 점 $(1,\ k)$를 지날 때, $k$의 값을 구하시오.

**0245** 상중하

**보기**에서 그래프를 평행이동하여 함수 $y=2^x$의 그래프와 겹쳐질 수 있는 함수인 것만을 있는 대로 고르시오.

┌ 보기 ─────────────────────
ㄱ. $y=\sqrt{2}\times2^x$  ㄴ. $y=\dfrac{1}{2^x}$  ㄷ. $y=-2^x+3$
└────────────────────────

**0246** 상중하

함수 $y=a^{3x}\,(a>0,\ a\neq1)$의 그래프를 $x$축의 방향으로 1만큼, $y$축의 방향으로 2만큼 평행이동한 그래프가 $a$의 값에 관계없이 항상 점 $(\alpha,\ \beta)$를 지날 때, $\alpha+\beta$의 값을 구하시오.

**중요**

**유형 | 03 지수함수의 그래프의 활용**

(1) 지수함수 $y=a^x$의 그래프가 점 $(p, q)$를 지난다.
⟹ $q=a^p$

(2) 함수 $y=k \times a^x$의 그래프는 함수 $y=a^x$의 그래프를 $x$축의 방향으로 $-\log_a k$만큼 평행이동한 것이다.

(단, $a>0$, $a \neq 1$, $k>0$)

**0247** 대표문제

오른쪽 그림은 함수 $y=2^x$의 그래프와 직선 $y=x$를 나타낸 것이다. 이때 색칠한 부분의 넓이를 구하시오.

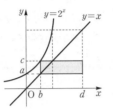

**0248** 상중하

오른쪽 그림은 함수 $y=4^x$의 그래프이다. 이때 $a+b$의 값은?

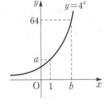

① 5　　　　② 7
③ 9　　　　④ 11
⑤ 13

**0249** 상중하

오른쪽 그림은 함수 $y=a^x$의 그래프이다. 이때 $3(a+b)$의 값을 구하시오.

(단, $0<a<1$)

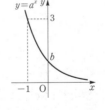

**0250** 상중하 서술형

두 함수 $y=2^x$, $y=4^x$의 그래프가 직선 $y=8$과 만나는 점을 각각 A, B라 할 때, 삼각형 OAB의 넓이를 구하시오.

(단, O는 원점이다.)

**0251** 상중하

오른쪽 그림과 같이 두 함수 $y=\left(\dfrac{1}{5}\right)^x$, $y=25 \times \left(\dfrac{1}{5}\right)^x$의 그래프와 두 직선 $y=5$, $y=1$로 둘러싸인 부분의 넓이는?

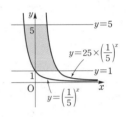

① 5　　　　② 6　　　　③ 7
④ 8　　　　⑤ 9

**0252** 상중하

오른쪽 그림과 같이 곡선 $y=\left(\dfrac{1}{2}\right)^x$과 $y$축의 교점을 한 꼭짓점으로 하는 정사각형을 그린 후 이 정사각형과 곡선 $y=\left(\dfrac{1}{2}\right)^x$의 교점을 한 꼭짓점으로 하는 정사각형을 다시 그린다. 같은 방법으로 정사각형을 $x$축의 양의 방향으로 계속 그려 나갈 때, 세 번째로 그린 정사각형의 넓이는?

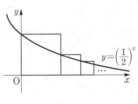

① $\dfrac{1}{16}$　　　　② $\dfrac{1}{8}$　　　　③ $\dfrac{3}{16}$
④ $\dfrac{1}{4}$　　　　⑤ $\dfrac{5}{16}$

▶ 개념원리 대수 63쪽

**유형 04** 지수함수를 이용한 대소 관계

지수함수 $y=a^x$에서
(1) $a>1$일 때,     $x_1<x_2 \Longleftrightarrow a^{x_1}<a^{x_2}$
(2) $0<a<1$일 때,     $x_1<x_2 \Longleftrightarrow a^{x_1}>a^{x_2}$

**0253** 대표문제

세 수 $A=8^{\frac{1}{4}}$, $B=\sqrt[3]{16}$, $C=\sqrt[5]{32}$의 대소 관계를 바르게 나타낸 것은?

① $A<B<C$     ② $A<C<B$     ③ $B<A<C$
④ $B<C<A$     ⑤ $C<B<A$

**0254** 상중하

다음 세 수 $A$, $B$, $C$의 대소 관계를 바르게 나타낸 것은?

$$A=\sqrt{2}, \quad B=0.25^{-\frac{1}{3}}, \quad C=\sqrt[5]{8}$$

① $A<B<C$     ② $A<C<B$     ③ $B<A<C$
④ $B<C<A$     ⑤ $C<B<A$

**0255** 상중하

다음 세 수 $A$, $B$, $C$의 대소를 비교하시오.

$$A=\frac{1}{3^2}, \quad B=\frac{1}{\sqrt[3]{3}}, \quad C=\sqrt[5]{\frac{1}{3}}$$

**0256** 상중하

$0<a<b<1$일 때, 네 수 $a^a$, $a^b$, $b^a$, $b^b$ 중 가장 작은 수와 가장 큰 수를 차례대로 적은 것은?

① $a^a$, $b^b$     ② $a^b$, $b^a$     ③ $a^b$, $b^b$
④ $b^a$, $a^b$     ⑤ $b^b$, $a^a$

▶ 개념원리 대수 70쪽

중요 **유형 05** 지수함수의 최대·최소; 지수가 일차식인 경우

정의역이 $\{x|m\leq x\leq n\}$인 지수함수 $f(x)=a^{px+q}+r$ $(p>0)$에 대하여
(1) $a>1$ ➡ 최댓값: $f(n)$, 최솟값: $f(m)$
(2) $0<a<1$ ➡ 최댓값: $f(m)$, 최솟값: $f(n)$

**0257** 대표문제

함수 $y=f(x)$의 그래프는 함수 $y=2^x$의 그래프를 $x$축의 방향으로 $-1$만큼, $y$축의 방향으로 $-2$만큼 평행이동한 것이다. $-3\leq x\leq 1$에서 함수 $y=f(x)$의 최댓값과 최솟값의 합은?

① $\frac{1}{8}$     ② $\frac{1}{4}$     ③ $\frac{3}{8}$
④ $\frac{1}{2}$     ⑤ $\frac{5}{8}$

**0258** 상중하

정의역이 $\{x|0\leq x\leq 2\}$인 함수 $y=3^x\times 4^{-x}-1$의 치역이 $\{y|m\leq y\leq M\}$일 때, $80(M+m)$의 값을 구하시오.

**0259** 상중하 서술형

정의역이 $\{x|-2\leq x\leq 3\}$인 함수 $f(x)=3^{a-x}$의 최댓값이 27일 때, 최솟값을 구하시오. (단, $a$는 상수이다.)

**0260** 상중하

정의역이 $\{x|-1\leq x\leq 2\}$인 함수 $f(x)=a^x$의 최댓값이 최솟값의 27배가 되도록 하는 모든 양수 $a$의 값의 합을 구하시오.

**유형 | 06** 지수함수의 최대·최소; 지수가 이차식인 경우

지수함수 $y=a^{f(x)}$에 대하여

(1) $a>1$

➡ $f(x)$가 최대일 때 $y$도 최대, $f(x)$가 최소일 때 $y$도 최소

(2) $0<a<1$

➡ $f(x)$가 최대일 때 $y$는 최소, $f(x)$가 최소일 때 $y$는 최대

**0261** 대표문제

정의역이 $\{x|-1\leq x\leq 2\}$인 함수 $y=\left(\dfrac{1}{2}\right)^{x^2-2x+3}$의 최댓값

을 $M$, 최솟값을 $m$이라 할 때, $\dfrac{m}{M}$의 값은?

① $\dfrac{1}{32}$ ② $\dfrac{1}{16}$ ③ $\dfrac{1}{8}$

④ $\dfrac{1}{4}$ ⑤ $\dfrac{1}{2}$

**0262** 상중하

두 함수 $f(x)=2^x$, $g(x)=x^2+2x+5$에 대하여 함수 $(f\circ g)(x)$는 $x=a$일 때 최솟값 $m$을 갖는다. 이때 $a+m$의 값을 구하시오.

**0263** 상중하

함수 $y=a^{-x^2+2x+2}$의 최솟값이 $\dfrac{1}{64}$일 때, 상수 $a$의 값은?

(단, $0<a<1$)

① $\dfrac{1}{2}$ ② $\dfrac{1}{3}$ ③ $\dfrac{1}{4}$

④ $\dfrac{1}{5}$ ⑤ $\dfrac{1}{6}$

**0264** 상중하

정의역이 $\{x|0\leq x\leq 3\}$인 함수 $y=a^{-x^2+4x-3}$ $(0<a<1)$의 치역이 $\{y|m\leq y\leq 125\}$일 때, $m$의 값을 구하시오.

**유형 | 07** $a^x$의 꼴이 반복되는 함수의 최대·최소

$a^x=t$ $(t>0)$로 치환하여 $t$에 대한 이차함수의 최대·최소를 구한다. 이때 $x$의 값의 범위에 따른 $t$의 값의 범위에 주의한다.

**0265** 대표문제

정의역이 $\{x|-1\leq x\leq 1\}$인 함수 $y=3^{x+1}-9^x$의 최댓값을 $M$, 최솟값을 $m$이라 할 때, $M+m$의 값은?

① $\dfrac{1}{4}$ ② $\dfrac{3}{4}$ ③ $\dfrac{5}{4}$

④ $\dfrac{7}{4}$ ⑤ $\dfrac{9}{4}$

**0266** 상중하

함수 $y=4^x-2^{x+a}+b$가 $x=1$에서 최솟값 $-3$을 가질 때, 상수 $a$, $b$에 대하여 $a+b$의 값을 구하시오.

**0267** 상중하

정의역이 $\{x|-2\leq x\leq 1\}$인 함수 $y=4^{-x}-2^{1-x}+3$은 $x=a$에서 최솟값 $b$, $x=c$에서 최댓값 $d$를 갖는다. 이때 $ab-cd$의 값을 구하시오.

**0268** 상중하

정의역이 $\{x|1\leq x\leq 2\}$인 함수 $y=9^x-2\times 3^{x+1}+k$의 최댓값이 18일 때, 상수 $k$의 값을 구하시오.

▶ 개념원리 대수 73쪽

## 유형 08 산술평균과 기하평균을 이용한 지수함수의 최대·최소

$a>0$, $a\neq1$일 때, 모든 실수 $x$에 대하여
$$a^x+a^{-x}\geq2\sqrt{a^x\times a^{-x}}=2 \text{ (단, 등호는 } x=0\text{일 때 성립)}$$

**0269** 대표문제

함수 $f(x)=4^x+4^{-x+3}$이 $x=a$에서 최솟값 $b$를 가질 때, $ab$의 값을 구하시오.

**0270** 상중하

두 함수 $f(x)=2^x$, $g(x)=\left(\dfrac{1}{2}\right)^x$에 대하여 함수 $h(x)$가 $h(x)=f(x)+g(x)+4$일 때, $h(x)$의 최솟값을 구하시오.

▶ 개념원리 대수 73쪽

## 유형 09 공통부분이 $a^x+a^{-x}$의 꼴인 함수의 최대·최소

$a^x+a^{-x}=t$ $(t\geq2)$로 치환하여 $t$에 대한 이차함수의 최대·최소를 구한다.

**0271** 대표문제

함수 $y=6(3^x+3^{-x})-(9^x+9^{-x})$의 최댓값은?

① 9　　　　　② 10　　　　　③ 11
④ 12　　　　　⑤ 13

**0272** 상중하

함수 $y=2^x+2^{-x}-(\sqrt{2^x}+\sqrt{2^{-x}})$의 최솟값을 구하시오.

▶ 개념원리 대수 77쪽

## 중요 유형 10 지수방정식

방정식의 양변의 밑을 같게 한 후
$$a^{f(x)}=a^{g(x)} \Longleftrightarrow f(x)=g(x)$$
임을 이용한다. (단, $a>0$, $a\neq1$)

**0273** 대표문제

방정식 $\left(\dfrac{1}{9}\right)^{x^2}\times27^x=\sqrt{3}$의 두 실근의 합은?

① $\dfrac{1}{2}$　　　　　② 1　　　　　③ $\dfrac{3}{2}$
④ 2　　　　　⑤ $\dfrac{5}{2}$

**0274** 상중하

방정식 $\left(\dfrac{2}{3}\right)^{x^2}=\left(\dfrac{3}{2}\right)^{3x-4}$을 푸시오.

**0275** 상중하 서술형

$x$에 대한 방정식 $3^{x^2-10x}-27^{-2x+a}=0$의 한 근이 $-2$일 때, 다른 한 근을 구하시오. (단, $a$는 상수이다.)

**0276** 상중하

방정식 $\dfrac{2^{x^2+1}}{2^{x-1}}=16$의 두 근을 $\alpha$, $\beta$라 할 때, $\alpha^2+\beta^2$의 값은?

① 2　　　　　② 5　　　　　③ 8
④ 10　　　　　⑤ 13

▶ 개념원리 대수 77쪽

 유형 **11** $a^x$의 꼴이 반복되는 지수방정식

$a^x=t$ $(t>0)$로 치환하여 $t$에 대한 방정식을 푼다. 이때 $t>0$임에 주의한다.

**0277** 대표문제

방정식 $9^x+27^x=10\times3^{x+2}$의 실근을 $\alpha$라 할 때, $2^\alpha$의 값은?

① 2      ② 4      ③ 8

④ 16      ⑤ 32

**0278** 상중하

방정식 $5^{x+1}-5^{-x}=4$를 푸시오.

**0279** 상중하

방정식 $4^{-x}-5\times2^{-x+1}+16=0$의 두 근을 $\alpha$, $\beta$라 할 때, $\beta-\alpha$의 값은? (단, $\alpha<\beta$)

① 1      ② 2      ③ 3

④ 4      ⑤ 5

**0280** 상중하

$x$에 대한 방정식 $a^{2x}-a^x=6$의 한 근이 $\dfrac{1}{4}$일 때, 상수 $a$의 값을 구하시오. (단, $a>0$, $a\neq1$)

▶ 개념원리 대수 78쪽

유형 **12** 밑에 미지수가 포함된 지수방정식

(1) $a^{f(x)}=b^{f(x)}$ $(a>0,\ b>0)$의 꼴
  ➡ $a=b$ 또는 $f(x)=0$임을 이용한다.
(2) $x^{f(x)}=x^{g(x)}$ $(x>0)$의 꼴
  ➡ $f(x)=g(x)$ 또는 $x=1$임을 이용한다.

**0281** 대표문제

방정식 $(x+7)^{x+1}=4^{x+1}$의 모든 근의 합을 구하시오.

(단, $x>-7$)

**0282** 상중하

방정식 $x^{x^2-8}=x^{2x+7}$을 푸시오. (단, $x>0$)

유형 **13** 지수가 포함된 연립방정식

$a^x$, $b^y$ $(a>0,\ a\neq1,\ b>0,\ b\neq1)$에 대한 연립방정식
➡ $a^x=X$, $b^y=Y$ $(X>0,\ Y>0)$로 치환하여 $X$, $Y$에 대한 연립방정식을 푼다.

**0283** 대표문제

연립방정식 $\begin{cases} 2^x+2\times3^y=26 \\ 2^{x+1}-3^y=7 \end{cases}$의 해를 $x=\alpha$, $y=\beta$라 할 때, $\alpha+\beta$의 값을 구하시오.

**0284** 상중하

연립방정식 $\begin{cases} 3^x+3^y=\dfrac{28}{3} \\ 3^x\times3^y=3 \end{cases}$의 해를 $x=\alpha$, $y=\beta$라 할 때, $\alpha^2+\beta^2$의 값을 구하시오.

## 유형 14 $a^x$의 꼴이 반복되는 지수방정식의 활용

$(a^x)^2 - pa^x + q = 0 \ (a>0, \ a \neq 1)$의 두 근이 $\alpha$, $\beta$이다.

➡ $a^x = t \ (t>0)$로 놓으면 이차방정식 $t^2 - pt + q = 0$의 두 근은 $a^\alpha$, $a^\beta$이다.

### 0285 대표문제

방정식 $9^x - 5 \times 3^{x+1} + 27 = 0$의 두 근을 $\alpha$, $\beta$라 할 때, $\alpha + \beta$의 값을 구하시오.

### 0286 상중하

방정식 $3^{2x} - 4 \times 3^x - k = 0$의 두 근의 합이 $-1$일 때, 상수 $k$의 값을 구하시오.

### 0287 상중하 ◁서술형

방정식 $4^x - 2^{x+4} + 12 = 0$의 두 근을 $\alpha$, $\beta$라 할 때, $2^{2\alpha} + 2^{2\beta}$의 값을 구하시오.

### 0288 상중하

방정식 $2^x + 2^{1-x} + 3 = a$가 서로 다른 두 실근을 갖도록 하는 정수 $a$의 최솟값은?

① 2    ② 3    ③ 4

④ 5    ⑤ 6

## 중요 유형 15 지수부등식

(1) $a>1$일 때
$$a^{f(x)} < a^{g(x)} \Longleftrightarrow f(x) < g(x) \quad \leftarrow \text{부등호 방향 그대로}$$
(2) $0 < a < 1$일 때
$$a^{f(x)} < a^{g(x)} \Longleftrightarrow f(x) > g(x) \quad \leftarrow \text{부등호 방향 반대로}$$

### 0289 대표문제

부등식 $5^{x^2} \leq \left(\dfrac{1}{5}\right)^{x-6}$을 만족시키는 모든 정수 $x$의 값의 합을 구하시오.

### 0290 상중하

부등식 $\left(\dfrac{1}{3}\right)^{2x+1} < \left(\dfrac{1}{\sqrt{3}}\right)^{-x}$을 푸시오.

### 0291 상중하

두 집합 $A = \left\{ x \ \middle| \ \left(\dfrac{1}{2}\right)^{3x} \geq \dfrac{1}{64} \right\}$, $B = \{ x \mid 27^{x^2-5x-8} < 9^{x^2-5x} \}$에 대하여 집합 $A \cap B$의 원소 중 정수인 것의 개수를 구하시오.

### 0292 상중하

곡선 $y = f(x)$와 직선 $y = g(x)$가 오른쪽 그림과 같을 때, 부등식 $\left(\dfrac{1}{10}\right)^{f(x)} \leq \left(\dfrac{1}{10}\right)^{g(x)}$의 해는?

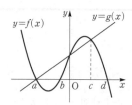

① $x \leq a$ 또는 $x \geq d$

② $x \leq a$ 또는 $0 \leq x \leq c$

③ $a \leq x \leq 0$ 또는 $x \geq c$

④ $a \leq x \leq b$ 또는 $c \leq x \leq d$

⑤ $a \leq x \leq b$ 또는 $x \geq c$

▶ 개념원리 대수 86쪽

**유형 16** $a^x$의 꼴이 반복되는 지수부등식

$a^x=t$ $(t>0)$로 치환하여 $t$에 대한 부등식을 푼다. 이때 $t>0$임에 주의한다.

**0293** 대표문제

부등식 $4^{-x}-9\times\left(\dfrac{1}{2}\right)^{x-1}+32<0$의 해가 $\alpha<x<\beta$일 때, $\alpha+\beta$의 값을 구하시오.

**0294** 상중하

부등식 $\left(\dfrac{1}{3}\right)^{2x}+\left(\dfrac{1}{3}\right)^{x+2}>\left(\dfrac{1}{3}\right)^{x-2}+1$을 만족시키는 정수 $x$의 최댓값을 구하시오.

**0295** 상중하

연립부등식 $\begin{cases} 2^{2x+2}-65\times2^{x-2}\leq-1 \\ 9^x+3^x>12 \end{cases}$의 해가 $\alpha<x\leq\beta$일 때, $\alpha+\beta$의 값을 구하시오.

**0296** 상중하

$x$에 대한 부등식 $4^{x+1}+a\times2^x+b\leq0$의 해가 $-3\leq x\leq2$일 때, 상수 $a$, $b$에 대하여 $ab$의 값을 구하시오.

---

▶ 개념원리 대수 87쪽

**유형 17** 밑에 미지수가 포함된 지수부등식

$x^{f(x)}<x^{g(x)}$의 꼴의 부등식은

$$0<x<1,\ x=1,\ x>1$$

인 경우로 나누어 푼다.

**0297** 대표문제

부등식 $x^{x-1}\geq x^{-x+5}$을 푸시오. (단, $x>0$)

**0298** 상중하

부등식 $(x+2)^{x^2+3}<(x+2)^{4x}$을 풀면? (단, $x>-1$)

① $1<x<3$  ② $2<x<4$  ③ $3<x<5$
④ $4<x<6$  ⑤ $5<x<7$

**0299** 상중하

다음 중 부등식 $x^{3x+1}>x^{x+5}$의 해가 <u>아닌</u> 것은? (단, $x>0$)

① $\dfrac{1}{2}$  ② $\dfrac{3}{2}$  ③ $\dfrac{5}{2}$
④ $\dfrac{7}{2}$  ⑤ $\dfrac{9}{2}$

**0300** 상중하

부등식 $x^{2x^2-5x}>\dfrac{1}{x^2}$의 해가 $\alpha<x<\beta$ 또는 $x>\gamma$일 때, $\alpha\beta\gamma$의 값을 구하시오. (단, $x>0$)

03
지수함수

▶ 개념원리 대수 88쪽

## 유형JP | 18 지수부등식이 항상 성립할 조건

모든 실수 $x$에 대하여 이차부등식 $p \times a^{2x} + q \times a^x + r > 0$이 성립한다.

➡ $a^x = t$ $(t > 0)$로 치환하여 나타낸 이차부등식 $pt^2 + qt + r > 0$이 $t > 0$에서 항상 성립한다.

### 0301 대표문제

모든 실수 $x$에 대하여 부등식 $2^{2x} - 2^{x+1} + k > 0$이 성립하도록 하는 정수 $k$의 최솟값은?

① 0       ② 1       ③ 2

④ 3       ⑤ 4

### 0302 상중하

모든 실수 $x$에 대하여 부등식 $4^x - 2^{x+3} + 2a - 6 \geq 0$이 성립하도록 하는 실수 $a$의 최솟값은?

① 10       ② 11       ③ 12

④ 13       ⑤ 14

### 0303 상중하 ◀서술형

모든 양의 실수 $x$에 대하여 부등식 $9^x - 3^x + k > 0$이 성립하도록 하는 실수 $k$의 값의 범위를 구하시오.

▶ 개념원리 대수 80쪽, 88쪽

## 유형JP | 19 지수방정식과 지수부등식의 실생활에의 활용

처음의 양이 $a$이고 매시간마다 일정한 비율 $p$로 그 양이 변화할 때, $x$시간 후의 양을 $y$라 하면

$$y = a \times p^x$$

### 0304 대표문제

어느 방사성 물질은 일정한 비율로 붕괴되어 50년이 지날 때마다 그 양이 절반으로 감소한다고 한다. 이 방사성 물질의 양이 1024 g에서 $\frac{1}{4}$ g으로 감소하는 데에는 몇 년이 걸리는지 구하시오.

### 0305 상중하

세균 A 한 마리는 $x$시간 후 $a^x$마리로 분열한다고 한다. 세균 A 10마리가 2시간 후 90마리가 되었다고 할 때, 세균 A 10마리가 7290마리 이상이 되는 것은 최소 $n$시간 후이다. $n$의 값을 구하시오. (단, $a > 0$)

### 0306 상중하

조건이 다른 두 배양기 A, B에 박테리아를 넣었더니 배양기 A에서는 박테리아가 1시간마다 2배로 늘어났고, 배양기 B에서는 박테리아가 3시간마다 4배로 늘어났다. 같은 수의 박테리아를 두 배양기 A, B에 동시에 넣었을 때, 두 배양기에 있는 박테리아의 수의 합이 처음 넣은 박테리아의 수의 합의 40배가 되는 것은 몇 시간 후인지 구하시오.

**0307**

함수 $f(x) = \left(\dfrac{1}{2}\right)^{x+1} - 3$의 역함수 $g(x)$가 $g(a) = -1$, $g(b) = 1$을 만족시킬 때, $ab$의 값은?

① 4         ② $\dfrac{9}{2}$         ③ 5

④ $\dfrac{11}{2}$         ⑤ 6

**0308**

다음 중 함수 $y = 4^{2x-1} - 2$에 대한 설명으로 옳은 것은?

① 정의역은 $\left\{x \,\middle|\, x > \dfrac{1}{2}\right\}$, 치역은 $\{y \mid y > -2\}$이다.

② $x$의 값이 증가하면 $y$의 값은 감소한다.

③ 그래프는 직선 $y = -2$와 만나지 않는다.

④ 그래프를 평행이동하면 $y = 4^x$의 그래프와 겹쳐진다.

⑤ 그래프는 제2사분면을 지난다.

**0309** 중요★

함수 $y = \left(\dfrac{1}{2}\right)^x$의 그래프를 $x$축에 대하여 대칭이동한 후 $x$축의 방향으로 $a$만큼, $y$축의 방향으로 $b$만큼 평행이동한 그래프가 두 점 $(-1, -1)$, $(-2, -9)$를 지날 때, $a + b$의 값을 구하시오.

**0310**

오른쪽 그림은 함수 $y = 2^x$의 그래프를 $y$축에 대하여 대칭이동한 후 $x$축의 방향으로 $a$만큼, $y$축의 방향으로 $b$만큼 평행이동한 그래프이다. 이때 $a - b$의 값을 구하시오.

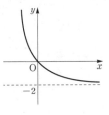

**0311**

함수 $y = 2^{-2x+2} + n$의 그래프가 제1사분면을 지나지 않도록 하는 실수 $n$의 최댓값을 구하시오.

**0312**

함수 $f(x) = a^x$에 대하여 $y = f(x)$의 그래프가 오른쪽 그림과 같을 때, $f\left(\dfrac{p+q}{2}\right)$의 값을 구하시오.

(단, $a > 1$)

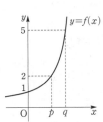

**0313**

오른쪽 그림과 같이 두 함수 $y = 3^x$, $y = 3^x + 3$의 그래프와 두 직선 $x = 0$, $x = 1$로 둘러싸인 부분의 넓이를 구하시오.

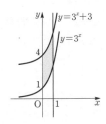

**0314**

세 수 $A = \sqrt[3]{0.25}$, $B = 2^{-\frac{3}{2}}$, $C = \sqrt[4]{32^{-1}}$의 대소 관계를 바르게 나타낸 것은?

① $A < B < C$     ② $B < A < C$     ③ $B < C < A$

④ $C < A < B$     ⑤ $C < B < A$

**0315**

정의역이 $\{x \mid -2 \leq x \leq 3\}$인 두 함수 $f(x) = 4^x$, $g(x) = \left(\frac{1}{8}\right)^{x-2}$에 대하여 $f(x)$의 최댓값을 $M$, $g(x)$의 최솟값을 $m$이라 할 때, $Mm$의 값을 구하시오.

**0316**

함수 $y = \left(\frac{1}{3}\right)^{x^2 - 4x}$이 $x = a$에서 최댓값 $b$를 가질 때, $a + b$의 값을 구하시오.

**0317**

$0 \leq x \leq 3$에서 함수 $y = 4^x - 2^{x+1} + k$의 최댓값이 50일 때, 상수 $k$의 값은?

① 1     ② 2     ③ 3

④ 4     ⑤ 5

**0318**

함수 $y = 3^{a+x} + 3^{a-x}$의 최솟값이 54일 때, 실수 $a$의 값을 구하시오.

**0319**

함수 $y = 4^x + 4^{-x} + 6(2^x + 2^{-x}) + 3$의 최솟값은?

① 14     ② 15     ③ 16

④ 17     ⑤ 18

**0320** 중요★

방정식 $\left(\frac{1}{3}\right)^{-3x} = 3^{x^2 - 4}$의 모든 실근의 곱은?

① $-2$     ② $-3$     ③ $-4$

④ $-5$     ⑤ $-6$

**0321**

연립방정식 $\begin{cases} 3 \times 2^x - 2 \times 3^y = 18 \\ 2^{x-2} - 3^{y-1} = 1 \end{cases}$의 해를 $x = \alpha$, $y = \beta$라 할 때, $\alpha^2 + \beta^2$의 값을 구하시오.

**0322**

$x$에 대한 방정식 $a^{2x}-8\times a^x+5=0$의 두 근의 합이 3일 때, 상수 $a$의 값은? (단, $a>0$, $a\neq1$)

① $\sqrt[3]{5}$　　　　② $\sqrt{3}$　　　　③ $\sqrt{5}$

④ 5　　　　　　⑤ 8

**0323**

방정식 $4^x-k\times2^{x+1}+64=0$이 오직 하나의 실근 $\alpha$를 가질 때, $k+\alpha$의 값은? (단, $k$는 상수이다.)

① 9　　　　　　② 10　　　　　③ 11

④ 12　　　　　⑤ 13

**0324** 중요★

부등식 $\left(\dfrac{1}{8}\right)^{2x+1}<32<\left(\dfrac{1}{2}\right)^{3x-9}$을 만족시키는 정수 $x$의 개수는?

① 1　　　　　　② 2　　　　　③ 3

④ 4　　　　　　⑤ 5

**0325**

두 집합
$$A=\{x\,|\,4^x-2^{x+1}-8<0\},$$
$$B=\left\{x\,\middle|\,\left(\dfrac{1}{2}\right)^{x^2}>\left(\dfrac{1}{2}\right)^{2x+3}\right\}$$
에 대하여 집합 $B-A$를 구하시오.

**0326**

부등식 $x^{x^2-5}<x^{4x}$의 해가 $\alpha<x<\beta$일 때, $\alpha+\beta$의 값을 구하시오. (단, $x>0$)

**0327**

모든 실수 $x$에 대하여 부등식
$$3x^2-(3^t+3)x+(3^t+3)>0$$
이 성립하도록 하는 실수 $t$의 값의 범위는?

① $t>-2$　　　② $t>-1$　　　③ $t>0$

④ $t<2$　　　　⑤ $t<3$

**0328**

어떤 살충제를 농장에 살포하면 해충 수가 매시간마다 일정한 비율로 줄어들고 해충 수가 처음의 절반으로 줄어드는 데에는 6시간이 소요된다고 한다. 이 살충제를 살포한 직후부터 해충 수가 처음의 $\dfrac{1}{32}$이 되기까지는 몇 시간이 걸리는지 구하시오.

**0329**

2500만 원에 구입한 어떤 자동차의 중고가는 구입 후 1년마다 20 %씩 떨어진다고 한다. 이 자동차의 중고가가 1024만 원 이하가 되는 것은 구입한 날로부터 최소 몇 년 후인지 구하시오.

## 서술형 주관식

**0330**

오른쪽 그림과 같이 두 함수 $y=3^x$, $y=k\times 3^x$의 그래프 위의 점 A, B에 대하여 두 점 A, B에서 $x$축에 내린 수선의 발을 각각 C, D라 하자. 사각형 ACDB가 넓이가 4인 정사각형일 때, 양수 $k$의 값을 구하시오.

(단, 두 점 A, B는 제1사분면 위의 점이다.)

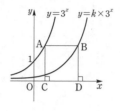

**0331**

이차항의 계수가 1인 이차함수 $f(x)$가 $x=-2$에서 최솟값 $-1$을 가질 때, 정의역이 $\{x\,|-4\leq x\leq 1\}$인 함수 $y=\left(\dfrac{1}{2}\right)^{f(x)}$의 최솟값을 구하시오.

**0332**

부등식 $\left(\dfrac{1}{4}\right)^x-m\times\left(\dfrac{1}{2}\right)^x+n<0$의 해가 $-3<x<-1$일 때, 상수 $m$, $n$에 대하여 $mn$의 값을 구하시오.

**0333**

모든 실수 $x$에 대하여 부등식 $\left(\dfrac{1}{2}\right)^{x^2+3k}\leq 4^{2-kx}$이 성립하도록 하는 실수 $k$의 최댓값을 구하시오.

## 실력Up

**0334**

오른쪽 그림과 같이 두 함수 $y=2^x$, $y=10\times\left(\dfrac{1}{2}\right)^x$의 그래프와 직선 $x=a\,(a>2)$가 만나는 점을 각각 A, B라 할 때, $\overline{AB}<100$을 만족시키는 자연수 $a$의 개수를 구하시오.

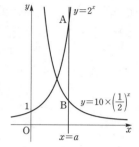

**0335** 평가원 기출

두 곡선 $y=2^x$과 $y=-2x^2+2$가 만나는 두 점을 $(x_1,\ y_1)$, $(x_2,\ y_2)$라 하자. $x_1<x_2$일 때, **보기**에서 옳은 것만을 있는 대로 고른 것은?

> **보기**
>
> ㄱ. $x_2>\dfrac{1}{2}$
>
> ㄴ. $y_2-y_1<x_2-x_1$
>
> ㄷ. $\dfrac{\sqrt{2}}{2}<y_1y_2<1$

① ㄱ      ② ㄱ, ㄴ      ③ ㄱ, ㄷ
④ ㄴ, ㄷ      ⑤ ㄱ, ㄴ, ㄷ

**0336**

정의역이 $\{x\,|-1\leq x\leq 2\}$인 함수 $y=a^{|x-1|+2}$의 최댓값이 $\dfrac{1}{4}$일 때, 최솟값을 구하시오. (단, $a>0$)

## 공감
한 스푼

시작을 위해
위대해질 필요는 없지만
위대해지려면
시작부터 해야 한다.

- 레스 브라운 -

# 04 로그함수

## 04 1 로그함수의 뜻과 그래프     유형 01~06

**1 로그함수**

지수함수 $y=a^x$ $(a>0,\ a\neq1)$의 역함수 $y=\log_a x$를 $a$를 밑으로 하는 $x$의 로그함수라 한다.

**2 로그함수 $y=\log_a x$의 그래프와 성질**

(1) 정의역은 양의 실수 전체의 집합이고, 치역은 실수 전체의 집합이다.

(2) 그래프는 점 $(1,\ 0)$, $(a,\ 1)$을 지나고, $y$축 (직선 $x=0$)을 점근선으로 갖는다.

(3) $a>1$일 때, $x$의 값이 증가하면 $y$의 값도 증가한다. ← $0<x_1<x_2$이면 $\log_a x_1<\log_a x_2$

$0<a<1$일 때, $x$의 값이 증가하면 $y$의 값은 감소한다. ← $0<x_1<x_2$이면 $\log_a x_1>\log_a x_2$

(4) $y=\log_a x$의 그래프와 $y=a^x$의 그래프는 직선 $y=x$에 대하여 대칭이다.

- 로그함수 $y=\log_a x\,(a>0,\ a\neq1)$는 지수함수 $y=a^x$의 역함수이므로 이들의 그래프는 직선 $y=x$에 대하여 대칭이다.

- 함수 $y=\log_a x\,(a>0,\ a\neq1)$의 그래프를 $x$축의 방향으로 $m$만큼, $y$축의 방향으로 $n$만큼 평행이동한 그래프의 식은 $y=\log_a(x-m)+n$

## 04 2 로그함수의 최대·최소     유형 07~10

로그함수 $y=\log_a f(x)\,(a>0,\ a\neq1)$는

(1) $a>1$인 경우   $\Rightarrow$ $f(x)$가 최대일 때 최댓값, $f(x)$가 최소일 때 최솟값을 갖는다.

(2) $0<a<1$인 경우 $\Rightarrow$ $f(x)$가 최대일 때 최솟값, $f(x)$가 최소일 때 최댓값을 갖는다.

- ① $\log_a x$의 꼴이 반복되는 함수의 최댓값과 최솟값은 $\log_a x=t$로 치환하여 구한다.
  ② 지수에 로그가 포함된 함수의 최댓값과 최솟값은 양변에 로그를 취하여 구한다.

## 04 3 로그함수의 활용; 방정식     유형 11~15, 20, 21

**1** $\log_a f(x)=b \Longleftrightarrow f(x)=a^b$ ( 단, $a>0$, $a\neq1$, $f(x)>0$ )

**2 밑을 같게 할 수 있을 때**: 밑을 같게 한 후 진수가 같음을 이용한다.

$\Rightarrow \log_a f(x)=\log_a g(x) \Longleftrightarrow f(x)=g(x)$ (단, $a>0$, $a\neq1$, $f(x)>0$, $g(x)>0$)

**3 $\log_a f(x)$의 꼴이 반복될 때**: $\log_a f(x)=t$로 치환하여 $t$에 대한 방정식을 푼다.

**4 진수가 같을 때**: 밑이 같거나 진수가 1임을 이용한다.

$\Rightarrow \log_a f(x)=\log_b f(x) \Longleftrightarrow a=b$ 또는 $f(x)=1$

$($ 단, $a>0$, $a\neq1$, $b>0$, $b\neq1$, $f(x)>0)$

**5 지수에 로그가 있을 때**: 양변에 로그를 취하여 푼다.

- 로그의 진수 또는 밑에 미지수가 있는 방정식을 로그방정식이라 한다.

## 04 4 로그함수의 활용; 부등식     유형 16~21

**1 밑을 같게 할 수 있을 때**: 밑을 같게 한 후 다음을 이용한다.

(1) $a>1$인 경우   $\Rightarrow \log_a f(x)<\log_a g(x) \Longleftrightarrow 0<f(x)<g(x)$ ← 진수의 부등호 방향 그대로

(2) $0<a<1$인 경우 $\Rightarrow \log_a f(x)<\log_a g(x) \Longleftrightarrow f(x)>g(x)>0$ ← 진수의 부등호 방향 반대로

**2 $\log_a f(x)$의 꼴이 반복될 때**: $\log_a f(x)=t$로 치환하여 $t$에 대한 부등식을 푼다.

**3 지수에 로그가 있을 때**: 양변에 로그를 취하여 푼다.

- 로그의 진수 또는 밑에 미지수가 있는 부등식을 로그부등식이라 한다.

- 로그방정식과 로그부등식을 풀 때에는 로그의 밑과 진수의 조건을 반드시 확인한다.
  $\Rightarrow$ (밑)$>0$, (밑)$\neq1$, (진수)$>0$

# 교과서 문제 정복하기

## 04 1 로그함수의 뜻과 그래프

[0337 ~ 0338] 다음 함수의 역함수를 구하시오.

**0337** $y=10^x$

**0338** $y=3\times2^{x-1}$

**0339** 함수 $y=\log_5 x$의 그래프를 이용하여 다음 함수의 그래프를 그리고, 정의역과 점근선의 방정식을 구하시오.

(1) $y=\log_5(x-2)$

(2) $y=\log_5(-x)$

(3) $y=-\log_5 x$

[0340 ~ 0342] 로그함수를 이용하여 다음 두 수의 대소를 비교하시오.

**0340** $\log_2 10,\ 2\log_2 3$

**0341** $\dfrac{1}{3}\log_{\frac{1}{2}}27,\ \dfrac{1}{2}\log_{\frac{1}{2}}7$

**0342** $\log_3 2,\ \log_9 16$

## 04 2 로그함수의 최대·최소

[0343 ~ 0345] 다음 함수의 최댓값과 최솟값을 구하시오.

**0343** $y=\log_2 x\,(1\le x\le 64)$

**0344** $y=\log_{\frac{1}{2}}(x+1)\left(-\dfrac{1}{2}\le x\le 7\right)$

**0345** $y=-\log_5(x-2)+3\,(7\le x\le 127)$

## 04 3 로그함수의 활용; 방정식

[0346 ~ 0349] 다음 방정식을 푸시오.

**0346** $\log_{\frac{1}{3}}(x+1)=-2$

**0347** $\log_{x+1}9=2$

**0348** $\log_2(x-1)=\log_2(2x-3)$

**0349** $\log x+\log(x-3)=1$

**0350** 방정식 $(\log_3 x)^2-4\log_3 x+3=0$에 대하여 다음 물음에 답하시오.

(1) $\log_3 x=t$라 할 때, 주어진 방정식을 $t$에 대한 방정식으로 나타내시오.

(2) (1)의 방정식의 해를 구하시오.

(3) (2)를 이용하여 주어진 방정식의 해를 구하시오.

## 04 4 로그함수의 활용; 부등식

[0351 ~ 0354] 다음 부등식을 푸시오.

**0351** $\log_2(x+4)<3$

**0352** $\log_{\frac{1}{3}}(x-1)>2$

**0353** $\log_{\frac{1}{2}}(2x-1)\ge\log_{\frac{1}{2}}(3x+1)$

**0354** $\log x+\log(7-x)<1$

**0355** 부등식 $(\log_2 x)^2-3\log_2 x-4\le 0$에 대하여 다음 물음에 답하시오.

(1) $\log_2 x=t$라 할 때, 주어진 부등식을 $t$에 대한 부등식으로 나타내시오.

(2) (1)의 부등식의 해를 구하시오.

(3) (2)를 이용하여 주어진 부등식의 해를 구하시오.

## 유형 익히기

▶ 개념원리 대수 95쪽

**유형 01 로그함수의 함숫값**

로그함수 $f(x)=\log_a x$에 대하여 $f(p)=q$이면
$$\log_a p=q$$

### 0356 대표문제

함수 $f(x)=\log_a(3x+1)+1$에 대하여 $f(1)=3$일 때, $f(0)+f(5)$의 값은? (단, $a$는 상수이다.)

① 2        ② 4        ③ 6

④ 8        ⑤ 10

### 0357 상중하

두 함수 $f(x)=3^x$, $g(x)=\log_{\frac{1}{9}} x$에 대하여 $(g \circ f)(-4)$의 값은?

① $-2$        ② $-1$        ③ $0$

④ $1$        ⑤ $2$

### 0358 상중하

함수 $f(x)=\log_{\frac{1}{3}} \sqrt{x}$에 대하여 $f(75)-f(25)$의 값을 구하시오.

### 0359 상중하

집합 $A=\{(x, y) \mid y=\log_5 x, \ x>0\}$에 대하여 $(p, q) \in A$일 때, 다음 중 반드시 집합 $A$의 원소인 것은?

① $(2p, q^2)$        ② $(5p, q+5)$        ③ $(p^2, q+2)$

④ $\left(\dfrac{1}{p}, -q\right)$        ⑤ $(\sqrt{p}, 2q)$

▶ 개념원리 대수 95쪽

**유형 02 로그함수의 성질**

로그함수 $y=\log_a x$에 대하여
(1) 정의역: $\{x \mid x>0\}$, 치역: $\{y \mid y$는 실수$\}$
(2) 그래프의 점근선: $y$축 (직선 $x=0$)
(3) 그래프는 $y=a^x$의 그래프와 직선 $y=x$에 대하여 대칭이다.

### 0360 대표문제

다음 중 함수 $y=\log_{\frac{1}{a}} \dfrac{1}{x}$ $(0<a<1)$에 대한 설명으로 옳지 <u>않은</u> 것은?

① 그래프는 함수 $y=\log_a x$의 그래프와 일치한다.
② 그래프는 점 $(1, 0)$을 지난다.
③ 그래프의 점근선은 직선 $x=0$이다.
④ $x>0$에서 $x$의 값이 증가하면 $y$의 값도 증가한다.
⑤ 정의역은 양의 실수 전체의 집합이고, 치역은 실수 전체의 집합이다.

### 0361 상중하

함수 $y=\log_7(x+a)+b$의 그래프의 점근선은 직선 $x=3$이고 $x$절편은 10이다. 이때 상수 $a$, $b$에 대하여 $a+b$의 값을 구하시오.

### 0362 상중하

함수 $y=a^x$과 $y=\log_a x$의 그래프가 오른쪽 그림과 같을 때, **보기**에서 옳은 것만을 있는 대로 고르시오.
(단, $a$는 상수이다.)

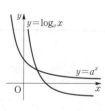

**보기**

ㄱ. 두 그래프의 교점의 좌표는 $(1, 1)$이다.
ㄴ. 두 그래프는 직선 $y=x$에 대하여 대칭이다.
ㄷ. $a>1$

▶ 개념원리 대수 96쪽

**유형 03 로그함수의 그래프의 평행이동과 대칭이동**

로그함수 $y=\log_a x$의 그래프를

(1) $x$축의 방향으로 $m$만큼, $y$축의 방향으로 $n$만큼 평행이동

　⇒ $y=\log_a(x-m)+n$

(2) $x$축에 대하여 대칭이동 ⇒ $y=\log_a \dfrac{1}{x}$

(3) $y$축에 대하여 대칭이동 ⇒ $y=\log_a(-x)$

(4) 원점에 대하여 대칭이동 ⇒ $y=\log_a\left(-\dfrac{1}{x}\right)$

(5) 직선 $y=x$에 대하여 대칭이동 ⇒ $y=a^x$

**0363 대표문제**

함수 $y=\log_2(2x+4)$의 그래프는 함수 $y=\log_2 x$의 그래프를 $x$축의 방향으로 $m$만큼, $y$축의 방향으로 $n$만큼 평행이동한 것이다. 이때 $m+n$의 값을 구하시오.

**0364 상중하**

함수 $y=\log_2 4x$의 그래프를 $y$축의 방향으로 $-3$만큼 평행이동한 후 $x$축에 대하여 대칭이동한 그래프가 함수 $y=\log_2 \dfrac{a}{x}$의 그래프와 일치할 때, 상수 $a$의 값은?

① $\dfrac{1}{2}$　　② $1$　　③ $2$

④ $3$　　⑤ $4$

**0365 상중하 서술형**

함수 $y=\log_{\frac{1}{4}} x$의 그래프를 $x$축의 방향으로 $m$만큼, $y$축의 방향으로 $n$만큼 평행이동한 그래프가 오른쪽 그림과 같을 때, $\dfrac{m}{n}$의 값을 구하시오.

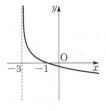

▶ 개념원리 대수 97쪽

**유형 04 로그함수를 이용한 대소 관계**

로그함수 $y=\log_a x$에서

(1) $a>1$일 때, $\quad 0<x_1<x_2 \Longleftrightarrow \log_a x_1 < \log_a x_2$

(2) $0<a<1$일 때, $\quad 0<x_1<x_2 \Longleftrightarrow \log_a x_1 > \log_a x_2$

**0366 대표문제**

세 수

$$A=-\log_{\frac{1}{2}} \frac{1}{6},\ B=2\log_{\frac{1}{2}} \frac{1}{5},\ C=-3\log_{\frac{1}{2}} 3$$

의 대소 관계를 바르게 나타낸 것은?

① $A<B<C$　　② $A<C<B$　　③ $B<A<C$

④ $B<C<A$　　⑤ $C<B<A$

**0367 상중하**

세 수 $A=5$, $B=\log_2 7$, $C=\log_4 25$의 대소를 비교하시오.

**0368 상중하**

$1<x<2$일 때, 세 수

$$A=\log_2 x,\ B=(\log_2 x)^2,\ C=\log_x 2$$

의 대소를 비교하시오.

**0369 상중하**

$0<b<a<1$일 때, 세 수

$$A=\log_a b,\ B=\log_b a,\ C=\log_a \frac{a}{b}$$

의 대소 관계를 바르게 나타낸 것은?

① $A<B<C$　　② $B<A<C$　　③ $B<C<A$

④ $C<A<B$　　⑤ $C<B<A$

▶ 개념원리 대수 98쪽, 99쪽

## 유형 |05| 로그함수의 그래프의 활용

(1) 로그함수 $y=\log_a x$의 그래프가 점 $(p, q)$를 지난다.

　➡ $q=\log_a p$

(2) 로그함수 $y=\log_a x+q$의 그래프는 $y=\log_a x$의 그래프를
　$y$축의 방향으로 $q$만큼 평행이동한 것이다.

### 0370 대표문제

오른쪽 그림은 함수 $y=\log_5 x$의
그래프이다. 점 M이 선분 PQ의
중점일 때, $a$의 값을 구하시오.

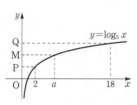

### 0371 상중하

오른쪽 그림에서 사각형 ABCD
는 한 변의 길이가 4인 정사각형
이고, 점 D는 함수 $y=\log_2 x$의
그래프 위에 있다. 이때 점 B의
$x$좌표를 구하시오. (단, 두 점 B,
C는 $x$축 위의 점이다.)

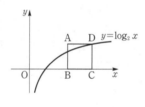

### 0372 상중하

오른쪽 그림과 같이 두 곡선
$y=\log_2 x$, $y=\log_2 x+1$과 두
직선 $x=2$, $x=3$으로 둘러싸인
부분의 넓이를 구하시오.

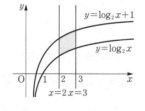

### 0373 상중하

오른쪽 그림과 같이 두 곡선
$y=\log_3 x$, $y=\log_3 (x-k)$와 두
직선 $y=1$, $y=5$로 둘러싸인 도형
의 넓이가 12일 때, 상수 $k$의 값을
구하시오. (단, $k>0$)

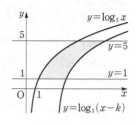

### 0374 상중하 《서술형

오른쪽 그림은 두 함수 $y=2^x$,
$y=\log_4 x$의 그래프와 직선 $y=x$를
나타낸 것이다. $\alpha+\beta=12$일 때,
$\alpha\beta$의 값을 구하시오.

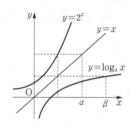

### 0375 상중하

오른쪽 그림과 같이 두 곡선 $y=2^{x+1}$,
$y=\log_3 (x+1)+1$이 $y$축과 만나는 점
을 각각 A, B라 하자. 점 A를 지나고 $x$
축에 평행한 직선이 곡선
$y=\log_3 (x+1)+1$과 만나는 점을 C,
점 B를 지나고 $x$축에 평행한 직선이 곡
선 $y=2^{x+1}$과 만나는 점을 D라 할 때, 사각형 ADBC의 넓
이는?

① $\dfrac{3}{2}$ 　　② $\log_2 3$ 　　③ $2$

④ $\dfrac{5}{2}$ 　　⑤ $2\log_2 3$

▶ 개념원리 대수 97쪽

**유형 │ 06** 로그함수의 역함수

로그함수 $f(x)=\log_a x$의 역함수를 $g(x)$라 하면

(1) $g(x)=a^x$

(2) $f(p)=q \Longleftrightarrow g(q)=p$

(3) 두 함수 $y=f(x)$, $y=g(x)$의 그래프는 직선 $y=x$에 대하여 대칭이다.

**0376** 대표문제

함수 $y=\log_{\frac{1}{2}}(x+a)+b$의 역함수
$f(x)$에 대하여 $y=f(x)$의 그래프가
오른쪽 그림과 같다. 이때 상수 $a$, $b$에
대하여 $ab$의 값을 구하시오.

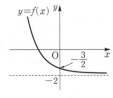

**0377** 상중하

오른쪽 그림과 같이 함수 $y=3^x$의
그래프와 직선 $x=1$ 및 $x$축, $y$축으
로 둘러싸인 도형의 넓이를 $A$, 함수
$y=\log_3 x$의 그래프와 직선 $x=3$ 및
$x$축으로 둘러싸인 도형의 넓이를 $B$
라 할 때, $A+B$의 값을 구하시오.

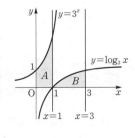

**0378** 상중하

함수 $f(x)=\log_2 (x-1)$의 그래프와
그 역함수 $y=g(x)$의 그래프가 오른
쪽 그림과 같다. $y=f(x)$의 그래프가
$x$축과 만나는 점을 A, 점 A를 지나
고 $y$축에 평행한 직선과 $y=g(x)$의
그래프가 만나는 점을 B, 점 B를 지나고 $x$축에 평행한 직선
과 $y=f(x)$의 그래프가 만나는 점을 C라 할 때, $\overline{\text{AB}}+\overline{\text{BC}}$
의 값을 구하시오.

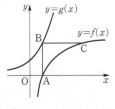

▶ 개념원리 대수 105쪽, 106쪽

**유형 │ 07** 로그함수의 최대·최소

로그함수 $y=\log_a f(x)$에 대하여

(1) $a>1$

➡ $f(x)$가 최대일 때 $y$도 최대, $f(x)$가 최소일 때 $y$도 최소

(2) $0<a<1$

➡ $f(x)$가 최대일 때 $y$는 최소, $f(x)$가 최소일 때 $y$는 최대

**0379** 대표문제

정의역이 $\{x \mid 2 \leq x \leq 6\}$인 함수 $y=\log_{\frac{1}{2}}(x^2-2x+8)$의 최
댓값을 $M$, 최솟값을 $m$이라 할 때, $M-m$의 값은?

① $\dfrac{1}{2}$　　　② $\dfrac{2}{3}$　　　③ $1$

④ $2$　　　⑤ $3$

**0380** 상중하

함수 $y=\log_2 (x^2-6x+11)$이 $x=a$에서 최솟값 $m$을 가질
때, $am$의 값을 구하시오.

**0381** 상중하

정의역이 $\{x \mid -1 \leq x \leq 2\}$인 함수 $y=\log_{\frac{1}{2}}(x+2)+k$의
최댓값이 3일 때, 최솟값을 구하시오. (단, $k$는 상수이다.)

**0382** 상중하 서술형

함수 $y=\log_a (x+1)+\log_a (3-x)$의 최솟값이 $-4$일 때,
상수 $a$의 값을 구하시오.

▶ 개념원리 대수 107쪽

**유형 |08** $\log_a x$의 꼴이 반복되는 함수의 최대·최소

$\log_a x = t$로 치환하여 $t$에 대한 이차함수의 최대·최소를 구한다.
이때 $x$의 값의 범위에 따른 $t$의 값의 범위에 주의한다.

**0383** 대표문제

$1 \le x \le 8$에서 함수 $y = \left(\log_{\frac{1}{2}} x\right)^2 + 4\log_{\frac{1}{2}} x + 5$의 최댓값을 $M$, 최솟값을 $m$이라 할 때, $Mm$의 값을 구하시오.

**0384** 상중하

$\dfrac{1}{4} \le x \le 2$일 때, 함수 $y = \log_2 4x \times \log_2 \dfrac{2}{x^2}$의 최댓값과 최솟값의 합은?

① $\dfrac{1}{8}$      ② $\dfrac{1}{6}$      ③ $\dfrac{1}{4}$

④ $\dfrac{1}{3}$      ⑤ $\dfrac{1}{2}$

**0385** 상중하

함수 $y = 5^{2\log x} - (x^{\log 5} + 5^{\log x}) + 7$이 $x = a$에서 최솟값 $b$를 가질 때, $a + b$의 값을 구하시오.

**0386** 상중하 ◀서술형

함수 $y = (\log_3 x)^2 + a\log_{27} x^2 + b$가 $x = \dfrac{1}{3}$에서 최솟값 1을 가질 때, 상수 $a$, $b$에 대하여 $a + b$의 값을 구하시오.

▶ 개념원리 대수 108쪽

**유형 |09** 지수에 로그가 포함된 함수의 최대·최소

지수에 로그가 포함된 함수의 최대·최소는 양변에 로그를 취하여 구한다.

**0387** 대표문제

정의역이 $\{x \mid 1 \le x \le 1000\}$인 함수 $y = x^{2 - \log x}$의 최댓값을 $M$, 최솟값을 $m$이라 할 때, $Mm$의 값을 구하시오.

**0388** 상중하

함수 $y = \dfrac{x^8}{x^{\log_2 x}}$이 $x = a$에서 최댓값 $b$를 가질 때, $\dfrac{b}{a}$의 값을 구하시오.

**유형 |10** 산술평균과 기하평균을 이용한 로그함수의 최대·최소

$\log_a x > 0$, $\log_x a > 0$일 때
$$\log_a x + \log_x a \ge 2\sqrt{\log_a x \times \log_x a} = 2$$
(단, 등호는 $\log_a x = \log_x a$일 때 성립)

**0389** 대표문제

$x > 1$일 때, 함수 $y = 2\log_5 x + \log_x 125$의 최솟값을 구하시오.

**0390** 상중하

정의역이 $\{x \mid x > 1\}$인 함수 $y = \log_3 x + \log_x k$의 최솟값이 1일 때, 상수 $k$에 대하여 $k^2$의 값을 구하시오. (단, $k > 1$)

▶ **개념원리** 대수 113쪽

## 유형 **11** 로그방정식

(1) 밑을 같게 할 수 있는 경우 ➡ 진수가 같음을 이용한다.

(2) 진수가 같은 경우 ➡ 밑이 같거나 진수가 1임을 이용한다.

**0391** 대표문제

방정식 $\log_4 (x-2) + \log_{\frac{1}{4}} (x-5) = \frac{1}{2}$의 해를 $x = a$라 할 때, $\log_4 a$의 값은?

① 1      ② $\frac{3}{2}$      ③ 2

④ $\frac{5}{2}$      ⑤ 3

**0392** 상중하

방정식 $\log_3 (x+3) - \log_9 (x+7) = 1$을 푸시오.

**0393** 상중하 서술형

방정식 $\log_{x^2+1} (x-1) = \log_{x+7} (x-1)$의 모든 근의 합을 구하시오.

▶ **개념원리** 대수 114쪽

## 유형 **12** $\log_a x$의 꼴이 반복되는 로그방정식

$\log_a x$ ($a > 0$, $a \neq 1$)의 꼴이 반복되는 로그방정식은 $\log_a x = t$로 치환하여 $t$에 대한 방정식을 푼다.

**0394** 대표문제

방정식 $\log_3 x - \log_9 x = 2\log_3 x \times \log_9 x$의 두 실근을 $\alpha$, $\beta$라 할 때, $\alpha\beta$의 값은?

① $\frac{1}{3}$      ② 1      ③ $\sqrt{3}$

④ 3      ⑤ $3\sqrt{3}$

**0395** 상중하

방정식 $\log_2 2x \times \log_2 \frac{x}{2} = 3$의 모든 근의 합을 구하시오.

**0396** 상중하

방정식 $(\log_2 x)^2 + k\log_2 x + 5 = 0$의 한 근이 $\frac{1}{2}$일 때, 다른 한 근을 구하시오. (단, $k$는 상수이다.)

**0397** 상중하

방정식 $\log_x 9 - \log_3 x = 1$의 두 실근을 $\alpha$, $\beta$라 할 때, $\frac{\alpha}{\beta}$의 값을 구하시오. (단, $\alpha > \beta$)

04

로그함수

▶ 개념원리 대수 115쪽

**유형 13 지수에 로그가 포함된 방정식**

지수에 로그가 포함된 방정식은 양변에 로그를 취하여 푼다.

**0398** 대표문제

방정식 $x^{\log_3 x} = \dfrac{1}{3} x^2$을 풀면?

① $x = \dfrac{1}{3}$　　　② $x = 3$　　　③ $x = 6$

④ $x = 9$　　　⑤ $x = 12$

**0399** 상중하

방정식 $x^{1-\log x} = \dfrac{x^2}{100}$의 모든 근의 곱을 구하시오.

**유형 14 로그가 포함된 연립방정식**

$\log_a x$, $\log_b y$ $(a > 0, a \neq 1, b > 0, b \neq 1)$에 대한 연립방정식

➡ $\log_a x = X$, $\log_b y = Y$로 치환하여 $X$, $Y$에 대한 연립방정식을 푼다.

**0400** 대표문제

연립방정식 $\begin{cases} \log_x 4 - \log_y 2 = 2 \\ \log_x 16 + \log_y 8 = -1 \end{cases}$의 해가 $x = \alpha$, $y = \beta$일 때, $\alpha\beta$의 값을 구하시오.

**0401** 상중하

연립방정식 $\begin{cases} \log_3 x + \log_2 y = 4 \\ \log_2 x \times \log_3 y = 3 \end{cases}$의 해가 $x = \alpha$, $y = \beta$일 때, $\alpha + \beta$의 값을 구하시오. (단, $0 < \beta < \alpha$)

▶ 개념원리 대수 115쪽

**유형 15 $\log_a x$의 꼴이 반복되는 로그방정식의 활용**

$p(\log_a x)^2 + q \log_a x + r = 0$ $(a > 0, a \neq 1)$의 두 근이 $\alpha$, $\beta$이다.

➡ $\log_a x = t$로 놓으면 이차방정식 $pt^2 + qt + r = 0$의 두 근은 $\log_a \alpha$, $\log_a \beta$이다.

**0402** 대표문제

방정식 $(\log_2 2x)^2 - 3\log_2 x^2 = 0$의 두 근을 $\alpha$, $\beta$라 할 때, $\alpha\beta$의 값은?

① $2$　　　② $4$　　　③ $8$

④ $16$　　　⑤ $32$

**0403** 상중하

방정식 $(\log x)^2 - k \log x - 5 = 0$의 두 근의 곱이 $100$일 때, 상수 $k$의 값을 구하시오.

**0404** 상중하

방정식 $p(\log x)^2 - 2p \log x + 1 = 0$의 두 근 $\alpha$, $\beta$에 대하여 $\log \alpha - \log \beta = 4$가 성립할 때, 상수 $p$의 값을 구하시오.

**0405** 상중하 서술형

방정식 $(\log_3 x)^2 - 6\log_3 x + 1 = 0$의 두 근을 $\alpha$, $\beta$라 할 때, 방정식 $(\log_3 x)^2 + p \log_3 x + q = 0$의 두 근은 $\alpha^2$, $\beta^2$이다. 이때 상수 $p$, $q$에 대하여 $pq$의 값을 구하시오.

▶ 개념원리 대수 121쪽, 122쪽

## 유형 **16** 로그부등식

(1) $a>1$일 때
$$\log_a f(x)<\log_a g(x)$$
$$\Longleftrightarrow 0<f(x)<g(x) \quad \text{← 부등호 방향 그대로}$$

(2) $0<a<1$일 때
$$\log_a f(x)<\log_a g(x)$$
$$\Longleftrightarrow f(x)>g(x)>0 \quad \text{← 부등호 방향 반대로}$$

**0406** 대표문제

부등식 $\log(6-x)+\log(x+5)\leq 1$의 해가 $a<x\leq-4$ 또는 $b\leq x<6$일 때, $a+b$의 값을 구하시오.

**0407** 상중하

부등식 $\log_{\frac{1}{4}}(x^2+4x-5)>\log_{\frac{1}{2}}(x+1)$을 만족시키는 정수 $x$의 개수를 구하시오.

**0408** 상중하

부등식 $\log_2(x+4)+\log_2(8-x)>k$의 해가 $0<x<4$일 때, 상수 $k$의 값은?

① 1        ② 2        ③ 3
④ 4        ⑤ 5

**0409** 상중하

부등식 $\log_5(\log_2 x)\leq 1$의 해가 $\alpha<x\leq\beta$일 때, $\alpha\beta$의 값을 구하시오.

---

▶ 개념원리 대수 122쪽

## 유형 **17** $\log_a x$의 꼴이 반복되는 로그부등식

$\log_a x\,(a>0,\ a\neq 1)$의 꼴이 반복되는 로그부등식은 $\log_a x=t$로 치환하여 $t$에 대한 부등식을 푼다.

**0410** 대표문제

부등식 $(\log_{\frac{1}{3}}x)^2-\log_{\frac{1}{3}}x^2\geq 0$을 푸시오.

**0411** 상중하 ◀서술형

부등식 $(\log_2 x)^2-\log_2 x^6+8<0$의 해가 $a<x<b$일 때, $a-b$의 값을 구하시오.

**0412** 상중하

부등식 $\log_2 4x\times\log_2 8x<2$의 해가 $\alpha<x<\beta$일 때, $\frac{\beta}{\alpha}$의 값은?

① 7        ② 8        ③ 9
④ 10        ⑤ 11

**0413** 상중하

부등식 $(\log_3 x)^2+a\log_3 x+b\leq 0$의 해가 $\frac{1}{9}\leq x\leq 27$일 때, 상수 $a$, $b$에 대하여 $ab$의 값을 구하시오.

04 로그함수

## 유형 18 지수에 로그가 포함된 부등식

지수에 로그가 포함된 부등식은 양변에 로그를 취하여 푼다.

### 0414 대표문제

부등식 $x^{\log_3 x} < 9x$를 만족시키는 정수 $x$의 개수는?

① 6      ② 7      ③ 8

④ 9      ⑤ 10

### 0415 상중하

부등식 $x^{\log x + 3} \geq 10000$을 푸시오.

### 0416 상중하

부등식 $2^{\log x} \times x^{\log 2} - 3(2^{\log x} + x^{\log 2}) + 8 > 0$의 해가 $0 < x < \alpha$ 또는 $x > \beta$일 때, $\alpha\beta$의 값은?

① $\dfrac{1}{10}$      ② 1      ③ 10

④ 100      ⑤ 1000

## 유형 JP 19 로그부등식이 항상 성립할 조건

$\log_a x = t$로 치환하여 $x$에 대한 부등식을 $t$에 대한 부등식으로 나타낸 후

(모든 양수 $x$에 대하여 $x$에 대한 부등식이 성립할 조건)

= (모든 실수 $t$에 대하여 $t$에 대한 부등식이 성립할 조건)

임을 이용한다.

### 0417 대표문제

모든 양수 $x$에 대하여 부등식

$$(\log_2 x)^2 + 8\log_2 x + 8\log_2 k > 0$$

이 성립하도록 하는 양수 $k$의 값의 범위를 구하시오.

### 0418 상중하

모든 양수 $x$에 대하여 부등식

$$\log_{\frac{1}{5}} x \times (\log_5 x + 10) \leq 25\log_5 k$$

가 성립하도록 하는 양수 $k$의 최솟값은?

① 4      ② 5      ③ 6

④ 7      ⑤ 8

### 0419 상중하

모든 양수 $x$에 대하여 부등식 $x^{\log_2 x} \geq (8x)^{4k}$이 성립하도록 하는 실수 $k$의 값의 범위를 구하시오.

▶ **개념원리** 대수 116쪽, 124쪽

## 유형JP **20** 로그를 포함한 이차방정식과 이차부등식에의 활용

모든 실수 $x$에 대하여 이차부등식이 성립할 조건

➡ 이차방정식 $ax^2+bx+c=0$의 판별식을 $D$라 할 때

(1) $ax^2+bx+c>0 \Rightarrow a>0,\ D<0$

(2) $ax^2+bx+c<0 \Rightarrow a<0,\ D<0$

(3) $ax^2+bx+c\geq0 \Rightarrow a>0,\ D\leq0$

(4) $ax^2+bx+c\leq0 \Rightarrow a<0,\ D\leq0$

**0420** 대표문제

$x$에 대한 이차방정식 $x^2-x\log a+\log a+3=0$이 실근을 갖지 않도록 하는 양수 $a$의 값의 범위를 구하시오.

**0421** 상중하

$x$에 대한 이차방정식 $x^2-x\log a+2\log a-3=0$이 중근을 갖도록 하는 모든 양수 $a$의 값의 곱은?

① $10^5$ ② $10^6$ ③ $10^7$

④ $10^8$ ⑤ $10^9$

**0422** 상중하 ◀서술형

$x$에 대한 부등식 $x^2-2(1+\log_2 a)x+1-(\log_2 a)^2>0$이 항상 성립하도록 하는 양수 $a$의 값의 범위를 구하시오.

**0423** 상중하

모든 실수 $x$에 대하여 부등식

$$(1-\log_3 a)x^2-2(1-\log_3 a)x+\log_3 a>0$$

이 성립하도록 하는 모든 자연수 $a$의 값의 곱을 구하시오.

▶ **개념원리** 대수 116쪽, 125쪽

## 유형JP **21** 로그방정식과 로그부등식의 실생활에의 활용

주어진 조건에 맞게 방정식 또는 부등식을 세운다.

**0424** 대표문제

어느 자동차 회사의 올해 매출액은 작년에 비해 28 % 증가하여 100억 원이었다. 이 자동차 회사의 매출액이 앞으로도 매년 28 %씩 증가한다면 매출액이 올해 매출액의 5배가 되는 것은 몇 년 후인지 구하시오. (단, $\log 2=0.3$으로 계산한다.)

**0425** 상중하

철광석을 생산하는 어느 철광 회사는 다음과 같은 사업 방향에 맞도록 회사를 운영하려고 한다. 이 회사가 매년 증가시켜야 하는 채굴량을 $x$ %라 할 때, $x$의 값을 구하시오.

(단, $\log 1.07=0.03$, $\log 2=0.3$으로 계산한다.)

> ㈎ 매년 일정한 비율로 채굴량을 증가시킨다.
>
> ㈏ 10년 후의 채굴량이 올해의 2배가 되도록 한다.

**0426** 상중하

실험실에서 배양 중인 어떤 미생물의 개체 수는 1시간마다 일정한 비율로 증가한다. 배양을 시작한 지 10시간 후 이 미생물의 개체 수가 처음의 $\dfrac{5}{2}$배가 되었다고 할 때, 이 미생물의 개체 수가 처음의 3배 이상이 되는 것은 배양을 시작한 지 최소 몇 시간 후인지 구하시오.

(단, $\log 2=0.3010$, $\log 3=0.4771$로 계산한다.)

## 0427

함수 $f(x)=\log_{\sqrt{3}}\left(1+\dfrac{1}{x}\right)$에 대하여

$f(3)+f(4)+f(5)+\cdots+f(8)$의 값을 구하시오.

## 0428

함수 $f(x)=\log_2(x+1)-2$에 대하여 함수 $g(x)$가

$(f\circ g)(x)=3x$를 만족시킬 때, $g\left(\dfrac{1}{3}\right)$의 값을 구하시오.

## 0429

함수 $y=\log_5(x-a)+b$의 그래프가 오른쪽 그림과 같을 때, 상수 $a$, $b$에 대하여 $a+b$의 값을 구하시오.

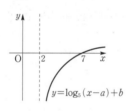

## 0430 중요★

함수 $y=\log_a 2x$의 그래프를 $x$축의 방향으로 $m$만큼, $y$축의 방향으로 $n$만큼 평행이동하면 함수 $y=\log_3(6x-72)$의 그래프와 일치한다. 이때 $a+m+n$의 값을 구하시오.

(단, $a$는 상수이다.)

## 0431

보기에서 그래프를 평행이동 또는 대칭이동하여 함수 $y=\log_3 x$의 그래프와 겹쳐질 수 있는 함수인 것만을 있는 대로 고른 것은?

> **보기**
>
> ㄱ. $y=\log_{\frac{1}{3}} x$       ㄴ. $y=2\log_9(x-3)$
>
> ㄷ. $y=3^{x-2}-1$       ㄹ. $y=\log_9 x^2$

① ㄱ, ㄴ      ② ㄱ, ㄴ, ㄷ      ③ ㄱ, ㄷ, ㄹ

④ ㄴ, ㄷ, ㄹ      ⑤ ㄱ, ㄴ, ㄷ, ㄹ

## 0432

세 수 $A=\dfrac{1}{2}\log_{0.1}2$, $B=\log_{0.1}\sqrt{3}$, $C=\dfrac{1}{3}\log_{0.1}8$의 대소 관계를 바르게 나타낸 것은?

① $A<C<B$      ② $B<A<C$      ③ $B<C<A$

④ $C<A<B$      ⑤ $C<B<A$

## 0433 교육청 기출

2보다 큰 상수 $k$에 대하여 두 곡선 $y=|\log_2(-x+k)|$, $y=|\log_2 x|$가 만나는 세 점 P, Q, R의 $x$좌표를 각각 $x_1$, $x_2$, $x_3$이라 하자. $x_3-x_1=2\sqrt{3}$일 때, $x_1+x_3$의 값은?

(단, $x_1<x_2<x_3$)

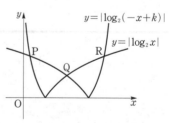

① $\dfrac{7}{2}$      ② $\dfrac{15}{4}$      ③ 4

④ $\dfrac{17}{4}$      ⑤ $\dfrac{9}{2}$

**0434**

다음 중 함수 $y=\log_2(2-x)-1$에 대한 설명으로 옳지 않은 것은?

① 정의역은 $\{x|x<2\}$이다.
② 치역은 실수 전체의 집합이다.
③ 그래프의 점근선은 직선 $x=2$이다.
④ $x<2$에서 $x$의 값이 증가하면 $y$의 값은 감소한다.
⑤ 역함수는 함수 $y=2^{x+1}+2$이다.

**0435**

함수 $f(x)=\log_3 x$의 역함수 $g(x)$에 대하여 $g(\alpha)=2$, $g(\beta)=7$일 때, $g(\alpha+\beta)$의 값을 구하시오.

**0436**

오른쪽 그림과 같이 함수 $y=\log_a x+k$의 그래프와 그 역함수 $y=g(x)$의 그래프가 두 점에서 만난다. 두 교점의 $x$좌표가 각각 1, 2일 때, 상수 $a$, $k$에 대하여 $a+k$의 값을 구하시오.

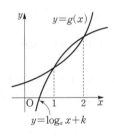

**0437**

함수 $y=g(x)$의 그래프는 함수 $y=\log_2(x-1)$의 그래프와 직선 $y=x$에 대하여 대칭이다. 점 $\mathrm{P}(2,\ b)$는 곡선 $y=g(x)$ 위에 있고, 점 $\mathrm{Q}(a,\ b)$는 곡선 $y=\log_2(x-1)$ 위에 있을 때, $a+b$의 값을 구하시오.

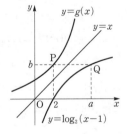

**0438** 중요★

정의역이 $\{x|5\leq x\leq 8\}$인 함수 $y=\log_{\frac{1}{3}}(x-a)$의 최솟값이 $-2$일 때, 상수 $a$의 값은?

① $-5$  ② $-4$  ③ $-3$
④ $-2$  ⑤ $-1$

**0439**

두 함수 $f(x)=\log_2\dfrac{x}{4}$, $g(x)=x^2-8x+80$에 대하여 함수 $(f\circ g)(x)$의 최솟값을 구하시오.

**0440**

정의역이 $\{x|1\leq x\leq 81\}$인 함수

$$y=\log_3 x\times\log_{\frac{1}{3}}x+2\log_3 x+10$$

의 최댓값을 $M$, 최솟값을 $m$이라 할 때, $M+m$의 값을 구하시오.

**0441**

$x>0$, $y>0$일 때, $\log_2\left(x+\dfrac{1}{y}\right)+\log_2\left(y+\dfrac{9}{x}\right)$의 최솟값은?

① 1  ② 2  ③ 3
④ 4  ⑤ 5

**0442** 중요★

방정식 $\log_{\frac{1}{2}}(x-2)=\log_{\frac{1}{4}}(2x-1)$의 근을 $\alpha$,

방정식 $(\log_{16}x^2)^2-5\log_{16}x+1=0$의 두 근을 $\beta$, $\gamma$라 할 때, $\alpha+\beta+\gamma$의 값을 구하시오.

**0443**

방정식 $x^{\log x^2}=100x^3$의 두 근을 $\alpha$, $\beta$라 할 때, $\log\alpha\beta$의 값은? (단, $x>0$)

① $-\dfrac{1}{2}$　　　　② $-1$　　　　③ $\dfrac{2}{3}$

④ $\dfrac{3}{2}$　　　　⑤ $2$

**0444**

방정식 $(\log_3 x)^2-8\log_3\sqrt{x}+2=0$의 두 근을 $\alpha$, $\beta$라 할 때, $\log_\alpha 3+\log_\beta 3$의 값을 구하시오.

**0445** 평가원 기출

이차함수 $y=f(x)$의 그래프와 직선 $y=x-1$이 그림과 같을 때, 부등식
$$\log_3 f(x)+\log_{\frac{1}{3}}(x-1)\le 0$$
을 만족시키는 모든 자연수 $x$의 값의 합을 구하시오.

(단, $f(0)=f(7)=0$, $f(4)=3$)

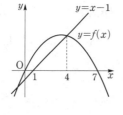

**0446** 중요★

부등식 $(2+\log_{\frac{1}{2}}x)\log_2 x>-3$을 만족시키는 정수 $x$의 최댓값을 구하시오.

**0447**

부등식 $x^{\log_{\frac{1}{2}}x}>\dfrac{x}{64}$를 만족시키는 정수 $x$의 개수를 구하시오.

**0448**

$x$에 대한 이차방정식 $x^2+2(2-\log a)x-2\log a+7=0$이 서로 다른 두 실근을 갖도록 하는 양수 $a$의 값의 범위는?

① $\dfrac{1}{10}<a<100$　　　　② $\dfrac{1}{10}<a<1000$

③ $10<a<1000$　　　　④ $0<a<\dfrac{1}{10}$ 또는 $a>100$

⑤ $0<a<\dfrac{1}{10}$ 또는 $a>1000$

**0449**

물에 섞여 있는 중금속은 여과기를 한 번 통과할 때마다 그 양이 $20\%$씩 감소한다고 한다. 중금속의 양을 처음 양의 $2\%$ 이하로 줄이려면 여과기를 최소한 몇 번 통과시켜야 하는가?

(단, $\log 2=0.3010$으로 계산한다.)

① 17번　　　　② 18번　　　　③ 19번

④ 20번　　　　⑤ 21번

✏️ 서술형 **주관식**

**0450**

오른쪽 그림과 같이 두 함수
$y=\log_3 x$, $y=\log_{27} x$의 그래프와
직선 $x=k$의 교점을 각각 A, B라
할 때, $\overline{AB}=2$를 만족시키는 상수
$k$의 값을 구하시오. (단, $k>1$)

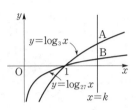

**0451**

함수 $y=2(\log_2 x)^2-\log_{\sqrt{2}} x^3+a$가 $x=b$에서 최솟값 2를
가질 때, $a^2 b^2$의 값을 구하시오. (단, $a$는 상수이다.)

**0452**

방정식 $\log_{2x^2+1}(2x-1)=\log_{7x-2}(2x-1)$의 모든 근의 합
을 구하시오.

**0453**

양수 $a$가 $\dfrac{\sqrt{a}}{\sqrt{a-1}}=-\sqrt{\dfrac{a}{a-1}}$를 만족시킬 때, 부등식
$\log_a x>\log_a 4-\log_a(x-3)$의 해를 구하시오.

🏆 실력 **Up**

**0454**

오른쪽 그림과 같이 곡선
$y=|\log_3 x|$와 직선 $l$의 세 교점
A, B, C에서 $x$축에 내린 수선의
발을 각각 A′, B′, C′이라 하자.
$\overline{OA'}=\overline{A'B'}=\overline{B'C'}$일 때, 점 B
의 $y$좌표를 구하시오. (단, O는 원점이다.)

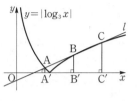

**0455** 평가원 기출

$a>1$인 실수 $a$에 대하여
직선 $y=-x+4$가 두 곡선
$y=a^{x-1}$, $y=\log_a(x-1)$과
만나는 점을 각각 A, B라 하
고, 곡선 $y=a^{x-1}$이 $y$축과 만
나는 점을 C라 하자.
$\overline{AB}=2\sqrt{2}$일 때, 삼각형 ABC의 넓이는 $S$이다. $50\times S$의 값
을 구하시오.

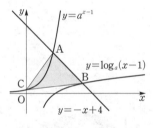

**0456**

방정식 $\log(2x+5)+\log(4-x)=\log a$를 만족시키는 실
수 $x$가 존재하도록 하는 자연수 $a$의 개수를 구하시오.

공감
한 스푼

마찰 없이 보석을
광나게 할 수 없듯이
시련 없이 사람을
완전하게 할 수 없다.

– 에이브러햄 링컨 –

# II

# 삼각함수

# 05 삼각함수

유형 01~04

## 05 1 일반각과 호도법

**1 일반각**  ┌→ ∠XOP의 크기를 고정된 반직선 OX의 위치에서 점 O를 중심으로 반직선 OP의 위치까지
회전한 양으로 정의할 때, 반직선 OX를 시초선, 반직선 OP를 동경이라 한다.

시초선 OX와 동경 OP가 나타내는 한 각의 크기를 $a°$라 하면

$$\angle XOP = 360° \times n + a° \ (n은 정수)$$

의 꼴로 나타낼 수 있고, 이것을 동경 OP가 나타내는 **일반각**이라 한다.

**2 호도법**

(1) **1라디안**: 반지름의 길이가 $r$인 원에서 길이가 $r$인 호의 중심각의 크기

(2) **호도법**: 라디안을 단위로 하여 각의 크기를 나타내는 방법

(3) 1라디안$=\dfrac{180°}{\pi}$, $1°=\dfrac{\pi}{180}$라디안

유형 05

## 05 2 부채꼴의 호의 길이와 넓이

반지름의 길이가 $r$, 중심각의 크기가 $\theta$ (라디안)인 부채꼴의 호의 길이를 $l$, 넓이를 $S$라 하면

$$l = r\theta, \ S = \frac{1}{2}r^2\theta = \frac{1}{2}rl$$

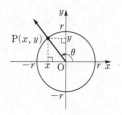

유형 06

## 05 3 삼각함수의 정의

원점 O를 중심으로 하고 반지름의 길이가 $r$인 원 위의 점 $P(x, y)$에 대하여 동경 OP가 나타내는 각의 크기를 $\theta$라 하면

$$\sin\theta = \frac{y}{r}, \ \cos\theta = \frac{x}{r}, \ \tan\theta = \frac{y}{x} \ (x \neq 0)$$

이 함수를 차례대로 $\theta$의 사인함수, 코사인함수, 탄젠트함수라 하고, 이와 같은 함수들을 $\theta$에 대한 **삼각함수**라 한다.

유형 07

## 05 4 삼각함수의 값의 부호

삼각함수의 값의 부호는 각 $\theta$의 동경이 위치하는 사분면에 따라 다음과 같이 정해진다.

(1) $\sin\theta$의 값의 부호     (2) $\cos\theta$의 값의 부호     (3) $\tan\theta$의 값의 부호

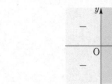

유형 08~11

## 05 5 삼각함수 사이의 관계

(1) $\tan\theta = \dfrac{\sin\theta}{\cos\theta}$　　　　　(2) $\sin^2\theta + \cos^2\theta = 1$

---

### ➕ 개념 플러스

- 각의 크기는 회전 방향이 양의 방향이면 +를, 음의 방향이면 -를 붙여서 나타내고, 보통 양의 부호는 생략한다.

- 일반각으로 나타낼 때, $a°$는 보통 $0° \leq a° < 360°$인 각을 이용한다.

- 도($°$)를 단위로 하여 각의 크기를 나타내는 방법을 **육십분법**이라 한다.

- 각의 크기를 호도법으로 나타낼 때에는 단위인 '라디안'은 생략하고, 1, $\dfrac{\pi}{6}$, $\pi$와 같이 나타낸다.

- 부채꼴의 중심각의 크기 $\theta$는 호도법으로 나타낸 각임에 유의한다.

- $\dfrac{y}{r}, \dfrac{x}{r}, \dfrac{y}{x} \ (x \neq 0)$의 값은 $r$의 값에 관계없이 $\theta$의 값에 따라 각각 하나씩 정해지므로 각각은 $\theta$에 대한 함수이다.

- 각 사분면에서 삼각함수의 값이 양수인 것을 좌표평면 위에 나타내면 다음 그림과 같다. 이를 얼(all)—싸(sin)—안(tan)—코(cos)로 기억하면 편리하다.

- $(\sin\theta)^2$, $(\cos\theta)^2$, $(\tan\theta)^2$은 각각 $\sin^2\theta$, $\cos^2\theta$, $\tan^2\theta$와 같이 나타낸다.

# 교과서 문제 정복하기

## 05 1 일반각과 호도법

[0457~0458] 다음 각을 나타내는 시초선 OX와 동경 OP의 위치를 그림으로 나타내시오.

**0457** $60°$

**0458** $-210°$

[0459~0460] 다음 그림에서 시초선 OX에 대하여 동경 OP가 나타내는 일반각을 $360°\times n+a°$의 꼴로 나타내시오.
(단, $n$은 정수이고, $0°\leq a°<360°$이다.)

**0459**

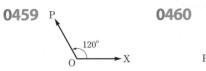

**0460**

[0461~0462] 다음 각의 동경이 나타내는 일반각을 $360°\times n+a°$의 꼴로 나타내시오.
(단, $n$은 정수이고, $0°\leq a°<360°$이다.)

**0461** $500°$

**0462** $-650°$

[0463~0464] 다음 각은 제몇 사분면의 각인지 말하시오.

**0463** $550°$

**0464** $-380°$

[0465~0468] 다음 각을 육십분법은 호도법으로, 호도법은 육십분법으로 나타내시오.

**0465** $240°$

**0466** $\dfrac{7}{4}\pi$

**0467** $-300°$

**0468** $-\dfrac{2}{3}\pi$

[0469~0472] 다음 각의 동경이 나타내는 일반각을 $2n\pi+\theta$의 꼴로 나타내시오. (단, $n$은 정수이고, $0\leq\theta<2\pi$이다.)

**0469** $5\pi$

**0470** $\dfrac{17}{6}\pi$

**0471** $-\dfrac{16}{3}\pi$

**0472** $-\dfrac{3}{4}\pi$

## 05 2 부채꼴의 호의 길이와 넓이

**0473** 반지름의 길이가 4, 중심각의 크기가 $\dfrac{\pi}{4}$인 부채꼴의 호의 길이 $l$과 넓이 $S$를 구하시오.

**0474** 호의 길이가 4, 넓이가 6인 부채꼴의 반지름의 길이 $r$와 중심각의 크기 $\theta$를 구하시오.

## 05 3 삼각함수의 정의

**0475** 원점 O와 점 $P(3, -1)$에 대하여 동경 OP가 나타내는 각의 크기를 $\theta$라 할 때, $\sin\theta$, $\cos\theta$, $\tan\theta$의 값을 구하시오.

**0476** $\theta=\dfrac{3}{4}\pi$일 때, $\sin\theta$, $\cos\theta$, $\tan\theta$의 값을 구하시오.

## 05 4 삼각함수의 값의 부호

**0477** $\theta=\dfrac{14}{3}\pi$일 때, $\sin\theta$, $\cos\theta$, $\tan\theta$의 값의 부호를 말하시오.

[0478~0479] 다음을 만족시키는 각 $\theta$는 제몇 사분면의 각인지 말하시오.

**0478** $\sin\theta<0$, $\cos\theta<0$

**0479** $\sin\theta>0$, $\tan\theta<0$

## 05 5 삼각함수 사이의 관계

**0480** $\theta$가 제2사분면의 각이고 $\cos\theta=-\dfrac{3}{5}$일 때, $\sin\theta$, $\tan\theta$의 값을 구하시오.

**0481** $\sin\theta+\cos\theta=\dfrac{1}{3}$일 때, $\sin\theta\cos\theta$의 값을 구하시오.

# 유형 익히기

▶ 개념원리 대수 133쪽

## 유형 01 일반각

시초선 OX와 동경 OP가 나타내는 한 각의 크기를 $a°$라 하면 동경 OP가 나타내는 일반각은
$$360° \times n + a° \text{ (단, } n \text{은 정수이다.)}$$

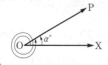

### 0482 대표문제

시초선 OX와 동경 OP의 위치가 오른쪽 그림과 같을 때, 다음 중 동경 OP가 나타내는 각이 될 수 없는 것은?

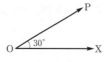

① $390°$     ② $750°$     ③ $-330°$

④ $-390°$     ⑤ $-690°$

### 0483 상중하

정수 $n$에 대하여 다음 각을
$$360° \times n + a° \ (0° \leq a° < 360°)$$
의 꼴로 나타낼 때, $a$의 값이 나머지 넷과 다른 하나는?

① $-500°$     ② $-220°$     ③ $580°$

④ $940°$     ⑤ $1300°$

### 0484 상중하

**보기**의 각을 나타내는 동경 중 $240°$를 나타내는 동경과 일치하는 것만을 있는 대로 고르시오.

**보기**

ㄱ. $1680°$     ㄴ. $-240°$     ㄷ. $2040°$

ㄹ. $-1920°$     ㅁ. $720°$

▶ 개념원리 대수 133쪽

## 유형 02 사분면의 각

각 $\theta$를 나타내는 동경이 존재하는 사분면에 따라 $\theta$의 값의 범위를 일반각으로 표현하면 다음과 같다. (단, $n$은 정수이다.)

(1) $\theta$가 제1사분면의 각: $360° \times n < \theta < 360° \times n + 90°$

(2) $\theta$가 제2사분면의 각: $360° \times n + 90° < \theta < 360° \times n + 180°$

(3) $\theta$가 제3사분면의 각: $360° \times n + 180° < \theta < 360° \times n + 270°$

(4) $\theta$가 제4사분면의 각: $360° \times n + 270° < \theta < 360° \times n + 360°$

### 0485 대표문제

$\theta$가 제3사분면의 각일 때, 각 $\dfrac{\theta}{2}$를 나타내는 동경이 존재하는 사분면을 모두 구하시오.

### 0486 상중하

다음 중 각을 나타내는 동경이 존재하는 사분면이 나머지 넷과 다른 하나는?

① $610°$     ② $955°$     ③ $1295°$

④ $-570°$     ⑤ $-840°$

### 0487 상중하

$\theta$가 제4사분면의 각일 때, 각 $\dfrac{\theta}{3}$를 나타내는 동경이 속하는 모든 영역을 좌표평면 위에 나타낸 것은?

(단, 경계선은 제외한다.)

①      ②      ③

④      ⑤

▶ 개념원리 대수 134쪽

**유형 03 두 동경의 위치 관계**

두 각 $\alpha$, $\beta$를 나타내는 두 동경의 위치 관계에 따른 $\alpha$, $\beta$ 사이의 관계식은 다음과 같다. (단, $n$은 정수이다.)

(1) 일치한다. ⇒ $\alpha - \beta = 360° \times n$

(2) 일직선 위에 있고 방향이 반대이다.

⇒ $\alpha - \beta = 360° \times n + 180°$

(3) $x$축에 대하여 대칭이다. ⇒ $\alpha + \beta = 360° \times n$

(4) $y$축에 대하여 대칭이다. ⇒ $\alpha + \beta = 360° \times n + 180°$

(5) 직선 $y=x$에 대하여 대칭이다. ⇒ $\alpha + \beta = 360° \times n + 90°$

**0488** 대표문제

각 $\theta$를 나타내는 동경과 각 $7\theta$를 나타내는 동경이 일치할 때, 각 $\theta$의 크기를 구하시오. (단, $90° < \theta < 180°$)

**0489** 상**중**하

각 $\theta$를 나타내는 동경과 각 $5\theta$를 나타내는 동경이 일직선 위에 있고 방향이 반대일 때, 각 $\theta$의 크기를 구하시오.

(단, $0° < \theta < 90°$)

**0490** 상**중**하

각 $\theta$를 나타내는 동경과 각 $4\theta$를 나타내는 동경이 $x$축에 대하여 대칭일 때, 각 $\theta$의 크기를 모두 구하시오.

(단, $180° < \theta < 360°$)

**0491** 상**중**하 ◀서술형

각 $2\theta$를 나타내는 동경과 각 $7\theta$를 나타내는 동경이 직선 $y=x$에 대하여 대칭일 때, 모든 각 $\theta$의 크기의 합을 구하시오.

(단, $0° < \theta < 90°$)

▶ 개념원리 대수 138쪽

**유형 04 육십분법과 호도법**

1라디안 $= \dfrac{180°}{\pi}$, $1° = \dfrac{\pi}{180}$ 라디안이므로

(1) 호도법의 각을 육십분법의 각으로 나타내면

(호도법의 각) $\times \dfrac{180°}{\pi}$

(2) 육십분법의 각을 호도법의 각으로 나타내면

(육십분법의 각) $\times \dfrac{\pi}{180}$

**0492** 대표문제

다음 중 옳은 것은?

① $45° = \dfrac{\pi}{2}$

② $160° = \dfrac{6}{7}\pi$

③ $-144° = -\dfrac{5}{4}\pi$

④ $\dfrac{3}{10}\pi = 56°$

⑤ $\dfrac{9}{5}\pi = 324°$

**0493** 상**중**하

각 $432°$를 호도법의 각으로 나타내면 $\dfrac{b}{a}\pi$이고, $\dfrac{a}{b}\pi$를 육십분법의 각으로 나타내면 $c°$라 할 때, $a+b+c$의 값을 구하시오. (단, $a$, $b$는 서로소인 자연수이다.)

**0494** 상**중**하

**보기**에서 옳은 것만을 있는 대로 고르시오.

보기

ㄱ. $16° = \dfrac{4}{45}\pi$

ㄴ. 2라디안 $= \dfrac{360°}{\pi}$

ㄷ. $-\dfrac{4}{3}\pi$는 제3사분면의 각이다.

ㄹ. $-\dfrac{5}{4}\pi$, $\dfrac{3}{4}\pi$, $\dfrac{19}{4}\pi$를 나타내는 동경은 모두 일치한다.

05

삼각함수

▶ 개념원리 대수 139쪽

## 유형 05 부채꼴의 호의 길이와 넓이

반지름의 길이가 $r$, 중심각의 크기가 $\theta$인 부
채꼴의 호의 길이를 $l$, 넓이를 $S$라 하면

(1) $l = r\theta$

(2) $S = \dfrac{1}{2}r^2\theta = \dfrac{1}{2}rl$

### 0495 대표문제
호의 길이가 $6\pi$이고 넓이가 $12\pi$인 부채꼴의 중심각의 크기
는?

① $\dfrac{\pi}{6}$      ② $\dfrac{\pi}{3}$      ③ $\dfrac{\pi}{2}$

④ $\dfrac{2}{3}\pi$      ⑤ $\dfrac{3}{2}\pi$

### 0496 상중하
중심각의 크기가 $\dfrac{5}{6}\pi$이고 호의 길이가 $10\pi$인 부채꼴의 반지
름의 길이를 $a$, 넓이를 $b\pi$라 할 때, $b-a$의 값을 구하시오.

### 0497 상중하
둘레의 길이가 24인 부채꼴 중에서 그 넓이가 최대인 것의 반
지름의 길이를 구하시오.

### 0498 상중하
오른쪽 그림과 같이 반지름의 길이가
12이고 중심각의 크기가 $\dfrac{\pi}{3}$인 부채
꼴 PAB에 내접하는 원 $O$를 그릴 때,
색칠한 부분의 넓이를 구하시오.

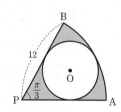

▶ 개념원리 대수 146쪽

## 유형 06 삼각함수의 정의

원점 O를 중심으로 하고 반지름의 길이
가 $r$인 원 위의 점 $P(x, y)$에 대하여
동경 OP가 나타내는 각의 크기를 $\theta$라
하면

$$\sin\theta = \dfrac{y}{r}, \quad \cos\theta = \dfrac{x}{r},$$

$$\tan\theta = \dfrac{y}{x} \ (x \neq 0)$$

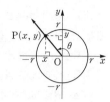

### 0499 대표문제
원점 O와 점 $P(12, -5)$를 지나는 동경 OP가 나타내는 각의
크기를 $\theta$라 할 때, $13\sin\theta - 13\cos\theta + 12\tan\theta$의 값을 구하
시오.

### 0500 상중하
원점 O와 제2사분면 위의 점 $P\left(a, \dfrac{3}{2}\right)$에 대하여 동경 OP
가 나타내는 각의 크기를 $\theta$라 하면 $\tan\theta = -\dfrac{3}{4}$이다.
$\overline{OP} = r$라 할 때, $a + r$의 값을 구하시오.

### 0501 상중하
오른쪽 그림과 같이 가로의 길이가
6, 세로의 길이가 2인 직사각형
ABCD가 원 $x^2 + y^2 = 10$에 내접하
고 있다. 두 동경 OA, OD가 나타
내는 각의 크기를 각각 $\alpha$, $\beta$라 할 때,
$\sin\alpha\cos\beta$의 값을 구하시오.
(단, O는 원점이고, 직사각형의 각 변은 좌표축과 평행하다.)

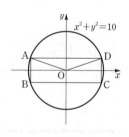

### 0502 상중하 서술형
원점 O와 직선 $y = -\sqrt{3}x$ 위의 점 P에 대하여 동경 OP가
나타내는 각의 크기를 $\theta$라 할 때, $-\sin\theta + \cos\theta + \tan\theta$의
값을 구하시오. (단, 점 P는 제4사분면 위의 점이다.)

▶ 개념원리 대수 **147**쪽

**유형 07** **삼각함수의 값의 부호**

각 사분면에서 값이 양수인 삼각함수는 다음
과 같다.

(1) 제1사분면: 모두
(2) 제2사분면: $\sin\theta$
(3) 제3사분면: $\tan\theta$
(4) 제4사분면: $\cos\theta$

**0503** 대표문제

$\sin\theta\cos\theta>0$, $\cos\theta\tan\theta>0$을 동시에 만족시키는 각 $\theta$는
제몇 사분면의 각인지 말하시오.

**0504** 상중하

다음 중 $\tan\theta<0$, $\cos\theta>0$을 동시에 만족시키는 각 $\theta$의 크
기가 될 수 있는 것은?

① $\dfrac{\pi}{4}$  ② $\dfrac{\pi}{3}$  ③ $\dfrac{2}{3}\pi$

④ $\dfrac{5}{4}\pi$  ⑤ $\dfrac{5}{3}\pi$

**0505** 상중하

$\pi<\theta<\dfrac{3}{2}\pi$일 때,

$$|\sin\theta|+|\cos\theta|+\sqrt{\sin^2\theta}+\sqrt[3]{\cos^3\theta}$$

를 간단히 하면?

① $-2\sin\theta$  ② $-2\cos\theta$  ③ $0$
④ $2\sin\theta$  ⑤ $2\cos\theta$

**0506** 상중하 서술형

$\dfrac{\pi}{2}<\theta<\pi$일 때,

$$\sqrt{\sin^2\theta}-\sqrt{(\cos\theta+\tan\theta)^2}+\cos\theta-\sin\theta+|\tan\theta|$$

를 간단히 하시오.

**0507** 상중하

$\dfrac{\sqrt{\cos\theta}}{\sqrt{\sin\theta}}=-\sqrt{\dfrac{\cos\theta}{\sin\theta}}$ 를 만족시키는 각 $\theta$의 값의 범위가

$a\pi<\theta<b\pi$일 때, 상수 $a$, $b$에 대하여 $a+b$의 값은?

(단, $0<\theta<2\pi$, $\sin\theta\cos\theta\neq0$)

① $\dfrac{3}{2}$  ② $2$  ③ $\dfrac{5}{2}$

④ $3$  ⑤ $\dfrac{7}{2}$

**0508** 상중하

$\cos\theta<0$, $\tan\theta<0$일 때, **보기**에서 옳은 것만을 있는 대로
고른 것은? (단, $0<\theta<2\pi$)

보기
ㄱ. $\sin\theta\cos\theta>0$   ㄴ. $\sin\theta\tan\theta<0$
ㄷ. $\tan\dfrac{\theta}{2}>0$   ㄹ. $\sin2\theta>0$

① ㄴ  ② ㄱ, ㄷ  ③ ㄴ, ㄷ
④ ㄱ, ㄷ, ㄹ  ⑤ ㄴ, ㄷ, ㄹ

**0509** 상중하

$\sin\theta\tan\theta>0$, $\cos\theta\tan\theta<0$일 때, 각 $\dfrac{\theta}{2}$를 나타내는 동
경이 존재하는 사분면을 모두 구하시오.

▶ 개념원리 대수 148쪽

### 유형 | 08  삼각함수 사이의 관계를 이용하여 식 간단히 하기

(1) $\tan\theta = \dfrac{\sin\theta}{\cos\theta}$    (2) $\sin^2\theta + \cos^2\theta = 1$

**0510** 대표문제

$\dfrac{\cos^2\theta - \sin^2\theta}{1 + 2\sin\theta\cos\theta} + \dfrac{\tan\theta - 1}{\tan\theta + 1}$ 을 간단히 하면?

① 0          ② 1          ③ 2

④ $-\sin\theta$     ⑤ $\cos\theta$

**0511** 상중하

$\dfrac{\sin\theta}{1-\cos\theta} + \dfrac{1-\cos\theta}{\sin\theta}$ 를 간단히 하시오.

**0512** 상중하

보기에서 옳은 것만을 있는 대로 고르시오.

보기

ㄱ. $\dfrac{1-\cos^2\theta}{\tan^2\theta} + \sin^2\theta = 0$

ㄴ. $\left(1 + \dfrac{1}{\sin\theta}\right)\left(1 + \dfrac{1}{\cos\theta}\right)\left(1 - \dfrac{1}{\sin\theta}\right)\left(1 - \dfrac{1}{\cos\theta}\right) = 2$

ㄷ. $\left(\sin\theta + \dfrac{1}{\sin\theta}\right)^2 + \left(\cos\theta + \dfrac{1}{\cos\theta}\right)^2$
$- \left(\tan\theta + \dfrac{1}{\tan\theta}\right)^2 = 5$

**0513** 상중하

$0 < \cos\theta < \sin\theta$ 일 때,

$\sqrt{1 - 2\sin\theta\cos\theta} - \sqrt{1 + 2\sin\theta\cos\theta}$

를 간단히 하시오.

---

▶ 개념원리 대수 148쪽, 149쪽

### 중요 유형 | 09  삼각함수 사이의 관계를 이용하여 식의 값 구하기

삼각함수 중 하나의 값을 알면

$\sin^2\theta + \cos^2\theta = 1$, $\tan\theta = \dfrac{\sin\theta}{\cos\theta}$

임을 이용하여 주어진 식의 값을 구할 수 있다.

**0514** 대표문제

$\theta$가 제3사분면의 각이고 $\cos\theta = -\dfrac{4}{5}$ 일 때, $5\sin\theta + 8\tan\theta$의 값은?

① $-6$          ② $-3$          ③ 0

④ 3          ⑤ 6

**0515** 상중하

$\dfrac{1}{1+\cos\theta} + \dfrac{1}{1-\cos\theta} = \dfrac{8}{3}$ 일 때, $\tan\theta - \sin\theta$의 값을 구하시오. $\left($단, $\dfrac{3}{2}\pi < \theta < 2\pi\right)$

**0516** 상중하

$\theta$가 제2사분면의 각이고 $\tan\theta = -\dfrac{2}{3}$ 일 때, $\dfrac{\sin^2\theta - \cos^2\theta}{1 + \sin\theta\cos\theta}$의 값을 구하시오.

**0517** 상중하

$\dfrac{3}{2}\pi < \theta < 2\pi$이고 $\dfrac{1 + \tan\theta}{1 - \tan\theta} = 2 - \sqrt{3}$ 일 때, $\sin\theta\cos\theta$의 값을 구하시오.

▶ 개념원리 대수 150쪽

## 유형 10 $\sin\theta \pm \cos\theta$의 값을 이용하여 식의 값 구하기

$\sin\theta \pm \cos\theta$의 값 또는 $\sin\theta\cos\theta$의 값이 주어지는 경우

➡ $(\sin\theta \pm \cos\theta)^2 = 1 \pm 2\sin\theta\cos\theta$ (복호동순)

　임을 이용한다.

### 0518 대표문제

$\theta$는 제2사분면의 각이고 $\sin\theta + \cos\theta = \dfrac{1}{2}$일 때, $\sin^2\theta - \cos^2\theta$의 값은?

① $\dfrac{\sqrt{3}}{4}$ 　　② $\dfrac{\sqrt{5}}{4}$ 　　③ $\dfrac{\sqrt{6}}{4}$

④ $\dfrac{\sqrt{7}}{4}$ 　　⑤ $\dfrac{\sqrt{2}}{2}$

### 0519 상중하

$\dfrac{\pi}{2} < \theta < \pi$이고 $\sin\theta\cos\theta = -\dfrac{1}{8}$일 때, $\sin^3\theta - \cos^3\theta$의 값을 구하시오.

### 0520 상중하

$0 < \theta < \dfrac{\pi}{2}$이고 $\tan\theta + \dfrac{1}{\tan\theta} = 3$일 때, $\sin\theta + \cos\theta$의 값을 구하시오.

### 0521 상중하

$\sin\theta + \cos\theta = -\dfrac{1}{3}$일 때, $\tan^2\theta + \dfrac{1}{\tan^2\theta}$의 값을 구하시오.

▶ 개념원리 대수 151쪽

## 유형 11 삼각함수와 이차방정식

이차방정식 $ax^2 + bx + c = 0$의 두 근이 $\sin\theta$, $\cos\theta$이다.

➡ $\sin\theta + \cos\theta = -\dfrac{b}{a}$, $\sin\theta\cos\theta = \dfrac{c}{a}$

### 0522 대표문제

이차방정식 $5x^2 + 3x + k = 0$의 두 근이 $\sin\theta$, $\cos\theta$일 때, 상수 $k$의 값을 구하시오.

### 0523 상중하

이차방정식 $x^2 - x + a = 0$의 두 근이 $\sin\theta + \cos\theta$, $\sin\theta - \cos\theta$일 때, 상수 $a$의 값은?

① $-\dfrac{1}{2}$ 　　② $-\dfrac{1}{3}$ 　　③ $-\dfrac{1}{4}$

④ $\dfrac{1}{4}$ 　　⑤ $\dfrac{1}{2}$

### 0524 상중하 서술형

이차방정식 $3x^2 - \sqrt{6}x + k = 0$의 두 근이 $\sin\theta$, $\cos\theta$일 때, $\tan\theta$, $\dfrac{1}{\tan\theta}$을 두 근으로 하고 $x^2$의 계수가 1인 이차방정식을 구하시오. (단, $k$는 상수이다.)

### 0525 상중하

$\theta$가 제3사분면의 각이고 $3\sin\theta = 4\cos\theta$일 때, 이차방정식 $9x^2 + ax + b = 0$의 두 근이 $\tan\theta$, $\dfrac{1}{\cos\theta}$이다. 이때 상수 $a$, $b$에 대하여 $a - b$의 값을 구하시오.

05

삼각함수

## 0526

$3\theta$가 제2사분면의 각일 때, 각 $\theta$를 나타내는 동경이 존재할 수 <u>없는</u> 사분면을 구하시오.

## 0527

다음 중 각을 나타내는 동경이 나머지 넷과 <u>다른</u> 하나는?

① $-660°$      ② $-\dfrac{4}{3}\pi$      ③ $420°$

④ $\dfrac{13}{3}\pi$      ⑤ $1140°$

## 0528

각 $\theta$를 나타내는 동경과 각 $5\theta$를 나타내는 동경이 $y$축에 대하여 대칭이고 각 $\theta$를 나타내는 동경과 각 $2\theta$를 나타내는 동경이 직선 $y=x$에 대하여 대칭일 때, 모든 각 $\theta$의 크기의 합을 구하시오. (단, $0<\theta<\pi$)

## 0529

반지름의 길이가 $\sqrt{3}a$인 원의 넓이와 반지름의 길이가 $3a$이고 호의 길이가 $6\pi$인 부채꼴의 넓이가 서로 같을 때, 상수 $a$의 값은?

① $\sqrt{3}$      ② $2$      ③ $\sqrt{6}$

④ $2\sqrt{2}$      ⑤ $3$

## 0530 중요★

길이가 40 cm인 철사를 남김없이 사용하여 부채꼴 모양을 만들려고 한다. 이 부채꼴의 넓이의 최댓값을 구하시오.

## 0531

오른쪽 그림과 같이 한 변의 길이가 6인 정사각형 ABCD에서 점 B를 중심으로 하는 부채꼴 BCA의 호 CA와 점 C를 중심으로 하는 부채꼴 CDB의 호 DB를 그렸을 때, 색칠한 부분의 넓이는 $a\sqrt{3}-b\pi$이다. 정수 $a$, $b$에 대하여 $ab$의 값은?

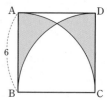

① $100$      ② $104$      ③ $108$

④ $112$      ⑤ $116$

## 0532

원점 O와 점 P$(-3, 4)$를 지나는 동경 OP가 나타내는 각의 크기를 $\theta$라 할 때, $\dfrac{\sin\theta-\cos\theta}{\tan\theta}$의 값은?

① $-\dfrac{21}{20}$      ② $-\dfrac{11}{20}$      ③ $-\dfrac{3}{20}$

④ $\dfrac{11}{20}$      ⑤ $\dfrac{21}{20}$

**0533**

직선 $12x+5y=0$이 $x$축의 양의 방향과 이루는 각의 크기를 $\theta$라 할 때, $\sin\theta+\cos\theta$의 값을 구하시오. (단, $0<\theta<\pi$)

**0534**

$\theta$가 제4사분면의 각일 때, 다음 중 옳은 것은?

① $\sin\theta\tan\theta<0$      ② $\sin\theta\cos\theta<0$

③ $\cos\theta\tan\theta>0$      ④ $\sin\theta\cos\theta\tan\theta<0$

⑤ $\dfrac{\sin\theta}{\tan\theta}<0$

**0535**

$\dfrac{4}{3}\pi<\theta<\dfrac{3}{2}\pi$일 때,

$$\sqrt{\left(\sin\theta-\frac{1}{2}\right)^2}+\left|\cos\theta-\frac{1}{2}\right|-|\sin\theta+\cos\theta|$$

를 간단히 하시오.

**0536** 중요★

$\sqrt{\cos\theta}\sqrt{\tan\theta}=\sqrt{\cos\theta\tan\theta}$일 때,

$$\sqrt{\tan^2\theta}\ \sqrt[3]{\cos^3\theta}+\sqrt{\cos^2\theta}-|\cos\theta+\tan\theta|$$
$$-|\sin\theta-\tan\theta|$$

를 간단히 하면? (단, $\cos\theta\tan\theta\neq0$)

① $-2\sin\theta$      ② $-2\sin\theta+2\tan\theta$

③ $2\sin\theta-2\tan\theta$      ④ $-2\cos\theta$

⑤ $-2\cos\theta-2\tan\theta$

**0537** 중요★

다음 중 옳지 <u>않은</u> 것은?

① $\tan^2\theta-\sin^2\theta=\tan^2\theta\sin^2\theta$

② $\dfrac{1}{1+\sin\theta}+\dfrac{1}{1-\sin\theta}=\dfrac{2}{\cos^2\theta}$

③ $\dfrac{\tan\theta}{\cos\theta}+\dfrac{1}{\cos^2\theta}=\dfrac{1}{1-\sin\theta}$

④ $\dfrac{1-\sin^2\theta}{1-\cos^2\theta}\times\tan^2\theta=1$

⑤ $\dfrac{\tan^2\theta}{1-\cos\theta}+\dfrac{\tan^2\theta}{1+\cos\theta}=1$

**0538**

두 수

$$\alpha=(1-\tan^4\theta)\cos^2\theta+\tan^2\theta,$$

$$\beta=\dfrac{1}{\sin^2\theta}(1-\sin^2\theta)(1-\cos^2\theta)(1+\tan^2\theta)$$

에 대하여 $\alpha+\beta$의 값을 구하시오.

**0539** 평가원 기출

$\dfrac{\pi}{2}<\theta<\pi$인 $\theta$에 대하여 $\dfrac{\sin\theta}{1-\sin\theta}-\dfrac{\sin\theta}{1+\sin\theta}=4$일 때, $\cos\theta$의 값은?

① $-\dfrac{\sqrt{3}}{3}$      ② $-\dfrac{1}{3}$      ③ $0$

④ $\dfrac{1}{3}$      ⑤ $\dfrac{\sqrt{3}}{3}$

**0540**

$\dfrac{\sqrt{\cos\theta}}{\sqrt{\tan\theta}} = -\sqrt{\dfrac{\cos\theta}{\tan\theta}}$ 를 만족시키는 각 $\theta$에 대하여

$\tan\theta + \dfrac{1}{\tan\theta} = -2$일 때,

$$\sqrt{(\sin\theta - \cos\theta)^2} + \sqrt[4]{\sin^4\theta} + \sqrt{4\cos^2\theta} - \sqrt[3]{\cos^3\theta}$$

의 값을 구하시오. (단, $\cos\theta\tan\theta \neq 0$)

**0541**

$\sin\theta - \cos\theta = \sqrt{2}$일 때, $\dfrac{1}{\cos\theta} - \dfrac{1}{\sin\theta}$의 값은?

① $-2\sqrt{3}$      ② $-2\sqrt{2}$      ③ $-2$

④ $-\dfrac{\sqrt{3}}{2}$      ⑤ $-\dfrac{\sqrt{2}}{2}$

**0542** 중요★

$\sin^4\theta - \cos^4\theta = \dfrac{\sqrt{7}}{4}$, $\sin\theta + \cos\theta = \dfrac{\sqrt{7}}{2}$일 때,

$\sin^3\theta - \cos^3\theta$의 값은?

① $-1$      ② $\dfrac{11}{16}$      ③ $\dfrac{11}{8}$

④ $2$      ⑤ $\sqrt{7}$

**0543**

다음 조건을 만족시키는 각 $\theta$에 대하여 $\sin^2\theta - \cos^2\theta$의 값을 구하시오. (단, $\sin\theta\cos\theta \neq 0$)

> (가) $\dfrac{\sqrt{\sin\theta}}{\sqrt{\cos\theta}} = -\sqrt{\tan\theta}$
>
> (나) $\sin\theta + \cos\theta = \dfrac{\sqrt{3}}{3}$

**0544**

$x$에 대한 이차방정식 $x^2 + 2(1-\cos\theta)x - \sin^2\theta = 0$의 두 근의 차가 2일 때, $\tan\theta$의 값은? $\left(단, 0 < \theta < \dfrac{\pi}{2}\right)$

① $\dfrac{\sqrt{3}}{3}$      ② $\dfrac{\sqrt{3}}{2}$      ③ $1$

④ $\sqrt{3}$      ⑤ $2$

**0545**

계수가 유리수인 이차방정식 $x^2 - \left(\tan\theta + \dfrac{1}{\tan\theta}\right)x + 1 = 0$

의 한 근이 $2 + \sqrt{3}$일 때, $\sin\theta\cos\theta$의 값을 구하시오.

## 서술형 주관식

**0546** 중요★

각 $\theta$를 나타내는 동경과 각 $5\theta$를 나타내는 동경이 일치할 때, $\cos(\theta-\pi)$의 값을 구하시오. (단, $\pi<\theta<2\pi$)

**0547**

길이가 16인 끈을 남김없이 사용하여 넓이가 12 이상인 부채꼴을 만들려고 할 때, 부채꼴의 중심각의 크기의 최댓값을 구하시오.

**0548**

$\pi<\theta<\dfrac{3}{2}\pi$이고 $\tan\theta=\dfrac{\sqrt{2}}{2}$일 때, $\sin\theta+\cos\theta$의 값을 구하시오.

**0549**

이차방정식 $2x^2+ax+1=0$의 두 근이 $\sin\theta$, $\cos\theta$일 때, $\dfrac{1}{\sin\theta}$, $\dfrac{1}{\cos\theta}$을 두 근으로 하는 이차방정식은 $x^2+bx+c=0$이다. 이때 상수 $a$, $b$, $c$에 대하여 $abc$의 값을 구하시오. (단, $a>0$)

## 실력Up

**0550**

$1\le n\le100$인 자연수 $n$에 대하여 크기가 $360°\times n+(-1)^n\times90°\times n$인 각을 나타내는 동경을 $OP_n$이라 하자. 동경 $OP_2$, $OP_3$, $\cdots$, $OP_{100}$ 중에서 동경 $OP_1$과 같은 위치에 있는 동경 $OP_n$의 개수를 구하시오. (단, O는 원점이다.)

**0551**

오른쪽 그림과 같이 원 $x^2+y^2=1$ 위의 점 A가 제3사분면 위에 있을 때, 동경 OA가 나타내는 각의 크기를 $\theta$라 하자. 점 A에서의 접선 $l$이 $x$축과 만나는 점을 B, $y$축과 만나는 점을 C라 할 때, 삼각형 OBA와 삼각형 OAC의 넓이의 비는 $1:2$이다. 이때 $\sin\theta$의 값을 구하시오. (단, O는 원점이다.)

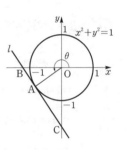

**0552** 교육청 기출

그림과 같이 길이가 2인 선분 AB를 지름으로 하고 중심이 O인 반원이 있다. 호 AB 위에 점 P를 $\cos(\angle BAP)=\dfrac{4}{5}$가 되도록

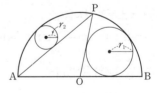

잡는다. 부채꼴 OBP에 내접하는 원의 반지름의 길이가 $r_1$, 호 AP를 이등분하는 점과 선분 AP의 중점을 지름의 양 끝점으로 하는 원의 반지름의 길이가 $r_2$일 때, $r_1r_2$의 값은?

① $\dfrac{3}{40}$  ② $\dfrac{1}{10}$  ③ $\dfrac{1}{8}$

④ $\dfrac{3}{20}$  ⑤ $\dfrac{7}{40}$

# 06 삼각함수의 그래프

개념 플러스

## 06 | 1 삼각함수의 그래프와 성질 　유형 01~04, 08, 09

| | $y=\sin x$ | $y=\cos x$ | $y=\tan x$ |
|---|---|---|---|
| 그래프 | | | |
| 정의역 | 실수 전체의 집합 | 실수 전체의 집합 | $n\pi+\dfrac{\pi}{2}$ ($n$은 정수)를 제외한 실수 전체의 집합 |
| 치역 | $\{y\,|\,-1\leq y\leq 1\}$ | $\{y\,|\,-1\leq y\leq 1\}$ | 실수 전체의 집합 |
| 대칭성 | 원점에 대하여 대칭 | $y$축에 대하여 대칭 | 원점에 대하여 대칭 |
| 주기 | $2\pi$ | $2\pi$ | $\pi$ |

● 함수 $f$의 정의역에 속하는 모든 $x$에 대하여 $f(x+p)=f(x)$를 만족시키는 0이 아닌 상수 $p$가 존재할 때, 함수 $f$를 **주기함수**라 하고, 상수 $p$ 중에서 최소인 양수를 함수 $f$의 **주기**라 한다.

● 직선 $x=n\pi+\dfrac{\pi}{2}$ ($n$은 정수)는 함수 $y=\tan x$의 그래프의 점근선이므로 $y=\tan x$의 정의역은 $n\pi+\dfrac{\pi}{2}$를 제외한 실수 전체의 집합이다.

## 06 | 2 삼각함수의 최대·최소와 주기 　유형 02~09, 12, 13, 14

| 삼각함수 | 최댓값 | 최솟값 | 주기 |
|---|---|---|---|
| $y=a\sin(bx+c)+d$ | $|a|+d$ | $-|a|+d$ | $\dfrac{2\pi}{|b|}$ |
| $y=a\cos(bx+c)+d$ | $|a|+d$ | $-|a|+d$ | $\dfrac{2\pi}{|b|}$ |
| $y=a\tan(bx+c)+d$ | 없다. | 없다. | $\dfrac{\pi}{|b|}$ |

● $y=a\sin(bx+c)+d$
$=a\sin b\left(x+\dfrac{c}{b}\right)+d$
의 그래프는 $y=a\sin bx$의 그래프를 $x$축의 방향으로 $-\dfrac{c}{b}$만큼, $y$축의 방향으로 $d$만큼 평행이동한 것이다.

## 06 | 3 일반각에 대한 삼각함수의 성질 　유형 10~13, 22

**1** $2n\pi+x$ ($n$은 정수)의 삼각함수

$\sin(2n\pi+x)=\sin x,\ \cos(2n\pi+x)=\cos x,\ \tan(2n\pi+x)=\tan x$

**2** $-x$의 삼각함수

$\sin(-x)=-\sin x,\ \cos(-x)=\cos x,\ \tan(-x)=-\tan x$

**3** $\pi\pm x$의 삼각함수

$\sin(\pi\pm x)=\mp\sin x,\ \cos(\pi\pm x)=-\cos x,\ \tan(\pi\pm x)=\pm\tan x$ (복호동순)

**4** $\dfrac{\pi}{2}\pm x$의 삼각함수

$\sin\left(\dfrac{\pi}{2}\pm x\right)=\cos x,\ \cos\left(\dfrac{\pi}{2}\pm x\right)=\mp\sin x,\ \tan\left(\dfrac{\pi}{2}\pm x\right)=\mp\dfrac{1}{\tan x}$ (복호동순)

● **삼각함수의 각의 변환 방법**
　(i) 주어진 각을 $\dfrac{\pi}{2}\times n\pm x$ ($n$은 정수)의 꼴로 나타낸다.
　(ii) $n$이 짝수이면 그대로, $n$이 홀수이면
　　$\sin\longrightarrow\cos,\ \cos\longrightarrow\sin,$
　　$\tan\longrightarrow\dfrac{1}{\tan}$
　　로 바꾼다.
　(iii) $x$를 예각으로 생각하고 $\dfrac{\pi}{2}\times n\pm x$를 나타내는 동경이 존재하는 사분면에서 원래 주어진 삼각함수의 부호를 붙인다.

## 06 | 4 삼각함수가 포함된 방정식과 부등식 　유형 15~21, 23

**1** 삼각함수가 포함된 방정식의 풀이
　(i) 주어진 방정식을 $\sin x=k$ (또는 $\cos x=k$ 또는 $\tan x=k$)의 꼴로 변형한다.
　(ii) 주어진 범위에서 함수 $y=\sin x$ (또는 $y=\cos x$ 또는 $y=\tan x$)의 그래프와 직선 $y=k$의 교점의 $x$좌표를 찾아 방정식의 해를 구한다.

**2** 삼각함수가 포함된 부등식의 풀이
　(i) 주어진 부등식의 부등호를 등호로 바꾸어 방정식의 해를 구한다.
　(ii) 삼각함수의 그래프를 이용하여 주어진 부등식을 만족시키는 미지수의 값의 범위를 구한다.

● 두 종류 이상의 삼각함수가 포함된 방정식과 부등식은 한 종류의 삼각함수로 통일하여 푼다.

## 교과서 문제 정복하기

### 06 1 삼각함수의 그래프와 성질

[0553~0554] 다음 함수의 그래프를 그리고, 치역과 주기를 구하시오.

**0553** $y = -3\sin x$

**0554** $y = 2\sin(2x - \pi)$

[0555~0556] 다음 함수의 그래프를 그리고, 치역과 주기를 구하시오.

**0555** $y = \dfrac{1}{2}\cos x$

**0556** $y = 3\cos\left(2x + \dfrac{\pi}{2}\right)$

[0557~0558] 다음 함수의 그래프를 그리고, 주기와 점근선의 방정식을 구하시오.

**0557** $y = -\tan\dfrac{x}{4}$

**0558** $y = \dfrac{1}{2}\tan 4x$

### 06 2 삼각함수의 최대·최소와 주기

[0559~0561] 다음 함수의 최댓값, 최솟값, 주기를 구하시오.

**0559** $y = -\dfrac{1}{3}\sin\left(\dfrac{x}{2} - \dfrac{\pi}{3}\right)$

**0560** $y = 2\cos\left(x + \dfrac{\pi}{3}\right) + 1$

**0561** $y = 2\tan\dfrac{\pi}{2}x$

[0562~0565] 다음 함수의 주기를 구하시오.

**0562** $y = |\sin x|$

**0563** $y = |\cos x|$

**0564** $y = \cos|x|$

**0565** $y = |\tan x|$

### 06 3 일반각에 대한 삼각함수의 성질

[0566~0568] 다음 삼각함수의 값을 구하시오.

**0566** $\sin 765°$

**0567** $\cos\dfrac{25}{6}\pi$

**0568** $\tan\dfrac{17}{4}\pi$

[0569~0571] 다음 삼각함수의 값을 구하시오.

**0569** $\sin\left(-\dfrac{\pi}{3}\right)$

**0570** $\cos 315°$

**0571** $\tan\dfrac{11}{6}\pi$

[0572~0574] 다음 삼각함수의 값을 구하시오.

**0572** $\sin\dfrac{5}{6}\pi$

**0573** $\cos\dfrac{5}{4}\pi$

**0574** $\tan 210°$

### 06 4 삼각함수가 포함된 방정식과 부등식

[0575~0577] 다음 방정식을 푸시오. (단, $0 \le x < 2\pi$)

**0575** $\sin x = -\dfrac{1}{2}$

**0576** $2\cos x - \sqrt{3} = 0$

**0577** $\tan x = -\sqrt{3}$

[0578~0580] 다음 부등식을 푸시오. (단, $0 \le x < 2\pi$)

**0578** $\sqrt{2}\sin x + 1 < 0$

**0579** $2\cos x \ge \sqrt{3}$

**0580** $\tan x > \sqrt{3}$

▶ 개념원리 대수 161쪽, 164쪽, 165쪽

**유형 01** 주기함수

함수 $f(x)$는 주기가 $p$인 주기함수이다.

➡ $f(x)=f(x+p)=f(x+2p)=f(x+3p)=\cdots$이므로
$f(x+np)=f(x)$ (단, $n$은 정수이다.)

**0581** 대표문제

함수 $f(x)=\sin 2x+\cos 2x+\tan^2 4x$의 주기를 $p$라 할 때, $f(p)$의 값을 구하시오.

**0582** 상중하

모든 실수 $x$에 대하여 함수 $f(x)$가 $f(x+3)=f(x)$를 만족시키고, $0\le x<3$일 때 $f(x)=\cos \pi x$이다. 이때 $f\left(\dfrac{91}{3}\right)$의 값을 구하시오.

**0583** 상중하

함수 $f(x)=\dfrac{\sin 4x+\cos 2x+1}{3\sin x+4}$의 주기를 $p$라 할 때,

$$f(2p)+f(4p)+f(6p)+\cdots+f(20p)$$

의 값을 구하시오.

**0584** 상중하

모든 실수 $x$에 대하여 함수 $f(x)$가 $f(x-2)=f(x+1)$을 만족시키고, $f(-1)=2$, $f(0)=-1$, $f(1)=1$일 때, $f(2021)+f(2023)+f(2025)$의 값을 구하시오.

**유형 02** 함수 $y=a\sin(bx+c)+d$의 그래프와 성질

(1) $y=a\sin bx$의 그래프
➡ $y=\sin x$의 그래프를 $y$축의 방향으로 $|a|$배, $x$축의 방향으로 $\left|\dfrac{1}{b}\right|$배 한 것이다.

(2) $y=a\sin(bx+c)+d$
① 그래프는 $y=a\sin bx$의 그래프를 $x$축의 방향으로 $-\dfrac{c}{b}$만큼, $y$축의 방향으로 $d$만큼 평행이동한 것이다.
② 최댓값: $|a|+d$, 최솟값: $-|a|+d$, 주기: $\dfrac{2\pi}{|b|}$

**0585** 대표문제

다음 중 함수 $f(x)=2\sin\left(2x+\dfrac{\pi}{6}\right)-1$에 대한 설명으로 옳지 않은 것은?

① 최댓값은 1이다.
② 최솟값은 $-3$이다.
③ 주기가 $\pi$인 주기함수이다.
④ $f\left(\dfrac{5}{12}\pi\right)=-1$
⑤ $y=f(x)$의 그래프는 함수 $y=2\sin 2x$의 그래프를 $x$축의 방향으로 $-\dfrac{\pi}{6}$만큼, $y$축의 방향으로 $-1$만큼 평행이동한 것이다.

**0586** 상중하 ◀서술형

함수 $y=\sin 3x+1$의 그래프를 $x$축에 대하여 대칭이동한 후 $y$축의 방향으로 $-\dfrac{3}{2}$만큼 평행이동한 그래프의 식이 $y=a\sin 3x+b$일 때, 상수 $a$, $b$에 대하여 $ab$의 값을 구하시오.

**0587** 상중하

함수 $y=-\dfrac{1}{2}\sin\left(4x-\dfrac{\pi}{6}\right)+1$의 주기를 $a\pi$, 최댓값을 $b$, 최솟값을 $c$라 할 때, $abc$의 값을 구하시오.

▶ 개념원리 대수 162쪽, 164쪽, 165쪽

### 유형 03 함수 $y=a\cos(bx+c)+d$의 그래프와 성질

(1) $y=a\cos bx$의 그래프
➡ $y=\cos x$의 그래프를 $y$축의 방향으로 $|a|$배, $x$축의 방향으로 $\left|\dfrac{1}{b}\right|$배 한 것이다.

(2) $y=a\cos(bx+c)+d$
① 그래프는 $y=a\cos bx$의 그래프를 $x$축의 방향으로 $-\dfrac{c}{b}$만큼, $y$축의 방향으로 $d$만큼 평행이동한 것이다.
② 최댓값: $|a|+d$, 최솟값: $-|a|+d$, 주기: $\dfrac{2\pi}{|b|}$

**0588** 대표문제

다음 중 함수 $y=2\cos\left(\dfrac{x}{2}-\dfrac{\pi}{3}\right)+3$에 대한 설명으로 옳지 않은 것은?

① 최댓값은 5이다.
② 최솟값은 1이다.
③ 주기가 $4\pi$인 주기함수이다.
④ 그래프가 점 $(\pi,\ 0)$을 지난다.
⑤ 그래프는 함수 $y=2\cos\dfrac{x}{2}$의 그래프를 $x$축의 방향으로 $\dfrac{2}{3}\pi$만큼, $y$축의 방향으로 3만큼 평행이동한 것이다.

**0589** 상중하

보기에서 함수 $y=\cos 2x$의 그래프를 평행이동 또는 대칭이동하여 겹쳐질 수 있는 그래프의 식인 것만을 있는 대로 고르시오.

보기
ㄱ. $y=\cos(2x-5\pi)$　　ㄴ. $y=\cos 4x+2$
ㄷ. $y=2\cos 2x-3$　　ㄹ. $y=-\cos 2x-1$

**0590** 상중하

함수 $y=-2\cos 3x$의 그래프를 $x$축의 방향으로 $-\dfrac{\pi}{3}$만큼, $y$축의 방향으로 4만큼 평행이동한 그래프가 나타내는 함수의 최댓값을 $M$, 최솟값을 $m$이라 할 때, $Mm$의 값을 구하시오.

▶ 개념원리 대수 163쪽, 164쪽, 165쪽

### 유형 04 함수 $y=a\tan(bx+c)+d$의 그래프와 성질

(1) $y=a\tan bx$의 그래프의 점근선의 방정식
➡ $x=\dfrac{1}{b}\left(n\pi+\dfrac{\pi}{2}\right)$ ($n$은 정수)

(2) $y=a\tan(bx+c)+d$
① 그래프는 $y=a\tan bx$의 그래프를 $x$축의 방향으로 $-\dfrac{c}{b}$만큼, $y$축의 방향으로 $d$만큼 평행이동한 것이다.
② 최댓값, 최솟값: 없다., 주기: $\dfrac{\pi}{|b|}$

**0591** 대표문제

함수 $y=3\tan\left(2x+\dfrac{\pi}{2}\right)+1$에 대하여 보기에서 옳은 것만을 있는 대로 고르시오.

보기
ㄱ. 주기는 $\dfrac{\pi}{2}$이다.
ㄴ. 그래프는 함수 $y=3\tan 2x$의 그래프를 $x$축의 방향으로 $-\dfrac{\pi}{2}$만큼, $y$축의 방향으로 1만큼 평행이동한 것이다.
ㄷ. 그래프의 점근선의 방정식은 $x=\dfrac{n}{2}\pi$ ($n$은 정수)이다.

**0592** 상중하

다음 중 함수 $y=-2\tan\left(\dfrac{x}{3}+\pi\right)+3$과 주기가 같은 함수는?

① $y=2\cos\dfrac{x}{3}$　　　　② $y=\sin\pi x+3$
③ $y=-2\tan x+1$　　　　④ $y=-2\sin\left(\dfrac{2}{3}x-\pi\right)$
⑤ $y=-2\cos\dfrac{\pi}{2}x+3$

**0593** 상중하

함수 $y=\tan\pi x$의 그래프를 $x$축의 방향으로 $\dfrac{1}{2}$만큼 평행이동한 그래프가 점 $\left(\dfrac{2}{3},\ a\right)$를 지날 때, $a$의 값을 구하시오.

## 유형 | 05  삼각함수의 미정계수 구하기

(1) $y=a\sin(bx+c)+d$ 또는 $y=a\cos(bx+c)+d$

➡ 최댓값: $|a|+d$, 최솟값: $-|a|+d$, 주기: $\dfrac{2\pi}{|b|}$

(2) $y=a\tan(bx+c)+d$

➡ 최댓값, 최솟값: 없다., 주기: $\dfrac{\pi}{|b|}$

### 0594 대표문제

함수 $f(x)=a\cos bx+c$가 다음 조건을 만족시킬 때, 상수 $a$, $b$, $c$에 대하여 $a+3b+2c$의 값을 구하시오.

(단, $a>0$, $b>0$)

(개) 최댓값과 최솟값의 차가 6이다.

(내) 모든 실수 $x$에 대하여 $f(x+p)=f(x)$를 만족시키는 양
수 $p$의 최솟값은 $\dfrac{3}{2}\pi$이다.

(대) 그래프가 점 $\left(\dfrac{\pi}{4},\ \dfrac{1}{2}\right)$을 지난다.

### 0595 상중하

함수 $f(x)=a\tan bx$의 주기가 $\dfrac{\pi}{3}$이고 $f\left(\dfrac{\pi}{12}\right)=3$일 때, 상
수 $a$, $b$에 대하여 $ab$의 값을 구하시오. (단, $b>0$)

### 0596 상중하

함수 $f(x)=a\sin\left(x+\dfrac{\pi}{2}\right)+b$의 최댓값이 4이고

$f\left(-\dfrac{\pi}{3}\right)=\dfrac{3}{2}$일 때, $f(x)$의 최솟값은?

(단, $a$, $b$는 상수이고, $a>0$이다.)

① $-7$      ② $-6$      ③ $-5$
④ $-4$      ⑤ $-3$

## 유형 | 06  그래프가 주어진 삼각함수의 미정계수 구하기

주어진 그래프에서 최댓값, 최솟값, 주기를 구한 후 이를 이용하
여 삼각함수의 미정계수를 구한다.

### 0597 대표문제

함수 $y=a\sin(bx-c)$의 그래프가
오른쪽 그림과 같을 때, 상수 $a$, $b$,
$c$에 대하여 $a-b+2c$의 값을 구하
시오. (단, $a>0$, $b>0$, $0<c<\pi$)

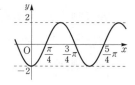

### 0598 상중하

함수 $y=\tan\pi(ax-b)$의 그래프
가 오른쪽 그림과 같을 때, 상수
$a$, $b$에 대하여 $a+2b$의 값을 구
하시오. (단, $a>0$, $0<b<1$)

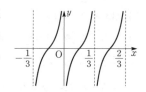

### 0599 상중하 서술형

함수 $y=a\cos(bx+c)$의 그래프
가 오른쪽 그림과 같을 때, 상수 $a$,
$b$, $c$에 대하여 $abc$의 값을 구하시
오. (단, $a>0$, $b>0$, $\pi<c<2\pi$)

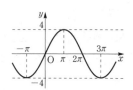

### 0600 상중하

함수 $y=a\cos\dfrac{\pi}{6}(2x+1)+b$의
그래프가 오른쪽 그림과 같을 때,
상수 $a$, $b$, $c$에 대하여 $abc$의 값을
구하시오. (단, $a>0$)

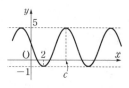

▸ 개념원리 대수 167쪽

### 유형 07 절댓값 기호를 포함한 삼각함수

(1) $y=|a\sin bx|$ 또는 $y=|a\cos bx|$

① 최댓값: $|a|$　② 최솟값: 0　③ 주기: $\dfrac{\pi}{|b|}$

(2) $y=|a\tan bx|$

① 최댓값: 없다.　② 최솟값: 0　③ 주기: $\dfrac{\pi}{|b|}$

참고▸ $y=|f(x)|$의 그래프는 $y=f(x)$의 그래프를 그리고 $y<0$인 부분을 $x$축에 대하여 대칭이동하여 그린다.

#### 0601 대표문제

함수 $y=|\tan ax|$의 주기와 함수 $y=3\cos 5x$의 주기가 서로 같을 때, 양수 $a$의 값을 구하시오.

#### 0602 상중하

다음 중 함수 $y=|2\tan x|$에 대한 설명으로 옳은 것은?

① 주기는 $\dfrac{\pi}{2}$이다.

② 최댓값은 1이다.

③ 최솟값은 $-1$이다.

④ 그래프는 원점에 대하여 대칭이다.

⑤ 그래프의 점근선의 방정식은 $x=n\pi+\dfrac{\pi}{2}$ ($n$은 정수)이다.

#### 0603 상중하

함수 $f(x)=a|\cos bx|+c$의 주기가 $\dfrac{\pi}{3}$, 최댓값이 5이고 $f\left(\dfrac{\pi}{6}\right)=1$일 때, 상수 $a$, $b$, $c$에 대하여 $3a-2b+c$의 값을 구하시오. (단, $a>0$, $b>0$)

### 유형 08 삼각함수의 그래프에서의 넓이

삼각함수의 그래프의 대칭성을 이용하여 길이 또는 넓이가 같은 부분을 찾아 도형의 넓이를 구한다.

#### 0604 대표문제

오른쪽 그림과 같이 함수 $y=\sin\dfrac{\pi}{3}x$의 그래프와 $x$축으로 둘러싸인 부분에 직사각형 ABCD가 내접하고 있다. $\overline{BC}=2$일 때, 직사각형 ABCD의 넓이는?

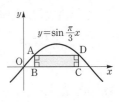

① 1　　② 2　　③ 3
④ 4　　⑤ 5

#### 0605 상중하

오른쪽 그림은 함수 $y=2\cos\dfrac{\pi}{2}x$의 그래프이다. 이때 색칠한 부분의 넓이를 구하시오.

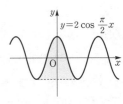

#### 0606 상중하

오른쪽 그림과 같이 두 직선 $x=\pi$, $x=3\pi$를 점근선으로 하는 함수 $y=\tan ax$ ($0\le x<3\pi$)의 그래프와 $x$축 및 직선 $y=a$로 둘러싸인 부분의 넓이를 구하시오. (단, $a>0$)

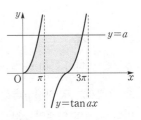

**유형 |09** 삼각함수의 그래프의 대칭성

(1) 함수 $f(x)=\sin x\ (0\le x\le\pi)$에서
　　$f(a)=f(b)=k\ (a\ne b)$이면
　　　　$\dfrac{a+b}{2}=\dfrac{\pi}{2}$　　∴ $a+b=\pi$

(2) 함수 $f(x)=\cos x\ (0\le x\le2\pi)$에서
　　$f(a)=f(b)=k\ (a\ne b)$이면
　　　　$\dfrac{a+b}{2}=\pi$　　∴ $a+b=2\pi$

**0607** 대표문제

오른쪽 그림과 같이 $0\le x\le3\pi$에서
함수 $y=\sin x$의 그래프가 직선
$y=k\ (0<k<1)$와 만나는 점의 $x$
좌표를 작은 것부터 차례대로 $a$, $b$,
$c$, $d$라 할 때, $a+b+c+d$의 값은?

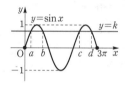

① $4\pi$ 　　　　② $5\pi$ 　　　　③ $6\pi$
④ $7\pi$ 　　　　⑤ $8\pi$

**0608** 상중하 ◀서술형

오른쪽 그림과 같이 $0\le x<2\pi$에서
두 함수 $y=\sin x$와 $y=\cos x$의
그래프가 직선 $y=k\ (-1<k<0)$
와 만나는 점의 $x$좌표를 작은 것부
터 차례대로 $a$, $b$, $c$, $d$라 할 때,
$\sin\dfrac{-a+b-c+d}{4}$ 의 값을 구하시오.

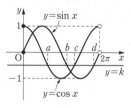

**0609** 상중하

오른쪽 그림과 같이 함수 $y=\cos\dfrac{1}{2}x$
의 그래프가 두 직선 $y=k$, $y=-k$와
만나는 점의 양수인 $x$좌표를 작은 것
부터 차례대로 $a$, $b$, $c$, $d$, $\cdots$라 할 때,
$\cos\dfrac{b+2c+d}{5}$ 의 값을 구하시오. (단, $0<k<1$)

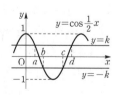

**유형 |10** 일반각에 대한 삼각함수의 성질 <sub>중요</sub>

여러 가지 각의 삼각함수의 값은 다음과 같은 순서로 구한다.

(i) 주어진 각을 $\dfrac{\pi}{2}\times n\pm\theta$ 또는 $90°\times n\pm\theta\,(n$은 정수)의 꼴
　로 나타낸다.

(ii) $n$이 짝수이면 그대로
　　$\sin\longrightarrow\sin$, $\cos\longrightarrow\cos$, $\tan\longrightarrow\tan$
　$n$이 홀수이면 바꾼다.
　　$\sin\longrightarrow\cos$, $\cos\longrightarrow\sin$, $\tan\longrightarrow\dfrac{1}{\tan}$

(iii) $\theta$를 예각으로 생각하고 $\dfrac{\pi}{2}\times n\pm\theta$ 또는 $90°\times n\pm\theta$를 나타
　내는 동경이 존재하는 사분면에서 원래 주어진 삼각함수의 부
　호를 붙인다.

**0610** 대표문제

$$\dfrac{\sin(\pi+\theta)\tan^2(\pi-\theta)}{\cos\left(\dfrac{3}{2}\pi-\theta\right)}+\dfrac{\sin\left(\dfrac{3}{2}\pi-\theta\right)}{\sin\left(\dfrac{\pi}{2}+\theta\right)\cos^2(2\pi+\theta)}$$를
간단히 하면?

① $-2$ 　　　　② $-1$ 　　　　③ $0$
④ $1$ 　　　　⑤ $2$

**0611** 상중하

보기에서 $\sin\theta$의 값과 항상 같은 것의 개수를 구하시오.

보기

ㄱ. $\sin(-\theta)$ 　　　　ㄴ. $\cos\left(\dfrac{\pi}{2}-\theta\right)$

ㄷ. $\sin(\pi-\theta)$ 　　　　ㄹ. $\cos\left(\dfrac{3}{2}\pi+\theta\right)$

ㅁ. $\cos(2\pi-\theta)$ 　　　　ㅂ. $\cos(\pi+\theta)$

**0612** 상중하

다음 삼각함수표를 이용하여 $\cos100°+\tan200°$의 값을 구
하시오.

| $\theta$ | $\sin\theta$ | $\cos\theta$ | $\tan\theta$ |
|---|---|---|---|
| $10°$ | 0.1736 | 0.9848 | 0.1763 |
| $20°$ | 0.3420 | 0.9397 | 0.3640 |

**0613** 상중하

$\dfrac{\cos^2 \dfrac{13}{6}\pi + \tan \dfrac{5}{3}\pi}{\sin \dfrac{7}{3}\pi} + \dfrac{\sin^2 \dfrac{7}{6}\pi + \tan \dfrac{2}{3}\pi}{\cos\left(-\dfrac{5}{3}\pi\right)}$ 의 값을 구하시오.

**0614** 상중하

$\dfrac{\cos\theta\cos\left(\dfrac{\pi}{2}+\theta\right)}{\tan(\pi+\theta)} + \sin\theta\tan(\pi-\theta)\sin\left(\dfrac{\pi}{2}-\theta\right)$ 를 간단히 하시오.

**0615** 상중하

$0 < \theta < \dfrac{\pi}{4}$ 일 때, $\sin^2\left(\dfrac{\pi}{4}+\theta\right)+\sin^2\left(\dfrac{\pi}{4}-\theta\right)$ 를 간단히 하면?

① 2      ② 1      ③ $\dfrac{1}{2}$

④ $\dfrac{1}{3}$      ⑤ 0

**0616** 상중하

$\cos(-110°) = \alpha$ 일 때, $\sin 250°$를 $\alpha$에 대한 식으로 나타내면?

① $-\sqrt{1-\alpha^2}$    ② $\sqrt{1-\alpha^2}$    ③ $\alpha-1$

④ $1-\alpha^2$    ⑤ $\alpha^2-1$

▶ 개념원리 대수 176쪽

**유형 11 삼각함수의 값; 일정하게 증가하는 각**

$\sin\left(\dfrac{\pi}{2}-x\right)=\cos x$, $\cos\left(\dfrac{\pi}{2}-x\right)=\sin x$임을 이용하여 주어진 식을 $\sin^2 x + \cos^2 x = 1$의 형태로 정리한다.

**0617** 대표문제

$\cos^2 \dfrac{\pi}{20} + \cos^2 \dfrac{3}{20}\pi + \cos^2 \dfrac{5}{20}\pi + \cos^2 \dfrac{7}{20}\pi + \cos^2 \dfrac{9}{20}\pi$ 의 값을 구하시오.

**0618** 상중하

$\sin^2 1° + \sin^2 2° + \sin^2 3° + \cdots + \sin^2 88° + \sin^2 89°$의 값을 구하시오.

**0619** 상중하

$\theta = 9°$일 때, $\cos\theta + \cos 2\theta + \cdots + \cos 40\theta$의 값은?

① 0      ② $\dfrac{1}{2}$      ③ $\dfrac{\sqrt{2}}{2}$

④ $\dfrac{\sqrt{3}}{2}$      ⑤ 1

**0620** 상중하

오른쪽 그림과 같이 중심이 O, 반지름의 길이가 1인 사분원의 호 PQ를 9등분하는 점을 차례로 $P_1, P_2, P_3, \cdots, P_8$이라 하고, 점 $P_1, P_2, P_3, \cdots, P_8$에서 선분 OP에 내린 수선의 발을 각각 $Q_1, Q_2, Q_3, \cdots, Q_8$이라 할 때, $\overline{P_1Q_1}^2 + \overline{P_2Q_2}^2 + \overline{P_3Q_3}^2 + \cdots + \overline{P_8Q_8}^2$의 값을 구하시오.

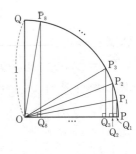

유형 | 12  **삼각함수를 포함한 함수의 최대·최소; 일차식의 꼴**

(1) 두 종류 이상의 삼각함수를 포함하는 일차식의 꼴의 최대·최소
  ➡ 한 종류의 삼각함수로 통일한 후 최댓값, 최솟값을 구한다.
(2) 절댓값 기호를 포함하는 일차식의 꼴의 최대·최소
  ➡ $0 \leq |\sin x| \leq 1$, $0 \leq |\cos x| \leq 1$임을 이용하여 최댓값, 최솟값을 구한다.

**0621** 대표문제

함수 $y = -|\sin x + 2| + k$의 최댓값과 최솟값의 합이 1일 때, 상수 $k$의 값을 구하시오.

**0622** 상중하

함수 $y = \cos\left(x + \dfrac{\pi}{2}\right) - 2\sin x - 1$의 최댓값을 $M$, 최솟값을 $m$이라 할 때, $M - m$의 값을 구하시오.

**0623** 상중하

함수 $y = a|\cos 2x - 1| + b$의 최댓값이 7, 최솟값이 3일 때, 상수 $a$, $b$에 대하여 $ab$의 값을 구하시오. (단, $a > 0$)

**0624** 상중하

함수 $y = |2 + 3\cos(x - \pi)| - 1$의 최댓값과 최솟값을 각각 $M$, $m$이라 할 때, $M + m$의 값은?

① 2  ② $\dfrac{5}{2}$  ③ 3

④ $\dfrac{7}{2}$  ⑤ 4

---

중요  유형 | 13  **삼각함수를 포함한 함수의 최대·최소; 이차식의 꼴**

이차식의 꼴로 주어진 삼각함수를 포함한 함수의 최대·최소는 다음과 같은 순서로 구한다.

(ⅰ) $\sin^2 x + \cos^2 x = 1$임을 이용하여 한 종류의 삼각함수로 통일한다.
(ⅱ) $\sin x$ 또는 $\cos x$를 $t$로 치환한다.
(ⅲ) $t$의 값의 범위를 구한다.
(ⅳ) $t$에 대한 함수의 그래프를 이용하여 (ⅲ)의 범위에서 최댓값과 최솟값을 구한다.

**0625** 대표문제

함수 $y = -2\sin^2 x + 2\cos x + 1$의 최댓값을 $M$, 최솟값을 $m$이라 할 때, $M + m$의 값을 구하시오.

**0626** 상중하

함수 $y = \cos^2 x + 2\sin x + 2$는 $x = a$에서 최댓값 $M$을 갖는다. 이때 $aM$의 값은? (단, $-\pi \leq x \leq \pi$)

① $\pi$  ② $\dfrac{3}{2}\pi$  ③ $2\pi$

④ $\dfrac{5}{2}\pi$  ⑤ $3\pi$

**0627** 상중하 서술형

함수 $y = \sin^2 x - 4\cos x + k$의 최댓값이 3일 때, 상수 $k$의 값을 구하시오.

**0628** 상중하

함수 $y = \sin^2\left(x - \dfrac{\pi}{6}\right) + 2\sin\left(x + \dfrac{\pi}{3}\right) + a$의 최댓값이 5, 최솟값이 $b$일 때, $a + b$의 값을 구하시오. (단, $a$는 상수이다.)

▶ 개념원리 대수 182쪽

유형 **14** 삼각함수를 포함한 함수의 최대·최소; 분수식의 꼴

분수식의 꼴로 주어진 삼각함수를 포함한 함수의 최대·최소는 다음과 같은 순서로 구한다.

( i ) 삼각함수를 $t$로 치환하여 $t$에 대한 유리함수를 세운다.

(ii) $t$의 값의 범위를 구한다.

(iii) $t$에 대한 함수의 그래프를 이용하여 (ii)의 범위에서 최댓값과 최솟값을 구한다.

**0629** 대표문제

함수 $y=\dfrac{-\sin x+1}{\sin x+2}$의 최댓값과 최솟값을 각각 $M$, $m$이라 할 때, $M+m$의 값은?

① $\dfrac{3}{2}$  ② 2  ③ $\dfrac{5}{2}$

④ 3  ⑤ $\dfrac{7}{2}$

**0630** 상중하

함수 $y=\dfrac{2\tan x+1}{\tan x+2}$의 최댓값과 최솟값을 각각 $M$, $m$이라 할 때, $M+m$의 값을 구하시오. $\left(\text{단, } 0\le x\le\dfrac{\pi}{4}\right)$

**0631** 상중하

함수 $y=\dfrac{-2\cos x+k}{\cos x+3}$의 최솟값이 $-\dfrac{5}{4}$일 때, 상수 $k$의 값을 구하시오. (단, $k>-6$)

**0632** 상중하

함수 $y=\dfrac{|\sin x|}{|\sin x|+1}$의 치역이 $\{y\,|\,a\le y\le b\}$일 때, $a+b$의 값을 구하시오.

▶ 개념원리 대수 187쪽

중요 유형 **15** 삼각함수가 포함된 방정식; 일차식의 꼴

일차식의 꼴로 주어진 삼각함수가 포함된 방정식은 다음과 같은 순서로 푼다.

( i ) 주어진 방정식을 $\sin x=k$ (또는 $\cos x=k$ 또는 $\tan x=k$)의 꼴로 변형한다.

(ii) $y=\sin x$ (또는 $y=\cos x$ 또는 $y=\tan x$)의 그래프와 직선 $y=k$를 그린다.

(iii) 주어진 범위에서 삼각함수의 그래프와 직선의 교점의 $x$좌표를 찾아 방정식의 해를 구한다.

참고▶ $\sin(ax+b)=k$의 꼴의 방정식은 $ax+b=t$로 치환하고, 두 종류 이상의 삼각함수를 포함한 방정식은 한 종류의 삼각함수로 통일한 후 위의 풀이 방법을 이용한다.

**0633** 대표문제

$0\le x<\pi$일 때, 방정식 $2\sin\left(2x+\dfrac{\pi}{3}\right)=1$의 모든 근의 합을 구하시오.

**0634** 상중하

$0\le x<2\pi$일 때, 방정식 $\cos\left(x-\dfrac{\pi}{4}\right)=-\dfrac{\sqrt{3}}{2}$의 두 근의 차를 구하시오.

**0635** 상중하

$0\le x\le 2\pi$에서 방정식

$$\sin\left(\dfrac{\pi}{2}-x\right)+\sin(\pi-x)$$

$$=\sin\left(\dfrac{3}{2}\pi-x\right)+\sin(2\pi-x)$$

를 만족시키는 모든 $x$의 값의 합은?

① $4\pi$  ② $\dfrac{7}{2}\pi$  ③ $3\pi$

④ $\dfrac{5}{2}\pi$  ⑤ $2\pi$

06

삼각함수의 그래프

## 유형 16 삼각함수가 포함된 방정식; 이차식의 꼴

이차식의 꼴로 주어진 삼각함수가 포함된 방정식은 다음과 같은 순서로 푼다.

(i) $\sin^2 x + \cos^2 x = 1$임을 이용하여 한 종류의 삼각함수에 대한 방정식으로 통일한다.

(ii) 삼각함수에 대한 이차방정식을 푼다.

(iii) 그래프를 이용하여 $x$의 값을 구한다.

**0636** 대표문제

$0 \le x < 2\pi$일 때, 방정식 $3\sin x - 2\cos^2 x = 0$의 모든 근의 합을 구하시오.

**0637** 상중하

$0 \le x < 2\pi$일 때, 방정식 $2\sin^2 x + a\cos x - 1 = 0$이 서로 다른 세 실근 $\dfrac{\pi}{3}$, $\alpha$, $\beta$를 갖는다. 이때 $\alpha + \beta$의 값을 구하시오.

(단, $a$는 상수이다.)

**0638** 상중하 서술형

$0 \le x < 2\pi$일 때, 방정식 $\sqrt{2\sin^2 x + 2\sin x + \cos^2 x} = \dfrac{1}{2}$을 푸시오.

**0639** 상중하

$0 \le x < \dfrac{\pi}{2}$일 때, 방정식 $3\cos^2 x - 1 = \sin x \cos x$를 푸시오.

## 유형 17 삼각형과 삼각함수가 포함된 방정식

삼각형 ABC에서 $A + B + C = \pi$임을 이용하여 삼각형의 내각의 크기에 대한 삼각함수가 포함된 방정식을 푼다.

**0640** 대표문제

삼각형 ABC에서 $3\cos^2 A - 7\cos A + 2 = 0$이 성립할 때, $\sin(B+C)$의 값은?

① $\dfrac{1}{3}$ ② $\dfrac{1}{2}$ ③ $\dfrac{\sqrt{3}}{2}$

④ $\dfrac{2\sqrt{2}}{3}$ ⑤ $\dfrac{\sqrt{6}}{2}$

**0641** 상중하

예각삼각형 ABC에서 $4\cos^2 A + 4\sqrt{3}\sin A - 7 = 0$이 성립할 때, $\tan\{\pi - (B+C)\}$의 값은?

① $\dfrac{\sqrt{3}}{3}$ ② $\dfrac{\sqrt{2}}{2}$ ③ $\dfrac{\sqrt{3}}{2}$

④ $1$ ⑤ $\sqrt{3}$

**0642** 상중하

삼각형 ABC에서 $2\sin^2\dfrac{B+C}{2} + \cos\dfrac{A}{2} - 1 = 0$이 성립할 때, $\sin A$의 값을 구하시오.

**0643** 상중하

삼각형 ABC에 대하여 $4\cos^2 A + 4\sin A = 5$가 성립할 때, $\cos\left(\dfrac{\pi}{2} + B + C\right)$의 값을 구하시오.

▶ 개념원리 대수 189쪽

정답 및 풀이 076쪽

**유형 18** 삼각함수가 포함된 방정식이 실근을 가질 조건

삼각함수를 포함한 방정식 $f(x)=k$가 실근을 가지려면 $y=f(x)$의 그래프와 직선 $y=k$의 교점이 존재해야 한다.

**0644** 대표문제

$x$에 대한 방정식 $\sin^2 x + \cos x + a = 0$이 실근을 갖도록 하는 실수 $a$의 값의 범위를 구하시오.

**0645** 상중하

$x$에 대한 방정식 $\sin^2 x + 2\cos\left(x+\dfrac{\pi}{2}\right) + k = 0$이 실근을 갖도록 하는 모든 정수 $k$의 값의 합은?

① $-5$  　　　② $-3$  　　　③ $-1$
④ $1$  　　　⑤ $3$

**0646** 상중하 ◀서술형

$\theta$에 대한 방정식 $\sin^2\theta - 2\cos\left(\theta+\dfrac{3}{2}\pi\right) - a - 1 = 0$을 만족시키는 $\theta$가 존재할 때, 상수 $a$의 값의 범위를 구하시오.

**0647** 상중하

$0 \le x < \pi$일 때, $x$에 대한 방정식
$$\cos\left(\dfrac{\pi}{2}+x\right)\cos\left(\dfrac{\pi}{2}-x\right) + 4\sin(\pi+x) = k$$
가 실근을 갖도록 하는 정수 $k$의 개수를 구하시오.

**유형 19** 삼각함수가 포함된 부등식; 일차식의 꼴

주어진 부등식의 부등호를 등호로 바꾸어 방정식의 해를 구하고, 그래프를 이용한다.

(1) $\sin x > k$ (또는 $\cos x > k$ 또는 $\tan x > k$)의 꼴
   ➡ $y = \sin x$ (또는 $y = \cos x$ 또는 $y = \tan x$)의 그래프가 직선 $y=k$보다 위쪽에 있는 $x$의 값의 범위를 구한다.

(2) $\sin x < k$ (또는 $\cos x < k$ 또는 $\tan x < k$)의 꼴
   ➡ $y = \sin x$ (또는 $y = \cos x$ 또는 $y = \tan x$)의 그래프가 직선 $y=k$보다 아래쪽에 있는 $x$의 값의 범위를 구한다.

**0648** 대표문제

$0 \le x \le 2\pi$일 때, 부등식 $\sin\left(x-\dfrac{\pi}{3}\right) \ge \dfrac{1}{2}$의 해가 $\alpha \le x \le \beta$이다. 이때 $\alpha + \beta$의 값을 구하시오.

**0649** 상중하

$0 \le \theta < \pi$일 때, 부등식 $-\dfrac{\sqrt{3}}{2} \le \cos\theta < \dfrac{1}{2}$의 해는?

① $\dfrac{\pi}{6} < \theta \le \dfrac{2}{3}\pi$ 　　　② $\dfrac{\pi}{6} < \theta \le \dfrac{5}{6}\pi$

③ $\dfrac{\pi}{6} < \theta < \pi$ 　　　④ $\dfrac{\pi}{3} < \theta \le \dfrac{5}{6}\pi$

⑤ $\dfrac{\pi}{3} < \theta < \pi$

**0650** 상중하

$0 \le x < 2\pi$일 때, 부등식 $\sin x \ge \cos x$를 푸시오.

**0651** 상중하

연립부등식 $\begin{cases} 2\cos\alpha < \sqrt{3} \\ 2\sin\alpha \le \sqrt{2} \end{cases}$를 만족시키는 각 $\alpha$를 나타내는 동경과 각 $\beta$를 나타내는 동경이 $y$축에 대하여 대칭일 때, $\beta$의 값의 범위를 구하시오. $\left(\text{단, } 0 < \alpha < \dfrac{\pi}{2}, \ 0 \le \beta < 2\pi\right)$

06 삼각함수의 그래프

유형 **20** 삼각함수가 포함된 부등식; 이차식의 꼴

이차식의 꼴로 주어진 삼각함수가 포함된 부등식은 다음과 같은 순서로 푼다.

(ⅰ) $\sin^2 x + \cos^2 x = 1$임을 이용하여 한 종류의 삼각함수에 대한 부등식으로 통일한다.

(ⅱ) 삼각함수에 대한 이차부등식을 푼다.

(ⅲ) 그래프를 이용하여 $x$의 값의 범위를 구한다.

**0652** 대표문제

$0 \le x \le 2\pi$에서 부등식 $2\sin^2 x > 3\cos x$의 해가 $a < x < b$일 때, $a + b$의 값은?

① $\dfrac{4}{3}\pi$      ② $\dfrac{3}{2}\pi$      ③ $\dfrac{5}{3}\pi$

④ $\dfrac{11}{6}\pi$      ⑤ $2\pi$

**0653** 상중하

$0 \le x \le 2\pi$에서 부등식 $2\cos^2 x < \sin x + 1$의 해를 구하시오.

**0654** 상중하

$0 \le x < 2\pi$에서 부등식

$$2\cos^2\left(x - \dfrac{\pi}{3}\right) - \cos\left(x + \dfrac{\pi}{6}\right) - 1 \ge 0$$

의 해가 $\alpha \le x \le \beta$이다. 이때 $\dfrac{\beta}{\alpha}$의 값을 구하시오.

**0655** 상중하

부등식 $\cos^2\theta + 4\sin\theta \le 2a$가 모든 실수 $\theta$에 대하여 성립하도록 하는 실수 $a$의 값의 범위를 구하시오.

유형 **21** 삼각함수가 포함된 방정식과 부등식의 활용

$a$, $b$, $c$가 실수인 이차방정식 $ax^2 + bx + c = 0$의 판별식을 $D = b^2 - 4ac$라 하면

(1) $D > 0 \iff$ 서로 다른 두 실근

(2) $D = 0 \iff$ 중근(서로 같은 두 실근)

(3) $D < 0 \iff$ 서로 다른 두 허근

**0656** 대표문제

모든 실수 $x$에 대하여 이차부등식

$$x^2 - 2x\sin\theta - 3\cos^2\theta + 2 \ge 0$$

이 성립할 때, $\theta$의 값의 범위를 구하시오. (단, $0 \le \theta < \pi$)

**0657** 상중하 ◀서술형

$x$에 대한 이차방정식 $x^2 - 4x\sin\theta + 1 = 0$이 중근을 갖도록 하는 $\theta$의 값을 $\alpha$, $\beta(\alpha < \beta)$라 할 때, $\cos(\beta - \alpha)$의 값을 구하시오. (단, $0 < \theta < \pi$)

**0658** 상중하

다음 중 $x$에 대한 이차방정식 $x^2 - 3x + \sin^2\theta - 3\cos^2\theta = 0$이 서로 다른 부호의 실근을 갖도록 하는 $\theta$의 값이 <u>아닌</u> 것은? (단, $0 \le \theta \le 2\pi$)

① $0$      ② $\dfrac{\pi}{6}$      ③ $\dfrac{2}{5}\pi$

④ $\dfrac{7}{6}\pi$      ⑤ $\dfrac{7}{4}\pi$

**0659** 상중하

$x$에 대한 이차방정식 $x^2 - 4x\cos\theta + 6\sin\theta = 0$이 서로 다른 두 양의 실근을 갖도록 하는 $\theta$의 값의 범위는 $\alpha < \theta < \beta$이다. 이때 $\cos\alpha + \sin\beta$의 값을 구하시오. (단, $0 \le \theta < 2\pi$)

## 유형 22 일반각에 대한 삼각함수의 성질의 활용

삼각형 ABC에서 $A+B+C=\pi$임을 이용하여 각을 변형하고 일반각에 대한 삼각함수의 성질을 이용한다.

### 0660 대표문제

삼각형 ABC의 세 내각의 크기를 각각 $A$, $B$, $C$라 할 때, **보기**에서 옳은 것만을 있는 대로 고르시오.

보기
ㄱ. $\sin\dfrac{B+C}{2}=\cos\dfrac{A}{2}$

ㄴ. $\tan\dfrac{A}{2}=-\tan\dfrac{B+C}{2}$

ㄷ. $\cos(B+C)>0$이면 삼각형 ABC는 예각삼각형이다.

### 0661 상중하

사각형 ABCD가 원에 내접할 때, **보기**에서 옳은 것만을 있는 대로 고르시오.

(단, $\angle A$, $\angle B$, $\angle C$, $\angle D$는 모두 직각이 아니다. )

보기
ㄱ. $\sin A+\sin B+\sin C+\sin D=0$

ㄴ. $\cos A+\cos B+\cos C+\cos D=0$

ㄷ. $\tan A+\tan B+\tan C+\tan D=0$

### 0662 상중하

오른쪽 그림과 같이 좌표평면 위의 단위원을 10등분하는 점을 차례대로 $P_1$, $P_2$, $\cdots$, $P_{10}$이라 하자.
$P_{10}(1, 0)$이고, $\angle P_1OP_{10}=\theta$라 할 때, 다음 중 옳은 것은?

(단, O는 원점이다. )

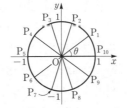

① $\sin\theta+\sin 6\theta=1$
② $\sin\theta+\sin(-5\theta)=0$
③ $\cos 2\theta+\cos 4\theta=0$
④ $\cos 4\theta=\cos 6\theta$
⑤ $\sin\theta=\cos 3\theta$

## 유형 23 삼각함수가 포함된 방정식의 실근의 개수

방정식 $f(x)=g(x)$의 서로 다른 실근의 개수
➡ 함수 $y=f(x)$의 그래프와 함수 $y=g(x)$의 그래프의 교점의 개수와 같다.

### 0663 대표문제

방정식 $\sin\pi x=\dfrac{3}{10}x$의 서로 다른 실근의 개수는?

① 1 　　② 3 　　③ 5
④ 7 　　⑤ 9

### 0664 상중하

$0\le x\le 2\pi$일 때, 방정식 $\sin x=\cos 2x$의 서로 다른 실근의 개수를 구하시오.

### 0665 상중하

방정식 $|\cos 2x|=\dfrac{2}{\pi}x$의 서로 다른 실근의 개수를 구하시오.

### 0666 상중하

두 함수 $f(x)=\sqrt{1-\cos^2\pi x}$, $g(x)=|x-2|$에 대하여 방정식 $f(x)-g(x)=0$의 서로 다른 실근의 개수는?

① 2 　　② 3 　　③ 4
④ 5 　　⑤ 6

**0667**

다음 함수 중 주기가 가장 큰 것은?

① $y=\cos x$  ② $y=2\sin x+1$

③ $y=|\cos x|$  ④ $y=\tan\dfrac{1}{2}x+1$

⑤ $y=3\sin\dfrac{1}{2}x-1$

**0668**

함수 $f(x)$가 다음과 같을 때, 정의역에 속하는 모든 실수 $x$에 대하여 $f(x+8)=f(x)$를 만족시키지 <u>않는</u> 것은?

① $f(x)=\sin\pi x$  ② $f(x)=\sin\dfrac{3}{2}\pi x$

③ $f(x)=\cos\dfrac{5}{2}\pi x$  ④ $f(x)=\cos\dfrac{\pi}{3}x$

⑤ $f(x)=\tan 2\pi x$

**0669**

다음은 함수 $f(x)=\sin\left(2\pi x-\dfrac{\pi}{3}\right)+5$에 대한 설명이다.

> (개) 주기는 $a$이다.
> (내) 최댓값은 $b$이다.
> (대) $y=f(x)$의 그래프는 함수 $y=\sin 2\pi x$의 그래프를 $x$축의 방향으로 $c$만큼, $y$축의 방향으로 $d$만큼 평행이동한 것이다.

상수 $a$, $b$, $c$, $d$에 대하여 $ad+bc$의 값을 구하시오.

**0670**

두 함수 $f(x)=a\sin x-b$, $g(x)=-3x+2$에 대하여 함수 $(g\circ f)(x)$의 최댓값이 11, 최솟값이 $-13$이다. 이때 상수 $a$, $b$에 대하여 $ab$의 값을 구하시오. (단, $a>0$)

**0671** 중요★

오른쪽 그림은 함수 $y=\cos a(x+b)+1$의 그래프이다. 이때 상수 $a$, $b$에 대하여 $ab$의 값을 구하시오.

(단, $a>0$, $0<b<\pi$)

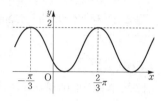

**0672**

함수 $f(x)=a|\sin bx|+c$가 다음 조건을 만족시킬 때, 상수 $a$, $b$, $c$에 대하여 $a+b+c$의 값을 구하시오.

(단, $a>0$, $b>0$)

> (개) 최댓값과 최솟값의 차가 2이다.
> (내) 주기가 함수 $y=\cos 6x$의 주기와 같다.
> (대) 그래프의 $y$절편은 3이다.

**0673**

오른쪽 그림과 같이 함수 $y=a\cos bx$의 그래프가 $x$축에 평행한 직선 $l$과 만나는 점의 $x$좌표가 1, 5이다. 직선 $l$과 $x$축 및 두 직선 $x=1$, $x=5$로 둘러싸인 도형의 넓이가 24일 때, 상수 $a$, $b$에 대하여 $ab$의 값을 구하시오. (단, $a>0$, $b>0$)

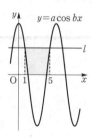

## 0674

다음 그림과 같이 함수 $y=\sin 2x\,(0\le x\le\pi)$의 그래프가 직선 $y=\dfrac{3}{5}$과 두 점 A, B에서 만나고 직선 $y=-\dfrac{3}{5}$과 두 점 C, D에서 만난다. 네 점 A, B, C, D의 $x$좌표를 각각 $a$, $b$, $c$, $d$라 할 때, $a+2b+2c+d$의 값을 구하시오.

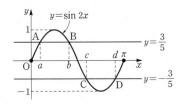

## 0675

다음 중 함수 $y=\cos 2x+1$의 그래프를 $x$축의 방향으로 $\dfrac{\pi}{2}$만큼 평행이동한 후 $y$축에 대하여 대칭이동한 그래프의 식은?

① $y=\sin 2x+1$  　　② $y=-\sin 2x-1$

③ $y=\cos 2x-1$  　　④ $y=-\cos 2x+1$

⑤ $y=-\cos 2x-1$

## 0676 중요★

$\dfrac{\cos(\pi+\theta)\tan(2\pi-\theta)}{\sin\left(\dfrac{5}{2}\pi+\theta\right)}-\dfrac{\sin(3\pi-\theta)\tan(-\theta)}{\cos\left(\dfrac{3}{2}\pi-\theta\right)}$를 간단히 하면?

① $-2\tan\theta$　　② $-\dfrac{2}{\tan\theta}$　　③ $0$

④ $\dfrac{2}{\tan\theta}$　　⑤ $\cos\theta-\sin\theta$

## 0677

$\cos^2\dfrac{\pi}{10}+\cos^2\dfrac{2}{10}\pi+\cdots+\cos^2\dfrac{9}{10}\pi$의 값을 구하시오.

## 0678

함수 $y=|\cos x-a|+2a$의 최솟값이 1일 때, 최댓값을 구하시오. (단, $a$는 $0<a<1$인 상수이다.)

## 0679

함수 $y=\cos\left(\dfrac{\pi}{2}-x\right)\cos\left(\dfrac{\pi}{2}+x\right)-2\sin(\pi+x)+a$의 최댓값이 3일 때, 최솟값을 구하시오. (단, $a$는 상수이다.)

## 0680

$0\le x\le\dfrac{\pi}{4}$에서 함수 $y=\dfrac{\sin x+\cos x}{3\cos x-\sin x}$의 최댓값을 $M$, 최솟값을 $m$이라 할 때, $M-m$의 값을 구하시오.

**0681**

이차함수 $y=x^2-2x\sin\theta-\cos^2\theta$의 그래프의 꼭짓점이 직선 $y=2\sqrt{3}\,x+2$ 위에 있도록 하는 $\theta$의 값을 모두 구하시오.

(단, $0\le\theta<2\pi$)

**0682** 교육청 기출

두 함수 $f(x)=2x^2+2x-1$, $g(x)=\cos\dfrac{\pi}{3}x$에 대하여

$0\le x<12$에서 방정식 $f(g(x))=g(x)$를 만족시키는 모든 실수 $x$의 값의 합을 구하시오.

**0683**

$\dfrac{\pi}{2}<x<\dfrac{3}{2}\pi$일 때, 방정식

$$\sqrt{3}\sin^2 x-2\sin x\cos x-\sqrt{3}\cos^2 x=0$$

의 모든 근의 합을 구하시오.

**0684**

$0\le x<2\pi$일 때, 방정식 $\sin^2 x+\sin x=\cos^2 x+\cos x$의 근의 개수를 $a$, 가장 큰 근을 $b$, 가장 작은 근을 $c$라 하자. 이때 $a\cos(b+c)$의 값을 구하시오.

**0685**

삼각형 ABC에서 $\cos A=-\dfrac{1}{2}$일 때, $\sin\dfrac{B+C-2\pi}{2}$의 값은?

① $-\dfrac{\sqrt{3}}{2}$ ② $-\dfrac{1}{2}$ ③ $\dfrac{1}{2}$

④ $\dfrac{\sqrt{3}}{2}$ ⑤ $1$

**0686** 중요★

$0\le x<2\pi$에서 부등식

$$2\sin^2 x-3\sin\left(\dfrac{\pi}{2}+x\right)\ge 2\cos x-4\cos^2 x$$

의 해를 구하시오.

**0687** 평가원 기출

$0\le\theta<2\pi$일 때, $x$에 대한 이차방정식

$$x^2-(2\sin\theta)x-3\cos^2\theta-5\sin\theta+5=0$$

이 실근을 갖도록 하는 $\theta$의 최솟값과 최댓값을 각각 $\alpha$, $\beta$라 하자. $4\beta-2\alpha$의 값은?

① $3\pi$ ② $4\pi$ ③ $5\pi$

④ $6\pi$ ⑤ $7\pi$

**0688**

오른쪽 그림과 같이 원에 내접하는 사각형 ABCD에 대하여 $\angle\text{BAD}=\alpha$, $\angle\text{BCD}=\beta$라 할 때, $\cos\alpha=\dfrac{1}{3}$이다. 이때 $\tan\beta$의 값을 구하시오.

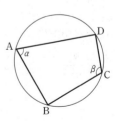

**서술형 주관식**

**0689** 중요★

함수 $f(x)=a\sin b\left(x+\dfrac{\pi}{2}\right)+c$의 최댓값이 1, 최솟값이 $-3$이고, 모든 실수 $x$에 대하여 $f(x+p)=f(x)$를 만족시키는 양수 $p$의 최솟값이 $4\pi$일 때, 상수 $a$, $b$, $c$에 대하여 $abc$의 값을 구하시오. (단, $a>0$, $b>0$)

**0690**

$\left\{\sin\left(\dfrac{\pi}{2}+\theta\right)+\cos\left(\dfrac{3}{2}\pi+\theta\right)+1\right\}^2$
$=2\sin(\pi-\theta)\cos(2\pi-\theta)+3$
일 때, $\sin\theta\cos\theta$의 값을 구하시오.

**0691**

$-\pi\leq x\leq\pi$일 때, 함수 $y=\sin^2\left(x-\dfrac{\pi}{2}\right)+\cos\left(x+\dfrac{\pi}{2}\right)$의 최댓값과 최솟값의 합을 구하시오.

**0692**

$x$에 대한 이차방정식 $x^2+2\sqrt{2}x\cos\theta+3\sin\theta=0$이 실근을 갖도록 하는 $\theta$의 값의 범위를 구하시오. $\left(\text{단, }\dfrac{\pi}{2}\leq\theta\leq\dfrac{3}{2}\pi\right)$

 **실력Up**

**0693**

두 수 $A$, $B$가 다음과 같을 때, $A+B$의 값을 구하시오.

> $A=\tan 1°+\tan 21°+\tan 41°+\tan 61°+\tan 81°$
> $B=\tan 99°+\tan 119°+\tan 139°+\tan 159°+\tan 179°$

**0694**

$0\leq x\leq 16$에서 정의된 두 함수
$$f(x)=\cos\dfrac{\pi x}{8}, \ g(x)=-3\cos\dfrac{\pi x}{8}-\sqrt{2}$$
가 있다. $-1<k<1$인 상수 $k$에 대하여 곡선 $y=f(x)$와 직선 $y=k$가 만나는 두 점의 $x$좌표를 $\alpha_1$, $\alpha_2$라 할 때, $|\alpha_1-\alpha_2|=12$이다. 곡선 $y=g(x)$와 직선 $y=k$가 만나는 두 점의 $x$좌표를 $\beta_1$, $\beta_2$라 할 때, $|\beta_1-\beta_2|$의 값을 구하시오.

**0695**

모든 실수 $x$에 대하여
$$\cos^2 x+(a+2)\sin x-(2a+1)>0$$
이 성립하도록 하는 실수 $a$의 값의 범위를 구하시오.

**0696** 교육청 기출

양수 $a$에 대하여 함수
$$f(x)=\left|4\sin\left(ax-\dfrac{\pi}{3}\right)+2\right| \ \left(0\leq x<\dfrac{4\pi}{a}\right)$$
의 그래프가 직선 $y=2$와 만나는 서로 다른 점의 개수는 $n$이다. 이 $n$개의 점의 $x$좌표의 합이 39일 때, $n\times a$의 값은?

① $\dfrac{\pi}{2}$      ② $\pi$      ③ $\dfrac{3\pi}{2}$

④ $2\pi$      ⑤ $\dfrac{5\pi}{2}$

# 07 삼각함수의 활용

개념 플러스

## 07 **1** 사인법칙
유형 01~04, 08, 09, 15

(1) **사인법칙**: 삼각형 ABC의 외접원의 반지름의 길이를 $R$라 하면

$$\frac{a}{\sin A}=\frac{b}{\sin B}=\frac{c}{\sin C}=2R$$

가 성립하고, 이것을 사인법칙이라 한다.

(2) **사인법칙의 변형**

① $\sin A=\dfrac{a}{2R}$, $\sin B=\dfrac{b}{2R}$, $\sin C=\dfrac{c}{2R}$

② $a=2R\sin A$, $b=2R\sin B$, $c=2R\sin C$

③ $a:b:c=\sin A:\sin B:\sin C$

● 삼각형 ABC에서 ∠A, ∠B, ∠C 의 크기를 각각 $A$, $B$, $C$로 나타내고, 이들의 대변의 길이를 각각 $a$, $b$, $c$로 나타낸다.

● 사인법칙이 적용되는 경우
① 한 변의 길이와 두 각의 크기가 주어질 때
② 두 변의 길이와 그 끼인각이 아닌 한 각의 크기가 주어질 때

## 07 **2** 코사인법칙
유형 05~09, 16

(1) **코사인법칙**: 삼각형 ABC에서

$$a^2=b^2+c^2-2bc\cos A,$$
$$b^2=c^2+a^2-2ca\cos B,$$
$$c^2=a^2+b^2-2ab\cos C$$

가 성립하고, 이것을 코사인법칙이라 한다.

(2) **코사인법칙의 변형**

$$\cos A=\frac{b^2+c^2-a^2}{2bc}, \quad \cos B=\frac{c^2+a^2-b^2}{2ca}, \quad \cos C=\frac{a^2+b^2-c^2}{2ab}$$

● 코사인법칙이 적용되는 경우
① 두 변의 길이와 그 끼인각의 크기가 주어질 때
② 세 변의 길이가 주어질 때

## 07 **3** 삼각형의 넓이
유형 10, 11, 12

(1) 삼각형 ABC의 넓이를 $S$라 하면

$$S=\frac{1}{2}bc\sin A=\frac{1}{2}ca\sin B=\frac{1}{2}ab\sin C$$

(2) 삼각형 ABC의 넓이를 $S$, 외접원의 반지름의 길이를 $R$라 하면

$$S=\frac{abc}{4R}=2R^2\sin A\sin B\sin C$$

● 삼각형 ABC의 넓이를 $S$, 내접원의 반지름의 길이를 $r$라 하면
$$S=\frac{1}{2}r(a+b+c)$$

● 세 변의 길이가 주어진 삼각형 ABC의 넓이를 $S$라 하면
$$S=\sqrt{s(s-a)(s-b)(s-c)}$$
$$\left(단, s=\frac{a+b+c}{2}\right)$$
이고, 이를 헤론의 공식이라 한다.

## 07 **4** 사각형의 넓이
유형 13, 14

**1 평행사변형의 넓이**

이웃하는 두 변의 길이가 $a$, $b$이고, 그 끼인각의 크기가 $\theta$인 평행사변형의 넓이를 $S$라 하면

$$S=ab\sin\theta$$

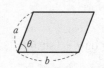

**2 사각형의 넓이**

두 대각선의 길이가 $a$, $b$이고, 두 대각선이 이루는 각의 크기가 $\theta$인 사각형의 넓이를 $S$라 하면

$$S=\frac{1}{2}ab\sin\theta$$

## 07 **1** 사인법칙

[0697~0699] 삼각형 ABC에 대하여 다음을 구하시오.

**0697** $a=4$, $A=60°$, $C=45°$일 때, $c$의 값

**0698** $c=5$, $B=30°$, $C=45°$일 때, $b$의 값

**0699** $b=12$, $A=30°$, $B=120°$일 때, $a$의 값

[0700~0702] 삼각형 ABC에 대하여 다음을 구하시오.

**0700** $a=1$, $c=\sqrt{2}$, $C=135°$일 때, $A$의 크기

**0701** $a=2$, $b=2\sqrt{2}$, $A=30°$일 때, $B$의 크기

**0702** $b=2$, $c=\sqrt{6}$, $B=45°$일 때, $C$의 크기

[0703~0705] 다음 조건을 만족시키는 삼각형 ABC의 외접원의 반지름의 길이 $R$를 구하시오.

**0703** $a=\sqrt{3}$, $A=60°$

**0704** $a=6$, $B=100°$, $C=50°$

**0705** $b=2$, $c=2$, $A=120°$

## 07 **2** 코사인법칙

[0706~0708] 삼각형 ABC에 대하여 다음을 구하시오.

**0706** $b=5$, $c=7$, $A=60°$일 때, $a$의 값

**0707** $a=6$, $c=2\sqrt{2}$, $B=45°$일 때, $b$의 값

**0708** $a=12$, $b=6$, $C=120°$일 때, $c$의 값

[0709~0710] 삼각형 ABC에 대하여 다음을 구하시오.

**0709** $a=1$, $b=5$, $c=3\sqrt{2}$일 때, $\cos A$의 값

**0710** $a=2\sqrt{3}$, $b=2$, $c=2$일 때, $B$의 크기

## 07 **3** 삼각형의 넓이

[0711~0713] 다음 조건을 만족시키는 삼각형 ABC의 넓이를 구하시오.

**0711** $a=8$, $b=12$, $C=30°$

**0712** $a=6$, $c=5$, $B=120°$

**0713** $b=8$, $c=9$, $A=135°$

**0714** 삼각형 ABC에서 $a=7$, $b=8$, $c=9$일 때, 다음을 구하시오.

⑴ $\cos A$의 값

⑵ $\sin A$의 값

⑶ 삼각형 ABC의 넓이

## 07 **4** 사각형의 넓이

[0715~0717] 다음 조건을 만족시키는 평행사변형 ABCD의 넓이를 구하시오.

**0715** $\overline{AB}=2$, $\overline{BC}=3$, $D=60°$

**0716** $\overline{AB}=3$, $\overline{AD}=4$, $B=135°$

**0717** $\overline{BC}=4$, $\overline{CD}=5$, $A=150°$

**0718** 사각형 ABCD에서 두 대각선의 길이가 10, 14이고, 두 대각선이 이루는 각의 크기가 $120°$일 때, 사각형 ABCD의 넓이를 구하시오.

▶ 개념원리 대수 198쪽

**유형 |01** 사인법칙

삼각형 ABC의 외접원의 반지름의 길이를 R라 하면

$$\frac{a}{\sin A}=\frac{b}{\sin B}=\frac{c}{\sin C}=2R$$

**0719** 대표문제

삼각형 ABC에서 $b=2$, $c=2\sqrt{3}$, $C=120°$일 때, $\cos^2 B$의 값을 구하시오.

**0720** 상중하

삼각형 ABC에서 $b=8$, $B=45°$, $C=75°$일 때, $a$의 값은?

① $5\sqrt{3}$　　　　② $4\sqrt{6}$　　　　③ $10$

④ $6\sqrt{3}$　　　　⑤ $5\sqrt{6}$

**0721** 상중하

삼각형 ABC에서 $A=105°$,
$B=45°$이고 $\overline{AC}=10$일 때,
$\overline{AB}$의 길이를 구하시오.

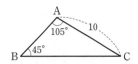

**0722** 상중하

오른쪽 그림과 같이 원 $O$ 위의 네 점
A, B, C, D에 대하여
$\overline{AB}=\overline{BC}=6\sqrt{2}$, $\angle ABC=90°$,
$\angle ABD=60°$일 때, $\overline{CD}$의 길이를
구하시오.

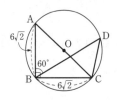

▶ 개념원리 대수 199쪽

**유형 |02** **사인법칙과 삼각형의 외접원**

삼각형 ABC의 외접원의 반지름의 길이를 R라 하면

① $\sin A=\dfrac{a}{2R}$, $\sin B=\dfrac{b}{2R}$, $\sin C=\dfrac{c}{2R}$

② $a=2R\sin A$, $b=2R\sin B$, $c=2R\sin C$

**0723** 대표문제

반지름의 길이가 12인 원에 내접하는 삼각형 ABC에서
$\sin B=\dfrac{5}{8}$일 때, 선분 AC의 길이를 구하시오.

**0724** 상중하

반지름의 길이가 10인 원에 내접하는 삼각형 ABC에서
$\sin A+\sin B+\sin C=\dfrac{3}{2}$이 성립할 때, $a+b+c$의 값은?

① $10$　　　　② $15$　　　　③ $20$

④ $25$　　　　⑤ $30$

**0725** 상중하 ◀서술형

반지름의 길이가 $\sqrt{5}$인 원에 내접하는 삼각형 ABC에서
$5\sin(A+B)\sin C=4$가 성립할 때, $c$의 값을 구하시오.

**0726** 상중하

오른쪽 그림과 같은 사각형 ABCD
의 세 꼭짓점 A, B, D를 지나는 원
의 반지름의 길이가 3이고, 세 꼭짓
점 B, C, D를 지나는 원의 반지름의
길이가 6일 때, $\dfrac{\sin A}{\sin C}$의 값을 구하시오.

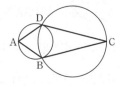

▶ 개념원리 대수 199쪽

### 유형 03  사인법칙의 변형; 변의 길이의 비

삼각형 ABC에서 세 변의 길이의 비는 사인법칙에 의하여 다음과 같다.

$$a : b : c = \sin A : \sin B : \sin C$$

**0727** 대표문제

삼각형 ABC에서 $A : B : C = 1 : 2 : 3$일 때, $a : b : c$는?

① $1 : 1 : \sqrt{2}$   ② $1 : \sqrt{2} : \sqrt{3}$   ③ $1 : \sqrt{3} : 2$

④ $\sqrt{3} : 1 : 2$   ⑤ $\sqrt{3} : 2 : 1$

**0728** 상중하

삼각형 ABC에서 $\dfrac{a+b}{4} = \dfrac{b+c}{5} = \dfrac{c+a}{5}$일 때,
$\sin A : \sin B : \sin C$는?

① $1 : 2 : \sqrt{3}$   ② $2 : 2 : 3$   ③ $3 : 4 : 5$

④ $4 : 3 : 5$   ⑤ $5 : 3 : 3$

**0729** 상중하

삼각형 ABC에서 $3a - 2b + c = 0$, $a + 2b - 3c = 0$일 때,
$\dfrac{\sin B}{\sin A} + \dfrac{\sin C}{\sin B} + \dfrac{\sin A}{\sin C}$의 값을 구하시오.

**0730** 상중하

삼각형 ABC에서

$$\sin(A+B) : \sin(B+C) : \sin(C+A) = 5 : 4 : 7$$

일 때, $\dfrac{a^2+b^2+c^2}{ac}$의 값을 구하시오.

▶ 개념원리 대수 200쪽

### 유형 04  사인법칙을 이용한 삼각형의 모양 결정

삼각형 ABC에서 $\sin A$, $\sin B$, $\sin C$에 대한 관계식이 주어지면

$$\sin A = \frac{a}{2R}, \ \sin B = \frac{b}{2R}, \ \sin C = \frac{c}{2R}$$

를 주어진 식에 대입하여 변의 길이 사이의 관계식으로 변형한다.
(단, $R$는 삼각형 ABC의 외접원의 반지름의 길이이다.)

**0731** 대표문제

삼각형 ABC에서 $(b-c)\sin A = b\sin B - c\sin C$가 성립할 때, 삼각형 ABC는 어떤 삼각형인가?

① 정삼각형   ② $a=b$인 이등변삼각형

③ $b=c$인 이등변삼각형   ④ $B=90°$인 직각삼각형

⑤ $C=90°$인 직각삼각형

**0732** 상중하

삼각형 ABC에서 $\cos^2 A - \cos^2 B - \cos^2 C = -1$이 성립할 때, 삼각형 ABC는 어떤 삼각형인가?

① 정삼각형   ② $a=b$인 이등변삼각형

③ $a=c$인 이등변삼각형   ④ $A=90°$인 직각삼각형

⑤ $C=90°$인 직각삼각형

**0733** 상중하

$x$에 대한 이차방정식

$$9ax^2 - 6\sqrt{b}\,x\sin(A+B) - \cos^2 C + 1 = 0$$

이 중근을 가질 때, 삼각형 ABC는 어떤 삼각형인가?

① 정삼각형   ② $A=90°$인 직각삼각형

③ $C=90°$인 직각삼각형   ④ $a=b$인 이등변삼각형

⑤ $a=c$인 이등변삼각형

**유형 | 05  코사인법칙**

삼각형 ABC에서 두 변의 길이와 그 끼인각의 크기가 주어지면 코사인법칙을 이용하여 나머지 한 변의 길이를 구한다.

$$\Rightarrow a^2 = b^2 + c^2 - 2bc \cos A$$
$$b^2 = c^2 + a^2 - 2ca \cos B$$
$$c^2 = a^2 + b^2 - 2ab \cos C$$

**0734** 대표문제

삼각형 ABC에서 $b = 3\sqrt{2}$, $c = 2\sqrt{3}$, $B = 60°$일 때, $a$의 값은?

① $2 + \sqrt{2}$ ② $2 + \sqrt{3}$ ③ $3 + \sqrt{2}$

④ $3 + \sqrt{3}$ ⑤ $3 + \sqrt{5}$

**0735** 상중하

오른쪽 그림의 평행사변형 ABCD에서 $\overline{AB} = 5$, $\overline{BC} = 3$, $B = 60°$일 때, 대각선 BD의 길이를 구하시오.

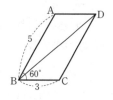

**0736** 상중하

오른쪽 그림과 같이 한 변의 길이가 10인 정육각형 $F_1$의 각 변을 $3 : 2$로 내분하는 점들을 이어 정육각형 $F_2$를 만들었다. 두 정육각형 $F_1$, $F_2$의 넓이를 각각 $S_1$, $S_2$라 할 때, $S_1 + S_2$의 값을 구하시오.

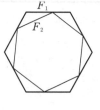

**유형 | 06  코사인법칙의 변형**

삼각형 ABC에서 세 변의 길이가 주어지면 코사인법칙의 변형을 이용하여 세 각의 크기를 구한다.

$$\Rightarrow \cos A = \frac{b^2 + c^2 - a^2}{2bc}$$
$$\cos B = \frac{c^2 + a^2 - b^2}{2ca}$$
$$\cos C = \frac{a^2 + b^2 - c^2}{2ab}$$

**0737** 대표문제

삼각형 ABC에서 $3a + 2b - 3c = 0$, $4a - 4b + c = 0$일 때, $\cos A$의 값을 구하시오.

**0738** 상중하

오른쪽 그림의 직육면체에서 $\overline{AB} = \overline{AD} = 3$, $\overline{BF} = 6$이다. $\angle FCH = \theta$라 할 때, $\cos\theta$의 값을 구하시오.

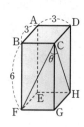

**0739** 상중하

오른쪽 그림과 같이 두 직선 $y = 3x$와 $y = x$가 이루는 예각의 크기를 $\theta$라 할 때, $\cos\theta$의 값을 구하시오.

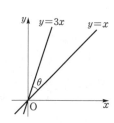

**0740** 상중하

오른쪽 그림과 같이 $\overline{AB} = 8$, $\overline{BC} = 12$, $\overline{CA} = 10$인 예각삼각형 ABC에서 변 BC를 $1 : 3$으로 내분하는 점을 D라 할 때, 선분 AD의 길이를 구하시오.

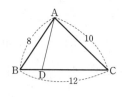

▸ 개념원리 대수 204쪽

유형 **07** 삼각형의 최대각, 최소각

세 변의 길이가 주어진 삼각형의 최대각 또는 최소각의 크기는 코사인법칙을 이용하여 구한다.
① 길이가 가장 긴 변의 대각 ➡ 최대각
② 길이가 가장 짧은 변의 대각 ➡ 최소각

**0741** 대표문제

세 변의 길이가 $1$, $2\sqrt{2}$, $\sqrt{13}$인 삼각형 ABC의 최대각의 크기를 구하시오.

**0742** 상중하

세 변의 길이가 $a$, $b$, $\sqrt{a^2+ab+b^2}$인 삼각형 ABC의 최대각의 크기는? (단, $a>b$)

① $60°$  ② $90°$  ③ $120°$
④ $135°$  ⑤ $150°$

**0743** 상중하 서술형

삼각형 ABC의 세 변의 길이 $a$, $b$, $c$에 대하여
$$\frac{2a-b}{2}=\frac{2b-c}{3}=\frac{4c-5a}{5}$$
가 성립할 때, 삼각형 ABC의 최소각의 크기를 $\theta$라 하자. 이때 $\cos\theta$의 값을 구하시오.

**0744** 상중하

삼각형 ABC에서 $a=6$, $c=3$일 때, $\cos C$가 최솟값을 갖도록 하는 $b$의 값을 구하시오.

▸ 개념원리 대수 204쪽

중요 유형 **08** 사인법칙과 코사인법칙

두 변의 길이와 그 끼인각의 크기가 주어지면 사인법칙과 코사인법칙을 이용하고, 세 변의 길이가 주어지면 코사인법칙을 이용한다.

**0745** 대표문제

삼각형 ABC에서 $a=6$, $c=3$, $B=60°$일 때, 삼각형 ABC의 외접원의 넓이는?

① $5\pi$  ② $7\pi$  ③ $9\pi$
④ $11\pi$  ⑤ $13\pi$

**0746** 상중하

반지름의 길이가 7인 원에 내접하는 삼각형 ABC에서 $a=7\sqrt{3}$, $c=2b$일 때, $b$의 값은? (단, $90°<A<180°$)

① $\sqrt{14}$  ② $\sqrt{21}$  ③ $5$
④ $7$  ⑤ $3\sqrt{7}$

**0747** 상중하

등식 $6\sin A=2\sqrt{3}\sin B=3\sin C$를 만족시키는 삼각형 ABC의 세 내각 중에서 크기가 가장 작은 내각의 크기를 구하시오.

**0748** 상중하

원에 내접하는 사각형 ABCD에서 $\overline{AB}=2$, $\overline{BC}=\sqrt{6}-\sqrt{2}$, $A=75°$, $B=135°$일 때, $\overline{CD}$의 길이를 구하시오.

유형 09 코사인법칙을 이용한 삼각형의 모양 결정

삼각형 ABC에서 각의 크기 사이의 관계식이 주어지면 사인법칙과 코사인법칙을 이용하여 변의 길이 사이의 관계식으로 변형한다.

**0749** 대표문제

등식 $a\cos C = c\cos A$를 만족시키는 삼각형 ABC는 어떤 삼각형인가?

① 정삼각형
② $a=b$인 이등변삼각형
③ $a=c$인 이등변삼각형
④ $A=90°$인 직각삼각형
⑤ $C=90°$인 직각삼각형

**0750** 상중하

삼각형 ABC에서 $a\cos B - b\cos A = c$가 성립할 때, 이 삼각형은 어떤 삼각형인가?

① 정삼각형
② $a=b$인 이등변삼각형
③ $a=c$인 이등변삼각형
④ 빗변의 길이가 $a$인 직각삼각형
⑤ 빗변의 길이가 $c$인 직각삼각형

**0751** 상중하

삼각형 ABC에서 $\tan A \sin A = \tan B \sin B$가 성립할 때, 이 삼각형은 어떤 삼각형인가?

① 정삼각형
② $a=b$인 이등변삼각형
③ $b=c$인 이등변삼각형
④ $a=c$인 이등변삼각형
⑤ $B=90°$인 직각삼각형

유형 10 삼각형의 넓이

두 변의 길이가 $a$, $b$이고 그 끼인각의 크기가 $C$인 삼각형의 넓이 $S$는
$$S = \frac{1}{2}ab\sin C$$

**0752** 대표문제

오른쪽 그림과 같이 $\overline{AB}=6$, $\overline{AC}=3$, $\angle A=120°$인 삼각형 ABC에서 $\angle A$의 이등분선과 변 BC가 만나는 점을 D라 할 때, 선분 AD의 길이를 구하시오.

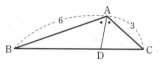

**0753** 상중하

$\overline{AB}=\sqrt{10}$, $\overline{AC}=2\sqrt{2}$인 예각삼각형 ABC의 넓이가 $2\sqrt{3}$일 때, $\sin\left(\frac{\pi}{2}+A\right)\cos\left(\frac{3}{2}\pi+A\right)$의 값을 구하시오.

**0754** 상중하

오른쪽 그림과 같이 삼각형 ABC가 반지름의 길이가 2인 원 $O$에 내접하고 있다. $\overset{\frown}{AB} : \overset{\frown}{BC} : \overset{\frown}{CA} = 3 : 4 : 5$일 때, 삼각형 ABC의 넓이는?

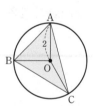

① $\sqrt{2}+\sqrt{3}$
② $2+\sqrt{2}$
③ $2+\sqrt{3}$
④ $3+\sqrt{2}$
⑤ $3+\sqrt{3}$

▶ 개념원리 대수 213쪽

**유형 11** 삼각형의 넓이; 세 변의 길이를 알 때

세 변의 길이가 주어진 삼각형의 넓이는 다음과 같은 순서로 구한다.

(i) 코사인법칙을 이용하여 삼각형의 한 내각 $\theta$에 대하여 $\cos\theta$의 값을 구한다.

(ii) $\sin^2\theta+\cos^2\theta=1$임을 이용하여 $\sin\theta$의 값을 구한다.

(iii) 삼각형의 넓이를 구한다.

**0755** 대표문제

삼각형 ABC에서 $a=7$, $b=5$, $c=8$일 때, 삼각형 ABC의 내접원의 반지름의 길이는?

① 1  ② $\sqrt{2}$  ③ $\sqrt{3}$

④ 2  ⑤ $2\sqrt{2}$

**0756** 상중하 ◀서술형

세 변의 길이가 9, 10, 11인 삼각형 ABC의 외접원의 반지름의 길이를 $R$, 내접원의 반지름의 길이를 $r$라 할 때, $R-r$의 값을 구하시오.

**0757** 상중하

다음 조건을 만족시키는 삼각형 ABC의 둘레의 길이를 구하시오.

(가) $\sin A : \sin B : \sin C = 2 : 3 : 3$

(나) 삼각형 ABC의 넓이는 $8\sqrt{2}$이다.

▶ 개념원리 대수 213쪽

**유형 12** 사각형의 넓이; 삼각형으로 나누기

삼각형의 넓이를 이용하여 사각형의 넓이를 구할 때에는 다음과 같은 순서로 한다.

(i) 사각형을 두 개의 삼각형으로 나눈다.

(ii) 두 삼각형의 넓이를 각각 구한다.

(iii) 삼각형의 넓이의 합으로 사각형의 넓이를 구한다.

**0758** 대표문제

오른쪽 그림과 같은 사각형 ABCD에서 $\overline{AB}=4$, $\overline{BC}=8$, $\overline{CD}=2$, $\overline{BD}=8$이고, $\angle ABD=30°$일 때, 사각형 ABCD의 넓이를 구하시오.

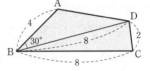

**0759** 상중하

오른쪽 그림과 같은 사각형 ABCD에서 $\overline{AB}=5$, $\overline{BC}=8$, $\overline{CD}=3$, $\overline{AD}=3$이고, $\angle BAD=120°$일 때, 사각형 ABCD의 넓이는?

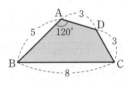

① $9\sqrt{3}$  ② $\dfrac{37\sqrt{3}}{4}$  ③ $\dfrac{19\sqrt{3}}{2}$

④ $\dfrac{39\sqrt{3}}{4}$  ⑤ $10\sqrt{3}$

**0760** 상중하

오른쪽 그림과 같은 사각형 ABCD에서 $\overline{AB}=3$, $\overline{BC}=8$, $\overline{CD}=4$이고, $B=75°$, $C=60°$일 때, 사각형 ABCD의 넓이를 구하시오.

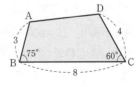

**유형 13** 평행사변형의 넓이

이웃하는 두 변의 길이가 $a$, $b$이고, 그 끼인각의 크기가 $\theta$인 평행사변형의 넓이 $S$는

$$S = ab\sin\theta$$

**0761** 대표문제

오른쪽 그림과 같이 $\overline{AB}=7$, $\overline{BC}=8$, $\overline{AC}=13$인 평행사변형 ABCD의 넓이는?

(단, $90° < B < 180°$)

① $14\sqrt{2}$　　　② $14\sqrt{3}$　　　③ $24\sqrt{2}$

④ $18\sqrt{6}$　　　⑤ $28\sqrt{3}$

**0762** 상중하

오른쪽 그림과 같이 $\overline{AB}=2$, $\overline{BC}=4$인 평행사변형 ABCD의 넓이가 $4\sqrt{2}$일 때, $A$의 크기는?

(단, $90° < A < 180°$)

① $105°$　　　② $120°$　　　③ $125°$

④ $135°$　　　⑤ $150°$

**0763** 상중하 서술형

오른쪽 그림과 같이 $\overline{AB}=3$, $\overline{AC}=3\sqrt{3}$, $B=60°$인 평행사변형 ABCD의 넓이를 구하시오.

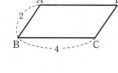

**유형 14** 사각형의 넓이

두 대각선의 길이가 $a$, $b$이고, 두 대각선이 이루는 각의 크기가 $\theta$인 사각형의 넓이 $S$는

$$S = \frac{1}{2}ab\sin\theta$$

**0764** 대표문제

오른쪽 그림과 같이 대각선 BD의 길이가 4이고, 두 대각선이 이루는 각의 크기가 $120°$인 사각형 ABCD의 넓이가 $3\sqrt{3}$일 때, 대각선 AC의 길이를 구하시오.

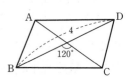

**0765** 상중하

오른쪽 그림과 같이 두 대각선의 길이가 $a$, $b$이고, 두 대각선이 이루는 예각의 크기가 $30°$인 사각형 ABCD가 있다. 이 사각형의 넓이가 2이고, $a+b=6$일 때, $a^2+b^2$의 값을 구하시오.

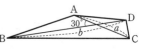

**0766** 상중하

사각형 ABCD의 두 대각선의 길이의 합이 8이고 두 대각선이 이루는 예각의 크기가 $45°$일 때, 이 사각형의 넓이의 최댓값은?

① $3\sqrt{2}$　　　② $4\sqrt{2}$　　　③ $8$

④ $8\sqrt{2}$　　　⑤ $8\sqrt{3}$

**0767** 상중하

오른쪽 그림과 같이 $\overline{AB}=3$, $\overline{BC}=4$인 평행사변형 ABCD의 두 대각선이 이루는 각의 크기가 $60°$일 때, 평행사변형 ABCD의 넓이를 구하시오.

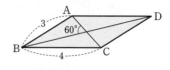

▶ 개념원리 대수 **200**쪽

## 유형 **15** 사인법칙의 실생활에서의 활용

주어진 상황에서 삼각형의 한 변의 길이와 그 양 끝 각의 크기를
알아내어 세 내각의 크기의 합이 180°임과 사인법칙을 이용한다.

### 0768 대표문제

오른쪽 그림과 같이 50 m만큼 떨어
진 두 지점 A, B에서 강 건너 C 지
점을 바라본 각의 크기를 각각 재었
더니 ∠BAC=60°, ∠ABC=75°
이었다. 이때 두 지점 B, C 사이의
거리는?

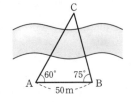

① $25\sqrt{2}$ m  ② 50 m  ③ $25\sqrt{6}$ m
④ $50\sqrt{2}$ m  ⑤ $50\sqrt{6}$ m

### 0769 상중하

오른쪽 그림과 같이 높이가 9인 원기둥 모양의
물통이 있다. 윗면인 원의 둘레에 세 점 A, B,
C를 잡아 삼각형 ABC를 만들었더니
$\overline{AB}=5$, $A=70°$, $B=50°$이었다. 이때 이
물통의 부피를 구하시오.

(단, 물통의 두께는 무시한다.)

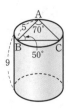

### 0770 상중하

오른쪽 그림과 같이 높이가
30 m인 건물이 있다. 이
건물의 아래에서 옆 건물의
끝을 올려다본 각의 크기는
45°이고 옥상에서 옆 건물의 끝을 올려다본 각의 크기는 15°
일 때, 옆 건물의 높이를 구하시오.

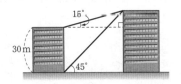

$\left(단, \cos 15°=\dfrac{\sqrt{6}+\sqrt{2}}{4}로 계산하고, 눈의 높이는 무시한다.\right)$

---

▶ 개념원리 대수 **205**쪽

## 유형 **16** 코사인법칙의 실생활에서의 활용

주어진 상황에서 삼각형의 두 변의 길이와 그 끼인각의 크기를
알아내어 코사인법칙을 이용한다.

### 0771 대표문제

오른쪽 그림과 같이 연못의 양 끝 지점에
있는 두 나무 A, B와 한 지점 C에 대하
여 $\overline{AC}=50$ m, $\overline{BC}=60$ m,
∠ACB=60°일 때, 두 나무 A, B 사이
의 거리를 구하시오.

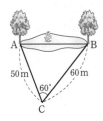

### 0772 상중하

오른쪽 그림과 같이 10 m만큼
떨어진 두 지점 A, B에서 지면
에 수직으로 세워진 가로등의 D
지점을 올려다본 각의 크기가
각각 30°, 45°이었다. D 지점
에서 지면에 수직으로 내린 C
지점에 대하여 ∠ACB=30°일 때, 이 가로등의 높이는?

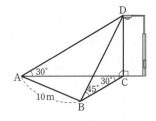

(단, 눈의 높이는 무시한다.)

① 6 m  ② 7 m  ③ 8 m
④ 9 m  ⑤ 10 m

### 0773 상중하

오른쪽 그림과 같이 모선의 길이가 3 km
이고, 밑면의 반지름의 길이가 1 km인
원뿔 모양의 산이 있다. A 지점에서 출발
하여 B 지점으로부터 1 km 떨어진 모선
OB 위의 P 지점에 이르는 등산로를 만들
려고 할 때, 이 등산로의 최단 거리를 구
하시오. (단, 두 점 A, B는 밑면의 지름의 양 끝 점이다.)

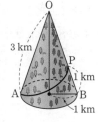

**0774**

삼각형 ABC에서 $b=\sqrt{6}$, $B=60°$, $C=75°$일 때, $\dfrac{a}{\cos A}$의 값은?

① $\sqrt{3}$      ② $2$      ③ $\sqrt{6}$

④ $2\sqrt{2}$      ⑤ $2\sqrt{3}$

**0777** 중요★

오른쪽 그림과 같이 길이가 10인 선분 AB를 지름으로 하는 원에 내접하는 삼각형 ABC에서 $\sqrt{3}\sin A=\sin B$가 성립할 때, 삼각형 ABC의 넓이를 구하시오.

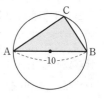

**0775**

오른쪽 그림과 같이 원 $O$의 접선 AC와 현 AB가 이루는 각의 크기가 $60°$이고 $\overline{AB}=10$일 때, 원 $O$의 넓이는?

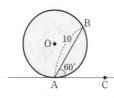

① $20\pi$      ② $\dfrac{70}{3}\pi$      ③ $\dfrac{80}{3}\pi$

④ $30\pi$      ⑤ $\dfrac{100}{3}\pi$

**0778**

삼각형 ABC에서

$$(2a-b):(2b-c):(2c-a)=9:6:1$$

일 때, $\sin A:\sin B:\sin C$는?

① $3:5:7$      ② $4:6:9$      ③ $5:4:7$

④ $5:7:9$      ⑤ $7:5:4$

**0776**

오른쪽 그림에서 삼각형 ABC는 $\angle C$가 직각이고 $\overline{AC}=\overline{BC}=4$인 직각이등변삼각형이다. 점 D가 변 AC의 중점일 때, 삼각형 ABD의 외접원의 반지름의 길이를 구하시오.

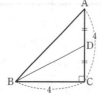

**0779**

삼각형 ABC에서 $a\sin A=b\sin B$가 성립할 때, 삼각형 ABC는 어떤 삼각형인가?

① 정삼각형      ② $A=90°$인 직각삼각형

③ $B=90°$인 직각삼각형      ④ $a=b$인 이등변삼각형

⑤ $b=c$인 이등변삼각형

## 0780

삼각형 ABC에서 $\overline{AB}=x$, $\overline{AC}=\dfrac{4}{x}$, $A=120°$일 때, $\overline{BC}$의 길이의 최솟값을 구하시오.

## 0781 평가원 기출

그림과 같이 $\overline{AB}=3$, $\overline{BC}=2$, $\overline{AC}>3$이고 $\cos(\angle BAC)=\dfrac{7}{8}$인 삼각형 ABC가 있다. 선분 AC의 중점을 M, 삼각형 ABC의 외접원이 직선 BM과 만나는 점 중 B가 아닌 점을 D라 할 때, 선분 MD의 길이는?

① $\dfrac{3\sqrt{10}}{5}$     ② $\dfrac{7\sqrt{10}}{10}$     ③ $\dfrac{4\sqrt{10}}{5}$

④ $\dfrac{9\sqrt{10}}{10}$     ⑤ $\sqrt{10}$

## 0782

삼각형 ABC에서 $c^2-3ab=(a-b)^2$일 때, $C$의 크기를 구하시오.

## 0783

오른쪽 그림과 같이 정사각형 ABCD의 두 변 AD, CD를 $1:2$로 내분하는 점을 각각 E, F라 하자. $\angle EBF=\theta$라 할 때, $\cos\theta$의 값을 구하시오.

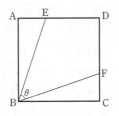

## 0784

오른쪽 그림과 같은 사각형 ABCD에서 $\overline{AD}\,/\!/\,\overline{BC}$이고 $\overline{AB}=6$, $\overline{BC}=10$, $\overline{CD}=8$, $\overline{AD}=4$일 때, 대각선 AC의 길이는?

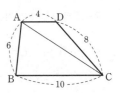

① $\dfrac{2\sqrt{46}}{3}$     ② $\dfrac{2\sqrt{69}}{3}$     ③ $\dfrac{4\sqrt{23}}{3}$

④ $\dfrac{4\sqrt{46}}{3}$     ⑤ $\dfrac{4\sqrt{69}}{3}$

## 0785

삼각형 ABC의 세 변의 길이가 $5-x$, $5$, $5+x$일 때, 최소각의 크기가 $30°$이다. 이때 양수 $x$의 값은?

① $\dfrac{13\sqrt{3}-5}{15}$     ② $\dfrac{13\sqrt{3}-3}{15}$     ③ $\dfrac{15\sqrt{3}-5}{13}$

④ $\dfrac{15\sqrt{3}-3}{13}$     ⑤ $\dfrac{13\sqrt{3}-5}{11}$

## 0786 중요★

삼각형 ABC에서 $a=3$이고 $\dfrac{7}{\sin A}=\dfrac{5}{\sin B}=\dfrac{3}{\sin C}$일 때, 삼각형 ABC의 외접원의 넓이는?

① $\pi$     ② $2\pi$     ③ $3\pi$

④ $4\pi$     ⑤ $5\pi$

## 0787

다음 조건을 만족시키는 삼각형 ABC는 어떤 삼각형인가?

> ㈎ $\sin A + \sin C = 2\sin(B+C)$
>
> ㈏ $\dfrac{\sin A}{\sin B} = \cos C$

① 정삼각형

② $a=b$인 이등변삼각형

③ $C=90°$인 직각삼각형

④ $A=90°$인 직각이등변삼각형

⑤ $B=90°$인 직각이등변삼각형

## 0788 교육청 기출

그림과 같이 중심각의 크기가 $\dfrac{\pi}{3}$인 부채꼴 OAB에서 선분 OA를 $3:1$로 내분하는 점을 P, 선분 OB를 $1:2$로 내분하는 점을 Q라 하자. 삼각형 OPQ의 넓이가 $4\sqrt{3}$일 때, 호 AB의 길이는?

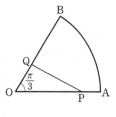

① $\dfrac{5}{3}\pi$

② $2\pi$

③ $\dfrac{7}{3}\pi$

④ $\dfrac{8}{3}\pi$

⑤ $3\pi$

## 0789

삼각형 ABC에서 $a+c=10$이고 $B=30°$일 때, 이 삼각형의 넓이의 최댓값을 구하시오.

## 0790

오른쪽 그림과 같이 원에 내접하는 사각형 ABCD에서 $\overline{AB}=2$, $\overline{BC}=6$, $\overline{CD}=2\sqrt{2}$, $\overline{AD}=2\sqrt{2}$이고 $\angle BCD=45°$일 때, 사각형 ABCD의 넓이를 구하시오.

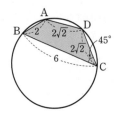

## 0791

$\overline{AB}=4$, $\overline{BC}=5$인 평행사변형 ABCD의 넓이가 $10\sqrt{3}$일 때, 대각선 AC의 길이는? (단, $90° < B < 180°$)

① $\sqrt{61}$

② $\sqrt{62}$

③ $3\sqrt{7}$

④ $8$

⑤ $\sqrt{65}$

## 0792

오른쪽 그림과 같이 두 대각선이 이루는 각의 크기가 $30°$이고 넓이가 16인 등변사다리꼴 ABCD의 한 대각선의 길이는?

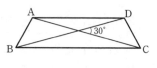

① $6$

② $7$

③ $8$

④ $9$

⑤ $10$

## 0793

오른쪽 그림과 같은 사각형 ABCD의 넓이가 100이다. 대각선 AC의 길이를 20 % 줄이고 대각선 BD의 길이를 10 % 늘려서 새로운 사각형을 만들 때, 이 사각형의 넓이를 구하시오.

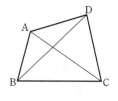

## 0794

오른쪽 그림과 같이 강 한쪽의 두 지점 A, B와 강 건너편의 두 지점 C, D에 대하여 각의 크기를 재었더니 $\angle BAC=90°$, $\angle ABC=30°$, $\angle BAD=30°$, $\angle ABD=60°$이었다. $\overline{AB}=30\ \text{m}$일 때, 두 지점 C, D 사이의 거리를 구하시오.

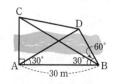

✏️ **서술형 주관식**

## 0795

$x$에 대한 이차방정식

$$(\cos A+\cos B)x^2+2x\sin C+(\cos A-\cos B)=0$$

이 중근을 가질 때, 삼각형 ABC는 어떤 삼각형인지 말하시오.

## 0796

세 변의 길이가 4, 5, 7인 삼각형의 외접원의 반지름의 길이를 구하시오.

## 0797

삼각형 ABC에서

$$(a+b):(b+c):(c+a)=7:5:6$$

이고 삼각형 ABC의 넓이가 $3\sqrt{15}$일 때, $a$의 값을 구하시오.

## 0798

오른쪽 그림과 같은 사각형 ABCD에서 두 대각선 AC, BD의 교점을 P라 하자. $\overline{AP}=3$, $\overline{BP}=6$, $\overline{CP}=4$, $\overline{DP}=2$, $\overline{CD}=4$일 때, 사각형 ABCD의 넓이를 구하시오.

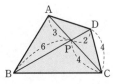

🏆 **실력 Up**

## 0799

반지름의 길이가 $R$인 원 $O$에 내접하는 삼각형 ABC에 대하여 $\dfrac{a}{R}$의 값이 정수가 되도록 하는 모든 $A$의 크기의 합을 구하시오.

## 0800

삼각형 ABC에서 $\overline{AB}=\overline{AC}$, $\overline{BC}=8$, $A=120°$일 때, $\overline{AC}$ 위를 움직이는 점 P에 대하여 $\overline{BP}^2+\overline{CP}^2$의 최솟값을 구하시오.

## 0801 교육청 기출

그림과 같이 $2\overline{AB}=\overline{BC}$, $\cos(\angle ABC)=-\dfrac{5}{8}$인 삼각형 ABC의 외접원을 $O$라 하자. 원 $O$ 위의 점 P에 대하여 삼각형 PAC의 넓이가 최대가 되도록 하는 점 P를 Q라 할 때, $\overline{QA}=6\sqrt{10}$이다. 선분 AC 위의 점 D에 대하여 $\angle CDB=\dfrac{2}{3}\pi$일 때, 삼각형 CDB의 외접원의 반지름의 길이는?

① $3\sqrt{3}$
② $4\sqrt{3}$
③ $3\sqrt{6}$
④ $5\sqrt{3}$
⑤ $4\sqrt{6}$

## 공감
### 한 스푼

누구보다 잘하고 싶었는데
생각만큼 잘 안 돼서
자신이 별로라고 느낀 날이 있나요?

BRAVO!!

만약 당신이 최선을 다했다면
잘하고 싶다는 마음
그것만으로도
당신은 좋은 사람이에요.

# III

# 수열

# 08 등차수열과 등비수열

## 08 1 등차수열    유형 01~06

**1 등차수열**: 첫째항부터 차례대로 일정한 수를 더하여 만들어지는 수열을 등차수열이라 하고, 더하는 일정한 수를 공차라 한다.

이때 공차가 $d$인 등차수열 $\{a_n\}$에 대하여 다음이 성립한다.

$$a_{n+1}=a_n+d \Longleftrightarrow a_{n+1}-a_n=d \ (단, n=1, 2, 3, \cdots)$$

**2 등차수열의 일반항**: 첫째항이 $a$, 공차가 $d$인 등차수열의 일반항 $a_n$은

$$a_n=a+(n-1)d \ (단, n=1, 2, 3, \cdots)$$

**3 등차중항**: 세 수 $a, b, c$가 이 순서대로 등차수열을 이룰 때, $b$를 $a$와 $c$의 등차중항이라 한다.

이때 $b-a=c-b$이므로    $b=\dfrac{a+c}{2}$

- ① **수열**: 차례대로 나열된 수의 열
  ② **항**: 수열을 이루고 있는 각 수
  ③ **일반항**: 수열 $a_1, a_2, a_3, \cdots, a_n,$ $\cdots$에서 제$n$항 $a_n$을 이 수열의 일반항이라 한다. 이때 일반항이 $a_n$인 수열을 간단히 $\{a_n\}$과 같이 나타낸다.

- ① 등차수열을 이루는 세 수
  $\Rightarrow a-d, a, a+d$로 놓는다.
  ② 등차수열을 이루는 네 수
  $\Rightarrow a-3d, a-d, a+d, a+3d$
  로 놓는다.

## 08 2 등차수열의 합    유형 07~12, 24

등차수열의 첫째항부터 제$n$항까지의 합을 $S_n$이라 하면

(1) 첫째항이 $a$, 제$n$항이 $l$일 때,    $S_n=\dfrac{n(a+l)}{2}$

(2) 첫째항이 $a$, 공차가 $d$일 때,    $S_n=\dfrac{n\{2a+(n-1)d\}}{2}$

참고▶ 일반적으로 수열 $\{a_n\}$에서 첫째항부터 제$n$항까지의 합을 $S_n$으로 나타낸다. 즉

$$a_1+a_2+a_3+\cdots+a_n=S_n$$

- **수열의 합과 일반항 사이의 관계**
  수열 $\{a_n\}$의 첫째항부터 제$n$항까지의 합을 $S_n$이라 하면
  $a_1=S_1, a_n=S_n-S_{n-1} \ (n \geq 2)$

## 08 3 등비수열    유형 13~19

**1 등비수열**: 첫째항부터 차례대로 일정한 수를 곱하여 만들어지는 수열을 등비수열이라 하고, 곱하는 일정한 수를 공비라 한다.

이때 공비가 $r$인 등비수열 $\{a_n\}$에 대하여 다음이 성립한다.

$$a_{n+1}=ra_n \Longleftrightarrow \dfrac{a_{n+1}}{a_n}=r \ (단, n=1, 2, 3, \cdots)$$

**2 등비수열의 일반항**: 첫째항이 $a$, 공비가 $r \ (r \neq 0)$인 등비수열의 일반항 $a_n$은

$$a_n=ar^{n-1} \ (단, n=1, 2, 3, \cdots)$$

**3 등비중항**: 0이 아닌 세 수 $a, b, c$가 이 순서대로 등비수열을 이룰 때, $b$를 $a$와 $c$의 등비중항이라 한다.

이때 $\dfrac{b}{a}=\dfrac{c}{b}$이므로    $b^2=ac$

- 등비수열을 이루는 세 수
  $\Rightarrow a, ar, ar^2$으로 놓는다.

## 08 4 등비수열의 합    유형 20~23, 25, 26

첫째항이 $a$, 공비가 $r$인 등비수열의 첫째항부터 제$n$항까지의 합을 $S_n$이라 하면

(1) $r \neq 1$일 때,    $S_n=\dfrac{a(1-r^n)}{1-r}=\dfrac{a(r^n-1)}{r-1}$

(2) $r=1$일 때,    $S_n=na$

- $r>1$일 때에는 $S_n=\dfrac{a(r^n-1)}{r-1}$,
  $r<1$일 때에는 $S_n=\dfrac{a(1-r^n)}{1-r}$
  을 이용하면 계산이 편리하다.

# 교과서 문제 정복하기

## 08 1 등차수열

[0802~0803] 다음 수열이 등차수열을 이룰 때, □ 안에 알맞은 수를 써넣으시오.

**0802** $1, 3, \square, \square, 9, \cdots$

**0803** $20, \square, 10, 5, \square, \cdots$

[0804~0805] 다음 등차수열의 일반항 $a_n$을 구하시오.

**0804** 첫째항: $-2$, 공차: $5$

**0805** $3, 6, 9, 12, \cdots$

[0806~0807] 다음 등차수열 $\{a_n\}$의 공차를 구하시오.

**0806** $a_1=5, a_8=33$

**0807** $a_1=-5, a_6=-40$

**0808** 세 수 $1, x, 19$가 이 순서대로 등차수열을 이룰 때, $x$의 값을 구하시오.

## 08 2 등차수열의 합

[0809~0810] 다음 등차수열의 첫째항부터 제20항까지의 합을 구하시오.

**0809** 첫째항: $2$, 제20항: $40$

**0810** 첫째항: $4$, 공차: $-2$

[0811~0812] 다음 합을 구하시오.

**0811** $33+30+27+\cdots+3$

**0812** $2+5+8+\cdots+41$

## 08 3 등비수열

[0813~0814] 다음 수열이 등비수열을 이룰 때, □ 안에 알맞은 수를 써넣으시오.

**0813** $3, 6, \square, \square, 48, \cdots$

**0814** $2, -2, \square, \square, 2, \cdots$

[0815~0816] 다음 등비수열의 일반항 $a_n$을 구하시오.

**0815** 첫째항: $5$, 공비: $-3$

**0816** $2, 2\sqrt{2}, 4, 4\sqrt{2}, \cdots$

[0817~0818] 다음 등비수열 $\{a_n\}$의 공비를 구하시오.

**0817** $a_1=\dfrac{2}{27}, a_4=2$

**0818** $a_1=1, a_5=\dfrac{1}{81}$

**0819** 세 수 $3, x, 48$이 이 순서대로 등비수열을 이룰 때, $x$의 값을 구하시오.

## 08 4 등비수열의 합

[0820~0821] 다음 등비수열의 첫째항부터 제8항까지의 합을 구하시오.

**0820** 첫째항: $4$, 공비: $2$

**0821** $3, -6, 12, -24, \cdots$

[0822~0823] 다음 합을 구하시오.

**0822** $1+3+9+\cdots+243$

**0823** $\dfrac{1}{2}-\dfrac{1}{4}+\dfrac{1}{8}-\cdots-\dfrac{1}{256}$

▶ 개념원리 대수 223쪽

## 유형 | 01 등차수열의 일반항

첫째항이 $a$, 공차가 $d$인 등차수열의 일반항 $a_n$은
$$a_n = a + (n-1)d \ (단, \ n=1, 2, 3, \cdots)$$

### 0824 대표문제

등차수열 20, 17, 14, 11, …에서 −118은 제몇 항인지 구하시오.

### 0825 상중하

등차수열 $\{a_n\}$의 일반항이 $a_n = -4n + 14$일 때, 첫째항과 공차의 곱은?

① −48      ② −44      ③ −40

④ −36      ⑤ −32

### 0826 상중하

공차가 4인 등차수열 $\{a_n\}$에서 $a_5 = -2$일 때, $a_k = 38$을 만족시키는 $k$의 값을 구하시오.

### 0827 상중하

제2항이 10, 제5항이 43인 등차수열 $\{a_n\}$의 제50항을 구하시오.

▶ 개념원리 대수 224쪽

## 유형 | 02 항 사이의 관계가 주어진 등차수열

등차수열의 첫째항을 $a$, 공차를 $d$라 하고 주어진 조건을 $a$, $d$에 대한 식으로 나타내어 $a$, $d$의 값을 구한다.

### 0828 대표문제

등차수열 $\{a_n\}$에서 $a_8 = 26$, $a_6 : a_{10} = 5 : 8$일 때, $a_{30}$의 값은?

① 84      ② 88      ③ 92

④ 96      ⑤ 100

### 0829 상중하

등차수열 $\{a_n\}$에서 $a_2 + a_6 = 20$, $a_4 + a_5 = 24$일 때, $a_8$의 값을 구하시오.

### 0830 상중하 서술형

첫째항이 −6인 등차수열 $\{a_n\}$의 제2항과 제6항은 절댓값이 같고 부호가 반대이다. 이때 12는 제몇 항인지 구하시오.

### 0831 상중하

공차가 양수인 등차수열 $\{a_n\}$에서 $a_4 + a_8 = 0$, $|a_5| = |a_6| + 2$일 때, $a_3$의 값을 구하시오.

▶ 개념원리 대수 224쪽, 225쪽

**유형 03** 조건을 만족시키는 등차수열의 항 구하기

등차수열 $\{a_n\}$에서 대소 관계를 처음으로 만족시키는 항은 다음과 같은 순서로 구한다.

(i) 주어진 조건을 이용하여 일반항 $a_n$을 구한다.

(ii) 대소 관계를 만족시키도록 일반항 $a_n$에 대한 부등식을 세운다.

(iii) 부등식을 만족시키는 자연수 $n$의 최솟값을 구한다.

**0832** 대표문제

제3항이 63, 제10항이 35인 등차수열 $\{a_n\}$에서 처음으로 음수가 되는 항은?

① 제18항     ② 제19항     ③ 제20항

④ 제21항     ⑤ 제22항

**0833** 상중하

첫째항이 $-62$, 공차가 5인 등차수열 $\{a_n\}$에서 처음으로 양수가 되는 항은?

① 제12항     ② 제13항     ③ 제14항

④ 제15항     ⑤ 제16항

**0834** 상중하

첫째항이 5이고, $a_6-a_4=8$인 등차수열 $\{a_n\}$에서 처음으로 100보다 커지는 항은 제몇 항인지 구하시오.

**0835** 상중하

첫째항이 양수인 등차수열 $\{a_n\}$의 제10항과 제16항은 절댓값이 같고 부호가 반대이다. 이 수열에서 처음으로 음수가 되는 항은 제몇 항인지 구하시오.

▶ 개념원리 대수 225쪽

**유형 04** 두 수 사이에 수를 넣어서 만든 등차수열

두 수 $a$, $b$ 사이에 $n$개의 수 $a_1$, $a_2$, $a_3$, $\cdots$, $a_n$을 넣어서 만든 등차수열

➡ 첫째항이 $a$, 제$(n+2)$항이 $b$이다.

➡ $b=a+(n+1)d$ (단, $d$는 공차이다.) → $d=\dfrac{b-a}{n+1}$

**0836** 대표문제

1과 100 사이에 10개의 수를 넣어서 만든 수열

$$1, a_1, a_2, a_3, \cdots, a_{10}, 100$$

이 등차수열을 이룰 때, $a_7$의 값을 구하시오.

**0837** 상중하

3과 23 사이에 3개의 수를 넣어서 만든 수열

$$3, x, y, z, 23$$

이 등차수열을 이룰 때, 상수 $x$, $y$, $z$의 값을 구하시오.

**0838** 상중하

$-20$과 100 사이에 $n$개의 수를 넣어서 만든 수열

$$-20, a_1, a_2, a_3, \cdots, a_n, 100$$

이 공차가 4인 등차수열을 이룰 때, $n$의 값을 구하시오.

**0839** 상중하

2와 107 사이에 $n$개의 수를 넣어서 만든 수열

$$2, a_1, a_2, a_3, \cdots, a_n, 107$$

이 등차수열을 이룰 때, 다음 중 이 수열의 공차가 될 수 <u>없는</u> 것은?

① 5     ② 7     ③ 15

④ 21     ⑤ 30

▸ 개념원리 대수 226쪽

## 유형 05 등차중항

세 수 $a$, $b$, $c$가 이 순서대로 등차수열을 이룰 때

$$b = \frac{a+c}{2}, \text{ 즉 } 2b = a+c$$

**0840** 대표문제

세 수 $x-1$, $x^2$, $3x+7$이 이 순서대로 등차수열을 이루도록 하는 모든 실수 $x$의 값의 합을 구하시오.

**0841** 상중하

세 수 $-9$, $x$, $-1$이 이 순서대로 등차수열을 이루고, 세 수 $-1$, $y$, $5$도 이 순서대로 등차수열을 이룰 때, $x+y$의 값은?

① $-5$　　　② $-4$　　　③ $-3$

④ $-2$　　　⑤ $-1$

**0842** 상중하

이차식 $ax^2+x+4$를 $x+1$, $x-2$, $x-3$으로 나누었을 때의 나머지가 이 순서대로 등차수열을 이룰 때, 상수 $a$의 값은?

① $-3$　　　② $-2$　　　③ $-1$

④ $1$　　　⑤ $2$

**0843** 상중하

서로 다른 두 자연수 $a$, $b$에 대하여 $\log a$, $\log 3$, $\log b$가 이 순서대로 등차수열을 이룰 때, $a+b$의 값을 구하시오.

▸ 개념원리 대수 226쪽

## 유형 06 등차수열을 이루는 수

(1) 등차수열을 이루는 세 수
➡ $a-d$, $a$, $a+d$로 놓고 식을 세운다.

(2) 등차수열을 이루는 네 수
➡ $a-3d$, $a-d$, $a+d$, $a+3d$로 놓고 식을 세운다.

**0844** 대표문제

등차수열을 이루는 세 수의 합이 15이고 곱이 $-55$일 때, 세 수의 제곱의 합을 구하시오.

**0845** 상중하

삼차방정식 $x^3-6x^2+kx+24=0$의 세 실근이 등차수열을 이룰 때, 상수 $k$의 값은?

① $-1$　　　② $-2$　　　③ $-3$

④ $-4$　　　⑤ $-5$

**0846** 상중하

등차수열을 이루는 네 수의 합이 8이고 가장 큰 수가 가장 작은 수의 3배일 때, 네 수의 곱을 구하시오.

**0847** 상중하

어떤 직각삼각형의 세 변의 길이가 등차수열을 이룬다. 이 직각삼각형의 빗변의 길이가 15일 때, 직각삼각형의 넓이를 구하시오.

▶ 개념원리 대수 230쪽

## 유형 07 등차수열의 합 중요

등차수열의 첫째항부터 제$n$항까지의 합을 $S_n$이라 할 때

(1) 첫째항 $a$와 제$n$항 $l$이 주어지면　　$S_n = \dfrac{n(a+l)}{2}$

(2) 첫째항 $a$와 공차 $d$가 주어지면　　$S_n = \dfrac{n\{2a+(n-1)d\}}{2}$

**0848** 대표문제

등차수열 $\{a_n\}$에서 $a_6 = 44$, $a_{18} = 116$이고
$a_1 + a_2 + a_3 + \cdots + a_n = 280$일 때, $n$의 값은?

① 7　　　　　② 8　　　　　③ 9
④ 10　　　　⑤ 11

**0849** 상중하

첫째항이 $-100$, 공차가 8인 등차수열 $\{a_n\}$에서 첫째항부터 제$n$항까지의 합을 $S_n$이라 할 때, $S_n > 0$이 되도록 하는 자연수 $n$의 최솟값을 구하시오.

**0850** 상중하

첫째항이 15, 제$n$항이 $-6$인 등차수열 $\{a_n\}$의 첫째항부터 제$n$항까지의 합이 36일 때, $a_5$의 값을 구하시오.

**0851** 상중하 서술형

등차수열 $\{a_n\}$에서 $a_1 = 6$, $a_{10} = -12$일 때,
$|a_1| + |a_2| + |a_3| + \cdots + |a_{20}|$의 값을 구하시오.

▶ 개념원리 대수 231쪽

## 유형 08 두 수 사이에 수를 넣어서 만든 등차수열의 합

두 수 $a$, $b$ 사이에 $n$개의 수를 넣어서 만든 등차수열의 합을 $S$라 하면 $S$는 첫째항이 $a$, 끝항이 $b$, 항수가 $n+2$인 등차수열의 합이므로

$$S = \dfrac{(n+2)(a+b)}{2}$$

**0852** 대표문제

24와 $-44$ 사이에 $n$개의 수를 넣어서 만든 수열
　　$24,\ a_1,\ a_2,\ a_3,\ \cdots,\ a_n,\ -44$
가 등차수열을 이룬다. $a_1 + a_2 + a_3 + \cdots + a_n = -120$일 때, $n$의 값을 구하시오.

**0853** 상중하

$-9$와 31 사이에 $n$개의 수를 넣어서 만든 수열
　　$-9,\ a_1,\ a_2,\ a_3,\ \cdots,\ a_n,\ 31$
이 등차수열을 이루고 모든 항의 합이 231이다. 이때 이 수열의 공차 $d$에 대하여 $n+d$의 값은?

① 18　　　　② 19　　　　③ 20
④ 21　　　　⑤ 22

**0854** 상중하

2와 37 사이에 $n$개의 수를 넣어서 만든 수열
　　$2,\ a_1,\ a_2,\ a_3,\ \cdots,\ a_n,\ 37$
이 등차수열을 이루고 모든 항이 자연수이다. 이때 이 수열의 모든 항의 합의 최솟값을 구하시오.

08

등차수열과 등비수열

**유형 | 09** 부분의 합이 주어진 등차수열의 합

첫째항이 $a$, 공차가 $d$인 등차수열의 첫째항부터 제$n$항까지의
합을 $S_n$이라 하면

$$S_n = \frac{n\{2a+(n-1)d\}}{2}$$

임을 이용하여 $a$, $d$에 대한 방정식을 세우고 $a$, $d$의 값을 구한다.

**0855** 대표문제

첫째항부터 제20항까지의 합이 120이고, 첫째항부터 제30항
까지의 합이 300인 등차수열의 첫째항부터 제10항까지의 합
은?

① 20         ② 25         ③ 30

④ 35         ⑤ 40

**0856** 상중하

첫째항이 10인 등차수열의 첫째항부터 제12항까지의 합이
252일 때, 이 수열의 첫째항부터 제15항까지의 합을 구하시
오.

**0857** 상중하

등차수열 $\{a_n\}$의 첫째항부터 제$n$항까지의 합을 $S_n$이라 할
때, $S_{10}=55$, $S_{20}=210$이다. 이때 $S_{15}-S_5$의 값은?

① 90         ② 95         ③ 100

④ 105        ⑤ 110

**유형 | 10** 등차수열의 합의 최대·최소

(1) (첫째항)>0, (공차)<0인 등차수열의 합의 최댓값
  ⇒ 첫째항부터 양수인 마지막 항까지의 합
(2) (첫째항)<0, (공차)>0인 등차수열의 합의 최솟값
  ⇒ 첫째항부터 음수인 마지막 항까지의 합

**0858** 대표문제

제5항이 11, 제15항이 $-9$인 등차수열 $\{a_n\}$에서 첫째항부터
제$n$항까지의 합을 $S_n$이라 할 때, $S_n$의 최댓값을 구하시오.

**0859** 상중하

첫째항이 $-\frac{5}{2}$, 공차가 $\frac{1}{3}$인 등차수열 $\{a_n\}$의 첫째항부터
제$n$항까지의 합을 $S_n$이라 할 때, $S_n$의 값이 최소일 때의 $n$의
값을 구하시오.

**0860** 상중하

첫째항이 100이고 공차가 정수인 등차수열 $\{a_n\}$의 첫째항부
터 제$n$항까지의 합을 $S_n$이라 할 때, $S_n$의 값은 $n=17$일 때
최대이다. 이때 $a_{10}$의 값은?

① 44         ② 46         ③ 48

④ 50         ⑤ 52

**0861** 상중하 서술형

$-28$과 44 사이에 $k$개의 수를 넣어서 만든 수열

  $-28$, $a_1$, $a_2$, $a_3$, $\cdots$, $a_k$, 44

가 등차수열을 이루고 모든 항의 합이 200이다. 등차수열
$\{a_n\}$의 첫째항부터 제$n$항까지의 합을 $S_n$이라 할 때, $S_n$의
최솟값을 구하시오.

▶ 개념원리 대수 233쪽

## 유형 11 나머지가 같은 자연수의 합

(1) 자연수 $d$의 양의 배수를 작은 것부터 순서대로 나열하면
$$d, 2d, 3d, \cdots$$
➡ 첫째항과 공차가 $d$인 등차수열

(2) 자연수 $d$로 나누었을 때의 나머지가 $a$ $(0 < a < d)$인 자연수를 작은 것부터 순서대로 나열하면
$$a, a+d, a+2d, \cdots$$
➡ 첫째항이 $a$, 공차가 $d$인 등차수열

### 0862 대표문제

두 자리 자연수 중에서 7로 나누었을 때의 나머지가 2인 수의 총합은?

① 651　　　　② 652　　　　③ 653
④ 654　　　　⑤ 655

### 0863 상중하

50 이하의 자연수 중에서 4 또는 6으로 나누어떨어지는 수의 총합을 구하시오.

### 0864 상중하

6으로 나누었을 때의 나머지가 5이고, 8로 나누었을 때의 나머지가 3인 자연수를 작은 것부터 순서대로 $a_1, a_2, a_3, \cdots$이라 하자. 이때 $a_1 + a_2 + \cdots + a_8$의 값은?

① 758　　　　② 759　　　　③ 760
④ 761　　　　⑤ 762

▶ 개념원리 대수 234쪽

## 유형 12 등차수열의 합과 일반항 사이의 관계

수열 $\{a_n\}$의 첫째항부터 제 $n$항까지의 합을 $S_n$이라 하면
(1) $a_1 = S_1$, $a_n = S_n - S_{n-1}$ $(n \geq 2)$
(2) $S_n = An^2 + Bn + C$ $(A, B, C$는 상수$)$의 꼴일 때
　① $C = 0$ ➡ 수열 $\{a_n\}$은 첫째항부터 등차수열을 이룬다.
　② $C \neq 0$ ➡ 수열 $\{a_n\}$은 둘째항부터 등차수열을 이룬다.

### 0865 대표문제

수열 $\{a_n\}$의 첫째항부터 제 $n$항까지의 합 $S_n$이
$S_n = -3n^2 + 2n$일 때, $a_1 + a_{10}$의 값은?

① $-55$　　　　② $-56$　　　　③ $-57$
④ $-58$　　　　⑤ $-59$

### 0866 상중하

첫째항부터 제 $n$항까지의 합이 각각 $n^2 + kn$, $2n^2 + n$인 두 수열 $\{a_n\}$, $\{b_n\}$에 대하여 $a_8 = b_8$일 때, 상수 $k$의 값을 구하시오.

### 0867 상중하

수열 $\{a_n\}$의 첫째항부터 제 $n$항까지의 합 $S_n$이
$S_n = -(n-2)^2 + k$이다. 이 수열이 첫째항부터 등차수열을 이룰 때, $a_1 + k$의 값을 구하시오. (단, $k$는 상수이다.)

### 0868 상중하

수열 $\{a_n\}$의 첫째항부터 제 $n$항까지의 합 $S_n$이
$S_n = n^2 + 3n + 1$일 때, $a_1 + a_3 + a_5 + \cdots + a_{21}$의 값을 구하시오.

08

등차수열과 등비수열

## 유형 13 등비수열의 일반항

첫째항이 $a$, 공비가 $r$인 등비수열의 일반항 $a_n$은
$$a_n = ar^{n-1} \ (단, \ n=1, \ 2, \ 3, \ \cdots)$$

**0869** 대표문제
등비수열 $\{a_n\}$에서 $a_2=2$, $a_5=16$일 때, $a_{10}$의 값은?

① 128      ② 256      ③ 512
④ 1024      ⑤ 2048

**0870** 상중하
등비수열 $\{a_n\}$의 일반항이 $a_n = 2 \times 3^{1-2n}$일 때, 첫째항과 공비를 구하시오.

**0871** 상중하
등비수열 $\dfrac{1}{4}$, $-\dfrac{1}{2}$, $1$, $\cdots$에서 256은 제몇 항인지 구하시오.

**0872** 상중하
등비수열 $\sqrt{2}+1$, $1$, $\sqrt{2}-1$, $3-2\sqrt{2}$, $\cdots$의 일반항을 $a_n$이라 할 때, $a_{100}$의 값을 구하시오.

## 유형 14 항 사이의 관계가 주어진 등비수열

등비수열의 첫째항을 $a$, 공비를 $r$라 하고 주어진 조건을 $a$, $r$에 대한 식으로 나타내어 $a$, $r$의 값을 구한다.

**0873** 대표문제
등비수열 $\{a_n\}$에 대하여 $a_3=8$, $a_8=64a_5$일 때, $a_4$의 값은?

① 16      ② 20      ③ 24
④ 28      ⑤ 32

**0874** 상중하
등비수열 $\{a_n\}$에서 $(a_1+a_2):(a_3+a_4)=1:\sqrt{2}$가 성립할 때, $a_3:a_7$은?

① $1:2$      ② $1:4$      ③ $2:3$
④ $2:5$      ⑤ $4:5$

**0875** 상중하 서술형
첫째항과 공비가 모두 0이 아닌 등비수열 $\{a_n\}$에 대하여
$$\frac{a_{12}}{a_2} + \frac{a_{13}}{a_3} + \frac{a_{14}}{a_4} + \cdots + \frac{a_{21}}{a_{11}} = 20$$
일 때, $\dfrac{a_{50}}{a_{30}}$의 값을 구하시오.

**0876** 상중하
공비가 1보다 큰 등비수열 $\{a_n\}$이 다음 조건을 만족시킬 때, $a_{10}$의 값을 구하시오.

| | |
|---|---|
| (가) $a_2a_4a_6=64$ | (나) $\dfrac{a_3+a_7}{a_5}=\dfrac{5}{2}$ |

▶ 개념원리 대수 241쪽

**유형 15** 조건을 만족시키는 등비수열의 항 구하기

등비수열 $\{a_n\}$에서 대소 관계를 처음으로 만족시키는 항은 다음과 같은 순서로 구한다.

(i) 주어진 조건을 이용하여 일반항 $a_n$을 구한다.

(ii) 대소 관계를 만족시키도록 일반항 $a_n$에 대한 부등식을 세운다.

(iii) 부등식을 만족시키는 자연수 $n$의 최솟값을 구한다.

**0877** 대표문제

제3항이 4, 제6항이 32인 등비수열 $\{a_n\}$에서 처음으로 2000보다 커지는 항은?

① 제10항     ② 제11항     ③ 제12항

④ 제13항     ⑤ 제14항

**0878** 상중하

등비수열 $\{a_n\}$에서 $a_2=40$, $a_5=5$일 때, $a_n<\dfrac{1}{50}$을 만족시키는 자연수 $n$의 최솟값을 구하시오.

**0879** 상중하

등비수열 $\{a_n\}$에서 $a_2+a_3=6$, $a_3+a_4=-18$일 때, $\left|\dfrac{1}{a_n}\right|>\dfrac{1}{1000}$을 만족시키는 모든 자연수 $n$의 값의 합을 구하시오.

▶ 개념원리 대수 242쪽

**유형 16** 두 수 사이에 수를 넣어서 만든 등비수열

두 수 $a$, $b$ 사이에 $n$개의 수 $a_1$, $a_2$, $a_3$, $\cdots$, $a_n$을 넣어서 만든 등비수열

➡ 첫째항이 $a$, 제$(n+2)$항이 $b$이다.

➡ $b=ar^{n+1}$ (단, $r$는 공비이다.) → $r^{n+1}=\dfrac{b}{a}$

**0880** 대표문제

3과 40 사이에 10개의 수를 넣어서 만든 수열

$$3,\ a_1,\ a_2,\ a_3,\ \cdots,\ a_{10},\ 40$$

이 등비수열을 이룰 때, $a_2 a_9$의 값은?

① 40     ② 60     ③ 80

④ 100     ⑤ 120

**0881** 상중하

18과 $\dfrac{2}{729}$ 사이에 $n$개의 수를 넣어서 만든 수열

$$18,\ x_1,\ x_2,\ x_3,\ \cdots,\ x_n,\ \dfrac{2}{729}$$

가 공비가 $\dfrac{1}{3}$인 등비수열을 이룰 때, $n$의 값을 구하시오.

**0882** 상중하

1과 2 사이에 8개의 수를 넣어서 만든 수열

$$1,\ a_1,\ a_2,\ a_3,\ \cdots,\ a_8,\ 2$$

가 등비수열을 이룰 때, $a_1 a_2 a_3 \cdots a_8$의 값은?

① 8     ② 16     ③ 24

④ 30     ⑤ 32

**0883** 상중하

2와 512 사이에 $n$개의 수를 넣어서 만든 수열

$$2,\ a_1,\ a_2,\ a_3,\ \cdots,\ a_n,\ 512$$

가 공비가 $r$인 등비수열을 이룰 때, $n+r$의 최솟값을 구하시오. (단, $r$는 자연수이다.)

## 유형 17 등비중항

0이 아닌 세 수 $a$, $b$, $c$가 이 순서대로 등비수열을 이룰 때
$$b^2=ac$$

**0884** 대표문제

세 양수 $x$, $x+2$, $3x+11$이 이 순서대로 등비수열을 이룰 때, $x$의 값을 구하시오.

**0885** 상중하

다항식 $f(x)=x^2+ax+a$를 $x-2$, $x$, $x+1$로 나누었을 때의 나머지가 이 순서대로 등비수열을 이룰 때, 모든 상수 $a$의 값의 합을 구하시오.

**0886** 상중하

두 정수 $a$, $b$에 대하여 1, $a$, $b$가 이 순서대로 등차수열을 이루고, $a$, $\sqrt{3}$, $b$가 이 순서대로 등비수열을 이룰 때, $a^2+b^2$의 값을 구하시오.

**0887** 상중하

이차방정식 $x^2-6x+4=0$의 두 근 $\alpha$, $\beta$에 대하여 세 수 $\alpha$, $p$, $\beta$는 이 순서대로 등차수열을 이루고, 세 수 $\alpha$, $q$, $\beta$는 이 순서대로 등비수열을 이룬다. 다음 중 두 수 $p$, $q$를 근으로 하고 $x^2$의 계수가 1인 이차방정식은? (단, $q>0$)

① $x^2-5x+3=0$
② $x^2+5x-3=0$
③ $x^2-5x-6=0$
④ $x^2+5x+6=0$
⑤ $x^2-5x+6=0$

## 유형 18 등비수열을 이루는 수

등비수열을 이루는 세 수는 $a$, $ar$, $ar^2$으로 놓는다.

**0888** 대표문제

등비수열을 이루는 세 실수의 합이 13이고 곱이 27일 때, 세 수 중 가장 큰 수를 구하시오.

**0889** 상중하

삼차방정식 $x^3-kx^2+56x-64=0$의 세 실근이 등비수열을 이룰 때, 상수 $k$의 값은?

① 11
② 12
③ 13
④ 14
⑤ 15

**0890** 상중하

두 곡선 $y=x^3-4x^2+14x$, $y=3x^2+k$가 서로 다른 세 점에서 만나고 그 교점의 $x$좌표가 등비수열을 이룰 때, 상수 $k$의 값을 구하시오.

**0891** 상중하

밑면의 가로, 세로의 길이와 높이가 이 순서대로 등비수열을 이루는 직육면체가 있다. 이 직육면체의 모든 모서리의 길이의 합이 104이고 겉넓이가 312일 때, 직육면체의 부피를 구하시오.

▸ 개념원리 대수 **244쪽**

유형 **19** 등비수열의 활용

도형의 길이, 넓이, 부피 등이 일정한 비율로 변하면 처음 몇 개의 항을 차례대로 나열하여 규칙을 파악한다.

**0892** 대표문제

한 변의 길이가 1인 정삼각형 모양의 종이가 있다. 오른쪽 그림과 같이 1회 시행에서 각 변의 중점을 이어서 만든 정삼각형을 오려 낸다. 또 2회 시행에서는 1회 시행 후 남은 3개의 작은 정삼각형의 각 변의 중점을 이어서 만든 정삼각형을 오려 낸다. 이와 같은 시행을 반복할 때, 8회 시행 후 남아 있는 종이의 넓이는?

① $\left(\dfrac{3}{4}\right)^7$  ② $\left(\dfrac{3}{4}\right)^8$  ③ $\dfrac{\sqrt{3}}{4} \times \left(\dfrac{3}{4}\right)^7$

④ $\dfrac{\sqrt{3}}{4} \times \left(\dfrac{3}{4}\right)^8$  ⑤ $\sqrt{3} \times \left(\dfrac{3}{4}\right)^8$

**0893** 상중하

한 변의 길이가 3인 정사각형이 있다. 첫 번째 시행에서 오른쪽 그림과 같이 정사각형을 9등분하여 중앙의 정사각형을 버린다. 두 번째 시행에서는 첫 번째 시행 후 남은 8개의 정사각형을 각각 9등분하여 중앙의 정사각형을 버린다. 이와 같은 시행을 10번 반복할 때, 남아 있는 도형의 넓이는 $\dfrac{2^p}{3^q}$ 이다. 이때 $p \mid q$의 값은?

(단, $p$, $q$는 자연수이다.)

① 45  ② 46  ③ 47
④ 48  ⑤ 49

---

중요 유형 **20** 등비수열의 합

▸ 개념원리 대수 **247쪽**

첫째항이 $a$, 공비가 $r$ $(r \neq 1)$인 등비수열의 첫째항부터 제$n$항까지의 합 $S_n$은

$$S_n = \frac{a(1-r^n)}{1-r} = \frac{a(r^n-1)}{r-1}$$

**0894** 대표문제

제3항이 32, 제6항이 4인 등비수열 $\{a_n\}$의 첫째항부터 제$n$항까지의 합을 $S_n$이라 할 때, $S_8$의 값은?

① 255  ② 256  ③ 257
④ 511  ⑤ 512

**0895** 상중하

등비수열 $-6$, $18$, $-54$, $162$, $\cdots$의 첫째항부터 제$n$항까지의 합을 $S_n$이라 할 때, $S_k = 1092$를 만족시키는 $k$의 값을 구하시오.

**0896** 상중하

등비수열 $\{a_n\}$에서 $a_2 : a_5 = 1 : 27$, $a_{16} - a_1 = 3^{15} - 1$일 때, 이 수열의 첫째항부터 제15항까지의 합은?

① $\dfrac{3^{15}-1}{2}$  ② $3^{15}-1$  ③ $\dfrac{3(3^{15}-1)}{2}$

④ $\dfrac{3^{16}-1}{2}$  ⑤ $\dfrac{3(3^{16}-1)}{2}$

**0897** 상중하 ◂서술형

공비가 음수인 등비수열 $\{a_n\}$이 $a_1 + a_3 = 15$, $a_3 + a_5 = 60$을 만족시킬 때, 등비수열 $\{a_n\}$의 첫째항부터 제10항까지의 합을 구하시오.

## 유형 21 부분의 합이 주어진 등비수열의 합

첫째항이 $a$, 공비가 $r$ ($r \neq 1$)인 등비수열의 첫째항부터 제$n$항까지의 합을 $S_n$이라 하면

$$S_n = \frac{a(r^n - 1)}{r - 1}$$

$$S_{2n} = \frac{a(r^{2n} - 1)}{r - 1} = \frac{a(r^n - 1)(r^n + 1)}{r - 1}$$

➡ $S_{2n} \div S_n = r^n + 1$

### 0898 대표문제

등비수열 $\{a_n\}$의 첫째항부터 제$n$항까지의 합을 $S_n$이라 할 때, $S_{10} = 4$, $S_{20} = 44$이다. 이때 $S_{30}$의 값을 구하시오.

### 0899 상중하

첫째항부터 제10항까지의 합이 2이고, 제11항부터 제20항까지의 합이 12인 등비수열의 제21항부터 제30항까지의 합은?

① 64      ② 72      ③ 80

④ 96      ⑤ 114

### 0900 상중하

첫째항이 5인 등비수열 $\{a_n\}$의 첫째항부터 제$n$항까지의 합을 $S_n$이라 할 때, $S_n = 75$, $S_{2n} = 1275$이다. 이때 $a_1 + a_3 + a_5 + \cdots + a_{2n-1}$의 값을 구하시오.

### 0901 상중하 ◀서술형

등비수열 $\{a_n\}$에 대하여 $T_n = \dfrac{1}{a_1} + \dfrac{1}{a_2} + \dfrac{1}{a_3} + \cdots + \dfrac{1}{a_n}$ 이라 할 때, $T_3 = \dfrac{1}{4}$, $T_6 = 1$이다. 이때 $T_9$의 값을 구하시오.

## 유형 22 조건을 만족시키는 등비수열의 합

첫째항이 $a$, 공비가 $r$ ($r \neq 1$)인 등비수열의 첫째항부터 제$n$항까지의 합이 $k$보다 크면

$$\frac{a(r^n - 1)}{r - 1} > k$$

### 0902 대표문제

제2항이 3, 제5항이 24인 등비수열 $\{a_n\}$에서 첫째항부터 제 몇 항까지의 합이 처음으로 720보다 커지는지 구하시오.

### 0903 상중하

등비수열 1, $\dfrac{1}{2}$, $\dfrac{1}{4}$, $\cdots$에서 첫째항부터 제$n$항까지의 합을 $S_n$이라 할 때, $|2 - S_n| < 0.05$를 만족시키는 자연수 $n$의 최솟값은?

① 6      ② 7      ③ 8

④ 9      ⑤ 10

### 0904 상중하

모든 항이 양수인 등비수열 $\{a_n\}$에 대하여 $(a_1 + a_2) : (a_3 + a_4) = 1 : 4$이다. 수열 $\{a_n\}$의 첫째항부터 제$n$항까지의 합을 $S_n$이라 할 때, $S_n > 100a_1$을 만족시키는 자연수 $n$의 최솟값을 구하시오.

▶ **개념원리** 대수 250쪽

## 유형 23 등비수열의 합과 일반항 사이의 관계

수열 $\{a_n\}$의 첫째항부터 제$n$항까지의 합을 $S_n$이라 하면
$$a_1 = S_1, \quad a_n = S_n - S_{n-1} \ (n \geq 2)$$

### 0905 대표문제

수열 $\{a_n\}$의 첫째항부터 제$n$항까지의 합을 $S_n$이라 하면 $2S_n + 1 = 5^n$을 만족시킨다. 수열 $\{a_n\}$의 일반항이 $a_n = a \times r^{n-1}$일 때, 상수 $a$, $r$에 대하여 $a - r$의 값은?

① $-4$      ② $-3$      ③ $-2$
④ $-1$      ⑤ $0$

### 0906 상중하

수열 $\{a_n\}$의 첫째항부터 제$n$항까지의 합 $S_n$이 $S_n = 2^n - 2$일 때, $a_1 + a_3 + a_5$의 값은?

① $19$      ② $20$      ③ $21$
④ $22$      ⑤ $23$

### 0907 상중하

수열 $\{a_n\}$의 첫째항부터 제$n$항까지의 합 $S_n$이 $S_n = 3^{n-1} + k$일 때, 수열 $\{a_n\}$이 첫째항부터 등비수열을 이루도록 하는 상수 $k$의 값을 구하시오.

---

▶ **개념원리** 대수 233쪽

## 유형 24 등차수열의 합의 활용

주어진 상황에서 첫째항과 공차를 찾아 등차수열의 합에 대한 식을 세운다.

### 0908 대표문제

오른쪽 그림과 같이 두 직선 $y = x$, $y = a(x-1)$ $(a > 1)$의 교점에서 오른쪽 방향으로 $y$축에 평행한 14개의 선분을 같은 간격으로 그었다. 이들 중 가장 짧은 선분의 길이는 3이고 가장 긴 선분의 길이는 42일 때, 14개의 선분의 길이의 합은?

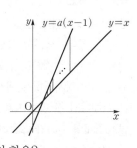

(단, 각 선분의 양 끝 점은 두 직선 위에 있다.)

① $255$      ② $285$      ③ $315$
④ $345$      ⑤ $375$

### 0909 상중하

다음 그림과 같이 넓이가 1인 정사각형 모양의 도형을 $A_1$, $A_1$에 넓이가 1인 정사각형 모양 4개를 이어 붙여서 만든 도형을 $A_2$, $A_2$에 넓이가 1인 정사각형 모양 4개를 이어 붙여서 만든 도형을 $A_3$이라 하자. 이와 같은 방법으로 $A_4$, $A_5$, $A_6$, $\cdots$, $A_{20}$을 만들 때, 도형 $A_1$, $A_2$, $A_3$, $\cdots$, $A_{20}$의 넓이의 합을 구하시오.

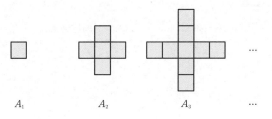

$A_1$           $A_2$           $A_3$     $\cdots$

### 0910 상중하

어떤 $n$각형의 내각의 크기는 공차가 $20°$인 등차수열을 이룬다. 이 $n$각형의 가장 작은 내각의 크기가 $54°$일 때, $n$의 값을 구하시오.

▶ 개념원리 대수 249쪽

## 유형JP|25 등비수열의 합의 활용

주어진 상황에서 첫째항과 공비를 찾아 등비수열의 합에 대한 식을 세운다.

### 0911 대표문제

한 변의 길이가 2인 정사각형 모양의 종이가 있다. 오른쪽 그림과 같이 첫 번째 시행에서 정사각형을 4등분한 후 왼쪽 위의 정사각형을 색칠하고, 두 번째 시행에서 첫 번째 시행 후 색칠하지 않은 3개의 정사각형을 각각 4등분한 후 왼쪽 위의 정사각형을 색칠한다. 이와 같은 시행을 10회 반복했을 때, 색칠한 부분의 넓이의 합을 구하시오.

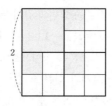

### 0912 상중하

수열 $\{a_n\}$은 첫째항이 3, 공비가 $-2$인 등비수열이다. 모든 자연수 $n$에 대하여 좌표평면 위의 점 $A_n$의 좌표를 $(n, a_n)$, 점 $B_n$의 좌표를 $(n, 0)$이라 하자. 삼각형 $A_nB_nB_{n+1}$의 넓이를 $S_n$이라 할 때, $S_1+S_3+S_5+S_7+S_9$의 값은?

① 128      ② $\dfrac{511}{2}$      ③ 256

④ $\dfrac{1023}{2}$      ⑤ 512

### 0913 상중하

어느 과수원에서는 사과 생산량을 매년 일정한 비율로 늘리려고 한다. 2013년부터 2017년까지의 사과 생산량은 2000톤이고, 2018년부터 2022년까지의 사과 생산량은 2500톤일 때, 2023년의 사과 생산량은 2013년의 사과 생산량의 몇 배인지 구하시오.

▶ 개념원리 대수 253쪽

## 유형JP|26 원리합계

연이율 $r$, 1년마다 복리로 $a$원씩 $n$년 동안 적립할 때, $n$년째 말의 적립금의 원리합계 $S_n$은

(1) 매년 초에 적립하는 경우

$$S_n=\frac{a(1+r)\{(1+r)^n-1\}}{r} (원)$$

(2) 매년 말에 적립하는 경우

$$S_n=\frac{a\{(1+r)^n-1\}}{r} (원)$$

### 0914 대표문제

연이율 5 %, 1년마다 복리로 매년 초에 100만 원씩 10년 동안 적립할 때, 10년째 말의 적립금의 원리합계를 구하시오.
(단, $1.05^{10}=1.6$으로 계산한다.)

### 0915 상중하 서술형

아영이는 연이율이 10 %인 A 은행에 1년마다 복리로 2018년부터 매년 초에 10만 원씩 적립하고 재민이는 연이율이 6 %인 B 은행에 1년마다 복리로 2018년부터 매년 말에 15만 원씩 적립할 때, 2027년 말의 두 사람의 적립금의 원리합계의 차를 구하시오. (단, $1.1^{10}=2.6$, $1.06^{10}=1.8$로 계산한다.)

### 0916 상중하

월이율 1 %, 1개월마다 복리로 매월 초에 일정한 금액 $a$원을 적립하여 1년 후에 100만 원을 만들려고 한다. 이때 $a$의 값은? (단, $1.01^{12}=1.13$으로 계산하고, 십의 자리에서 반올림한다.)

① 75400      ② 75600      ③ 75800

④ 76000      ⑤ 76200

정답 및 풀이 113쪽

**0917**

두 등차수열 $\{a_n\}$, $\{b_n\}$의 공차가 각각 $-3$, $2$일 때, 등차수열 $\{3a_n+2b_n\}$의 공차를 구하시오.

**0918**

등차수열 $\{a_n\}$에 대하여

$$(a_3+a_8) : (a_4+a_5)=1 : 3$$

일 때, 다음 중 $a_{31}$과 같은 것은?

① $-6a_1$ ② $-5a_1$ ③ $-4a_1$
④ $-3a_1$ ⑤ $-2a_1$

**0919** 평가원 기출

공차가 $-3$인 등차수열 $\{a_n\}$에 대하여

$$a_3 a_7=64, \ a_8>0$$

일 때, $a_2$의 값은?

① $17$ ② $18$ ③ $19$
④ $20$ ⑤ $21$

**0920** 중요★

등차수열 $\{a_n\}$에서 $a_5=-35$, $a_{10}=-20$일 때, 이 수열에서 처음으로 양수가 되는 항은?

① 제14항 ② 제15항 ③ 제16항
④ 제17항 ⑤ 제18항

**0921**

오른쪽 그림과 같이 $\angle A=90°$이고 선분 AC의 길이가 5인 직각삼각형 ABC의 꼭짓점 A에서 빗변 BC에 내린 수선의 발을 H라 하자. 세 선분 BH, CH, AB의 길이가 이 순서대로 등차수열을 이룰 때, 선분 BC의 길이를 구하시오.

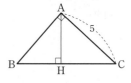

**0922**

제10항이 15이고, 첫째항부터 제20항까지의 합이 270인 등차수열 $\{a_n\}$의 첫째항부터 제30항까지의 합은?

① $-50$ ② $-45$ ③ $-40$
④ $-35$ ⑤ $-30$

**0923**

$-10$과 $30$ 사이에 $12$개의 수를 넣어서 만든 수열

$$-10, \ a_1, \ a_2, \ a_3, \ \cdots, \ a_{12}, \ 30$$

이 등차수열을 이룰 때, $a_1+a_2+a_3+\cdots+a_{12}$의 값은?

① $110$ ② $120$ ③ $130$
④ $140$ ⑤ $150$

**0924** 중요★

등차수열 $\{a_n\}$의 첫째항부터 제$n$항까지의 합을 $S_n$이라 할 때, $S_{10}=195$, $S_{15}=105$이다. $S_n$의 값이 최대일 때의 $n$의 값을 구하시오.

**0925**

60보다 작은 자연수 중에서 3 또는 4로 나누어떨어지는 수의 총합을 구하시오.

**0926**

첫째항이 4인 등차수열 $\{a_n\}$의 첫째항부터 제$n$항까지의 합을 $S_n$이라 하자. $a_{13}=4(S_3-S_2)$일 때, $S_{16}$의 값을 구하시오.

**0927**

수열 $\{a_n\}$의 첫째항부터 제$n$항까지의 합 $S_n$이 $S_n=-2n^2+8n$일 때, $|a_1|+|a_2|+|a_3|+\cdots+|a_{10}|$의 값을 구하시오.

**0928**

첫째항부터 제$n$항까지의 합 $S_n$이 $S_n=n^2-2n+4$인 수열 $\{a_n\}$에 대하여 **보기**에서 옳은 것만을 있는 대로 고른 것은?

> **보기**
>
> ㄱ. $a_2=1$
> ㄴ. $a_3-a_1=a_4-a_2$
> ㄷ. $a_n>100$을 만족시키는 자연수 $n$의 최솟값은 52이다.

① ㄱ      ② ㄱ, ㄴ      ③ ㄱ, ㄷ
④ ㄴ, ㄷ      ⑤ ㄱ, ㄴ, ㄷ

**0929**

공비가 양수인 등비수열 $\{a_n\}$에 대하여 $a_3=\sqrt{3}$, $a_5=3\sqrt{3}$일 때, $a_1a_2a_3\cdots a_{10}$의 값은?

① $3^{\frac{33}{2}}$      ② $3^{17}$      ③ $3^{\frac{35}{2}}$

④ $3^{18}$      ⑤ $3^{\frac{37}{2}}$

**0930** 중요★

등비수열 3, 6, 12, …에서 처음으로 300보다 커지는 항은 제 몇 항인지 구하시오.

**0931**

2와 32 사이에 3개의 수를 넣어서 만든 수열

    2, $a_1$, $a_2$, $a_3$, 32

가 등차수열을 이루고, 3개의 양수를 넣어서 만든 수열

    2, $b_1$, $b_2$, $b_3$, 32

가 등비수열을 이룰 때, $(a_1+a_2+a_3)-(b_1+b_2+b_3)$의 값을 구하시오.

**0932**

세 자연수 $a$, $b$, $n$에 대하여 세 수 $a^n$, $2^6\times3^8$, $b^n$이 이 순서대로 등비수열을 이룰 때, $ab$의 최솟값을 구하시오.

## 0933

세 양수 $x$, $y$, $z$가 이 순서대로 등비수열을 이루고 다음 조건을 만족시킬 때, $xyz$의 값을 구하시오.

> (가) $x+y+z=\dfrac{31}{2}$
>
> (나) $\dfrac{1}{x}+\dfrac{1}{y}+\dfrac{1}{z}=\dfrac{31}{8}$

## 0934 평가원 기출

등비수열 $\{a_n\}$의 첫째항부터 제 $n$항까지의 합을 $S_n$이라 하자.

$$a_1=1,\ \frac{S_6}{S_3}=2a_4-7$$

일 때, $a_7$의 값을 구하시오.

## 0935 중요★

2와 128 사이에 $n$개의 수를 넣어서 만든 수열

$$2,\ x_1,\ x_2,\ \cdots,\ x_n,\ 128$$

이 등비수열을 이루고 모든 항의 합이 86일 때, $x_4$의 값은?

① $-32$  ② $-16$  ③ $8$
④ $16$  ⑤ $32$

## 0936

$M=2^5$, $N=3^6$일 때, $MN$의 모든 양의 약수의 합을 두 자연수 $M$, $N$으로 나타낸 것은?

① $\dfrac{(2M-1)(3N-1)}{2}$  ② $\dfrac{(2M+1)(3N+1)}{2}$
③ $(2M-1)(3N-1)$  ④ $6MN$
⑤ $(2M+1)(3N+1)$

## 0937

첫째항이 1, 공비가 $\dfrac{1}{2}$인 등비수열 $\{a_n\}$의 첫째항부터 제 $n$항까지의 합을 $S_n$이라 할 때, **보기**에서 옳은 것만을 있는 대로 고른 것은?

> **보기**
>
> ㄱ. 수열 $\{a_{2n}\}$은 공비가 $\dfrac{1}{4}$인 등비수열이다.
>
> ㄴ. 수열 $\{2-S_n\}$은 공비가 $\dfrac{1}{2}$인 등비수열이다.
>
> ㄷ. 수열 $\{a_{n+1}-2a_n\}$은 공비가 $\dfrac{1}{2}$인 등비수열이다.

① ㄱ  ② ㄷ  ③ ㄱ, ㄴ
④ ㄴ, ㄷ  ⑤ ㄱ, ㄴ, ㄷ

## 0938

모든 항이 양수인 등비수열 $\{a_n\}$이

$$\log_2 a_1+\log_2 a_2+\cdots+\log_2 a_n=\frac{n^2+3n}{2}$$

을 만족시킬 때, 수열 $\{a_n\}$의 첫째항부터 제 10항까지의 합은?

① 1020  ② 2044  ③ 2048
④ 4092  ⑤ 4096

## 0939

5년 후에 3300만 원짜리 자동차를 구입하기 위하여 은행에서 연이율이 10 %이고 1년마다 복리로 계산되는 5년 만기인 정기 적금에 가입하려고 한다. 2024년 5월 1일에 이 적금에 가입한다고 할 때, 매년 5월 1일마다 얼마씩 일정하게 저축해야 하는가? (단, $1.1^5=1.6$으로 계산한다.)

① 300만 원  ② 350만 원  ③ 400만 원
④ 450만 원  ⑤ 500만 원

시험에 꼭 나오는 문제

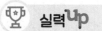 서술형 **주관식**

**0940**

곡선 $y=x(x+4)(x-1)$과 직선 $y=k$가 서로 다른 세 점에서 만나고, 곡선과 직선의 교점의 $x$좌표 $\alpha$, $\beta$, $\gamma$가 이 순서대로 등차수열을 이룰 때, 상수 $k$의 값을 구하시오.

(단, $\alpha<\beta<\gamma$)

**0941**

등차수열 $\{a_n\}$에서 첫째항부터 제 $10$ 항까지의 합이 $145$, 제 $11$ 항부터 제 $20$ 항까지의 합이 $445$일 때, 첫째항부터 제 $30$ 항까지의 합을 구하시오.

**0942**

등비수열 $\{a_n\}$에 대하여

$$a_1+a_2+a_3=3, \quad a_4+a_5+a_6=81$$

일 때, $a_1+a_3+a_5$의 값을 구하시오.

**0943**

네 수 $a$, $x$, $y$, $b$는 이 순서대로 등차수열을 이루고, 네 수 $a$, $p$, $q$, $b$는 이 순서대로 등비수열을 이룬다. $x+y=5$, $pq=6$일 때, $a^2-b^2$의 값을 구하시오. (단, $a<b$)

실력 **Up**

**0944** 교육청 기출

공차가 자연수인 등차수열 $\{a_n\}$과 공비가 자연수인 등비수열 $\{b_n\}$이 $a_6=b_6=9$이고, 다음 조건을 만족시킨다.

| (가) $a_7=b_7$ | (나) $94<a_{11}<109$ |
|---|---|

$a_7+b_8$의 값은?

① 96      ② 99      ③ 102
④ 105      ⑤ 108

**0945**

반지름의 길이가 $2\sqrt{3}$인 원이 있다. 다음 그림과 같이 이 원에 내접하는 두 정삼각형이 겹쳐지는 부분이 정육각형이 되도록 ✡ 모양의 도형 $S_1$을 그린다. 또 $S_1$의 정육각형에 내접하는 원을 그리고, 이 원에 내접하는 두 정삼각형이 겹쳐지는 부분이 정육각형이 되도록 ✡ 모양의 도형 $S_2$를 그린다. 이와 같은 방법으로 ✡ 모양의 도형 $S_3$, $S_4$, $\cdots$, $S_{10}$을 그릴 때, 도형 $S_{10}$의 넓이는?

① $\dfrac{\sqrt{3}}{2^{15}}$      ② $\dfrac{\sqrt{3}}{2^{16}}$      ③ $\dfrac{\sqrt{3}}{2^{17}}$

④ $\dfrac{3\sqrt{3}}{2^{15}}$      ⑤ $\dfrac{3\sqrt{3}}{2^{16}}$

**0946**

모든 항이 양수인 등비수열 $\{a_n\}$에서

$$a_1+a_2+a_3+\cdots+a_n=30,$$
$$a_{2n+1}+a_{2n+2}+a_{2n+3}+\cdots+a_{3n}=270$$

일 때, $a_{n+1}+a_{n+2}+a_{n+3}+\cdots+a_{2n}$의 값을 구하시오.

오늘도
한계에
도전하고
나의
가능성을
찾는다

# 09 수열의 합

개념 플러스

## 09 | 1  ∑의 뜻과 그 성질

유형 01~04

### 1 합의 기호 ∑의 뜻

수열 $\{a_n\}$의 첫째항부터 제 $n$ 항까지의 합 $a_1+a_2+a_3+\cdots+a_n$은

기호 $\sum$를 사용하여 $\displaystyle\sum_{k=1}^{n}a_k$와 같이 나타낸다. 즉

$$a_1+a_2+a_3+\cdots+a_n=\sum_{k=1}^{n}a_k$$

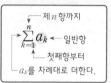

제 $n$ 항까지
$\displaystyle\sum_{k=1}^{n}a_k \leftarrow$ 일반항
첫째항부터
$a_k$를 차례대로 더한다.

- $\displaystyle\sum_{k=1}^{n}a_k$에서 $k$ 대신 $i$, $j$ 등의 문자를 사용하여 나타내기도 한다. 즉
$$\sum_{k=1}^{n}a_k=\sum_{i=1}^{n}a_i=\sum_{j=1}^{n}a_j$$

### 2 ∑의 성질

두 수열 $\{a_n\}$, $\{b_n\}$에 대하여

(1) $\displaystyle\sum_{k=1}^{n}(a_k+b_k)=\sum_{k=1}^{n}a_k+\sum_{k=1}^{n}b_k$

(2) $\displaystyle\sum_{k=1}^{n}(a_k-b_k)=\sum_{k=1}^{n}a_k-\sum_{k=1}^{n}b_k$

(3) $\displaystyle\sum_{k=1}^{n}ca_k=c\sum_{k=1}^{n}a_k$ (단, $c$는 상수이다.)

(4) $\displaystyle\sum_{k=1}^{n}c=cn$ (단, $c$는 상수이다.)

- 수열 $\{a_n\}$의 제 $m$ 항부터 제 $n$ 항까지의 합은
$$a_m+a_{m+1}+\cdots+a_n$$
$$=\sum_{k=m}^{n}a_k=\sum_{k=1}^{n}a_k-\sum_{k=1}^{m-1}a_k$$
(단, $2\le m\le n$)

## 09 | 2  자연수의 거듭제곱의 합

유형 05~08, 12, 13

**1** $\displaystyle\sum_{k=1}^{n}k=1+2+3+\cdots+n=\frac{n(n+1)}{2}$

**2** $\displaystyle\sum_{k=1}^{n}k^2=1^2+2^2+3^2+\cdots+n^2=\frac{n(n+1)(2n+1)}{6}$

**3** $\displaystyle\sum_{k=1}^{n}k^3=1^3+2^3+3^3+\cdots+n^3=\left\{\frac{n(n+1)}{2}\right\}^2$

예 ① $\displaystyle\sum_{k=1}^{5}k=\frac{5\times6}{2}=15$  ② $\displaystyle\sum_{k=1}^{5}k^2=\frac{5\times6\times11}{6}=55$  ③ $\displaystyle\sum_{k=1}^{5}k^3=\left(\frac{5\times6}{2}\right)^2=225$

- $\displaystyle\sum_{k=1}^{n}k^3=\left\{\frac{n(n+1)}{2}\right\}^2=\left(\sum_{k=1}^{n}k\right)^2$

## 09 | 3  여러 가지 수열의 합

유형 09, 10, 11

### 1 분수의 꼴인 수열의 합

일반항 $a_k$를 부분분수로 변형한 후 $k$에 $1, 2, 3, \cdots, n$을 차례대로 대입하여 합의 꼴로 나타내어 계산한다.

(1) $\displaystyle\sum_{k=1}^{n}\frac{1}{k(k+1)}=\sum_{k=1}^{n}\left(\frac{1}{k}-\frac{1}{k+1}\right)$

(2) $\displaystyle\sum_{k=1}^{n}\frac{1}{(k+a)(k+b)}=\frac{1}{b-a}\sum_{k=1}^{n}\left(\frac{1}{k+a}-\frac{1}{k+b}\right)$ (단, $a\ne b$)

- 항이 연달아 소거될 때, 앞에서 남는 항과 뒤에서 남는 항은 서로 대칭이 되는 위치에 있다.

- $\dfrac{1}{AB}=\dfrac{1}{B-A}\left(\dfrac{1}{A}-\dfrac{1}{B}\right)$
(단, $A\ne B$)

### 2 무리식을 포함한 수열의 합

일반항 $a_k$의 분모를 유리화한 후 $k$에 $1, 2, 3, \cdots, n$을 차례대로 대입하여 합의 꼴로 나타내어 계산한다.

(1) $\displaystyle\sum_{k=1}^{n}\frac{1}{\sqrt{k}+\sqrt{k+1}}=\sum_{k=1}^{n}(\sqrt{k+1}-\sqrt{k})$

(2) $\displaystyle\sum_{k=1}^{n}\frac{1}{\sqrt{k+a}+\sqrt{k+b}}=\frac{1}{a-b}\sum_{k=1}^{n}(\sqrt{k+a}-\sqrt{k+b})$ (단, $a\ne b$)

# 교과서 문제 정복하기

## 09 | 1 ∑의 뜻과 그 성질

[0947~0950] 다음을 기호 ∑를 사용하지 않은 합의 꼴로 나타내시오.

**0947** $\displaystyle\sum_{k=1}^{6} 5k$

**0948** $\displaystyle\sum_{i=1}^{5} 2^i$

**0949** $\displaystyle\sum_{k=1}^{n} k^2$

**0950** $\displaystyle\sum_{j=2}^{n} \frac{1}{j+1}$

[0951~0954] 다음을 기호 ∑를 사용하여 나타내시오.

**0951** $\dfrac{1}{2}+\dfrac{1}{4}+\dfrac{1}{6}+\cdots+\dfrac{1}{2n}$

**0952** $1+3+3^2+\cdots+3^9$

**0953** $1+4+7+\cdots+25$

**0954** $6+6+6+6+6$

[0955~0956] $\displaystyle\sum_{k=1}^{7} a_k=2$, $\displaystyle\sum_{k=1}^{7} b_k=3$일 때, 다음 값을 구하시오.

**0955** $\displaystyle\sum_{k=1}^{7} (5a_k-2)$

**0956** $\displaystyle\sum_{k=1}^{7} (2a_k+3b_k)$

## 09 | 2 자연수의 거듭제곱의 합

[0957~0960] 다음 식의 값을 구하시오.

**0957** $\displaystyle\sum_{k=1}^{10} (4k+2)$

**0958** $\displaystyle\sum_{k=1}^{6} (2k^2-3k+1)$

**0959** $\displaystyle\sum_{k=1}^{8} k(k+1)(k-1)$

**0960** $\displaystyle\sum_{k=1}^{5} (k-1)^3 - \sum_{k=1}^{5} (k^3-1)$

[0961~0964] 다음 식의 값을 구하시오.

**0961** $3+6+9+\cdots+60$

**0962** $5^2+6^2+7^2+\cdots+15^2$

**0963** $2^3+4^3+6^3+\cdots+14^3$

**0964** $1\times3+2\times4+3\times5+\cdots+10\times12$

## 09 | 3 여러 가지 수열의 합

[0965~0969] 다음 식의 값을 구하시오.

**0965** $\displaystyle\sum_{k=1}^{20} \frac{1}{k(k+1)}$

**0966** $\displaystyle\sum_{k=1}^{9} \frac{2}{(2k+1)(2k+3)}$

**0967** $\displaystyle\sum_{k=1}^{80} \frac{1}{\sqrt{k+1}+\sqrt{k}}$

**0968** $\displaystyle\sum_{k=1}^{24} \frac{1}{\sqrt{2k-1}+\sqrt{2k+1}}$

**0969** $\displaystyle\sum_{k=1}^{99} \log\frac{k}{k+1}$

[0970~0971] 다음 수열의 첫째항부터 제$n$항까지의 합을 구하시오.

**0970** $\dfrac{1}{2\times3}$, $\dfrac{1}{3\times4}$, $\dfrac{1}{4\times5}$, $\cdots$

**0971** $\dfrac{1}{\sqrt{4}+\sqrt{5}}$, $\dfrac{1}{\sqrt{5}+\sqrt{6}}$, $\dfrac{1}{\sqrt{6}+\sqrt{7}}$, $\cdots$

▶ 개념원리 대수 261쪽

**유형 01 합의 기호 $\Sigma$**

(1) $\sum\limits_{k=1}^{n} a_k = a_1 + a_2 + a_3 + \cdots + a_n$

(2) $\sum\limits_{k=1}^{n} a_{2k-1} = a_1 + a_3 + a_5 + \cdots + a_{2n-1}$

(3) $\sum\limits_{k=1}^{n} a_{2k} = a_2 + a_4 + a_6 + \cdots + a_{2n}$

**0972** 대표문제

$\sum\limits_{k=1}^{n} (a_{2k-1} + a_{2k}) = 5n^2$일 때, $\sum\limits_{k=1}^{20} a_k$의 값을 구하시오.

**0973** 상중하

다음 중 옳지 <u>않은</u> 것은?

① $2 + 4 + 6 + \cdots + 2(n+1) = \sum\limits_{k=1}^{n+1} 2k$

② $1 + 3 + 5 + \cdots + 15 = \sum\limits_{k=1}^{8} (2k-1)$

③ $1 + \dfrac{1}{2} + \dfrac{1}{4} + \dfrac{1}{8} + \cdots + \dfrac{1}{256} = \sum\limits_{k=1}^{9} \dfrac{1}{2^{k-1}}$

④ $1 - 1 + 1 - 1 + 1 - 1 = \sum\limits_{k=1}^{6} (-1)^{k-1}$

⑤ $9 + 16 + 25 + \cdots + 121 = \sum\limits_{k=1}^{10} (k+2)^2$

**0974** 상중하

수열 $\{a_n\}$에 대하여 $a_1 = 5$, $a_{2025} = 105$일 때,

$\sum\limits_{k=1}^{2024} a_{k+1} - \sum\limits_{n=2}^{2025} a_{n-1}$의 값을 구하시오.

**0975** 상중하

수열 $\{a_n\}$에 대하여 $\sum\limits_{k=1}^{20} ka_k = 200$, $\sum\limits_{k=1}^{19} ka_{k+1} = 100$일 때,

$\sum\limits_{k=1}^{20} a_k$의 값을 구하시오.

▶ 개념원리 대수 262쪽

**유형 02 $\Sigma$의 성질**

(1) $\sum\limits_{k=1}^{n} (a_k \pm b_k) = \sum\limits_{k=1}^{n} a_k \pm \sum\limits_{k=1}^{n} b_k$ (복호동순)

(2) $\sum\limits_{k=1}^{n} ca_k = c\sum\limits_{k=1}^{n} a_k$ (단, $c$는 상수이다.)

(3) $\sum\limits_{k=1}^{n} c = cn$ (단, $c$는 상수이다.)

**0976** 대표문제

$\sum\limits_{k=1}^{n} (a_k + b_k)^2 = 20$, $\sum\limits_{k=1}^{n} (a_k - b_k)^2 = 8$일 때, $\sum\limits_{k=1}^{n} a_k b_k$의 값을 구하시오.

**0977** 상중하

$\sum\limits_{k=1}^{9} a_k = -3$, $\sum\limits_{k=1}^{9} a_k^2 = 12$일 때, $\sum\limits_{k=1}^{9} (2a_k - 1)^2$의 값은?

① 61 　　② 63 　　③ 65

④ 67 　　⑤ 69

**0978** 상중하

$\sum\limits_{k=1}^{20} (a_k + b_k) = 13$, $\sum\limits_{k=1}^{20} (a_k - b_k) = -3$일 때,

$\sum\limits_{k=1}^{20} (3a_k + b_k - 1)$의 값을 구하시오.

**0979** 상중하 〈서술형

$\sum\limits_{j=1}^{n} a_j = n^2$, $\sum\limits_{j=1}^{n} b_j = 6n$일 때, $\sum\limits_{j=21}^{30} (2a_j - 3b_j)$의 값을 구하시오.

▶ **개념원리** 대수 263쪽

**유형 | 03** $\sum\limits_{k=1}^{n} r^k$의 꼴의 계산

$\sum\limits_{k=1}^{n} r^k = r + r^2 + r^3 + \cdots + r^n$ ← 첫째항이 $r$, 공비가 $r$인 등비수열의 첫째항부터 제$n$항까지의 합

$= \dfrac{r(1-r^n)}{1-r}$ (단, $r \neq 1$)

**0980** 대표문제

$\sum\limits_{k=1}^{12} \dfrac{5^k+3^k}{4^k} = a\left(\dfrac{5}{4}\right)^{12} + b\left(\dfrac{3}{4}\right)^{12} + c$를 만족시키는 정수 $a$, $b$, $c$에 대하여 $a+b+c$의 값은?

① $-4$      ② $-2$      ③ $0$

④ $2$      ⑤ $4$

**0981** 상중하

수열 $\{a_n\}$의 일반항이 $a_n = 2^{-n}\cos n\pi$일 때, $\sum\limits_{k=1}^{10} a_k$의 값은?

① $-3\left\{1-\left(\dfrac{1}{2}\right)^{10}\right\}$      ② $-\dfrac{1}{3}\left\{1-\left(\dfrac{1}{2}\right)^{10}\right\}$

③ $-\dfrac{1}{9}\left\{1-\left(\dfrac{1}{2}\right)^{10}\right\}$      ④ $\dfrac{1}{3}\left\{1-\left(\dfrac{1}{2}\right)^{10}\right\}$

⑤ $3\left\{1-\left(\dfrac{1}{2}\right)^{10}\right\}$

**0982** 상중하

등비수열 $1, 2, 2^2, \cdots$의 첫째항부터 제$k$항까지의 합을 $S_k$라 하자. $\sum\limits_{k=1}^{n} S_k = a \times 2^n + bn + c$일 때, 정수 $a$, $b$, $c$에 대하여 $abc$의 값을 구하시오.

▶ **개념원리** 대수 264쪽

**유형 | 04** $\sum$와 등차수열, 등비수열

(1) 수열 $\{a_n\}$이 첫째항이 $a$, 공차가 $d$인 등차수열이다.

➡ $\sum\limits_{k=1}^{n} a_k = \dfrac{n\{2a+(n-1)d\}}{2}$

(2) 수열 $\{a_n\}$이 첫째항이 $a$, 공비가 $r\,(r \neq 1)$인 등비수열이다.

➡ $\sum\limits_{k=1}^{n} a_k = \dfrac{a(1-r^n)}{1-r}$

**0983** 대표문제

등차수열 $\{a_n\}$에 대하여 $a_3 = 2$, $a_7 = 18$일 때, $\sum\limits_{k=1}^{10} a_k$의 값은?

① $100$      ② $110$      ③ $120$

④ $130$      ⑤ $140$

**0984** 상중하

모든 항이 양수인 등비수열 $\{a_n\}$에 대하여 $a_1 a_4 = 8$, $a_3 a_6 = 128$일 때, $\sum\limits_{k=1}^{n} a_k = 511$을 만족시키는 자연수 $n$의 값을 구하시오.

**0985** 상중하

첫째항이 3인 등차수열 $\{a_n\}$에 대하여 $a_8 - a_2 = 12$일 때, $\sum\limits_{k=11}^{20} a_k$의 값은?

① $304$      ② $308$      ③ $312$

④ $316$      ⑤ $320$

09

수열의 합

유형 **05** 자연수의 거듭제곱의 합

(1) $\sum\limits_{k=1}^{n} k = \dfrac{n(n+1)}{2}$

(2) $\sum\limits_{k=1}^{n} k^2 = \dfrac{n(n+1)(2n+1)}{6}$

(3) $\sum\limits_{k=1}^{n} k^3 = \left\{ \dfrac{n(n+1)}{2} \right\}^2$

**0986** 대표문제

$\sum\limits_{k=1}^{10} (2k-1)^2 + \sum\limits_{k=1}^{10} (2k)^2$의 값을 구하시오.

**0987** 상중하

$\sum\limits_{k=2}^{n} (2k-1) = 80$을 만족시키는 자연수 $n$의 값을 구하시오.

(단, $n \geq 2$)

**0988** 상중하

$\sum\limits_{k=1}^{20} \dfrac{1+2+3+\cdots+k}{k+1}$의 값을 구하시오.

**0989** 상중하

$\sum\limits_{k=1}^{11} (k-c)(2k-c)$의 값이 최소가 되도록 하는 상수 $c$의 값은?

① 7      ② $\dfrac{15}{2}$      ③ 8

④ $\dfrac{17}{2}$      ⑤ 9

유형 **06** $\sum$를 이용한 여러 가지 수열의 합

$\sum$를 이용하여 수열의 합을 구할 때에는 다음과 같은 순서로 한다.

(ⅰ) 주어진 수열의 제$k$항 $a_k$를 구한다.

(ⅱ) 구하는 합을 $\sum$를 사용하여 나타낸다.

(ⅲ) $\sum$의 성질과 자연수의 거듭제곱의 합을 이용하여 수열의 합을 구한다.

**0990** 대표문제

다음 수열의 첫째항부터 제10항까지의 합을 구하시오.

$$1^2 \times 2, \ 2^2 \times 3, \ 3^2 \times 4, \ 4^2 \times 5, \ \cdots$$

**0991** 상중하

등식 $6+7+8+\cdots+n=105$를 만족시키는 자연수 $n$의 값은?

① 15      ② 16      ③ 17

④ 18      ⑤ 19

**0992** 상중하

$1 \times 20 + 2 \times 19 + 3 \times 18 + \cdots + 20 \times 1$의 값은?

① 1480      ② 1500      ③ 1520

④ 1540      ⑤ 1560

**0993** 상중하

수열 $\{a_n\}$이

$$2, \ 2+4, \ 2+4+6, \ 2+4+6+8, \ \cdots$$

일 때, $\sum\limits_{k=1}^{12} a_k$의 값을 구하시오.

▸ 개념원리 대수 268쪽

**유형 | 07** Σ로 표현된 수열의 합과 일반항 사이의 관계

수열 $\{a_n\}$에 대하여 $\sum\limits_{k=1}^{n} a_k = S_n$이라 하면

$a_1 = S_1$, $a_n = S_n - S_{n-1}$ $(n \geq 2)$

**0994** 대표문제

수열 $\{a_n\}$에 대하여 $\sum\limits_{k=1}^{n} a_k = n^2$일 때, $\sum\limits_{k=1}^{5} a_k{}^2$의 값은?

① 155  ② 160  ③ 165
④ 170  ⑤ 175

**0995** 상중하 ◂서술형

수열 $\{a_n\}$에 대하여 $\sum\limits_{k=1}^{n} a_k = \dfrac{n}{n+1}$일 때, $\sum\limits_{k=1}^{9} \dfrac{1}{a_k}$의 값을 구하시오.

**0996** 상중하

수열 $\{a_n\}$에 대하여 $\sum\limits_{k=1}^{n} a_k = 2^{n+1} - 2$일 때, $\sum\limits_{k=1}^{n} a_{3k}$를 $n$에 대한 식으로 나타내면?

① $\dfrac{3}{4}(4^n - 1)$  ② $\dfrac{4}{3}(4^n - 1)$  ③ $\dfrac{7}{8}(8^n - 1)$
④ $\dfrac{8}{7}(8^n - 1)$  ⑤ $\dfrac{15}{16}(16^n - 1)$

**0997** 상중하

수열 $\{a_n\}$에 대하여 $a_1, a_2, a_3, \cdots, a_n$의 평균이 $n+1$일 때, $\sum\limits_{k=1}^{10} ka_k$의 값은?

① 770  ② 780  ③ 790
④ 800  ⑤ 810

▸ 개념원리 대수 269쪽

**유형 | 08** Σ를 여러 개 포함한 식의 계산

(1) Σ에 속한 문자를 상수인 것과 상수가 아닌 것으로 구분하여 안쪽에 있는 Σ부터 차례대로 계산한다.

(2) $\sum\limits_{k=\triangle}^{\bigstar} \square$의 꼴 ➡ $k$를 제외한 $\square$ 안의 문자는 상수로 생각한다.

**0998** 대표문제

$\sum\limits_{l=1}^{n} \left( \sum\limits_{k=1}^{l} k \right) = 35$를 만족시키는 자연수 $n$의 값을 구하시오.

**0999** 상중하

$\sum\limits_{i=1}^{10} \left( \sum\limits_{k=1}^{5} i^2 k \right)$의 값은?

① 4895  ② 5205  ③ 5500
④ 5775  ⑤ 6000

**1000** 상중하

$\sum\limits_{m=1}^{4} \left[ \sum\limits_{l=1}^{m} \left\{ \sum\limits_{k=1}^{l} (2k - m + 1) \right\} \right]$의 값은?

① 20  ② 25  ③ 30
④ 35  ⑤ 40

09

수열의 합

유형 | 09  분수의 꼴인 수열의 합

일반항 $a_k$를 부분분수로 변형한 후 $k$에 1, 2, 3, $\cdots$, $n$을 차례대로 대입하여 합의 꼴로 나타내어 계산한다.

(1) $\displaystyle\sum_{k=1}^{n}\dfrac{1}{k(k+1)}=\sum_{k=1}^{n}\left(\dfrac{1}{k}-\dfrac{1}{k+1}\right)$

(2) $\displaystyle\sum_{k=1}^{n}\dfrac{1}{(k+a)(k+b)}=\dfrac{1}{b-a}\sum_{k=1}^{n}\left(\dfrac{1}{k+a}-\dfrac{1}{k+b}\right)$

(단, $a\neq b$)

**1001** 대표문제

수열 $\dfrac{1}{2^2-1}$, $\dfrac{1}{4^2-1}$, $\dfrac{1}{6^2-1}$, $\cdots$의 첫째항부터 제10항까지의 합은?

① $\dfrac{9}{19}$  ② $\dfrac{18}{19}$  ③ $\dfrac{10}{21}$

④ $\dfrac{20}{21}$  ⑤ $\dfrac{11}{23}$

**1002** 상중하

수열 $\{a_n\}$에 대하여 다항식 $x^2+4x+3$을 $x-n$으로 나누었을 때의 나머지가 $a_n$일 때, $\displaystyle\sum_{n=1}^{7}\dfrac{1}{a_n}$의 값을 구하시오.

**1003** 상중하

수열 $\{a_n\}$의 첫째항부터 제$n$항까지의 합 $S_n$이 $S_n=2n^2+3n$일 때, $\dfrac{1}{a_1 a_2}+\dfrac{1}{a_2 a_3}+\dfrac{1}{a_3 a_4}+\dfrac{1}{a_4 a_5}+\dfrac{1}{a_5 a_6}$의 값을 구하시오.

**1004** 상중하

자연수 전체의 집합을 정의역으로 하는 두 함수 $f$, $g$를 각각
$$f(n)=2n+1,\ g(n)=(n-1)(n+1)$$
로 정의할 때, $\displaystyle\sum_{n=1}^{11}\dfrac{8}{(g\circ f)(n)}$의 값은?

① $\dfrac{11}{6}$  ② $\dfrac{13}{6}$  ③ $\dfrac{11}{9}$

④ $\dfrac{13}{9}$  ⑤ $\dfrac{11}{12}$

**1005** 상중하 ◀ 서술형

$x$에 대한 이차방정식
$$x^2+4x-(2n-1)(2n+1)=0$$
의 두 실근 $\alpha_n$, $\beta_n$에 대하여 $\displaystyle\sum_{n=1}^{15}\left(\dfrac{1}{\alpha_n}+\dfrac{1}{\beta_n}\right)$의 값을 구하시오.

**1006** 상중하

$\dfrac{3}{1^2}+\dfrac{5}{1^2+2^2}+\dfrac{7}{1^2+2^2+3^2}+\cdots+\dfrac{27}{1^2+2^2+3^2+\cdots+13^2}$의 값은?

① $\dfrac{37}{7}$  ② $\dfrac{39}{7}$  ③ $\dfrac{41}{9}$

④ $\dfrac{43}{9}$  ⑤ $\dfrac{45}{11}$

▶ 개념원리 대수 276쪽

유형 10  무리식을 포함한 수열의 합

일반항 $a_k$의 분모를 유리화한 후 $k$에 1, 2, 3, ⋯, $n$을 차례대로 대입하여 합의 꼴로 나타내어 계산한다.

(1) $\displaystyle\sum_{k=1}^{n}\frac{1}{\sqrt{k}+\sqrt{k+1}}=\sum_{k=1}^{n}(\sqrt{k+1}-\sqrt{k})$

(2) $\displaystyle\sum_{k=1}^{n}\frac{1}{\sqrt{k+a}+\sqrt{k+b}}=\frac{1}{a-b}\sum_{k=1}^{n}(\sqrt{k+a}-\sqrt{k+b})$

(단, $a\neq b$)

**1007** 대표문제

수열 $\{a_n\}$의 일반항 $a_n$이 $a_n=\dfrac{1}{\sqrt{n+1}+\sqrt{n+2}}$이고 첫째항부터 제 $k$항까지의 합이 $\sqrt{2}$일 때, 자연수 $k$의 값을 구하시오.

**1008** 상중하

$\displaystyle\sum_{k=1}^{80}\frac{2}{\sqrt{k-1}+\sqrt{k+1}}$의 값은?

① $4\sqrt{5}-1$
② 8
③ $8+4\sqrt{5}$
④ 24
⑤ $8+8\sqrt{5}$

**1009** 상중하

오른쪽 그림과 같이 직선 $x=n$이 두 곡선 $y=\sqrt{x+1}$, $y=\sqrt{x}$와 만나는 두 점을 각각 $A_n$, $B_n$이라 할 때, $\displaystyle\sum_{n=1}^{120}\overline{A_nB_n}$의 값을 구하시오.

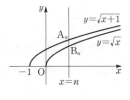

▶ 개념원리 대수 277쪽

유형 11  로그를 포함한 수열의 합

로그를 포함한 수열의 합을 구할 때에는 로그의 성질을 이용한다.

➡ $a>0$, $a\neq1$, $x>0$, $y>0$일 때

(1) $\log_a x+\log_a y=\log_a xy$

(2) $\log_a x-\log_a y=\log_a \dfrac{x}{y}$

(3) $\log_a x^k=k\log_a x$ (단, $k$는 실수이다.)

**1010** 대표문제

수열 $\{a_n\}$이 첫째항과 공비가 모두 3인 등비수열일 때, $\displaystyle\sum_{k=1}^{20}\log_9 a_k$의 값을 구하시오.

**1011** 상중하

$\displaystyle\sum_{k=1}^{39}\log_3\{\log_{2k+1}(2k+3)\}$의 값은?

① $\log_3 2$
② $\log_3 4$
③ $\log_3 6$
④ $\log_3 8$
⑤ $\log_3 10$

**1012** 상중하

수열 $\{a_n\}$이 모든 자연수 $n$에 대하여

$$\sum_{k=1}^{n}a_k=\log_2\frac{(n+1)(n+2)}{2}$$

를 만족시킨다. $\displaystyle\sum_{k=1}^{10}a_{2k}=p$일 때, $8^p$의 값을 구하시오.

09

수열의 합

▶ 개념원리 대수 278쪽

**유형***JP***| 12** 제$k$항이 $n$에 대한 식일 때의 수열의 합

주어진 수열의 제$k$항 $a_k$를 $k$와 $n$에 대한 식으로 나타낸다.

이때 $\sum\limits_{k=1}^{n} a_k$에서 $n$은 상수임에 유의한다.

### 1013 대표문제

다음 수열의 합을 간단히 하시오.

$$1 \times n + 2 \times (n-1) + 3 \times (n-2) + \cdots + n \times 1$$

### 1014 상중하

다음 수열의 합을 간단히 나타내면?

$$\left(\frac{n+2}{n}\right)^2 + \left(\frac{n+4}{n}\right)^2 + \left(\frac{n+6}{n}\right)^2 + \cdots + \left(\frac{3n}{n}\right)^2$$

① $\dfrac{10n^2+15n+2}{3n}$      ② $\dfrac{13n^2+12n+2}{3n}$

③ $\dfrac{13n^2+15n+2}{3n}$      ④ $\dfrac{10n^2+15n+2}{2n}$

⑤ $\dfrac{13n^2+15n+2}{2n}$

### 1015 상중하 ◀서술형

자연수 $n$에 대하여

$$1 \times (2n-1) + 2 \times (2n-3) + 3 \times (2n-5) + \cdots + n \times 1$$
$$= \frac{n(n+a)(bn+c)}{6}$$

일 때, $a+b+c$의 값을 구하시오. (단, $a$, $b$, $c$는 정수이다.)

**유형***JP***| 13** 항을 묶었을 때 규칙을 갖는 수열

항을 묶었을 때 규칙을 갖는 수열에 대한 문제는 다음과 같은 순서로 해결한다.

(ⅰ) 규칙성을 갖도록 수열의 항을 몇 개씩 나누어 묶는다.

(ⅱ) 각 묶음의 항의 개수 및 첫째항 또는 끝항이 갖는 규칙성을 조사한다.

### 1016 대표문제

수열 1, 3, 1, 5, 3, 1, 7, 5, 3, 1, …에서 제95항은?

① 19      ② 21      ③ 23

④ 25      ⑤ 27

### 1017 상중하

수열 1, 2, 2, 3, 3, 3, 4, 4, 4, 4, 5, 5, 5, 5, 5, …에서 12가 마지막으로 나오는 항은 제$m$항이다. 이때 $m$의 값을 구하시오.

### 1018 상중하

수열 $\dfrac{1}{1}$, $\dfrac{1}{2}$, $\dfrac{2}{2}$, $\dfrac{1}{3}$, $\dfrac{2}{3}$, $\dfrac{3}{3}$, $\dfrac{1}{4}$, $\dfrac{2}{4}$, $\dfrac{3}{4}$, $\dfrac{4}{4}$, …에서 $\dfrac{8}{14}$ 은 제몇 항인지 구하시오.

### 1019 상중하

다음과 같이 순서쌍으로 이루어진 수열에서 제100항을 $(a, b)$라 할 때, $a-b$의 값을 구하시오.

$$(1, 2), (2, 1), (1, 4), (2, 2), (4, 1), (1, 8), (2, 4),$$
$$(4, 2), (8, 1), \cdots$$

## 1020

수열 $\{a_n\}$의 첫째항부터 제$n$항까지의 합 $S_n$이 $S_n = 2^n + n^2$ 일 때, $\sum\limits_{k=5}^{8} a_k$의 값은?

① 280      ② 284      ③ 288

④ 292      ⑤ 296

## 1021

수열 $\{a_n\}$은 $a_1 = 2$이고, 모든 자연수 $n$에 대하여 $\sum\limits_{k=1}^{n} (a_{k+1} - a_k) = n^2 - 3n$을 만족시킨다. 이때 $a_{13}$의 값을 구하시오.

## 1022

자연수 $n$에 대하여 $n^2$을 3으로 나누었을 때의 나머지를 $a_n$이라 할 때, $\sum\limits_{k=1}^{60} a_k$의 값을 구하시오.

## 1023 중요★

$\sum\limits_{k=1}^{n} (a_k + b_k)^2 = 30$, $\sum\limits_{k=1}^{n} a_k b_k = 6$일 때, $\sum\limits_{k=1}^{n} (a_k^2 + b_k^2)$의 값은?

① 18      ② 20      ③ 22

④ 24      ⑤ 26

## 1024

$\sum\limits_{k=1}^{10} a_k = 35$, $\sum\limits_{k=1}^{20} a_k = 55$, $\sum\limits_{k=1}^{10} b_k = 25$, $\sum\limits_{k=1}^{20} b_k = 40$일 때, $\sum\limits_{k=11}^{20} (2a_k + b_k)$의 값은?

① 40      ② 45      ③ 50

④ 55      ⑤ 60

## 1025 수능 기출

수열 $\{a_n\}$에 대하여
$$\sum\limits_{k=1}^{10} a_k - \sum\limits_{k=1}^{7} \frac{a_k}{2} = 56, \quad \sum\limits_{k=1}^{10} 2a_k - \sum\limits_{k=1}^{8} a_k = 100$$
일 때, $a_8$의 값을 구하시오.

## 1026 중요★

등차수열 $\{a_n\}$에 대하여 $a_2 = 1$, $a_8 = -17$일 때, $\sum\limits_{k=1}^{50} a_{2k} - \sum\limits_{k=1}^{50} a_{2k+1}$의 값은?

① 60      ② 90      ③ 120

④ 150      ⑤ 180

## 1027

등비수열 $\{a_n\}$에 대하여
$$\frac{a_2}{a_1} - \frac{a_4}{a_2} = \frac{1}{4}, \quad \sum\limits_{k=1}^{6} a_k = 9$$
일 때, $a_2 + a_4 + a_6$의 값을 구하시오.

## 1028

첫째항이 3, 공차가 2인 등차수열 $\{a_n\}$에 대하여

$\sum_{k=1}^{15}(3a_k-1)$의 값을 구하시오.

## 1029

$\sum_{k=1}^{12}k+\sum_{k=2}^{12}k+\sum_{k=3}^{12}k+\cdots+\sum_{k=12}^{12}k$의 값은?

① 650     ② 660     ③ 670

④ 680     ⑤ 690

## 1030

자연수 $n$에 대하여 함수 $f(n)$을

$$f(n)=\begin{cases} n & (n\text{이 짝수}) \\ 1 & (n\text{이 홀수}) \end{cases}$$

로 정의할 때, $\sum_{k=1}^{20}f(k^2)$의 값을 구하시오.

## 1031

자연수 $n$에 대하여 곡선 $y=x^2+x$와 직선 $y=nx+2$가 두 점 A, B에서 만난다. 두 직선 OA, OB의 기울기를 각각 $a_n$, $b_n$이라 할 때, $\sum_{n=1}^{18}(a_n+b_n)$의 값을 구하시오.

(단, O는 원점이다.)

## 1032 중요★

수열 $1,\ 2+4,\ 3+6+9,\ 4+8+12+16,\ \cdots$의 첫째항부터 제8항까지의 합은?

① 720     ② 735     ③ 750

④ 765     ⑤ 780

## 1033 평가원 기출

수열 $\{a_n\}$이 모든 자연수 $n$에 대하여

$$\sum_{k=1}^{n}\frac{4k-3}{a_k}=2n^2+7n$$

을 만족시킨다. $a_5\times a_7\times a_9=\dfrac{q}{p}$일 때, $p+q$의 값을 구하시오. (단, $p$와 $q$는 서로소인 자연수이다.)

## 1034

$\sum_{n=1}^{5}\left(\sum_{k=1}^{n}2^{k+n-1}\right)$의 값을 구하시오.

## 1035 중요★

$\dfrac{1}{1\times4}+\dfrac{1}{4\times7}+\dfrac{1}{7\times10}+\cdots+\dfrac{1}{28\times31}$의 값은?

① $\dfrac{10}{31}$     ② $\dfrac{12}{31}$     ③ $\dfrac{15}{31}$

④ $\dfrac{18}{31}$     ⑤ $\dfrac{22}{31}$

## 1036

수열 $\{a_n\}$에 대하여 $a_n=\sum\limits_{k=1}^{n}\dfrac{k^2}{3}$일 때, $\sum\limits_{k=1}^{17}\dfrac{2k+1}{a_k}$의 값은?

① 16      ② 17      ③ 18

④ 19      ⑤ 20

## 1037

함수 $f(x)=\sqrt{x+2}+\sqrt{x+3}$에 대하여 $\sum\limits_{k=1}^{n}\dfrac{1}{f(k)}=3\sqrt{3}$이 되도록 하는 자연수 $n$의 값을 구하시오.

## 1038

다음 그림과 같이 함수 $y=\sqrt{-2x}$의 그래프와 두 직선 $x=-n$, $x=-n+1$이 만나는 점을 각각 $A_n$, $B_n$이라 하고 두 점 $A_n$, $B_n$에서 $x$축에 내린 수선의 발을 각각 $C_n$, $D_n$이라 하자. 사각형 $A_nC_nD_nB_n$의 넓이를 $S_n$이라 할 때, $\sum\limits_{n=2}^{50}\dfrac{1}{S_n}$의 값을 구하시오. (단, $n$은 2 이상인 자연수이다.)

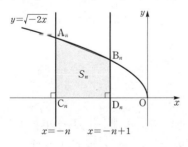

## 1039

$\sum\limits_{k=1}^{n}\log\left(1+\dfrac{2}{k}\right)=1$을 만족시키는 자연수 $n$의 값을 구하시오.

## 1040

다음 수열의 합을 간단히 나타내면?

$$\left(1+\dfrac{1}{n}\right)^2+\left(1+\dfrac{2}{n}\right)^2+\left(1+\dfrac{3}{n}\right)^2+\cdots+\left(1+\dfrac{n}{n}\right)^2$$

① $\dfrac{(n+2)(7n+1)}{6n}$      ② $\dfrac{(n+2)(7n+2)}{6n}$

③ $\dfrac{(2n+1)(7n+1)}{6n}$      ④ $\dfrac{(2n+1)(7n+2)}{6n}$

⑤ $\dfrac{(n+1)(7n+1)}{3n}$

## 1041

수열 $\dfrac{1}{1}$, $\dfrac{1}{2}$, $\dfrac{2}{1}$, $\dfrac{1}{3}$, $\dfrac{2}{2}$, $\dfrac{3}{1}$, $\dfrac{1}{4}$, $\dfrac{2}{3}$, $\dfrac{3}{2}$, $\dfrac{4}{1}$, $\cdots$에서 제70항을 구하시오.

## 1042

오른쪽과 같이 자연수를 배열할 때, 위에서 50번째 줄과 왼쪽에서 30번째 줄이 만나는 곳의 수를 구하시오.

| 1 | 2 | 3 | 4 | ⋯ |
|---|---|---|---|---|
| 1 | 3 | 5 | 7 | |
| 1 | 4 | 7 | 10 | |
| 1 | 5 | 9 | 13 | |
| ⋮ | | | | ⋱ |

서술형 **주관식**

#### 1043

$1 \times 3 + 3 \times 5 + 5 \times 7 + \cdots + 19 \times 21$의 값을 구하시오.

#### 1044

$\sum\limits_{m=1}^{n} \left\{ \sum\limits_{k=1}^{m} (k+m) \right\} = 90$을 만족시키는 자연수 $n$의 값을 구하시오.

#### 1045

수열 $\{a_n\}$에 대하여 $\sum\limits_{k=1}^{n} a_k = n^2 + 4n$일 때, $\sum\limits_{k=1}^{p} \dfrac{1}{a_k a_{k+1}} = \dfrac{2}{25}$를 만족시키는 자연수 $p$의 값을 구하시오.

#### 1046

수열 $\{a_n\}$이 첫째항과 공차가 모두 2인 등차수열일 때, $\sum\limits_{k=1}^{15} \dfrac{1}{\sqrt{a_k} + \sqrt{a_{k+1}}}$의 값을 구하시오.

 실력**up**

#### 1047

$x_1,\ x_2,\ x_3,\ \cdots,\ x_{10}$은 0, 1, 2의 값 중 어느 하나를 갖는다. $\sum\limits_{k=1}^{10} x_k = 8$, $\sum\limits_{k=1}^{10} x_k^2 = 12$일 때, $\sum\limits_{k=1}^{10} |x_k - 1|$의 값은?

① 4        ② 5        ③ 6

④ 7        ⑤ 8

#### 1048

등차수열 $\{a_n\}$에서 $a_2 = 8$, $a_6 = 0$이고 $S_n = \sum\limits_{k=1}^{n} |a_k|$라 할 때, $S_n$의 값이 120 이상이 되도록 하는 자연수 $n$의 최솟값을 구하시오.

#### 1049

실수 전체의 집합에서 정의된 함수 $f(x)$가 $0 \le x < 1$에서
$$f(x) = \begin{cases} 1 & (x=0) \\ 5 & (0 < x < 1) \end{cases}$$
이고 모든 실수 $x$에 대하여 $f(x+1) = f(x)$를 만족시킨다. 이때 $\sum\limits_{k=1}^{25} \dfrac{k \times f(\sqrt{k})}{5}$의 값을 구하시오.

#### 1050

자연수 $n$의 양의 약수의 개수를 $f(n)$이라 하고, 100의 모든 양의 약수를 $a_1,\ a_2,\ a_3,\ \cdots,\ a_9$라 하자. 이때 $\sum\limits_{k=1}^{9} \{ (-1)^{f(a_k)} \times \log a_k \}$의 값을 구하시오.

## 도움이 되는 태도

1. 하기 전에 겁먹지 말기

2. 지나가는 말에 상처받지 않기

3. 작은 것에 집착하지 않기

4. 행복할 자격이 있다고 생각하기

5. 오늘 하루 수고했다고 나를 안아주기

# 10 수학적 귀납법

개념 플러스

### 10 1 수열의 귀납적 정의

유형 05, 06, 07, 11

수열 $\{a_n\}$에 대하여

  ( i ) 첫째항 $a_1$의 값

  (ii) 이웃하는 두 항 $a_n$, $a_{n+1}$ 사이의 관계식 ($n=1, 2, 3, \cdots$)

이 주어지면 (ii)의 관계식에 $n=1, 2, 3, \cdots$을 차례대로 대입하여 수열 $\{a_n\}$의 모든 항을 구할 수 있다. 이와 같이 처음 몇 개의 항과 이웃하는 여러 항 사이의 관계식으로 수열을 정의하는 것을 수열의 **귀납적 정의**라 한다.

● 수열에서 이웃하는 항들 사이의 관계식을 **점화식**이라 한다.

### 10 2 등차수열과 등비수열을 나타내는 관계식

유형 01~04

수열 $\{a_n\}$에 대하여 $n=1, 2, 3, \cdots$일 때

(1) $a_{n+1}-a_n=d$ (일정) $\Longleftrightarrow a_{n+1}=a_n+d$ ⇨ **공차가 $d$인 등차수열**

(2) $a_{n+1}\div a_n=r$ (일정) $\Longleftrightarrow a_{n+1}=ra_n$ ⇨ **공비가 $r$인 등비수열**

(3) $2a_{n+1}=a_n+a_{n+2} \Longleftrightarrow a_{n+1}-a_n=a_{n+2}-a_{n+1}$ ⇨ **등차수열**

(4) $a_{n+1}{}^2=a_n a_{n+2} \Longleftrightarrow a_{n+1}\div a_n=a_{n+2}\div a_{n+1}$ ⇨ **등비수열**

[예] 첫째항이 1, 공차가 $-2$인 등차수열을 귀납적으로 정의하면
    $a_1=1$, $a_{n+1}=a_n-2$ ($n=1, 2, 3, \cdots$)
첫째항이 $-1$, 공비가 3인 등비수열을 귀납적으로 정의하면
    $a_1=-1$, $a_{n+1}=3a_n$ ($n=1, 2, 3, \cdots$)

● $2a_{n+1}=a_n+a_{n+2}$
  ⇨ $a_{n+1}$은 $a_n$과 $a_{n+2}$의 등차중항
  $a_{n+1}{}^2=a_n a_{n+2}$
  ⇨ $a_{n+1}$은 $a_n$과 $a_{n+2}$의 등비중항

참고▶ (1) $a_{n+1}=a_n+f(n)$의 꼴로 정의된 수열
    $n$에 1, 2, 3, $\cdots$, $n-1$을 차례대로 대입하면
      $a_2=a_1+f(1)$
      $a_3=a_2+f(2)=a_1+f(1)+f(2)$
      $a_4=a_3+f(3)=a_1+f(1)+f(2)+f(3)$
      $\vdots$
      $\therefore a_n=a_{n-1}+f(n-1)=a_1+f(1)+f(2)+f(3)+\cdots+f(n-1)$

(2) $a_{n+1}=a_n f(n)$의 꼴로 정의된 수열
    $n$에 1, 2, 3, $\cdots$, $n-1$을 차례대로 대입하면
      $a_2=a_1 f(1)$
      $a_3=a_2 f(2)=a_1 f(1)f(2)$
      $a_4=a_3 f(3)=a_1 f(1)f(2)f(3)$
      $\vdots$
      $\therefore a_n=a_{n-1}f(n-1)=a_1 f(1)f(2)f(3)\times\cdots\times f(n-1)$

● $f(n)$이 상수이면 수열 $\{a_n\}$은 공차가 $f(n)$인 등차수열이다.

● $f(n)$이 상수이면 수열 $\{a_n\}$은 공비가 $f(n)$인 등비수열이다.

### 10 3 수학적 귀납법

유형 08, 09, 10

자연수 $n$에 대한 명제 $p(n)$이 모든 자연수 $n$에 대하여 성립함을 증명하려면 다음 두 가지를 보이면 된다.

( i ) $n=1$일 때, 명제 $p(n)$이 성립한다.

(ii) $n=k$일 때, 명제 $p(n)$이 성립한다고 가정하면 $n=k+1$일 때에도 명제 $p(n)$이 성립한다.

이와 같은 방법으로 자연수에 대한 어떤 명제가 참임을 증명하는 방법을 **수학적 귀납법**이라 한다.

● ( i )에 의하여 $p(1)$이 성립한다.
  ⇨ (ii)에 의하여 $p(2)$가 성립한다.
  ⇨ (ii)에 의하여 $p(3)$이 성립한다.
  $\vdots$
  따라서 모든 자연수 $n$에 대하여 $p(n)$이 성립한다.

# 교과서 **문제** 정복하기

## 10 | 1 수열의 귀납적 정의

[1051 ~ 1054] 다음과 같이 귀납적으로 정의된 수열 $\{a_n\}$에서 제4항을 구하시오. (단, $n=1, 2, 3, \cdots$)

**1051** $a_1=3$, $a_{n+1}=2a_n-1$

**1052** $a_1=-1$, $a_{n+1}=a_n{}^2+1$

**1053** $a_1=1$, $a_{n+1}=\dfrac{1}{a_n}+2$

**1054** $a_1=1$, $a_2=3$, $a_{n+2}=2a_{n+1}+a_n$

## 10 | 2 등차수열과 등비수열을 나타내는 관계식

[1055 ~ 1058] 다음 수열을 $\{a_n\}$이라 할 때, 수열 $\{a_n\}$을 귀납적으로 정의하시오.

**1055** 첫째항이 2, 공차가 3인 등차수열

**1056** 첫째항이 9, 공비가 $-\dfrac{1}{3}$인 등비수열

**1057** 10, 6, 2, $-2$, $-6$, $\cdots$

**1058** 1, 2, 4, 8, 16, $\cdots$

[1059 ~ 1062] 다음과 같이 귀납적으로 정의된 수열 $\{a_n\}$의 일반항 $a_n$을 구하시오. (단, $n=1, 2, 3, \cdots$)

**1059** $a_1=3$, $a_{n+1}=a_n-3$

**1060** $a_1=5$, $a_{n+1}=2a_n$

**1061** $a_1=3$, $a_2=2$, $2a_{n+1}=a_n+a_{n+2}$

**1062** $a_1=1$, $a_2=-2$, $a_{n+1}{}^2=a_n a_{n+2}$

[1063 ~ 1066] 다음과 같이 귀납적으로 정의된 수열 $\{a_n\}$에서 제10항을 구하시오. (단, $n=1, 2, 3, \cdots$)

**1063** $a_1=1$, $a_{n+1}=a_n+4n$

**1064** $a_1=3$, $a_{n+1}-a_n=2n+1$

**1065** $a_1=2$, $a_{n+1}=\dfrac{n}{n+1}a_n$

**1066** $a_1=1$, $a_{n+1}\div a_n=2^n$

## 10 | 3 수학적 귀납법

**1067** 다음은 모든 자연수 $n$에 대하여
$$\frac{1}{1\times 2}+\frac{1}{2\times 3}+\frac{1}{3\times 4}+\cdots+\frac{1}{n(n+1)}$$
$$=\frac{n}{n+1} \qquad\qquad \cdots\cdots\cdots ㉠$$
이 성립함을 수학적 귀납법으로 증명하는 과정이다.

> **증명**
>
> (i) $n=1$일 때
> $$(좌변)=\frac{1}{1\times 2}=\frac{1}{2},\ (우변)=\frac{1}{2}$$
> 따라서 ㉠이 성립한다.
>
> (ii) $n=k$일 때, ㉠이 성립한다고 가정하면
> $$\frac{1}{1\times 2}+\frac{1}{2\times 3}+\frac{1}{3\times 4}+\cdots+\frac{1}{k(k+1)}$$
> $$=\frac{k}{k+1}$$
> 양변에 $\boxed{(개)}$을 더하면
> $$\frac{1}{1\times 2}+\frac{1}{2\times 3}+\frac{1}{3\times 4}+\cdots$$
> $$+\frac{1}{k(k+1)}+\boxed{(개)}$$
> $$=\frac{k}{k+1}+\boxed{(개)}=\boxed{(나)}$$
> 따라서 $n=k+1$일 때에도 ㉠이 성립한다.
>
> (i), (ii)에서 모든 자연수 $n$에 대하여 ㉠이 성립한다.

위의 과정에서 ㈎, ㈏에 알맞은 것을 구하시오.

▶ 개념원리 대수 285쪽

**유형 01 등차수열의 귀납적 정의**

수열 $\{a_n\}$에서 $n=1, 2, 3, \cdots$일 때

(1) $a_{n+1}-a_n=d$ (일정) ➡ 공차가 $d$인 등차수열

(2) $2a_{n+1}=a_n+a_{n+2}$ ➡ 등차수열

**1068** 대표문제

수열 $\{a_n\}$이 $a_1=110$, $a_{n+1}+3=a_n$ $(n=1, 2, 3, \cdots)$으로 정의될 때, $a_k=17$을 만족시키는 자연수 $k$의 값을 구하시오.

**1069** 상중하

수열 $\{a_n\}$이

$$a_1=2,\ a_2=4,$$
$$a_{n+2}-a_{n+1}=a_{n+1}-a_n\ (n=1, 2, 3, \cdots)$$

으로 정의될 때, $\displaystyle\sum_{k=1}^{20} \frac{1}{a_k a_{k+1}}$의 값은?

① $\dfrac{5}{19}$ ② $\dfrac{10}{19}$ ③ $\dfrac{5}{21}$

④ $\dfrac{10}{21}$ ⑤ $\dfrac{20}{21}$

**1070** 상중하

수열 $\{a_n\}$이

$$a_1=90,\ a_2=86,$$
$$2a_{n+1}=a_n+a_{n+2}\ (n=1, 2, 3, \cdots)$$

로 정의될 때, $a_k<0$을 만족시키는 자연수 $k$의 최솟값을 구하시오.

**1071** 상중하

수열 $\{a_n\}$이

$$(a_{n+1}+a_n)^2=4a_n a_{n+1}+36\ (n=1, 2, 3, \cdots)$$

을 만족시킨다. $a_1=2$일 때, $a_{10}$의 값을 구하시오.

$$(\text{단},\ a_1>a_2>a_3>\cdots>a_n>\cdots)$$

▶ 개념원리 대수 285쪽

**유형 02 등비수열의 귀납적 정의**

수열 $\{a_n\}$에서 $n=1, 2, 3, \cdots$일 때

(1) $a_{n+1}\div a_n=r$ (일정) ➡ 공비가 $r$인 등비수열

(2) $a_{n+1}{}^2=a_n a_{n+2}$ ➡ 등비수열

**1072** 대표문제

수열 $\{a_n\}$이 $a_1=1$, $a_{n+1}=4a_n$ $(n=1, 2, 3, \cdots)$으로 정의될 때, $\log_2 a_{100}$의 값은?

① 99 ② 100 ③ 198

④ 199 ⑤ 200

**1073** 상중하

수열 $\{a_n\}$이 $a_1=1$, $a_{n+1}{}^2=a_n a_{n+2}$ $(n=1, 2, 3, \cdots)$를 만족시키고 $\dfrac{a_{11}}{a_1}+\dfrac{a_{13}}{a_3}+\dfrac{a_{15}}{a_5}+\dfrac{a_{17}}{a_7}=12$일 때, $a_{31}$의 값은?

① 3 ② 9 ③ 18

④ 27 ⑤ 36

**1074** 상중하 서술형

수열 $\{a_n\}$이 $\dfrac{a_{n+2}}{a_{n+1}}=\dfrac{a_{n+1}}{a_n}$ $(n=1, 2, 3, \cdots)$을 만족시키고 수열 $\{a_n\}$의 첫째항부터 제$n$항까지의 합을 $S_n$이라 할 때, $S_3=78$, $S_6=2184$이다. 이때 $S_7$의 값을 구하시오.

▶ **개념원리** 대수 286쪽

$a_{n+1}=a_n+f(n)$의 $n$에 1, 2, 3, $\cdots$을 차례대로 대입하여 규칙을 찾는다.

➡ $a_n=a_1+f(1)+f(2)+\cdots+f(n-1)=a_1+\sum\limits_{k=1}^{n-1}f(k)$

### 1075 대표문제

수열 $\{a_n\}$이 $a_1=-3$, $a_{n+1}=a_n+3n$ $(n=1,\ 2,\ 3,\ \cdots)$으로 정의될 때, $\sum\limits_{k=1}^{10}a_k$의 값은?

① 455      ② 465      ③ 475

④ 485      ⑤ 495

### 1076 상중하

수열 $\{a_n\}$이

$$a_1=2,\ a_{n+1}=a_n+\frac{1}{\sqrt{n+1}+\sqrt{n}}\ (n=1,\ 2,\ 3,\ \cdots)$$

로 정의될 때, $a_k=13$을 만족시키는 자연수 $k$의 값을 구하시오.

### 1077 상중하

수열 $\{a_n\}$이

$$a_1=1,\ a_{n+1}=a_n+f(n)\ (n=1,\ 2,\ 3,\ \cdots)$$

으로 정의되고 $\sum\limits_{k=1}^{n}f(k)=n^2-1$이다. 이때 $a_{11}$의 값을 구하시오.

---

▶ **개념원리** 대수 286쪽

$a_{n+1}=a_nf(n)$의 $n$에 1, 2, 3, $\cdots$을 차례대로 대입하여 규칙을 찾는다.

➡ $a_n=a_1f(1)f(2)\times\cdots\times f(n-1)$

### 1078 대표문제

수열 $\{a_n\}$이 $a_1=1$, $a_{n+1}=\dfrac{n+2}{n}a_n$ $(n=1,\ 2,\ 3,\ \cdots)$으로 정의될 때, $a_{30}$의 값은?

① 450      ② 455      ③ 460

④ 465      ⑤ 470

### 1079 상중하

수열 $\{a_n\}$이 $a_1=1$, $a_{n+1}=5^na_n$ $(n=1,\ 2,\ 3,\ \cdots)$으로 정의될 때, $a_k=5^{66}$을 만족시키는 자연수 $k$의 값은?

① 10      ② 11      ③ 12

④ 13      ⑤ 14

### 1080 상중하

수열 $\{a_n\}$이

$$a_1=1,\ \sqrt{n+2}\,a_{n+1}=\sqrt{n+1}\,a_n\ (n=1,\ 2,\ 3,\ \cdots)$$

으로 정의될 때, $\sum\limits_{k=1}^{15}(a_ka_{k+1})^2$의 값을 구하시오.

10

수학적 귀납법

**유형 05** 여러 가지 수열의 귀납적 정의

$a_n$과 $a_{n+1}$ 사이의 관계식의 $n$에 1, 2, 3, …을 차례대로 대입하여 $k$번째 항을 구한다.

### 1081 대표문제
수열 $\{a_n\}$이

$$a_1=1, \ a_{n+1}=\frac{a_n+2}{4a_n-3} \ (n=1, 2, 3, \cdots)$$

로 정의될 때, $a_4$의 값을 구하시오.

### 1082 상중하
수열 $\{a_n\}$이 모든 자연수 $n$에 대하여

$$a_n+a_{n+1}=3n^2$$

을 만족시킬 때, $\sum\limits_{k=1}^{20} a_k$의 값을 구하시오.

### 1083 상중하
수열 $\{a_n\}$이 모든 자연수 $n$에 대하여

$$a_{n+1}+4a_n=(-1)^n \times n$$

을 만족시키고 $a_5=-144$일 때, $a_1$의 값을 구하시오.

### 1084 상중하
수열 $\{a_n\}$이

$$a_1=-5, \ a_{n+1}=\begin{cases} a_n+p & (a_n \geq 0) \\ 3-a_n & (a_n<0) \end{cases} (n=1, 2, 3, \cdots)$$

으로 정의될 때, $a_4=6$을 만족시키는 모든 실수 $p$의 값의 곱을 구하시오.

---

**유형 06** 수가 반복되는 수열의 귀납적 정의

$a_n$과 $a_{n+1}$ 사이의 관계식의 $n$에 1, 2, 3, …을 차례대로 대입하여 수가 반복되는 규칙을 찾고 자연수 $n$에 대하여 $a_{n+k}=a_n$을 만족시키는 자연수 $k$의 최솟값을 구한다.

### 1085 대표문제
수열 $\{a_n\}$이

$$a_1=3, \ a_{n+1}=\begin{cases} 2a_n+1 & (a_n \leq 1) \\ a_n-1 & (a_n>1) \end{cases} (n=1, 2, 3, \cdots)$$

로 정의될 때, $a_{200}$의 값을 구하시오.

### 1086 상중하
수열 $\{a_n\}$이

$$a_1=4, \ a_2=12, \ a_{n+2}=a_{n+1}-a_n \ (n=1, 2, 3, \cdots)$$

으로 정의될 때, $|a_k|=12$를 만족시키는 100 이하의 자연수 $k$의 개수를 구하시오.

### 1087 상중하
다음 조건을 만족시키는 수열 $\{a_n\}$에 대하여 $a_1+a_2=7$일 때, $\sum\limits_{k=1}^{50} a_k$의 값을 구하시오.

> (가) $a_{n+2}=\begin{cases} a_n-3 & (n=1, 3) \\ a_n+3 & (n=2, 4) \end{cases}$
>
> (나) 모든 자연수 $n$에 대하여 $a_n=a_{n+6}$이다.

▶ 개념원리 대수 288쪽

**유형 07** $S_n$이 포함된 수열의 귀납적 정의

$a_1=S_1$, $a_n=S_n-S_{n-1}$ $(n≥2)$임을 이용하여 주어진 등식을 $a_n$ 또는 $S_n$에 대한 식으로 변형한다.

**1088** 대표문제

수열 $\{a_n\}$의 첫째항부터 제$n$항까지의 합을 $S_n$이라 할 때,
$$a_1=2, \ S_n=2a_n-2 \ (n=1, 2, 3, \cdots)$$
가 성립한다. 이때 $a_8$의 값을 구하시오.

**1089** 상**중**하

수열 $\{a_n\}$의 첫째항부터 제$n$항까지의 합을 $S_n$이라 할 때,
$$S_1=1, \ S_{n+1}=3S_n+1 \ (n=1, 2, 3, \cdots)$$
이 성립한다. 이때 $a_6$의 값을 구하시오.

**1090** 상**중**하

수열 $\{a_n\}$의 첫째항부터 제$n$항까지의 합을 $S_n$이라 할 때,
$$a_1=3, \ 2S_n=a_n+n \ (n=1, 2, 3, \cdots)$$
이 성립한다. 이때 $a_{100}$의 값을 구하시오.

**1091** 상**중**하 ◀서술형

수열 $\{a_n\}$에서 $a_1+a_2+a_3+\cdots+a_n=S_n$이라 할 때,
$$a_1=2, \ 3S_n=a_{n+1}-2 \ (n=1, 2, 3, \cdots)$$
를 만족시킨다. 이때 $a_k=512$를 만족시키는 자연수 $k$의 값을 구하시오.

▶ 개념원리 대수 293쪽

**유형 08** 수학적 귀납법

모든 자연수 $n$에 대하여 명제 $p(n)$이 다음 조건을 만족시킨다.
(i) $p(1)$이 참이다.
(ii) $p(k)$가 참이면 $p(k+n)$도 참이다.
➡ $p(1)$, $p(1+n)$, $p(1+2n)$, $p(1+3n)$, ⋯이 참이다.

**1092** 대표문제

자연수 $n$에 대한 명제 $p(n)$이 아래 조건을 만족시킬 때, 다음 중 반드시 참이라고 할 수 <u>없는</u> 명제는?

㉮ $p(1)$이 참이다.
㉯ $p(2k-1)$이 참이면 $p(2k)$도 참이다.
㉰ $p(2k)$가 참이면 $p(3k+1)$도 참이다.

① $p(4)$   ② $p(5)$   ③ $p(7)$
④ $p(8)$   ⑤ $p(13)$

**1093** 상**중**하

모든 자연수 $n$에 대하여 명제 $p(n)$이 참이면 명제 $p(n+2)$가 참일 때, **보기**에서 항상 옳은 것만을 있는 대로 고른 것은?
(단, $k$는 자연수이다.)

보기
ㄱ. $p(1)$이 참이면 $p(2k+1)$이 참이다.
ㄴ. $p(2)$가 참이면 $p(2k+3)$이 참이다.
ㄷ. $p(1)$, $p(2)$가 참이면 $p(k)$가 참이다.

① ㄱ   ② ㄷ   ③ ㄱ, ㄴ
④ ㄱ, ㄷ   ⑤ ㄱ, ㄴ, ㄷ

### 유형 09 수학적 귀납법을 이용한 등식의 증명

모든 자연수 $n$에 대하여 등식이 성립함을 증명할 때에는 다음과 같은 순서로 한다.
(i) $n=1$일 때, 등식이 성립함을 보인다.
(ii) $n=k$일 때, 등식이 성립한다고 가정하면 $n=k+1$일 때에도 등식이 성립함을 보인다.

**1094** 대표문제

다음은 모든 자연수 $n$에 대하여
$$1+2+2^2+\cdots+2^{n-1}=2^n-1 \quad \cdots\cdots ㉠$$
이 성립함을 수학적 귀납법으로 증명하는 과정이다.

증명

(i) $n=1$일 때
  (좌변)$=2^{1-1}=1$, (우변)$=2^1-1=1$
  따라서 ㉠이 성립한다.
(ii) $n=$ ㉮ 일 때, ㉠이 성립한다고 가정하면
  $$1+2+2^2+\cdots+2^{k-1}=2^k-1$$
  양변에 ㉯ 을 더하면
  $$1+2+2^2+\cdots+2^{k-1}+㉯$$
  $$=2^k-1+㉯$$
  $$=㉰$$
  따라서 $n=$ ㉱ 일 때에도 ㉠이 성립한다.
(i), (ii)에서 모든 자연수 $n$에 대하여 ㉠이 성립한다.

위의 과정에서 ㉮ ~ ㉱에 알맞은 것은?

| | ㉮ | ㉯ | ㉰ | ㉱ |
|---|---|---|---|---|
| ① | $k$ | $2^k$ | $2^k-1$ | $k$ |
| ② | $k$ | $2^k$ | $2^{k+1}-1$ | $k+1$ |
| ③ | $k$ | $2^{k+1}$ | $2^{k+1}+1$ | $k+1$ |
| ④ | $k+1$ | $2^k$ | $2^k-1$ | $k$ |
| ⑤ | $k+1$ | $2^{k+1}$ | $2^{k+1}-1$ | $k+1$ |

**1095** 상중하

다음은 모든 자연수 $n$에 대하여
$$1+3+5+\cdots+(2n-1)=n^2 \quad \cdots\cdots ㉠$$
이 성립함을 수학적 귀납법으로 증명하는 과정이다.

증명

(i) $n=1$일 때
  (좌변)$=2\times1-1=1$, (우변)$=1^2=1$
  따라서 ㉠이 성립한다.
(ii) $n=k$일 때, ㉠이 성립한다고 가정하면
  $$1+3+5+\cdots+(2k-1)=k^2$$
  양변에 ㉮ 을 더하면
  $$1+3+5+\cdots+(2k-1)+㉮$$
  $$=k^2+㉮=㉯$$
  따라서 $n=k+1$일 때에도 ㉠이 성립한다.
(i), (ii)에서 모든 자연수 $n$에 대하여 ㉠이 성립한다.

위의 과정에서 ㉮, ㉯에 알맞은 식을 각각 $f(k)$, $g(k)$라 할 때, $f(3)+g(2)$의 값을 구하시오.

**1096** 상중하

다음은 모든 자연수 $n$에 대하여
$$1^3+2^3+3^3+\cdots+n^3$$
$$=(1+2+3+\cdots+n)^2 \quad \cdots\cdots ㉠$$
이 성립함을 수학적 귀납법으로 증명하는 과정이다.

증명

(i) $n=1$일 때
  (좌변)$=1^3=1$, (우변)$=1^2=1$
  따라서 ㉠이 성립한다.
(ii) $n=k$일 때, ㉠이 성립한다고 가정하면
  $$1^3+2^3+3^3+\cdots+k^3=(1+2+3+\cdots+k)^2$$
  양변에 ㉮ 을 더하면
  $$1^3+2^3+3^3+\cdots+k^3+㉮$$
  $$=(1+2+3+\cdots+k)^2+㉮$$
  $$=\left\{\frac{k(k+1)}{2}\right\}^2+㉮=㉯$$
  따라서 $n=k+1$일 때에도 ㉠이 성립한다.
(i), (ii)에서 모든 자연수 $n$에 대하여 ㉠이 성립한다.

위의 과정에서 ㉮, ㉯에 알맞은 식을 각각 $f(k)$, $g(k)$라 할 때, $\dfrac{g(10)}{f(5)}$의 값을 구하시오.

**1097** 상중하 ◀서술형

모든 자연수 $n$에 대하여

$$\frac{4}{3}+\frac{8}{3^2}+\frac{12}{3^3}+\cdots+\frac{4n}{3^n}=3-\frac{2n+3}{3^n}$$

이 성립함을 수학적 귀납법으로 증명하시오.

**1098** 상중하

다음은 수열 $\{a_n\}$이

$$a_1=1,\ a_{n+1}=\frac{4-a_n}{3-a_n}\ (n=1,\ 2,\ 3,\ \cdots)$$

으로 정의될 때, 모든 자연수 $n$에 대하여

$$a_n=\frac{2n-1}{n} \qquad\qquad \cdots\cdots\ \text{㉠}$$

이 성립함을 수학적 귀납법으로 증명하는 과정이다.

> **증명**
>
> ( i ) $n=1$일 때
>
> $$a_1=\frac{2\times1-1}{1}=1$$
>
> 이므로 ㉠이 성립한다.
>
> (ii) $n=k$일 때, ㉠이 성립한다고 가정하면
>
> $$a_k=\boxed{\text{㉮}}$$
>
> 이므로
>
> $$a_{k+1}=\frac{4-a_k}{3-a_k}=\boxed{\text{㉯}}$$
>
> 따라서 $n=k+1$일 때에도 ㉠이 성립한다.
>
> ( i ), (ii)에서 모든 자연수 $n$에 대하여 ㉠이 성립한다.

위의 과정에서 ㉮, ㉯에 알맞은 식을 각각 $f(k)$, $g(k)$라 할 때, $f(3)g(4)$의 값은?

① 2       ② 3       ③ 4

④ 5       ⑤ 6

---

▶ 개념원리 대수 **295쪽**

**유형 10** **수학적 귀납법을 이용한 부등식의 증명**

$n \geq m$ ($m$은 2 이상의 자연수)인 모든 자연수 $n$에 대하여 부등식이 성립함을 증명할 때에는 다음과 같은 순서로 한다.

( i ) $n=m$일 때, 부등식이 성립함을 보인다.

(ii) $n=k$ ($k \geq m$)일 때, 부등식이 성립한다고 가정하면 $n=k+1$일 때에도 부등식이 성립함을 보인다.

**1099** 대표문제

다음은 $n \geq 4$인 모든 자연수 $n$에 대하여

$$1\times2\times3\times\cdots\times n>2^n \qquad\qquad \cdots\cdots\ \text{㉠}$$

이 성립함을 수학적 귀납법으로 증명하는 과정이다.

> **증명**
>
> ( i ) $n=4$일 때
>
> $$(\text{좌변})=1\times2\times3\times4=24,\ (\text{우변})=2^4=16$$
>
> 따라서 ㉠이 성립한다.
>
> (ii) $n=k$ ($k \geq 4$)일 때, ㉠이 성립한다고 가정하면
>
> $$1\times2\times3\times\cdots\times k>2^k$$
>
> 양변에 $\boxed{\text{㉮}}$ 을 곱하면
>
> $$1\times2\times3\times\cdots\times k\times(\boxed{\text{㉮}})$$
> $$>2^k\times(\boxed{\text{㉮}}) \qquad\qquad \cdots\cdots\ \text{㉡}$$
>
> 이때 $k+1>2$이므로
>
> $$2^k\times(\boxed{\text{㉮}})>\boxed{\text{㉯}} \qquad\qquad \cdots\cdots\ \text{㉢}$$
>
> ㉡, ㉢에서
>
> $$1\times2\times3\times\cdots\times k\times(\boxed{\text{㉮}})>\boxed{\text{㉯}}$$
>
> 따라서 $n=k+1$일 때에도 ㉠이 성립한다.
>
> ( i ), (ii)에서 $n \geq 4$인 모든 자연수 $n$에 대하여 ㉠이 성립한다.

위의 과정에서 ㉮, ㉯에 알맞은 식을 각각 $f(k)$, $g(k)$라 할 때, $\dfrac{g(5)}{f(3)}$의 값은?

① 8       ② 10       ③ 12

④ 14       ⑤ 16

## 1100 상중하

다음은 모든 자연수 $n$에 대하여

$$\frac{1}{n+1}+\frac{1}{n+2}+\frac{1}{n+3}+\cdots+\frac{1}{3n+1}>1 \quad \cdots ㉠$$

이 성립함을 수학적 귀납법으로 증명하는 과정이다.

**증명**

( i ) $n=1$일 때

$$(좌변)=\frac{1}{2}+\frac{1}{3}+\frac{1}{4}=\frac{13}{12}$$

따라서 ㉠이 성립한다.

(ii) $n=k$일 때, ㉠이 성립한다고 가정하면

$$\frac{1}{k+1}+\frac{1}{k+2}+\frac{1}{k+3}+\cdots+\frac{1}{3k+1}>1$$

양변에 $\dfrac{1}{3k+2}+\dfrac{1}{3k+3}+\dfrac{1}{3k+4}-\boxed{(가)}$ 을 더하면

$$\frac{1}{k+2}+\frac{1}{k+3}+\frac{1}{k+4}+\cdots+\frac{1}{3k+4}$$

$$>1+\frac{1}{3k+2}+\frac{1}{3k+3}+\frac{1}{3k+4}-\boxed{(가)} \quad \cdots ㉡$$

이때 $(3k+2)(3k+4)<(3k+3)^2$이므로

$$\frac{1}{3k+2}+\frac{1}{3k+4}>\boxed{(나)}$$

$$\therefore 1+\frac{1}{3k+2}+\frac{1}{3k+3}+\frac{1}{3k+4}-\boxed{(가)}$$

$$>1+\frac{1}{3k+3}+\boxed{(나)}-\boxed{(가)}$$

$$=1 \quad \cdots ㉢$$

㉡, ㉢에서

$$\frac{1}{k+2}+\frac{1}{k+3}+\frac{1}{k+4}+\cdots+\frac{1}{3k+4}>1$$

따라서 $n=k+1$일 때에도 ㉠이 성립한다.

( i ), (ii)에서 모든 자연수 $n$에 대하여 ㉠이 성립한다.

위의 과정에서 (가), (나)에 알맞은 식을 각각 $f(k)$, $g(k)$라 할 때, $f(8)+g(2)$의 값을 구하시오.

---

▶ 개념원리 대수 **288**쪽

**유형 11** **수열의 귀납적 정의의 활용**

주어진 조건을 파악하여 $a_n$과 $a_{n+1}$ 사이의 관계식을 구한다.

## 1101 대표문제

평면 위에 어느 두 직선도 평행하지 않고 어느 세 직선도 한 점에서 만나지 않도록 $n$개의 직선을 그을 때, 이 직선들의 교점의 개수를 $a_n$이라 하자. 예를 들어 오른쪽 그림에서 $a_3=3$이다. 이때 $a_{20}$의 값을 구하시오.

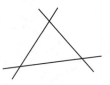

## 1102 상중하

현민이가 마라톤 대회에 참가하기 위하여 다음과 같은 훈련 계획을 세웠다.

> 첫날은 $9 \, \mathrm{km}$를 뛰고, 다음날부터는 전날 뛴 거리의 $\dfrac{4}{3}$ 배보다 $2 \, \mathrm{km}$ 적은 거리를 뛴다.

훈련을 시작하여 $n$일째 되는 날 뛴 거리를 $a_n \, \mathrm{km}$라 할 때, $a_n$과 $a_{n+1}$ 사이의 관계식을 구하시오.

## 1103 상중하

두 그릇 A, B에 각각 1 L, 2 L의 물이 들어 있다. 그릇 A에서 50 %의 물을 퍼내어 그릇 B에 붓고, 다시 그릇 B에서 50 %의 물을 퍼내어 그릇 A에 붓는 것을 1회 시행이라 하자. 이러한 시행을 $n$회 반복한 후 그릇 A에 들어 있는 물의 양을 $a_n$ L라 할 때,

$$a_{n+1}=pa_n+q \ (n=1, 2, 3, \cdots)$$

가 성립한다. 상수 $p$, $q$에 대하여 $p+q$의 값을 구하시오.

### 1104 중요★

수열 $\{a_n\}$이

$$a_1=4,\ a_2=7,\ a_n-2a_{n+1}+a_{n+2}=0\ (n=1,\ 2,\ 3,\ \cdots)$$

으로 정의될 때, $\sum_{k=1}^{10} a_k$의 값을 구하시오.

### 1105

수열 $\{a_n\}$이 $a_1=1$, $\dfrac{1}{a_{n+1}}-\dfrac{1}{a_n}=\dfrac{1}{3}$ $(n=1,\ 2,\ 3,\ \cdots)$로

정의될 때, $a_{13}$의 값은?

① $\dfrac{1}{6}$      ② $\dfrac{1}{5}$      ③ $\dfrac{1}{4}$

④ $\dfrac{1}{3}$      ⑤ $\dfrac{1}{2}$

### 1106 중요★

수열 $\{a_n\}$이

$$a_1=3,\ a_2=9,\ \frac{a_{n+2}}{a_{n+1}}=\frac{a_{n+1}}{a_n}\ (n=1,\ 2,\ 3,\ \cdots)$$

로 정의될 때, $a_k=9^{10}$을 만족시키는 자연수 $k$의 값을 구하시오.

### 1107

첫째항이 4이고 모든 항이 양수인 수열 $\{a_n\}$이 있다. $x$에 대한 이차방정식 $a_n x^2-a_{n+1}x+a_n=0$이 모든 자연수 $n$에 대하여 중근을 가질 때, $\sum_{k=1}^{6} a_k$의 값을 구하시오.

### 1108

수열 $\{a_n\}$이 $a_1=1$, $a_{n+1}=a_n+n+1$ $(n=1,\ 2,\ 3,\ \cdots)$로 정의될 때, $\sum_{k=1}^{15} \dfrac{1}{a_k}$의 값을 구하시오.

### 1109

수열 $\{a_n\}$이

$$a_1=4,\ a_{n+1}=a_n+2^{n-1}\ (n=1,\ 2,\ 3,\ \cdots)$$

으로 정의될 때, $a_k=1027$을 만족시키는 자연수 $k$의 값을 구하시오.

### 1110

수열 $\{a_n\}$이 $a_1=1$, $a_{n+1}=3^n a_n$ $(n=1,\ 2,\ 3,\ \cdots)$으로 정의될 때, $\log_9 a_{12}$의 값을 구하시오.

### 1111

수열 $\{a_n\}$이 첫째항이 $a$이고

$$\frac{a_{n+1}}{a_n}=1-\frac{1}{(n+1)^2}\ (n=1,\ 2,\ 3,\ \cdots)$$

을 만족시킨다. $a_{10}=11$일 때, $a$의 값을 구하시오.

**1112** 중요★

수열 $\{a_n\}$이

$$a_1 = 1, \ a_{n+1} = \frac{a_n}{4a_n + 1} \ (n = 1, 2, 3, \cdots)$$

으로 정의될 때, $a_k = \dfrac{1}{41}$을 만족시키는 자연수 $k$의 값을 구하시오.

**1113** 교육청 기출

첫째항이 20인 수열 $\{a_n\}$이 모든 자연수 $n$에 대하여

$$a_{n+1} = |a_n| - 2$$

를 만족시킬 때, $\displaystyle\sum_{n=1}^{30} a_n$의 값은?

① 88      ② 90      ③ 92
④ 94      ⑤ 96

**1114**

자연수 $n$에 대한 명제 $p(n)$이 아래 조건을 만족시킬 때, 다음 중 반드시 참이라고 할 수 없는 명제는?

> ㈎ $p(1)$이 참이다.
> ㈏ 자연수 $k$에 대하여 $p(k)$ 또는 $p(k+1)$이 참이면 $p(k+3)$이 참이다.

① $p(5)$      ② $p(6)$      ③ $p(7)$
④ $p(8)$      ⑤ $p(9)$

**1115**

다음은 모든 자연수 $n$에 대하여 $n^3 + 2n$이 3의 배수임을 수학적 귀납법으로 증명하는 과정이다.

> **증명**
>
> (i) $n = 1$일 때, $1^3 + 2 \times 1 = 3$이므로 3의 배수이다.
> (ii) $n = k$일 때, $n^3 + 2n$이 3의 배수라 가정하면
> $$k^3 + 2k = 3m \ (m은 자연수)$$
> 으로 놓을 수 있다. 이때 $n = k+1$이면
> $$(k+1)^3 + 2(k+1)$$
> $$= k^3 + 2k + 3(\boxed{㉮})$$
> $$= \boxed{㉯} + 3(\boxed{㉮})$$
> 이므로 $n = k+1$일 때에도 $n^3 + 2n$이 3의 배수이다.
> (i), (ii)에서 모든 자연수 $n$에 대하여 $n^3 + 2n$은 3의 배수이다.

위의 과정에서 ㉮, ㉯에 알맞은 식을 각각 $f(k)$, $g(m)$이라 할 때, $\dfrac{g(14)}{f(4)}$의 값을 구하시오.

**1116** 중요★

다음은 모든 자연수 $n$에 대하여

$$\frac{1}{2} + \frac{2}{4} + \frac{3}{8} + \cdots + \frac{n}{2^n} = 2 - \frac{n+2}{2^n} \quad \cdots\cdots \ \bigcirc$$

가 성립함을 수학적 귀납법으로 증명하는 과정이다.

> **증명**
>
> (i) $n = 1$일 때, (좌변) = (우변) = $\boxed{㉮}$이므로 $\bigcirc$이 성립한다.
> (ii) $n = k$일 때, $\bigcirc$이 성립한다고 가정하면
> $$\frac{1}{2} + \frac{2}{4} + \frac{3}{8} + \cdots + \frac{k}{2^k} = 2 - \frac{k+2}{2^k}$$
> 양변에 $\boxed{㉯}$을 더하면
> $$\frac{1}{2} + \frac{2}{4} + \frac{3}{8} + \cdots + \frac{k}{2^k} + \boxed{㉯}$$
> $$= 2 - \frac{k+2}{2^k} + \boxed{㉯} = 2 - \frac{k+3}{2^{k+1}}$$
> 따라서 $n = k+1$일 때에도 $\bigcirc$이 성립한다.
> (i), (ii)에서 모든 자연수 $n$에 대하여 $\bigcirc$이 성립한다.

위의 과정에서 ㉮에 알맞은 수를 $a$, ㉯에 알맞은 식을 $f(k)$라 할 때, $f(6a)$의 값을 구하시오.

## 1117

다음은 $n \geq 2$인 모든 자연수 $n$에 대하여

$$1 + \frac{1}{\sqrt{2}} + \frac{1}{\sqrt{3}} + \cdots + \frac{1}{\sqrt{n}} > 2 - \frac{1}{\sqrt{n}} \quad \cdots\cdots \text{㉠}$$

이 성립함을 수학적 귀납법으로 증명하는 과정이다.

**증명**

(i) $n = 2$일 때

$$(\text{좌변}) = 1 + \frac{1}{\sqrt{2}}, \ (\text{우변}) = 2 - \frac{1}{\sqrt{2}}$$

이때 $1 + \frac{1}{\sqrt{2}} > 2 - \frac{1}{\sqrt{2}}$이므로 ㉠이 성립한다.

(ii) $n = k \ (k \geq 2)$일 때, ㉠이 성립한다고 가정하면

$$1 + \frac{1}{\sqrt{2}} + \frac{1}{\sqrt{3}} + \cdots + \frac{1}{\sqrt{k}} > 2 - \frac{1}{\sqrt{k}}$$

양변에 $\frac{1}{\sqrt{k+1}}$을 더하면

$$1 + \frac{1}{\sqrt{2}} + \frac{1}{\sqrt{3}} + \cdots + \frac{1}{\sqrt{k}} + \frac{1}{\sqrt{k+1}}$$

$$> 2 - \frac{1}{\sqrt{k}} + \frac{1}{\sqrt{k+1}} \quad \cdots\cdots \text{㉡}$$

이때

$$\left( 2 - \frac{1}{\sqrt{k}} + \frac{1}{\sqrt{k+1}} \right) - \left( \boxed{\text{(가)}} \right)$$

$$= \frac{2}{\sqrt{k+1}} - \frac{1}{\sqrt{k}}$$

$$= \frac{\boxed{\text{(나)}}}{\sqrt{k^2 + k}} > 0$$

이므로

$$2 - \frac{1}{\sqrt{k}} + \frac{1}{\sqrt{k+1}} > \boxed{\text{(가)}} \quad \cdots\cdots \text{㉢}$$

㉡, ㉢에서

$$1 + \frac{1}{\sqrt{2}} + \frac{1}{\sqrt{3}} + \cdots + \frac{1}{\sqrt{k+1}} > \boxed{\text{(가)}}$$

따라서 $n = k+1$일 때에도 ㉠이 성립한다.

(i), (ii)에서 $n \geq 2$인 모든 자연수 $n$에 대하여 ㉠이 성립한다.

위의 과정에서 (가), (나)에 알맞은 것은?

| | (가) | (나) |
|---|---|---|
| ① | $2 - \dfrac{1}{\sqrt{k}}$ | $\sqrt{k+1} - 2\sqrt{k}$ |
| ② | $2 - \dfrac{1}{\sqrt{k}}$ | $2\sqrt{k} - \sqrt{k+1}$ |
| ③ | $2 - \dfrac{1}{\sqrt{k+1}}$ | $\sqrt{k+1} - 2\sqrt{k}$ |
| ④ | $2 - \dfrac{1}{\sqrt{k+1}}$ | $2\sqrt{k} - \sqrt{k+1}$ |
| ⑤ | $2 - \dfrac{1}{\sqrt{k+1}}$ | $2\sqrt{k+1} - \sqrt{k}$ |

## 1118

똑같은 성냥개비를 이용하여 다음 그림과 같은 도형을 만들 때, [$n$단계]의 도형을 만드는 데 필요한 성냥개비의 개수를 $a_n$이라 하자. 이때 $a_n$과 $a_{n+1}$ 사이의 관계식을 구하시오.

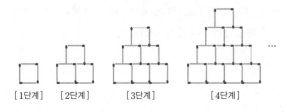

[1단계]  [2단계]  [3단계]  [4단계]

## 1119

수직선 위의 점 $P_n$ ($n = 1, 2, 3, \cdots$)을 다음 규칙에 따라 정한다.

(가) $P_1(0)$이고 $\overline{P_1 P_2} = 1$이다.

(나) $\overline{P_n P_{n+1}} = \dfrac{n-1}{n+1} \overline{P_{n-1} P_n}$ ($n = 2, 3, 4, \cdots$)

선분 $P_n P_{n+1}$을 밑변으로 하고 높이가 1인 직각삼각형의 넓이를 $S_n$이라 하자. $\displaystyle\sum_{n=1}^{10} S_n = \dfrac{q}{p}$일 때, $p + q$의 값을 구하시오.

(단, $p$, $q$는 서로소인 자연수이다.)

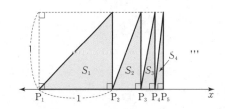

# 시험에 꼭 나오는 문제

 서술형 **주관식**

### 1120

수열 $\{a_n\}$이 $a_1=-100$, $a_{n+1}=a_n+3$ $(n=1, 2, 3, \cdots)$으로 정의된다. 수열 $\{a_n\}$의 첫째항부터 제$n$항까지의 합을 $S_n$이라 할 때, $S_n$의 최솟값을 구하시오.

### 1121

수열 $\{a_n\}$이 $a_1=3$, $a_{n+1}=-2a_n$ $(n=1, 2, 3, \cdots)$으로 정의될 때, $a_n>300$을 만족시키는 자연수 $n$의 최솟값을 구하시오.

### 1122

수열 $\{a_n\}$의 첫째항부터 제$n$항까지의 합을 $S_n$이라 하면
$$a_1=1, \ S_n=n^2a_n \ (n=1, 2, 3, \cdots)$$
이 성립한다. 이때 $a_{10}$의 값을 구하시오.

### 1123

모든 자연수 $n$에 대하여
$$3+7+11+ \cdots +(4n-1)=2n^2+n$$
이 성립함을 수학적 귀납법으로 증명하시오.

## 실력Up

### 1124

수열 $\{a_n\}$이 다음 조건을 만족시킬 때, $\sum\limits_{k=1}^{48} a_k$의 값은?

> (가) $a_1=2$
> (나) $a_{k+1}=a_k+3$ $(k=1, 2, 3)$
> (다) $a_{k+4}=3a_k$ $(k=1, 2, 3, \cdots)$

① $10(3^{12}-1)$   ② $10(3^{16}-1)$   ③ $13(3^{12}-1)$
④ $13(3^{16}-1)$   ⑤ $16(3^{12}-1)$

### 1125 교육청 기출

수열 $\{a_n\}$이 모든 자연수 $n$에 대하여
$$a_{n+1}=\begin{cases} a_n & (a_n>n) \\ 3n-2-a_n & (a_n \leq n) \end{cases}$$
을 만족시킬 때, $a_5=5$가 되도록 하는 모든 $a_1$의 값의 곱은?

① 20   ② 30   ③ 40
④ 50   ⑤ 60

### 1126

수직선 위의 점 $P_{n+2}$ $(n=1, 2, 3, \cdots)$는 두 점 $P_n$과 $P_{n+1}$을 연결하는 선분 $P_nP_{n+1}$을 $2:3$으로 내분하는 점이다. $P_1(0)$, $P_2(8)$일 때, 점 $P_5$의 좌표를 구하시오.

# 상용로그표 (1)

| 수 | 0 | 1 | 2 | 3 | 4 | 5 | 6 | 7 | 8 | 9 |
|---|---|---|---|---|---|---|---|---|---|---|
| 1.0 | .0000 | .0043 | .0086 | .0128 | .0170 | .0212 | .0253 | .0294 | .0334 | .0374 |
| 1.1 | .0414 | .0453 | .0492 | .0531 | .0569 | .0607 | .0645 | .0682 | .0719 | .0755 |
| 1.2 | .0792 | .0828 | .0864 | .0899 | .0934 | .0969 | .1004 | .1038 | .1072 | .1106 |
| 1.3 | .1139 | .1173 | .1206 | .1239 | .1271 | .1303 | .1335 | .1367 | .1399 | .1430 |
| 1.4 | .1461 | .1492 | .1523 | .1553 | .1584 | .1614 | .1644 | .1673 | .1703 | .1732 |
| 1.5 | .1761 | .1790 | .1818 | .1847 | .1875 | .1903 | .1931 | .1959 | .1987 | .2014 |
| 1.6 | .2041 | .2068 | .2095 | .2122 | .2148 | .2175 | .2201 | .2227 | .2253 | .2279 |
| 1.7 | .2304 | .2330 | .2355 | .2380 | .2405 | .2430 | .2455 | .2480 | .2504 | .2529 |
| 1.8 | .2553 | .2577 | .2601 | .2625 | .2648 | .2672 | .2695 | .2718 | .2742 | .2765 |
| 1.9 | .2788 | .2810 | .2833 | .2856 | .2878 | .2900 | .2923 | .2945 | .2967 | .2989 |
| 2.0 | .3010 | .3032 | .3054 | .3075 | .3096 | .3118 | .3139 | .3160 | .3181 | .3201 |
| 2.1 | .3222 | .3243 | .3263 | .3284 | .3304 | .3324 | .3345 | .3365 | .3385 | .3404 |
| 2.2 | .3424 | .3444 | .3464 | .3483 | .3502 | .3522 | .3541 | .3560 | .3579 | .3598 |
| 2.3 | .3617 | .3636 | .3655 | .3674 | .3692 | .3711 | .3729 | .3747 | .3766 | .3784 |
| 2.4 | .3802 | .3820 | .3838 | .3856 | .3874 | .3892 | .3909 | .3927 | .3945 | .3962 |
| 2.5 | .3979 | .3997 | .4014 | .4031 | .4048 | .4065 | .4082 | .4099 | .4116 | .4133 |
| 2.6 | .4150 | .4166 | .4183 | .4200 | .4216 | .4232 | .4249 | .4265 | .4281 | .4298 |
| 2.7 | .4314 | .4330 | .4346 | .4362 | .4378 | .4393 | .4409 | .4425 | .4440 | .4456 |
| 2.8 | .4472 | .4487 | .4502 | .4518 | .4533 | .4548 | .4564 | .4579 | .4594 | .4609 |
| 2.9 | .4624 | .4639 | .4654 | .4669 | .4683 | .4698 | .4713 | .4728 | .4742 | .4757 |
| 3.0 | .4771 | .4786 | .4800 | .4814 | .4829 | .4843 | .4857 | .4871 | .4886 | .4900 |
| 3.1 | .4914 | .4928 | .4942 | .4955 | .4969 | .4983 | .4997 | .5011 | .5024 | .5038 |
| 3.2 | .5051 | .5065 | .5079 | .5092 | .5105 | .5119 | .5132 | .5145 | .5159 | .5172 |
| 3.3 | .5185 | .5198 | .5211 | .5224 | .5237 | .5250 | .5263 | .5276 | .5289 | .5302 |
| 3.4 | .5315 | .5328 | .5340 | .5353 | .5366 | .5378 | .5391 | .5403 | .5416 | .5428 |
| 3.5 | .5441 | .5453 | .5465 | .5478 | .5490 | .5502 | .5514 | .5527 | .5539 | .5551 |
| 3.6 | .5563 | .5575 | .5587 | .5599 | .5611 | .5623 | .5635 | .5647 | .5658 | .5670 |
| 3.7 | .5682 | .5694 | .5705 | .5717 | .5729 | .5740 | .5752 | .5763 | .5775 | .5786 |
| 3.8 | .5798 | .5809 | .5821 | .5832 | .5843 | .5855 | .5866 | .5877 | .5888 | .5899 |
| 3.9 | .5911 | .5922 | .5933 | .5944 | .5955 | .5966 | .5977 | .5988 | .5999 | .6010 |
| 4.0 | .6021 | .6031 | .6042 | .6053 | .6064 | .6075 | .6085 | .6096 | .6107 | .6117 |
| 4.1 | .6128 | .6138 | .6149 | .6160 | .6170 | .6180 | .6191 | .6201 | .6212 | .6222 |
| 4.2 | .6232 | .6243 | .6253 | .6263 | .6274 | .6284 | .6294 | .6304 | .6314 | .6325 |
| 4.3 | .6335 | .6345 | .6355 | .6365 | .6375 | .6385 | .6395 | .6405 | .6415 | .6425 |
| 4.4 | .6435 | .6444 | .6454 | .6464 | .6474 | .6484 | .6493 | .6503 | .6513 | .6522 |
| 4.5 | .6532 | .6542 | .6551 | .6561 | .6571 | .6580 | .6590 | .6599 | .6609 | .6618 |
| 4.6 | .6628 | .6637 | .6646 | .6656 | .6665 | .6675 | .6684 | .6693 | .6702 | .6712 |
| 4.7 | .6721 | .6730 | .6739 | .6749 | .6758 | .6767 | .6776 | .6785 | .6794 | .6803 |
| 4.8 | .6812 | .6821 | .6830 | .6839 | .6848 | .6857 | .6866 | .6875 | .6884 | .6893 |
| 4.9 | .6902 | .6911 | .6920 | .6928 | .6937 | .6946 | .6955 | .6964 | .6972 | .6981 |
| 5.0 | .6990 | .6998 | .7007 | .7016 | .7024 | .7033 | .7042 | .7050 | .7059 | .7067 |
| 5.1 | .7076 | .7084 | .7093 | .7101 | .7110 | .7118 | .7126 | .7135 | .7143 | .7152 |
| 5.2 | .7160 | .7168 | .7177 | .7185 | .7193 | .7202 | .7210 | .7218 | .7226 | .7235 |
| 5.3 | .7243 | .7251 | .7259 | .7267 | .7275 | .7284 | .7292 | .7300 | .7308 | .7316 |
| 5.4 | .7324 | .7332 | .7340 | .7348 | .7356 | .7364 | .7372 | .7380 | .7388 | .7396 |

# 상용로그표 (2)

| 수 | 0 | 1 | 2 | 3 | 4 | 5 | 6 | 7 | 8 | 9 |
|---|---|---|---|---|---|---|---|---|---|---|
| 5.5 | .7404 | .7412 | .7419 | .7427 | .7435 | .7443 | .7451 | .7459 | .7466 | .7474 |
| 5.6 | .7482 | .7490 | .7497 | .7505 | .7513 | .7520 | .7528 | .7536 | .7543 | .7551 |
| 5.7 | .7559 | .7566 | .7574 | .7582 | .7589 | .7597 | .7604 | .7612 | .7619 | .7627 |
| 5.8 | .7634 | .7642 | .7649 | .7657 | .7664 | .7672 | .7679 | .7686 | .7694 | .7701 |
| 5.9 | .7709 | .7716 | .7723 | .7731 | .7738 | .7745 | .7752 | .7760 | .7767 | .7774 |
| 6.0 | .7782 | .7789 | .7796 | .7803 | .7810 | .7818 | .7825 | .7832 | .7839 | .7846 |
| 6.1 | .7853 | .7860 | .7868 | .7875 | .7882 | .7889 | .7896 | .7903 | .7910 | .7917 |
| 6.2 | .7924 | .7931 | .7938 | .7945 | .7952 | .7959 | .7966 | .7973 | .7980 | .7987 |
| 6.3 | .7993 | .8000 | .8007 | .8014 | .8021 | .8028 | .8035 | .8041 | .8048 | .8055 |
| 6.4 | .8062 | .8069 | .8075 | .8082 | .8089 | .8096 | .8102 | .8109 | .8116 | .8122 |
| 6.5 | .8129 | .8136 | .8142 | .8149 | .8156 | .8162 | .8169 | .8176 | .8182 | .8189 |
| 6.6 | .8195 | .8202 | .8209 | .8215 | .8222 | .8228 | .8235 | .8241 | .8248 | .8254 |
| 6.7 | .8261 | .8267 | .8274 | .8280 | .8287 | .8293 | .8299 | .8306 | .8312 | .8319 |
| 6.8 | .8325 | .8331 | .8338 | .8344 | .8351 | .8357 | .8363 | .8370 | .8376 | .8382 |
| 6.9 | .8388 | .8395 | .8401 | .8407 | .8414 | .8420 | .8426 | .8432 | .8439 | .8445 |
| 7.0 | .8451 | .8457 | .8463 | .8470 | .8476 | .8482 | .8488 | .8494 | .8500 | .8506 |
| 7.1 | .8513 | .8519 | .8525 | .8531 | .8537 | .8543 | .8549 | .8555 | .8561 | .8567 |
| 7.2 | .8573 | .8579 | .8585 | .8591 | .8597 | .8603 | .8609 | .8615 | .8621 | .8627 |
| 7.3 | .8633 | .8639 | .8645 | .8651 | .8657 | .8663 | .8669 | .8675 | .8681 | .8686 |
| 7.4 | .8692 | .8698 | .8704 | .8710 | .8716 | .8722 | .8727 | .8733 | .8739 | .8745 |
| 7.5 | .8751 | .8756 | .8762 | .8768 | .8774 | .8779 | .8785 | .8791 | .8797 | .8802 |
| 7.6 | .8808 | .8814 | .8820 | .8825 | .8831 | .8837 | .8842 | .8848 | .8854 | .8859 |
| 7.7 | .8865 | .8871 | .8876 | .8882 | .8887 | .8893 | .8899 | .8904 | .8910 | .8915 |
| 7.8 | .8921 | .8927 | .8932 | .8938 | .8943 | .8949 | .8954 | .8960 | .8965 | .8971 |
| 7.9 | .8976 | .8982 | .8987 | .8993 | .8998 | .9004 | .9009 | .9015 | .9020 | .9025 |
| 8.0 | .9031 | .9036 | .9042 | .9047 | .9053 | .9058 | .9063 | .9069 | .9074 | .9079 |
| 8.1 | .9085 | .9090 | .9096 | .9101 | .9106 | .9112 | .9117 | .9122 | .9128 | .9133 |
| 8.2 | .9138 | .9143 | .9149 | .9154 | .9159 | .9165 | .9170 | .9175 | .9180 | .9186 |
| 8.3 | .9191 | .9196 | .9201 | .9206 | .9212 | .9217 | .9222 | .9227 | .9232 | .9238 |
| 8.4 | .9243 | .9248 | .9253 | .9258 | .9263 | .9269 | .9274 | .9279 | .9284 | .9289 |
| 8.5 | .9294 | .9299 | .9304 | .9309 | .9315 | .9320 | .9325 | .9330 | .9335 | .9340 |
| 8.6 | .9345 | .9350 | .9355 | .9360 | .9365 | .9370 | .9375 | .9380 | .9385 | .9390 |
| 8.7 | .9395 | .9400 | .9405 | .9410 | .9415 | .9420 | .9425 | .9430 | .9435 | .9440 |
| 8.8 | .9445 | .9450 | .9455 | .9460 | .9465 | .9469 | .9474 | .9479 | .9484 | .9489 |
| 8.9 | .9494 | .9499 | .9504 | .9509 | .9513 | .9518 | .9523 | .9528 | .9533 | .9538 |
| 9.0 | .9542 | .9547 | .9552 | .9557 | .9562 | .9566 | .9571 | .9576 | .9581 | .9586 |
| 9.1 | .9590 | .9595 | .9600 | .9605 | .9609 | .9614 | .9619 | .9624 | .9628 | .9633 |
| 9.2 | .9638 | .9643 | .9647 | .9652 | .9657 | .9661 | .9666 | .9671 | .9675 | .9680 |
| 9.3 | .9685 | .9689 | .9694 | .9699 | .9703 | .9708 | .9713 | .9717 | .9722 | .9727 |
| 9.4 | .9731 | .9736 | .9741 | .9745 | .9750 | .9754 | .9759 | .9763 | .9768 | .9773 |
| 9.5 | .9777 | .9782 | .9786 | .9791 | .9795 | .9800 | .9805 | .9809 | .9814 | .9818 |
| 9.6 | .9823 | .9827 | .9832 | .9836 | .9841 | .9845 | .9850 | .9854 | .9859 | .9863 |
| 9.7 | .9868 | .9872 | .9877 | .9881 | .9886 | .9890 | .9894 | .9899 | .9903 | .9908 |
| 9.8 | .9912 | .9917 | .9921 | .9926 | .9930 | .9934 | .9939 | .9943 | .9948 | .9952 |
| 9.9 | .9956 | .9961 | .9965 | .9969 | .9974 | .9978 | .9983 | .9987 | .9991 | .9996 |

# 삼각함수표

| 각 | 라디안 | sin | cos | tan | 각 | 라디안 | sin | cos | tan |
|---|---|---|---|---|---|---|---|---|---|
| 0° | 0.0000 | 0.0000 | 1.0000 | 0.0000 | 45° | 0.7854 | 0.7071 | 0.7071 | 1.0000 |
| 1° | 0.0175 | 0.0175 | 0.9998 | 0.0175 | 46° | 0.8029 | 0.7193 | 0.6947 | 1.0355 |
| 2° | 0.0349 | 0.0349 | 0.9994 | 0.0349 | 47° | 0.8203 | 0.7314 | 0.6820 | 1.0724 |
| 3° | 0.0524 | 0.0523 | 0.9986 | 0.0524 | 48° | 0.8378 | 0.7431 | 0.6691 | 1.1106 |
| 4° | 0.0698 | 0.0698 | 0.9976 | 0.0699 | 49° | 0.8552 | 0.7547 | 0.6561 | 1.1504 |
| 5° | 0.0873 | 0.0872 | 0.9962 | 0.0875 | 50° | 0.8727 | 0.7660 | 0.6428 | 1.1918 |
| 6° | 0.1047 | 0.1045 | 0.9945 | 0.1051 | 51° | 0.8901 | 0.7771 | 0.6293 | 1.2349 |
| 7° | 0.1222 | 0.1219 | 0.9925 | 0.1228 | 52° | 0.9076 | 0.7880 | 0.6157 | 1.2799 |
| 8° | 0.1396 | 0.1392 | 0.9903 | 0.1405 | 53° | 0.9250 | 0.7986 | 0.6018 | 1.3270 |
| 9° | 0.1571 | 0.1564 | 0.9877 | 0.1584 | 54° | 0.9425 | 0.8090 | 0.5878 | 1.3764 |
| 10° | 0.1745 | 0.1736 | 0.9848 | 0.1763 | 55° | 0.9599 | 0.8192 | 0.5736 | 1.4281 |
| 11° | 0.1920 | 0.1908 | 0.9816 | 0.1944 | 56° | 0.9774 | 0.8290 | 0.5592 | 1.4826 |
| 12° | 0.2094 | 0.2079 | 0.9781 | 0.2126 | 57° | 0.9948 | 0.8387 | 0.5446 | 1.5399 |
| 13° | 0.2269 | 0.2250 | 0.9744 | 0.2309 | 58° | 1.0123 | 0.8480 | 0.5299 | 1.6003 |
| 14° | 0.2443 | 0.2419 | 0.9703 | 0.2493 | 59° | 1.0297 | 0.8572 | 0.5150 | 1.6643 |
| 15° | 0.2618 | 0.2588 | 0.9659 | 0.2679 | 60° | 1.0472 | 0.8660 | 0.5000 | 1.7321 |
| 16° | 0.2793 | 0.2756 | 0.9613 | 0.2867 | 61° | 1.0647 | 0.8746 | 0.4848 | 1.8040 |
| 17° | 0.2967 | 0.2924 | 0.9563 | 0.3057 | 62° | 1.0821 | 0.8829 | 0.4695 | 1.8807 |
| 18° | 0.3142 | 0.3090 | 0.9511 | 0.3249 | 63° | 1.0996 | 0.8910 | 0.4540 | 1.9626 |
| 19° | 0.3316 | 0.3256 | 0.9455 | 0.3443 | 64° | 1.1170 | 0.8988 | 0.4384 | 2.0503 |
| 20° | 0.3491 | 0.3420 | 0.9397 | 0.3640 | 65° | 1.1345 | 0.9063 | 0.4226 | 2.1445 |
| 21° | 0.3665 | 0.3584 | 0.9336 | 0.3839 | 66° | 1.1519 | 0.9135 | 0.4067 | 2.2460 |
| 22° | 0.3840 | 0.3746 | 0.9272 | 0.4040 | 67° | 1.1694 | 0.9205 | 0.3907 | 2.3559 |
| 23° | 0.4014 | 0.3907 | 0.9205 | 0.4245 | 68° | 1.1868 | 0.9272 | 0.3746 | 2.4751 |
| 24° | 0.4189 | 0.4067 | 0.9135 | 0.4452 | 69° | 1.2043 | 0.9336 | 0.3584 | 2.6051 |
| 25° | 0.4363 | 0.4226 | 0.9063 | 0.4663 | 70° | 1.2217 | 0.9397 | 0.3420 | 2.7475 |
| 26° | 0.4538 | 0.4384 | 0.8988 | 0.4877 | 71° | 1.2392 | 0.9455 | 0.3256 | 2.9042 |
| 27° | 0.4712 | 0.4540 | 0.8910 | 0.5095 | 72° | 1.2566 | 0.9511 | 0.3090 | 3.0777 |
| 28° | 0.4887 | 0.4695 | 0.8829 | 0.5317 | 73° | 1.2741 | 0.9563 | 0.2924 | 3.2709 |
| 29° | 0.5061 | 0.4848 | 0.8746 | 0.5543 | 74° | 1.2915 | 0.9613 | 0.2756 | 3.4874 |
| 30° | 0.5236 | 0.5000 | 0.8660 | 0.5774 | 75° | 1.3090 | 0.9659 | 0.2588 | 3.7321 |
| 31° | 0.5411 | 0.5150 | 0.8572 | 0.6009 | 76° | 1.3265 | 0.9703 | 0.2419 | 4.0108 |
| 32° | 0.5585 | 0.5299 | 0.8480 | 0.6249 | 77° | 1.3439 | 0.9744 | 0.2250 | 4.3315 |
| 33° | 0.5760 | 0.5446 | 0.8387 | 0.6494 | 78° | 1.3614 | 0.9781 | 0.2079 | 4.7046 |
| 34° | 0.5934 | 0.5592 | 0.8290 | 0.6745 | 79° | 1.3788 | 0.9816 | 0.1908 | 5.1446 |
| 35° | 0.6109 | 0.5736 | 0.8192 | 0.7002 | 80° | 1.3963 | 0.9848 | 0.1736 | 5.6713 |
| 36° | 0.6283 | 0.5878 | 0.8090 | 0.7265 | 81° | 1.4137 | 0.9877 | 0.1564 | 6.3138 |
| 37° | 0.6458 | 0.6018 | 0.7986 | 0.7536 | 82° | 1.4312 | 0.9903 | 0.1392 | 7.1154 |
| 38° | 0.6632 | 0.6157 | 0.7880 | 0.7813 | 83° | 1.4486 | 0.9925 | 0.1219 | 8.1443 |
| 39° | 0.6807 | 0.6293 | 0.7771 | 0.8098 | 84° | 1.4661 | 0.9945 | 0.1045 | 9.5144 |
| 40° | 0.6981 | 0.6428 | 0.7660 | 0.8391 | 85° | 1.4835 | 0.9962 | 0.0872 | 11.4301 |
| 41° | 0.7156 | 0.6561 | 0.7547 | 0.8693 | 86° | 1.5010 | 0.9976 | 0.0698 | 14.3007 |
| 42° | 0.7330 | 0.6691 | 0.7431 | 0.9004 | 87° | 1.5184 | 0.9986 | 0.0523 | 19.0811 |
| 43° | 0.7505 | 0.6820 | 0.7314 | 0.9325 | 88° | 1.5359 | 0.9994 | 0.0349 | 28.6363 |
| 44° | 0.7679 | 0.6947 | 0.7193 | 0.9657 | 89° | 1.5533 | 0.9998 | 0.0175 | 57.2900 |
| 45° | 0.7854 | 0.7071 | 0.7071 | 1.0000 | 90° | 1.5708 | 1.0000 | 0.0000 | |

# 함께 만드는 개념원리

개념원리는

## 선생님이 가르치기 쉽고

전국 **360명** 선생님이 교재 개발 참여

## 학생이 배우기 쉬운

총 **2,540명** 학생의 실사용 의견 청취

(2017년도~2023년도 교재 VOC 누적)

**교육 콘텐츠를 만듭니다.**

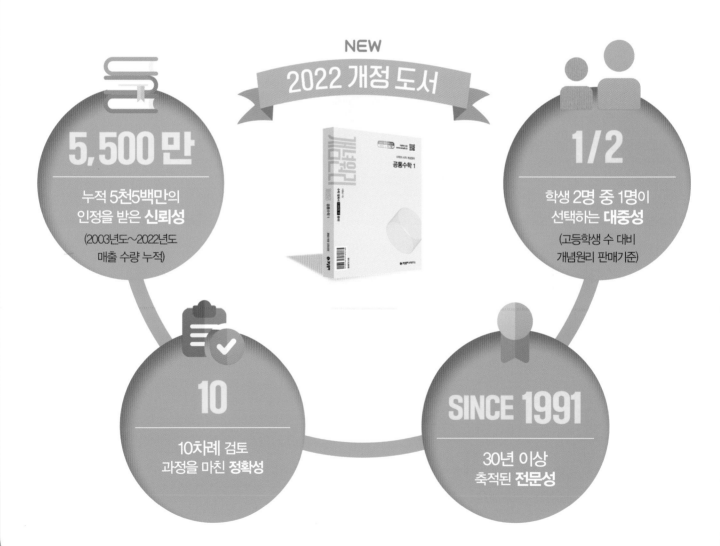

NEW
## 2022 개정 도서

공통수학 1

### 5,500 만
누적 5천5백만의
인정을 받은 **신뢰성**

(2003년도~2022년도
매출 수량 누적)

### 1/2
학생 2명 중 1명이
선택하는 **대중성**

(고등학생 수 대비
개념원리 판매기준)

### 10
10차례 검토
과정을 마친 **정확성**

### SINCE 1991
30년 이상
축적된 **전문성**

## ✦ 2022 개정 더 좋아진 개념원리 ✦

2022 개정 교재는 학습자의 학습 편의성을 강화했습니다.
학습 과정에서 필요한 각종 학습자료를 추가해 더욱더 완전한 학습을 지원합니다.

### A

**2022 개정** **교재 + 교재 연계 서비스 (APP)**

**개념원리&RPM + 교재 연계 서비스 제공**

• 서비스를 통해 교재의 완전 학습 및 지속적인 학습 성장 지원

**2015 개정**
• 교재 학습으로
  학습종료

### B

**2022 개정** **무료 해설 강의 확대**

  RPM 영상 0% 제공

  RPM 전 문항 해설 강의 100% 제공

• QR 1개당 1년 평균 **3,900명** 이상 인입 (2015 개정 개념원리 수학(상) p.34 기준)
• 완전한 학습을 위해 RPM 전 문항 무료 해설 강의 제공

**2015 개정**
• 개념원리 주요 문항만
  무료 해설 강의 제공
  (RPM 미제공)

학생 모두가 수학을 쉽게 배울 수 있는 환경이 조성될 때까지
개념원리의 노력은 계속됩니다.

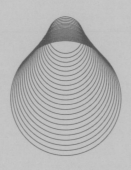

# 개념원리 RPM 대수

RPM

대수

정답 및 풀이

개념원리 수학연구소

# 개념원리 RPM 대수

## 정답 및 풀이

 **친절한 풀이** 정확하고 이해하기 쉬운 친절한 풀이 제시

 **다른 풀이** 수학적 사고력을 키우는 다양한 해결 방법 제시

 **RPM 비법노트** 문제 해결 TIP과 중요개념 & 보충설명 제공

 **해결 전략** 문제 해결의 실마리 제시

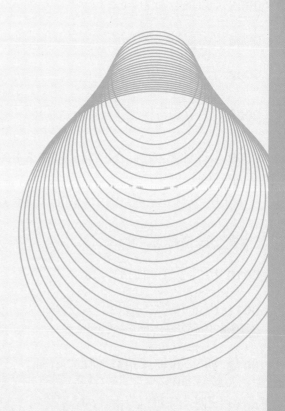

# 01 지수

본책 007쪽

**0001** $-8$의 세제곱근을 $x$라 하면 $x^3=-8$이므로
$x^3+8=0,$ $(x+2)(x^2-2x+4)=0$
$\therefore x=-2$ 또는 $x=1\pm\sqrt{3}i$
따라서 $-8$의 세제곱근 중 실수인 것은 $-2$이다. **답 $-2$**

**0002** $81$의 네제곱근을 $x$라 하면 $x^4=81$이므로
$x^4-81=0,$ $(x^2+9)(x^2-9)=0$
$(x^2+9)(x+3)(x-3)=0$
$\therefore x=\pm3i$ 또는 $x=\pm3$
따라서 $81$의 네제곱근 중 실수인 것은 $-3$, $3$이다. **답 $-3$, $3$**

**0003** $0.027$의 세제곱근을 $x$라 하면 $x^3=0.027$이므로
$x^3-0.027=0,$ $(x-0.3)(x^2+0.3x+0.09)=0$
$\therefore x=0.3$ 또는 $x=\dfrac{-3\pm3\sqrt{3}i}{20}$
따라서 $0.027$의 세제곱근 중 실수인 것은 $0.3$이다. **답 $0.3$**

**0004** $-16$의 네제곱근을 $x$라 하면 $x^4=-16$
이때 실수 $x$에 대하여 $x^4\geq0$이므로 $x^4=-16$의 실근은 없다.
따라서 $-16$의 네제곱근 중 실수인 것은 없다. **답 없다.**

**0005** $\sqrt[3]{0.008}=\sqrt[3]{0.2^3}=0.2$ **답 $0.2$**

**0006** $\sqrt[5]{(-3)^5}=-3$ **답 $-3$**

**0007** $\sqrt[6]{(-1)^6}=\sqrt[6]{1^6}=1$ **답 $1$**

**0008** $\sqrt[3]{-\dfrac{8}{27}}=\sqrt[3]{\left(-\dfrac{2}{3}\right)^3}=-\dfrac{2}{3}$ **답 $-\dfrac{2}{3}$**

**0009** ㄴ. $n$이 홀수일 때, 음수 $a$의 $n$제곱근 중 실수는 $\sqrt[n]{a}$이다. (거짓)
ㄷ. $n$이 짝수일 때, 음수 $a$의 $n$제곱근 중 실수인 것은 없다.
(거짓)
이상에서 옳은 것은 ㄱ, ㄹ이다. **답 ㄱ, ㄹ**

**0010** $\{\sqrt[3]{(-2)^4}\}^3=(\sqrt[3]{16})^3=16$ **답 $16$**

**0011** $(\sqrt[8]{16})^2=\sqrt[8]{16^2}=\sqrt[8]{(2^4)^2}=\sqrt[8]{2^8}=2$ **답 $2$**
**다른 풀이** $(\sqrt[8]{16})^2=(\sqrt[8]{2^4})^2=(\sqrt{2})^2=2$

**0012** $\sqrt[3]{4}\times\sqrt[3]{16}=\sqrt[3]{4\times16}=\sqrt[3]{64}=\sqrt[3]{4^3}=4$ **답 $4$**

**0013** $\dfrac{\sqrt[4]{80}}{\sqrt[4]{5}}=\sqrt[4]{\dfrac{80}{5}}=\sqrt[4]{16}=\sqrt[4]{2^4}=2$ **답 $2$**

**0014** $\sqrt[3]{\sqrt{729}}\times\sqrt{\sqrt[4]{256}}=\sqrt[6]{729}\times\sqrt[8]{256}=\sqrt[6]{3^6}\times\sqrt[8]{4^4}$
$=3\times4=12$ **답 $12$**

**0015** **답 $1$** **0016** **답 $1$**

**0017** $(-5)^{-2}=\dfrac{1}{(-5)^2}=\dfrac{1}{25}$ **답 $\dfrac{1}{25}$**

**0018** $\left(\dfrac{1}{9}\right)^{-2}=\dfrac{1}{\left(\dfrac{1}{9}\right)^2}=\dfrac{1}{\dfrac{1}{81}}=81$ **답 $81$**

**0019** **답 $\dfrac{1}{4}$** **0020** **답 $\dfrac{4}{5}$**

**0021** $\dfrac{1}{\sqrt[3]{2^2}}=\dfrac{1}{2^{\frac{2}{3}}}=2^{\boxed{-\frac{2}{3}}}$ **답 $-\dfrac{2}{3}$**

**0022** $\dfrac{1}{\sqrt[6]{3^{-2}}}=\dfrac{1}{3^{-\frac{2}{6}}}=\dfrac{1}{3^{-\frac{1}{3}}}=3^{\boxed{\frac{1}{3}}}$ **답 $\dfrac{1}{3}$**

**0023** $(a^{\frac{3}{4}})^2\times a^{\frac{1}{4}}=a^{\frac{3}{2}}\times a^{\frac{1}{4}}=a^{\frac{3}{2}+\frac{1}{4}}=a^{\frac{7}{4}}$ **답 $a^{\frac{7}{4}}$**

**0024** $(a^3b^2)^{\frac{1}{12}}\times(a^{\frac{1}{3}}b^{\frac{1}{4}})^4=a^{\frac{1}{4}}b^{\frac{1}{6}}\times a^{\frac{4}{3}}b$
$=a^{\frac{1}{4}+\frac{4}{3}}b^{\frac{1}{6}+1}$
$=a^{\frac{19}{12}}b^{\frac{7}{6}}$ **답 $a^{\frac{19}{12}}b^{\frac{7}{6}}$**

**0025** $(\sqrt{a^3}\times\sqrt[5]{a}\times a^{-\frac{1}{2}})^{\frac{1}{3}}=(a^{\frac{3}{2}}\times a^{\frac{1}{5}}\times a^{-\frac{1}{2}})^{\frac{1}{3}}$
$=(a^{\frac{3}{2}+\frac{1}{5}-\frac{1}{2}})^{\frac{1}{3}}$
$=(a^{\frac{6}{5}})^{\frac{1}{3}}=a^{\frac{2}{5}}$ **답 $a^{\frac{2}{5}}$**

**0026** $(a^{-\frac{3}{4}})^2\times\sqrt{a}\div a^{\frac{3}{4}}=a^{-\frac{3}{2}}\times a^{\frac{1}{2}}\div a^{\frac{3}{4}}$
$=a^{-\frac{3}{2}+\frac{1}{2}-\frac{3}{4}}=a^{-\frac{7}{4}}$ **답 $a^{-\frac{7}{4}}$**

**0027** $(3^{\sqrt{4}})^{\sqrt{25}}=3^{\sqrt{100}}=3^{10}$ **답 $3^{10}$**

**0028** $8^{-\frac{\sqrt{3}}{6}}\times2^{\frac{\sqrt{3}}{2}}=(2^3)^{-\frac{\sqrt{3}}{6}}\times2^{\frac{\sqrt{3}}{2}}=2^{-\frac{\sqrt{3}}{2}}\times2^{\frac{\sqrt{3}}{2}}$
$=2^{-\frac{\sqrt{3}}{2}+\frac{\sqrt{3}}{2}}=2^0=1$ **답 $1$**

**0029** $2^{\sqrt{8}}\times4^{\sqrt{18}}\div4^{\sqrt{8}}=2^{2\sqrt{2}}\times(2^2)^{3\sqrt{2}}\div(2^2)^{2\sqrt{2}}$
$=2^{2\sqrt{2}}\times2^{6\sqrt{2}}\div2^{4\sqrt{2}}$
$=2^{2\sqrt{2}+6\sqrt{2}-4\sqrt{2}}=2^{4\sqrt{2}}$ **답 $2^{4\sqrt{2}}$**

**0030** $(4^{\frac{1}{\sqrt{6}}}\times3^{\sqrt{\frac{2}{3}}})^{\sqrt{3}}=\{(2^2)^{\frac{1}{\sqrt{6}}}\times3^{\frac{\sqrt{2}}{\sqrt{3}}}\}^{\sqrt{3}}=(2^{\frac{2}{\sqrt{6}}}\times3^{\frac{\sqrt{2}}{\sqrt{3}}})^{\sqrt{3}}$
$=2^{\sqrt{2}}\times3^{\sqrt{2}}=(2\times3)^{\sqrt{2}}$
$=6^{\sqrt{2}}$ **답 $6^{\sqrt{2}}$**

**0031** $(x^{\frac{1}{2}}+y^{\frac{1}{2}})(x^{\frac{1}{2}}-y^{\frac{1}{2}})=(x^{\frac{1}{2}})^2-(y^{\frac{1}{2}})^2=x-y$
**답 $x-y$**

**0032** $(x^{\frac{1}{3}}+y^{\frac{1}{3}})(x^{\frac{2}{3}}-x^{\frac{1}{3}}y^{\frac{1}{3}}+y^{\frac{2}{3}})=(x^{\frac{1}{3}})^3+(y^{\frac{1}{3}})^3=x+y$

답 $x+y$

---

**유형 익히기**

● 본책 008~013쪽

**0033** ㄱ. 27의 세제곱근 중 실수인 것은 3이다. (거짓)

ㄴ. $\sqrt{4}=2$의 세제곱근 중 실수인 것은 $\sqrt[3]{2}$이다. (거짓)

ㄷ. $(-2)^4=16$의 네제곱근 중 실수인 것은 $-2$, 2이다. (참)

ㄹ. $\sqrt{81}=9$의 네제곱근을 $x$라 하면 $x^4=9$이므로

$\quad x^4-9=0, \qquad (x^2+3)(x^2-3)=0$

$\quad \therefore x=\pm\sqrt{3}i$ 또는 $x=\pm\sqrt{3}$

따라서 $\sqrt{81}$의 네제곱근은 $-\sqrt{3}i, \sqrt{3}i, -\sqrt{3}, \sqrt{3}$이다. (참)

이상에서 옳은 것은 ㄷ, ㄹ이다. 답 ③

**0034** $-64$의 세제곱근 중 실수인 것은 $-4$이므로

$\quad a=-4$

$\sqrt{256}=16$의 네제곱근 중 음의 실수인 것은 $-2$이므로

$\quad b=-2 \qquad \therefore ab=8$ 답 8

**0035** 5의 제곱근 중 실수인 것은 $-\sqrt{5}, \sqrt{5}$의 2개이므로

$\quad f_2(5)=2$

4의 세제곱근 중 실수인 것은 $\sqrt[3]{4}$의 1개이므로

$\quad f_3(4)=1$

$-3$의 네제곱근 중 실수인 것은 존재하지 않으므로

$\quad f_4(-3)=0$

$\quad \therefore f_2(5)+f_3(4)+f_4(-3)=2+1+0=3$ 답 ②

**📝 RPM 비법 노트**

$n$이 2 이상의 자연수일 때, 실수 $a$의 $n$제곱근 중 실수인 것의 개수는 다음과 같다.

| | $a>0$ | $a=0$ | $a<0$ |
|---|---|---|---|
| $n$이 짝수 | 2 | 1 | 0 |
| $n$이 홀수 | 1 | 1 | 1 |

**0036** ① $\sqrt[3]{2}\times\sqrt[3]{4}=\sqrt[3]{8}=\sqrt[3]{2^3}=2$

② $\sqrt[3]{2\times\sqrt[3]{64}}=\sqrt[3]{2\times\sqrt[3]{2^6}}=\sqrt[3]{2\times2^2}=\sqrt[3]{2^3}=2$

③ $\dfrac{\sqrt[3]{-27}}{\sqrt[3]{8}}=\dfrac{\sqrt[3]{(-3)^3}}{\sqrt[3]{2^3}}=\dfrac{-3}{2}=-\dfrac{3}{2}$

④ $\left(\sqrt[3]{5}\times\dfrac{1}{\sqrt{5}}\right)^6=(\sqrt[3]{5})^6\times\left(\dfrac{1}{\sqrt{5}}\right)^6=\sqrt[3]{5^6}\times\dfrac{1}{\sqrt{5^6}}$

$\qquad =5^2\times\dfrac{1}{5^3}=\dfrac{1}{5}$

⑤ $\sqrt{2\times\sqrt[3]{4}}\div\sqrt[3]{4\sqrt{2}}=\sqrt{\sqrt[3]{2^3\times4}}\div\sqrt[3]{\sqrt{4^2\times2}}$

$\qquad =\sqrt[6]{2^5}\div\sqrt[6]{2^5}=1$ 답 ④

---

**0037** $a=\sqrt{32}\div\sqrt[4]{4}=\sqrt{32}\div\sqrt[4]{2^2}=\sqrt{32}\div\sqrt{2}$

$\qquad =\sqrt{16}=4$

$b=\sqrt[3]{\sqrt{64}}=\sqrt[6]{64}=\sqrt[6]{2^6}=2$

$\quad \therefore \dfrac{a}{b}=2$ 답 2

**0038** $\sqrt[12]{2a^5b^4}\times\sqrt[4]{2ab^2}\div\sqrt[6]{4a^3b}=\dfrac{\sqrt[12]{2a^5b^4}\times\sqrt[12]{2^3a^3b^6}}{\sqrt[12]{4^2a^6b^2}}$

$\qquad =\sqrt[12]{\dfrac{16a^8b^{10}}{16a^6b^2}}$

$\qquad =\sqrt[12]{a^2b^8}$

$\qquad =\sqrt[6]{ab^4}$ 답 ③

**0039** $\sqrt[3]{\dfrac{\sqrt[4]{a}}{\sqrt[5]{a}}}\div\sqrt[4]{\dfrac{\sqrt[3]{a}}{\sqrt[5]{a}}}\times\sqrt[5]{\dfrac{\sqrt[3]{a}}{\sqrt[4]{a}}}=\dfrac{\sqrt[3]{\sqrt[4]{a}}}{\sqrt[3]{\sqrt[5]{a}}}\times\dfrac{\sqrt[4]{\sqrt[5]{a}}}{\sqrt[4]{\sqrt[3]{a}}}\times\dfrac{\sqrt[5]{\sqrt[3]{a}}}{\sqrt[5]{\sqrt[4]{a}}}$

$\qquad =\dfrac{\sqrt[12]{a}}{\sqrt[15]{a}}\times\dfrac{\sqrt[20]{a}}{\sqrt[12]{a}}\times\dfrac{\sqrt[15]{a}}{\sqrt[20]{a}}$

$\qquad =1$ 답 1

**0040** $A=\sqrt{\sqrt{5}}=\sqrt[4]{5}, B=\sqrt[3]{2}, C=\sqrt{\sqrt[3]{10}}=\sqrt[6]{10}$에서

4, 3, 6의 최소공배수가 12이므로

$\quad A=\sqrt[4]{5}=\sqrt[12]{5^3}=\sqrt[12]{125}$

$\quad B=\sqrt[3]{2}=\sqrt[12]{2^4}=\sqrt[12]{16}$

$\quad C=\sqrt[6]{10}=\sqrt[12]{10^2}=\sqrt[12]{100}$

이때 $\sqrt[12]{16}<\sqrt[12]{100}<\sqrt[12]{125}$이므로

$\quad B<C<A$ 답 ④

**다른 풀이** $A^{12}=(\sqrt{\sqrt{5}})^{12}=(\sqrt[4]{5})^{12}=\sqrt[4]{5^{12}}=5^3=125$

$B^{12}=(\sqrt[3]{2})^{12}=\sqrt[3]{2^{12}}=2^4=16$

$C^{12}=(\sqrt{\sqrt[3]{10}})^{12}=(\sqrt[6]{10})^{12}=\sqrt[6]{10^{12}}=10^2=100$

$16<100<125$이므로

$\quad B<C<A$

참고 | $a>0, b>0$이고 $k, m, n$이 2 이상의 자연수일 때

$\quad (\sqrt[m]{a})^k>(\sqrt[n]{b})^k \Longleftrightarrow \sqrt[m]{a}>\sqrt[n]{b}$

**0041** $A=\sqrt[3]{\dfrac{1}{6}}, B=\sqrt{\dfrac{1}{5}}, C=\sqrt[3]{\sqrt{\dfrac{1}{17}}}=\sqrt[6]{\dfrac{1}{17}}$에서

3, 2, 6의 최소공배수가 6이므로

$\quad A=\sqrt[3]{\dfrac{1}{6}}=\sqrt[6]{\left(\dfrac{1}{6}\right)^2}=\sqrt[6]{\dfrac{1}{36}}$

$\quad B=\sqrt{\dfrac{1}{5}}=\sqrt[6]{\left(\dfrac{1}{5}\right)^3}=\sqrt[6]{\dfrac{1}{125}}$

$\quad C=\sqrt[6]{\dfrac{1}{17}}$

이때 $\sqrt[6]{\dfrac{1}{125}}<\sqrt[6]{\dfrac{1}{36}}<\sqrt[6]{\dfrac{1}{17}}$이므로

$\quad B<A<C$ 답 ②

**0042** $\sqrt{2}$, $\sqrt[3]{3}$, $\sqrt[4]{5}$, $\sqrt[3]{\sqrt{7}}=\sqrt[6]{7}$에서 2, 3, 4, 6의 최소공배수가 12이므로

$$\sqrt{2}=\sqrt[12]{2^6}=\sqrt[12]{64}$$
$$\sqrt[3]{3}=\sqrt[12]{3^4}=\sqrt[12]{81}$$
$$\sqrt[4]{5}=\sqrt[12]{5^3}=\sqrt[12]{125}$$
$$\sqrt[6]{7}=\sqrt[12]{7^2}=\sqrt[12]{49}$$
$$\therefore \sqrt[12]{49}<\sqrt[12]{64}<\sqrt[12]{81}<\sqrt[12]{125} \quad \cdots \text{1단계}$$

따라서 가장 큰 수는 $\sqrt[12]{125}$, 가장 작은 수는 $\sqrt[12]{49}$이므로

$$a=\sqrt[12]{125}, \ b=\sqrt[12]{49} \quad \cdots \text{2단계}$$
$$\therefore a^{12}+b^{12}=(\sqrt[12]{125})^{12}+(\sqrt[12]{49})^{12}$$
$$=125+49=174 \quad \cdots \text{3단계}$$

답 **174**

| 채점 요소 | 비율 |
|---|---|
| **1단계** 주어진 네 수를 $\sqrt[12]{k}$의 꼴로 나타내어 네 수의 대소 관계 판정하기 | 50 % |
| **2단계** $a$, $b$의 값 구하기 | 30 % |
| **3단계** $a^{12}+b^{12}$의 값 구하기 | 20 % |

**0043** $A-B=(3\sqrt[3]{5}-\sqrt{3})-(4\sqrt[3]{5}-2\sqrt{3})$
$\qquad\qquad =-\sqrt[3]{5}+\sqrt{3}=-\sqrt[6]{25}+\sqrt[6]{27}>0$
$\therefore A>B$
$B-C=(4\sqrt[3]{5}-2\sqrt{3})-(5\sqrt[3]{5}-3\sqrt{3})$
$\qquad\qquad =-\sqrt[3]{5}+\sqrt{3}=-\sqrt[6]{25}+\sqrt[6]{27}>0$
$\therefore B>C$
$\therefore C<B<A$

답 ⑤

**RPM 비법 노트**

**두 수 또는 두 식의 대소 관계**

(1) $A-B$의 부호를 조사한다.
$\Rightarrow A-B>0 \Longleftrightarrow A>B$

(2) $A^2-B^2$의 부호를 조사한다.
$\Rightarrow A>0$, $B>0$일 때, $A^2-B^2>0 \Longleftrightarrow A>B$

(3) $\dfrac{A}{B}$와 1의 대소 관계를 조사한다.
$\Rightarrow A>0$, $B>0$일 때, $\dfrac{A}{B}>1 \Longleftrightarrow A>B$

**0044** $\dfrac{2^{-3}+4^{-1}}{6}=\dfrac{2^{-3}+(2^2)^{-1}}{6}=\dfrac{2^{-3}+2^{-2}}{6}$
$\qquad\qquad =\dfrac{2^{-3}(1+2)}{6}=\dfrac{2^{-3}}{2}=2^{-4}$

$\dfrac{10}{3^4+27^2}=\dfrac{10}{3^4+(3^3)^2}=\dfrac{10}{3^4+3^6}$
$\qquad\qquad =\dfrac{10}{3^4(1+3^2)}=\dfrac{1}{3^4}=3^{-4}$

$\therefore$ (주어진 식)$=2^{-4}\times3^{-4}=(2\times3)^{-4}=6^{-4}$

답 ③

**0045** $a^{-8}\times(a^{-3})^{-2}\div a^{-5}=a^{-8}\times a^6 \div a^{-5}$
$\qquad\qquad =a^{-8+6-(-5)}=a^3$
$\therefore k=3$

답 **3**

**0046** $(3^{-3}\div27^{-2})^{-4}\div9^{-5}=\{3^{-3}\div(3^3)^{-2}\}^{-4}\div(3^2)^{-5}$
$\qquad\qquad =(3^{-3}\div3^{-6})^{-4}\div3^{-10}$
$\qquad\qquad =(3^3)^{-4}\div3^{-10}$
$\qquad\qquad =3^{-12}\div3^{-10}=3^{-2}$

답 ①

**0047** $\sqrt{\dfrac{2+2^3}{5^{-1}+5^{-3}}}\times\sqrt{\dfrac{5+5^3}{2^{-1}+2^{-3}}}$

$=\sqrt{\dfrac{2+2^3}{5^{-1}+5^{-3}}\times\dfrac{5+5^3}{2^{-1}+2^{-3}}}$

$=\sqrt{\dfrac{2^4(2^{-3}+2^{-1})}{5^{-1}+5^{-3}}\times\dfrac{5^4(5^{-3}+5^{-1})}{2^{-1}+2^{-3}}}$

$=\sqrt{2^4\times5^4}=\sqrt{10^4}=10^2=100$

답 **100**

**0048** $\left\{\left(\dfrac{9}{25}\right)^{\frac{3}{4}}\right\}^{\frac{2}{3}}\times\left\{\left(\dfrac{27}{125}\right)^{-\frac{1}{6}}\right\}^4$

$=\left[\left\{\left(\dfrac{3}{5}\right)^2\right\}^{\frac{3}{4}}\right]^{\frac{2}{3}}\times\left[\left\{\left(\dfrac{3}{5}\right)^3\right\}^{-\frac{1}{6}}\right]^4$

$=\dfrac{3}{5}\times\left(\dfrac{3}{5}\right)^{-2}=\left(\dfrac{3}{5}\right)^{1-2}$

$=\left(\dfrac{3}{5}\right)^{-1}=\dfrac{5}{3}$

답 $\dfrac{5}{3}$

**0049** (주어진 식)$=a^8\div a^{2\sqrt{3}}\div(a^{5-2\sqrt{3}})^2$
$\qquad\qquad =a^{8-2\sqrt{3}}\div a^{6-2\sqrt{3}}$
$\qquad\qquad =a^{8-2\sqrt{3}-6+2\sqrt{3}}$
$\qquad\qquad =a^2$
$\therefore k=2$

답 **2**

**0050** $(a^{-\frac{1}{3}}b^{\frac{1}{2}})^{\frac{1}{2}}\times(a^{\frac{4}{3}}b^{-\frac{3}{4}})^{-1}$

$=a^{-\frac{1}{6}}b^{\frac{1}{4}}\times a^{-\frac{4}{3}}b^{\frac{3}{4}}$

$=a^{-\frac{1}{6}-\frac{4}{3}}b^{\frac{1}{4}+\frac{3}{4}}=a^{-\frac{3}{2}}b$

$=\dfrac{b}{a\sqrt{a}}=\dfrac{b\sqrt{a}}{a^2}$

답 ②

**0051** $\left(\dfrac{1}{2^{12}}\right)^{\frac{1}{n}}=(2^{-12})^{\frac{1}{n}}=2^{-\frac{12}{n}}$ $\quad \cdots \text{1단계}$

이때 $2^{-\frac{12}{n}}$이 정수이려면 $-\dfrac{12}{n}$가 음이 아닌 정수이어야 한다.

$\cdots \text{2단계}$

따라서 정수 $n$은 $-1$, $-2$, $-3$, $-4$, $-6$, $-12$의 6개이다.

$\cdots \text{3단계}$

답 **6**

| 채점 요소 | 비율 |
|---|---|
| **1단계** $\left(\dfrac{1}{2^{12}}\right)^{\frac{1}{n}}$을 지수법칙을 이용하여 간단히 하기 | 30 % |
| **2단계** $\left(\dfrac{1}{2^{12}}\right)^{\frac{1}{n}}$이 정수가 되도록 하는 조건 구하기 | 40 % |
| **3단계** 정수 $n$의 개수 구하기 | 30 % |

**0052** $\sqrt[4]{\sqrt[4]{a^3}} \times \sqrt{a\sqrt{a\sqrt{a}}} = \sqrt[8]{a^3} \times \sqrt{a} \times \sqrt{\sqrt{a}} \times \sqrt{\sqrt{\sqrt{a}}}$

$\qquad = \sqrt[8]{a^3} \times \sqrt{a} \times \sqrt[4]{a} \times \sqrt[8]{a}$

$\qquad = a^{\frac{3}{8}} \times a^{\frac{1}{2}} \times a^{\frac{1}{4}} \times a^{\frac{1}{8}}$

$\qquad = a^{\frac{3}{8}+\frac{1}{2}+\frac{1}{4}+\frac{1}{8}}$

$\qquad = a^{\frac{5}{4}}$ 　　　답 ④

**다른 풀이** $\sqrt[4]{\sqrt[4]{a^3}} \times \sqrt{a\sqrt{a\sqrt{a}}}$

$= (a^{\frac{3}{4}})^{\frac{1}{2}} \times \{a \times (a \times a^{\frac{1}{2}})^{\frac{1}{2}}\}^{\frac{1}{2}}$

$= a^{\frac{3}{8}} \times \{a \times (a^{\frac{3}{2}})^{\frac{1}{2}}\}^{\frac{1}{2}} = a^{\frac{3}{8}} \times (a \times a^{\frac{3}{4}})^{\frac{1}{2}}$

$= a^{\frac{3}{8}} \times (a^{\frac{7}{4}})^{\frac{1}{2}} = a^{\frac{3}{8}} \times a^{\frac{7}{8}} = a^{\frac{5}{4}}$

**0053** $\sqrt{2 \times \sqrt[3]{2 \times \sqrt[4]{2}}} = \sqrt{2} \times \sqrt{\sqrt[3]{2}} \times \sqrt{\sqrt[3]{\sqrt[4]{2}}}$

$\qquad = \sqrt{2} \times \sqrt[6]{2} \times \sqrt[24]{2}$

$\qquad = 2^{\frac{1}{2}} \times 2^{\frac{1}{6}} \times 2^{\frac{1}{24}}$

$\qquad = 2^{\frac{1}{2}+\frac{1}{6}+\frac{1}{24}} = 2^{\frac{17}{24}}$

따라서 $\dfrac{17}{24} = \dfrac{n}{24}$ 이므로 　　$n=17$ 　　답 **17**

**0054** $\sqrt{a^2 \times \sqrt{a \times \sqrt[3]{a^4}}} = \sqrt{a^2} \times \sqrt{\sqrt{a}} \times \sqrt{\sqrt{\sqrt[3]{a^4}}}$

$\qquad = \sqrt{a^2} \times \sqrt[4]{a} \times \sqrt[12]{a^4}$

$\qquad = a \times a^{\frac{1}{4}} \times a^{\frac{1}{3}}$

$\qquad = a^{1+\frac{1}{4}+\frac{1}{3}} = a^{\frac{19}{12}}$

$\sqrt[3]{\dfrac{\sqrt[4]{a^n}}{\sqrt{a^5}}} = \dfrac{\sqrt[3]{\sqrt[4]{a^n}}}{\sqrt[3]{\sqrt{a^5}}} = \dfrac{\sqrt[12]{a^n}}{\sqrt[6]{a^5}} = \dfrac{a^{\frac{n}{12}}}{a^{\frac{5}{6}}}$

$\qquad = a^{\frac{n}{12}-\frac{5}{6}} = a^{\frac{n-10}{12}}$

따라서 $a^{\frac{19}{12}} = a^{\frac{n-10}{12}}$ 이므로

$\qquad 19 = n-10 \quad \therefore n=29$ 　　답 **29**

**0055** $A = \sqrt[3]{4\sqrt{4} \times \dfrac{4}{\sqrt[4]{4}}} = (4 \times 4^{\frac{1}{2}} \times 4 \div 4^{\frac{1}{4}})^{\frac{1}{3}}$

$\qquad = (4^{1+\frac{1}{2}+1-\frac{1}{4}})^{\frac{1}{3}} = (4^{\frac{9}{4}})^{\frac{1}{3}} = 4^{\frac{3}{4}}$

$\qquad = (2^2)^{\frac{3}{4}} = 2^{\frac{3}{2}}$

따라서 $A^n = (2^{\frac{3}{2}})^n = 2^{\frac{3}{2}n}$ 이 정수가 되려면 $\dfrac{3}{2}n$ 이 음이 아닌 정수이어야 하므로 자연수 $n$ 의 최솟값은 2이다.

답 **2**

**0056** $5^8 = a$, $8^6 = b$ 에서 $5 = a^{\frac{1}{8}}$, $8 = b^{\frac{1}{6}}$ 이므로

$\qquad 200^{10} = (5^2 \times 8)^{10} = 5^{20} \times 8^{10}$

$\qquad = (a^{\frac{1}{8}})^{20} \times (b^{\frac{1}{6}})^{10} = a^{\frac{5}{2}} b^{\frac{5}{3}}$ 　　답 ④

**0057** $a = 25^2 = (5^2)^2 = 5^4$ 에서 $5 = a^{\frac{1}{4}}$ 이므로

$\qquad 125^3 = (5^3)^3 = 5^9 = (a^{\frac{1}{4}})^9 = a^{\frac{9}{4}}$

$\qquad \therefore k = \dfrac{9}{4}$ 　　답 $\dfrac{9}{4}$

**0058** $a = \sqrt[3]{2}$, $b = \sqrt[4]{3}$ 에서 $2 = a^3$, $3 = b^4$ 이므로

$\qquad \sqrt[12]{6^7} = 6^{\frac{7}{12}} = (2 \times 3)^{\frac{7}{12}}$

$\qquad = (a^3 b^4)^{\frac{7}{12}} = a^{\frac{7}{4}} b^{\frac{7}{3}}$ 　　답 ①

**0059** $a^4 = 2$, $b^{10} = 8$ 에서 $a = 2^{\frac{1}{4}}$, $b = 8^{\frac{1}{10}}$ 이므로

$(\sqrt[6]{a^2 b^5})^k = (a^2 b^5)^{\frac{k}{6}} = \{(2^{\frac{1}{4}})^2 \times (8^{\frac{1}{10}})^5\}^{\frac{k}{6}}$

$\qquad = (2^{\frac{1}{2}} \times 8^{\frac{1}{2}})^{\frac{k}{6}} = \{2^{\frac{1}{2}} \times (2^3)^{\frac{1}{2}}\}^{\frac{k}{6}}$

$\qquad = (2^{\frac{1}{2}} \times 2^{\frac{3}{2}})^{\frac{k}{6}} = (2^2)^{\frac{k}{6}}$

$\qquad = 2^{\frac{k}{3}}$

따라서 $(\sqrt[6]{a^2 b^5})^k$, 즉 $2^{\frac{k}{3}}$ 이 자연수가 되려면 $\dfrac{k}{3}$ 가 음이 아닌 정수이어야 하므로 자연수 $k$ 의 최솟값은 3이다. 　　답 **3**

**0060** $(a^{\frac{1}{4}} - b^{\frac{1}{4}})(a^{\frac{1}{4}} + b^{\frac{1}{4}})(a^{\frac{1}{2}} + b^{\frac{1}{2}})$

$= \{(a^{\frac{1}{4}})^2 - (b^{\frac{1}{4}})^2\}(a^{\frac{1}{2}} + b^{\frac{1}{2}})$

$= (a^{\frac{1}{2}} - b^{\frac{1}{2}})(a^{\frac{1}{2}} + b^{\frac{1}{2}})$

$= (a^{\frac{1}{2}})^2 - (b^{\frac{1}{2}})^2 = a-b$ 　　답 $a-b$

**0061** $(x^{\frac{1}{3}} + x^{-\frac{2}{3}})^3 + (x^{\frac{1}{3}} - x^{-\frac{2}{3}})^3$

$= \{(x^{\frac{1}{3}})^3 + 3(x^{\frac{1}{3}})^2 x^{-\frac{2}{3}} + 3x^{\frac{1}{3}}(x^{-\frac{2}{3}})^2 + (x^{-\frac{2}{3}})^3\}$

$\quad + \{(x^{\frac{1}{3}})^3 - 3(x^{\frac{1}{3}})^2 x^{-\frac{2}{3}} + 3x^{\frac{1}{3}}(x^{-\frac{2}{3}})^2 - (x^{-\frac{2}{3}})^3\}$

$= (x + 3 + 3x^{-1} + x^{-2}) + (x - 3 + 3x^{-1} - x^{-2})$

$= 2(x + 3x^{-1}) = 2\left(x + \dfrac{3}{x}\right)$

$x = 2$ 를 대입하면

$\qquad 2\left(2 + \dfrac{3}{2}\right) = 7$ 　　답 **7**

**0062** $\dfrac{1}{1 - 3^{\frac{1}{8}}} + \dfrac{1}{1 + 3^{\frac{1}{8}}} + \dfrac{2}{1 + 3^{\frac{1}{4}}} + \dfrac{4}{1 + 3^{\frac{1}{2}}}$

$= \dfrac{1 + 3^{\frac{1}{8}} + 1 - 3^{\frac{1}{8}}}{(1 - 3^{\frac{1}{8}})(1 + 3^{\frac{1}{8}})} + \dfrac{2}{1 + 3^{\frac{1}{4}}} + \dfrac{4}{1 + 3^{\frac{1}{2}}}$

$= \dfrac{2}{1 - 3^{\frac{1}{4}}} + \dfrac{2}{1 + 3^{\frac{1}{4}}} + \dfrac{4}{1 + 3^{\frac{1}{2}}}$

$= \dfrac{2(1 + 3^{\frac{1}{4}}) + 2(1 - 3^{\frac{1}{4}})}{(1 - 3^{\frac{1}{4}})(1 + 3^{\frac{1}{4}})} + \dfrac{4}{1 + 3^{\frac{1}{2}}}$

$= \dfrac{4}{1 - 3^{\frac{1}{2}}} + \dfrac{4}{1 + 3^{\frac{1}{2}}}$

$= \dfrac{4(1 + 3^{\frac{1}{2}}) + 4(1 - 3^{\frac{1}{2}})}{(1 - 3^{\frac{1}{2}})(1 + 3^{\frac{1}{2}})}$

$= \dfrac{8}{1 - 3} = -4$ 　　답 ②

**0063** ㄱ. $(a^{\frac{1}{4}} + b^{\frac{1}{4}})(a^{\frac{1}{4}} - b^{\frac{1}{4}}) = (a^{\frac{1}{4}})^2 - (b^{\frac{1}{4}})^2$

$\qquad = a^{\frac{1}{2}} - b^{\frac{1}{2}}$

$\qquad = \sqrt{a} - \sqrt{b}$ (참)

ㄴ. $(a^{\frac{1}{2}}+a^{-\frac{1}{2}}+1)(a^{\frac{1}{2}}+a^{-\frac{1}{2}}-1)$

$\quad = (a^{\frac{1}{2}}+a^{-\frac{1}{2}})^2-1^2$

$\quad = (a^{\frac{1}{2}})^2+2a^{\frac{1}{2}}a^{-\frac{1}{2}}+(a^{-\frac{1}{2}})^2-1^2$

$\quad = a+2+a^{-1}-1=a+\dfrac{1}{a}+1$ (참)

ㄷ. $(a+b^{-1})\div(a^{\frac{1}{3}}+b^{-\frac{1}{3}})$

$\quad = \{(a^{\frac{1}{3}})^3+(b^{-\frac{1}{3}})^3\}\div(a^{\frac{1}{3}}+b^{-\frac{1}{3}})$

$\quad = (a^{\frac{1}{3}}+b^{-\frac{1}{3}})\{(a^{\frac{1}{3}})^2-a^{\frac{1}{3}}b^{-\frac{1}{3}}+(b^{-\frac{1}{3}})^2\}\div(a^{\frac{1}{3}}+b^{-\frac{1}{3}})$

$\quad = a^{\frac{2}{3}}-a^{\frac{1}{3}}b^{-\frac{1}{3}}+b^{-\frac{2}{3}}$ (거짓)

이상에서 옳은 것은 ㄱ, ㄴ이다.     답 ㄱ, ㄴ

**0064** $a^{\frac{1}{3}}+a^{-\frac{1}{3}}=\sqrt{5}$의 양변을 세제곱하면

$\quad a+a^{-1}+3(a^{\frac{1}{3}}+a^{-\frac{1}{3}})=5\sqrt{5}$

$\quad \therefore a+a^{-1}=5\sqrt{5}-3\sqrt{5}=2\sqrt{5}$     답 ⑤

**0065** $5^x+5^{1-x}=8$의 양변을 제곱하면

$\quad 5^{2x}+2\times5^x\times5^{1-x}+5^{2(1-x)}=64$

$\quad (5^2)^x+2\times5+(5^2)^{1-x}=64$

$\quad 25^x+10+25^{1-x}=64$

$\quad \therefore 25^x+25^{1-x}=54$     답 **54**

다른 풀이 $5^x=t\ (t>0)$로 놓으면 $5^{1-x}=\dfrac{5}{t}$이므로

$\quad 25^x+25^{1-x}=(5^x)^2+(5^{1-x})^2=t^2+\dfrac{25}{t^2}$

$\quad\quad\quad = \left(t+\dfrac{5}{t}\right)^2-2\times5=8^2-10=54$

**0066** $\sqrt{x}+\dfrac{1}{\sqrt{x}}=3$의 양변을 제곱하면

$\quad x+2+\dfrac{1}{x}=9, \quad x+\dfrac{1}{x}=7$

$\quad \therefore x+x^{-1}=7$    ······ ㉠    ···**1단계**

㉠의 양변을 제곱하면    $x^2+2+x^{-2}=49$

$\quad \therefore x^2+x^{-2}=47$      ···**2단계**

$\quad \therefore \dfrac{x^2+x^{-2}+7}{x+x^{-1}+2}=\dfrac{47+7}{7+2}=6$      ···**3단계**

답 **6**

| 채점 요소 | 비율 |
|---|---|
| **1단계** $x+x^{-1}$의 값 구하기 | 40 % |
| **2단계** $x^2+x^{-2}$의 값 구하기 | 40 % |
| **3단계** $\dfrac{x^2+x^{-2}+7}{x+x^{-1}+2}$의 값 구하기 | 20 % |

**0067** $x=3^{\frac{1}{3}}-3^{-\frac{1}{3}}$의 양변을 세제곱하면

$\quad x^3=3-\dfrac{1}{3}-3(3^{\frac{1}{3}}-3^{-\frac{1}{3}})$

$\quad x^3=\dfrac{8}{3}-3x \quad \therefore 3x^3+9x=8$

$\quad \therefore 3x^3+9x-10=8-10=-2$     답 ④

**0068** $\dfrac{a^x-a^{-x}}{a^x+a^{-x}}$의 분모, 분자에 각각 $a^x$을 곱하면

$\quad \dfrac{a^x-a^{-x}}{a^x+a^{-x}}=\dfrac{a^x(a^x-a^{-x})}{a^x(a^x+a^{-x})}=\dfrac{a^{2x}-1}{a^{2x}+1}$

$\quad\quad = \dfrac{10-1}{10+1}=\dfrac{9}{11}$     답 $\dfrac{9}{11}$

다른 풀이 $\dfrac{a^x-a^{-x}}{a^x+a^{-x}}=\dfrac{a^{-x}(a^{2x}-1)}{a^{-x}(a^{2x}+1)}=\dfrac{a^{2x}-1}{a^{2x}+1}$

$\quad\quad = \dfrac{10-1}{10+1}=\dfrac{9}{11}$

**0069** $\dfrac{a^x+a^{-x}}{a^x-a^{-x}}$의 분모, 분자에 각각 $a^x$을 곱하면

$\quad \dfrac{a^x+a^{-x}}{a^x-a^{-x}}=\dfrac{a^x(a^x+a^{-x})}{a^x(a^x-a^{-x})}=\dfrac{a^{2x}+1}{a^{2x}-1}$

즉 $\dfrac{a^{2x}+1}{a^{2x}-1}=3$이므로

$\quad a^{2x}+1=3(a^{2x}-1), \quad 2a^{2x}=4$

$\quad \therefore a^{2x}=2$     답 **2**

**0070** $\dfrac{3^x-3^{-x}}{3^x+3^{-x}}$의 분모, 분자에 각각 $3^x$을 곱하면

$\quad \dfrac{3^x-3^{-x}}{3^x+3^{-x}}=\dfrac{3^x(3^x-3^{-x})}{3^x(3^x+3^{-x})}=\dfrac{3^{2x}-1}{3^{2x}+1}=\dfrac{9^x-1}{9^x+1}$

즉 $\dfrac{9^x-1}{9^x+1}=\dfrac{1}{3}$이므로

$\quad 3(9^x-1)=9^x+1, \quad 2\times9^x=4$

$\quad \therefore 9^x=2$

$\quad \therefore 9^x-9^{-x}=9^x-(9^x)^{-1}=2-2^{-1}$

$\quad\quad\quad = 2-\dfrac{1}{2}=\dfrac{3}{2}$     답 ④

**0071** $3^{\frac{1}{x}}=4$에서    $4^x=3$

$\quad \therefore 2^{2x}=3$

$\dfrac{8^x+8^{-x}}{2^x-2^{-x}}$의 분모, 분자에 각각 $2^x$을 곱하면

$\quad \dfrac{8^x+8^{-x}}{2^x-2^{-x}}=\dfrac{2^x(2^{3x}+2^{-3x})}{2^x(2^x-2^{-x})}=\dfrac{2^{4x}+2^{-2x}}{2^{2x}-1}$

$\quad\quad = \dfrac{(2^{2x})^2+(2^{2x})^{-1}}{2^{2x}-1}=\dfrac{3^2+\dfrac{1}{3}}{3-1}$

$\quad\quad = \dfrac{14}{3}$     답 $\dfrac{14}{3}$

**0072** $a^x=16$에서    $a=16^{\frac{1}{x}}=(2^4)^{\frac{1}{x}}=2^{\frac{4}{x}}$    ······ ㉠

$b^y=16$에서    $b=16^{\frac{1}{y}}=(2^4)^{\frac{1}{y}}=2^{\frac{4}{y}}$    ······ ㉡

㉠$\times$㉡을 하면    $ab=2^{\frac{4}{x}}\times2^{\frac{4}{y}}=2^{\frac{4}{x}+\frac{4}{y}}=2^{4\left(\frac{1}{x}+\frac{1}{y}\right)}$

이때 $ab=8=2^3$이므로    $4\left(\dfrac{1}{x}+\dfrac{1}{y}\right)=3$

$\quad \therefore \dfrac{1}{x}+\dfrac{1}{y}=\dfrac{3}{4}$     답 $\dfrac{3}{4}$

**0073** $2^x=a$에서    $2=a^{\frac{1}{x}}$    ...... ㉠

$3^y=a$에서    $3=a^{\frac{1}{y}}$    ...... ㉡

$5^z=a$에서    $5=a^{\frac{1}{z}}$    ...... ㉢

㉠×㉡×㉢을 하면

$$30=a^{\frac{1}{x}}\times a^{\frac{1}{y}}\times a^{\frac{1}{z}}=a^{\frac{1}{x}+\frac{1}{y}+\frac{1}{z}}$$

이때 $\dfrac{1}{x}+\dfrac{1}{y}+\dfrac{1}{z}=2$이므로

$a^2=30$    ∴ $a=\sqrt{30}$ ($∵ a>0$)    답 ⑤

**0074** $a^x=27$에서    $a=27^{\frac{1}{x}}=(3^3)^{\frac{1}{x}}=3^{\frac{3}{x}}$

∴ $a^{\frac{1}{3}}=3^{\frac{1}{x}}$    ...... ㉠

$30^y=3$에서    $30=3^{\frac{1}{y}}$    ...... ㉡

$5^z=9$에서    $5=9^{\frac{1}{z}}=(3^2)^{\frac{1}{z}}=3^{\frac{2}{z}}$    ...... ㉢

㉠÷㉡×㉢을 하면

$$a^{\frac{1}{3}}\div 30\times 5=3^{\frac{1}{x}}\div 3^{\frac{1}{y}}\times 3^{\frac{2}{z}}$$

$$∴ \frac{\sqrt[3]{a}}{6}=3^{\frac{1}{x}-\frac{1}{y}+\frac{2}{z}}$$

이때 $\dfrac{1}{x}-\dfrac{1}{y}+\dfrac{2}{z}=-1$이므로

$$\frac{\sqrt[3]{a}}{6}=3^{-1},\quad \sqrt[3]{a}=2$$

∴ $a=8$    답 8

**0075** $8^x=9^y=12^z=k\ (k>0)$라 하면 $xyz\neq 0$에서

$k\neq 1$

$8^x=k$에서    $8=k^{\frac{1}{x}}$

$9^y=k$에서    $9=k^{\frac{1}{y}}$

$12^z=k$에서    $12=k^{\frac{1}{z}}$

이때 $\dfrac{a}{x}+\dfrac{1}{y}=\dfrac{2}{z}$이므로    $k^{\frac{a}{x}+\frac{1}{y}}=k^{\frac{2}{z}}$

$k^{\frac{a}{x}}\times k^{\frac{1}{y}}=k^{\frac{2}{z}}$,    $8^a\times 9=12^2$

$8^a=16$    ∴ $2^{3a}=2^4$

따라서 $3a=4$이므로

$a=\dfrac{4}{3}$    답 $\dfrac{4}{3}$

**0076** 1회 확대 복사할 때마다 글자 크기가 $r$배 커진다고 하면 5회째의 복사본의 글자 크기는 처음 원본의 글자 크기의 2배이므로

$r^5=2$    ∴ $r=2^{\frac{1}{5}}$

이때 8회째의 복사본의 글자 크기는 4회째의 복사본의 글자 크기의 $r^4$배이고

$r^4=(2^{\frac{1}{5}})^4=2^{\frac{4}{5}}$

이므로    $m=5$, $n=4$

∴ $m+n=9$    답 9

**0077** A 지역에서 $H_1=5$, $H_2=25$, $V_1=4$, $V_2=40$이므로

$\dfrac{40}{4}=\left(\dfrac{25}{5}\right)^{\frac{2}{2-k}}$    ∴ $5^{\frac{2}{2-k}}=10$

B 지역에서 $H_1=4$, $H_2=100$, $V_1=a$, $V_2=b$이므로

$$\frac{b}{a}=\left(\frac{100}{4}\right)^{\frac{2}{2-k}}=25^{\frac{2}{2-k}}$$

$$=(5^2)^{\frac{2}{2-k}}=(5^{\frac{2}{2-k}})^2$$

$$=10^2=100$$    답 100

**0078** 1년마다 인구 수가 $r$배 증가한다고 하면 2000년 말부터 2020년 말까지 20년 동안 인구 수는 $r^{20}$배 증가하므로

$r^{20}=676\div 4=169$

이때 2000년 말부터 2010년 말까지 10년 동안 인구 수는 $r^{10}$배 증가하고

$r^{10}=(r^{20})^{\frac{1}{2}}=169^{\frac{1}{2}}=13$

이므로 2010년 말의 인구는

$4\times 13=52$(만 명)    답 52만 명

**시험에 꼭 나오는 문제**

**0079** $-27$의 세제곱근 중 실수인 것은 $-3$의 1개이므로

$a=1$

$10$의 네제곱근 중 실수인 것은 $-\sqrt[4]{10}$, $\sqrt[4]{10}$의 2개이므로

$b=2$

∴ $a+b=3$    답 ④

**0080** ① $(-2)^2=4$의 제곱근은 $-2$, 2이다.

② 제곱근 9는 $\sqrt{9}=3$이다.

③ $125$의 세제곱근 중 실수인 것은 $-5$의 1개이다.

④ $20$의 네제곱근은 4개이다.

⑤ $n$이 짝수일 때, $-36$의 $n$제곱근 중 실수인 것은 없다.

답 ③

**0081** ( i ) $-n^2+8n-15>0$일 때

$n$이 짝수이면 $-n^2+8n-15$의 $n$제곱근 중에서 음의 실수가 존재한다.

$n^2-8n+15<0$에서    $(n-3)(n-5)<0$

∴ $3<n<5$

이때 $n$이 짝수이어야 하므로

$n=4$

(ii) $-n^2+8n-15=0$일 때

$-n^2+8n-15$의 $n$제곱근은 항상 0이므로 음의 실수가 존재하지 않는다.

(iii) $-n^2+8n-15<0$일 때

$n$이 홀수이면 $-n^2+8n-15$의 $n$제곱근 중에서 음의 실수가 존재한다.

$n^2-8n+15>0$에서    $(n-3)(n-5)>0$

$\therefore n<3$ 또는 $n>5$

이때 $2\le n\le 8$이고 $n$이 홀수이어야 하므로

$n=7$

이상에서    $n=4$ 또는 $n=7$

따라서 모든 $n$의 값의 합은

$4+7=11$　　　　답 **11**

---

✏️ **RPM 비법 노트**

**실수 $a$의 $n$제곱근 중에서 음의 실수가 존재할 조건**

2 이상의 자연수 $n$에 대하여 실수 $a$의 $n$제곱근 중 음의 실수가 존재하려면 $a$가 양수이고 $n$이 짝수이거나 $a$가 음수이고 $n$이 홀수이어야 한다.

---

**0082** $\sqrt[3]{-27}+\dfrac{\sqrt[4]{48}}{\sqrt[4]{3}}+\sqrt{\sqrt[4]{256}}=\sqrt[3]{(-3)^3}+\sqrt[4]{\dfrac{48}{3}}+\sqrt[8]{256}$

$=-3+\sqrt[4]{2^4}+\sqrt[8]{2^8}$

$=-3+2+2=1$

답 ③

**0083** $\left(\sqrt[6]{9}-\sqrt[3]{24}+\sqrt[4]{16}\times\sqrt[9]{27}\right)^6$

$=\left(\sqrt[6]{3^2}-\sqrt[3]{2^3\times3}+\sqrt[4]{2^4}\times\sqrt[9]{3^3}\right)^6$

$=\left(\sqrt[3]{3}-2\sqrt[3]{3}+2\sqrt[3]{3}\right)^6$

$=\left(\sqrt[3]{3}\right)^6=\sqrt[3]{3^6}$

$=3^2=9$

답 ②

**0084** $\sqrt[6]{8a^3b^3}\times\sqrt[16]{256a^6b^4}\div\sqrt{4ab}$

$=\sqrt[6]{2^3a^3b^3}\times\sqrt[16]{2^8a^6b^4}\div\sqrt{2^2ab}$

$=\sqrt{2ab}\times\sqrt[8]{2^4a^3b^2}\div\sqrt{2^2ab}$

$=\dfrac{\sqrt[8]{2^4a^4b^4}\times\sqrt[8]{2^4a^3b^2}}{\sqrt[8]{2^8a^4b^4}}$

$=\sqrt[8]{\dfrac{2^8a^7b^6}{2^8a^4b^4}}$

$=\sqrt[8]{a^3b^2}$

답 ④

다른 풀이 $\sqrt[6]{8a^3b^3}\times\sqrt[16]{256a^6b^4}\div\sqrt{4ab}$

$=(2^3a^3b^3)^{\frac{1}{6}}\times(2^8a^6b^4)^{\frac{1}{16}}\div(2^2ab)^{\frac{1}{2}}$

$=2^{\frac{1}{2}}a^{\frac{1}{2}}b^{\frac{1}{2}}\times2^{\frac{1}{2}}a^{\frac{3}{8}}b^{\frac{1}{4}}\div2a^{\frac{1}{2}}b^{\frac{1}{2}}$

$=2^{\frac{1}{2}+\frac{1}{2}-1}a^{\frac{1}{2}+\frac{3}{8}-\frac{1}{2}}b^{\frac{1}{2}+\frac{1}{4}-\frac{1}{2}}$

$=a^{\frac{3}{8}}b^{\frac{1}{4}}=(a^3b^2)^{\frac{1}{8}}=\sqrt[8]{a^3b^2}$

---

**0085** ① $\sqrt{\sqrt[3]{30}}=\sqrt[6]{30}$

② $\sqrt{6\times\sqrt[3]{5}}=\sqrt{\sqrt[3]{6^3}\times\sqrt[3]{5}}=\sqrt{\sqrt[3]{1080}}=\sqrt[6]{1080}$

③ $\sqrt{5\times\sqrt[3]{6}}=\sqrt{\sqrt[3]{5^3}\times\sqrt[3]{6}}=\sqrt{\sqrt[3]{750}}=\sqrt[6]{750}$

④ $\sqrt[3]{5\sqrt{6}}=\sqrt[3]{\sqrt{5^2}\times\sqrt{6}}=\sqrt[3]{\sqrt{150}}=\sqrt[6]{150}$

⑤ $\sqrt[3]{6\sqrt{5}}=\sqrt[3]{\sqrt{6^2}\times\sqrt{5}}=\sqrt[3]{\sqrt{180}}=\sqrt[6]{180}$

이때 $\sqrt[6]{30}<\sqrt[6]{150}<\sqrt[6]{180}<\sqrt[6]{750}<\sqrt[6]{1080}$ 이므로

$\sqrt{\sqrt[3]{30}}<\sqrt[3]{5\sqrt{6}}<\sqrt[3]{6\sqrt{5}}<\sqrt{5\times\sqrt[3]{6}}<\sqrt{6\times\sqrt[3]{5}}$

따라서 가장 큰 수는 ②이다.　　　　답 ②

**0086** $\dfrac{1}{2^{-4}+1}+\dfrac{1}{2^{-2}+1}+\dfrac{1}{2^2+1}+\dfrac{1}{2^4+1}$

$=\dfrac{2^4}{2^4(2^{-4}+1)}+\dfrac{2^2}{2^2(2^{-2}+1)}+\dfrac{1}{2^2+1}+\dfrac{1}{2^4+1}$

$=\dfrac{2^4}{1+2^4}+\dfrac{2^2}{1+2^2}+\dfrac{1}{2^2+1}+\dfrac{1}{2^4+1}$

$=\dfrac{2^4+1}{2^4+1}+\dfrac{2^2+1}{2^2+1}$

$=1+1$

$=2$

답 ④

다른 풀이 $\dfrac{1}{2^{-4}+1}+\dfrac{1}{2^{-2}+1}+\dfrac{1}{2^2+1}+\dfrac{1}{2^4+1}$

$=\left(\dfrac{1}{2^{-4}+1}+\dfrac{1}{2^4+1}\right)+\left(\dfrac{1}{2^{-2}+1}+\dfrac{1}{2^2+1}\right)$

$=\dfrac{2^4+1+2^{-4}+1}{(2^{-4}+1)(2^4+1)}+\dfrac{2^2+1+2^{-2}+1}{(2^{-2}+1)(2^2+1)}$

$=\dfrac{2^4+2^{-4}+2}{1+2^{-4}+2^4+1}+\dfrac{2^2+2^{-2}+2}{1+2^{-2}+2^2+1}$

$=1+1$

$=2$

**0087** $\dfrac{a^5+a^4+a^3+a^2+a}{a^{-9}+a^{-8}+a^{-7}+a^{-6}+a^{-5}}$

$=\dfrac{a^5+a^4+a^3+a^2+a}{a^{-10}(a+a^2+a^3+a^4+a^5)}$

$=\dfrac{1}{a^{-10}}=a^{10}$

이때 $a^5=7$이므로

$a^{10}=(a^5)^2=7^2=49$　　　　답 **49**

**0088** $18^{\frac{3}{2}}\times24^{\frac{2}{3}}\div9^{-\frac{3}{4}}=(2\times3^2)^{\frac{3}{2}}\times(2^3\times3)^{\frac{2}{3}}\div(3^2)^{-\frac{3}{4}}$

$=2^{\frac{3}{2}}\times3^3\times2^2\times3^{\frac{2}{3}}\div3^{-\frac{3}{2}}$

$=2^{\frac{3}{2}+2}\times3^{3+\frac{2}{3}+\frac{3}{2}}$

$=2^{\frac{7}{2}}\times3^{\frac{31}{6}}$

따라서 $x=\dfrac{7}{2}$, $y=\dfrac{31}{6}$이므로

$x+y=\dfrac{26}{3}$　　　　답 $\dfrac{26}{3}$

**0089** $\sqrt{\sqrt{a} \times \dfrac{a}{\sqrt[3]{a}}} \div \dfrac{\sqrt{\sqrt{a} \times \sqrt[3]{a}}}{\sqrt[4]{\sqrt[3]{a^2}}}$

$= \left( a^{\frac{1}{2}} \times a \div a^{\frac{1}{3}} \right)^{\frac{1}{2}} \div \dfrac{\left( a^{\frac{1}{2}} \times a^{\frac{1}{3}} \right)^{\frac{1}{2}}}{\left( a^{\frac{2}{3}} \right)^{\frac{1}{4}}}$

$= \left( a^{\frac{1}{2}+1-\frac{1}{3}} \right)^{\frac{1}{2}} \div \dfrac{a^{\frac{5}{12}}}{a^{\frac{1}{6}}}$

$= \left( a^{\frac{7}{6}} \right)^{\frac{1}{2}} \div a^{\frac{5}{12}-\frac{1}{6}}$

$= a^{\frac{7}{12}} \div a^{\frac{1}{4}} = a^{\frac{7}{12}-\frac{1}{4}}$

$= a^{\frac{1}{3}}$

$\therefore m = \dfrac{1}{3}$ 　　답 $\dfrac{1}{3}$

**0090** $(\sqrt[n]{a})^3 = (a^{\frac{1}{n}})^3 = a^{\frac{3}{n}}$

(ⅰ) $a=4$일 때, 　 $4^{\frac{3}{n}} = (2^2)^{\frac{3}{n}} = 2^{\frac{6}{n}}$

$2^{\frac{6}{n}}$이 자연수가 되려면 $\dfrac{6}{n}$이 음이 아닌 정수이어야 하므로 $n$ 의 최댓값은 6이다.

$\therefore f(4) = 6$

(ⅱ) $a=27$일 때, 　 $27^{\frac{3}{n}} = (3^3)^{\frac{3}{n}} = 3^{\frac{9}{n}}$

$3^{\frac{9}{n}}$이 자연수가 되려면 $\dfrac{9}{n}$가 음이 아닌 정수이어야 하므로 $n$ 의 최댓값은 9이다.

$\therefore f(27) = 9$

(ⅰ), (ⅱ)에서 　 $f(4)+f(27) = 6+9 = 15$ 　　답 ③

**0091** $a = \sqrt{2}$, $b = \sqrt[3]{3}$에서 $2 = a^2$, $3 = b^3$이므로

$\sqrt[12]{12} = 12^{\frac{1}{12}} = (2^2 \times 3)^{\frac{1}{12}} = \{(a^2)^2 b^3\}^{\frac{1}{12}}$

$= (a^4 b^3)^{\frac{1}{12}} = a^{\frac{1}{3}} b^{\frac{1}{4}}$ 　　답 ③

**0092** $(1+3^2)(1+3)(1+3^{\frac{1}{2}})(1+3^{\frac{1}{4}})(1+3^{\frac{1}{8}})(1-3^{\frac{1}{8}})$

$= (1+3^2)(1+3)(1+3^{\frac{1}{2}})(1+3^{\frac{1}{4}})(1-3^{\frac{1}{4}})$

$= (1+3^2)(1+3)(1+3^{\frac{1}{2}})(1-3^{\frac{1}{2}})$

$= (1+3^2)(1+3)(1-3)$

$= (1+3^2)(1-3^2)$

$= 1-3^4 = 1-81 = -80$ 　　답 $-80$

**0093** $\dfrac{a^{-1}-\beta^{-1}}{a^{-2}-\beta^{-2}} = \dfrac{a^{-1}-\beta^{-1}}{(a^{-1}+\beta^{-1})(a^{-1}-\beta^{-1})}$

$= \dfrac{1}{a^{-1}+\beta^{-1}} = \dfrac{1}{\dfrac{1}{a}+\dfrac{1}{\beta}}$

$= \dfrac{a\beta}{a+\beta}$

이때 이차방정식 $x^2+2kx+6=0$의 두 근이 $a$, $\beta$이므로 근과 계수의 관계에 의하여

$a+\beta = -2k$, $a\beta = 6$

$\therefore \dfrac{a^{-1}-\beta^{-1}}{a^{-2}-\beta^{-2}} = \dfrac{a\beta}{a+\beta} = \dfrac{6}{-2k} = -\dfrac{3}{k}$

따라서 $-\dfrac{3}{k} = \dfrac{4}{25}$이므로

$k = -\dfrac{75}{4}$ 　　답 $-\dfrac{75}{4}$

**0094** $2^{\frac{a}{2}}-2^{-\frac{b}{2}}=5$의 양변을 제곱하면

$2^a - 2 \times 2^{\frac{a}{2}} \times 2^{-\frac{b}{2}} + 2^{-b} = 25$

$\therefore 2^a - 2^{1+\frac{a-b}{2}} + 2^{-b} = 25$

이때 $a-b=4$이므로 　 $2^a - 2^{1+\frac{4}{2}} + 2^{-b} = 25$

$2^a - 8 + 2^{-b} = 25$

$\therefore 2^a + 2^{-b} = 33$ 　　답 33

**0095** $\sqrt[3]{x} + \dfrac{1}{\sqrt[3]{x}} = 4$에서

$x^{\frac{1}{3}} + x^{-\frac{1}{3}} = 4$ 　　　　……㉠

㉠의 양변을 제곱하면

$x^{\frac{2}{3}} + 2 + x^{-\frac{2}{3}} = 16$

$\therefore x^{\frac{2}{3}} + x^{-\frac{2}{3}} = 14$ 　　　　……㉡

㉡의 양변을 제곱하면

$x^{\frac{4}{3}} + 2 + x^{-\frac{4}{3}} = 196$

$\therefore x^{\frac{4}{3}} + x^{-\frac{4}{3}} = 194$

$\therefore \sqrt[3]{x^4} + \dfrac{1}{\sqrt[3]{x^4}} = x^{\frac{4}{3}} + x^{-\frac{4}{3}} = 194$ 　　답 194

**0096** $x = \sqrt[3]{4} - \sqrt[3]{2} = \sqrt[3]{2^2} - \sqrt[3]{2}$에서

$x = 2^{\frac{2}{3}} - 2^{\frac{1}{3}}$ 　　　　……㉠

㉠의 양변을 세제곱하면

$x^3 = (2^{\frac{2}{3}})^3 - (2^{\frac{1}{3}})^3 - 3 \times 2^{\frac{2}{3}} \times 2^{\frac{1}{3}} (2^{\frac{2}{3}} - 2^{\frac{1}{3}})$

$= 2^2 - 2 - 3 \times 2 \times x = 2 - 6x$

$\therefore x^3 + 6x - 2 = 0$

$\therefore x^4 + 6x^2 - 2x + 4 = x(x^3 + 6x - 2) + 4$

$= x \times 0 + 4$

$= 4$ 　　답 4

**0097** $\dfrac{5^x - 5^{-x}}{5^x + 5^{-x}}$의 분모, 분자에 각각 $5^x$을 곱하면

$\dfrac{5^x - 5^{-x}}{5^x + 5^{-x}} = \dfrac{5^x(5^x - 5^{-x})}{5^x(5^x + 5^{-x})} = \dfrac{5^{2x} - 1}{5^{2x} + 1}$

$= \dfrac{25^x - 1}{25^x + 1}$

즉 $\dfrac{25^x - 1}{25^x + 1} = k$이므로

$25^x - 1 = k(25^x + 1)$, 　 $25^x(1-k) = k+1$

$\therefore 25^x = \dfrac{1+k}{1-k}$

$$\therefore 25^x + 25^{-x} = \frac{1+k}{1-k} + \frac{1-k}{1+k}$$
$$= \frac{(1+k)^2 + (1-k)^2}{(1-k)(1+k)}$$
$$= \frac{2(1+k^2)}{1-k^2}$$
답 ⑤

**0098** $\dfrac{a^{5x}-a^{-5x}}{a^x-a^{-x}}$ 의 분모, 분자에 각각 $a^x$을 곱하면

$$\frac{a^{5x}-a^{-5x}}{a^x-a^{-x}} = \frac{a^x(a^{5x}-a^{-5x})}{a^x(a^x-a^{-x})} = \frac{a^{6x}-a^{-4x}}{a^{2x}-1}$$
$$= \frac{(a^{2x})^3 - (a^{2x})^{-2}}{a^{2x}-1} = \frac{(\sqrt{2})^3 - (\sqrt{2})^{-2}}{\sqrt{2}-1}$$
$$= \frac{2\sqrt{2} - \frac{1}{2}}{\sqrt{2}-1} = \frac{4\sqrt{2}-1}{2(\sqrt{2}-1)}$$
$$= \frac{(4\sqrt{2}-1)(\sqrt{2}+1)}{2(\sqrt{2}-1)(\sqrt{2}+1)}$$
$$= \frac{7+3\sqrt{2}}{2}$$
답 $\dfrac{7+3\sqrt{2}}{2}$

**0099** $5^x = 27$에서 $\quad 5 = 27^{\frac{1}{x}} = (3^3)^{\frac{1}{x}} = 3^{\frac{3}{x}}$ ...... ㉠

$45^y = 81$에서 $\quad 45 = 81^{\frac{1}{y}} = (3^4)^{\frac{1}{y}} = 3^{\frac{4}{y}}$ ...... ㉡

㉠÷㉡을 하면 $\quad \dfrac{1}{9} = 3^{\frac{3}{x}} \div 3^{\frac{4}{y}}, \quad 3^{\frac{3}{x}-\frac{4}{y}} = 3^{-2}$

$$\therefore \frac{3}{x} - \frac{4}{y} = -2$$
답 $-2$

**0100** $a^x = 27$에서 $\quad a = 27^{\frac{1}{x}}$ ...... ㉠

$b^y = 27$에서 $\quad b = 27^{\frac{1}{y}}$ ...... ㉡

$c^z = 27$에서 $\quad c = 27^{\frac{1}{z}}$ ...... ㉢

㉠×㉡×㉢을 하면

$$abc = 27^{\frac{1}{x}} \times 27^{\frac{1}{y}} \times 27^{\frac{1}{z}} = 27^{\frac{1}{x}+\frac{1}{y}+\frac{1}{z}} = 3^{3\left(\frac{1}{x}+\frac{1}{y}+\frac{1}{z}\right)}$$

이때 $abc = 9 = 3^2$이므로

$$3\left(\frac{1}{x} + \frac{1}{y} + \frac{1}{z}\right) = 2 \quad \therefore \frac{1}{x} + \frac{1}{y} + \frac{1}{z} = \frac{2}{3}$$
답 $\dfrac{2}{3}$

**0101** $8^x = 27^y = k \ (k>0)$라 하면 $xy \neq 0$에서

$k \neq 1$ $\quad$ └ $\frac{1}{x} + \frac{1}{y} = 3$에서 $xy \neq 0$

$8^x = k$에서 $\quad 8 = k^{\frac{1}{x}}$ ...... ㉠

$27^y = k$에서 $\quad 27 = k^{\frac{1}{y}}$ ...... ㉡

㉠×㉡을 하면

$$216 = k^{\frac{1}{x}} \times k^{\frac{1}{y}} \quad \therefore k^{\frac{1}{x}+\frac{1}{y}} = 216$$

이때 $\dfrac{1}{x} + \dfrac{1}{y} = 3$이므로 $\quad k^3 = 216 = 6^3 \quad \therefore k = 6$

즉 $8^x = 6$이므로 $\quad (2^3)^x = 6, \quad (2^x)^3 = 6 \quad \therefore 2^x = \sqrt[3]{6}$

$27^y = 6$이므로 $\quad (3^3)^y = 6, \quad (3^y)^3 = 6 \quad \therefore 3^y = \sqrt[3]{6}$

$$\therefore (2^x + 3^y)^3 = (\sqrt[3]{6} + \sqrt[3]{6})^3 = (2 \times \sqrt[3]{6})^3$$
$$= 48$$
답 **48**

**0102** 바이러스의 개체 수가 한 시간 후 $r$배가 된다고 하면 바이러스 한 마리가 8시간 후에 8마리로 늘어나므로

$$r^8 = 8$$
$$\therefore r^{16} = (r^8)^2 = 8^2 = 64$$

따라서 바이러스 한 마리가 16시간 후에는 64마리로 늘어난다.

답 **64마리**

**0103** $\sqrt[n]{27 \times \sqrt[3]{9 \times \sqrt[4]{3}}} = \sqrt[n]{27} \times \sqrt[n]{\sqrt[3]{9}} \times \sqrt[n]{\sqrt[3]{\sqrt[4]{3}}}$

$$= \sqrt[n]{3^3} \times \sqrt[3n]{3^2} \times \sqrt[12n]{3}$$
$$= 3^{\frac{3}{n}} \times 3^{\frac{2}{3n}} \times 3^{\frac{1}{12n}}$$
$$= 3^{\frac{3}{n}+\frac{2}{3n}+\frac{1}{12n}}$$
$$= 3^{\frac{45}{12n}} = 3^{\frac{15}{4n}}$$ ··· 1단계

$$\sqrt{\sqrt{27}} = \sqrt[4]{3^3} = 3^{\frac{3}{4}}$$ ··· 2단계

따라서 $3^{\frac{15}{4n}} = 3^{\frac{3}{4}}$이므로 $\quad \dfrac{15}{4n} = \dfrac{3}{4}$

$$\therefore n = 5$$ ··· 3단계

답 **5**

| 채점 요소 | 비율 |
|---|---|
| **1단계** 좌변을 $3^k$의 꼴로 나타내기 | 50 % |
| **2단계** 우변을 $3^k$의 꼴로 나타내기 | 30 % |
| **3단계** 자연수 $n$의 값 구하기 | 20 % |

**0104** $a^3 = 5, \ b^4 = 11, \ c^6 = 13$에서

$$a = 5^{\frac{1}{3}}, \ b = 11^{\frac{1}{4}}, \ c = 13^{\frac{1}{6}}$$

이므로

$$(abc)^n = (5^{\frac{1}{3}} \times 11^{\frac{1}{4}} \times 13^{\frac{1}{6}})^n = 5^{\frac{n}{3}} \times 11^{\frac{n}{4}} \times 13^{\frac{n}{6}}$$ 1단계

따라서 $(abc)^n$이 자연수가 되도록 하는 자연수 $n$은 3, 4, 6의 공배수이므로 자연수 $n$의 최솟값은 12이다. ··· 2단계

답 **12**

| 채점 요소 | 비율 |
|---|---|
| **1단계** $(abc)^n$을 5, 11, 13에 대한 식으로 나타내기 | 50 % |
| **2단계** 자연수 $n$의 최솟값 구하기 | 50 % |

**0105** $x^{\frac{1}{2}} + x^{-\frac{1}{2}} = 2\sqrt{2}$의 양변을 제곱하면

$$x + 2 + x^{-1} = 8$$
$$\therefore x + x^{-1} = 6$$ ··· 1단계

$x^{\frac{1}{2}} + x^{-\frac{1}{2}} = 2\sqrt{2}$의 양변을 세제곱하면

$$x^{\frac{3}{2}} + x^{-\frac{3}{2}} + 3(x^{\frac{1}{2}} + x^{-\frac{1}{2}}) = 16\sqrt{2}$$
$$x^{\frac{3}{2}} + x^{-\frac{3}{2}} + 6\sqrt{2} = 16\sqrt{2}$$
$$\therefore x^{\frac{3}{2}} + x^{-\frac{3}{2}} = 10\sqrt{2}$$ ··· 2단계

$$\therefore \frac{x^{\frac{3}{2}} + x^{-\frac{3}{2}}}{x + x^{-1} + 14} = \frac{10\sqrt{2}}{6+14} = \frac{\sqrt{2}}{2}$$ ··· 3단계

답 $\dfrac{\sqrt{2}}{2}$

| 채점 요소 | | 비율 |
|---|---|---|
| **1단계** | $x+x^{-1}$의 값 구하기 | 40 % |
| **2단계** | $x^{\frac{3}{2}}+x^{-\frac{3}{2}}$의 값 구하기 | 40 % |
| **3단계** | $\dfrac{x^{\frac{3}{2}}+x^{-\frac{3}{2}}}{x+x^{-1}+14}$의 값 구하기 | 20 % |

**0106** $\dfrac{a^{-3x}+a^{3x}}{a^{-x}+a^x}$의 분모, 분자에 각각 $a^x$을 곱하면

$$\dfrac{a^{-3x}+a^{3x}}{a^{-x}+a^x}=\dfrac{a^x(a^{-3x}+a^{3x})}{a^x(a^{-x}+a^x)}=\dfrac{a^{-2x}+a^{4x}}{1+a^{2x}} \quad \cdots \text{ 1단계}$$

즉 $\dfrac{a^{-2x}+a^{4x}}{1+a^{2x}}=3$이므로 $a^{-2x}=t\ (t>0)$라 하면

$$\dfrac{t+\dfrac{1}{t^2}}{1+\dfrac{1}{t}}=3, \qquad t+\dfrac{1}{t^2}=3\left(1+\dfrac{1}{t}\right)$$

$$\therefore t-3-\dfrac{3}{t}+\dfrac{1}{t^2}=0$$

양변에 $t^2$을 곱하면

$$t^3-3t^2-3t+1=0, \qquad (t+1)(t^2-4t+1)=0$$

$$\therefore t=2\pm\sqrt{3}\ (\because t>0) \quad \cdots \text{ 2단계}$$

$$\therefore a^{-2x}=2\pm\sqrt{3} \quad \cdots \text{ 3단계}$$

**답** $2\pm\sqrt{3}$

| 채점 요소 | | 비율 |
|---|---|---|
| **1단계** | 등식의 좌변의 분모, 분자에 각각 $a^x$을 곱하기 | 30 % |
| **2단계** | 주어진 등식에서 $a^{-2x}=t\ (t>0)$로 놓고 $t$의 값 구하기 | 60 % |
| **3단계** | $a^{-2x}$의 값 구하기 | 10 % |

**0107** **전략** 실수 $a$의 $n$제곱근 중 실수인 것의 개수는 $n$이 홀수이면 1개, $n$이 짝수이면 $a>0$일 때 2개, $a=0$일 때 1개, $a<0$일 때 0개임을 이용한다.

자연수 $n$의 값에 관계없이 $(n-2)(n-5)$의 세제곱근 중 실수인 것의 개수는 1이므로

$$f(n)=1$$

따라서 $f(n)\geq g(n)$에서 $g(n)\leq 1$이므로

$$g(n)=0 \text{ 또는 } g(n)=1$$

(i) $g(n)=0$일 때

$(n-2)(n-5)$의 네제곱근 중 실수인 것의 개수가 0이므로 $(n-2)(n-5)$는 음수이어야 한다.

즉 $(n-2)(n-5)<0$이므로

$$2<n<5$$

이때 $n$은 자연수이므로 $n=3$ 또는 $n=4$

(ii) $g(n)=1$일 때

$(n-2)(n-5)$의 네제곱근 중 실수인 것의 개수가 1이므로 $(n-2)(n-5)$는 0이어야 한다.

즉 $(n-2)(n-5)=0$이므로

$$n=2 \text{ 또는 } n=5$$

(i), (ii)에서 $n$의 값은 2, 3, 4, 5이므로 구하는 합은

$$2+3+4+5=14$$

**답** 14

**0108** **전략** $x$가 $a$의 $n$제곱근이면 $x^n=a$임을 이용하여 주어진 조건을 식으로 나타낸다.

조건 (가)에서 $(\sqrt[3]{a})^m=b$이므로

$$a^{\frac{m}{3}}=b \qquad \cdots\cdots \text{㉠}$$

조건 (나)에서 $(\sqrt{b})^n=c$이므로

$$b^{\frac{n}{2}}=c \qquad \cdots\cdots \text{㉡}$$

조건 (다)에서 $c^4=a^{12}$이므로

$$c=a^3 \qquad \cdots\cdots \text{㉢}$$

㉠을 ㉡에 대입하면

$$c=(a^{\frac{m}{3}})^{\frac{n}{2}}=a^{\frac{mn}{6}}$$

이때 ㉢에서 $a^{\frac{mn}{6}}=a^3$이므로

$$\dfrac{mn}{6}=3 \qquad \therefore mn=18$$

따라서 $mn=18$을 만족시키는 1이 아닌 두 자연수 $m$, $n$의 순서쌍 $(m,n)$은

$$(2,9),\ (3,6),\ (6,3),\ (9,2)$$

의 4개이다.

**답** ①

**0109** **전략** $2^a=x$, $2^b=y$, $2^c=z$로 놓고 주어진 식을 이용하여 $x+y+z$, $xy+yz+zx$의 값을 구한다.

$2^a=x$, $2^b=y$, $2^c=z$라 하면 $a+b+c=-1$이므로

$$xyz=2^a2^b2^c=2^{a+b+c}$$
$$=2^{-1}=\dfrac{1}{2} \qquad \cdots\cdots \text{㉠}$$

$2^a+2^b+2^c=\dfrac{13}{4}$이므로

$$x+y+z=\dfrac{13}{4}$$

$2^{-a}+2^{-b}+2^{-c}=\dfrac{11}{2}$이므로

$$\dfrac{1}{x}+\dfrac{1}{y}+\dfrac{1}{z}=\dfrac{11}{2}$$

$$\dfrac{xy+yz+zx}{xyz}=\dfrac{11}{2}$$

$$2(xy+yz+zx)=\dfrac{11}{2}\ (\because \text{㉠})$$

$$\therefore xy+yz+zx=\dfrac{11}{4}$$

$$\therefore 4^a+4^b+4^c=(2^2)^a+(2^2)^b+(2^2)^c$$
$$=(2^a)^2+(2^b)^2+(2^c)^2$$
$$=x^2+y^2+z^2$$
$$=(x+y+z)^2-2(xy+yz+zx)$$
$$=\left(\dfrac{13}{4}\right)^2-2\times\dfrac{11}{4}$$
$$=\dfrac{81}{16}$$

**답** $\dfrac{81}{16}$

# 02 로그

본책 019쪽

**0110** 답 $4 = \log_3 81$

**0111** 답 $-3 = \log_{\frac{1}{2}} 8$

**0112** 답 $\frac{1}{2} = \log_{25} 5$

**0113** 답 $0 = \log_7 1$

**0114** 답 $2^5 = 32$

**0115** 답 $(\sqrt{3})^4 = 9$

**0116** 답 $\left(\dfrac{1}{2}\right)^6 = \dfrac{1}{64}$

**0117** 답 $5^0 = 1$

**0118** $\log_2 x = 3$에서 $x = 2^3 = 8$  답 **8**

**0119** $\log_{\frac{1}{3}} x = -2$에서 $x = \left(\dfrac{1}{3}\right)^{-2} = 9$  답 **9**

**0120** $\log_x 16 = 4$에서 $x^4 = 16$
∴ $x = 2$ (∵ $x > 0$)  답 **2**

**0121** $\log_x 2 = 5$에서 $x^5 = 2$
∴ $x = \sqrt[5]{2}$  답 $\sqrt[5]{2}$

**0122** 진수의 조건에서 $x + 1 > 0$
∴ $x > -1$  답 $x > -1$

**0123** 밑의 조건에서 $x - 5 > 0,\ x - 5 \neq 1$
$x > 5,\ x \neq 6$
∴ $5 < x < 6$ 또는 $x > 6$  답 $5 < x < 6$ 또는 $x > 6$

**0124** $\log_3 3 - \log_5 1 = 1 - 0 = 1$  답 **1**

**0125** $3\log_2 4 + 2\log_2 \sqrt{2} = 3\log_2 2^2 + 2\log_2 2^{\frac{1}{2}}$
$= 6\log_2 2 + \log_2 2$
$= 6 + 1 = 7$  답 **7**

**0126** $\log_3 24 + 3\log_3 \dfrac{3}{2} = \log_3 24 + \log_3 \left(\dfrac{3}{2}\right)^3$
$= \log_3 24 + \log_3 \dfrac{27}{8}$
$= \log_3 \left(24 \times \dfrac{27}{8}\right)$
$= \log_3 81 = \log_3 3^4$
$= 4\log_3 3 = 4$  답 **4**

**다른 풀이** $\log_3 24 + 3\log_3 \dfrac{3}{2}$
$= \log_3 (2^3 \times 3) + 3(\log_3 3 - \log_3 2)$
$= 3\log_3 2 + \log_3 3 + 3\log_3 3 - 3\log_3 2$
$= 4\log_3 3 = 4$

**0127** $\log_2 18 - 2\log_2 6 = \log_2 18 - \log_2 6^2$
$= \log_2 18 - \log_2 36$
$= \log_2 \dfrac{18}{36} = \log_2 \dfrac{1}{2}$
$= \log_2 2^{-1} = -\log_2 2$
$= -1$  답 $-1$

**0128** $\log_{10} 12 = \log_{10} (2^2 \times 3)$
$= 2\log_{10} 2 + \log_{10} 3$
$= 2a + b$  답 $2a + b$

**0129** $\log_{10} \dfrac{4}{27} = \log_{10} \dfrac{2^2}{3^3}$
$= 2\log_{10} 2 - 3\log_{10} 3$
$= 2a - 3b$  답 $2a - 3b$

**0130** $\log_3 16 = \dfrac{\log_{10} 16}{\log_{10} 3} = \dfrac{\log_{10} 2^4}{\log_{10} 3}$
$= \dfrac{4\log_{10} 2}{\log_{10} 3} = \dfrac{4a}{b}$  답 $\dfrac{4a}{b}$

**0131** $\log_6 9 = \dfrac{\log_{10} 9}{\log_{10} 6} = \dfrac{\log_{10} 3^2}{\log_{10} (2 \times 3)}$
$= \dfrac{2\log_{10} 3}{\log_{10} 2 + \log_{10} 3} = \dfrac{2b}{a + b}$  답 $\dfrac{2b}{a + b}$

**0132** $\log_3 2 \times \log_2 3 = \dfrac{\log_{10} 2}{\log_{10} 3} \times \dfrac{\log_{10} 3}{\log_{10} 2} = 1$  답 **1**

**0133** $\log_{27} 81 = \log_{3^3} 3^4 = \dfrac{4}{3}\log_3 3 = \dfrac{4}{3}$  답 $\dfrac{4}{3}$

**0134** $\log_4 \dfrac{1}{8} = \log_{2^2} 2^{-3} = -\dfrac{3}{2}\log_2 2 = -\dfrac{3}{2}$  답 $-\dfrac{3}{2}$

**0135** 답 **10**

**0136** $\log 1000 = \log 10^3 = 3$ 　　　　　　　　답 **3**

**0137** $\log \dfrac{1}{100} = \log 10^{-2} = -2$ 　　　답 **$-2$**

**0138** $\log 0.0001 = \log 10^{-4} = -4$ 　　　답 **$-4$**

**0139** $\log \sqrt[5]{100} = \log \sqrt[5]{10^2} = \log 10^{\frac{2}{5}} = \dfrac{2}{5}$ 　답 **$\dfrac{2}{5}$**

**0140** 답 **0.7101**

**0141** 답 **0.7007**

**0142** $\log 15.4 = \log(1.54 \times 10)$
$\qquad\qquad = \log 1.54 + \log 10$
$\qquad\qquad = 0.1875 + 1 = 1.1875$ 　답 **1.1875**

**0143** $\log 1540 = \log(1.54 \times 10^3)$
$\qquad\qquad = \log 1.54 + \log 10^3$
$\qquad\qquad = 0.1875 + 3 = 3.1875$ 　답 **3.1875**

**0144** $\log 0.154 = \log(1.54 \times 10^{-1})$
$\qquad\qquad = \log 1.54 + \log 10^{-1}$
$\qquad\qquad = 0.1875 - 1 = -0.8125$ 　답 **$-0.8125$**

**0145** $\log 0.0154 = \log(1.54 \times 10^{-2})$
$\qquad\qquad = \log 1.54 + \log 10^{-2}$
$\qquad\qquad = 0.1875 - 2$
$\qquad\qquad = -1.8125$ 　답 **$-1.8125$**

## 유형 익히기
● 본책 020~025쪽

**0146** $\log_{\sqrt{3}} a = 4$에서 　$a = (\sqrt{3})^4 = (3^{\frac{1}{2}})^4 = 3^2 = 9$
$\log_{\frac{1}{9}} b = -\dfrac{1}{2}$에서 　$b = \left(\dfrac{1}{9}\right)^{-\frac{1}{2}} = (3^{-2})^{-\frac{1}{2}} = 3$
$\qquad \therefore ab = 27$ 　　　　　　답 **②**

**0147** $\log_a \dfrac{1}{2} = \dfrac{4}{3}$에서 　$a^{\frac{4}{3}} = \dfrac{1}{2}$
$\qquad \therefore a^8 = (a^{\frac{4}{3}})^6 = \left(\dfrac{1}{2}\right)^6 = \dfrac{1}{64}$ 　답 **$\dfrac{1}{64}$**

**0148** $\log_7\{\log_3(\log_2 x)\} = 0$에서
$\qquad \log_3(\log_2 x) = 7^0 = 1, \qquad \log_2 x = 3^1 = 3$
$\qquad \therefore x = 2^3 = 8$ 　　　　답 **④**

**0149** $x = \log_4(3 - 2\sqrt{2})$에서 　$4^x = 3 - 2\sqrt{2}$
$\qquad \therefore 4^x + 4^{-x} = 4^x + \dfrac{1}{4^x} = 3 - 2\sqrt{2} + \dfrac{1}{3 - 2\sqrt{2}}$
$\qquad\qquad\qquad\qquad\quad = 3 - 2\sqrt{2} + 3 + 2\sqrt{2} = 6$ 　답 **⑤**

**0150** 밑의 조건에서 　$x - 2 > 0$, $x - 2 \neq 1$
$\qquad \therefore x > 2$, $x \neq 3$ 　　　…… ㉠
진수의 조건에서 　$-x^2 + 8x - 7 > 0$
$\qquad x^2 - 8x + 7 < 0$, 　$(x-1)(x-7) < 0$
$\qquad \therefore 1 < x < 7$ 　　　…… ㉡
㉠, ㉡의 공통 범위를 구하면
$\qquad 2 < x < 3$ 또는 $3 < x < 7$
따라서 정수 $x$는 4, 5, 6의 3개이다. 　답 **②**

**0151** 진수의 조건에서
$\qquad x - 1 > 0$, $x - 2 > 0$
$\qquad \therefore |x - 1| + |x - 2| = (x - 1) + (x - 2) = 2x - 3$
　　　　　　　　　　　　　　답 **③**

**0152** 밑의 조건에서 　$a - 3 > 0$, $a - 3 \neq 1$
$\qquad \therefore a > 3$, $a \neq 4$ 　　　…… ㉠
진수의 조건에서 모든 실수 $x$에 대하여 $x^2 + ax + 2a > 0$이어야
하므로 이차방정식 $x^2 + ax + 2a = 0$의 판별식을 $D$라 하면
$\qquad D = a^2 - 4 \times 1 \times 2a < 0$, 　$a(a - 8) < 0$
$\qquad \therefore 0 < a < 8$ 　　　…… ㉡
㉠, ㉡의 공통 범위를 구하면
$\qquad 3 < a < 4$ 또는 $4 < a < 8$
따라서 정수 $a$는 5, 6, 7이므로 구하는 합은
$\qquad 5 + 6 + 7 = 18$ 　　　　답 **18**

> **RPM 비법노트**
>
> 모든 실수 $x$에 대하여 이차부등식 $ax^2 + bx + c > 0$이 성립하려면
> $\qquad a > 0$, $b^2 - 4ac < 0$

**0153** 밑의 조건에서 　$|x - 2| > 0$, $|x - 2| \neq 1$
$\qquad \therefore x \neq 2$, $x \neq 3$, $x \neq 1$ 　…… ㉠ … **1단계**
진수의 조건에서 　$8 + 2x - x^2 > 0$
$\qquad x^2 - 2x - 8 < 0$, 　$(x + 2)(x - 4) < 0$
$\qquad \therefore -2 < x < 4$ 　　　…… ㉡ … **2단계**
㉠, ㉡의 공통 범위를 구하면
$\qquad -2 < x < 1$ 또는 $1 < x < 2$ 또는 $2 < x < 3$ 또는 $3 < x < 4$
따라서 정수 $x$는 $-1$, 0의 2개이다. 　… **3단계**
　　　　　　　　　　　　　　답 **2**

| 채점 요소 | | 비율 |
|---|---|---|
| **1단계** | 밑의 조건을 만족시키는 $x$의 값의 범위 구하기 | 40 % |
| **2단계** | 진수의 조건을 만족시키는 $x$의 값의 범위 구하기 | 40 % |
| **3단계** | 정수 $x$의 개수 구하기 | 20 % |

**0154** $5\log_5 \sqrt[5]{2}+\log_5 \sqrt{10}-\dfrac{1}{2}\log_5 8$

$=\log_5 (\sqrt[5]{2})^5+\log_5 \sqrt{10}-\log_5 \sqrt{8}$

$=\log_5 2+\log_5 \sqrt{10}-\log_5 2\sqrt{2}$

$=\log_5 \dfrac{2\times\sqrt{10}}{2\sqrt{2}}=\log_5 \sqrt{5}$

$=\log_5 5^{\frac{1}{2}}=\dfrac{1}{2}$ 　　　　　　　　　　　　답 $\dfrac{1}{2}$

**0155** ① $\log_5 9+2\log_5 \dfrac{1}{3}=\log_5 9+\log_5 \left(\dfrac{1}{3}\right)^2$

$\qquad\qquad\qquad\quad =\log_5 9+\log_5 \dfrac{1}{9}=\log_5 \left(9\times\dfrac{1}{9}\right)$

$\qquad\qquad\qquad\quad =\log_5 1=0$

② $\dfrac{1}{4}\log_3 27-\log_3 \sqrt[4]{3}=\dfrac{1}{4}\log_3 3^3-\log_3 3^{\frac{1}{4}}=\dfrac{3}{4}-\dfrac{1}{4}=\dfrac{1}{2}$

③ $\log_2 \dfrac{1}{16}\times\log_{\frac{1}{2}} 4=\log_2 2^{-4}\times\log_{\frac{1}{2}}\left(\dfrac{1}{2}\right)^{-2}$

$\qquad\qquad\qquad\qquad =-4\times(-2)=8$

④ $\log_5 \dfrac{4}{5}+6\log_5 \dfrac{1}{\sqrt[3]{10}}=\log_5 \dfrac{4}{5}+\log_5 \left(\dfrac{1}{\sqrt[3]{10}}\right)^6$

$\qquad\qquad\qquad\qquad =\log_5 \dfrac{4}{5}+\log_5 \dfrac{1}{100}$

$\qquad\qquad\qquad\qquad =\log_5 \left(\dfrac{4}{5}\times\dfrac{1}{100}\right)=\log_5 \dfrac{1}{125}$

$\qquad\qquad\qquad\qquad =\log_5 5^{-3}=-3$

⑤ $\log_3 9\sqrt{5}-\dfrac{3}{2}\log_3 5+\log_3 45$

$\quad =\log_3 9\sqrt{5}-\log_3 5^{\frac{3}{2}}+\log_3 45$

$\quad =\log_3 9\sqrt{5}-\log_3 5\sqrt{5}+\log_3 45$

$\quad =\log_3 \dfrac{9\sqrt{5}\times 45}{5\sqrt{5}}=\log_3 81$

$\quad =\log_3 3^4=4$

　　　　　　　　　　　　　　　　　　　　답 ④

**0156** $\log_5 x+2\log_5 \sqrt{y}-2\log_5 z=2$에서

$\log_5 x+\log_5 (\sqrt{y})^2-\log_5 z^2=2$

$\log_5 x+\log_5 y-\log_5 z^2=2$

$\log_5 \dfrac{xy}{z^2}=2 \qquad\therefore \dfrac{xy}{z^2}=5^2=25$　　　답 **25**

**0157** (주어진 식)

$=\log_2 \dfrac{1}{2}+\log_2 \dfrac{2}{3}+\log_2 \dfrac{3}{4}+\cdots+\log_2 \dfrac{31}{32}$

$=\log_2 \left(\dfrac{1}{2}\times\dfrac{2}{3}\times\dfrac{3}{4}\times\cdots\times\dfrac{31}{32}\right)=\log_2 \dfrac{1}{32}$

$=\log_2 2^{-5}=-5$ 　　　　　　　　　　　　답 **−5**

**0158** $\log_3 5\times\log_5 7\times\log_7 9=\dfrac{\log_2 5}{\log_2 3}\times\dfrac{\log_2 7}{\log_2 5}\times\dfrac{\log_2 9}{\log_2 7}$

$\qquad\qquad\qquad\qquad\qquad =\dfrac{\log_2 9}{\log_2 3}=\log_3 9$

$\qquad\qquad\qquad\qquad\qquad =\log_3 3^2=2$ 　　　　답 **2**

**0159** $\dfrac{1}{\log_2 12}+\dfrac{1}{\log_3 12}+\dfrac{1}{\log_{24} 12}$

$=\log_{12} 2+\log_{12} 3+\log_{12} 24$

$=\log_{12}(2\times 3\times 24)=\log_{12} 144$

$=\log_{12} 12^2=2$ 　　　　　　　　　　　　답 **2**

**0160** $70\log_{\sqrt{ab}} c=\dfrac{70}{\log_c \sqrt{ab}}=\dfrac{70}{\log_c (ab)^{\frac{1}{2}}}$

$\qquad\qquad\quad =\dfrac{70}{\dfrac{1}{2}\log_c ab}=\dfrac{140}{\log_c a+\log_c b}$

$\qquad\qquad\quad =\dfrac{140}{\log_c a+\dfrac{1}{\log_b c}}=\dfrac{140}{2+\dfrac{1}{3}}$

$\qquad\qquad\quad =60$ 　　　　　　　　　　　　답 **60**

**0161** $\log_a (\log_2 9)+\log_a (\log_7 16)+\log_a (\log_3 49)$

$=\log_a (\log_2 9\times\log_7 16\times\log_3 49)$

$=\log_a \left(\dfrac{\log_{10} 3^2}{\log_{10} 2}\times\dfrac{\log_{10} 2^4}{\log_{10} 7}\times\dfrac{\log_{10} 7^2}{\log_{10} 3}\right)$

$=\log_a \left(\dfrac{2\log_{10} 3}{\log_{10} 2}\times\dfrac{4\log_{10} 2}{\log_{10} 7}\times\dfrac{2\log_{10} 7}{\log_{10} 3}\right)=\log_a 16$

따라서 $\log_a 16=2$이므로

$\quad a^2=16 \qquad\therefore a=4 \ (\because a>0)$　　　　답 **4**

**0162** $4\log_9 2+\log_3 4-\log_3 8=4\log_{3^2} 2+\log_3 2^2-\log_3 2^3$

$\qquad\qquad\qquad\qquad\qquad\quad =2\log_3 2+2\log_3 2-3\log_3 2$

$\qquad\qquad\qquad\qquad\qquad\quad =\log_3 2$

$\therefore 27^{4\log_9 2+\log_3 4-\log_3 8}=27^{\log_3 2}=2^{\log_3 27}=2^{\log_3 3^3}=2^3=8$

　　　　　　　　　　　　　　　　　　　　답 **8**

**다른 풀이** $27^{4\log_9 2+\log_3 4-\log_3 8}=27^{\log_3 2}=3^{3\log_3 2}$

$\qquad\qquad\qquad\qquad\qquad\quad =3^{\log_3 2^3}=2^3=8$

**0163** $\log_2 81+\log_4 9-\log_8 9=\log_2 3^4+\log_{2^2} 3^2-\log_{2^3} 3^2$

$\qquad\qquad\qquad\qquad\qquad\quad =4\log_2 3+\log_2 3-\dfrac{2}{3}\log_2 3$

$\qquad\qquad\qquad\qquad\qquad\quad =\dfrac{13}{3}\log_2 3$

$\therefore a=\dfrac{13}{3}$ 　　　　　　　　　　　　답 ②

**0164** $\left(\log_3 5+\log_9 \dfrac{1}{5}\right)\left(\log_5 \sqrt{\dfrac{1}{3}}+\log_{25} 9\right)$

$=(\log_3 5+\log_{3^2} 5^{-1})\left\{\log_5 (3^{-1})^{\frac{1}{2}}+\log_{5^2} 3^2\right\}$

$=\left(\log_3 5-\dfrac{1}{2}\log_3 5\right)\left(\log_5 3^{-\frac{1}{2}}+\log_5 3\right)$

$=\dfrac{1}{2}\log_3 5\times\left(-\dfrac{1}{2}\log_5 3+\log_5 3\right)$

$=\dfrac{1}{2}\log_3 5\times\dfrac{1}{2}\log_5 3=\dfrac{1}{4}$ 　　　　답 $\dfrac{1}{4}$

**0165** $A=3^{1-\log_3 2}=3^{\log_3 3-\log_3 2}=3^{\log_3 \frac{3}{2}}=\frac{3}{2}$

$B=\log_2 3\times\log_3 4=\dfrac{\log_{10}3}{\log_{10}2}\times\dfrac{\log_{10}2^2}{\log_{10}3}$

$\quad=\dfrac{\log_{10}3}{\log_{10}2}\times\dfrac{2\log_{10}2}{\log_{10}3}=2$

$C=\log_4 2+\log_9 3=\log_{2^2}2+\log_{3^2}3$

$\quad=\dfrac{1}{2}\log_2 2+\dfrac{1}{2}\log_3 3=\dfrac{1}{2}+\dfrac{1}{2}=1$

$\therefore C<A<B$     답 $C<A<B$

**0166** $\log_{12}\sqrt{24}=\dfrac{\log_7\sqrt{24}}{\log_7 12}=\dfrac{\frac{1}{2}\log_7 24}{\log_7 12}$

$\quad=\dfrac{\log_7(2^3\times3)}{2\log_7(2^2\times3)}$

$\quad=\dfrac{3\log_7 2+\log_7 3}{2(2\log_7 2+\log_7 3)}$

$\quad=\dfrac{3a+b}{2(2a+b)}$    답 ②

**0167** $10^a=x$에서   $a=\log_{10}x$

$10^b=y$에서   $b=\log_{10}y$

$10^c=z$에서   $c=\log_{10}z$

$\therefore \log_{10}\dfrac{x^2z^4}{y^3}=\log_{10}x^2+\log_{10}z^4-\log_{10}y^3$

$\quad\quad\quad\quad\quad\quad=2\log_{10}x+4\log_{10}z-3\log_{10}y$

$\quad\quad\quad\quad\quad\quad=2a-3b+4c$

답 $2a-3b+4c$

**0168** $\log_5 3=b$에서

$\dfrac{\log_2 3}{\log_2 5}=\dfrac{\log_2 3}{a}=b$   $\therefore \log_2 3=ab$

$\therefore \log_6 45=\dfrac{\log_2 45}{\log_2 6}=\dfrac{\log_2(3^2\times5)}{\log_2(2\times3)}$

$\quad\quad\quad=\dfrac{2\log_2 3+\log_2 5}{1+\log_2 3}$

$\quad\quad\quad=\dfrac{2ab+a}{ab+1}$    답 $\dfrac{2ab+a}{ab+1}$

다른 풀이 $\log_2 5=a$에서   $\log_5 2=\dfrac{1}{\log_2 5}=\dfrac{1}{a}$

$\therefore \log_6 45=\dfrac{\log_5 45}{\log_5 6}=\dfrac{\log_5(3^2\times5)}{\log_5(2\times3)}$

$\quad\quad\quad=\dfrac{2\log_5 3+1}{\log_5 2+\log_5 3}=\dfrac{2b+1}{\frac{1}{a}+b}$

$\quad\quad\quad=\dfrac{2ab+a}{ab+1}$

**0169** $\sqrt{6\sqrt{6}}=\sqrt{6}\times\sqrt{\sqrt{6}}=\sqrt{6}\times\sqrt[4]{6}$

$\quad\quad\quad=6^{\frac{1}{2}}\times6^{\frac{1}{4}}=6^{\frac{1}{2}+\frac{1}{4}}=6^{\frac{3}{4}}$,

$\sqrt{3\sqrt{3}}=\sqrt{3}\times\sqrt{\sqrt{3}}=\sqrt{3}\times\sqrt[4]{3}=3^{\frac{1}{2}}\times3^{\frac{1}{4}}=3^{\frac{1}{2}+\frac{1}{4}}=3^{\frac{3}{4}}$

이므로

$\log_3\sqrt{6\sqrt{6}}-\log_6\sqrt{3\sqrt{3}}=\log_3 6^{\frac{3}{4}}-\log_6 3^{\frac{3}{4}}$

$\quad\quad\quad=\dfrac{3}{4}(\log_3 6-\log_6 3)$

$\quad\quad\quad=\dfrac{3}{4}\left(\dfrac{\log_2 6}{\log_2 3}-\dfrac{\log_2 3}{\log_2 6}\right)$

$\quad\quad\quad=\dfrac{3}{4}\left\{\dfrac{\log_2(2\times3)}{\log_2 3}-\dfrac{\log_2 3}{\log_2(2\times3)}\right\}$

$\quad\quad\quad=\dfrac{3}{4}\left(\dfrac{1+\log_2 3}{\log_2 3}-\dfrac{\log_2 3}{1+\log_2 3}\right)$

$\quad\quad\quad=\dfrac{3}{4}\left(\dfrac{1+a}{a}-\dfrac{a}{1+a}\right)$

$\quad\quad\quad=\dfrac{3}{4}\times\dfrac{(1+a)^2-a^2}{a(a+1)}$

$\quad\quad\quad=\dfrac{3(2a+1)}{4a(a+1)}$

답 $\dfrac{3(2a+1)}{4a(a+1)}$

**0170** $5^x=2^y=\sqrt{10^z}=k\ (k>0,\ k\neq1)$라 하면

$5^x=k$에서   $x=\log_5 k$

$2^y=k$에서   $y=\log_2 k$

$\sqrt{10^z}=k$에서   $10^{\frac{z}{2}}=k$

$\dfrac{z}{2}=\log_{10}k$   $\therefore z=2\log_{10}k$

$\therefore \dfrac{1}{x}+\dfrac{1}{y}-\dfrac{2}{z}=\dfrac{1}{\log_5 k}+\dfrac{1}{\log_2 k}-\dfrac{2}{2\log_{10}k}$

$\quad\quad\quad\quad\quad=\log_k 5+\log_k 2-\log_k 10$

$\quad\quad\quad\quad\quad=\log_k\left(\dfrac{5\times2}{10}\right)=\log_k 1=0$   답 0

다른 풀이 $5^x=2^y=\sqrt{10^z}=k\ (k>0,\ k\neq1)$라 하면

$5^x=k$에서   $5=k^{\frac{1}{x}}$      ……㉠

$2^y=k$에서   $2=k^{\frac{1}{y}}$      ……㉡

$\sqrt{10^z}=k$에서   $10=k^{\frac{2}{z}}$     ……㉢

㉠×㉡÷㉢을 하면

$1=k^{\frac{1}{x}}\times k^{\frac{1}{y}}\div k^{\frac{2}{z}}=k^{\frac{1}{x}+\frac{1}{y}-\frac{2}{z}}$

$\therefore \dfrac{1}{x}+\dfrac{1}{y}-\dfrac{2}{z}=0$

**0171** $108^x=27$에서

$x=\log_{108}27=\log_{108}3^3=3\log_{108}3$

$4^y=81$에서

$y=\log_4 81=\log_4 3^4=4\log_4 3$

$\therefore \dfrac{3}{x}-\dfrac{4}{y}=\dfrac{3}{3\log_{108}3}-\dfrac{4}{4\log_4 3}$

$\quad\quad\quad=\log_3 108-\log_3 4$

$\quad\quad\quad=\log_3\dfrac{108}{4}=\log_3 27$

$\quad\quad\quad=\log_3 3^3=3$    답 3

**0172** $a^2b^5=1$의 양변에 $a$를 밑으로 하는 로그를 취하면

$\log_a a^2b^5=\log_a 1$, $\quad 2+5\log_a b=0$

$\therefore \log_a b=-\dfrac{2}{5}$

$\therefore \log_a a^7b^{10}=7+10\log_a b$

$\qquad\qquad\quad =7+10\times\left(-\dfrac{2}{5}\right)=3$ **目 3**

**다른 풀이** $a^2b^5=1$에서 $\quad b^5=a^{-2}$ $\quad\therefore b=a^{-\frac{2}{5}}$

$\therefore \log_a a^7b^{10}=\log_a\{a^7\times(a^{-\frac{2}{5}})^{10}\}=\log_a a^3=3$

**0173** 조건 ㈎에서 $\sqrt[8]{a}=\sqrt[4]{b}=\sqrt{c}=k\,(k>0,\ k\neq1)$라 하면

$\sqrt[8]{a}=k$에서 $\quad a^{\frac{1}{8}}=k$ $\quad\therefore a=k^8$

$\sqrt[4]{b}=k$에서 $\quad b^{\frac{1}{4}}=k$ $\quad\therefore b=k^4$

$\sqrt{c}=k$에서 $\quad c=k^2$

이것을 조건 ㈏의 식의 좌변에 대입하면

$\log_4 a+\log_{16} b+\log_{64} c$

$=\log_{2^2} k^8+\log_{2^4} k^4+\log_{2^6} k^2$

$=4\log_2 k+\log_2 k+\dfrac{1}{3}\log_2 k$

$=\dfrac{16}{3}\log_2 k$

이므로 $\quad\dfrac{16}{3}\log_2 k=\dfrac{8}{3}$, $\quad\log_2 k=\dfrac{1}{2}$

$\therefore k=2^{\frac{1}{2}}=\sqrt{2}$

$\therefore \log_2 abc=\log_2(k^8\times k^4\times k^2)=\log_2 k^{14}$

$\qquad\qquad\quad =\log_2(\sqrt{2})^{14}=\log_2 2^7=7$ **目 7**

**0174** 이차방정식의 근과 계수의 관계에 의하여

$\log_{10} a+\log_{10} b=6$, $\log_{10} a\times\log_{10} b=3$

$\therefore \log_a b+\log_b a$

$=\dfrac{\log_{10} b}{\log_{10} a}+\dfrac{\log_{10} a}{\log_{10} b}$

$=\dfrac{(\log_{10} a)^2+(\log_{10} b)^2}{\log_{10} a\times\log_{10} b}$

$=\dfrac{(\log_{10} a+\log_{10} b)^2-2\log_{10} a\times\log_{10} b}{\log_{10} a\times\log_{10} b}$

$=\dfrac{6^2-2\times3}{3}=10$ **目 ③**

**0175** 이차방정식의 근과 계수의 관계에 의하여

$\alpha+\beta=10$, $\alpha\beta=8$

$\therefore \log_2\alpha+\log_2\beta=\log_2\alpha\beta=\log_2 8$

$\qquad\qquad\qquad\qquad =\log_2 2^3=3$ **目 3**

**0176** 이차방정식의 근과 계수의 관계에 의하여

$\alpha+\beta=2\log_2 3$, $\alpha\beta=1$ $\cdots$ **1단계**

$\therefore 2^{\alpha+\beta-\alpha\beta}=2^{2\log_2 3-1}=2^{\log_2 3^2-\log_2 2}=2^{\log_2\frac{9}{2}}=\dfrac{9}{2}$ $\cdots$ **2단계**

**目 $\dfrac{9}{2}$**

| 채점 요소 | 비율 |
|---|---|
| **1단계** $\alpha+\beta$, $\alpha\beta$의 값 구하기 | 30 % |
| **2단계** $2^{\alpha+\beta-\alpha\beta}$의 값 구하기 | 70 % |

**0177** 이차방정식의 근과 계수의 관계에 의하여

$a=1+\log_3 4$, $b=1\times\log_3 4=\log_3 4$

$\therefore \dfrac{a}{b}=\dfrac{1+\log_3 4}{\log_3 4}=\dfrac{\log_3 3+\log_3 4}{\log_3 4}$

$\qquad =\dfrac{\log_3 12}{\log_3 4}=\log_4 12$ **目 ①**

**0178** $\log 72=\log(2^3\times3^2)=3\log 2+2\log 3$

$\qquad\qquad =3\times0.3010+2\times0.4771$

$\qquad\qquad =1.8572$ **目 ②**

**0179** ③ $\log 0.674=\log(67.4\times10^{-2})$

$\qquad\qquad\quad =\log 67.4+\log 10^{-2}$

$\qquad\qquad\quad =1.8287-2=-0.1713$

**目 ③**

**0180** 상용로그표에서 $\log 7.86=0.8954$이므로

$\log\sqrt[3]{78.6}=\log 78.6^{\frac{1}{3}}=\dfrac{1}{3}\log(7.86\times10)$

$\qquad\qquad =\dfrac{1}{3}(\log 7.86+\log 10)$

$\qquad\qquad =\dfrac{1}{3}(0.8954+1)=0.6318$ **目 0.6318**

**0181** $\log A=-1.7399=-2+0.2601$

$\qquad\quad =\log 10^{-2}+\log 1.82=\log(10^{-2}\times1.82)$

$\qquad\quad =\log 0.0182$

$\therefore A=0.0182$ **目 0.0182**

**0182** A사, B사에서 출시한 자동차의 소음의 세기를 각각 $P_A$, $P_B$라 하자.

A사에서 출시한 자동차의 소음의 크기가 40 dB이므로

$40=10(\log P_A+12)$, $\quad 4=\log P_A+12$

$\therefore \log P_A=-8$ $\qquad\qquad\cdots\cdots$ ㉠

B사에서 출시한 자동차의 소음의 크기가 60 dB이므로

$60=10(\log P_B+12)$, $\quad 6=\log P_B+12$

$\therefore \log P_B=-6$ $\qquad\qquad\cdots\cdots$ ㉡

㉡−㉠을 하면

$\log P_B-\log P_A=2$, $\quad \log\dfrac{P_B}{P_A}=2$

$\dfrac{P_B}{P_A}=100$ $\quad\therefore P_B=100P_A$

따라서 B사에서 출시한 자동차의 소음의 세기는 A사에서 출시한 자동차의 소음의 세기의 100배이다.

**目 ④**

**0183** 리히터 규모 7인 지진과 리히터 규모 3인 지진에 의하여 발생하는 에너지를 각각 $E_7$, $E_3$이라 하면

$$\log 10E_7 = 11.8 + 1.5 \times 7 = 22.3 \qquad \cdots\cdots \ㄱ$$
$$\log 10E_3 = 11.8 + 1.5 \times 3 = 16.3 \qquad \cdots\cdots \ㄴ$$

㉠－㉡을 하면

$$\log 10E_7 - \log 10E_3 = 6$$

$$\log \frac{E_7}{E_3} = 6, \qquad \frac{E_7}{E_3} = 10^6$$

$$\therefore E_7 = 10^6 E_3$$

따라서 리히터 규모 7인 지진에 의하여 발생하는 에너지는 리히터 규모 3인 지진에 의하여 발생하는 에너지의 $10^6$배이다.

$$\therefore k = 6$$

🔲 **6**

**0184** 지반 A와 지반 B의 유효수직응력을 각각 $S_A$, $S_B$, 저항력을 각각 $R_A$, $R_B$라 하면

$$S_A = 2.56S_B, \quad R_A = 2R_B$$

지반 B의 상대밀도가 70 %이므로

$$-98 + 66\log \frac{R_B}{\sqrt{S_B}} = 70 \qquad \cdots\cdots \ㄱ$$

따라서 지반 A의 상대밀도는

$$-98 + 66\log \frac{R_A}{\sqrt{S_A}}$$

$$= -98 + 66\log \frac{2R_B}{\sqrt{2.56S_B}}$$

$$= -98 + 66\log\left(\frac{2}{\sqrt{2.56}} \times \frac{R_B}{\sqrt{S_B}}\right)$$

$$= -98 + 66\log\left(\frac{5}{4} \times \frac{R_B}{\sqrt{S_B}}\right)$$

$$= -98 + 66\log \frac{5}{4} + 66\log \frac{R_B}{\sqrt{S_B}}$$

$$= 70 + 66\log \frac{5}{4} \ (\because \ ㄱ)$$

$$= 70 + 66\log \frac{10}{8} = 70 + 66 \times (1 - 3\log 2)$$

$$= 70 + 66 \times (1 - 3 \times 0.3)$$

$$= 76.6 \ (\%)$$

$$\therefore u = 76.6$$

🔲 **76.6**

**0185** $\log_2 8 < \log_2 15 < \log_2 16$이므로

$$3 < \log_2 15 < 4$$

즉 $\log_2 15$의 정수 부분은 3이므로

$$a = 3$$

또 소수 부분은

$$\log_2 15 - 3 = \log_2 15 - \log_2 2^3 = \log_2 \frac{15}{8}$$

이므로 $b = \log_2 \frac{15}{8}$

$$\therefore 8(a + 2^b) = 8(3 + 2^{\log_2 \frac{15}{8}}) = 8\left(3 + \frac{15}{8}\right) = 39$$

🔲 **39**

**0186** $\log a$의 정수 부분이 3이므로

$$3 \le \log a < 4 \qquad \therefore \ 10^3 \le a < 10^4$$

따라서 자연수 $a$의 개수는

$$10^4 - 10^3 = 9000$$

🔲 **⑤**

**0187** $\log_5 5 < \log_5 10 < \log_5 25$이므로

$$1 < \log_5 10 < 2$$

즉 $\log_5 10$의 정수 부분은 1이므로

$$x = 1$$

또 소수 부분은

$$\log_5 10 - 1 = \log_5 10 - \log_5 5 = \log_5 2$$

이므로 $y = \log_5 2$

$$\therefore \frac{5^y - 5^{-y}}{5^x - 5^{-x}} = \frac{5^{\log_5 2} - 5^{-\log_5 2}}{5^1 - 5^{-1}}$$

$$= \frac{2 - \frac{1}{2}}{5 - \frac{1}{5}} = \frac{5}{16}$$

🔲 $\dfrac{5}{16}$

**0188** $\log A = n + \alpha \ (n$은 정수, $0 \le \alpha < 1)$라 하면 이차방정식 $2x^2 - 5x + k - 3 = 0$의 두 근이 $n$, $\alpha$이므로 근과 계수의 관계에 의하여

$$n + \alpha = \frac{5}{2} = 2 + \frac{1}{2} \qquad \cdots\cdots \ㄱ$$

$$n\alpha = \frac{k-3}{2} \qquad \cdots\cdots \ㄴ \quad \cdots \boxed{1단계}$$

㉠에서 $n = 2$, $\alpha = \dfrac{1}{2}$ $\qquad \cdots \boxed{2단계}$

이것을 ㉡에 대입하면

$$2 \times \frac{1}{2} = \frac{k-3}{2} \qquad \therefore k = 5 \quad \cdots \boxed{3단계}$$

🔲 **5**

| 채점 요소 | | 비율 |
|---|---|---|
| **1단계** | 이차방정식의 근과 계수의 관계를 이용하여 $\log A$의 정수 부분과 소수 부분의 합과 곱 구하기 | 40 % |
| **2단계** | $\log A$의 정수 부분과 소수 부분 구하기 | 40 % |
| **3단계** | $k$의 값 구하기 | 20 % |

**0189** $10 < x < 100$에서

$$\log 10 < \log x < \log 100$$

$$\therefore 1 < \log x < 2 \qquad \cdots\cdots \ㄱ$$

$\log x$의 소수 부분과 $\log \dfrac{1}{x}$의 소수 부분이 같으므로

$$\log x - \log \frac{1}{x} = \log x + \log x = 2\log x = (\text{정수})$$

이때 ㉠에서 $2 < 2\log x < 4$이므로

$$2\log x = 3, \qquad \log x = \frac{3}{2}$$

$$x = 10^{\frac{3}{2}} \qquad \therefore x^2 = 10^3$$

🔲 **③**

**0190** $\log x^2 - \log \dfrac{1}{x} = 2\log x + \log x = 3\log x = (정수)$

이때 $\log x$의 정수 부분이 1이므로

$\qquad 1 \le \log x < 2$

즉 $3 \le 3\log x < 6$이므로

$\qquad 3\log x = 3$ 또는 $3\log x = 4$ 또는 $3\log x = 5$

$\qquad \log x = 1$ 또는 $\log x = \dfrac{4}{3}$ 또는 $\log x = \dfrac{5}{3}$

$\qquad \therefore x = 10$ 또는 $x = 10^{\frac{4}{3}}$ 또는 $x = 10^{\frac{5}{3}}$

따라서 모든 $x$의 값의 곱은

$\qquad 10 \times 10^{\frac{4}{3}} \times 10^{\frac{5}{3}} = 10^{1+\frac{4}{3}+\frac{5}{3}} = 10^4$  답 ③

**0191** $\log x$의 정수 부분이 2이므로

$\qquad 2 \le \log x < 3$ ...... ㉠

$\log x$의 소수 부분과 $\log \sqrt{x}$의 소수 부분의 합이 1이므로

$\qquad \log x + \log \sqrt{x} = \log x + \dfrac{1}{2}\log x = \dfrac{3}{2}\log x = (정수)$

이때 ㉠에서 $3 \le \dfrac{3}{2}\log x < \dfrac{9}{2}$이므로

$\qquad \dfrac{3}{2}\log x = 3$ 또는 $\dfrac{3}{2}\log x = 4$

$\qquad \therefore \log x = 2$ 또는 $\log x = \dfrac{8}{3}$

그런데 $\log x = 2$이면 $\log x$와 $\log \sqrt{x}$의 소수 부분의 합은 0이므로 조건을 만족시키지 않는다.

$\qquad \therefore \log x = \dfrac{8}{3} = 2 + \dfrac{2}{3}$

따라서 $\log x$의 소수 부분은 $\dfrac{2}{3}$이다.  답 $\dfrac{2}{3}$

**다른 풀이** $\log x$의 소수 부분을 $\alpha\,(0 \le \alpha < 1)$라 하면

$\qquad \log x = 2 + \alpha$

$\qquad \therefore \log \sqrt{x} = \dfrac{1}{2}\log x = \dfrac{1}{2}(2+\alpha) = 1 + \dfrac{\alpha}{2}$

따라서 $\log \sqrt{x}$의 소수 부분은 $\dfrac{\alpha}{2}$이므로

$\qquad \alpha + \dfrac{\alpha}{2} = 1, \qquad \dfrac{3}{2}\alpha = 1 \qquad \therefore \alpha = \dfrac{2}{3}$

**0192** $x = \log_3 64$에서 $3^x = 64$

$\qquad \therefore 3^{\frac{x}{3}} = (3^x)^{\frac{1}{3}} = 64^{\frac{1}{3}} = (4^3)^{\frac{1}{3}} = 4$  답 **4**

**다른 풀이** $x = \log_3 64$이므로

$\qquad \dfrac{x}{3} = \dfrac{1}{3}\log_3 64 = \dfrac{1}{3}\log_3 4^3 = \log_3 4$

$\qquad \therefore 3^{\frac{x}{3}} = 3^{\log_3 4} = 4$

**0193** 밑의 조건에서 $\quad a+2 > 0,\ a+2 \ne 1$

$\qquad \therefore a > -2,\ a \ne -1$ ...... ㉠

진수의 조건에서 $\quad -a^2 + a + 12 > 0$

$\qquad a^2 - a - 12 < 0, \qquad (a+3)(a-4) < 0$

$\qquad \therefore -3 < a < 4$ ...... ㉡

㉠, ㉡의 공통 범위를 구하면

$\qquad -2 < a < -1$ 또는 $-1 < a < 4$

따라서 정수 $a$는 0, 1, 2, 3이므로 구하는 합은

$\qquad 0 + 1 + 2 + 3 = 6$  답 ⑤

**0194** $5\log_3 \sqrt{3} + \dfrac{1}{2}\log_3 2 - \log_3 \sqrt{6}$

$= \log_3 (\sqrt{3})^5 + \log_3 2^{\frac{1}{2}} - \log_3 \sqrt{6}$

$= \log_3 9\sqrt{3} + \log_3 \sqrt{2} - \log_3 \sqrt{6}$

$= \log_3 \dfrac{9\sqrt{3} \times \sqrt{2}}{\sqrt{6}} = \log_3 9$

$= \log_3 3^2 = 2$  답 ②

**다른 풀이** $5\log_3 \sqrt{3} + \dfrac{1}{2}\log_3 2 - \log_3 \sqrt{6}$

$= 5\log_3 3^{\frac{1}{2}} + \dfrac{1}{2}\log_3 2 - \log_3 6^{\frac{1}{2}}$

$= \dfrac{5}{2} + \dfrac{1}{2}\log_3 2 - \dfrac{1}{2}(\log_3 2 + \log_3 3)$

$= \dfrac{5}{2} + \dfrac{1}{2}\log_3 2 - \dfrac{1}{2}\log_3 2 - \dfrac{1}{2} = 2$

**0195** $\log_3 x + \log_3 2y + \log_3 3z = 1$에서

$\qquad \log_3 (x \times 2y \times 3z) = 1, \qquad \log_3 6xyz = 1$

$\qquad 6xyz = 3 \qquad \therefore xyz = \dfrac{1}{2}$

$\qquad \therefore \{(81^x)^y\}^z = 81^{xyz} = 81^{\frac{1}{2}} = (9^2)^{\frac{1}{2}} = 9$  답 ③

**0196** $\log_3 45 - \dfrac{\log_5 35}{\log_5 3} + \dfrac{\log_{10} 21}{\log_{10} 3}$

$= \log_3 45 - \log_3 35 + \log_3 21$

$= \log_3 \left(\dfrac{45 \times 21}{35}\right) = \log_3 27$

$= \log_3 3^3 = 3$  답 **3**

**0197** $\log_{abc} x = \dfrac{1}{\log_x abc} = \dfrac{1}{\log_x a + \log_x b + \log_x c}$

$\qquad = \dfrac{1}{\dfrac{1}{\log_a x} + \dfrac{1}{\log_b x} + \dfrac{1}{\log_c x}}$

$\qquad = \dfrac{1}{1 + \dfrac{1}{2} + \dfrac{1}{3}} = \dfrac{1}{\dfrac{11}{6}} = \dfrac{6}{11}$  답 $\dfrac{6}{11}$

**0198** $\left(\log_2 3 + \log_{\sqrt[3]{4}} 9\right)\left(2\log_3 2 + \dfrac{1}{2}\log_3 4\right)$

$= \left(\log_2 3 + \log_{2^{\frac{2}{3}}} 3^2\right)\left(2\log_3 2 + \dfrac{1}{2}\log_3 2^2\right)$

$= (\log_2 3 + 3\log_2 3)(2\log_3 2 + \log_3 2)$

$= 4\log_2 3 \times 3\log_3 2 = 12$  답 **12**

**0199** (주어진 식)$=\dfrac{(5^{\log_5 12})^2}{2^{(\log_3 2+2\log_3 2)\times 2\log_2 3}}=\dfrac{12^2}{2^{3\log_3 2\times 2\log_2 3}}$

$\qquad\qquad\qquad =\dfrac{144}{2^6}=\dfrac{9}{4}$   답 $\dfrac{9}{4}$

**0200** 두 점 $(2, \log_4 a), (3, \log_2 b)$를 지나는 직선의 방정식은

$y-\log_2 b=\dfrac{\log_2 b-\log_4 a}{3-2}(x-3)$

$\therefore y=(\log_2 b-\log_4 a)x-2\log_2 b+3\log_4 a$

이 직선이 원점을 지나므로

$0=-2\log_2 b+3\log_4 a$

$2\log_2 b=3\log_{2^2} a, \qquad 2\log_2 b=\dfrac{3}{2}\log_2 a$

$\dfrac{\log_2 b}{\log_2 a}=\dfrac{3}{4}\ (\because a\neq 1)$

$\therefore \log_a b=\dfrac{3}{4}$

답 ③

**다른 풀이** $O(0, 0), A(2, \log_4 a), B(3, \log_2 b)$라 하면 세 점 O, A, B가 한 직선 위에 있으므로 직선 OA의 기울기와 직선 OB의 기울기가 같다.

즉 $\dfrac{\log_4 a}{2}=\dfrac{\log_2 b}{3}$이므로 $\qquad 3\log_4 a=2\log_2 b$

$\dfrac{3}{2}\log_2 a=2\log_2 b, \qquad \dfrac{\log_2 b}{\log_2 a}=\dfrac{3}{4}\ (\because a\neq 1)$

$\therefore \log_a b=\dfrac{3}{4}$

**✎ RPM 비법노트**

**두 점을 지나는 직선의 방정식**

두 점 $(x_1, y_1), (x_2, y_2)$를 지나는 직선의 방정식은

$y-y_1=\dfrac{y_2-y_1}{x_2-x_1}(x-x_1)$ (단, $x_1\neq x_2$)

**0201** $\log_{0.2} 45=\dfrac{\log 45}{\log 0.2}=\dfrac{\log(3^2\times 5)}{\log \dfrac{2}{10}}$

$\qquad\qquad =\dfrac{2\log 3+\log 5}{\log 2-1}$

$\qquad\qquad =\dfrac{2\log 3+(1-\log 2)}{\log 2-1}$

$\qquad\qquad =\dfrac{2b+1-a}{a-1}$

$\qquad\qquad =\dfrac{a-2b-1}{1-a}$

답 ④

**0202** $2^x=80$에서

$x=\log_2 80=\log_2(2^4\times 5)=4+\log_2 5$

$5^y=80$에서

$y=\log_5 80=\log_5(2^4\times 5)=4\log_5 2+1$

$\therefore (x-4)(y-1)=(4+\log_2 5-4)(4\log_5 2+1-1)$

$\qquad\qquad\qquad =\log_2 5\times 4\log_5 2=4$

답 4

**0203** $\log_a b=\dfrac{\log_b c}{2}=\dfrac{\log_c a}{4}=k\ (k$는 실수$)$라 하면

$\log_a b=k, \ \log_b c=2k, \ \log_c a=4k$

이때 $\log_a b\times \log_b c\times \log_c a=1$이므로

$k\times 2k\times 4k=1, \qquad k^3=\dfrac{1}{8}$

$\therefore k=\dfrac{1}{2}\ (\because k$는 실수$)$

$\therefore \log_a b+\log_b c+\log_c a=k+2k+4k=7k$

$\qquad\qquad\qquad\qquad\qquad =7\times \dfrac{1}{2}=\dfrac{7}{2}$

답 ①

**0204** $x^3=y^4$에서 $\qquad y=x^{\frac{3}{4}}$

$\therefore A=\log_x y=\log_x x^{\frac{3}{4}}=\dfrac{3}{4}$

$y^4=z^5$에서 $\qquad z=y^{\frac{4}{5}}$

$\therefore B=\log_y z=\log_y y^{\frac{4}{5}}=\dfrac{4}{5}$

$x^3=z^5$에서 $\qquad x=z^{\frac{5}{3}}$

$\therefore C=\log_z x=\log_z z^{\frac{5}{3}}=\dfrac{5}{3}$

$\therefore A<B<C$

답 ①

**0205** 이차방정식의 근과 계수의 관계에 의하여

$\log_3 a+\log_3 b=4, \ \log_3 a\times \log_3 b=2$

$\therefore \log_a \sqrt[3]{b}+\log_b \sqrt[3]{a}$

$=\dfrac{1}{3}(\log_a b+\log_b a)$

$=\dfrac{1}{3}\left(\dfrac{\log_3 b}{\log_3 a}+\dfrac{\log_3 a}{\log_3 b}\right)$

$=\dfrac{1}{3}\times \dfrac{(\log_3 a)^2+(\log_3 b)^2}{\log_3 a\times \log_3 b}$

$=\dfrac{1}{3}\times \dfrac{(\log_3 a+\log_3 b)^2-2\log_3 a\times \log_3 b}{\log_3 a\times \log_3 b}$

$=\dfrac{1}{3}\times \dfrac{4^2-2\times 2}{2}$

$=2$

답 2

**0206** $\log \sqrt{x}=0.612$에서 $\qquad \dfrac{1}{2}\log x=0.612$

$\therefore \log x=1.224$

$\therefore \log x^4+\log \sqrt[3]{x}=4\log x+\dfrac{1}{3}\log x$

$\qquad\qquad\qquad =\dfrac{13}{3}\log x=\dfrac{13}{3}\times 1.224$

$\qquad\qquad\qquad =5.304$

답 5.304

**0207** 상용로그표에서 $\log 2.82=0.4502, \ \log 2.60=0.4150$
이므로

$\log(28.2\times 260)=\log(2.82\times 2.60\times 10^3)$

$\qquad\qquad\qquad =\log 2.82+\log 2.60+\log 10^3$

$\qquad\qquad\qquad =0.4502+0.4150+3$

$\qquad\qquad\qquad =3.8652$

답 ④

**0208** 
$$\log y = -1.5986 = -2 + 0.4014$$
$$= \log 10^{-2} + \log 2.52 = \log(10^{-2} \times 2.52)$$
$$= \log 0.0252$$

이므로  $y = 0.0252$

한편

$$\log 2520 = \log(2.52 \times 10^3) = \log 2.52 + \log 10^3$$
$$= 0.4014 + 3 = 3.4014$$

이므로

$$10^4(\log 2520 - y) = 10^4(3.4014 - 0.0252)$$
$$= 33762$$

📖 **33762**

**0209** A 지역의 소리의 강도를 $P_A$, 소리의 크기를 $D_A$라 하면

$$D_A = 10 \log \frac{P_A}{k} \qquad \cdots\cdots \ \text{㉠}$$

B 지역의 소리의 강도를 $P_B$, 소리의 크기를 $D_B$라 하면
$P_B = 500 P_A$이므로

$$D_B = 10 \log \frac{P_B}{k} = 10 \log \frac{500 P_A}{k}$$
$$= 10\left(\log 500 + \log \frac{P_A}{k}\right)$$
$$= 10 \log 500 + D_A \ (\because \text{㉠})$$
$$= 10 \log \frac{1000}{2} + D_A$$
$$= 10(3 - \log 2) + D_A = 10(3 - 0.3) + D_A$$
$$= 10 \times 2.7 + D_A$$
$$= 27 + D_A$$

따라서 A 지역과 B 지역의 소리의 크기의 차이는 27 dB이다.

📖 **27 dB**

**0210** 정상적인 비의 수소 이온의 농도를 $X_0$이라 하면

$$-\log X_0 = 5.6$$
$$\therefore \log X_0 = -5.6 \qquad \cdots\cdots \ \text{㉠}$$

pH 4.82인 비의 수소 이온의 농도를 $X_1$이라 하면

$$-\log X_1 = 4.82$$
$$\therefore \log X_1 = -4.82 \qquad \cdots\cdots \ \text{㉡}$$

㉡$-$㉠을 하면  $\log X_1 - \log X_0 = 0.78$

$$\therefore \log \frac{X_1}{X_0} = 0.78$$

이때 $\log 2 = 0.30$, $\log 3 = 0.48$이므로

$$\log \frac{X_1}{X_0} = 0.78 = 0.30 + 0.48 = \log 2 + \log 3 = \log 6$$
$$\therefore \frac{X_1}{X_0} = 6$$

따라서 오염 물질의 양은 정상적인 상태의 6배이다. 📖 **6배**

**0211** (i) $1 \leq N < 10$일 때

$\log 1 \leq \log N < \log 10$에서  $0 \leq \log N < 1$

즉 $\log N$의 정수 부분이 0이므로

$$f(N) = 0$$
$$\therefore f(1) = f(2) = f(3) = \cdots = f(9) = 0$$

(ii) $10 \leq N < 100$일 때

$\log 10 \leq \log N < \log 100$에서  $1 \leq \log N < 2$

즉 $\log N$의 정수 부분이 1이므로

$$f(N) = 1$$
$$\therefore f(10) = f(11) = f(12) = \cdots = f(99) = 1$$

(iii) $100 \leq N \leq 200$일 때

$\log 100 \leq \log N < \log 1000$에서  $2 \leq \log N < 3$

즉 $\log N$의 정수 부분이 2이므로

$$f(N) = 2$$
$$\therefore f(100) = f(101) = f(102) = \cdots = f(200) = 2$$

이상에서

$$f(1) + f(2) + f(3) + \cdots + f(199) + f(200)$$
$$= 0 \times 9 + 1 \times 90 + 2 \times 101$$
$$= 292$$

📖 **292**

**0212** 조건 ㈎에서 $\log x$의 정수 부분이 2이므로

$$2 \leq \log x < 3 \qquad \cdots\cdots \ \text{㉠}$$

조건 ㈏에서 $\log x^3$의 소수 부분과 $\log \dfrac{1}{x}$의 소수 부분이 같으므로

$$\log x^3 - \log \frac{1}{x} = 3 \log x + \log x = 4 \log x = (\text{정수})$$

이때 ㉠에서 $8 \leq 4 \log x < 12$이므로

$$4 \log x = 8 \ \text{또는} \ 4 \log x = 9 \ \text{또는} \ 4 \log x = 10$$
$$\text{또는} \ 4 \log x = 11$$
$$\log x = 2 \ \text{또는} \ \log x = \frac{9}{4} \ \text{또는} \ \log x = \frac{5}{2}$$
$$\text{또는} \ \log x = \frac{11}{4}$$
$$\therefore x = 10^2 \ \text{또는} \ x = 10^{\frac{9}{4}} \ \text{또는} \ x = 10^{\frac{5}{2}} \ \text{또는} \ x = 10^{\frac{11}{4}}$$

따라서 $x$의 최댓값은 $10^{\frac{11}{4}}$이므로

$$k = 10^{\frac{11}{4}}$$
$$\therefore 100 \log k = 100 \log 10^{\frac{11}{4}} = 100 \times \frac{11}{4} = 275$$

📖 **275**

**0213** $\log x$의 정수 부분이 3이므로

$$3 \leq \log x < 4 \qquad \cdots\cdots \ \text{㉠}$$

$\log \sqrt{x}$의 소수 부분과 $\log \sqrt[3]{x}$의 소수 부분의 합이 1이므로

$$\log \sqrt{x} + \log \sqrt[3]{x} = \frac{1}{2} \log x + \frac{1}{3} \log x$$
$$= \frac{5}{6} \log x = (\text{정수})$$

이때 ㉠에서 $\dfrac{5}{2} \leq \dfrac{5}{6} \log x < \dfrac{10}{3}$이므로

$$\frac{5}{6} \log x = 3 \qquad \therefore \log x = \frac{18}{5}$$

따라서

$$\log x^2 = 2 \log x = 2 \times \frac{18}{5} = \frac{36}{5} = 7 + \frac{1}{5}$$

이므로 $\log x^2$의 소수 부분은 $\dfrac{1}{5}$이다. 📖 ②

**0214** $a=\log_9(2-\sqrt{3})$에서 $9^a=2-\sqrt{3}$

$\therefore 3^{2a}=2-\sqrt{3}$ ··· 1단계

$\dfrac{27^a-27^{-a}}{3^a+3^{-a}}$의 분모, 분자에 각각 $3^a$을 곱하면

$$\dfrac{27^a-27^{-a}}{3^a+3^{-a}}=\dfrac{3^a(3^{3a}-3^{-3a})}{3^a(3^a+3^{-a})}=\dfrac{3^{4a}-3^{-2a}}{3^{2a}+1}$$

$$=\dfrac{(3^{2a})^2-\dfrac{1}{3^{2a}}}{3^{2a}+1}$$ ··· 2단계

$$=\dfrac{(2-\sqrt{3})^2-\dfrac{1}{2-\sqrt{3}}}{(2-\sqrt{3})+1}$$

$$=\dfrac{7-4\sqrt{3}-(2+\sqrt{3})}{3-\sqrt{3}}$$

$$=\dfrac{5-5\sqrt{3}}{3-\sqrt{3}}=\dfrac{(5-5\sqrt{3})(3+\sqrt{3})}{(3-\sqrt{3})(3+\sqrt{3})}$$

$$=-\dfrac{5\sqrt{3}}{3}$$ ··· 3단계

답 $-\dfrac{5\sqrt{3}}{3}$

| 채점 요소 | 비율 |
|---|---|
| 1단계 $3^{2a}$의 값 구하기 | 30 % |
| 2단계 $\dfrac{27^a-27^{-a}}{3^a+3^{-a}}$을 $3^{2a}$에 대한 식으로 나타내기 | 40 % |
| 3단계 $\dfrac{27^a-27^{-a}}{3^a+3^{-a}}$의 값 구하기 | 30 % |

**0215** $\log_2 12=\log_2(2^2\times3)=2+\log_2 3$
이므로 주어진 방정식은

$x^2+(2+\log_2 3)x+2\log_2 3=0$

$(x+2)(x+\log_2 3)=0$

$\therefore x=-2$ 또는 $x=-\log_2 3$ ··· 1단계

$\therefore 2^\alpha+2^\beta=2^{-2}+2^{-\log_2 3}=\dfrac{1}{4}+2^{\log_2 \frac{1}{3}}$

$$=\dfrac{1}{4}+\dfrac{1}{3}=\dfrac{7}{12}$$ ··· 2단계

답 $\dfrac{7}{12}$

| 채점 요소 | 비율 |
|---|---|
| 1단계 주어진 이차방정식의 해 구하기 | 70 % |
| 2단계 $2^\alpha+2^\beta$의 값 구하기 | 30 % |

**0216** $\log_a c:\log_b c=2:1$에서

$2\log_b c=\log_a c$, $\dfrac{2\log c}{\log b}=\dfrac{\log c}{\log a}$

$2\log a=\log b$, $\log a^2=\log b$

$\therefore b=a^2$ ··· 1단계

$\therefore \log_a b+\log_b a=\log_a a^2+\log_{a^2} a$

$$=2+\dfrac{1}{2}=\dfrac{5}{2}$$ ··· 2단계

답 $\dfrac{5}{2}$

| 채점 요소 | 비율 |
|---|---|
| 1단계 $a$, $b$ 사이의 관계식 구하기 | 60 % |
| 2단계 $\log_a b+\log_b a$의 값 구하기 | 40 % |

**0217** $\log x$의 소수 부분을 $\beta\ (0\le\beta<1)$라 하면

$\log x=7+\beta$

$\therefore \log\sqrt{x}=\dfrac{1}{2}\log x=\dfrac{1}{2}(7+\beta)$

$$=\dfrac{7}{2}+\dfrac{\beta}{2}$$

$$=3+\dfrac{\beta+1}{2}$$

이때 $\dfrac{1}{2}\le\dfrac{\beta+1}{2}<1$이므로 $\log\sqrt{x}$의 정수 부분은 3, 소수 부분은 $\dfrac{\beta+1}{2}$이다. ··· 1단계

따라서 $\dfrac{\beta+1}{2}=0.8$이므로

$\beta+1=1.6$ $\therefore \beta=0.6$ ··· 2단계

$\therefore \log\dfrac{1}{x}=-\log x=-(7+0.6)$

$$=-7-0.6=(-7-1)+(1-0.6)$$

$$=-8+0.4$$

즉 $a=0.4$이므로

$10a=10\times0.4=4$ ··· 3단계

답 **4**

| 채점 요소 | 비율 |
|---|---|
| 1단계 $\log\sqrt{x}$의 소수 부분을 $\log x$의 소수 부분으로 나타내기 | 50 % |
| 2단계 $\log x$의 소수 부분 구하기 | 20 % |
| 3단계 $10a$의 값 구하기 | 30 % |

**📝 RPM 비법노트**

$\log\dfrac{1}{x}=-7.6$에서 $\log\dfrac{1}{x}$의 정수 부분이 $-7$, 소수 부분이 $-0.6$이라고 생각하지 않도록 주의한다.

$0\le$(소수 부분)$<1$이므로 $\log\dfrac{1}{x}$의 정수 부분은 $-8$, 소수 부분은 $0.4$이다.

**0218** [전략] 조건 ㈎에서 로그의 성질을 이용하여 $a$, $b$, $c$, $d$ 사이의 관계식을 구한다.

조건 ㈎에서

$\log_{360} 2^a+\log_{360} 3^b+\log_{360} 5^c=d$

$\log_{360}(2^a\times3^b\times5^c)=d$

$\therefore 2^a\times3^b\times5^c=360^d$

이때 $360^d=(2^3\times3^2\times5)^d=2^{3d}\times3^{2d}\times5^d$이므로

$a=3d$, $b=2d$, $c=d$

즉 $a$, $b$, $c$의 최대공약수는 $d$이므로 조건 ㈏에 의하여

$d=3$

따라서 $a=9$, $b=6$, $c=3$이므로

$a+b+c+d=21$

답 **21**

**0219** [전략] 먼저 주어진 식에서 로그의 밑을 27로 통일하여 간단히 한다.

$$\log_{27} 3n^2 + \frac{1}{3}\log_3 \sqrt{n} = \log_{27} 3n^2 + \log_{27} \sqrt{n}$$
$$= \log_{27} 3n^{\frac{5}{2}}$$

30 이하의 자연수 $k$에 대하여 $\log_{27} 3n^{\frac{5}{2}} = k$라 하면

$$3n^{\frac{5}{2}} = 27^k = 3^{3k}, \quad n^{\frac{5}{2}} = 3^{3k-1}$$
$$\therefore n = 3^{\frac{2}{5} \times (3k-1)}$$

이때 $n$이 자연수이므로 $\frac{2}{5} \times (3k-1)$은 음이 아닌 정수이어야 한다.

즉 $3k-1$은 0 또는 5의 양의 배수이어야 한다.

$1 \le k \le 30$에서 $2 \le 3k-1 \le 89$이므로

$$3k-1 = 5, 10, 15, 20, \cdots, 80, 85$$
$$\therefore k = 2, \frac{11}{3}, \frac{16}{3}, 7, \cdots, 27, \frac{86}{3}$$

그런데 $k$는 자연수이므로

$$k = 2, 7, 12, 17, 22, 27$$

따라서 자연수 $k$의 개수가 6이므로 구하는 자연수 $n$의 개수도 6이다.

**답 6**

참고ㅣ $k=2, 7, 12, 17, 22, 27$일 때 $n$의 값은 각각
$3^2, 3^8, 3^{14}, 3^{20}, 3^{26}, 3^{32}$

**0220** [전략] 로그의 정의를 이용하여 주어진 조건을 변형한다.

$a^x = (\sqrt[3]{b^2})^y = (\sqrt[5]{c})^z = 64$에서

$$a^x = 64, \quad b^{\frac{2y}{3}} = 64, \quad c^{\frac{z}{5}} = 64$$
$$\therefore x = \log_a 64, \quad \frac{2y}{3} = \log_b 64, \quad \frac{z}{5} = \log_c 64$$
$$\therefore \frac{1}{x} + \frac{3}{2y} - \frac{5}{z} = \frac{1}{\log_a 64} + \frac{1}{\log_b 64} - \frac{1}{\log_c 64}$$
$$= \log_{64} a + \log_{64} b - \log_{64} c$$
$$= \log_{64} \frac{ab}{c}$$
$$= \log_{2^6} 2^{18}$$
$$= 3$$

**답 3**

**0221** [전략] $f(n)$이 각각 0, 1, 2인 경우로 나누어 생각한다.

100 이하의 자연수 $n$에 대하여 $0 \le \log n \le 2$이고 $f(n)$은 $\log n$의 정수 부분이므로

$$f(n)=0 \text{ 또는 } f(n)=1 \text{ 또는 } f(n)=2$$

(i) $f(n)=0$일 때

$0 \le \log n < 1$에서　$1 \le n < 10$　……㉠

이때 $f(2n)=f(n)+1=1$이므로　$1 \le \log 2n < 2$

$10 \le 2n < 100$　$\therefore 5 \le n < 50$　……㉡

㉠, ㉡을 동시에 만족시키는 자연수 $n$은 5, 6, 7, 8, 9의 5개이다.

(ii) $f(n)=1$일 때

$1 \le \log n < 2$에서　$10 \le n < 100$　……㉢

이때 $f(2n)=f(n)+1=2$이므로　$2 \le \log 2n < 3$

$100 \le 2n < 1000$　$\therefore 50 \le n < 500$　……㉣

㉢, ㉣을 동시에 만족시키는 자연수 $n$은 50, 51, 52, $\cdots$, 99의 50개이다.

(iii) $f(n)=2$일 때

$f(2n)=f(n)+1=3$이므로　$3 \le \log 2n < 4$

$1000 \le 2n < 10000$　$\therefore 500 \le n < 5000$

이때 $n$은 100 이하의 자연수이므로 조건을 만족시키는 $n$은 존재하지 않는다.

이상에서 구하는 자연수 $n$의 개수는

$$5+50=55$$

**답 55**

[다른 풀이] 100 이하의 자연수 $n$에 대하여 $\log n$의 소수 부분을 $\alpha \, (0 \le \alpha < 1)$라 하면　$\log n = f(n) + \alpha$

$$\therefore \log 2n = \log 2 + \log n = \log 2 + \{f(n)+\alpha\}$$
$$= \{f(n)+1\} + \alpha + \log 2 - 1$$
$$= \{f(n)+1\} + \alpha - \log 5$$

따라서 $f(2n)=f(n)+1$이려면 $\log 2n$의 소수 부분이 $\alpha - \log 5$이어야 하므로

$$0 \le \alpha - \log 5 < 1 \quad \therefore \log 5 \le \alpha < 1 \; (\because 0 \le \alpha < 1)$$

즉 $f(n)=0$일 때,　$\log 5 \le \log n < 1$　$\therefore 5 \le n < 10$

$f(n)=1$일 때,　$1 + \log 5 \le \log n < 2$　$\therefore 50 \le n < 100$

따라서 구하는 자연수 $n$의 개수는

$$(10-5)+(100-50)=55$$

# 03 지수함수

**교과서 문제** 정복하기

본책 031쪽

**0222** 답 ㄱ, ㄹ, ㅁ

**0223** 답 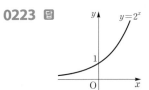  **0224** 답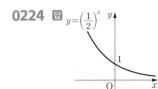

**0225** (1) $y=a^{x-1}$의 그래프는 $y=a^x$의 그래프를 $x$축의 방향으로 1만큼 평행이동한 것이므로 오른쪽 그림과 같다.

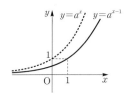

(2) $y=a^x+1$의 그래프는 $y=a^x$의 그래프를 $y$축의 방향으로 1만큼 평행이동한 것이므로 오른쪽 그림과 같다.

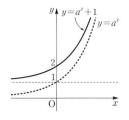

(3) $y=-a^x$의 그래프는 $y=a^x$의 그래프를 $x$축에 대하여 대칭이동한 것이므로 오른쪽 그림과 같다.

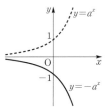

(4) $y=\left(\dfrac{1}{a}\right)^x=a^{-x}$의 그래프는 $y=a^x$의 그래프를 $y$축에 대하여 대칭이동한 것이므로 오른쪽 그림과 같다.

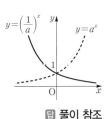

답 풀이 참조

**0226** 답 $y=\left(\dfrac{1}{3}\right)^{x-2}-2$

**0227** $y=\left(\dfrac{1}{3}\right)^x$의 그래프를 $x$축에 대하여 대칭이동한 그래프의 식은

$$-y=\left(\dfrac{1}{3}\right)^x \quad \therefore y=-\left(\dfrac{1}{3}\right)^x$$

답 $y=-\left(\dfrac{1}{3}\right)^x$

**0228** $y=\left(\dfrac{1}{3}\right)^x$의 그래프를 $y$축에 대하여 대칭이동한 그래프의 식은

$$y=\left(\dfrac{1}{3}\right)^{-x} \quad \therefore y=3^x$$

답 $y=3^x$

**0229** $y=\left(\dfrac{1}{3}\right)^x$의 그래프를 원점에 대하여 대칭이동한 그래프의 식은

$$-y=\left(\dfrac{1}{3}\right)^{-x} \quad \therefore y=-3^x$$

답 $y=-3^x$

**0230** 함수 $y=5^x$에서 $x$의 값이 증가하면 $y$의 값도 증가하므로 $-1\leq x\leq 1$일 때, 함수 $y=5^x$은

$x=1$에서 최댓값 $5^1=5$,

$x=-1$에서 최솟값 $5^{-1}=\dfrac{1}{5}$

을 갖는다. 답 최댓값: 5, 최솟값: $\dfrac{1}{5}$

**0231** 함수 $y=\left(\dfrac{1}{4}\right)^x$에서 $x$의 값이 증가하면 $y$의 값은 감소하므로 $-2\leq x\leq 2$일 때, 함수 $y=\left(\dfrac{1}{4}\right)^x$은

$x=-2$에서 최댓값 $\left(\dfrac{1}{4}\right)^{-2}=16$,

$x=2$에서 최솟값 $\left(\dfrac{1}{4}\right)^{2}=\dfrac{1}{16}$

을 갖는다. 답 최댓값: 16, 최솟값: $\dfrac{1}{16}$

**0232** 함수 $y=3^{2x-1}$에서 $x$의 값이 증가하면 $y$의 값도 증가하므로 $0\leq x\leq 2$일 때, 함수 $y=3^{2x-1}$은

$x=2$에서 최댓값 $3^3=27$,

$x=0$에서 최솟값 $3^{-1}=\dfrac{1}{3}$

을 갖는다. 답 최댓값: 27, 최솟값: $\dfrac{1}{3}$

**0233** $f(x)=x^2+2x+3$으로 놓으면

$$f(x)=(x+1)^2+2\geq 2$$

이때 주어진 함수는 $y=\left(\dfrac{1}{2}\right)^{f(x)}$이고 밑이 1보다 작은 양수이므로 최솟값을 갖지 않고,

$x=-1$에서 최댓값 $\left(\dfrac{1}{2}\right)^2=\dfrac{1}{4}$

을 갖는다. 답 최댓값: $\dfrac{1}{4}$, 최솟값: 없다.

**0234** $2^x=128$에서 $2^x=2^7$

$$\therefore x=7$$ 답 $x=7$

**0235** $\left(\dfrac{1}{9}\right)^x=3\sqrt{3}$에서 $3^{-2x}=3^{\frac{3}{2}}$

$$-2x=\dfrac{3}{2} \quad \therefore x=-\dfrac{3}{4}$$ 답 $x=-\dfrac{3}{4}$

**0236** (2) $t^2-6t+8=0$에서  $(t-2)(t-4)=0$

  $\therefore t=2$ 또는 $t=4$

(3) $2^x=2$ 또는 $2^x=4$이므로

  $x=1$ 또는 $x=2$

  답 (1) $t^2-6t+8=0$  (2) $t=2$ 또는 $t=4$

  (3) $x=1$ 또는 $x=2$

**0237** $3^{2x+1}<3^x$에서 밑이 1보다 크므로

  $2x+1<x$  $\therefore x<-1$  답 $x<-1$

**0238** $\left(\dfrac{1}{5}\right)^{2x}<\left(\dfrac{1}{5}\right)^3$에서 밑이 1보다 작은 양수이므로

  $2x>3$  $\therefore x>\dfrac{3}{2}$  답 $x>\dfrac{3}{2}$

**0239** (2) $t^2-10t+9\le0$에서  $(t-1)(t-9)\le0$

  $\therefore 1\le t\le9$

(3) $1\le3^x\le9$이므로  $3^0\le3^x\le3^2$

  밑이 1보다 크므로  $0\le x\le2$

  답 (1) $t^2-10t+9\le0$  (2) $1\le t\le9$  (3) $0\le x\le2$

**🖊유형 익히기** ● 본책 032~040쪽

**0240** ④ $a>1$이면 $x$의 값이 증가할 때 $y$의 값도 증가하고, $0<a<1$이면 $x$의 값이 증가할 때 $y$의 값은 감소한다.

  답 ④

**0241** ㄹ. 함수 $f(x)=\left(\dfrac{1}{5}\right)^x$에서 밑이 1보다 작은 양수이므로 $x$의 값이 증가하면 $y$의 값은 감소한다.

  따라서 $x_1<x_2$이면 $f(x_1)>f(x_2)$이다. (거짓)

이상에서 옳은 것은 ㄱ, ㄴ, ㄷ이다.  답 ㄱ, ㄴ, ㄷ

**0242** 임의의 실수 $a$, $b$에 대하여 $a<b$일 때, $f(a)<f(b)$를 만족시키는 함수 $y=f(x)$는 $x$의 값이 증가할 때 $y$의 값도 증가한다.

① $f(x)=2^{-x}=\left(\dfrac{1}{2}\right)^x$  ② $f(x)=0.1^x=\left(\dfrac{1}{10}\right)^x$

③ $f(x)=\left(\dfrac{1}{3}\right)^{-x}=3^x$

따라서 주어진 조건을 만족시키는 함수는 ③이다.  답 ③

**0243** 함수 $y=a^x$의 그래프를 $y$축에 대하여 대칭이동한 그래프의 식은

  $y=a^{-x}$  ……㉠

㉠의 그래프를 $x$축의 방향으로 4만큼, $y$축의 방향으로 $-5$만큼 평행이동한 그래프의 식은

  $y=a^{-(x-4)}-5$  ……㉡

㉡의 그래프가 점 $(2, 11)$을 지나므로

  $11=a^2-5$,  $a^2=16$

  $\therefore a=4\ (\because a>0)$  답 4

**0244** 함수 $y=\left(\dfrac{1}{2}\right)^x$의 그래프를 $x$축의 방향으로 2만큼 평행이동한 그래프의 식은

  $y=\left(\dfrac{1}{2}\right)^{x-2}$  ……㉠

㉠의 그래프를 원점에 대하여 대칭이동한 그래프의 식은

  $-y=\left(\dfrac{1}{2}\right)^{-x-2}$,  $y=-\left(\dfrac{1}{2}\right)^{-(x+2)}$

  $\therefore y=-2^{x+2}$  ……㉡

㉡의 그래프가 점 $(1, k)$를 지나므로

  $k=-2^3=-8$  답 $-8$

**0245** ㄱ. $y=\sqrt{2}\times2^x=2^{\frac{1}{2}}\times2^x=2^{x+\frac{1}{2}}$

  이므로 $y=\sqrt{2}\times2^x$의 그래프를 $x$축의 방향으로 $\dfrac{1}{2}$만큼 평행이동하면 $y=2^x$의 그래프와 겹쳐진다.

ㄴ. $y=\dfrac{1}{2^x}=2^{-x}$이므로 $y=\dfrac{1}{2^x}$의 그래프를 $y$축에 대하여 대칭이동하면 $y=2^x$의 그래프와 겹쳐진다.

  따라서 그래프를 평행이동하여 $y=2^x$의 그래프와 겹쳐질 수 없다.

ㄷ. $y=-2^x+3$의 그래프를 $x$축에 대하여 대칭이동한 후 $y$축의 방향으로 3만큼 평행이동하면 $y=2^x$의 그래프와 겹쳐진다.

  따라서 그래프를 평행이동하여 $y=2^x$의 그래프와 겹쳐질 수 없다.

이상에서 그래프를 평행이동하여 $y=2^x$의 그래프와 겹쳐질 수 있는 함수인 것은 ㄱ뿐이다.

  답 ㄱ

**0246** $y=a^{3x}$의 그래프를 $x$축의 방향으로 1만큼, $y$축의 방향으로 2만큼 평행이동한 그래프의 식은

  $y=a^{3(x-1)}+2=a^{3x-3}+2$  ……㉠

㉠이 $a$의 값에 관계없이 항상 성립하려면 $a$의 지수가 0이어야 한다.

즉 $3x-3=0$에서  $x=1$

㉠에 $x=1$을 대입하면  $y=3$

따라서 ㉠의 그래프는 $a$의 값에 관계없이 항상 점 $(1, 3)$을 지난다.

즉 $\alpha=1$, $\beta=3$이므로

  $\alpha+\beta=4$  답 4

**다른 풀이** $y=a^{3x}$의 그래프는 $a$의 값에 관계없이 항상 점 $(0, 1)$을 지나므로 ㉠의 그래프는 $a$의 값에 관계없이 항상 점 $(0+1, 1+2)$, 즉 $(1, 3)$을 지난다.

**0247** $y=2^x$의 그래프가 점 $(0, 1)$을
지나므로     $a=1$

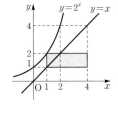

직선 $y=x$가 점 $(b, 1)$을 지나므로
    $b=1$

$y=2^x$의 그래프가 점 $(1, 2)$를 지나므로
    $c=2$

이때 직선 $y=x$는 점 $(2, 2)$를 지나고, $y=2^x$의 그래프는 점
$(2, 4)$를 지난다.

따라서 직선 $y=x$가 점 $(4, 4)$를 지나므로
    $d=4$

즉 색칠한 부분의 넓이는
    $(4-1) \times (2-1) = 3$     **답 3**

**0248** $y=4^x$의 그래프가 점 $(1, 4)$를 지나므로
    $a=4$

또 점 $(b, 64)$를 지나므로
    $64=4^b$     $\therefore b=3$
    $\therefore a+b=7$     **답 ②**

**0249** $y=a^x$의 그래프가 점 $(-1, 3)$을 지나므로
    $3=a^{-1}$     $\therefore a=\dfrac{1}{3}$

$y=\left(\dfrac{1}{3}\right)^x$의 그래프는 점 $(0, 1)$을 지나므로     $b=1$

    $\therefore 3(a+b) = 3 \times \left(\dfrac{1}{3} + 1\right) = 4$     **답 4**

**0250** 함수 $y=2^x$의 그래프가 직선
$y=8$과 만나는 점 A의 $x$좌표는
$2^x=8=2^3$에서     $x=3$
    $\therefore A(3, 8)$     ··· **1단계**

함수 $y=4^x$의 그래프가 직선 $y=8$과 만
나는 점 B의 $x$좌표는 $4^x=8$에서
    $2^{2x}=2^3$,     $2x=3$
    $\therefore x=\dfrac{3}{2}$     $\therefore B\left(\dfrac{3}{2}, 8\right)$     ··· **2단계**

따라서 $\overline{AB}=3-\dfrac{3}{2}=\dfrac{3}{2}$이므로
    $\triangle OAB = \dfrac{1}{2} \times \dfrac{3}{2} \times 8 = 6$     ··· **3단계**

**답 6**

| 채점 요소 | 비율 |
|---|---|
| **1단계** 점 A의 좌표 구하기 | 40 % |
| **2단계** 점 B의 좌표 구하기 | 40 % |
| **3단계** 삼각형 OAB의 넓이 구하기 | 20 % |

**0251** $y=25 \times \left(\dfrac{1}{5}\right)^x = \left(\dfrac{1}{5}\right)^{-2} \times \left(\dfrac{1}{5}\right)^x = \left(\dfrac{1}{5}\right)^{x-2}$

이므로 $y=25 \times \left(\dfrac{1}{5}\right)^x$의 그래프는 $y=\left(\dfrac{1}{5}\right)^x$의 그래프를 $x$축의
방향으로 2만큼 평행이동한 것이다.

따라서 오른쪽 그림에서 $A=C$이므로
구하는 넓이는

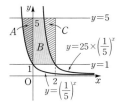

    $A+B=B+C$
           $=2 \times (5-1) = 8$
    **답 ④**

**0252** 곡선 $y=\left(\dfrac{1}{2}\right)^x$과 $y$축의 교점의 좌표가 $(0, 1)$이므로 첫
번째로 그린 정사각형의 한 변의 길이는     1

곡선 $y=\left(\dfrac{1}{2}\right)^x$이 점 $\left(1, \dfrac{1}{2}\right)$을 지나므로 두 번째로 그린 정사각
형의 한 변의 길이는     $\dfrac{1}{2}$

곡선 $y=\left(\dfrac{1}{2}\right)^x$이 점 $\left(1+\dfrac{1}{2}, \left(\dfrac{1}{2}\right)^{1+\frac{1}{2}}\right)$, 즉 $\left(\dfrac{3}{2}, \dfrac{\sqrt{2}}{4}\right)$를 지나므
로 세 번째로 그린 정사각형의 한 변의 길이는     $\dfrac{\sqrt{2}}{4}$

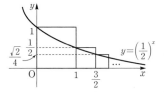

따라서 구하는 넓이는     $\left(\dfrac{\sqrt{2}}{4}\right)^2 = \dfrac{1}{8}$     **답 ②**

**0253** $A=8^{\frac{1}{4}}=(2^3)^{\frac{1}{4}}=2^{\frac{3}{4}}$, $B=\sqrt[3]{16}=16^{\frac{1}{3}}=(2^4)^{\frac{1}{3}}=2^{\frac{4}{3}}$,
$C=\sqrt[5]{32}=32^{\frac{1}{5}}=(2^5)^{\frac{1}{5}}=2^1$

이때 $\dfrac{3}{4}<1<\dfrac{4}{3}$이고 함수 $y=2^x$에서 $x$의 값이 증가하면 $y$의
값도 증가하므로
    $2^{\frac{3}{4}}<2^1<2^{\frac{4}{3}}$     $\therefore A<C<B$     **답 ②**

**0254** $A=\sqrt{2}=2^{\frac{1}{2}}$, $B=0.25^{-\frac{1}{3}}=\left(\dfrac{1}{4}\right)^{-\frac{1}{3}}=(2^{-2})^{-\frac{1}{3}}=2^{\frac{2}{3}}$,
$C=\sqrt[5]{8}=8^{\frac{1}{5}}=(2^3)^{\frac{1}{5}}=2^{\frac{3}{5}}$

이때 $\dfrac{1}{2}<\dfrac{3}{5}<\dfrac{2}{3}$이고 함수 $y=2^x$에서 $x$의 값이 증가하면 $y$의
값도 증가하므로
    $2^{\frac{1}{2}}<2^{\frac{3}{5}}<2^{\frac{2}{3}}$     $\therefore A<C<B$     **답 ②**

**0255** $A=\dfrac{1}{3^2}=\left(\dfrac{1}{3}\right)^2$, $B=\dfrac{1}{\sqrt[3]{3}}=\dfrac{1}{3^{\frac{1}{3}}}=\left(\dfrac{1}{3}\right)^{\frac{1}{3}}$,
$C=\sqrt[5]{\dfrac{1}{3}}=\left(\dfrac{1}{3}\right)^{\frac{1}{5}}$

이때 $\dfrac{1}{5}<\dfrac{1}{3}<2$이고 함수 $y=\left(\dfrac{1}{3}\right)^x$에서 $x$의 값이 증가하면 $y$
의 값은 감소하므로
    $\left(\dfrac{1}{3}\right)^2<\left(\dfrac{1}{3}\right)^{\frac{1}{3}}<\left(\dfrac{1}{3}\right)^{\frac{1}{5}}$     $\therefore A<B<C$

**답 $A<B<C$**

**0256** $a<b$이고 함수 $y=a^x$에서 $x$의 값이 증가하면 $y$의 값은 감소하므로　　$a^a>a^b$

또 $a<b$이고 함수 $y=b^x$에서 $x$의 값이 증가하면 $y$의 값은 감소하므로　　$b^a>b^b$

한편 $a>0$, $b>0$이고 $a<b$이므로　　$a^a<b^a$, $a^b<b^b$

따라서 가장 작은 수는 $a^b$이고, 가장 큰 수는 $b^a$이다.　　답 ②

참고! $a^b<a^a<b^a$이고 $a^b<b^b<b^a$이다.

**0257** $y=2^x$의 그래프를 $x$축의 방향으로 $-1$만큼, $y$축의 방향으로 $-2$만큼 평행이동한 그래프의 식은

$$y=2^{x+1}-2$$

즉 $f(x)=2^{x+1}-2$이고 함수 $y=f(x)$에서 $x$의 값이 증가하면 $y$의 값도 증가하므로 $-3\le x\le 1$일 때, $y=f(x)$는

　　$x=1$에서 최댓값 $2^2-2=2$,

　　$x=-3$에서 최솟값 $2^{-2}-2=-\dfrac{7}{4}$

을 갖는다.

따라서 최댓값과 최솟값의 합은　　$2+\left(-\dfrac{7}{4}\right)=\dfrac{1}{4}$　　답 ②

**0258** $y=3^x\times 4^{-x}-1=\left(\dfrac{3}{4}\right)^x-1$이므로 함수

$y=3^x\times 4^{-x}-1$에서 $x$의 값이 증가하면 $y$의 값은 감소한다.

따라서 $0\le x\le 2$일 때, 함수 $y=3^x\times 4^{-x}-1$은

　　$x=0$에서 최댓값 $3^0\times 4^0-1=0$,

　　$x=2$에서 최솟값 $3^2\times 4^{-2}-1=-\dfrac{7}{16}$

을 갖는다.

따라서 함수 $y=3^x\times 4^{-x}-1$ $(0\le x\le 2)$의 치역은

$$\left\{y\,\middle|\,-\dfrac{7}{16}\le y\le 0\right\}$$

이므로　　$M=0$, $m=-\dfrac{7}{16}$

　　$\therefore 80(M+m)=80\times\left(0-\dfrac{7}{16}\right)=-35$　　답 $-35$

**0259** $f(x)=3^{a-x}=\left(\dfrac{1}{3}\right)^{x-a}$이므로 함수 $f(x)$에서 $x$의 값이 증가하면 $f(x)$의 값은 감소한다.

따라서 $-2\le x\le 3$일 때, 함수 $f(x)$는 $x=-2$에서 최댓값 $27$을 가지므로

　　$f(-2)=3^{a+2}=27=3^3$

　　$a+2=3$　　$\therefore a=1$　　… 1단계

즉 $f(x)=3^{1-x}$은

　　$x=3$에서 최솟값 $f(3)=3^{-2}=\dfrac{1}{9}$

을 갖는다.　　… 2단계

답 $\dfrac{1}{9}$

| 채점 요소 | | 비율 |
|---|---|---|
| 1단계 | $a$의 값 구하기 | 60 % |
| 2단계 | 최솟값 구하기 | 40 % |

**0260** (i) $0<a<1$일 때

$-1\le x\le 2$에서 $f(x)$의 최댓값은 $f(-1)$, 최솟값은 $f(2)$이므로

　　$f(-1)=27f(2)$

　　$a^{-1}=27a^2$,　　$a^3=\dfrac{1}{27}$

　　$\therefore a=\dfrac{1}{3}$

(ii) $a>1$일 때

$-1\le x\le 2$에서 $f(x)$의 최댓값은 $f(2)$, 최솟값은 $f(-1)$이므로

　　$f(2)=27f(-1)$

　　$a^2=27a^{-1}$,　　$a^3=27$

　　$\therefore a=3$

(i), (ii)에서 모든 양수 $a$의 값의 합은

$$\dfrac{1}{3}+3=\dfrac{10}{3}$$　　답 $\dfrac{10}{3}$

**0261** $f(x)=x^2-2x+3$으로 놓으면

$$y=\left(\dfrac{1}{2}\right)^{x^2-2x+3}=\left(\dfrac{1}{2}\right)^{f(x)}$$

이 함수는 $f(x)$가 최대일 때 최솟값, $f(x)$가 최소일 때 최댓값을 갖는다.

이때 $f(x)=x^2-2x+3=(x-1)^2+2$이므로 $-1\le x\le 2$에서 $f(x)$는

　　$x=1$일 때 최솟값 $2$, $x=-1$일 때 최댓값 $6$

을 갖는다.

따라서 함수 $y=\left(\dfrac{1}{2}\right)^{f(x)}$은

　　$x=1$에서 최댓값 $\left(\dfrac{1}{2}\right)^2=\dfrac{1}{4}$,

　　$x=-1$에서 최솟값 $\left(\dfrac{1}{2}\right)^6=\dfrac{1}{64}$

을 가지므로

　　$M=\dfrac{1}{4}$, $m=\dfrac{1}{64}$

　　$\therefore \dfrac{m}{M}=\dfrac{1}{16}$　　답 ②

**0262** $(f\circ g)(x)=f(g(x))=2^{g(x)}$

이 함수는 $g(x)$가 최소일 때 최솟값을 갖는다.

이때 $g(x)=x^2+2x+5=(x+1)^2+4$이므로 $g(x)$는

　　$x=-1$에서 최솟값 $4$

를 갖는다.

따라서 함수 $(f\circ g)(x)$는

　　$x=-1$에서 최솟값 $2^4=16$

을 가지므로　　$a=-1$, $m=16$

　　$\therefore a+m=15$　　답 $15$

**0263** $f(x)=-x^2+2x+2$로 놓으면

$$y=a^{-x^2+2x+2}=a^{f(x)}$$

$0<a<1$이므로 이 함수는 $f(x)$가 최대일 때 최솟값을 갖는다.

이때 $f(x)=-x^2+2x+2=-(x-1)^2+3$이므로 $f(x)$는 $x=1$에서 최댓값 3을 갖는다.

따라서 함수 $y=a^{-x^2+2x+2}$은

$x=1$에서 최솟값 $a^3$

을 가지므로 $\quad a^3=\dfrac{1}{64}$ $\quad\therefore a=\dfrac{1}{4}$ 답 ③

**0264** $f(x)=-x^2+4x-3$으로 놓으면

$$y=a^{-x^2+4x-3}=a^{f(x)}$$

$0<a<1$이므로 이 함수는 $f(x)$가 최대일 때 최솟값, $f(x)$가 최소일 때 최댓값을 갖는다.

이때 $f(x)=-x^2+4x-3=-(x-2)^2+1$이므로 $0\le x\le3$에서 $f(x)$는

$x=2$일 때 최댓값 1, $x=0$일 때 최솟값 $-3$

을 갖는다.

따라서 함수 $y=a^{-x^2+4x-3}$은

$x=0$에서 최댓값 $a^{-3}$

을 가지므로 $\quad a^{-3}=125$ $\quad\therefore a=\dfrac{1}{5}$

즉 주어진 함수는 $y=\left(\dfrac{1}{5}\right)^{-x^2+4x-3}$이고

$x=2$에서 최솟값 $\left(\dfrac{1}{5}\right)^1=\dfrac{1}{5}$

을 가지므로 치역은 $\quad\left\{y\ \middle|\ \dfrac{1}{5}\le y\le125\right\}$

$\therefore m=\dfrac{1}{5}$ 답 $\dfrac{1}{5}$

**0265** $y=3^{x+1}-9^x=3\times3^x-(3^x)^2$

$3^x=t\ (t>0)$로 놓으면

$$y=3t-t^2=-\left(t-\dfrac{3}{2}\right)^2+\dfrac{9}{4}$$

이때 $-1\le x\le1$에서 $3^{-1}\le3^x\le3^1$이므로 $\quad\dfrac{1}{3}\le t\le3$

따라서 $\dfrac{1}{3}\le t\le3$일 때, 함수 $y=-\left(t-\dfrac{3}{2}\right)^2+\dfrac{9}{4}$는

$t=\dfrac{3}{2}$에서 최댓값 $\dfrac{9}{4}$, $t=3$에서 최솟값 0

을 가지므로 $\quad M=\dfrac{9}{4},\ m=0$

$\therefore M+m=\dfrac{9}{4}$ 답 ⑤

**0266** $y=4^x-2^{x+a}+b=(2^x)^2-2^a\times2^x+b$

$2^x=t\ (t>0)$로 놓으면

$$y=t^2-2^a\times t+b \qquad\cdots\cdots\ \bigcirc$$

이때 $\bigcirc$은 $x=1$, 즉 $t=2^1=2$일 때 최솟값 $-3$을 가지므로

$$y=(t-2)^2-3=t^2-4t+1$$

과 일치한다.

따라서 $2^a=4$, $b=1$이므로 $\quad a=2,\ b=1$

$\therefore a+b=3$ 답 3

**0267** $y=4^{-x}-2^{1-x}+3=\left\{\left(\dfrac{1}{2}\right)^x\right\}^2-2\times\left(\dfrac{1}{2}\right)^x+3$

$\left(\dfrac{1}{2}\right)^x=t\ (t>0)$로 놓으면

$$y=t^2-2t+3=(t-1)^2+2$$

이때 $-2\le x\le1$에서 $\left(\dfrac{1}{2}\right)^1\le\left(\dfrac{1}{2}\right)^x\le\left(\dfrac{1}{2}\right)^{-2}$이므로

$\dfrac{1}{2}\le t\le4$

따라서 $\dfrac{1}{2}\le t\le4$일 때, 함수 $y=(t-1)^2+2$는

$t=1$에서 최솟값 2, $t=4$에서 최댓값 11

을 갖는다.

이때 $t=1$, 즉 $\left(\dfrac{1}{2}\right)^x=1$에서 $\quad x=0$

$t=4$, 즉 $\left(\dfrac{1}{2}\right)^x=4$에서 $\quad x=-2$

따라서 $a=0$, $b=2$, $c=-2$, $d=11$이므로

$$ab-cd=0\times2-(-2)\times11=22$$ 답 22

**0268** $y=9^x-2\times3^{x+1}+k=(3^x)^2-6\times3^x+k$

$3^x=t\ (t>0)$로 놓으면

$$y=t^2-6t+k=(t-3)^2-9+k$$

이때 $1\le x\le2$에서 $3^1\le3^x\le3^2$이므로 $\quad3\le t\le9$

따라서 $3\le t\le9$일 때, 함수 $y=(t-3)^2-9+k$는

$t=9$에서 최댓값 $k+27$

을 가지므로 $\quad k+27=18$ $\quad\therefore k=-9$ 답 $-9$

**0269** $4^x>0$, $4^{-x+3}>0$이므로 산술평균과 기하평균의 관계에 의하여

$$\begin{aligned}f(x)&=4^x+4^{-x+3}\\&\ge2\sqrt{4^x\times4^{-x+3}}=2\times8=16\end{aligned}$$

이때 등호는 $4^x=4^{-x+3}$일 때 성립하므로

$$x=-x+3 \qquad\therefore x=\dfrac{3}{2}$$

따라서 함수 $f(x)$는 $x=\dfrac{3}{2}$에서 최솟값 16을 가지므로

$a=\dfrac{3}{2}$, $b=16$ $\quad\therefore ab=24$ 답 24

**0270** $2^x>0$, $\left(\dfrac{1}{2}\right)^x>0$이므로 산술평균과 기하평균의 관계에 의하여

$$\begin{aligned}h(x)&=f(x)+g(x)+4=2^x+\left(\dfrac{1}{2}\right)^x+4\\&\ge2\sqrt{2^x\times\left(\dfrac{1}{2}\right)^x}+4\\&=2+4=6\ (단,\ 등호는\ x=0일\ 때\ 성립)\end{aligned}$$

따라서 $h(x)$의 최솟값은 6이다. 답 6

**0271** $3^x + 3^{-x} = t$로 놓으면 $3^x > 0$, $3^{-x} > 0$이므로 산술평균과 기하평균의 관계에 의하여
$$t = 3^x + 3^{-x} \geq 2\sqrt{3^x \times 3^{-x}} = 2$$
$$\text{(단, 등호는 } x = 0 \text{일 때 성립)}$$
이때 $9^x + 9^{-x} = (3^x + 3^{-x})^2 - 2 = t^2 - 2$이므로 주어진 함수는
$$y = 6(3^x + 3^{-x}) - (9^x + 9^{-x})$$
$$= 6t - (t^2 - 2) = -t^2 + 6t + 2$$
$$= -(t-3)^2 + 11$$
따라서 $t \geq 2$일 때, 함수 $y = -(t-3)^2 + 11$은 $t = 3$에서 최댓값 11을 갖는다. **답 ③**

**0272** $\sqrt{2^x} + \sqrt{2^{-x}} = 2^{\frac{x}{2}} + 2^{-\frac{x}{2}} = t$로 놓으면 $2^{\frac{x}{2}} > 0$, $2^{-\frac{x}{2}} > 0$이므로 산술평균과 기하평균의 관계에 의하여
$$t = 2^{\frac{x}{2}} + 2^{-\frac{x}{2}} \geq 2\sqrt{2^{\frac{x}{2}} \times 2^{-\frac{x}{2}}} = 2$$
$$\text{(단, 등호는 } x = 0 \text{일 때 성립)}$$
이때 $2^x + 2^{-x} = (2^{\frac{x}{2}} + 2^{-\frac{x}{2}})^2 - 2 = t^2 - 2$이므로 주어진 함수는
$$y = 2^x + 2^{-x} - (\sqrt{2^x} + \sqrt{2^{-x}})$$
$$= t^2 - 2 - t = \left(t - \frac{1}{2}\right)^2 - \frac{9}{4}$$
따라서 $t \geq 2$일 때, 함수 $y = \left(t - \frac{1}{2}\right)^2 - \frac{9}{4}$는 $t = 2$에서 최솟값 0을 갖는다. **답 0**

**0273** $\left(\dfrac{1}{9}\right)^{x^2} \times 27^x = \sqrt{3}$에서 $3^{-2x^2} \times 3^{3x} = 3^{\frac{1}{2}}$
$$3^{-2x^2 + 3x} = 3^{\frac{1}{2}}, \qquad -2x^2 + 3x = \frac{1}{2}$$
$$\therefore 4x^2 - 6x + 1 = 0$$
따라서 이차방정식의 근과 계수의 관계에 의하여 두 실근의 합은 $\dfrac{3}{2}$이다. **답 ③**

**0274** $\left(\dfrac{2}{3}\right)^{x^2} = \left(\dfrac{3}{2}\right)^{3x-4}$에서 $\left(\dfrac{2}{3}\right)^{x^2} = \left(\dfrac{2}{3}\right)^{-(3x-4)}$
$$x^2 = -(3x-4), \qquad x^2 + 3x - 4 = 0$$
$$(x+4)(x-1) = 0$$
$$\therefore x = -4 \text{ 또는 } x = 1 \qquad \text{답 } x = -4 \text{ 또는 } x = 1$$

**0275** $3^{x^2 - 10x} - 27^{-2x+a} = 0$에서 $3^{x^2 - 10x} = 27^{-2x+a}$
$$3^{x^2 - 10x} = 3^{3(-2x+a)}, \qquad x^2 - 10x = 3(-2x + a)$$
$$\therefore x^2 - 4x - 3a = 0 \qquad \cdots\cdots \text{㉠}$$
방정식 ㉠의 한 근이 $-2$이므로
$$(-2)^2 - 4 \times (-2) - 3a = 0$$
$$3a = 12 \quad \therefore a = 4 \qquad \cdots \text{1단계}$$
즉 ㉠에서 $x^2 - 4x - 12 = 0$이므로
$$(x+2)(x-6) = 0 \quad \therefore x = -2 \text{ 또는 } x = 6$$
따라서 다른 한 근은 6이다. $\cdots$ **2단계**

**답 6**

| 채점 요소 | | 비율 |
|---|---|---|
| **1단계** | $a$의 값 구하기 | 60 % |
| **2단계** | 다른 한 근 구하기 | 40 % |

**0276** $\dfrac{2^{x^2+1}}{2^{x-1}} = 16$에서 $2^{x^2 + 1 - (x-1)} = 2^4$
$$2^{x^2 - x + 2} = 2^4, \qquad x^2 - x + 2 = 4$$
$$x^2 - x - 2 = 0, \qquad (x+1)(x-2) = 0$$
$$\therefore x = -1 \text{ 또는 } x = 2$$
따라서 $\alpha = -1$, $\beta = 2$ 또는 $\alpha = 2$, $\beta = -1$이므로
$$\alpha^2 + \beta^2 = 5 \qquad \text{답 ②}$$

**다른 풀이** 이차방정식 $x^2 - x - 2 = 0$에서 근과 계수의 관계에 의하여
$$\alpha + \beta = 1, \ \alpha\beta = -2$$
$$\therefore \alpha^2 + \beta^2 = (\alpha + \beta)^2 - 2\alpha\beta = 1^2 - 2 \times (-2) = 5$$

**0277** $9^x + 27^x = 10 \times 3^{x+2}$에서
$$(3^x)^2 + (3^x)^3 = 90 \times 3^x$$
이때 $3^x = t$ $(t > 0)$로 놓으면
$$t^2 + t^3 = 90t, \qquad t^3 + t^2 - 90t = 0$$
$$t(t+10)(t-9) = 0$$
$$\therefore t = 9 \ (\because t > 0)$$
즉 $3^x = 9$이므로 $x = 2$
따라서 $\alpha = 2$이므로 $2^\alpha = 2^2 = 4$ **답 ②**

**0278** $5^{x+1} - 5^{-x} = 4$에서
$$5 \times 5^x - \frac{1}{5^x} - 4 = 0$$
이때 $5^x = t$ $(t > 0)$로 놓으면
$$5t - \frac{1}{t} - 4 = 0, \qquad 5t^2 - 4t - 1 = 0$$
$$(5t+1)(t-1) = 0 \quad \therefore t = 1 \ (\because t > 0)$$
즉 $5^x = 1$이므로 $x = 0$ **답 $x = 0$**

**0279** $4^{-x} - 5 \times 2^{-x+1} + 16 = 0$에서
$$(2^{-x})^2 - 10 \times 2^{-x} + 16 = 0$$
이때 $2^{-x} = t$ $(t > 0)$로 놓으면
$$t^2 - 10t + 16 = 0, \qquad (t-2)(t-8) = 0$$
$$\therefore t = 2 \text{ 또는 } t = 8$$
즉 $2^{-x} = 2$ 또는 $2^{-x} = 8$이므로
$$-x = 1 \text{ 또는 } -x = 3$$
$$\therefore x = -1 \text{ 또는 } x = -3$$
따라서 $\alpha = -3$, $\beta = -1$이므로
$$\beta - \alpha = 2 \qquad \text{답 ②}$$

**0280** $a^{2x} - a^x = 6$에서 $(a^x)^2 - a^x - 6 = 0$
이때 $a^x = t$ $(t > 0)$로 놓으면
$$t^2 - t - 6 = 0, \qquad (t+2)(t-3) = 0$$
$$\therefore t = 3 \ (\because t > 0)$$

즉 $a^x=3$이므로 $x=\dfrac{1}{4}$을 대입하면

$a^{\frac{1}{4}}=3$ $\quad \therefore a=3^4=81$ 　　답 **81**

**0281** ( i ) $x+7=4$에서 　$x=-3$

(ii) $x+1=0$, 즉 $x=-1$이면 $6^0=4^0$이므로 등식이 성립한다.

( i ), (ii)에서 　$x=-3$ 또는 $x=-1$

따라서 모든 근의 합은

$\quad -3+(-1)=-4$ 　　답 **-4**

**0282** ( i ) $x^2-8=2x+7$에서 　$x^2-2x-15=0$

$\quad (x+3)(x-5)=0$ $\quad \therefore x=-3$ 또는 $x=5$

그런데 $x>0$이므로 　$x=5$

(ii) $x=1$이면 $1^{-7}=1^9$이므로 등식이 성립한다.

( i ), (ii)에서 　$x=1$ 또는 $x=5$

　　답 $x=1$ 또는 $x=5$

**0283** $2^x=X$, $3^y=Y$ $(X>0, Y>0)$로 놓으면 주어진 연립방정식은

$$\begin{cases} X+2Y=26 \\ 2X-Y=7 \end{cases}$$

이 연립방정식을 풀면 　$X=8$, $Y=9$

즉 $2^x=8$, $3^y=9$이므로 　$x=3$, $y=2$

따라서 $\alpha=3$, $\beta=2$이므로

$\quad \alpha+\beta=5$ 　　답 **5**

**0284** $3^x=X$, $3^y=Y$ $(X>0, Y>0)$로 놓으면 주어진 연립방정식은

$$\begin{cases} X+Y=\dfrac{28}{3} & \cdots\cdots ㉠ \\ XY=3 & \cdots\cdots ㉡ \end{cases}$$

㉠에서 $Y=\dfrac{28}{3}-X$이므로 이것을 ㉡에 대입하면

$X\left(\dfrac{28}{3}-X\right)=3$

$3X^2-28X+9=0$, $\quad (3X-1)(X-9)=0$

$\quad \therefore X=\dfrac{1}{3}$, $Y=9$ 또는 $X=9$, $Y=\dfrac{1}{3}$

즉 $3^x=\dfrac{1}{3}$, $3^y=9$ 또는 $3^x=9$, $3^y=\dfrac{1}{3}$이므로

$\quad x=-1$, $y=2$ 또는 $x=2$, $y=-1$

$\quad \therefore \alpha^2+\beta^2=(-1)^2+2^2=5$ 　　답 **5**

**0285** $9^x-5\times3^{x+1}+27=0$에서

$\quad (3^x)^2-15\times3^x+27=0$ 　$\cdots\cdots ㉠$

이때 $3^x=t$ $(t>0)$로 놓으면

$\quad t^2-15t+27=0$ 　$\cdots\cdots ㉡$

방정식 ㉠의 두 근이 $\alpha$, $\beta$이므로 이차방정식 ㉡의 두 근은 $3^\alpha$, $3^\beta$이다.

따라서 이차방정식의 근과 계수의 관계에 의하여

$\quad 3^\alpha\times3^\beta=27$, $\quad 3^{\alpha+\beta}=3^3$

$\quad \therefore \alpha+\beta=3$ 　　답 **3**

**0286** $3^{2x}-4\times3^x-k=0$에서

$\quad (3^x)^2-4\times3^x-k=0$ 　$\cdots\cdots ㉠$

이때 $3^x=t$ $(t>0)$로 놓으면

$\quad t^2-4t-k=0$ 　$\cdots\cdots ㉡$

방정식 ㉠의 두 근을 $\alpha$, $\beta$라 하면 이차방정식 ㉡의 두 근은 $3^\alpha$, $3^\beta$이다.

따라서 이차방정식의 근과 계수의 관계에 의하여

$\quad 3^\alpha\times3^\beta=-k$ $\quad \therefore 3^{\alpha+\beta}=-k$

이때 $\alpha+\beta=-1$이므로

$\quad 3^{-1}=-k$ $\quad \therefore k=-\dfrac{1}{3}$ 　　답 $-\dfrac{1}{3}$

**0287** $4^x-2^{x+4}+12=0$에서

$\quad (2^x)^2-16\times2^x+12=0$ 　$\cdots\cdots ㉠$

이때 $2^x=t$ $(t>0)$로 놓으면

$\quad t^2-16t+12=0$ 　$\cdots\cdots ㉡$

방정식 ㉠의 두 근이 $\alpha$, $\beta$이므로 이차방정식 ㉡의 두 근은 $2^\alpha$, $2^\beta$이다.

따라서 이차방정식의 근과 계수의 관계에 의하여

$\quad 2^\alpha+2^\beta=16$, $2^\alpha\times2^\beta=12$ 　… **1단계**

$\quad \therefore 2^{2\alpha}+2^{2\beta}=(2^\alpha)^2+(2^\beta)^2=(2^\alpha+2^\beta)^2-2\times2^\alpha\times2^\beta$

$\qquad\qquad\qquad =16^2-2\times12=232$ 　… **2단계**

　　답 **232**

| 채점 요소 | | 비율 |
|---|---|---|
| **1단계** | $2^\alpha+2^\beta$, $2^\alpha\times2^\beta$의 값 구하기 | 50 % |
| **2단계** | $2^{2\alpha}+2^{2\beta}$의 값 구하기 | 50 % |

**0288** $2^x+2^{1-x}+3=a$에서

$\quad 2^x+\dfrac{2}{2^x}+3=a$ 　$\cdots\cdots ㉠$

이때 $2^x=t$ $(t>0)$로 놓으면 　$t+\dfrac{2}{t}+3=a$

양변에 $t$를 곱하면 　$t^2+2+3t=at$

$\quad \therefore t^2+(3-a)t+2=0$ 　$\cdots\cdots ㉡$

방정식 ㉠이 서로 다른 두 실근을 가지려면 이차방정식 ㉡이 서로 다른 두 양의 실근을 가져야 한다.

즉 이차방정식 ㉡의 판별식을 $D$라 하면

$\quad D=(3-a)^2-4\times1\times2>0$, $\quad a^2-6a+1>0$

$\quad \therefore a<3-2\sqrt{2}$ 또는 $a>3+2\sqrt{2}$ 　$\cdots\cdots ㉢$

또 이차방정식 ㉡의 두 근의 합과 곱이 모두 양수이어야 하므로

$\quad -(3-a)>0$ $\quad \therefore a>3$ 　$\cdots\cdots ㉣$

㉢, ㉣에서 　$a>3+2\sqrt{2}$

따라서 정수 $a$의 최솟값은 6이다. 　　답 ⑤

이차방정식 $ax^2+bx+c=0$의 서로 다른 두 실근을 $\alpha$, $\beta$, 판별식을 $D$라 할 때, 두 실근이 모두 양수이려면
$$D>0, \quad \alpha+\beta>0, \quad \alpha\beta>0$$
이어야 한다.

**0289** $5^{x^2}\leq\left(\dfrac{1}{5}\right)^{x-6}$에서 $\quad 5^{x^2}\leq 5^{6-x}$

밑이 1보다 크므로 $\quad x^2\leq 6-x$
$$x^2+x-6\leq 0, \quad (x+3)(x-2)\leq 0$$
$$\therefore -3\leq x\leq 2$$

따라서 정수 $x$는 $-3$, $-2$, $-1$, $0$, $1$, $2$이므로 구하는 합은
$$-3+(-2)+(-1)+0+1+2=-3$$
📳 **$-3$**

**0290** $\left(\dfrac{1}{3}\right)^{2x+1}<\left(\dfrac{1}{\sqrt{3}}\right)^{-x}$에서 $\quad \left(\dfrac{1}{3}\right)^{2x+1}<\left(\dfrac{1}{3}\right)^{-\frac{x}{2}}$

밑이 1보다 작은 양수이므로
$$2x+1>-\dfrac{x}{2}, \quad \dfrac{5}{2}x>-1$$
$$\therefore x>-\dfrac{2}{5}$$
📳 **$x>-\dfrac{2}{5}$**

**0291** $\left(\dfrac{1}{2}\right)^{3x}\geq\dfrac{1}{64}$에서 $\quad \left(\dfrac{1}{2}\right)^{3x}\geq\left(\dfrac{1}{2}\right)^6$

밑이 1보다 작은 양수이므로
$$3x\leq 6 \quad \therefore x\leq 2$$
$$\therefore A=\{x\,|\,x\leq 2\}$$

$27^{x^2-5x-8}<9^{x^2-5x}$에서 $\quad 3^{3(x^2-5x-8)}<3^{2(x^2-5x)}$

밑이 1보다 크므로
$$3(x^2-5x-8)<2(x^2-5x), \quad x^2-5x-24<0$$
$$(x+3)(x-8)<0 \quad \therefore -3<x<8$$
$$\therefore B=\{x\,|\,-3<x<8\}$$

따라서 $A\cap B=\{x\,|\,-3<x\leq 2\}$이므로 집합 $A\cap B$의 원소 중 정수인 것은 $-2$, $-1$, $0$, $1$, $2$의 5개이다.
📳 **5**

**0292** $\left(\dfrac{1}{10}\right)^{f(x)}\leq\left(\dfrac{1}{10}\right)^{g(x)}$에서 밑이 1보다 작은 양수이므로
$$f(x)\geq g(x)$$
따라서 주어진 부등식의 해는 곡선 $y=f(x)$가 직선 $y=g(x)$보다 위쪽에 있거나 곡선 $y=f(x)$와 직선 $y=g(x)$가 만날 때의 $x$의 값의 범위이므로
$$x\leq a \text{ 또는 } 0\leq x\leq c$$
📳 **②**

**0293** $4^{-x}-9\times\left(\dfrac{1}{2}\right)^{x-1}+32<0$에서
$$\left\{\left(\dfrac{1}{2}\right)^x\right\}^2-18\times\left(\dfrac{1}{2}\right)^x+32<0$$

이때 $\left(\dfrac{1}{2}\right)^x=t\ (t>0)$로 놓으면
$$t^2-18t+32<0, \quad (t-2)(t-16)<0$$
$$\therefore 2<t<16$$

즉 $\left(\dfrac{1}{2}\right)^{-1}<\left(\dfrac{1}{2}\right)^x<\left(\dfrac{1}{2}\right)^{-4}$이고 밑이 1보다 작은 양수이므로
$$-4<x<-1$$
따라서 $\alpha=-4$, $\beta=-1$이므로 $\quad \alpha+\beta=-5$
📳 **$-5$**

**0294** $\left(\dfrac{1}{3}\right)^{2x}+\left(\dfrac{1}{3}\right)^{x+2}>\left(\dfrac{1}{3}\right)^{x-2}+1$에서
$$\left\{\left(\dfrac{1}{3}\right)^x\right\}^2+\dfrac{1}{9}\times\left(\dfrac{1}{3}\right)^x>9\times\left(\dfrac{1}{3}\right)^x+1$$

이때 $\left(\dfrac{1}{3}\right)^x=t\ (t>0)$로 놓으면
$$t^2+\dfrac{1}{9}t>9t+1, \quad 9t^2-80t-9>0$$
$$(9t+1)(t-9)>0 \quad \therefore t>9\ (\because t>0)$$

즉 $\left(\dfrac{1}{3}\right)^x>\left(\dfrac{1}{3}\right)^{-2}$이고 밑이 1보다 작은 양수이므로
$$x<-2$$
따라서 정수 $x$의 최댓값은 $-3$이다.
📳 **$-3$**

**0295** (ⅰ) $2^{2x+2}-65\times 2^{x-2}\leq -1$에서
$$4\times(2^x)^2-\dfrac{65}{4}\times 2^x+1\leq 0$$

이때 $2^x=a\ (a>0)$로 놓으면
$$4a^2-\dfrac{65}{4}a+1\leq 0, \quad 16a^2-65a+4\leq 0$$
$$(16a-1)(a-4)\leq 0 \quad \therefore \dfrac{1}{16}\leq a\leq 4$$

즉 $2^{-4}\leq 2^x\leq 2^2$이고 밑이 1보다 크므로
$$-4\leq x\leq 2$$

(ⅱ) $9^x+3^x>12$에서 $\quad (3^x)^2+3^x-12>0$

이때 $3^x=b\ (b>0)$로 놓으면
$$b^2+b-12>0, \quad (b+4)(b-3)>0$$
$$\therefore b>3\ (\because b>0)$$

즉 $3^x>3^1$이고 밑이 1보다 크므로
$$x>1$$

(ⅰ), (ⅱ)에서 주어진 연립부등식의 해는 $\quad 1<x\leq 2$
따라서 $\alpha=1$, $\beta=2$이므로 $\quad \alpha+\beta=3$
📳 **3**

**0296** $4^{x+1}+a\times 2^x+b\leq 0$에서
$$4\times(2^x)^2+a\times 2^x+b\leq 0 \qquad \cdots\cdots \text{㉠}$$

이때 $2^x=t\ (t>0)$로 놓으면
$$4t^2+at+b\leq 0 \qquad \cdots\cdots \text{㉡}$$

한편 부등식 ㉠의 해가 $-3\leq x\leq 2$이므로
$$2^{-3}\leq 2^x\leq 2^2, \text{ 즉 } \dfrac{1}{8}\leq t\leq 4$$

$t^2$의 계수가 4이고 해가 $\dfrac{1}{8}\leq t\leq 4$인 이차부등식은
$$4\left(t-\dfrac{1}{8}\right)(t-4)\leq 0 \quad \therefore 4t^2-\dfrac{33}{2}t+2\leq 0$$

이 부등식이 ㉡과 일치하므로 $\quad a=-\dfrac{33}{2}$, $b=2$
$$\therefore ab=-33$$
📳 **$-33$**

**RPM 비법 노트**

**이차부등식의 작성**

(1) 해가 $x<\alpha$ 또는 $x>\beta$ $(\alpha<\beta)$이고 $x^2$의 계수가 $k\,(k>0)$인 이차부등식은
$$k(x-\alpha)(x-\beta)>0$$

(2) 해가 $\alpha<x<\beta$이고 $x^2$의 계수가 $k\,(k>0)$인 이차부등식은
$$k(x-\alpha)(x-\beta)<0$$

**0297** $x^{x-1}\geq x^{-x+5}$에서

(i) $0<x<1$일 때, 밑이 1보다 작은 양수이므로
$$x-1\leq -x+5 \qquad \therefore x\leq 3$$
그런데 $0<x<1$이므로 $\qquad 0<x<1$

(ii) $x=1$일 때
$1^0\geq 1^4$이므로 부등식이 성립한다.

(iii) $x>1$일 때, 밑이 1보다 크므로
$$x-1\geq -x+5 \qquad \therefore x\geq 3$$
이상에서 $\qquad 0<x\leq 1$ 또는 $x\geq 3$ **답** $0<x\leq 1$ 또는 $x\geq 3$

**0298** $x>-1$이므로 $\qquad x+2>1$

즉 $(x+2)^{x^2+3}<(x+2)^{4x}$에서 밑이 1보다 크므로
$$x^2+3<4x, \qquad x^2-4x+3<0$$
$$(x-1)(x-3)<0 \qquad \therefore 1<x<3$$ **답** ①

**0299** $x^{3x+1}>x^{x+5}$에서

(i) $0<x<1$일 때, 밑이 1보다 작은 양수이므로
$$3x+1<x+5 \qquad \therefore x<2$$
그런데 $0<x<1$이므로 $\qquad 0<x<1$

(ii) $x=1$일 때, $1^4>1^6$이므로 부등식이 성립하지 않는다.

(iii) $x>1$일 때, 밑이 1보다 크므로
$$3x+1>x+5 \qquad \therefore x>2$$
이상에서 $\qquad 0<x<1$ 또는 $x>2$

따라서 주어진 부등식의 해가 아닌 것은 ② $\dfrac{3}{2}$이다. **답** ②

**0300** $x^{2x^2-5x}>\dfrac{1}{x^2}$에서 $\qquad x^{2x^2-5x}>x^{-2}$

(i) $0<x<1$일 때, 밑이 1보다 작은 양수이므로
$$2x^2-5x<-2, \qquad 2x^2-5x+2<0$$
$$(2x-1)(x-2)<0 \qquad \therefore \dfrac{1}{2}<x<2$$
그런데 $0<x<1$이므로 $\qquad \dfrac{1}{2}<x<1$

(ii) $x=1$일 때, $1^{-3}>1^{-2}$이므로 부등식이 성립하지 않는다.

(iii) $x>1$일 때, 밑이 1보다 크므로
$$2x^2-5x>-2, \qquad 2x^2-5x+2>0$$
$$(2x-1)(x-2)>0 \qquad \therefore x<\dfrac{1}{2} \text{ 또는 } x>2$$
그런데 $x>1$이므로 $\qquad x>2$

이상에서 주어진 부등식의 해는 $\dfrac{1}{2}<x<1$ 또는 $x>2$이므로
$$\alpha=\dfrac{1}{2}, \ \beta=1, \ \gamma=2$$
$$\therefore \alpha\beta\gamma=1$$ **답** 1

**0301** $2^{2x}-2^{x+1}+k>0$에서
$$(2^x)^2-2\times 2^x+k>0$$
$2^x=t\,(t>0)$로 놓으면
$$t^2-2t+k>0$$
$$\therefore (t-1)^2-1+k>0 \qquad \cdots\cdots \ \bigcirc$$
$t>0$에서 이차부등식 $\bigcirc$이 항상 성립하려면
$$-1+k>0 \qquad \therefore k>1$$
따라서 정수 $k$의 최솟값은 2이다. **답** ③

**0302** $4^x-2^{x+3}+2a-6\geq 0$에서
$$(2^x)^2-8\times 2^x+2a-6\geq 0$$
$2^x=t\,(t>0)$로 놓으면
$$t^2-8t+2a-6\geq 0$$
$$\therefore (t-4)^2+2a-22\geq 0 \qquad \cdots\cdots \ \bigcirc$$
$t>0$에서 이차부등식 $\bigcirc$이 항상 성립하려면
$$2a-22\geq 0 \qquad \therefore a\geq 11$$
따라서 실수 $a$의 최솟값은 11이다. **답** ②

**0303** $9^x-3^x+k>0$에서
$$(3^x)^2-3^x+k>0$$
$3^x=t$로 놓으면 $x>0$에서 $3^x>3^0$, 즉 $t>1$이고
$$t^2-t+k>0$$
$$\therefore \left(t-\dfrac{1}{2}\right)^2+k-\dfrac{1}{4}>0 \qquad \cdots\cdots \ \bigcirc \qquad \cdots \text{ 1단계}$$
$t>1$에서 이차부등식 $\bigcirc$이 항상 성립하려면
$$\left(1-\dfrac{1}{2}\right)^2+k-\dfrac{1}{4}\geq 0$$
$$\therefore k\geq 0 \qquad \cdots \text{ 2단계}$$ **답** $k\geq 0$

| 채점 요소 | 비율 |
|---|---|
| **1단계** $3^x=t$로 놓고 주어진 부등식을 $t$에 대한 부등식으로 변형하기 | 50 % |
| **2단계** $k$의 값의 범위 구하기 | 50 % |

**0304** 1024 g에서 $\dfrac{1}{4}$ g으로 감소하는 데 $x$년이 걸린다고 하면
$$1024\times\left(\dfrac{1}{2}\right)^{\frac{x}{50}}=\dfrac{1}{4}$$
$$2^{10-\frac{x}{50}}=2^{-2}, \qquad 10-\dfrac{x}{50}=-2$$
$$\dfrac{x}{50}=12 \qquad \therefore x=600$$
따라서 1024 g에서 $\dfrac{1}{4}$ g으로 감소하는 데에는 600년이 걸린다.

**답** 600년

**0305** 세균 A 10마리가 2시간 후 90마리가 되었으므로

$$10a^2=90, \qquad a^2=9$$

$$\therefore a=3 \ (\because a>0)$$

따라서 세균 A 10마리가 $t$시간 후 7290마리 이상이 된다고 하면

$$10\times 3^t \geq 7290, \qquad 3^t \geq 729$$

$$3^t \geq 3^6 \qquad \therefore t \geq 6$$

즉 세균 A 10마리가 7290마리 이상이 되는 것은 최소 6시간 후

이므로

$$n=6$$

📋 **6**

**0306** 두 배양기 A, B에 넣은 박테리아의 수를 각각 $a$라 하면 $t$시간 후 두 배양기 A, B에 있는 박테리아의 수는 각각

$$a\times 2^t, \ a\times 4^{\frac{t}{3}}$$

따라서 두 배양기 A, B에 있는 박테리아의 수의 합이 처음 넣은 박테리아의 수의 합의 40배가 되려면

$$a\times 2^t + a\times 4^{\frac{t}{3}} = 40(a+a)$$

$a>0$이므로 $\qquad 2^t + 2^{\frac{2}{3}t} = 80$

이때 $2^{\frac{t}{3}}=X \ (X>0)$로 놓으면

$$X^3+X^2=80, \qquad X^3+X^2-80=0$$

$$(X-4)(X^2+5X+20)=0$$

$$\therefore X=4 \ (\because X^2+5X+20>0)$$

즉 $2^{\frac{t}{3}}=4$에서 $\qquad 2^{\frac{t}{3}}=2^2$

$$\frac{t}{3}=2 \qquad \therefore t=6$$

따라서 두 배양기에 있는 박테리아의 수의 합이 처음 넣은 박테리아의 수의 합의 40배가 되는 것은 6시간 후이다.

📋 **6시간**

• 본책 041~044쪽

**시험에 꼭 나오는 문제**

**0307** 함수 $f(x)$의 역함수가 $g(x)$이므로

$g(a)=-1$에서 $\qquad f(-1)=a$

$$\therefore a=\left(\frac{1}{2}\right)^0-3=1-3=-2$$

$g(b)=1$에서 $\qquad f(1)=b$

$$\therefore b=\left(\frac{1}{2}\right)^2-3=-\frac{11}{4}$$

$$\therefore ab=\frac{11}{2}$$

📋 **④**

---

**RPM 비법노트**

함수 $y=f(x)$의 역함수를 $y=g(x)$라 할 때

(1) $f(g(x))=x$

(2) $f(a)=b \Longleftrightarrow g(b)=a$

**0308** $y=4^{2x-1}-2=4^{2\left(x-\frac{1}{2}\right)}-2=16^{x-\frac{1}{2}}-2$

따라서 $y=4^{2x-1}-2$의 그래프는 $y=16^x$

의 그래프를 $x$축의 방향으로 $\frac{1}{2}$만큼, $y$축

의 방향으로 $-2$만큼 평행이동한 것이므

로 오른쪽 그림과 같다.

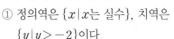

① 정의역은 $\{x \mid x$는 실수$\}$, 치역은
$\{y \mid y>-2\}$이다.

② $x$의 값이 증가하면 $y$의 값도 증가한다.

③ 함수 $y=4^{2x-1}-2$의 그래프의 점근선은 직선 $y=-2$이므로 그래프는 직선 $y=-2$와 만나지 않는다.

④ 함수 $y=4^{2x-1}-2$의 그래프는 $y=16^x$의 그래프를 평행이동한 것이므로 그래프를 평행이동하여 $y=4^x$의 그래프와 겹쳐지지 않는다.

⑤ 그래프는 제2사분면을 지나지 않는다.

📋 **③**

**0309** $y=\left(\frac{1}{2}\right)^x$의 그래프를 $x$축에 대하여 대칭이동한 그래프의 식은

$$-y=\left(\frac{1}{2}\right)^x \qquad \therefore y=-2^{-x} \qquad \cdots\cdots ㉠$$

㉠의 그래프를 $x$축의 방향으로 $a$만큼, $y$축의 방향으로 $b$만큼 평행이동한 그래프의 식은

$$y=-2^{-(x-a)}+b$$

이 그래프가 점 $(-1, -1)$을 지나므로

$$-1=-2^{1+a}+b \qquad \cdots\cdots ㉡$$

또 점 $(-2, -9)$를 지나므로

$$-9=-2^{2+a}+b \qquad \cdots\cdots ㉢$$

㉡-㉢을 하면

$$8=-2^{1+a}+2^{2+a}, \qquad 2^3=2^{1+a}$$

$$3=1+a \qquad \therefore a=2$$

㉡에 $a=2$를 대입하면

$$-1=-2^3+b \qquad \therefore b=7$$

$$\therefore a+b=9$$

📋 **9**

**0310** $y=2^x$의 그래프를 $y$축에 대하여 대칭이동한 그래프의 식은

$$y=2^{-x} \qquad \cdots\cdots ㉠$$

㉠의 그래프를 $x$축의 방향으로 $a$만큼, $y$축의 방향으로 $b$만큼 평행이동한 그래프의 식은

$$y=2^{-(x-a)}+b \qquad \cdots\cdots ㉡$$

ⓛ의 그래프의 점근선이 직선 $y=b$이므로
$$b=-2$$
또 ⓛ의 그래프가 원점을 지나므로
$$0=2^a-2, \quad 2^a=2 \quad \therefore a=1$$
$$\therefore a-b=3$$ 답 3

**0311** $y=2^{-2x+2}+n=2^{-2(x-1)}+n$에서
$$y=\left(\frac{1}{4}\right)^{x-1}+n \quad \cdots\cdots \ \ㄱ$$

ⓖ의 그래프가 제1사분면을 지나지 않
으려면 오른쪽 그림과 같아야 하므로
$x=0$일 때 $y\le0$이어야 한다.
즉 $\left(\frac{1}{4}\right)^{-1}+n\le0$이므로
$$n\le-4$$
따라서 $n$의 최댓값은 $-4$이다. 답 $-4$

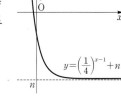

**0312** $y=a^x$의 그래프가 두 점 $(p,2)$, $(q,5)$를 지나므로
$$a^p=2, \ a^q=5$$
$$\therefore f\left(\frac{p+q}{2}\right)=a^{\frac{p+q}{2}}=(a^{p+q})^{\frac{1}{2}}$$
$$=(a^p\times a^q)^{\frac{1}{2}}=(2\times5)^{\frac{1}{2}}$$
$$=10^{\frac{1}{2}}=\sqrt{10}$$ 답 $\sqrt{10}$

**0313** $y=3^x+3$의 그래프는 $y=3^x$의 그
래프를 $y$축의 방향으로 3만큼 평행이동한
것이다.
따라서 오른쪽 그림에서 $B=C$이므로 구하
는 넓이는
$$A+B=A+C$$
$$=1\times(4-1)=3$$ 답 3

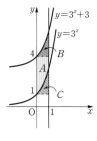

**0314** $A=\sqrt[3]{0.25}=\sqrt[3]{\frac{1}{4}}=\left(\frac{1}{4}\right)^{\frac{1}{3}}=\left(\frac{1}{2}\right)^{\frac{2}{3}}$

$B=2^{-\frac{3}{2}}=\left(\frac{1}{2}\right)^{\frac{3}{2}}$

$C=\sqrt[4]{32^{-1}}=\sqrt[4]{\frac{1}{32}}=\left(\frac{1}{32}\right)^{\frac{1}{4}}=\left(\frac{1}{2}\right)^{\frac{5}{4}}$

이때 $\frac{2}{3}<\frac{5}{4}<\frac{3}{2}$이고 함수 $y=\left(\frac{1}{2}\right)^x$에서 $x$의 값이 증가하면 $y$

의 값은 감소하므로
$$\left(\frac{1}{2}\right)^{\frac{3}{2}}<\left(\frac{1}{2}\right)^{\frac{5}{4}}<\left(\frac{1}{2}\right)^{\frac{2}{3}}$$
$$\therefore B<C<A$$ 답 ③

**0315** 함수 $f(x)=4^x$에서 $x$의 값이 증가하면 $f(x)$의 값도 증
가하므로 $-2\le x\le3$일 때, 함수 $f(x)$는
$$x=3에서 최댓값 \ 4^3=64$$
를 갖는다.
$$\therefore M=64$$

또 함수 $g(x)=\left(\frac{1}{8}\right)^{x-2}$에서 $x$의 값이 증가하면 $g(x)$의 값은
감소하므로 $-2\le x\le3$일 때, 함수 $g(x)$는
$$x=3에서 최솟값 \ \left(\frac{1}{8}\right)^1=\frac{1}{8}$$
을 갖는다.
$$\therefore m=\frac{1}{8} \quad \therefore Mm=8$$ 답 8

**0316** $f(x)=x^2-4x$로 놓으면
$$y=\left(\frac{1}{3}\right)^{x^2-4x}=\left(\frac{1}{3}\right)^{f(x)}$$
이 함수는 밑이 1보다 작은 양수이므로 $f(x)$가 최소일 때 최댓
값을 갖는다.
이때 $f(x)=x^2-4x=(x-2)^2-4$이므로 $f(x)$는
$$x=2에서 최솟값 \ -4$$
를 갖는다.
따라서 함수 $y=\left(\frac{1}{3}\right)^{x^2-4x}$은
$$x=2에서 최댓값 \ \left(\frac{1}{3}\right)^{-4}=81$$
을 가지므로 $\quad a=2, \ b=81$
$$\therefore a+b=83$$ 답 83

**0317** $y=4^x-2^{x+1}+k=(2^x)^2-2\times2^x+k$
$2^x=t \ (t>0)$로 놓으면
$$y=t^2-2t+k=(t-1)^2-1+k$$
이때 $0\le x\le3$에서 $2^0\le2^x\le2^3$이므로
$$1\le t\le8$$
따라서 $1\le t\le8$일 때, 함수 $y=(t-1)^2-1+k$는
$$t=8에서 최댓값 \ k+48$$
을 가지므로 $\quad k+48=50$
$$\therefore k=2$$ 답 ②

**0318** $3^{a+x}>0$, $3^{a-x}>0$이므로 산술평균과 기하평균의 관계
에 의하여
$$y=3^{a+x}+3^{a-x}$$
$$\ge2\sqrt{3^{a+x}\times3^{a-x}}$$
$$=2\times3^a \ (단, 등호는 x=0일 때 성립)$$
따라서 함수 $y=3^{a+x}+3^{a-x}$의 최솟값은 $2\times3^a$이므로
$$2\times3^a=54, \quad 3^a=27=3^3$$
$$\therefore a=3$$ 답 3

**0319** $2^x+2^{-x}=t$로 놓으면 $2^x>0$, $2^{-x}>0$이므로 산술평균
과 기하평균의 관계에 의하여
$$t=2^x+2^{-x}\ge2\sqrt{2^x\times2^{-x}}=2$$
$$(단, 등호는 x=0일 때 성립)$$

이때 $4^x+4^{-x}=(2^x+2^{-x})^2-2=t^2-2$이므로 주어진 함수는

$$y=4^x+4^{-x}+6(2^x+2^{-x})+3$$
$$=t^2-2+6t+3=t^2+6t+1$$
$$=(t+3)^2-8$$

따라서 $t\geq2$일 때, 함수 $y=(t+3)^2-8$은 $t=2$에서 최솟값 17을 갖는다.

답 ④

**0320** $\left(\dfrac{1}{3}\right)^{-3x}=3^{x^2-4}$에서　$3^{3x}=3^{x^2-4}$

$$3x=x^2-4,\quad x^2-3x-4=0$$
$$(x+1)(x-4)=0\quad\therefore x=-1\ \text{또는}\ x=4$$

따라서 모든 실근의 곱은

$$-1\times4=-4$$

답 ③

**0321** $\begin{cases}3\times2^x-2\times3^y=18\\2^{x-2}-3^{y-1}=1\end{cases}$에서

$$\begin{cases}3\times2^x-2\times3^y=18\\\dfrac{1}{4}\times2^x-\dfrac{1}{3}\times3^y=1\end{cases}$$

이때 $2^x=X,\ 3^y=Y\ (X>0,\ Y>0)$로 놓으면

$$\begin{cases}3X-2Y=18\\\dfrac{1}{4}X-\dfrac{1}{3}Y=1\end{cases}$$

이 연립방정식을 풀면　$X=8,\ Y=3$

즉 $2^x=8,\ 3^y=3$이므로

$$x=3,\ y=1$$

따라서 $\alpha=3,\ \beta=1$이므로

$$\alpha^2+\beta^2=10$$

답 **10**

**0322** $a^{2x}-8\times a^x+5=0$에서

$$(a^x)^2-8\times a^x+5=0$$

$a^x=t\ (t>0)$로 놓으면

$$t^2-8t+5=0\qquad\cdots\cdots\ \text{㉠}$$

주어진 방정식의 두 근을 $\alpha,\ \beta$라 하면 이차방정식 ㉠의 두 근은 $a^\alpha,\ a^\beta$이므로 근과 계수의 관계에 의하여

$$a^\alpha\times a^\beta=5\quad\therefore a^{\alpha+\beta}=5$$

이때 $\alpha+\beta=3$이므로　$a^3=5$

$$\therefore a=\sqrt[3]{5}$$

답 ①

**0323** $4^x-k\times2^{x+1}+64=0$에서

$$(2^x)^2-2k\times2^x+64=0$$

$2^x=t\ (t>0)$로 놓으면

$$t^2-2kt+64=0\qquad\cdots\cdots\ \text{㉠}$$

주어진 방정식이 오직 하나의 실근 $\alpha$를 가지려면 이차방정식 ㉠의 양의 실근은 $2^\alpha$뿐이어야 한다.

이때 이차방정식 ㉠의 두 근의 곱이 양수이므로 ㉠은 $2^\alpha$을 중근으로 가져야 한다.

따라서 이차방정식 ㉠의 판별식을 $D$라 하면

$$\frac{D}{4}=(-k)^2-64=0$$
$$k^2=64\quad\therefore k=8\ (\because k>0)$$

즉 ㉠에서　$t^2-16t+64=0,\quad(t-8)^2=0\quad\therefore t=8$

따라서 $2^\alpha=8$이므로　$\alpha=3$

$$\therefore k+\alpha=11$$

답 ③

참고 $k\leq0$이면 이차방정식 ㉠의 두 근의 합 $2k$가 0 또는 음수이므로 조건을 만족시키지 않는다.

**0324** $\left(\dfrac{1}{8}\right)^{2x+1}<32<\left(\dfrac{1}{2}\right)^{3x-9}$에서

$$\left(\frac{1}{2}\right)^{3(2x+1)}<\left(\frac{1}{2}\right)^{-5}<\left(\frac{1}{2}\right)^{3x-9}$$

밑이 1보다 작은 양수이므로

$$3x-9<-5<3(2x+1)$$

(i) $3x-9<-5$에서　$3x<4\quad\therefore x<\dfrac{4}{3}$

(ii) $-5<3(2x+1)$에서　$-5<6x+3$

$$6x>-8\quad\therefore x>-\frac{4}{3}$$

(i), (ii)에서　$-\dfrac{4}{3}<x<\dfrac{4}{3}$

따라서 부등식을 만족시키는 정수 $x$는 $-1,\ 0,\ 1$의 3개이다.

답 ③

**0325** $4^x-2^{x+1}-8<0$에서　$(2^x)^2-2\times2^x-8<0$

이때 $2^x=t\ (t>0)$로 놓으면

$$t^2-2t-8<0,\quad(t+2)(t-4)<0$$
$$\therefore 0<t<4\ (\because t>0)$$

즉 $0<2^x<2^2$이므로　$x<2$

$$\therefore A=\{x\,|\,x<2\}$$

$\left(\dfrac{1}{2}\right)^{x^2}>\left(\dfrac{1}{2}\right)^{2x+3}$에서 밑이 1보다 작은 양수이므로

$$x^2<2x+3,\quad x^2-2x-3<0$$
$$(x+1)(x-3)<0\quad\therefore-1<x<3$$
$$\therefore B=\{x\,|\,-1<x<3\}$$
$$\therefore B-A=\{x\,|\,2\leq x<3\}$$

답 $\{x\,|\,2\leq x<3\}$

**0326** $x^{x^2-5}<x^{4x}$에서

(i) $0<x<1$일 때, 밑이 1보다 작은 양수이므로

$$x^2-5>4x,\quad x^2-4x-5>0$$
$$(x+1)(x-5)>0\quad\therefore x<-1\ \text{또는}\ x>5$$

그런데 $0<x<1$이므로 조건을 만족시키지 않는다.

(ii) $x=1$일 때, $1^{-4}<1^4$이므로 부등식이 성립하지 않는다.

(iii) $x>1$일 때, 밑이 1보다 크므로

$$x^2-5<4x,\quad x^2-4x-5<0$$
$$(x+1)(x-5)<0\quad\therefore-1<x<5$$

그런데 $x>1$이므로　$1<x<5$

이상에서　$1<x<5$

따라서 $\alpha=1,\ \beta=5$이므로　$\alpha+\beta=6$

답 **6**

**0327** $3^t=a\,(a>0)$로 놓으면 주어진 부등식은

$$3x^2-(a+3)x+(a+3)>0$$

이 이차부등식이 모든 실수 $x$에 대하여 성립해야 하므로 이차방정식 $3x^2-(a+3)x+(a+3)=0$의 판별식을 $D$라 하면

$$D=\{-(a+3)\}^2-4\times3\times(a+3)<0$$
$$a^2-6a-27<0, \quad (a+3)(a-9)<0$$
$$\therefore 0<a<9\,(\because a>0)$$

즉 $0<3^t<3^2$이므로 $\quad t<2$      답 ④

**0328** 살충제를 살포하기 전의 해충 수를 $a\,(a>0)$라 하고 살충제를 살포한 직후부터 $x$시간 후의 해충 수가 처음의 $\dfrac{1}{32}$이 된다고 하면

$$a\times\left(\frac{1}{2}\right)^{\frac{x}{6}}=\frac{1}{32}a$$

이때 $a>0$이므로 $\quad\left(\dfrac{1}{2}\right)^{\frac{x}{6}}=\dfrac{1}{32}=\left(\dfrac{1}{2}\right)^5$

$$\frac{x}{6}=5 \quad \therefore x=30$$

따라서 해충 수가 처음의 $\dfrac{1}{32}$이 되기까지는 30시간이 걸린다.

답 **30시간**

**0329** 자동차의 중고가는 구입 후 1년마다 20 %씩 떨어지므로 중고가는 1년 전의 중고가의 $\dfrac{4}{5}$가 된다.

$n$년 후 자동차의 중고가가 1024만 원 이하가 된다고 하면

$$2500\times\left(\frac{4}{5}\right)^n\le1024, \quad \left(\frac{4}{5}\right)^n\le\frac{256}{625}$$

$$\left(\frac{4}{5}\right)^n\le\left(\frac{4}{5}\right)^4 \quad \therefore n\ge4$$

따라서 자동차의 중고가가 1024만 원 이하가 되는 것은 구입한 날로부터 최소 4년 후이다.

답 **4년**

**0330** 정사각형 ACDB의 넓이가 4이므로

$$\overline{AC}=\overline{AB}=2 \qquad \cdots 1단계$$

따라서 점 A의 좌표를 $(a,2)$라 하면 점 B의 좌표는 $(a+2,2)$

이므로 $\qquad\qquad\qquad\qquad\qquad\qquad \cdots 2단계$

$$2=3^a \qquad\qquad\qquad \cdots\cdots ㉠$$
$$2=k\times3^{a+2}=9k\times3^a \qquad\cdots\cdots ㉡$$

㉠을 ㉡에 대입하면

$$2=9k\times2 \quad \therefore k=\frac{1}{9} \qquad \cdots 3단계$$

답 $\dfrac{1}{9}$

| 채점 요소 | 비율 |
|---|---|
| 1단계 정사각형 ACDB의 한 변의 길이 구하기 | 20 % |
| 2단계 점 A의 $x$좌표를 $a$라 하고, 두 점 A, B의 좌표를 $a$에 대한 식으로 나타내기 | 30 % |
| 3단계 $k$의 값 구하기 | 50 % |

**0331** 이차항의 계수가 1인 이차함수 $f(x)$가 $x=-2$에서 최솟값 $-1$을 가지므로

$$f(x)=(x+2)^2-1 \qquad \cdots 1단계$$

한편 함수 $y=\left(\dfrac{1}{2}\right)^{f(x)}$은 밑이 1보다 작은 양수이므로 $f(x)$가 최대일 때 최솟값을 갖는다.

이때 $-4\le x\le1$에서 함수 $f(x)$는

$\quad x=1$일 때 최댓값 8

을 갖는다. $\qquad\qquad\qquad\qquad\qquad \cdots 2단계$

따라서 함수 $y=\left(\dfrac{1}{2}\right)^{f(x)}$은

$\quad x=1$에서 최솟값 $\left(\dfrac{1}{2}\right)^8=\dfrac{1}{256}$

을 갖는다. $\qquad\qquad\qquad\qquad\qquad \cdots 3단계$

답 $\dfrac{1}{256}$

| 채점 요소 | 비율 |
|---|---|
| 1단계 $f(x)$의 식 구하기 | 30 % |
| 2단계 $f(x)$의 최댓값 구하기 | 30 % |
| 3단계 $y=\left(\dfrac{1}{2}\right)^{f(x)}$의 최솟값 구하기 | 40 % |

**0332** $\left(\dfrac{1}{4}\right)^x-m\times\left(\dfrac{1}{2}\right)^x+n<0$에서

$$\left\{\left(\frac{1}{2}\right)^x\right\}^2-m\times\left(\frac{1}{2}\right)^x+n<0$$

$\left(\dfrac{1}{2}\right)^x=t\,(t>0)$로 놓으면

$$t^2-mt+n<0 \qquad\cdots\cdots ㉠ \quad \cdots 1단계$$

한편 주어진 부등식의 해가 $-3<x<-1$이므로

$$\left(\frac{1}{2}\right)^{-1}<\left(\frac{1}{2}\right)^x<\left(\frac{1}{2}\right)^{-3}, 즉 2<t<8 \quad \cdots 2단계$$

$t^2$의 계수가 1이고 해가 $2<t<8$인 이차부등식은

$$(t-2)(t-8)<0 \quad \therefore t^2-10t+16<0$$

이 부등식이 ㉠과 일치하므로 $\quad m=10, n=16$

$$\therefore mn=160 \qquad\qquad\qquad \cdots 3단계$$

답 **160**

| 채점 요소 | 비율 |
|---|---|
| 1단계 $\left(\dfrac{1}{2}\right)^x=t$로 놓고 주어진 부등식을 $t$에 대한 부등식으로 변형하기 | 30 % |
| 2단계 $t$에 대한 부등식의 해 구하기 | 30 % |
| 3단계 $mn$의 값 구하기 | 40 % |

**0333** $\left(\dfrac{1}{2}\right)^{x^2+3k}\le4^{2-kx}$에서

$$2^{-x^2-3k}\le2^{4-2kx}$$

밑이 1보다 크므로

$$-x^2-3k\le4-2kx$$
$$\therefore x^2-2kx+3k+4\ge0 \qquad\cdots\cdots ㉠ \quad \cdots 1단계$$

모든 실수 $x$에 대하여 이차부등식 ㉠이 성립해야 하므로 이차방정식 $x^2-2kx+3k+4=0$의 판별식을 $D$라 하면

$$\frac{D}{4}=(-k)^2-(3k+4)\leq 0$$

$$k^2-3k-4\leq 0, \qquad (k+1)(k-4)\leq 0$$

$$\therefore -1\leq k\leq 4 \qquad\qquad\cdots \boxed{\text{2단계}}$$

따라서 실수 $k$의 최댓값은 4이다. $\qquad\cdots \boxed{\text{3단계}}$

답 **4**

| 채점 요소 | | 비율 |
|---|---|---|
| **1단계** | $x$에 대한 이차부등식 세우기 | 40 % |
| **2단계** | $k$의 값의 범위 구하기 | 50 % |
| **3단계** | $k$의 최댓값 구하기 | 10 % |

**0334** 전략 $a$에 3, 4, 5, …를 차례대로 대입하여 선분 AB의 길이를 구해 본다.

두 점 A, B의 좌표는 각각

$$\left(a, 2^a\right), \left(a, 10\times\left(\frac{1}{2}\right)^a\right)$$

이므로 $\quad \overline{\text{AB}}=2^a-10\times\left(\frac{1}{2}\right)^a \;(\because a>2)$

이때 $a$는 2보다 큰 자연수이므로

(i) $a=3$일 때, $\quad \overline{\text{AB}}=2^3-10\times\left(\frac{1}{2}\right)^3=\dfrac{27}{4}$

(ii) $a=4$일 때, $\quad \overline{\text{AB}}=2^4-10\times\left(\frac{1}{2}\right)^4=\dfrac{123}{8}$

(iii) $a=5$일 때, $\quad \overline{\text{AB}}=2^5-10\times\left(\frac{1}{2}\right)^5=\dfrac{507}{16}$

(iv) $a=6$일 때, $\quad \overline{\text{AB}}=2^6-10\times\left(\frac{1}{2}\right)^6=\dfrac{2043}{32}$

(v) $a=7$일 때, $\quad \overline{\text{AB}}=2^7-10\times\left(\frac{1}{2}\right)^7=\dfrac{8187}{64}$

이상에서 $\overline{\text{AB}}<100$을 만족시키는 자연수 $a$는 3, 4, 5, 6의 4개이다.

답 **4**

**0335** 전략 두 곡선 $y=2^x$과 $y=-2x^2+2$의 위치 관계를 이용한다.

$f(x)=2^x$, $g(x)=-2x^2+2$라 하면 두 곡선 $y=f(x)$, $y=g(x)$는 다음 그림과 같다.

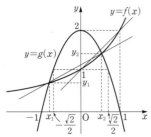

ㄱ. 위의 그래프에서 $x_1<x<x_2$일 때 $f(x)<g(x)$이고, $x<x_1$ 또는 $x>x_2$일 때 $f(x)>g(x)$이다.

이때 $f\left(\dfrac{1}{2}\right)=2^{\frac{1}{2}}=\sqrt{2}$, $g\left(\dfrac{1}{2}\right)=\dfrac{3}{2}$이므로

$$f\left(\frac{1}{2}\right)<g\left(\frac{1}{2}\right) \qquad \therefore x_2>\frac{1}{2} \;(\text{참})$$

ㄴ. 두 곡선 $y=f(x)$, $y=g(x)$의 교점 $(x_1, y_1)$, $(x_2, y_2)$를 지나는 직선의 기울기는

$$\frac{y_2-y_1}{x_2-x_1}$$

두 점 $(0, 1)$, $(1, 2)$를 지나는 직선의 기울기는

$$\frac{2-1}{1-0}=1$$

이때 앞의 그래프에서 $\dfrac{y_2-y_1}{x_2-x_1}<1$이므로

$$y_2-y_1<x_2-x_1 \;(\because x_2>x_1) \;(\text{참})$$

ㄷ. $y_1=f(x_1)=2^{x_1}$, $y_2=f(x_2)=2^{x_2}$이므로

$$y_1 y_2=2^{x_1}\times 2^{x_2}=2^{x_1+x_2}$$

한편 직선 $y=1$이 곡선 $y=g(x)$와 만나는 점의 $x$좌표는

$g(x)=1$에서 $\quad -2x^2+2=1$

$$x^2=\frac{1}{2} \qquad \therefore x=\pm\frac{\sqrt{2}}{2}$$

이때 ㄱ에서 $x_2>\dfrac{1}{2}$이고 $y_1<1$, $y_2>1$이므로

$$-1<x_1<-\frac{\sqrt{2}}{2}, \;\frac{1}{2}<x_2<\frac{\sqrt{2}}{2}$$

즉 $-\dfrac{1}{2}<x_1+x_2<0$이므로 $\quad 2^{-\frac{1}{2}}<2^{x_1+x_2}<2^0$

$$\therefore \frac{\sqrt{2}}{2}<y_1 y_2<1 \;(\text{참})$$

이상에서 ㄱ, ㄴ, ㄷ 모두 옳다. 답 **⑤**

**0336** 전략 $a>1$인 경우와 $0<a<1$인 경우로 나누어 생각한다.

$-1\leq x\leq 2$에서

$$-2\leq x-1\leq 1, \qquad 0\leq |x-1|\leq 2$$

$$\therefore 2\leq |x-1|+2\leq 4$$

따라서 $f(x)=|x-1|+2$로 놓으면 $2\leq f(x)\leq 4$이고

$$y=a^{|x-1|+2}=a^{f(x)}$$

(i) $a>1$일 때

함수 $y=a^{f(x)}$은 밑이 1보다 크므로 $f(x)$가 최대일 때 최댓값을 갖는다.

즉 $y=a^{f(x)}$은 $f(x)=4$일 때 최댓값 $a^4$을 가지므로

$$a^4=\frac{1}{4}$$

$$\therefore a=2^{-\frac{1}{2}}=\frac{\sqrt{2}}{2} \;(\because a>0)$$

그런데 $a>1$이므로 조건을 만족시키지 않는다.

(ii) $0<a<1$일 때

함수 $y=a^{f(x)}$은 밑이 1보다 작은 양수이므로 $f(x)$가 최소일 때 최댓값을 갖는다.

즉 $y=a^{f(x)}$은 $f(x)=2$일 때 최댓값 $a^2$을 가지므로

$$a^2=\frac{1}{4} \qquad \therefore a=\frac{1}{2} \;(\because a>0)$$

(i), (ii)에서 $\quad a=\dfrac{1}{2}$

따라서 $y=\left(\dfrac{1}{2}\right)^{f(x)}$은 $f(x)=4$일 때 최솟값 $\left(\dfrac{1}{2}\right)^4=\dfrac{1}{16}$을 갖는다.

답 $\dfrac{1}{16}$

# 04 로그함수

본책 047쪽

## 교과서 문제 정복하기

**0337** $y=10^x$에서 $x=\log y$
$x$와 $y$를 서로 바꾸면 구하는 역함수는
$y=\log x$
탑 $y=\log x$

**0338** $y=3\times 2^{x-1}$에서 $2^{x-1}=\dfrac{y}{3}$
양변에 밑이 2인 로그를 취하면
$x-1=\log_2\dfrac{y}{3}$ ∴ $x=\log_2\dfrac{y}{3}+1$
$x$와 $y$를 서로 바꾸면 구하는 역함수는
$y=\log_2\dfrac{x}{3}+1$
탑 $y=\log_2\dfrac{x}{3}+1$

**0339** (1) 함수 $y=\log_5(x-2)$의 그 래프는 함수 $y=\log_5 x$의 그래프를 $x$축의 방향으로 2만큼 평행이동한 것이므로 오른쪽 그림과 같다.
이때 정의역은 $\{x|x>2\}$
점근선의 방정식은 $x=2$

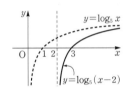

(2) 함수 $y=\log_5(-x)$의 그래프는 함수 $y=\log_5 x$의 그래프를 $y$축에 대하여 대칭이동한 것이므로 다음 그림과 같다.

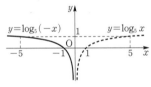

이때 정의역은 $\{x|x<0\}$
점근선의 방정식은 $x=0$

(3) 함수 $y=-\log_5 x$의 그래프는 함수 $y=\log_5 x$의 그래프를 $x$축에 대하여 대칭이동한 것이므로 오른쪽 그림과 같다.
이때 정의역은 $\{x|x>0\}$
점근선의 방정식은 $x=0$

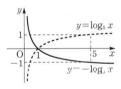

탑 풀이 참조

**0340** $2\log_2 3=\log_2 3^2=\log_2 9$
함수 $y=\log_2 x$에서 $x$의 값이 증가하면 $y$의 값도 증가하므로
$\log_2 10>\log_2 9$ ∴ $\log_2 10>2\log_2 3$
탑 $\log_2 10>2\log_2 3$

**0341** $\dfrac{1}{3}\log_{\frac{1}{2}}27=\log_{\frac{1}{2}}(3^3)^{\frac{1}{3}}=\log_{\frac{1}{2}}3$
$\dfrac{1}{2}\log_{\frac{1}{2}}7=\log_{\frac{1}{2}}7^{\frac{1}{2}}=\log_{\frac{1}{2}}\sqrt{7}$

이때 $3>\sqrt{7}$이고 함수 $y=\log_{\frac{1}{2}}x$에서 $x$의 값이 증가하면 $y$의 값은 감소하므로
$\log_{\frac{1}{2}}3<\log_{\frac{1}{2}}\sqrt{7}$ ∴ $\dfrac{1}{3}\log_{\frac{1}{2}}27<\dfrac{1}{2}\log_{\frac{1}{2}}7$
탑 $\dfrac{1}{3}\log_{\frac{1}{2}}27<\dfrac{1}{2}\log_{\frac{1}{2}}7$

**0342** $\log_9 16=\log_{3^2}4^2=\log_3 4$
이때 $2<4$이고 함수 $y=\log_3 x$에서 $x$의 값이 증가하면 $y$의 값도 증가하므로
$\log_3 2<\log_3 4$ ∴ $\log_3 2<\log_9 16$
탑 $\log_3 2<\log_9 16$

**0343** 함수 $y=\log_2 x$에서 $x$의 값이 증가하면 $y$의 값도 증가하므로 $1\le x\le 64$일 때, 함수 $y=\log_2 x$는
$x=64$에서 최댓값 $\log_2 64=6$,
$x=1$에서 최솟값 $\log_2 1=0$
을 갖는다.
탑 최댓값: 6, 최솟값: 0

**0344** 함수 $y=\log_{\frac{1}{2}}(x+1)$에서 $x$의 값이 증가하면 $y$의 값은 감소하므로 $-\dfrac{1}{2}\le x\le 7$일 때, 함수 $y=\log_{\frac{1}{2}}(x+1)$은
$x=-\dfrac{1}{2}$에서 최댓값 $\log_{\frac{1}{2}}\dfrac{1}{2}=1$,
$x=7$에서 최솟값 $\log_{\frac{1}{2}}8=-3$
을 갖는다.
탑 최댓값: 1, 최솟값: $-3$

**0345** 함수 $y=-\log_5(x-2)+3$에서 $x$의 값이 증가하면 $y$의 값은 감소하므로 $7\le x\le 127$일 때, 함수 $y=-\log_5(x-2)+3$은
$x=7$에서 최댓값 $-\log_5 5+3=2$,
$x=127$에서 최솟값 $-\log_5 125+3=0$
을 갖는다.
탑 최댓값: 2, 최솟값: 0

**0346** $\log_{\frac{1}{3}}(x+1)=-2$에서 $x+1=\left(\dfrac{1}{3}\right)^{-2}$
∴ $x=8$
탑 $x=8$

**0347** 밑의 조건에서 $x+1>0$, $x+1\ne 1$
∴ $-1<x<0$ 또는 $x>0$ ······ ㉠
$\log_{x+1}9=2$에서 $(x+1)^2=9$
$x+1=3$ 또는 $x+1=-3$
∴ $x=2$ 또는 $x=-4$
이때 ㉠에서 $x=2$
탑 $x=2$

**0348** 진수의 조건에서
$x-1>0$, $2x-3>0$ ∴ $x>\dfrac{3}{2}$ ······ ㉠

$\log_2(x-1)=\log_2(2x-3)$에서

$\quad x-1=2x-3 \qquad \therefore x=2$

이때 $x=2$는 ㉠을 만족시키므로 주어진 방정식의 해이다.

답 $x=2$

**0349** 진수의 조건에서

$\quad x>0,\ x-3>0 \qquad \therefore x>3 \qquad\qquad \cdots\cdots$ ㉠

$\log x+\log(x-3)=1$에서

$\quad \log x(x-3)=\log 10$

$\quad x(x-3)=10, \qquad x^2-3x-10=0$

$\quad (x+2)(x-5)=0$

$\quad \therefore x=-2$ 또는 $x=5$

이때 ㉠에서 $\quad x=5$

답 $x=5$

**0350** (2) $t^2-4t+3=0$에서

$\quad (t-1)(t-3)=0 \qquad \therefore t=1$ 또는 $t=3$

(3) $\log_3 x=1$ 또는 $\log_3 x=3$이므로

$\quad x=3$ 또는 $x=27$

답 (1) $t^2-4t+3=0$ (2) $t=1$ 또는 $t=3$
(3) $x=3$ 또는 $x=27$

**0351** 진수의 조건에서

$\quad x+4>0 \qquad \therefore x>-4 \qquad\qquad \cdots\cdots$ ㉠

$\log_2(x+4)<3$에서

$\quad \log_2(x+4)<\log_2 8$

밑이 1보다 크므로

$\quad x+4<8 \qquad \therefore x<4 \qquad\qquad \cdots\cdots$ ㉡

㉠, ㉡에서 $\quad -4<x<4$

답 $-4<x<4$

**0352** 진수의 조건에서

$\quad x-1>0 \qquad \therefore x>1 \qquad\qquad \cdots\cdots$ ㉠

$\log_{\frac{1}{3}}(x-1)>2$에서

$\quad \log_{\frac{1}{3}}(x-1)>\log_{\frac{1}{3}}\dfrac{1}{9}$

밑이 1보다 작은 양수이므로

$\quad x-1<\dfrac{1}{9} \qquad \therefore x<\dfrac{10}{9} \qquad\qquad \cdots\cdots$ ㉡

㉠, ㉡에서 $\quad 1<x<\dfrac{10}{9}$

답 $1<x<\dfrac{10}{9}$

**0353** 진수의 조건에서

$\quad 2x-1>0,\ 3x+1>0 \qquad \therefore x>\dfrac{1}{2} \qquad\qquad \cdots\cdots$ ㉠

$\log_{\frac{1}{2}}(2x-1)\geq\log_{\frac{1}{2}}(3x+1)$에서 밑이 1보다 작은 양수이므로

$\quad 2x-1\leq3x+1 \qquad \therefore x\geq-2 \qquad\qquad \cdots\cdots$ ㉡

㉠, ㉡에서 $\quad x>\dfrac{1}{2}$

답 $x>\dfrac{1}{2}$

**0354** 진수의 조건에서

$\quad x>0,\ 7-x>0 \qquad \therefore 0<x<7 \qquad\qquad \cdots\cdots$ ㉠

$\log x+\log(7-x)<1$에서

$\quad \log x(7-x)<\log 10$

밑이 1보다 크므로

$\quad x(7-x)<10, \qquad x^2-7x+10>0$

$\quad (x-2)(x-5)>0$

$\quad \therefore x<2$ 또는 $x>5 \qquad\qquad \cdots\cdots$ ㉡

㉠, ㉡에서 $\quad 0<x<2$ 또는 $5<x<7$

답 $0<x<2$ 또는 $5<x<7$

**0355** (2) $t^2-3t-4\leq0$에서 $\quad (t+1)(t-4)\leq0$

$\quad \therefore -1\leq t\leq4$

(3) $-1\leq\log_2 x\leq4$에서

$\quad \log_2\dfrac{1}{2}\leq\log_2 x\leq\log_2 16$

밑이 1보다 크므로

$\quad \dfrac{1}{2}\leq x\leq16$

답 (1) $t^2-3t-4\leq0$ (2) $-1\leq t\leq4$
(3) $\dfrac{1}{2}\leq x\leq16$

### 유형 익히기

**0356** $f(1)=3$이므로 $\quad \log_a 4+1=3$

$\quad \log_a 4=2, \qquad a^2=4$

$\quad \therefore a=2\ (\because a>0)$

따라서 $f(x)=\log_2(3x+1)+1$이므로

$\quad f(0)=\log_2 1+1=0+1=1$

$\quad f(5)=\log_2 16+1=4+1=5$

$\quad \therefore f(0)+f(5)=1+5=6$

답 ③

**0357** $(g\circ f)(-4)=g(f(-4))=g(3^{-4})$

$\qquad\qquad =\log_{\frac{1}{9}}3^{-4}=\log_{3^{-2}}3^{-4}$

$\qquad\qquad =2$

답 ⑤

참고 함수 $f(x)=3^x$의 치역 (양의 실수 전체의 집합)은 함수 $g(x)=\log_{\frac{1}{9}}x$의 정의역 (양의 실수 전체의 집합)에 포함되므로 합성함수 $(g\circ f)(x)$가 정의된다.

**0358** $f(75)-f(25)=\log_{\frac{1}{3}}\sqrt{75}-\log_{\frac{1}{3}}\sqrt{25}$

$\qquad\qquad =\log_{\frac{1}{3}}\dfrac{\sqrt{75}}{\sqrt{25}}=\log_{\frac{1}{3}}\sqrt{3}$

$\qquad\qquad =\log_{3^{-1}}3^{\frac{1}{2}}=-\dfrac{1}{2}$

답 $-\dfrac{1}{2}$

**0359** $(p, q) \in A$이므로 $\log_5 p = q$

① $x = 2p$일 때, $y = \log_5 2p = \log_5 p + \log_5 2 = q + \log_5 2$

② $x = 5p$일 때, $y = \log_5 5p = \log_5 p + \log_5 5 = q + 1$

③ $x = p^2$일 때, $y = \log_5 p^2 = 2\log_5 p = 2q$

④ $x = \dfrac{1}{p}$일 때, $y = \log_5 \dfrac{1}{p} = -\log_5 p = -q$

⑤ $x = \sqrt{p}$일 때, $y = \log_5 \sqrt{p} = \dfrac{1}{2}\log_5 p = \dfrac{1}{2}q$

따라서 반드시 집합 $A$의 원소인 것은 ④ $\left( \dfrac{1}{p}, -q \right)$이다.  답 ④

**0360** ④ $y = \log_{\frac{1}{a}} \dfrac{1}{x} = \log_a x$이고 밑 $a$가 1보다 작은 양수이므로 $x > 0$에서 $x$의 값이 증가하면 $y$의 값은 감소한다.  답 ④

**0361** 함수 $y = \log_7 (x + a) + b$의 그래프의 점근선은 직선 $x = -a$이므로

$-a = 3$ ∴ $a = -3$

따라서 $y = \log_7 (x - 3) + b$의 그래프의 $x$절편이 10이므로

$0 = \log_7 7 + b$ ∴ $b = -1$

∴ $a + b = -4$  답 $-4$

**0362** ㄱ. $y = a^x$의 그래프는 점 $(0, 1)$을 지나고, $y = \log_a x$의 그래프는 점 $(1, 0)$을 지나므로 주어진 그림에서 두 그래프의 교점의 좌표는 $(1, 1)$이 아니다. (거짓)

ㄴ. $y = a^x$과 $y = \log_a x$는 서로 역함수 관계이므로 두 그래프는 직선 $y = x$에 대하여 대칭이다. (참)

ㄷ. 두 함수 모두 $x$의 값이 증가하면 $y$의 값은 감소하므로 $0 < a < 1$ (거짓)

이상에서 옳은 것은 ㄴ뿐이다.  답 ㄴ

**0363** $y = \log_2 (2x + 4) = \log_2 2(x + 2) = \log_2 (x + 2) + 1$이므로 함수 $y = \log_2 (2x + 4)$의 그래프는 함수 $y = \log_2 x$의 그래프를 $x$축의 방향으로 $-2$만큼, $y$축의 방향으로 1만큼 평행이동한 것이다.

따라서 $m = -2$, $n = 1$이므로

$m + n = -1$  답 $-1$

**0364** 함수 $y = \log_2 4x$의 그래프를 $y$축의 방향으로 $-3$만큼 평행이동한 그래프의 식은

$y = \log_2 4x - 3$ ∴ $y = \log_2 \dfrac{x}{2}$

이 함수의 그래프를 $x$축에 대하여 대칭이동한 그래프의 식은

$-y = \log_2 \dfrac{x}{2}$ ∴ $y = \log_2 \dfrac{2}{x}$

∴ $a = 2$  답 ③

**0365** 함수 $y = \log_{\frac{1}{4}} x$의 그래프를 $x$축의 방향으로 $m$만큼, $y$축의 방향으로 $n$만큼 평행이동한 그래프의 식은

$y = \log_{\frac{1}{4}} (x - m) + n$  … **1단계**

이 함수의 그래프의 점근선은 직선 $x = m$이므로

$m = -3$  … **2단계**

따라서 $y = \log_{\frac{1}{4}} (x + 3) + n$의 그래프가 점 $(-1, 0)$을 지나므로

$0 = \log_{\frac{1}{4}} 2 + n$, $0 = -\dfrac{1}{2} + n$

∴ $n = \dfrac{1}{2}$  … **3단계**

∴ $\dfrac{m}{n} = \dfrac{-3}{\frac{1}{2}} = -6$  … **4단계**

답 $-6$

| | 채점 요소 | 비율 |
|---|---|---|
| **1단계** | 평행이동한 그래프의 식 구하기 | 30 % |
| **2단계** | $m$의 값 구하기 | 30 % |
| **3단계** | $n$의 값 구하기 | 30 % |
| **4단계** | $\dfrac{m}{n}$의 값 구하기 | 10 % |

**0366** $A = -\log_{\frac{1}{2}} \dfrac{1}{6} = \log_{\frac{1}{2}} \left( \dfrac{1}{6} \right)^{-1} = \log_{\frac{1}{2}} 6$

$B = 2\log_{\frac{1}{2}} \dfrac{1}{5} = \log_{\frac{1}{2}} \left( \dfrac{1}{5} \right)^2 = \log_{\frac{1}{2}} \dfrac{1}{25}$

$C = -3\log_{\frac{1}{2}} 3 = \log_{\frac{1}{2}} 3^{-3} = \log_{\frac{1}{2}} \dfrac{1}{27}$

이때 $\dfrac{1}{27} < \dfrac{1}{25} < 6$이고 함수 $y = \log_{\frac{1}{2}} x$에서 $x$의 값이 증가하면 $y$의 값은 감소하므로

$\log_{\frac{1}{2}} 6 < \log_{\frac{1}{2}} \dfrac{1}{25} < \log_{\frac{1}{2}} \dfrac{1}{27}$

∴ $A < B < C$  답 ①

**0367** $A = 5 = \log_2 2^5 = \log_2 32$

$B = \log_2 7$

$C = \log_4 25 = \log_{2^2} 5^2 = \log_2 5$

이때 $5 < 7 < 32$이고 함수 $y = \log_2 x$에서 $x$의 값이 증가하면 $y$의 값도 증가하므로

$\log_2 5 < \log_2 7 < \log_2 32$

∴ $C < B < A$  답 $C < B < A$

**0368** $1 < x < 2$의 각 변에 밑이 2인 로그를 취하면

$\log_2 1 < \log_2 x < \log_2 2$ ∴ $0 < \log_2 x < 1$

∴ $0 < A < 1$

$A - B = \log_2 x - (\log_2 x)^2 = \log_2 x (1 - \log_2 x)$이고

$0 < \log_2 x < 1$에서 $1 - \log_2 x > 0$이므로

$A - B > 0$ ∴ $A > B$  …… ㉠

또 $C = \log_x 2 = \dfrac{1}{\log_2 x}$이고 $0 < \log_2 x < 1$에서 $\dfrac{1}{\log_2 x} > 1$이므로

$C > 1$

∴ $A < C$  …… ㉡

㉠, ㉡에서 $B < A < C$  답 $B < A < C$

**0369** $b<a<1$의 각 변에 밑이 $a$인 로그를 취하면

$\log_a b > \log_a a > \log_a 1$ ∴ $\log_a b > 1$

∴ $A > 1$

$b<a<1$의 각 변에 밑이 $b$인 로그를 취하면

$\log_b b > \log_b a > \log_b 1$ ∴ $0 < \log_b a < 1$

∴ $0 < B < 1$

$\log_a \dfrac{a}{b} = \log_a a - \log_a b = 1 - \log_a b$이고 $\log_a b > 1$이므로

$1 - \log_a b < 0$ ∴ $C < 0$

∴ $C < B < A$　　　　　　　　　　　　답 ⑤

**0370** 세 점 P, M, Q의 $y$좌표는 각각

$\log_5 2,\ \log_5 a,\ \log_5 18$

이때 점 M이 선분 PQ의 중점이므로

$\log_5 a = \dfrac{\log_5 2 + \log_5 18}{2},\quad 2\log_5 a = \log_5 2 + \log_5 18$

$\log_5 a^2 = \log_5 36,\quad a^2 = 36$

∴ $a = 6$ ($\because a > 0$)　　　　　　　　답 6

**0371** 점 C의 좌표를 $(k, 0)$이라 하면 $\overline{CD} = 4$이므로 점 D의 좌표는

$(k, 4)$

이때 점 D가 $y = \log_2 x$의 그래프 위에 있으므로

$4 = \log_2 k$

∴ $k = 2^4 = 16$

따라서 점 C의 좌표는 $(16, 0)$이고 $\overline{BC} = 4$이므로 점 B의 $x$좌표는

$16 - 4 = 12$　　　　　　　　　　　　답 12

**0372** $y = \log_2 x + 1$의 그래프는 $y = \log_2 x$의 그래프를 $y$축의 방향으로 1만큼 평행이동한 것이다.

따라서 오른쪽 그림에서 $A = C$이므로 구하는 넓이는

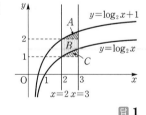

$A + B = B + C$

$\quad = (3-2) \times (2-1)$

$\quad = 1$　　　　　　　　　　　　답 1

**0373** $y = \log_3 (x-k)$의 그래프는 $y = \log_3 x$의 그래프를 $x$축의 방향으로 $k$만큼 평행이동한 것이다.

따라서 오른쪽 그림에서 $A = C$이므로

$A + B = B + C = 12$

즉 $k \times (5-1) = 12$이므로

$k = 3$　　　　　　　　　　　　답 3

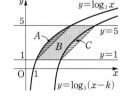

**0374** 오른쪽 그림에서

A$(\beta, \log_4 \beta)$이고 점 B는 직선

$y = x$ 위에 있으므로

B$(\log_4 \beta, \log_4 \beta)$

점 B와 점 C는 $x$좌표가 같으므로

C$(\log_4 \beta, 2^{\log_4 \beta})$

점 C와 점 D는 $y$좌표가 같으므로

D$(\alpha, 2^{\log_4 \beta})$

점 D는 직선 $y = x$ 위에 있으므로

$\alpha = 2^{\log_4 \beta} = \beta^{\log_4 2} = \beta^{\frac{1}{2}}$

∴ $\beta = \alpha^2$　　　…… ㉠　…　1단계

㉠을 $\alpha + \beta = 12$에 대입하면

$\alpha + \alpha^2 = 12,\quad \alpha^2 + \alpha - 12 = 0$

$(\alpha + 4)(\alpha - 3) = 0$ ∴ $\alpha = 3$ ($\because \alpha > 0$)

$\alpha = 3$을 ㉠에 대입하면　　　　　　2단계

$\beta = 3^2 = 9$

∴ $\alpha\beta = 27$　　　　　　　　3단계

답 27

| | 채점 요소 | 비율 |
|---|---|---|
| 1단계 | $\alpha$, $\beta$ 사이의 관계식 구하기 | 60 % |
| 2단계 | $\alpha$, $\beta$의 값 구하기 | 30 % |
| 3단계 | $\alpha\beta$의 값 구하기 | 10 % |

**0375** A$(0, 2)$이므로 점 C의 $y$좌표는 2이고

$2 = \log_3 (x+1) + 1$에서

$1 = \log_3 (x+1),\quad x+1 = 3$

∴ $x = 2$

∴ C$(2, 2)$

B$(0, 1)$이므로 점 D의 $y$좌표는 1이고 $1 = 2^{x+1}$에서

$x + 1 = 0$ ∴ $x = -1$

∴ D$(-1, 1)$

∴ $\square$ADBC $= \dfrac{1}{2} \times (\overline{AC} + \overline{DB}) \times \overline{AB}$

$\quad = \dfrac{1}{2} \times (2+1) \times 1$

$\quad = \dfrac{3}{2}$　　　　　　　　　답 ①

**0376** $y = \log_{\frac{1}{2}} (x+a) + b$에서

$y - b = \log_{\frac{1}{2}} (x+a)$

로그의 정의에 의하여　　$x + a = \left(\dfrac{1}{2}\right)^{y-b}$

∴ $x = \left(\dfrac{1}{2}\right)^{y-b} - a$

$x$와 $y$를 서로 바꾸면　　$y = \left(\dfrac{1}{2}\right)^{x-b} - a$

∴ $f(x) = \left(\dfrac{1}{2}\right)^{x-b} - a$

따라서 $y=f(x)$의 그래프의 점근선의 방정식은 $y=-a$이므로
$$-a=-2 \quad \therefore a=2$$
또 $y=f(x)$의 그래프가 점 $\left(0,\ -\dfrac{3}{2}\right)$을 지나므로
$$-\frac{3}{2}=\left(\frac{1}{2}\right)^{-b}-2, \quad \left(\frac{1}{2}\right)^{-b}=\frac{1}{2}$$
$$-b=1 \quad \therefore b=-1$$
$$\therefore ab=-2 \qquad\qquad \boxed{\text{답}}\ -2$$

**0377** 두 함수 $y=3^x$과 $y=\log_3 x$는 서로 역함수 관계이다.
따라서 오른쪽 그림에서
$$B=C$$
이므로
$$A+B=A+C=1\times 3=3$$
$$\boxed{\text{답}}\ 3$$

**0378** A$(2,\ 0)$이므로 B$(2,\ k)$라 하면
$$k=g(2)$$
즉 $f(k)=2$이므로 $\quad \log_2(k-1)=2$
$$k-1=2^2 \quad \therefore k=5$$
따라서 B$(2,\ 5)$이므로 $\quad \overline{\mathrm{AB}}=5$
또 점 C의 $y$좌표가 5이고 $\log_2(x-1)=5$에서
$$x-1=2^5 \quad \therefore x=33$$
즉 C$(33,\ 5)$이므로 $\quad \overline{\mathrm{BC}}=33-2=31$
$$\therefore \overline{\mathrm{AB}}+\overline{\mathrm{BC}}=5+31=36 \qquad \boxed{\text{답}}\ 36$$

**다른 풀이** $y=\log_2(x-1)$에서 $\quad x-1=2^y$
$$\therefore x=2^y+1$$
$x$와 $y$를 서로 바꾸면 $\quad y=2^x+1$
$$\therefore g(x)=2^x+1$$
이때 점 B의 $x$좌표는 2이고
$$g(2)=2^2+1=5$$
이므로 $\quad$ B$(2,\ 5)$

**0379** $f(x)=x^2-2x+8$로 놓으면
$$y=\log_{\frac{1}{2}}(x^2-2x+8)=\log_{\frac{1}{2}}f(x)$$
이때 밑이 1보다 작은 양수이므로 이 함수는 $f(x)$가 최대일 때 최솟값, $f(x)$가 최소일 때 최댓값을 갖는다.
$f(x)=x^2-2x+8=(x-1)^2+7$이므로 $2\leq x\leq 6$일 때, 함수 $f(x)$는
$$x=2\text{에서 최솟값 }8,\ x=6\text{에서 최댓값 }32$$
를 갖는다.
따라서 함수 $y=\log_{\frac{1}{2}}f(x)$는
$$x=2\text{에서 최댓값 }M=\log_{\frac{1}{2}}8=-3,$$
$$x=6\text{에서 최솟값 }m=\log_{\frac{1}{2}}32=-5$$
를 가지므로 $\quad M-m=2 \qquad\qquad \boxed{\text{답}}\ ④$

**0380** $f(x)=x^2-6x+11$로 놓으면
$$y=\log_2(x^2-6x+11)=\log_2 f(x)$$
이때 밑이 1보다 크므로 이 함수는 $f(x)$가 최소일 때 최솟값을 갖는다.
$f(x)=x^2-6x+11=(x-3)^2+2$이므로 함수 $f(x)$는
$$x=3\text{에서 최솟값 }2$$
를 갖는다.
따라서 함수 $y=\log_2 f(x)$는
$$x=3\text{에서 최솟값 }\log_2 2=1$$
을 가지므로 $\quad a=3,\ m=1$
$$\therefore am=3 \qquad\qquad \boxed{\text{답}}\ 3$$

**0381** 함수 $y=\log_{\frac{1}{2}}(x+2)+k$에서 밑이 1보다 작은 양수이므로 $x$의 값이 증가하면 $y$의 값은 감소한다.
즉 $-1\leq x\leq 2$일 때, 함수 $y=\log_{\frac{1}{2}}(x+2)+k$는
$$x=-1\text{에서 최댓값 }\log_{\frac{1}{2}}1+k=k,$$
$$x=2\text{에서 최솟값 }\log_{\frac{1}{2}}4+k=-2+k$$
를 갖는다.
이때 최댓값이 3이므로 $\quad k=3$
따라서 구하는 최솟값은
$$-2+3=1 \qquad\qquad \boxed{\text{답}}\ 1$$

**0382** 진수의 조건에서 $\quad x+1>0,\ 3-x>0$
$$\therefore -1<x<3 \qquad\qquad \cdots\ \boxed{1단계}$$
$$y=\log_a(x+1)+\log_a(3-x)$$
$$=\log_a(x+1)(3-x)=\log_a(-x^2+2x+3)$$
이므로 $f(x)=-x^2+2x+3$으로 놓으면
$$y=\log_a(-x^2+2x+3)=\log_a f(x)$$
이때 $f(x)=-x^2+2x+3=-(x-1)^2+4$이므로
$-1<x<3$일 때, 함수 $f(x)$는
$$x=1\text{에서 최댓값 }4$$
를 갖고, 최솟값은 갖지 않는다.
그런데 주어진 함수가 최솟값을 가지므로
$$0<a<1 \qquad\qquad \cdots\ \boxed{2단계}$$
따라서 함수 $y=\log_a f(x)$는
$$x=1\text{에서 최솟값 }\log_a 4$$
를 가지므로 $\quad \log_a 4=-4$
$$a^{-4}=4, \quad a^4=\frac{1}{4}$$
$$\therefore a=\frac{\sqrt{2}}{2}\ (\because 0<a<1) \qquad \cdots\ \boxed{3단계}$$
$$\boxed{\text{답}}\ \dfrac{\sqrt{2}}{2}$$

| 채점 요소 | 비율 |
|---|---|
| **1단계** 진수의 조건을 만족시키는 $x$의 값의 범위 구하기 | 20 % |
| **2단계** $a$의 값의 범위 구하기 | 50 % |
| **3단계** $a$의 값 구하기 | 30 % |

**0383** $\log_{\frac{1}{2}} x = t$로 놓으면 주어진 함수는

$$y = t^2 + 4t + 5 = (t+2)^2 + 1 \qquad \cdots\cdots ㉠$$

이때 $1 \le x \le 8$에서 $\log_{\frac{1}{2}} 8 \le \log_{\frac{1}{2}} x \le \log_{\frac{1}{2}} 1$이므로

$$-3 \le t \le 0$$

따라서 $-3 \le t \le 0$일 때, 함수 ㉠은

$t = 0$에서 최댓값 5,

$t = -2$에서 최솟값 1

을 갖는다.

즉 $M = 5$, $m = 1$이므로

$$Mm = 5 \qquad \qquad \text{답 } 5$$

**0384** $y = \log_2 4x \times \log_2 \dfrac{2}{x^2}$

$$= (2 + \log_2 x)(1 - 2\log_2 x)$$

$\log_2 x = t$로 놓으면

$$y = (2+t)(1-2t) = -2t^2 - 3t + 2$$

$$= -2\left(t + \frac{3}{4}\right)^2 + \frac{25}{8} \qquad \cdots\cdots ㉠$$

이때 $\dfrac{1}{4} \le x \le 2$에서 $\log_2 \dfrac{1}{4} \le \log_2 x \le \log_2 2$이므로

$$-2 \le t \le 1$$

따라서 $-2 \le t \le 1$일 때, 함수 ㉠은

$t = -\dfrac{3}{4}$에서 최댓값 $\dfrac{25}{8}$,

$t = 1$에서 최솟값 $-3$

을 가지므로 구하는 합은

$$\frac{25}{8} + (-3) = \frac{1}{8} \qquad \qquad \text{답 ①}$$

**0385** $x^{\log 5} = 5^{\log x}$이므로

$$y = 5^{2\log x} - (x^{\log 5} + 5^{\log x}) + 7$$

$$= (5^{\log x})^2 - 2 \times 5^{\log x} + 7$$

이때 $5^{\log x} = t \, (t > 0)$로 놓으면

$$y = t^2 - 2t + 7 = (t-1)^2 + 6$$

이 함수는 $t = 1$에서 최솟값 6을 가지므로 $\quad b = 6$

$t = 1$, 즉 $5^{\log x} = 1$에서

$$\log x = 0 \quad \therefore x = 1$$

따라서 $a = 1$이므로 $\quad a + b = 7 \qquad \qquad \text{답 } 7$

**0386** $y = (\log_3 x)^2 + a\log_{27} x^2 + b$

$$= (\log_3 x)^2 + \frac{2}{3} a \log_3 x + b$$

$\log_3 x = t$로 놓으면

$$y = t^2 + \frac{2}{3} at + b \qquad \cdots\cdots ㉠ \quad \cdots \boxed{1단계}$$

이때 함수 ㉠은 $x = \dfrac{1}{3}$, 즉 $t = \log_3 \dfrac{1}{3} = -1$일 때 최솟값 1을 가지므로

$$y = (t+1)^2 + 1 = t^2 + 2t + 2$$

와 일치한다.

따라서 $\dfrac{2}{3} a = 2$, $b = 2$이므로

$$a = 3, \ b = 2 \qquad \qquad \cdots \boxed{2단계}$$

$$\therefore a + b = 5 \qquad \qquad \cdots \boxed{3단계}$$

답 5

| 채점 요소 | 비율 |
|---|---|
| **1단계** $\log_3 x = t$로 놓고 주어진 함수를 $t$에 대한 이차함수로 변형하기 | 30 % |
| **2단계** $a$, $b$의 값 구하기 | 60 % |
| **3단계** $a+b$의 값 구하기 | 10 % |

**0387** $y = x^{2 - \log x}$의 양변에 상용로그를 취하면

$$\log y = \log x^{2 - \log x} = (2 - \log x)\log x$$

$$= -(\log x)^2 + 2\log x$$

$\log x = t$로 놓으면

$$\log y = -t^2 + 2t = -(t-1)^2 + 1$$

이때 $1 \le x \le 1000$에서 $\log 1 \le \log x \le \log 1000$이므로

$$0 \le t \le 3$$

따라서 $\log y$는 $t = 1$일 때 최댓값 1, $t = 3$일 때 최솟값 $-3$을 갖는다.

$\log y = 1$에서 $\quad y = 10 \quad \therefore M = 10$

$\log y = -3$에서 $\quad y = 10^{-3} = \dfrac{1}{1000} \quad \therefore m = \dfrac{1}{1000}$

$$\therefore Mm = \frac{1}{100} \qquad \qquad \text{답 } \dfrac{1}{100}$$

**0388** $y = \dfrac{x^8}{x^{\log_2 x}}$의 양변에 밑이 2인 로그를 취하면

$$\log_2 y = \log_2 \frac{x^8}{x^{\log_2 x}} = \log_2 x^8 - \log_2 x^{\log_2 x}$$

$$= 8\log_2 x - (\log_2 x)^2$$

이때 $\log_2 x = t$로 놓으면

$$\log_2 y = 8t - t^2 = -(t-4)^2 + 16$$

따라서 $\log_2 y$는 $t = 4$일 때 최댓값 16을 갖는다.

$\log_2 x = 4$에서 $\quad x = 2^4 \quad \therefore a = 2^4$

$\log_2 y = 16$에서 $\quad y = 2^{16} \quad \therefore b = 2^{16}$

$$\therefore \frac{b}{a} = \frac{2^{16}}{2^4} = 2^{12} = 4096 \qquad \qquad \text{답 } 4096$$

**0389** $y = 2\log_5 x + \log_x 125$

$$= 2\log_5 x + 3\log_x 5$$

$$= 2\log_5 x + \frac{3}{\log_5 x}$$

$x > 1$에서 $\log_5 x > 0$이므로 산술평균과 기하평균의 관계에 의하여

$$y = 2\log_5 x + \frac{3}{\log_5 x}$$

$$\ge 2\sqrt{2\log_5 x \times \frac{3}{\log_5 x}}$$

$$= 2\sqrt{6} \ \left(\text{단, 등호는 } \log_5 x = \frac{\sqrt{6}}{2} \text{일 때 성립}\right)$$

따라서 구하는 최솟값은 $2\sqrt{6}$이다. $\qquad \text{답 } 2\sqrt{6}$

**0390** $x>1$, $k>1$에서 $\log_3 x>0$, $\log_x k>0$이므로 산술평균과 기하평균의 관계에 의하여

$$y=\log_3 x+\log_x k$$
$$\geq 2\sqrt{\log_3 x \times \log_x k}$$
$$=2\sqrt{\log_3 k} \ (\text{단, 등호는 } \log_3 x=\log_x k\text{일 때 성립})$$

따라서 주어진 함수의 최솟값이 $2\sqrt{\log_3 k}$이므로

$$2\sqrt{\log_3 k}=1$$

양변을 제곱하면 $4\log_3 k=1$

$$\log_3 k=\frac{1}{4} \quad \therefore k=3^{\frac{1}{4}}$$

$$\therefore k^2=(3^{\frac{1}{4}})^2=3^{\frac{1}{2}}=\sqrt{3}$$

답 $\sqrt{3}$

**0391** 진수의 조건에서 $x-2>0$, $x-5>0$

$$\therefore x>5 \qquad \cdots\cdots ㉠$$

$\log_4(x-2)+\log_{\frac{1}{4}}(x-5)=\frac{1}{2}$에서

$$\log_4(x-2)-\log_4(x-5)=\log_4 4^{\frac{1}{2}}$$
$$\log_4(x-2)=\log_4(x-5)+\log_4 2$$
$$\log_4(x-2)=\log_4 2(x-5)$$
$$x-2=2(x-5) \quad \therefore x=8$$

$x=8$은 ㉠을 만족시키므로 주어진 방정식의 해이다.

즉 $a=8$이므로 $\log_4 a=\log_4 8=\frac{3}{2}$

답 ②

**0392** 진수의 조건에서 $x+3>0$, $x+7>0$

$$\therefore x>-3 \qquad \cdots\cdots ㉠$$

$\log_3(x+3)-\log_9(x+7)=1$에서

$$\log_3(x+3)-\frac{1}{2}\log_3(x+7)=1$$
$$2\log_3(x+3)-\log_3(x+7)=2$$
$$\log_3(x+3)^2=\log_3(x+7)+\log_3 3^2$$
$$\log_3(x+3)^2=\log_3 9(x+7)$$
$$(x+3)^2=9(x+7), \quad x^2-3x-54=0$$
$$(x+6)(x-9)=0 \quad \therefore x=-6 \text{ 또는 } x=9$$

이때 ㉠에서 $x=9$

답 $x=9$

**0393** 밑과 진수의 조건에서

$$x^2+1>0, \ x^2+1\neq 1, \ x+7>0, \ x+7\neq 1, \ x-1>0$$

$$\therefore x>1 \qquad \cdots\cdots ㉠ \quad \cdots \boxed{1단계}$$

(i) $x^2+1=x+7$에서

$$x^2-x-6=0, \quad (x+2)(x-3)=0$$
$$\therefore x=-2 \text{ 또는 } x=3$$

이때 ㉠에서 $x=3$ $\cdots \boxed{2단계}$

(ii) $x-1=1$에서 $x=2$

이때 $x=2$는 ㉠을 만족시키므로 주어진 방정식의 근이다.

$\cdots \boxed{3단계}$

(i), (ii)에서 $x=2$ 또는 $x=3$

따라서 모든 근의 합은 $2+3=5$ $\cdots \boxed{4단계}$

답 5

| | 채점 요소 | 비율 |
|---|---|---|
| 1단계 | 밑과 진수의 조건을 만족시키는 $x$의 값의 범위 구하기 | 30 % |
| 2단계 | 밑이 같을 때의 $x$의 값 구하기 | 40 % |
| 3단계 | 진수가 1일 때의 $x$의 값 구하기 | 20 % |
| 4단계 | 모든 근의 합 구하기 | 10 % |

**0394** $\log_3 x-\log_9 x=2\log_3 x\times\log_9 x$에서

$$\log_3 x-\frac{1}{2}\log_3 x=2\log_3 x\times\frac{1}{2}\log_3 x$$
$$\therefore \frac{1}{2}\log_3 x=(\log_3 x)^2$$

이때 $\log_3 x=t$로 놓으면

$$\frac{1}{2}t=t^2, \quad t^2-\frac{1}{2}t=0, \quad t\left(t-\frac{1}{2}\right)=0$$
$$\therefore t=0 \text{ 또는 } t=\frac{1}{2}$$

즉 $\log_3 x=0$ 또는 $\log_3 x=\frac{1}{2}$이므로

$$x=1 \text{ 또는 } x=\sqrt{3}$$
$$\therefore \alpha\beta=1\times\sqrt{3}=\sqrt{3}$$

답 ③

참고| 위와 같이 $\log_a x=t$로 치환하여 구한 방정식의 해는 진수의 조건을 항상 만족시킨다.

**0395** $\log_2 2x\times\log_2\frac{x}{2}=3$에서

$$(1+\log_2 x)(\log_2 x-1)=3$$

이때 $\log_2 x=t$로 놓으면

$$(1+t)(t-1)=3, \quad t^2=4$$
$$\therefore t=-2 \text{ 또는 } t=2$$

즉 $\log_2 x=-2$ 또는 $\log_2 x=2$이므로

$$x=\frac{1}{4} \text{ 또는 } x=4$$

따라서 구하는 합은

$$\frac{1}{4}+4=\frac{17}{4}$$

답 $\frac{17}{4}$

**0396** $(\log_2 x)^2+k\log_2 x+5=0$의 한 근이 $\frac{1}{2}$이므로 이 방정식에 $x=\frac{1}{2}$을 대입하면

$$(-1)^2+k\times(-1)+5=0$$
$$\therefore k=6$$

따라서 주어진 방정식은 $(\log_2 x)^2+6\log_2 x+5=0$이므로 $\log_2 x=t$로 놓으면

$$t^2+6t+5=0, \quad (t+5)(t+1)=0$$
$$\therefore t=-5 \text{ 또는 } t=-1$$

즉 $\log_2 x=-5$ 또는 $\log_2 x=-1$이므로

$$x=\frac{1}{32} \text{ 또는 } x=\frac{1}{2}$$

따라서 다른 한 근은 $\frac{1}{32}$이다. 답 $\frac{1}{32}$

**0397** $\log_x 9 - \log_3 x = 1$에서 $\dfrac{\log_3 9}{\log_3 x} - \log_3 x = 1$

$\therefore \dfrac{2}{\log_3 x} - \log_3 x = 1$

이때 $\log_3 x = t$로 놓으면

$\dfrac{2}{t} - t = 1$

양변에 $t$를 곱하면

$2 - t^2 = t, \quad t^2 + t - 2 = 0$

$(t+2)(t-1) = 0$

$\therefore t = -2$ 또는 $t = 1$

즉 $\log_3 x = -2$ 또는 $\log_3 x = 1$이므로

$x = \dfrac{1}{9}$ 또는 $x = 3$

따라서 $\alpha = 3$, $\beta = \dfrac{1}{9}$이므로

$\dfrac{\alpha}{\beta} = 27$　　　　　　　　　　　　답 **27**


**0398** $x^{\log_3 x} = \dfrac{1}{3}x^2$의 양변에 밑이 3인 로그를 취하면

$\log_3 x^{\log_3 x} = \log_3 \dfrac{1}{3}x^2$

$\log_3 x \times \log_3 x = -1 + 2\log_3 x$

$\therefore (\log_3 x)^2 = -1 + 2\log_3 x$

이때 $\log_3 x = t$로 놓으면

$t^2 = -1 + 2t, \quad t^2 - 2t + 1 = 0$

$(t-1)^2 = 0 \quad \therefore t = 1$

즉 $\log_3 x = 1$이므로 $\quad x = 3$　　　　답 ②


**0399** $x^{1-\log x} = \dfrac{x^2}{100}$의 양변에 상용로그를 취하면

$\log x^{1-\log x} = \log \dfrac{x^2}{100}$

$(1 - \log x)\log x = 2\log x - \log 100$

$\therefore (\log x)^2 + \log x - 2 = 0$

이때 $\log x = t$로 놓으면

$t^2 + t - 2 = 0, \quad (t+2)(t-1) = 0$

$\therefore t = -2$ 또는 $t = 1$

즉 $\log x = -2$ 또는 $\log x = 1$이므로

$x = \dfrac{1}{100}$ 또는 $x = 10$

따라서 구하는 곱은

$\dfrac{1}{100} \times 10 = \dfrac{1}{10}$　　　　　답 $\dfrac{1}{10}$


**0400** $\begin{cases} \log_x 4 - \log_y 2 = 2 \\ \log_x 16 + \log_y 8 = -1 \end{cases}$ 에서

$\begin{cases} 2\log_x 2 - \log_y 2 = 2 \\ 4\log_x 2 + 3\log_y 2 = -1 \end{cases}$


이때 $\log_x 2 = X$, $\log_y 2 = Y$로 놓으면

$\begin{cases} 2X - Y = 2 \\ 4X + 3Y = -1 \end{cases}$

이 연립방정식을 풀면

$X = \dfrac{1}{2}, \quad Y = -1$

즉 $\log_x 2 = \dfrac{1}{2}$, $\log_y 2 = -1$이므로

$x^{\frac{1}{2}} = 2, \quad y^{-1} = 2 \quad \therefore x = 4, y = \dfrac{1}{2}$

따라서 $\alpha = 4$, $\beta = \dfrac{1}{2}$이므로

$\alpha\beta = 2$　　　　　　　　　　　　답 **2**


**0401** $\log_3 x = X$, $\log_2 y = Y$로 놓으면

$\log_2 x \times \log_3 y = \dfrac{\log_3 x}{\log_3 2} \times \dfrac{\log_2 y}{\log_2 3}$

$\qquad\qquad = \log_3 x \times \log_2 y = XY$

이므로 주어진 연립방정식은

$\begin{cases} X + Y = 4 \\ XY = 3 \end{cases}$

이 연립방정식을 풀면

$X = 1, Y = 3$ 또는 $X = 3, Y = 1$

즉 $\log_3 x = 1$, $\log_2 y = 3$ 또는 $\log_3 x = 3$, $\log_2 y = 1$이므로

$x = 3, y = 8$ 또는 $x = 27, y = 2$

그런데 $0 < \beta < \alpha$이므로 $\quad \alpha = 27, \beta = 2$

$\therefore \alpha + \beta = 29$　　　　　　　　　답 **29**


**0402** $(\log_2 2x)^2 - 3\log_2 x^2 = 0$에서

$(1 + \log_2 x)^2 - 6\log_2 x = 0$

$\therefore (\log_2 x)^2 - 4\log_2 x + 1 = 0$

이때 $\log_2 x = t$로 놓으면

$t^2 - 4t + 1 = 0$　　　　　　……㉠

주어진 방정식의 두 근이 $\alpha$, $\beta$이므로 이차방정식 ㉠의 두 근은

$\log_2 \alpha$, $\log_2 \beta$이다.

따라서 이차방정식의 근과 계수의 관계에 의하여

$\log_2 \alpha + \log_2 \beta = 4, \quad \log_2 \alpha\beta = 4$

$\therefore \alpha\beta = 16$　　　　　　　　　답 ④


**0403** 주어진 방정식의 두 근을 $\alpha$, $\beta$라 하면

$\alpha\beta = 100$

이때 $\log x = t$로 놓으면 주어진 방정식은

$t^2 - kt - 5 = 0$

이 방정식의 두 근은 $\log \alpha$, $\log \beta$이므로 이차방정식의 근과 계수의 관계에 의하여

$\log \alpha + \log \beta = k, \quad \log \alpha\beta = k$

$\therefore k = \log 100 = 2$　　　　　　　답 **2**

**0404** $\log x=t$로 놓으면 주어진 방정식은
$$pt^2-2pt+1=0 \qquad \cdots\cdots ㉠$$
주어진 방정식의 두 근이 $\alpha$, $\beta$이므로 이차방정식 ㉠의 두 근은 $\log\alpha$, $\log\beta$이다.
따라서 이차방정식의 근과 계수의 관계에 의하여
$$\log\alpha+\log\beta=2 \qquad \cdots\cdots ㉡$$
$$\log\alpha\times\log\beta=\frac{1}{p} \qquad \cdots\cdots ㉢$$
㉡과 $\log\alpha-\log\beta=4$를 연립하여 풀면
$$\log\alpha=3,\ \log\beta=-1$$
이것을 ㉢에 대입하면
$$3\times(-1)=\frac{1}{p} \qquad \therefore\ p=-\frac{1}{3}$$
답 $-\dfrac{1}{3}$

**0405** $(\log_3 x)^2-6\log_3 x+1=0 \qquad \cdots\cdots ㉠$
에서 $\log_3 x=t$로 놓으면
$$t^2-6t+1=0 \qquad \cdots\cdots ㉡$$
방정식 ㉠의 두 근이 $\alpha$, $\beta$이므로 이차방정식 ㉡의 두 근은 $\log_3\alpha$, $\log_3\beta$이다.
따라서 이차방정식의 근과 계수의 관계에 의하여
$$\log_3\alpha+\log_3\beta=6,\ \log_3\alpha\times\log_3\beta=1 \qquad \cdots \boxed{1단계}$$
$$(\log_3 x)^2+p\log_3 x+q=0 \qquad \cdots\cdots ㉢$$
에서 $\log_3 x=u$로 놓으면
$$u^2+pu+q=0 \qquad \cdots\cdots ㉣$$
방정식 ㉢의 두 근이 $\alpha^2$, $\beta^2$이므로 이차방정식 ㉣의 두 근은 $\log_3\alpha^2$, $\log_3\beta^2$, 즉 $2\log_3\alpha$, $2\log_3\beta$이다.
따라서 이차방정식의 근과 계수의 관계에 의하여
$$p=-(2\log_3\alpha+2\log_3\beta)=-2(\log_3\alpha+\log_3\beta)$$
$$=-2\times6=-12$$
$$q=2\log_3\alpha\times2\log_3\beta=4\log_3\alpha\times\log_3\beta$$
$$=4\times1=4 \qquad \cdots \boxed{2단계}$$
$$\therefore\ pq=-48 \qquad \cdots \boxed{3단계}$$
답 $-48$

| 채점 요소 | 비율 |
|---|---|
| **1단계** $\log_3\alpha+\log_3\beta$, $\log_3\alpha\times\log_3\beta$의 값 구하기 | 40 % |
| **2단계** $p$, $q$의 값 구하기 | 50 % |
| **3단계** $pq$의 값 구하기 | 10 % |

**0406** 진수의 조건에서 $6-x>0$, $x+5>0$
$$\therefore\ -5<x<6 \qquad \cdots\cdots ㉠$$
$\log(6-x)+\log(x+5)\le1$에서
$$\log(6-x)(x+5)\le\log10$$
이때 밑이 1보다 크므로
$$(6-x)(x+5)\le10,\ -x^2+x+30\le10$$
$$x^2-x-20\ge0,\ (x+4)(x-5)\ge0$$
$$\therefore\ x\le-4\ \text{또는}\ x\ge5 \qquad \cdots\cdots ㉡$$

㉠, ㉡에서 $\quad -5<x\le-4$ 또는 $5\le x<6$
따라서 $a=-5$, $b=5$이므로 $\quad a+b=0$
답 **0**

**0407** 진수의 조건에서 $\quad x^2+4x-5>0$, $x+1>0$
(ⅰ) $x^2+4x-5>0$에서 $\quad (x+5)(x-1)>0$
$$\therefore\ x<-5\ \text{또는}\ x>1$$
(ⅱ) $x+1>0$에서 $\quad x>-1$
(ⅰ), (ⅱ)에서 $\quad x>1 \qquad \cdots\cdots ㉠$
$\log_{\frac{1}{4}}(x^2+4x-5)>\log_{\frac{1}{2}}(x+1)$에서
$$\frac{1}{2}\log_{\frac{1}{2}}(x^2+4x-5)>\log_{\frac{1}{2}}(x+1)$$
$$\log_{\frac{1}{2}}(x^2+4x-5)>2\log_{\frac{1}{2}}(x+1)$$
$$\therefore\ \log_{\frac{1}{2}}(x^2+4x-5)>\log_{\frac{1}{2}}(x+1)^2$$
이때 밑이 1보다 작은 양수이므로
$$x^2+4x-5<(x+1)^2,\qquad 2x<6$$
$$\therefore\ x<3 \qquad \cdots\cdots ㉡$$
㉠, ㉡에서 $\quad 1<x<3$
따라서 정수 $x$는 2의 1개이다.
답 **1**

**0408** 진수의 조건에서 $\quad x+4>0$, $8-x>0$
$$\therefore\ -4<x<8 \qquad \cdots\cdots ㉠$$
$\log_2(x+4)+\log_2(8-x)>k$에서
$$\log_2(x+4)(8-x)>\log_2 2^k$$
이때 밑이 1보다 크므로
$$(x+4)(8-x)>2^k$$
$$\therefore\ x^2-4x+2^k-32<0 \qquad \cdots\cdots ㉡$$
주어진 부등식의 해가 $0<x<4$이므로 ㉠과 부등식 ㉡의 해의 공통 범위가 $0<x<4$이어야 한다.
즉 부등식 ㉡의 해가 $0<x<4$이다.
$x^2$의 계수가 1이고 해가 $0<x<4$인 이차부등식은
$$x(x-4)<0 \qquad \therefore\ x^2-4x<0$$
이 부등식이 ㉡과 일치하므로
$$2^k-32=0,\qquad 2^k=32=2^5$$
$$\therefore\ k=5$$
답 ⑤

**0409** 진수의 조건에서 $\quad \log_2 x>0$, $x>0$
$\log_2 x>0$에서 $\quad \log_2 x>\log_2 1$
이때 밑이 1보다 크므로 $\quad x>1$
$$\therefore\ x>1 \qquad \cdots\cdots ㉠$$
$\log_5(\log_2 x)\le1$에서
$$\log_5(\log_2 x)\le\log_5 5$$
이때 밑이 1보다 크므로 $\quad \log_2 x\le5$
$$\therefore\ \log_2 x\le\log_2 32$$
밑이 1보다 크므로 $\quad x\le32$
$$\cdots\cdots ㉡$$
㉠, ㉡에서 $\quad 1<x\le32$
따라서 $\alpha=1$, $\beta=32$이므로 $\quad \alpha\beta=32$
답 **32**

**0410** 진수의 조건에서  $x>0,\ x^2>0$

$\therefore x>0$ ...... ㉠

$(\log_{\frac{1}{3}}x)^2-\log_{\frac{1}{3}}x^2\geq0$에서

$(\log_{\frac{1}{3}}x)^2-2\log_{\frac{1}{3}}x\geq0$

이때 $\log_{\frac{1}{3}}x=t$로 놓으면  $t^2-2t\geq0$

$t(t-2)\geq0$  $\therefore t\leq0$ 또는 $t\geq2$

즉 $\log_{\frac{1}{3}}x\leq0$ 또는 $\log_{\frac{1}{3}}x\geq2$이므로

$\log_{\frac{1}{3}}x\leq\log_{\frac{1}{3}}1$ 또는 $\log_{\frac{1}{3}}x\geq\log_{\frac{1}{3}}\left(\frac{1}{3}\right)^2$

이때 밑이 1보다 작은 양수이므로

$x\geq1$ 또는 $x\leq\frac{1}{9}$ ...... ㉡

㉠, ㉡에서

$0<x\leq\frac{1}{9}$ 또는 $x\geq1$  **답** $0<x\leq\dfrac{1}{9}$ 또는 $x\geq1$

**0411** 진수의 조건에서  $x>0,\ x^6>0$

$\therefore x>0$ ...... ㉠ ··· **1단계**

$(\log_2x)^2-\log_2x^6+8<0$에서

$(\log_2x)^2-6\log_2x+8<0$

이때 $\log_2x=t$로 놓으면  $t^2-6t+8<0$

$(t-2)(t-4)<0$  $\therefore 2<t<4$

즉 $2<\log_2x<4$이므로

$\log_2 2^2<\log_2x<\log_2 2^4$

이때 밑이 1보다 크므로  $4<x<16$ ...... ㉡

㉠, ㉡에서  $4<x<16$ ··· **2단계**

따라서 $a=4,\ b=16$이므로

$a-b=-12$ ··· **3단계**

**답** $-12$

| 채점 요소 | 비율 |
| --- | --- |
| **1단계** 진수의 조건을 만족시키는 $x$의 값의 범위 구하기 | 20 % |
| **2단계** 부등식의 해 구하기 | 70 % |
| **3단계** $a-b$의 값 구하기 | 10 % |

**0412** 진수의 조건에서  $4x>0,\ 8x>0$

$\therefore x>0$ ...... ㉠

$\log_2 4x\times\log_2 8x<2$에서

$(2+\log_2x)(3+\log_2x)<2$

이때 $\log_2x=t$로 놓으면  $(2+t)(3+t)<2$

$t^2+5t+4<0$,  $(t+4)(t+1)<0$

$\therefore -4<t<-1$

즉 $-4<\log_2x<-1$이므로

$\log_2 2^{-4}<\log_2x<\log_2 2^{-1}$

이때 밑이 1보다 크므로

$\frac{1}{16}<x<\frac{1}{2}$ ...... ㉡

㉠, ㉡에서  $\frac{1}{16}<x<\frac{1}{2}$

따라서 $\alpha=\frac{1}{16},\ \beta=\frac{1}{2}$이므로

$\frac{\beta}{\alpha}=8$  **답** ②

**0413** $\log_3x=t$로 놓으면 주어진 부등식은

$t^2+at+b\leq0$ ...... ㉠

$\frac{1}{9}\leq x\leq27$에서

$\log_3\frac{1}{9}\leq\log_3x\leq\log_3 27$,  $-2\leq\log_3x\leq3$

$\therefore -2\leq t\leq3$

$t^2$의 계수가 1이고 해가 $-2\leq t\leq3$인 이차부등식은

$(t+2)(t-3)\leq0$  $\therefore t^2-t-6\leq0$

이 부등식이 ㉠과 일치하므로

$a=-1,\ b=-6$  $\therefore ab=6$  **답** 6

**0414** 진수의 조건에서  $x>0$ ...... ㉠

$x^{\log_3x}<9x$의 양변에 밑이 3인 로그를 취하면

$\log_3x^{\log_3x}<\log_3 9x$

$\therefore (\log_3x)^2<2+\log_3x$

이때 $\log_3x=t$로 놓으면  $t^2<2+t$

$t^2-t-2<0$,  $(t+1)(t-2)<0$

$\therefore -1<t<2$

즉 $-1<\log_3x<2$이므로

$\log_3 3^{-1}<\log_3x<\log_3 3^2$

이때 밑이 1보다 크므로  $\frac{1}{3}<x<9$ ...... ㉡

㉠, ㉡에서  $\frac{1}{3}<x<9$

따라서 정수 $x$는 1, 2, 3, $\cdots$, 8의 8개이다.  **답** ③

**0415** 진수의 조건에서  $x>0$ ...... ㉠

$x^{\log x+3}\geq10000$의 양변에 상용로그를 취하면

$\log x^{\log x+3}\geq\log 10000$

$(\log x+3)\log x\geq4$

$\therefore (\log x)^2+3\log x-4\geq0$

이때 $\log x=t$로 놓으면  $t^2+3t-4\geq0$

$(t+4)(t-1)\geq0$

$\therefore t\leq-4$ 또는 $t\geq1$

즉 $\log x\leq-4$ 또는 $\log x\geq1$이므로

$\log x\leq\log 10^{-4}$ 또는 $\log x\geq\log 10$

이때 밑이 1보다 크므로

$x\leq\frac{1}{10000}$ 또는 $x\geq10$ ...... ㉡

㉠, ㉡에서

$0<x\leq\frac{1}{10000}$ 또는 $x\geq10$

**답** $0<x\leq\dfrac{1}{10000}$ 또는 $x\geq10$

**0416** 진수의 조건에서   $x>0$        ······ ㉠

$x^{\log 2}=2^{\log x}$이므로 주어진 부등식은

$$(2^{\log x})^2-6\times 2^{\log x}+8>0$$

이때 $2^{\log x}=t\ (t>0)$로 놓으면

$$t^2-6t+8>0, \quad (t-2)(t-4)>0$$

$$\therefore\ t<2\ \text{또는}\ t>4$$

즉 $2^{\log x}<2$ 또는 $2^{\log x}>4$이므로   $\log x<1$ 또는 $\log x>2$

$$\therefore\ \log x<\log 10\ \text{또는}\ \log x>\log 10^2$$

이때 밑이 1보다 크므로

$$x<10\ \text{또는}\ x>100 \qquad ······ ㉡$$

㉠, ㉡에서   $0<x<10$ 또는 $x>100$

따라서 $\alpha=10,\ \beta=100$이므로

$$\alpha\beta=1000$$

답 ⑤

**0417** $(\log_2 x)^2+8\log_2 x+8\log_2 k>0$      ······ ㉠

에서 $\log_2 x=t$로 놓으면

$$t^2+8t+8\log_2 k>0 \qquad ······ ㉡$$

모든 양수 $x$에 대하여 부등식 ㉠이 성립하려면 모든 실수 $t$에 대하여 이차부등식 ㉡이 성립해야 한다.

따라서 이차방정식 $t^2+8t+8\log_2 k=0$의 판별식을 $D$라 하면

$$\frac{D}{4}=4^2-8\log_2 k<0, \quad 2-\log_2 k<0$$

$$\log_2 k>2 \quad \therefore\ \log_2 k>\log_2 2^2$$

이때 밑이 1보다 크므로

$$k>4$$

답 $k>4$

**0418** $\log_{\frac{1}{5}} x\times(\log_5 x+10)\leq 25\log_5 k$      ······ ㉠

에서   $-\log_5 x\times(\log_5 x+10)\leq 25\log_5 k$

$$\therefore\ (\log_5 x)^2+10\log_5 x+25\log_5 k\geq 0$$

이때 $\log_5 x=t$로 놓으면

$$t^2+10t+25\log_5 k\geq 0 \qquad ······ ㉡$$

모든 양수 $x$에 대하여 부등식 ㉠이 성립하려면 모든 실수 $t$에 대하여 이차부등식 ㉡이 성립해야 한다.

따라서 이차방정식 $t^2+10t+25\log_5 k=0$의 판별식을 $D$라 하면

$$\frac{D}{4}=5^2-25\log_5 k\leq 0, \quad 1-\log_5 k\leq 0$$

$$\log_5 k\geq 1 \quad \therefore\ \log_5 k\geq \log_5 5$$

이때 밑이 1보다 크므로

$$k\geq 5$$

따라서 구하는 최솟값은 5이다.

답 ②

**0419** $x^{\log_2 x}\geq (8x)^{4k}$      ······ ㉠

의 양변에 밑이 2인 로그를 취하면

$$\log_2 x^{\log_2 x}\geq \log_2 (8x)^{4k}$$

$$(\log_2 x)^2\geq 4k\log_2 8x$$

$$(\log_2 x)^2\geq 4k(3+\log_2 x)$$

$$\therefore\ (\log_2 x)^2-4k\log_2 x-12k\geq 0$$

이때 $\log_2 x=t$로 놓으면

$$t^2-4kt-12k\geq 0 \qquad ······ ㉡$$

모든 양수 $x$에 대하여 부등식 ㉠이 성립하려면 모든 실수 $t$에 대하여 이차부등식 ㉡이 성립해야 한다.

따라서 이차방정식 $t^2-4kt-12k=0$의 판별식을 $D$라 하면

$$\frac{D}{4}=(-2k)^2-(-12k)\leq 0$$

$$k^2+3k\leq 0, \quad k(k+3)\leq 0$$

$$\therefore\ -3\leq k\leq 0 \qquad \text{답}\ -3\leq k\leq 0$$

**0420** 이차방정식 $x^2-x\log a+\log a+3=0$이 실근을 갖지 않아야 하므로 이 이차방정식의 판별식을 $D$라 하면

$$D=(-\log a)^2-4\times 1\times(\log a+3)<0$$

$$\therefore\ (\log a)^2-4\log a-12<0$$

이때 $\log a=t$로 놓으면   $t^2-4t-12<0$

$$(t+2)(t-6)<0 \quad \therefore\ -2<t<6$$

즉 $-2<\log a<6$이므로

$$\log 10^{-2}<\log a<\log 10^6$$

이때 밑이 1보다 크므로

$$\frac{1}{100}<a<1000000 \qquad \text{답}\ \frac{1}{100}<a<1000000$$

**0421** 이차방정식 $x^2-x\log a+2\log a-3=0$이 중근을 가져야 하므로 이 이차방정식의 판별식을 $D$라 하면

$$D=(-\log a)^2-4\times 1\times(2\log a-3)=0$$

$$\therefore\ (\log a)^2-8\log a+12=0$$

이때 $\log a=t$로 놓으면

$$t^2-8t+12=0, \quad (t-2)(t-6)=0$$

$$\therefore\ t=2\ \text{또는}\ t=6$$

즉 $\log a=2$ 또는 $\log a=6$이므로

$$a=10^2\ \text{또는}\ a=10^6$$

따라서 모든 $a$의 값의 곱은

$$10^2\times 10^6=10^8$$

답 ④

**0422** $x^2-2(1+\log_2 a)x+1-(\log_2 a)^2>0$이 항상 성립해야 하므로 이차방정식 $x^2-2(1+\log_2 a)x+1-(\log_2 a)^2=0$의 판별식을 $D$라 하면

$$\frac{D}{4}=\{-(1+\log_2 a)\}^2-\{1-(\log_2 a)^2\}<0$$

$$\therefore\ (\log_2 a)^2+\log_2 a<0 \qquad \text{··· 1단계}$$

이때 $\log_2 a=t$로 놓으면   $t^2+t<0$

$$t(t+1)<0 \quad \therefore\ -1<t<0 \qquad \text{··· 2단계}$$

즉 $-1<\log_2 a<0$이므로

$$\log_2 2^{-1}<\log_2 a<\log_2 1$$

이때 밑이 1보다 크므로

$$\frac{1}{2}<a<1 \qquad \text{··· 3단계}$$

답 $\frac{1}{2}<a<1$

**0423** $(1-\log_3 a)x^2 - 2(1-\log_3 a)x + \log_3 a > 0$에서

(i) $\log_3 a = 1$, 즉 $a = 3$일 때

주어진 부등식은 $1 > 0$이므로 모든 실수 $x$에 대하여 성립한다.

(ii) $\log_3 a \neq 1$, 즉 $a \neq 3$일 때

모든 실수 $x$에 대하여 주어진 부등식이 성립하려면

$$1 - \log_3 a > 0, \qquad \log_3 a < 1$$
$$\therefore a < 3 \qquad\qquad \cdots\cdots \text{㉠}$$

또 이차방정식 $(1-\log_3 a)x^2 - 2(1-\log_3 a)x + \log_3 a = 0$
의 판별식을 $D$라 하면

$$\frac{D}{4} = \{-(1-\log_3 a)\}^2 - (1-\log_3 a) \times \log_3 a < 0$$
$$\therefore 2(\log_3 a)^2 - 3\log_3 a + 1 < 0$$

이때 $\log_3 a = t$로 놓으면

$$2t^2 - 3t + 1 < 0, \qquad (2t-1)(t-1) < 0$$
$$\therefore \frac{1}{2} < t < 1$$

즉 $\frac{1}{2} < \log_3 a < 1$이므로

$$\log_3 3^{\frac{1}{2}} < \log_3 a < \log_3 3$$

이때 밑이 1보다 크므로

$$\sqrt{3} < a < 3 \qquad\qquad \cdots\cdots \text{㉡}$$

㉠, ㉡에서 $\sqrt{3} < a < 3$

(i), (ii)에서 $\sqrt{3} < a \leq 3$

따라서 자연수 $a$는 2, 3이므로 구하는 곱은

$$2 \times 3 = 6$$ 　답 **6**

**0424** 올해 매출액은 100억 원이고, $n$년 후의 매출액이 올해 매출액의 5배가 된다고 하면

$$100(1+0.28)^n = 100 \times 5$$
$$\therefore 1.28^n = 5$$

양변에 상용로그를 취하면

$$n\log 1.28 = \log 5, \qquad n\log\frac{128}{100} = \log 5$$
$$n(7\log 2 - 2) = 1 - \log 2$$
$$\therefore n = \frac{1-\log 2}{7\log 2 - 2} = \frac{1-0.3}{7 \times 0.3 - 2} = 7$$

따라서 매출액이 올해 매출액의 5배가 되는 것은 7년 후이다.

　답 **7년**

**0425** 올해의 채굴량을 $A$라 하면 채굴량이 매년 $x\,\%$ 증가하므로

$$A\left(1+\frac{x}{100}\right)^{10} = 2A \qquad \therefore \left(1+\frac{x}{100}\right)^{10} = 2$$

양변에 상용로그를 취하면

$$10\log\left(1+\frac{x}{100}\right) = \log 2$$
$$\therefore \log\left(1+\frac{x}{100}\right) = \frac{1}{10}\log 2 = \frac{1}{10} \times 0.3 = 0.03$$

이때 $\log 1.07 = 0.03$이므로

$$1 + \frac{x}{100} = 1.07 \qquad \therefore x = 7$$ 　답 **7**

**0426** 미생물의 개체 수가 1시간마다 $r$배가 된다고 하면 배양을 시작한 지 10시간 후 이 미생물의 개체 수가 처음의 $\frac{5}{2}$배가 되었으므로

$$r^{10} = \frac{5}{2}$$

양변에 상용로그를 취하면

$$\log r^{10} = \log\frac{5}{2}, \qquad 10\log r = \log 5 - \log 2$$
$$\therefore \log r = \frac{\log 5 - \log 2}{10} = \frac{1 - 2\log 2}{10}$$
$$= \frac{1 - 2 \times 0.3010}{10} = 0.0398$$

이때 미생물의 개체 수가 $n$시간 후 처음의 3배 이상이 된다고 하면

$$r^n \geq 3$$

양변에 상용로그를 취하면

$$\log r^n \geq \log 3, \qquad n\log r \geq \log 3$$
$$\therefore n \geq \frac{\log 3}{\log r}$$
$$= \frac{0.4771}{0.0398}$$
$$= 11.\times\times\times$$

따라서 처음의 3배 이상이 되는 것은 최소 12시간 후이다.

　답 **12시간**

**시험에 꼭 나오는 문제**　• 본책 058~061쪽

**0427** $f(x) = \log_{\sqrt{3}}\left(1+\frac{1}{x}\right) = \log_{\sqrt{3}}\frac{x+1}{x}$이므로

$$f(3) + f(4) + f(5) + \cdots + f(8)$$
$$= \log_{\sqrt{3}}\frac{4}{3} + \log_{\sqrt{3}}\frac{5}{4} + \log_{\sqrt{3}}\frac{6}{5} + \cdots + \log_{\sqrt{3}}\frac{9}{8}$$
$$= \log_{\sqrt{3}}\left(\frac{4}{3} \times \frac{5}{4} \times \frac{6}{5} \times \cdots \times \frac{9}{8}\right)$$
$$= \log_{\sqrt{3}} 3$$
$$= 2$$ 　답 **2**

**0428** $(f \circ g)(x) = 3x$이므로

$$(f \circ g)\left(\frac{1}{3}\right) = 3 \times \frac{1}{3} = 1 \qquad \therefore f\left(g\left(\frac{1}{3}\right)\right) = 1$$

이때 함수 $f(x)=\log_2(x+1)-2$에서
$$f\left(g\left(\frac{1}{3}\right)\right)=\log_2\left\{g\left(\frac{1}{3}\right)+1\right\}-2$$
이므로 $\quad\log_2\left\{g\left(\frac{1}{3}\right)+1\right\}-2=1$
$$\log_2\left\{g\left(\frac{1}{3}\right)+1\right\}=3,\quad g\left(\frac{1}{3}\right)+1=2^3$$
$$\therefore g\left(\frac{1}{3}\right)=7 \qquad\qquad\text{답 } 7$$

**0429** 함수 $y=\log_5(x-a)+b$의 그래프의 점근선이 직선 $x=a$이므로
$$a=2$$
따라서 함수 $y=\log_5(x-2)+b$의 그래프가 점 $(7, 0)$을 지나므로
$$0=\log_5 5+b,\quad 1+b=0$$
$$\therefore b=-1$$
$$\therefore a+b=1 \qquad\qquad\text{답 } 1$$

**0430**
$$\begin{aligned}y&=\log_3(6x-72)\\&=\log_3\{3\times 2(x-12)\}\\&=\log_3 2(x-12)+1\end{aligned}$$
따라서 이 함수의 그래프는 $y=\log_3 2x$의 그래프를 $x$축의 방향으로 12만큼, $y$축의 방향으로 1만큼 평행이동한 것이므로
$$a=3,\ m=12,\ n=1$$
$$\therefore a+m+n=16 \qquad\qquad\text{답 } 16$$

**0431** ㄱ. $y=\log_{\frac{1}{3}}x=-\log_3 x$
이므로 $y=\log_{\frac{1}{3}}x$의 그래프를 $x$축에 대하여 대칭이동하면 $y=\log_3 x$의 그래프와 겹쳐진다.
ㄴ. $y=2\log_9(x-3)=\log_3(x-3)$
이므로 $y=2\log_9(x-3)$의 그래프를 $x$축의 방향으로 $-3$만큼 평행이동하면 $y=\log_3 x$의 그래프와 겹쳐진다.
ㄷ. $y=3^{x-2}-1$의 그래프를 $x$축의 방향으로 $-2$만큼, $y$축의 방향으로 1만큼 평행이동한 후 직선 $y=x$에 대하여 대칭이동하면 $y=\log_3 x$의 그래프와 겹쳐진다.
ㄹ. $y=\log_9 x^2=\log_3|x|$이므로 $y=\log_9 x^2$의 그래프를 평행이동 또는 대칭이동하여 $y=\log_3 x$의 그래프와 겹쳐질 수 없다.
이상에서 그래프를 평행이동 또는 대칭이동하여 함수 $y=\log_3 x$의 그래프와 겹쳐질 수 있는 것은 ㄱ, ㄴ, ㄷ이다.
답 ②

**0432** $A=\dfrac{1}{2}\log_{0.1}2=\log_{0.1}2^{\frac{1}{2}}=\log_{0.1}\sqrt{2}$
$B=\log_{0.1}\sqrt{3}$
$C=\dfrac{1}{3}\log_{0.1}8=\log_{0.1}8^{\frac{1}{3}}=\log_{0.1}2$
이때 $\sqrt{2}<\sqrt{3}<2$이고 함수 $y=\log_{0.1}x$에서 $x$의 값이 증가하면 $y$의 값은 감소하므로
$$\log_{0.1}2<\log_{0.1}\sqrt{3}<\log_{0.1}\sqrt{2}$$
$$\therefore C<B<A \qquad\qquad\text{답 } ⑤$$

**0433** 점 P는 두 곡선 $y=-\log_2 x$, $y=\log_2(-x+k)$의 교점이므로
$$-\log_2 x_1=\log_2(-x_1+k)$$
$$\log_2\frac{1}{x_1}=\log_2(-x_1+k),\qquad \frac{1}{x_1}=-x_1+k$$
$$\therefore x_1{}^2-kx_1+1=0 \qquad\qquad\cdots\cdots\ \bigcirc$$
점 R는 두 곡선 $y=\log_2 x$, $y=-\log_2(-x+k)$의 교점이므로
$$\log_2 x_3=-\log_2(-x_3+k)$$
$$\log_2 x_3=\log_2\frac{1}{-x_3+k},\qquad x_3=\frac{1}{-x_3+k}$$
$$\therefore x_3{}^2-kx_3+1=0 \qquad\qquad\cdots\cdots\ \bigcirc$$
$\bigcirc$, $\bigcirc$에서 $x_1$, $x_3$은 이차방정식 $x^2-kx+1=0$의 두 실근이므로 근과 계수의 관계에 의하여
$$x_1 x_3=1$$
따라서 $(x_1+x_3)^2=(x_3-x_1)^2+4x_1x_3=(2\sqrt{3})^2+4\times 1=16$
이므로
$$x_1+x_3=4\ (\because\ x_1+x_3>0) \qquad\text{답 } ③$$

**0434** $y=\log_2(2-x)-1$의 그래프는 $y=\log_2 x$의 그래프를 $y$축에 대하여 대칭이동한 후 $x$축의 방향으로 2만큼, $y$축의 방향으로 $-1$만큼 평행이동한 것이므로 오른쪽 그림과 같다.

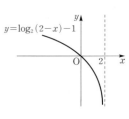

⑤ $y=\log_2(2-x)-1$에서 $\quad y+1=\log_2(2-x)$
$$2-x=2^{y+1}\quad\therefore x=-2^{y+1}+2$$
$x$와 $y$를 서로 바꾸어 역함수를 구하면
$$y=-2^{x+1}+2$$
답 ⑤

**0435** $g(\alpha)=2$, $g(\beta)=7$이므로
$$f(2)=\alpha,\ f(7)=\beta$$
이때 $g(\alpha+\beta)=k$로 놓으면 $\quad f(k)=\alpha+\beta$
$$f(k)=f(2)+f(7)$$
$$\log_3 k=\log_3 2+\log_3 7,\quad \log_3 k=\log_3 14$$
$$\therefore k=14\quad\therefore g(\alpha+\beta)=14 \qquad\text{답 } 14$$

**0436** 함수 $y=\log_a x+k$의 그래프와 그 역함수의 그래프의 교점은 $y=\log_a x+k$의 그래프와 직선 $y=x$의 교점과 같다.
이때 두 교점의 $x$좌표가 각각 1, 2이므로 함수 $y=\log_a x+k$의 그래프는 두 점 $(1, 1)$, $(2, 2)$를 지난다.
즉 $1=\log_a 1+k$에서 $\quad k=1$
$2=\log_a 2+1$에서 $\quad 1=\log_a 2\quad\therefore a=2$
$$\therefore a+k=3 \qquad\qquad\text{답 } 3$$

**0437** 함수 $y=g(x)$의 그래프와 함수 $y=\log_2(x-1)$의 그래프가 직선 $y=x$에 대하여 대칭이므로 함수 $y=g(x)$는 함수 $y=\log_2(x-1)$의 역함수이다.

이때 점 $\mathrm{P}(2,\ b)$가 곡선 $y=g(x)$ 위의 점이므로 점 $(b,\ 2)$는 곡선 $y=\log_2(x-1)$ 위의 점이다.

즉 $2=\log_2(b-1)$이므로 $\qquad b-1=2^2$
$$\therefore b=5$$

따라서 점 $\mathrm{Q}(a,\ 5)$가 곡선 $y=\log_2(x-1)$ 위의 점이므로
$$5=\log_2(a-1),\qquad a-1=2^5$$
$$\therefore a=33$$
$$\therefore a+b=38$$
답 38

**0438** 함수 $y=\log_{\frac{1}{3}}(x-a)$는 $x$의 값이 증가하면 $y$의 값은 감소한다.

따라서 $5\le x\le 8$일 때, 함수 $y=\log_{\frac{1}{3}}(x-a)$는
$$x=8\text{에서 최솟값 }\log_{\frac{1}{3}}(8-a)$$
를 가지므로 $\qquad \log_{\frac{1}{3}}(8-a)=-2$
$$8-a=\left(\frac{1}{3}\right)^{-2}\qquad \therefore a=-1$$
답 ⑤

**0439** $(f\circ g)(x)=f(g(x))=\log_2\dfrac{g(x)}{4}$
$$=\log_2 g(x)-2$$

이때 밑이 1보다 크므로 이 함수는 $g(x)$가 최소일 때 최솟값을 갖는다.

$g(x)=x^2-8x+80=(x-4)^2+64$이므로 함수 $g(x)$는
$$x=4\text{에서 최솟값 }64$$
를 갖는다.

따라서 함수 $(f\circ g)(x)$는
$$x=4\text{에서 최솟값 }\log_2 64-2=4$$
를 갖는다.
답 4

참고 | 함수 $g(x)$의 치역 $\{y\,|\,y\ge 64\}$는 함수 $f(x)=\log_2\dfrac{x}{4}$의 정의역인 양의 실수 전체의 집합에 포함되므로 합성함수 $(f\circ g)(x)$가 정의된다.

**0440** $y=\log_3 x\times\log_{\frac{1}{3}}x+2\log_3 x+10$
$$=-(\log_3 x)^2+2\log_3 x+10$$

$\log_3 x=t$로 놓으면
$$y=-t^2+2t+10=-(t-1)^2+11\qquad \cdots\cdots\ \bigcirc$$

$1\le x\le 81$에서 $\log_3 1\le\log_3 x\le\log_3 81$이므로
$$0\le t\le 4$$

따라서 $0\le t\le 4$일 때, 함수 $\bigcirc$은
$$t=1\text{에서 최댓값 }M=11,$$
$$t=4\text{에서 최솟값 }m=2$$
를 가지므로
$$M+m=13$$
답 13

**0441** $\log_2\left(x+\dfrac{1}{y}\right)+\log_2\left(y+\dfrac{9}{x}\right)=\log_2\left(x+\dfrac{1}{y}\right)\left(y+\dfrac{9}{x}\right)$
$$=\log_2\left(xy+\dfrac{9}{xy}+10\right)$$

이때 $x>0$, $y>0$에서 $xy>0$, $\dfrac{9}{xy}>0$이므로 산술평균과 기하평균의 관계에 의하여
$$xy+\dfrac{9}{xy}+10\ge 2\sqrt{xy\times\dfrac{9}{xy}}+10$$
$$=2\times 3+10$$
$$=16\ (\text{단, 등호는 }xy=3\text{일 때 성립})$$

따라서 구하는 최솟값은 $\log_2 16=4$이다.
답 ④

**0442** $\log_{\frac{1}{2}}(x-2)=\log_{\frac{1}{4}}(2x-1)$의 진수의 조건에서
$$x-2>0,\ 2x-1>0$$
$$\therefore x>2\qquad\qquad \cdots\cdots\ \bigcirc$$

$\log_{\frac{1}{2}}(x-2)=\log_{\frac{1}{4}}(2x-1)$에서
$$\log_{\frac{1}{2}}(x-2)=\frac{1}{2}\log_{\frac{1}{2}}(2x-1)$$
$$2\log_{\frac{1}{2}}(x-2)=\log_{\frac{1}{2}}(2x-1)$$
$$\log_{\frac{1}{2}}(x-2)^2=\log_{\frac{1}{2}}(2x-1)$$
$$(x-2)^2=2x-1,\qquad x^2-6x+5=0$$
$$(x-1)(x-5)=0\qquad \therefore x=1\ \text{또는}\ x=5$$

이때 $\bigcirc$에서 $\qquad x=5$
$$\therefore \alpha=5$$

$(\log_{16}x^2)^2-5\log_{16}x+1=0$에서
$$(2\log_{16}x)^2-5\log_{16}x+1=0$$

이때 $\log_{16}x=t$로 놓으면 $\qquad (2t)^2-5t+1=0$
$$4t^2-5t+1=0,\qquad (4t-1)(t-1)=0$$
$$\therefore t=\frac{1}{4}\ \text{또는}\ t=1$$

즉 $\log_{16}x=\dfrac{1}{4}$ 또는 $\log_{16}x=1$이므로
$$x=2\ \text{또는}\ x=16$$

따라서 $\beta=2$, $\gamma=16$ 또는 $\beta=16$, $\gamma=2$이므로
$$\alpha+\beta+\gamma=5+2+16=23$$
답 23

**0443** $x^{\log x^2}=100x^3$의 양변에 상용로그를 취하면
$$\log x^{\log x^2}=\log 100x^3$$
$$\log x^2\times\log x=2+3\log x$$
$$2\log x\times\log x=2+3\log x$$
$$\therefore 2(\log x)^2-3\log x-2=0$$

이때 $\log x=t$로 놓으면
$$2t^2-3t-2=0,\qquad (2t+1)(t-2)=0$$
$$\therefore t=-\frac{1}{2}\ \text{또는}\ t=2$$

즉 $\log x=-\dfrac{1}{2}$ 또는 $\log x=2$이므로
$$x=10^{-\frac{1}{2}}\ \text{또는}\ x=10^2$$

따라서 $\alpha=10^{-\frac{1}{2}}$, $\beta=10^2$ 또는 $\alpha=10^2$, $\beta=10^{-\frac{1}{2}}$이므로

$$\log \alpha\beta=\log\left(10^{-\frac{1}{2}}\times10^2\right)=\log 10^{\frac{3}{2}}=\frac{3}{2}$$　답 ④

**다른 풀이** $2(\log x)^2-3\log x-2=0$에서 $\log x=t$로 놓으면

$2t^2-3t-2=0$　……㉠

주어진 방정식의 두 근이 $\alpha$, $\beta$이므로 이차방정식 ㉠의 두 근은 $\log\alpha$, $\log\beta$이다.

따라서 이차방정식의 근과 계수의 관계에 의하여

$$\log\alpha+\log\beta=\frac{3}{2}\quad \therefore \log\alpha\beta=\frac{3}{2}$$

**0444** $(\log_3 x)^2-8\log_3\sqrt{x}+2=0$에서

$(\log_3 x)^2-4\log_3 x+2=0$

이때 $\log_3 x=t$로 놓으면　$t^2-4t+2=0$　……㉠

주어진 방정식의 두 근이 $\alpha$, $\beta$이므로 이차방정식 ㉠의 두 근은 $\log_3\alpha$, $\log_3\beta$이다.

따라서 이차방정식의 근과 계수의 관계에 의하여

$\log_3\alpha+\log_3\beta=4$, $\log_3\alpha\times\log_3\beta=2$

$$\therefore \log_\alpha 3+\log_\beta 3=\frac{1}{\log_3\alpha}+\frac{1}{\log_3\beta}$$
$$=\frac{\log_3\alpha+\log_3\beta}{\log_3\alpha\times\log_3\beta}$$
$$=\frac{4}{2}=2$$　답 2

**0445** 진수의 조건에서　$f(x)>0$, $x-1>0$

$0<x<7$, $x>1$　$\therefore 1<x<7$　……㉠

$\log_3 f(x)+\log_{\frac{1}{3}}(x-1)\leq0$에서

$\log_3 f(x)-\log_3(x-1)\leq0$

$\therefore \log_3 f(x)\leq\log_3(x-1)$

이때 밑이 1보다 크므로　$f(x)\leq x-1$

주어진 그래프에서 ㉠과 $f(x)\leq x-1$의 해의 공통 범위는

$4\leq x<7$

따라서 자연수 $x$는 4, 5, 6이므로 구하는 합은

$4+5+6=15$　답 15

**0446** 진수의 조건에서　$x>0$　……㉠

$(2+\log_{\frac{1}{2}}x)\log_2 x>-3$에서

$(2-\log_2 x)\log_2 x>-3$

이때 $\log_2 x=t$로 놓으면　$(2-t)t>-3$

$t^2-2t-3<0$,　$(t+1)(t-3)<0$

$\therefore -1<t<3$

즉 $-1<\log_2 x<3$이므로

$\log_2 2^{-1}<\log_2 x<\log_2 2^3$

이때 밑이 1보다 크므로　$\frac{1}{2}<x<8$　……㉡

㉠, ㉡에서　$\frac{1}{2}<x<8$

따라서 정수 $x$의 최댓값은 7이다.　답 7

**0447** 진수의 조건에서　$x>0$　……㉠

$x^{\log_{\frac{1}{2}}x}>\dfrac{x}{64}$의 양변에 밑이 $\frac{1}{2}$인 로그를 취하면

$\log_{\frac{1}{2}}x^{\log_{\frac{1}{2}}x}<\log_{\frac{1}{2}}\dfrac{x}{64}$

$\therefore (\log_{\frac{1}{2}}x)^2<\log_{\frac{1}{2}}x+6$

이때 $\log_{\frac{1}{2}}x=t$로 놓으면

$t^2<t+6$,　$t^2-t-6<0$

$(t+2)(t-3)<0$　$\therefore -2<t<3$

즉 $-2<\log_{\frac{1}{2}}x<3$이므로

$\log_{\frac{1}{2}}\left(\dfrac{1}{2}\right)^{-2}<\log_{\frac{1}{2}}x<\log_{\frac{1}{2}}\left(\dfrac{1}{2}\right)^3$

이때 밑이 1보다 작은 양수이므로

$\dfrac{1}{8}<x<4$　……㉡

㉠, ㉡에서　$\dfrac{1}{8}<x<4$

따라서 정수 $x$는 1, 2, 3의 3개이다.　답 3

**0448** 이차방정식 $x^2+2(2-\log a)x-2\log a+7=0$이 서로 다른 두 실근을 가져야 하므로 이 이차방정식의 판별식을 $D$라 하면

$$\frac{D}{4}=(2-\log a)^2-(-2\log a+7)>0$$

$\therefore (\log a)^2-2\log a-3>0$

이때 $\log a=t$로 놓으면　$t^2-2t-3>0$

$(t+1)(t-3)>0$　$\therefore t<-1$ 또는 $t>3$

즉 $\log a<-1$ 또는 $\log a>3$이므로

$\log a<\log 10^{-1}$ 또는 $\log a>\log 10^3$

이때 밑이 1보다 크므로

$0<a<\dfrac{1}{10}$ 또는 $a>1000 \; (\because a>0)$　답 ⑤

**0449** 처음에 물에 섞여 있는 중금속의 양을 $a\,(a>0)$라 하고, 여과기를 $n$번 통과한 후 남아 있는 중금속의 양이 처음 양의 2 % 이하가 된다고 하면

$$a\left(1-\frac{20}{100}\right)^n\leq\frac{2}{100}a\quad \therefore \left(\frac{8}{10}\right)^n\leq\frac{2}{100}$$

양변에 상용로그를 취하면

$n\log\dfrac{8}{10}\leq\log\dfrac{2}{100}$,　$n(3\log 2-1)\leq\log 2-2$

$n(1-3\log 2)\geq2-\log 2$

$$\therefore n\geq\frac{2-\log 2}{1-3\log 2}=\frac{2-0.3010}{1-3\times0.3010}=\frac{1.699}{0.097}=17.\times\times\times$$

따라서 여과기를 최소한 18번 통과시켜야 한다.　답 ②

**0450** 두 점 A, B의 $x$좌표가 $k$이므로

$A(k, \log_3 k)$, $B(k, \log_{27}k)$

$\therefore \overline{AB}=\log_3 k-\log_{27}k=\log_3 k-\dfrac{1}{3}\log_3 k$

$$=\frac{2}{3}\log_3 k$$　…1단계

따라서 $\overline{AB}=2$에서 $\quad \dfrac{2}{3}\log_3 k=2$

$\log_3 k=3 \quad \therefore k=27$ … **2단계**

**답 27**

| 채점 요소 | 비율 |
|---|---|
| **1단계** $\overline{AB}$를 $k$에 대한 식으로 나타내기 | 60 % |
| **2단계** $k$의 값 구하기 | 40 % |

**0451** $y=2(\log_2 x)^2-\log_{\sqrt{2}} x^3+a$

$\qquad =2(\log_2 x)^2-6\log_2 x+a$

이때 $\log_2 x=t$로 놓으면

$$y=2t^2-6t+a=2\left(t-\dfrac{3}{2}\right)^2-\dfrac{9}{2}+a$$ … **1단계**

이 함수는 $t=\dfrac{3}{2}$에서 최솟값 $-\dfrac{9}{2}+a$를 갖는다.

즉 $-\dfrac{9}{2}+a=2$이므로 $\quad a=\dfrac{13}{2}$

$\log_2 x=\dfrac{3}{2}$에서 $\quad x=2^{\frac{3}{2}}=2\sqrt{2}$

$\therefore b=2\sqrt{2}$ … **2단계**

$\therefore a^2 b^2=(ab)^2=\left(\dfrac{13}{2}\times 2\sqrt{2}\right)^2=338$ … **3단계**

**답 338**

| 채점 요소 | 비율 |
|---|---|
| **1단계** $\log_2 x=t$로 놓고 주어진 함수를 $t$에 대한 이차함수로 변형하기 | 30 % |
| **2단계** $a$, $b$의 값 구하기 | 60 % |
| **3단계** $a^2 b^2$의 값 구하기 | 10 % |

**0452** 밑과 진수의 조건에서

$\quad 2x^2+1>0,\ 2x^2+1\neq 1,$

$\quad 7x-2>0,\ 7x-2\neq 1,\ 2x-1>0$

$\quad \therefore x>\dfrac{1}{2}$ …… ㉠ … **1단계**

( i ) $2x^2+1=7x-2$에서

$\quad 2x^2-7x+3=0,\quad (2x-1)(x-3)=0$

$\quad \therefore x=\dfrac{1}{2}$ 또는 $x=3$

이때 ㉠에서 $\quad x=3$ … **2단계**

(ii) $2x-1=1$에서 $\quad x=1$

$x=1$은 ㉠을 만족시키므로 주어진 방정식의 근이다. … **3단계**

( i ), (ii)에서 $\quad x=1$ 또는 $x=3$

따라서 모든 근의 합은

$\quad 1+3=4$ … **4단계**

**답 4**

| 채점 요소 | 비율 |
|---|---|
| **1단계** 밑과 진수의 조건을 만족시키는 $x$의 값의 범위 구하기 | 30 % |
| **2단계** 밑이 같을 때의 $x$의 값 구하기 | 40 % |
| **3단계** 진수가 1일 때의 $x$의 값 구하기 | 20 % |
| **4단계** 모든 근의 합 구하기 | 10 % |

**0453** 양수 $a$가 $\dfrac{\sqrt{a}}{\sqrt{a-1}}=-\sqrt{\dfrac{a}{a-1}}$를 만족시키므로

$\quad a>0,\ a-1<0$

$\quad \therefore 0<a<1$ … **1단계**

주어진 부등식의 진수의 조건에서

$\quad x>0,\ x-3>0$

$\quad \therefore x>3$ …… ㉠ … **2단계**

$\log_a x>\log_a 4-\log_a (x-3)$에서

$\quad \log_a x+\log_a (x-3)>\log_a 4$

$\quad \therefore \log_a x(x-3)>\log_a 4$

이때 밑이 1보다 작은 양수이므로

$\quad x(x-3)<4,\quad x^2-3x-4<0$

$\quad (x+1)(x-4)<0$

$\quad \therefore -1<x<4$ …… ㉡

㉠, ㉡에서 $\quad 3<x<4$ … **3단계**

**답 $3<x<4$**

| 채점 요소 | 비율 |
|---|---|
| **1단계** $a$의 값의 범위 구하기 | 30 % |
| **2단계** 진수의 조건을 만족시키는 $x$의 값의 범위 구하기 | 20 % |
| **3단계** 부등식의 해 구하기 | 50 % |

**0454** **전략** 세 점 A, B, C가 한 직선 위에 있음을 이용한다.

$A'(a,\ 0)\ (a>0)$이라 하면 $\overline{OA'}=\overline{A'B'}=\overline{B'C'}$이므로

$\quad \overline{OA'}=a,\ \overline{OB'}=2a,\ \overline{OC'}=3a$

$\quad \therefore A(a,\ -\log_3 a),\ B(2a,\ \log_3 2a),\ C(3a,\ \log_3 3a)$

이때 세 점 A, B, C가 한 직선 위에 있으므로

$\quad (\overline{AB}$의 기울기$)=(\overline{BC}$의 기울기$)$

$\quad \dfrac{\log_3 2a-(-\log_3 a)}{2a-a}=\dfrac{\log_3 3a-\log_3 2a}{3a-2a}$

$\quad \log_3 2a^2=\log_3 \dfrac{3}{2},\quad 2a^2=\dfrac{3}{2}$

$\quad a^2=\dfrac{3}{4} \quad \therefore a=\dfrac{\sqrt{3}}{2}\ (\because a>0)$

따라서 점 B의 $y$좌표는

$\quad \log_3\left(2\times\dfrac{\sqrt{3}}{2}\right)=\log_3\sqrt{3}=\dfrac{1}{2}$ **답 $\dfrac{1}{2}$**

**0455** **전략** 두 곡선 $y=a^{x-1}$, $y=\log_a (x-1)$이 직선 $y=x-1$에 대하여 대칭임을 이용한다.

두 곡선 $y=a^{x-1}$, $y=\log_a (x-1)$은 각각 곡선 $y=a^x$과 곡선 $y=\log_a x$를 $x$축의 방향으로 1만큼 평행이동한 것이다.

이때 두 곡선 $y=a^x$, $y=\log_a x$는 직선 $y=x$에 대하여 대칭이므로 두 곡선 $y=a^{x-1}$, $y=\log_a (x-1)$은 직선 $y=x-1$에 대하여 대칭이다.

두 직선 $y=-x+4$, $y=x-1$의 교점을 M이라 하면

$-x+4=x-1$에서 $x=\dfrac{5}{2}$이므로

$\quad M\left(\dfrac{5}{2},\ \dfrac{3}{2}\right)$

또 점 A가 직선 $y=-x+4$ 위의 점이므로 점 A의 좌표를
$(k, -k+4)$라 하면

$$\overline{AM}=\sqrt{\left(k-\frac{5}{2}\right)^2+\left(-k+4-\frac{3}{2}\right)^2}$$

$$=\sqrt{2k^2-10k+\frac{25}{2}} \qquad \cdots\cdots \text{㉠}$$

이때 점 M은 선분 AB의 중점이므로

$$\overline{AM}=\frac{1}{2}\overline{AB}=\frac{1}{2}\times 2\sqrt{2}=\sqrt{2} \qquad \cdots\cdots \text{㉡}$$

㉠, ㉡에서 $\sqrt{2k^2-10k+\frac{25}{2}}=\sqrt{2}$

양변을 제곱하면 $2k^2-10k+\frac{25}{2}=2$

$$4k^2-20k+21=0, \quad (2k-3)(2k-7)=0$$

$$\therefore k=\frac{3}{2} \text{ 또는 } k=\frac{7}{2}$$

그런데 점 A의 $x$좌표는 점 M의 $x$좌표보다 작으므로

$$k=\frac{3}{2} \qquad \therefore \text{A}\left(\frac{3}{2}, \frac{5}{2}\right)$$

점 A는 곡선 $y=a^{x-1}$ 위의 점이므로 $\frac{5}{2}=a^{\frac{1}{2}}$

$$\therefore a=\left(\frac{5}{2}\right)^2=\frac{25}{4}$$

즉 점 C는 곡선 $y=\left(\frac{25}{4}\right)^{x-1}$이 $y$축과 만나는 점이므로

$$\text{C}\left(0, \frac{4}{25}\right)$$

점 C에서 직선 $y=-x+4$, 즉 $x+y-4=0$에 내린 수선의 발을
H라 하면

$$\overline{CH}=\frac{\left|\frac{4}{25}-4\right|}{\sqrt{1^2+1^2}}=\frac{48\sqrt{2}}{25}$$

따라서 $S=\frac{1}{2}\times\overline{AB}\times\overline{CH}=\frac{1}{2}\times 2\sqrt{2}\times\frac{48\sqrt{2}}{25}=\frac{96}{25}$이므로

$50\times S=192$ **탭 192**

**다른 풀이** 두 직선 $y=-x+4$, $y=x-1$의 교점의 좌표는
$\left(\frac{5}{2}, \frac{3}{2}\right)$이므로 선분 AB의 중점은 점 $\left(\frac{5}{2}, \frac{3}{2}\right)$이다.

이때 두 점 A, B는 직선 $y=-x+4$ 위의 점이고 $\overline{AB}=2\sqrt{2}$이
므로 두 점 A, B의 $x$좌표의 차와 $y$좌표의 차는 각각 2이다.

따라서 점 A의 좌표는

$$\left(\frac{5}{2}-1, \frac{3}{2}+1\right), \text{ 즉 } \left(\frac{3}{2}, \frac{5}{2}\right)$$

**0456** **전략** 주어진 방정식에서 진수가 같음을 이용하여 $x$에 대한 이차방
정식을 구한 후 이 이차방정식의 실근이 존재해야 함을 이용한다.

진수의 조건에서 $2x+5>0$, $4-x>0$

$$\therefore -\frac{5}{2}<x<4$$

$\log(2x+5)+\log(4-x)=\log a$에서

$$\log(2x+5)(4-x)=\log a$$

$$(2x+5)(4-x)=a$$

$$\therefore -2x^2+3x+20=a \qquad \cdots\cdots \text{㉠}$$

이때 $f(x)=-2x^2+3x+20=-2\left(x-\frac{3}{4}\right)^2+\frac{169}{8}$라 하면

$-\frac{5}{2}\le x\le 4$일 때, 함수 $f(x)$는

$$x=\frac{3}{4}\text{에서 최댓값 } \frac{169}{8},$$

$$x=-\frac{5}{2} \text{ 또는 } x=4\text{에서 최솟값 } 0$$

을 갖는다.

따라서 $-\frac{5}{2}<x<4$에서 방정식 ㉠의 실근이 존재하려면

$$0<a\le \frac{169}{8}$$

즉 구하는 자연수 $a$는 1, 2, 3, $\cdots$, 21의 21개이다. **탭 21**

# 05 삼각함수

본책 065쪽

**0457** 답

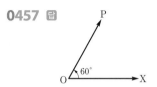

**0458** 답

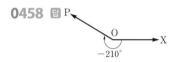

**0459** 답 $360° \times n + 120°$

**0460** 답 $360° \times n + 230°$

**0461** $500° = 360° \times 1 + 140°$이므로
$360° \times n + 140°$ 답 $360° \times n + 140°$

**0462** $-650° = 360° \times (-2) + 70°$이므로
$360° \times n + 70°$ 답 $360° \times n + 70°$

**0463** $550° = 360° \times 1 + 190°$이므로 $550°$는 제3사분면의 각이다.

답 제3사분면

**0464** $-380° = 360° \times (-2) + 340°$이므로 $-380°$는 제4사분면의 각이다.

답 제4사분면

**0465** $240° = 240 \times \dfrac{\pi}{180} = \dfrac{4}{3}\pi$ 답 $\dfrac{4}{3}\pi$

**0466** $\dfrac{7}{4}\pi = \dfrac{7}{4}\pi \times \dfrac{180°}{\pi} = 315°$ 답 $315°$

**0467** $-300° = -300 \times \dfrac{\pi}{180} = -\dfrac{5}{3}\pi$ 답 $-\dfrac{5}{3}\pi$

**0468** $-\dfrac{2}{3}\pi = -\dfrac{2}{3}\pi \times \dfrac{180°}{\pi} = -120°$ 답 $-120°$

**0469** $5\pi = 2\pi \times 2 + \pi$이므로
$2n\pi + \pi$ 답 $2n\pi + \pi$

**0470** $\dfrac{17}{6}\pi = 2\pi \times 1 + \dfrac{5}{6}\pi$이므로
$2n\pi + \dfrac{5}{6}\pi$ 답 $2n\pi + \dfrac{5}{6}\pi$

**0471** $-\dfrac{16}{3}\pi = 2\pi \times (-3) + \dfrac{2}{3}\pi$이므로
$2n\pi + \dfrac{2}{3}\pi$ 답 $2n\pi + \dfrac{2}{3}\pi$

**0472** $-\dfrac{3}{4}\pi = 2\pi \times (-1) + \dfrac{5}{4}\pi$이므로
$2n\pi + \dfrac{5}{4}\pi$ 답 $2n\pi + \dfrac{5}{4}\pi$

**0473** $l = 4 \times \dfrac{\pi}{4} = \pi$, $S = \dfrac{1}{2} \times 4^2 \times \dfrac{\pi}{4} = 2\pi$

답 $l = \pi$, $S = 2\pi$

**0474** $\dfrac{1}{2} \times r \times 4 = 6$이므로 $r = 3$

따라서 $3\theta = 4$이므로 $\theta = \dfrac{4}{3}$

답 $r = 3$, $\theta = \dfrac{4}{3}$

**0475** $\overline{OP} = \sqrt{3^2 + (-1)^2} = \sqrt{10}$이므로

$\sin\theta = \dfrac{-1}{\sqrt{10}} = -\dfrac{\sqrt{10}}{10}$

$\cos\theta = \dfrac{3}{\sqrt{10}} = \dfrac{3\sqrt{10}}{10}$

$\tan\theta = \dfrac{-1}{3} = -\dfrac{1}{3}$

답 $\sin\theta = -\dfrac{\sqrt{10}}{10}$, $\cos\theta = \dfrac{3\sqrt{10}}{10}$, $\tan\theta = -\dfrac{1}{3}$

**0476** 오른쪽 그림과 같이 각 $\dfrac{3}{4}\pi$를 나타내는 동경과 단위원의 교점을 P, 점 P에서 $x$축에 내린 수선의 발을 H라 하자. 직각삼각형 PHO에서 $\overline{OP} = 1$,
$\angle POH = \dfrac{\pi}{4}$이므로

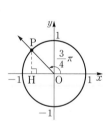

$\overline{OH} = \overline{OP}\cos\dfrac{\pi}{4} = \dfrac{\sqrt{2}}{2}$, $\overline{PH} = \overline{OP}\sin\dfrac{\pi}{4} = \dfrac{\sqrt{2}}{2}$

이때 점 P가 제2사분면 위의 점이므로

$P\left(-\dfrac{\sqrt{2}}{2}, \dfrac{\sqrt{2}}{2}\right)$

$\therefore \sin\theta = \dfrac{\sqrt{2}}{2}$, $\cos\theta = -\dfrac{\sqrt{2}}{2}$, $\tan\theta = -1$

답 $\sin\theta = \dfrac{\sqrt{2}}{2}$, $\cos\theta = -\dfrac{\sqrt{2}}{2}$, $\tan\theta = -1$

참고 | 원 $x^2 + y^2 = 1$, 즉 원점을 중심으로 하고 반지름의 길이가 1인 원을 단위원이라 한다.

**0477** $\frac{14}{3}\pi=2\pi\times2+\frac{2}{3}\pi$이므로 $\theta$는 제2사분면의 각이다.

$\therefore \sin\theta>0,\ \cos\theta<0,\ \tan\theta<0$

🔲 $\sin\theta>0,\ \cos\theta<0,\ \tan\theta<0$

**0478** $\sin\theta<0$이면 $\theta$는 제3사분면 또는 제4사분면의 각이고, $\cos\theta<0$이면 $\theta$는 제2사분면 또는 제3사분면의 각이다.
따라서 $\theta$는 제3사분면의 각이다.

🔲 **제3사분면**

**0479** $\sin\theta>0$이면 $\theta$는 제1사분면 또는 제2사분면의 각이고, $\tan\theta<0$이면 $\theta$는 제2사분면 또는 제4사분면의 각이다.
따라서 $\theta$는 제2사분면의 각이다.

🔲 **제2사분면**

**0480** $\sin^2\theta+\cos^2\theta=1$이므로

$$\sin^2\theta=1-\cos^2\theta=1-\left(-\frac{3}{5}\right)^2=\frac{16}{25}$$

이때 $\theta$가 제2사분면의 각이므로

$$\sin\theta=\frac{4}{5}\ (\because\ \sin\theta>0)$$

$$\therefore \tan\theta=\frac{\sin\theta}{\cos\theta}=\frac{\frac{4}{5}}{-\frac{3}{5}}=-\frac{4}{3}$$

🔲 $\sin\theta=\dfrac{4}{5},\ \tan\theta=-\dfrac{4}{3}$

**0481** $\sin\theta+\cos\theta=\dfrac{1}{3}$의 양변을 제곱하면

$$\sin^2\theta+2\sin\theta\cos\theta+\cos^2\theta=\frac{1}{9}$$

$$1+2\sin\theta\cos\theta=\frac{1}{9}$$

$$\therefore \sin\theta\cos\theta=-\frac{4}{9}$$

🔲 $-\dfrac{4}{9}$

### 유형 익히기

**0482** ① $390°=360°\times1+30°$
② $750°=360°\times2+30°$
③ $-330°=360°\times(-1)+30°$
④ $-390°=360°\times(-2)+330°$
⑤ $-690°=360°\times(-2)+30°$
따라서 동경 OP가 나타내는 각이 될 수 없는 것은 ④이다.

🔲 ④

**0483** ① $-500°=360°\times(-2)+220°$
② $-220°=360°\times(-1)+140°$
③ $580°=360°\times1+220°$
④ $940°=360°\times2+220°$
⑤ $1300°=360°\times3+220°$
따라서 $a$의 값이 나머지 넷과 다른 하나는 ②이다.

🔲 ②

**0484** ㄱ. $1680°=360°\times4+240°$
ㄴ. $-240°=360°\times(-1)+120°$
ㄷ. $2040°=360°\times5+240°$
ㄹ. $-1920°=360°\times(-6)+240°$
ㅁ. $720°=360°\times2$
이상에서 $240°$를 나타내는 동경과 일치하는 것은 ㄱ, ㄷ, ㄹ이다.

🔲 ㄱ, ㄷ, ㄹ

**0485** $\theta$가 제3사분면의 각이므로

$$360°\times n+180°<\theta<360°\times n+270°\ (n\text{은 정수})$$

$$\therefore 180°\times n+90°<\frac{\theta}{2}<180°\times n+135°$$

(i) $n=2k\ (k\text{는 정수})$일 때

$$360°\times k+90°<\frac{\theta}{2}<360°\times k+135°$$

따라서 $\dfrac{\theta}{2}$는 제2사분면의 각이다.

(ii) $n=2k+1\ (k\text{는 정수})$일 때

$$360°\times k+270°<\frac{\theta}{2}<360°\times k+315°$$

따라서 $\dfrac{\theta}{2}$는 제4사분면의 각이다.

(i), (ii)에서 각 $\dfrac{\theta}{2}$를 나타내는 동경이 존재하는 사분면은 제2사분면, 제4사분면이다.

🔲 **제2사분면, 제4사분면**

**0486** ① $610°=360°\times1+250°$이므로 제3사분면의 각이다.
② $955°=360°\times2+235°$이므로 제3사분면의 각이다.
③ $1295°=360°\times3+215°$이므로 제3사분면의 각이다.
④ $-570°=360°\times(-2)+150°$이므로 제2사분면의 각이다.
⑤ $-840°=360°\times(-3)+240°$이므로 제3사분면의 각이다.
따라서 각을 나타내는 동경이 존재하는 사분면이 나머지 넷과 다른 하나는 ④이다.

🔲 ④

**0487** $\theta$가 제4사분면의 각이므로

$$360°\times n+270°<\theta<360°\times n+360°\ (n\text{은 정수})$$

$$\therefore 120°\times n+90°<\frac{\theta}{3}<120°\times n+120°$$

(i) $n=3k\ (k\text{는 정수})$일 때

$$360°\times k+90°<\frac{\theta}{3}<360°\times k+120°$$

(ii) $n=3k+1\ (k\text{는 정수})$일 때

$$360°\times k+210°<\frac{\theta}{3}<360°\times k+240°$$

(iii) $n=3k+2\ (k\text{는 정수})$일 때

$$360°\times k+330°<\frac{\theta}{3}<360°\times k+360°$$

이상에서 각 $\dfrac{\theta}{3}$를 나타내는 동경이 속하는 모든 영역을 좌표평면 위에 나타내면 오른쪽 그림과 같다. (단, 경계선은 제외한다.)

🔲 ③

**0488** 각 $\theta$를 나타내는 동경과 각 $7\theta$를 나타내는 동경이 일치하므로

$$7\theta - \theta = 360° \times n \,(n \text{은 정수})$$
$$6\theta = 360° \times n$$
$$\therefore \theta = 60° \times n \qquad \cdots\cdots \text{㉠}$$

그런데 $90° < \theta < 180°$이므로 $\quad 90° < 60° \times n < 180°$

$$\therefore \frac{3}{2} < n < 3$$

이때 $n$은 정수이므로 $\quad n = 2$

$n = 2$를 ㉠에 대입하면 $\quad \theta = 120°$ **답 120°**

**0489** 각 $\theta$를 나타내는 동경과 각 $5\theta$를 나타내는 동경이 일직선 위에 있고 방향이 반대이므로

$$5\theta - \theta = 360° \times n + 180° \,(n \text{은 정수})$$
$$4\theta = 360° \times n + 180°$$
$$\therefore \theta = 90° \times n + 45° \qquad \cdots\cdots \text{㉠}$$

그런데 $0° < \theta < 90°$이므로 $\quad 0° < 90° \times n + 45° < 90°$

$$\therefore -\frac{1}{2} < n < \frac{1}{2}$$

이때 $n$은 정수이므로 $\quad n = 0$

$n = 0$을 ㉠에 대입하면 $\quad \theta = 45°$ **답 45°**

**0490** 각 $\theta$를 나타내는 동경과 각 $4\theta$를 나타내는 동경이 $x$축에 대하여 대칭이므로

$$\theta + 4\theta = 360° \times n \,(n \text{은 정수})$$
$$5\theta = 360° \times n$$
$$\therefore \theta = 72° \times n \qquad \cdots\cdots \text{㉠}$$

그런데 $180° < \theta < 360°$이므로 $\quad 180° < 72° \times n < 360°$

$$\therefore \frac{5}{2} < n < 5$$

이때 $n$은 정수이므로 $\quad n = 3, 4$

이것을 ㉠에 대입하면

$$\theta = 216°, 288°$$ **답 216°, 288°**

**0491** 각 $2\theta$를 나타내는 동경과 각 $7\theta$를 나타내는 동경이 직선 $y = x$에 대하여 대칭이므로

$$2\theta + 7\theta = 360° \times n + 90° \,(n \text{은 정수})$$
$$9\theta = 360° \times n + 90°$$
$$\therefore \theta = 40° \times n + 10° \qquad \cdots\cdots \text{㉠} \quad \text{1단계}$$

그런데 $0° < \theta < 90°$이므로

$$0° < 40° \times n + 10° < 90°$$
$$\therefore -\frac{1}{4} < n < 2$$

이때 $n$은 정수이므로 $\quad n = 0, 1 \quad \text{2단계}$

이것을 ㉠에 대입하면

$$\theta = 10°, 50° \quad \text{3단계}$$

따라서 모든 각 $\theta$의 크기의 합은

$$10° + 50° = 60° \quad \text{4단계}$$

**답 60°**

| | 채점 요소 | 비율 |
|---|---|---|
| **1단계** | $\theta$를 정수 $n$에 대한 식으로 나타내기 | 30 % |
| **2단계** | $n$의 값 구하기 | 30 % |
| **3단계** | 각 $\theta$의 크기 구하기 | 20 % |
| **4단계** | 모든 각 $\theta$의 크기의 합 구하기 | 20 % |

**0492** ① $45° = 45 \times \dfrac{\pi}{180} = \dfrac{\pi}{4}$

② $160° = 160 \times \dfrac{\pi}{180} = \dfrac{8}{9}\pi$

③ $-144° = -144 \times \dfrac{\pi}{180} = -\dfrac{4}{5}\pi$

④ $\dfrac{3}{10}\pi = \dfrac{3}{10}\pi \times \dfrac{180°}{\pi} = 54°$

⑤ $\dfrac{9}{5}\pi = \dfrac{9}{5}\pi \times \dfrac{180°}{\pi} = 324°$

**답 ⑤**

**0493** $432° = 432 \times \dfrac{\pi}{180} = \dfrac{12}{5}\pi$이므로

$$a = 5, b = 12$$

$\dfrac{5}{12}\pi = \dfrac{5}{12}\pi \times \dfrac{180°}{\pi} = 75°$이므로 $\quad c = 75$

$$\therefore a + b + c = 92$$ **답 92**

**0494** ㄱ. $16° = 16 \times \dfrac{\pi}{180} = \dfrac{4}{45}\pi$ (참)

ㄴ. 2라디안 $= 2 \times \dfrac{180°}{\pi} = \dfrac{360°}{\pi}$ (참)

ㄷ. $-\dfrac{4}{3}\pi = 2\pi \times (-1) + \dfrac{2}{3}\pi$이므로 $-\dfrac{4}{3}\pi$는 제2사분면의 각이다. (거짓)

ㄹ. $-\dfrac{5}{4}\pi = 2\pi \times (-1) + \dfrac{3}{4}\pi$, $\dfrac{19}{4}\pi = 2\pi \times 2 + \dfrac{3}{4}\pi$이므로 $-\dfrac{5}{4}\pi$, $\dfrac{3}{4}\pi$, $\dfrac{19}{4}\pi$를 나타내는 동경은 모두 일치한다. (참)

이상에서 옳은 것은 ㄱ, ㄴ, ㄹ이다. **답 ㄱ, ㄴ, ㄹ**

**0495** 부채꼴의 반지름의 길이를 $r$, 중심각의 크기를 $\theta$라 하면

$$\frac{1}{2} \times r \times 6\pi = 12\pi \qquad \therefore r = 4$$

따라서 $4\theta = 6\pi$이므로 $\quad \theta = \dfrac{3}{2}\pi$

즉 부채꼴의 중심각의 크기는 $\dfrac{3}{2}\pi$이다. **답 ⑤**

**0496** 반지름의 길이가 $a$, 중심각의 크기가 $\dfrac{5}{6}\pi$인 부채꼴의 호의 길이가 $10\pi$이므로

$$a \times \frac{5}{6}\pi = 10\pi \qquad \therefore a = 12$$

따라서 부채꼴의 넓이는

$$\frac{1}{2} \times 12 \times 10\pi = 60\pi \qquad \therefore b = 60$$

$$\therefore b - a = 48$$ **답 48**

**0497** 부채꼴의 반지름의 길이를 $r$라 하면 둘레의 길이가 24이므로 호의 길이는

$24-2r$ $(0<r<12)$

$\therefore$ (부채꼴의 넓이)$=\dfrac{1}{2}r(24-2r)=-r^2+12r$

$=-(r-6)^2+36$

따라서 $r=6$일 때 부채꼴의 넓이가 최대이므로 넓이가 최대인 부채꼴의 반지름의 길이는 6이다.

답 **6**

**0498** 오른쪽 그림과 같이 부채꼴 PAB와 원 O의 접점을 각각 C, D, E라 하고, 원 O의 반지름의 길이를 $r$라 하면

$\overline{OC}=\overline{OD}=\overline{OE}=r$

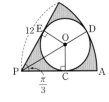

이때 $\triangle PCO\equiv\triangle PEO$ (RHS 합동)이므로

$\angle CPO=\angle EPO=\dfrac{1}{2}\times\dfrac{\pi}{3}=\dfrac{\pi}{6}$

따라서 직각삼각형 PCO에서

$\overline{PO}=\dfrac{r}{\sin\dfrac{\pi}{6}}=2r$

즉 $\overline{PD}=\overline{PO}+\overline{OD}$에서

$2r+r=12$ $\therefore r=4$

따라서 색칠한 부분의 넓이는

$\dfrac{1}{2}\times12^2\times\dfrac{\pi}{3}-\pi\times4^2=24\pi-16\pi=8\pi$

답 **$8\pi$**

참고ㅣ 두 직각삼각형 PCO, PEO에서

$\overline{PO}$는 공통, $\overline{OC}=\overline{OE}=r$

이므로 $\triangle PCO\equiv\triangle PEO$ (RHS 합동)

**0499** $\overline{OP}=\sqrt{12^2+(-5)^2}=13$이므로

$\sin\theta=-\dfrac{5}{13}$, $\cos\theta=\dfrac{12}{13}$, $\tan\theta=-\dfrac{5}{12}$

$\therefore 13\sin\theta-13\cos\theta+12\tan\theta$

$=13\times\left(-\dfrac{5}{13}\right)-13\times\dfrac{12}{13}+12\times\left(-\dfrac{5}{12}\right)$

$=-22$

답 **$-22$**

**0500** 점 $P\left(a,\ \dfrac{3}{2}\right)$에 대하여 $\tan\theta=\dfrac{\dfrac{3}{2}}{a}=\dfrac{3}{2a}$이므로

$\dfrac{3}{2a}=-\dfrac{3}{4}$ $\therefore a=-2$

따라서 점 P의 좌표가 $\left(-2,\ \dfrac{3}{2}\right)$이므로

$r=\sqrt{(-2)^2+\left(\dfrac{3}{2}\right)^2}=\dfrac{5}{2}$

$\therefore a+r=\dfrac{1}{2}$

답 **$\dfrac{1}{2}$**

**0501** $\overline{AD}=6$, $\overline{CD}=2$이므로

$A(-3,\ 1)$

$\overline{OA}=\sqrt{10}$이므로 $\sin\alpha=\dfrac{1}{\sqrt{10}}$

두 점 A, D는 $y$축에 대하여 대칭이므로

$D(3,\ 1)$

$\overline{OD}=\sqrt{10}$이므로 $\cos\beta=\dfrac{3}{\sqrt{10}}$

$\therefore \sin\alpha\cos\beta=\dfrac{1}{\sqrt{10}}\times\dfrac{3}{\sqrt{10}}=\dfrac{3}{10}$

답 **$\dfrac{3}{10}$**

**0502** 점 P의 좌표를 $(a,\ b)$ $(a>0)$라 하면 점 P가 직선 $y=-\sqrt{3}x$ 위의 점이므로

$b=-\sqrt{3}a$ ···**1단계**

$\therefore \overline{OP}=\sqrt{a^2+b^2}=\sqrt{a^2+(-\sqrt{3}a)^2}$

$=2a\ (\because a>0)$ ···**2단계**

따라서

$\sin\theta=\dfrac{-\sqrt{3}a}{2a}=-\dfrac{\sqrt{3}}{2}$, $\cos\theta=\dfrac{a}{2a}=\dfrac{1}{2}$,

$\tan\theta=\dfrac{-\sqrt{3}a}{a}=-\sqrt{3}$ ···**3단계**

이므로

$-\sin\theta+\cos\theta+\tan\theta=\dfrac{\sqrt{3}}{2}+\dfrac{1}{2}-\sqrt{3}$

$=\dfrac{1-\sqrt{3}}{2}$ ···**4단계**

답 **$\dfrac{1-\sqrt{3}}{2}$**

| 채점 요소 | 비율 |
|---|---|
| **1단계** 점 P의 좌표를 $(a,\ b)$라 하고 $a$와 $b$ 사이의 관계식 구하기 | 20 % |
| **2단계** $\overline{OP}$의 길이를 $a$에 대한 식으로 나타내기 | 30 % |
| **3단계** $\sin\theta$, $\cos\theta$, $\tan\theta$의 값 구하기 | 40 % |
| **4단계** $-\sin\theta+\cos\theta+\tan\theta$의 값 구하기 | 10 % |

**0503** (i) $\sin\theta\cos\theta>0$에서

$\sin\theta>0$, $\cos\theta>0$일 때, $\theta$는 제1사분면의 각이나.

$\sin\theta<0$, $\cos\theta<0$일 때, $\theta$는 제3사분면의 각이다.

(ii) $\cos\theta\tan\theta>0$에서

$\cos\theta>0$, $\tan\theta>0$일 때, $\theta$는 제1사분면의 각이다.

$\cos\theta<0$, $\tan\theta<0$일 때, $\theta$는 제2사분면의 각이다.

(i), (ii)에서 $\theta$는 제1사분면의 각이다. 답 **제1사분면**

**0504** $\tan\theta<0$에서 $\theta$는 제2사분면 또는 제4사분면의 각이고, $\cos\theta>0$에서 $\theta$는 제1사분면 또는 제4사분면의 각이다.

따라서 $\theta$는 제4사분면의 각이므로 각 $\theta$의 크기가 될 수 있는 것은 ⑤ $\dfrac{5}{3}\pi$이다.

답 **⑤**

**0505** $\theta$가 제3사분면의 각이므로

$$\sin\theta<0,\ \cos\theta<0$$

$$\therefore\ |\sin\theta|+|\cos\theta|+\sqrt{\sin^2\theta}+\sqrt[3]{\cos^3\theta}$$
$$=|\sin\theta|+|\cos\theta|+|\sin\theta|+\cos\theta$$
$$=-\sin\theta-\cos\theta-\sin\theta+\cos\theta$$
$$=-2\sin\theta \hspace{4cm} \text{답 ①}$$

**0506** $\theta$가 제2사분면의 각이므로

$$\sin\theta>0,\ \cos\theta<0,\ \tan\theta<0 \hspace{1cm} \cdots \boxed{\text{1단계}}$$

따라서 $\cos\theta+\tan\theta<0$이므로

$$\sqrt{\sin^2\theta}-\sqrt{(\cos\theta+\tan\theta)^2}+\cos\theta-\sin\theta+|\tan\theta|$$
$$=|\sin\theta|-|\cos\theta+\tan\theta|+\cos\theta-\sin\theta+|\tan\theta|$$
$$=\sin\theta+(\cos\theta+\tan\theta)+\cos\theta-\sin\theta-\tan\theta$$
$$=2\cos\theta \hspace{4cm} \cdots \boxed{\text{2단계}}$$

$$\text{답 } 2\cos\theta$$

| 채점 요소 | 비율 |
|---|---|
| **1단계** $\sin\theta$, $\cos\theta$, $\tan\theta$의 값의 부호 알기 | 30 % |
| **2단계** 주어진 식을 간단히 하기 | 70 % |

**0507** $\dfrac{\sqrt{\cos\theta}}{\sqrt{\sin\theta}}=-\sqrt{\dfrac{\cos\theta}{\sin\theta}}$ 이고 $\sin\theta\cos\theta\neq0$이므로

$$\sin\theta<0,\ \cos\theta>0$$

즉 $\theta$는 제4사분면의 각이고 $0<\theta<2\pi$이므로

$$\frac{3}{2}\pi<\theta<2\pi$$

따라서 $a=\dfrac{3}{2}$, $b=2$이므로

$$a+b=\frac{7}{2} \hspace{4cm} \text{답 ⑤}$$

---

**✏️ RPM 비법 노트**

**음수의 제곱근의 성질**

실수 $a$, $b$에 대하여

① $a<0$, $b<0$이면
$$\sqrt{a}\sqrt{b}=-\sqrt{ab}$$

그 외에는 $\sqrt{a}\sqrt{b}=\sqrt{ab}$

② $a>0$, $b<0$이면
$$\frac{\sqrt{a}}{\sqrt{b}}=-\sqrt{\frac{a}{b}}$$

그 외에는 $\dfrac{\sqrt{a}}{\sqrt{b}}=\sqrt{\dfrac{a}{b}}$ (단, $b\neq0$)

---

**0508** $\cos\theta<0$, $\tan\theta<0$이므로 $\theta$는 제2사분면의 각이다.

이때 $0<\theta<2\pi$이므로

$$\frac{\pi}{2}<\theta<\pi$$

ㄱ. $\sin\theta>0$, $\cos\theta<0$이므로
$$\sin\theta\cos\theta<0 \text{ (거짓)}$$

ㄴ. $\sin\theta>0$, $\tan\theta<0$이므로
$$\sin\theta\tan\theta<0 \text{ (참)}$$

ㄷ. $\dfrac{\pi}{2}<\theta<\pi$에서
$$\frac{\pi}{4}<\frac{\theta}{2}<\frac{\pi}{2}$$

즉 $\dfrac{\theta}{2}$는 제1사분면의 각이므로
$$\tan\frac{\theta}{2}>0 \text{ (참)}$$

ㄹ. $\dfrac{\pi}{2}<\theta<\pi$에서
$$\pi<2\theta<2\pi$$

즉 $2\theta$는 제3사분면 또는 제4사분면의 각이므로
$$\sin2\theta<0 \text{ (거짓)}$$

이상에서 옳은 것은 ㄴ, ㄷ이다. $\hspace{1cm}$ 답 ③

**0509** $\sin\theta\tan\theta>0$에서

$\sin\theta>0$, $\tan\theta>0$일 때, $\theta$는 제1사분면의 각이다.

$\sin\theta<0$, $\tan\theta<0$일 때, $\theta$는 제4사분면의 각이다.

또 $\cos\theta\tan\theta<0$에서

$\cos\theta>0$, $\tan\theta<0$일 때, $\theta$는 제4사분면의 각이다.

$\cos\theta<0$, $\tan\theta>0$일 때, $\theta$는 제3사분면의 각이다.

즉 $\theta$는 제4사분면의 각이므로

$$2n\pi+\frac{3}{2}\pi<\theta<2n\pi+2\pi\ (n\text{은 정수})$$

$$\therefore\ n\pi+\frac{3}{4}\pi<\frac{\theta}{2}<n\pi+\pi$$

(i) $n=2k$ ($k$는 정수)일 때
$$2k\pi+\frac{3}{4}\pi<\frac{\theta}{2}<2k\pi+\pi$$

따라서 $\dfrac{\theta}{2}$는 제2사분면의 각이다.

(ii) $n=2k+1$ ($k$는 정수)일 때
$$2k\pi+\frac{7}{4}\pi<\frac{\theta}{2}<2k\pi+2\pi$$

따라서 $\dfrac{\theta}{2}$는 제4사분면의 각이다.

(i), (ii)에서 각 $\dfrac{\theta}{2}$를 나타내는 동경이 존재하는 사분면은 제2사분면, 제4사분면이다.

$$\text{답 제2사분면, 제4사분면}$$

**0510** (주어진 식)

$$=\frac{\cos^2\theta-\sin^2\theta}{\sin^2\theta+2\sin\theta\cos\theta+\cos^2\theta}+\frac{\dfrac{\sin\theta}{\cos\theta}-1}{\dfrac{\sin\theta}{\cos\theta}+1}$$

$$=\frac{(\cos\theta+\sin\theta)(\cos\theta-\sin\theta)}{(\sin\theta+\cos\theta)^2}+\frac{\sin\theta-\cos\theta}{\sin\theta+\cos\theta}$$

$$=\frac{\cos\theta-\sin\theta}{\sin\theta+\cos\theta}+\frac{\sin\theta-\cos\theta}{\sin\theta+\cos\theta}$$

$$=0 \hspace{4cm} \text{답 ①}$$

**0511**

$$\frac{\sin\theta}{1-\cos\theta}+\frac{1-\cos\theta}{\sin\theta}=\frac{\sin^2\theta+(1-\cos\theta)^2}{\sin\theta(1-\cos\theta)}$$

$$=\frac{\sin^2\theta+1-2\cos\theta+\cos^2\theta}{\sin\theta(1-\cos\theta)}$$

$$=\frac{2(1-\cos\theta)}{\sin\theta(1-\cos\theta)}$$

$$=\frac{2}{\sin\theta}$$

답 $\dfrac{2}{\sin\theta}$

**0512** ㄱ. $\dfrac{1-\cos^2\theta}{\tan^2\theta}+\sin^2\theta=\dfrac{\sin^2\theta}{\dfrac{\sin^2\theta}{\cos^2\theta}}+\sin^2\theta$

$$=\cos^2\theta+\sin^2\theta=1\ (거짓)$$

ㄴ. (주어진 식)

$$=\left(1+\frac{1}{\sin\theta}\right)\left(1-\frac{1}{\sin\theta}\right)\left(1+\frac{1}{\cos\theta}\right)\left(1-\frac{1}{\cos\theta}\right)$$

$$=\left(1-\frac{1}{\sin^2\theta}\right)\left(1-\frac{1}{\cos^2\theta}\right)$$

$$=\frac{\sin^2\theta-1}{\sin^2\theta}\times\frac{\cos^2\theta-1}{\cos^2\theta}$$

$$=\frac{-\cos^2\theta}{\sin^2\theta}\times\frac{-\sin^2\theta}{\cos^2\theta}=1\ (거짓)$$

ㄷ. (주어진 식)

$$=\left(\sin^2\theta+2+\frac{1}{\sin^2\theta}\right)+\left(\cos^2\theta+2+\frac{1}{\cos^2\theta}\right)$$

$$-\left(\tan^2\theta+2+\frac{1}{\tan^2\theta}\right)$$

$$=\sin^2\theta+\cos^2\theta+\frac{1}{\sin^2\theta}+\frac{1}{\cos^2\theta}-\tan^2\theta-\frac{1}{\tan^2\theta}+2$$

$$=\frac{1}{\sin^2\theta}+\frac{1}{\cos^2\theta}-\frac{\sin^2\theta}{\cos^2\theta}-\frac{\cos^2\theta}{\sin^2\theta}+3$$

$$=\frac{1-\cos^2\theta}{\sin^2\theta}+\frac{1-\sin^2\theta}{\cos^2\theta}+3=\frac{\sin^2\theta}{\sin^2\theta}+\frac{\cos^2\theta}{\cos^2\theta}+3$$

$$=1+1+3=5\ (참)$$

이상에서 옳은 것은 ㄷ뿐이다.

답 ㄷ

**0513** $\sqrt{1-2\sin\theta\cos\theta}-\sqrt{1+2\sin\theta\cos\theta}$

$$=\sqrt{\sin^2\theta-2\sin\theta\cos\theta+\cos^2\theta}$$

$$-\sqrt{\sin^2\theta+2\sin\theta\cos\theta+\cos^2\theta}$$

$$=\sqrt{(\sin\theta-\cos\theta)^2}-\sqrt{(\sin\theta+\cos\theta)^2}$$

$$=|\sin\theta-\cos\theta|-|\sin\theta+\cos\theta|$$

이때 $0<\cos\theta<\sin\theta$에서

$$\sin\theta-\cos\theta>0,\ \sin\theta+\cos\theta>0$$

이므로

$$(주어진 식)=(\sin\theta-\cos\theta)-(\sin\theta+\cos\theta)$$

$$=\sin\theta-\cos\theta-\sin\theta-\cos\theta$$

$$=-2\cos\theta$$

답 $-2\cos\theta$

**0514** $\sin^2\theta+\cos^2\theta=1$에서

$$\sin^2\theta=1-\cos^2\theta=1-\left(-\frac{4}{5}\right)^2=\frac{9}{25}$$

이때 $\theta$가 제3사분면의 각이므로

$$\sin\theta=-\frac{3}{5}\ (\because\ \sin\theta<0)$$

따라서 $\tan\theta=\dfrac{\sin\theta}{\cos\theta}=\dfrac{3}{4}$이므로

$$5\sin\theta+8\tan\theta=5\times\left(-\frac{3}{5}\right)+8\times\frac{3}{4}=3$$

답 ④

**0515**

$$\frac{1}{1+\cos\theta}+\frac{1}{1-\cos\theta}=\frac{1-\cos\theta+1+\cos\theta}{(1+\cos\theta)(1-\cos\theta)}$$

$$=\frac{2}{1-\cos^2\theta}$$

$$=\frac{2}{\sin^2\theta}$$

즉 $\dfrac{2}{\sin^2\theta}=\dfrac{8}{3}$이므로 $\quad\sin^2\theta=\dfrac{3}{4}$

이때 $\theta$가 제4사분면의 각이므로

$$\sin\theta=-\frac{\sqrt{3}}{2}\ (\because\ \sin\theta<0)$$

$\sin^2\theta+\cos^2\theta=1$에서

$$\cos^2\theta=1-\sin^2\theta=1-\frac{3}{4}=\frac{1}{4}$$

$$\therefore\ \cos\theta=\frac{1}{2}\ (\because\ \cos\theta>0)$$

따라서 $\tan\theta=\dfrac{\sin\theta}{\cos\theta}=-\sqrt{3}$이므로

$$\tan\theta-\sin\theta=-\sqrt{3}-\left(-\frac{\sqrt{3}}{2}\right)=-\frac{\sqrt{3}}{2}$$

답 $-\dfrac{\sqrt{3}}{2}$

**0516** $\tan\theta=-\dfrac{2}{3}$에서 $\quad\dfrac{\sin\theta}{\cos\theta}=-\dfrac{2}{3}$

$$\therefore\ \sin\theta=-\frac{2}{3}\cos\theta\qquad\cdots\cdots\ ㉠$$

$\sin^2\theta+\cos^2\theta=1$이므로

$$\left(-\frac{2}{3}\cos\theta\right)^2+\cos^2\theta=1,\qquad\frac{13}{9}\cos^2\theta=1$$

$$\therefore\ \cos^2\theta=\frac{9}{13}$$

이때 $\theta$가 제2사분면의 각이므로

$$\cos\theta=-\frac{3}{\sqrt{13}}\ (\because\ \cos\theta<0)$$

이것을 ㉠에 대입하면

$$\sin\theta=-\frac{2}{3}\times\left(-\frac{3}{\sqrt{13}}\right)=\frac{2}{\sqrt{13}}$$

$$\therefore\ \frac{\sin^2\theta-\cos^2\theta}{1+\sin\theta\cos\theta}=\frac{\dfrac{4}{13}-\dfrac{9}{13}}{1+\dfrac{2}{\sqrt{13}}\times\left(-\dfrac{3}{\sqrt{13}}\right)}$$

$$=\frac{-\dfrac{5}{13}}{1-\dfrac{6}{13}}=-\frac{5}{7}$$

답 $-\dfrac{5}{7}$

**0517** $\dfrac{1+\tan\theta}{1-\tan\theta}=2-\sqrt{3}$에서

$$1+\tan\theta=(2-\sqrt{3})(1-\tan\theta)$$
$$(3-\sqrt{3})\tan\theta=1-\sqrt{3}$$
$$\therefore \tan\theta=\dfrac{1-\sqrt{3}}{3-\sqrt{3}}=-\dfrac{\sqrt{3}}{3}$$

즉 $\dfrac{\sin\theta}{\cos\theta}=-\dfrac{\sqrt{3}}{3}$이므로

$$\sin\theta=-\dfrac{\sqrt{3}}{3}\cos\theta \qquad \cdots\cdots \text{㉠}$$

$\sin^2\theta+\cos^2\theta=1$이므로

$$\left(-\dfrac{\sqrt{3}}{3}\cos\theta\right)^2+\cos^2\theta=1, \qquad \dfrac{4}{3}\cos^2\theta=1$$
$$\therefore \cos^2\theta=\dfrac{3}{4}$$

이때 $\theta$가 제4사분면의 각이므로

$$\cos\theta=\dfrac{\sqrt{3}}{2} \ (\because \cos\theta>0)$$

이것을 ㉠에 대입하면

$$\sin\theta=-\dfrac{\sqrt{3}}{3}\times\dfrac{\sqrt{3}}{2}=-\dfrac{1}{2}$$
$$\therefore \sin\theta\cos\theta=-\dfrac{1}{2}\times\dfrac{\sqrt{3}}{2}=-\dfrac{\sqrt{3}}{4}$$

답 $-\dfrac{\sqrt{3}}{4}$

**0518** $\sin\theta+\cos\theta=\dfrac{1}{2}$의 양변을 제곱하면

$$\sin^2\theta+2\sin\theta\cos\theta+\cos^2\theta=\dfrac{1}{4}$$
$$1+2\sin\theta\cos\theta=\dfrac{1}{4} \qquad \therefore \sin\theta\cos\theta=-\dfrac{3}{8}$$
$$\therefore (\sin\theta-\cos\theta)^2=\sin^2\theta-2\sin\theta\cos\theta+\cos^2\theta$$
$$=1-2\times\left(-\dfrac{3}{8}\right)=\dfrac{7}{4}$$

이때 $\theta$는 제2사분면의 각이므로 $\sin\theta>0$, $\cos\theta<0$

$$\therefore \sin\theta-\cos\theta>0$$

따라서 $\sin\theta-\cos\theta=\dfrac{\sqrt{7}}{2}$이므로

$$\sin^2\theta-\cos^2\theta=(\sin\theta+\cos\theta)(\sin\theta-\cos\theta)$$
$$=\dfrac{1}{2}\times\dfrac{\sqrt{7}}{2}=\dfrac{\sqrt{7}}{4}$$

답 ④

**0519** $(\sin\theta-\cos\theta)^2=\sin^2\theta-2\sin\theta\cos\theta+\cos^2\theta$
$$=1-2\times\left(-\dfrac{1}{8}\right)=\dfrac{5}{4}$$

이때 $\dfrac{\pi}{2}<\theta<\pi$에서 $\sin\theta>0$, $\cos\theta<0$이므로

$$\sin\theta-\cos\theta>0 \qquad \therefore \sin\theta-\cos\theta=\dfrac{\sqrt{5}}{2}$$
$$\therefore \sin^3\theta-\cos^3\theta$$
$$=(\sin\theta-\cos\theta)(\sin^2\theta+\sin\theta\cos\theta+\cos^2\theta)$$
$$=\dfrac{\sqrt{5}}{2}\times\left(1-\dfrac{1}{8}\right)=\dfrac{7\sqrt{5}}{16}$$

답 $\dfrac{7\sqrt{5}}{16}$

**다른 풀이** $\sin^3\theta-\cos^3\theta$
$$=(\sin\theta-\cos\theta)^3+3\sin\theta\cos\theta(\sin\theta-\cos\theta)$$
$$=\left(\dfrac{\sqrt{5}}{2}\right)^3+3\times\left(-\dfrac{1}{8}\right)\times\dfrac{\sqrt{5}}{2}=\dfrac{7\sqrt{5}}{16}$$

**0520** $\tan\theta+\dfrac{1}{\tan\theta}=\dfrac{\sin\theta}{\cos\theta}+\dfrac{\cos\theta}{\sin\theta}=\dfrac{\sin^2\theta+\cos^2\theta}{\sin\theta\cos\theta}$
$$=\dfrac{1}{\sin\theta\cos\theta}$$

이므로 $\dfrac{1}{\sin\theta\cos\theta}=3$

$$\therefore \sin\theta\cos\theta=\dfrac{1}{3}$$
$$\therefore (\sin\theta+\cos\theta)^2=\sin^2\theta+2\sin\theta\cos\theta+\cos^2\theta$$
$$=1+2\times\dfrac{1}{3}=\dfrac{5}{3}$$

이때 $0<\theta<\dfrac{\pi}{2}$에서 $\sin\theta>0$, $\cos\theta>0$이므로

$$\sin\theta+\cos\theta>0$$
$$\therefore \sin\theta+\cos\theta=\dfrac{\sqrt{15}}{3}$$

답 $\dfrac{\sqrt{15}}{3}$

**0521** $\sin\theta+\cos\theta=-\dfrac{1}{3}$의 양변을 제곱하면

$$\sin^2\theta+2\sin\theta\cos\theta+\cos^2\theta=\dfrac{1}{9}$$
$$1+2\sin\theta\cos\theta=\dfrac{1}{9} \qquad \therefore \sin\theta\cos\theta=-\dfrac{4}{9}$$
$$\therefore \tan^2\theta+\dfrac{1}{\tan^2\theta}=\dfrac{\sin^2\theta}{\cos^2\theta}+\dfrac{\cos^2\theta}{\sin^2\theta}=\dfrac{\sin^4\theta+\cos^4\theta}{\sin^2\theta\cos^2\theta}$$
$$=\dfrac{(\sin^2\theta+\cos^2\theta)^2-2\sin^2\theta\cos^2\theta}{\sin^2\theta\cos^2\theta}$$
$$=\dfrac{1}{(\sin\theta\cos\theta)^2}-2$$
$$=\dfrac{1}{\left(-\dfrac{4}{9}\right)^2}-2$$
$$=\dfrac{81}{16}-2=\dfrac{49}{16}$$

답 $\dfrac{49}{16}$

**0522** 이차방정식의 근과 계수의 관계에 의하여

$$\sin\theta+\cos\theta=-\dfrac{3}{5} \qquad \cdots\cdots \text{㉠}$$
$$\sin\theta\cos\theta=\dfrac{k}{5} \qquad \cdots\cdots \text{㉡}$$

㉠의 양변을 제곱하면

$$\sin^2\theta+2\sin\theta\cos\theta+\cos^2\theta=\dfrac{9}{25}$$
$$1+2\sin\theta\cos\theta=\dfrac{9}{25}$$
$$\therefore \sin\theta\cos\theta=-\dfrac{8}{25} \qquad \cdots\cdots \text{㉢}$$

따라서 ㉡, ㉢에서 $\dfrac{k}{5}=-\dfrac{8}{25}$

$$\therefore k=-\dfrac{8}{5}$$

답 $-\dfrac{8}{5}$

**0523** 이차방정식의 근과 계수의 관계에 의하여

$$(\sin\theta+\cos\theta)+(\sin\theta-\cos\theta)=1 \quad \cdots\cdots \ \ominus$$
$$(\sin\theta+\cos\theta)(\sin\theta-\cos\theta)=a \quad \cdots\cdots \ \bigcirc$$

㉠에서    $2\sin\theta=1$    $\therefore \sin\theta=\dfrac{1}{2}$

㉡에서    $\sin^2\theta-\cos^2\theta=a$

$$\sin^2\theta-(1-\sin^2\theta)=a \quad \therefore \ 2\sin^2\theta-1=a$$

$\sin\theta=\dfrac{1}{2}$ 을 대입하면

$$a=2\times\left(\dfrac{1}{2}\right)^2-1=-\dfrac{1}{2}$$

**답 ①**

**0524** 이차방정식 $3x^2-\sqrt{6}\,x+k=0$의 두 근이 $\sin\theta$, $\cos\theta$
이므로 근과 계수의 관계에 의하여

$$\sin\theta+\cos\theta=\dfrac{\sqrt{6}}{3}$$

이 식의 양변을 제곱하면

$$\sin^2\theta+2\sin\theta\cos\theta+\cos^2\theta=\dfrac{2}{3}$$

$$1+2\sin\theta\cos\theta=\dfrac{2}{3}$$

$$\therefore \ \sin\theta\cos\theta=-\dfrac{1}{6}$$   … **1단계**

이때

$$\tan\theta+\dfrac{1}{\tan\theta}=\dfrac{\sin\theta}{\cos\theta}+\dfrac{\cos\theta}{\sin\theta}=\dfrac{\sin^2\theta+\cos^2\theta}{\sin\theta\cos\theta}$$
$$=\dfrac{1}{\sin\theta\cos\theta}=-6,$$

$$\tan\theta\times\dfrac{1}{\tan\theta}=1$$   … **2단계**

이므로 $\tan\theta$, $\dfrac{1}{\tan\theta}$을 두 근으로 하고 $x^2$의 계수가 1인 이차방
정식은    $x^2+6x+1=0$   … **3단계**

**답 $x^2+6x+1=0$**

| 채점 요소 | | 비율 |
|---|---|---|
| **1단계** | $\sin\theta\cos\theta$의 값 구하기 | 40 % |
| **2단계** | $\tan\theta+\dfrac{1}{\tan\theta}$, $\tan\theta\times\dfrac{1}{\tan\theta}$ 의 값 구하기 | 40 % |
| **3단계** | 조건을 만족시키는 이차방정식 구하기 | 20 % |

**0525** $3\sin\theta=4\cos\theta$에서

$$\sin\theta=\dfrac{4}{3}\cos\theta \quad \cdots\cdots \ \ominus$$

$\sin^2\theta+\cos^2\theta=1$이므로    $\left(\dfrac{4}{3}\cos\theta\right)^2+\cos^2\theta=1$

$$\dfrac{25}{9}\cos^2\theta=1 \quad \therefore \ \cos^2\theta=\dfrac{9}{25}$$

이때 $\theta$가 제3사분면의 각이므로

$$\cos\theta=-\dfrac{3}{5} \ (\because \cos\theta<0)$$

이것을 ㉠에 대입하면

$$\sin\theta=\dfrac{4}{3}\times\left(-\dfrac{3}{5}\right)=-\dfrac{4}{5}$$

따라서 $\tan\theta=\dfrac{\sin\theta}{\cos\theta}=\dfrac{4}{3}$이고 이차방정식의 근과 계수의 관계
에 의하여

$$-\dfrac{a}{9}=\tan\theta+\dfrac{1}{\cos\theta}=\dfrac{4}{3}+\left(-\dfrac{5}{3}\right)=-\dfrac{1}{3},$$

$$\dfrac{b}{9}=\tan\theta\times\dfrac{1}{\cos\theta}=\dfrac{4}{3}\times\left(-\dfrac{5}{3}\right)=-\dfrac{20}{9}$$

$$\therefore \ a=3, \ b=-20$$

$$\therefore \ a-b=23$$

**답 23**

### 시험에 꼭 나오는 문제

**0526** $3\theta$가 제2사분면의 각이므로

$$360^\circ\times n+90^\circ<3\theta<360^\circ\times n+180^\circ \ (n\text{은 정수})$$

$$\therefore \ 120^\circ\times n+30^\circ<\theta<120^\circ\times n+60^\circ$$

(i) $n=3k$ ($k$는 정수)일 때

$$360^\circ\times k+30^\circ<\theta<360^\circ\times k+60^\circ$$

따라서 $\theta$는 제1사분면의 각이다.

(ii) $n=3k+1$ ($k$는 정수)일 때

$$360^\circ\times k+150^\circ<\theta<360^\circ\times k+180^\circ$$

따라서 $\theta$는 제2사분면의 각이다.

(iii) $n=3k+2$ ($k$는 정수)일 때

$$360^\circ\times k+270^\circ<\theta<360^\circ\times k+300^\circ$$

따라서 $\theta$는 제4사분면의 각이다.

이상에서 각 $\theta$를 나타내는 동경이 존재할 수 없는 사분면은 제3사
분면이다.

**답 제3사분면**

**0527** ① $-660^\circ=360^\circ\times(-2)+60^\circ$

② $-\dfrac{4}{3}\pi=2\pi\times(-1)+\dfrac{2}{3}\pi$

③ $420^\circ=360^\circ\times 1+60^\circ$

④ $\dfrac{13}{3}\pi=2\pi\times 2+\dfrac{\pi}{3}$

⑤ $1140^\circ=360^\circ\times 3+60^\circ$

따라서 각을 나타내는 동경이 나머지 넷과 다른 하나는 ②이다.

**답 ②**

**0528** 각 $\theta$를 나타내는 동경과 각 $5\theta$를 나타내는 동경이 $y$축에
대하여 대칭이므로

$$\theta+5\theta=2n\pi+\pi \ (n\text{은 정수})$$

$$\therefore \ \theta=\dfrac{n}{3}\pi+\dfrac{\pi}{6} \quad \cdots\cdots \ \ominus$$

그런데 $0<\theta<\pi$이므로

$$0<\dfrac{n}{3}\pi+\dfrac{\pi}{6}<\pi \quad \therefore \ -\dfrac{1}{2}<n<\dfrac{5}{2}$$

이때 $n$은 정수이므로    $n=0, \ 1, \ 2$

이것을 ㉠에 대입하면

$$\theta=\dfrac{\pi}{6}, \ \dfrac{\pi}{2}, \ \dfrac{5}{6}\pi \quad \cdots\cdots \ \bigcirc$$

05 삼각함수

또 각 $\theta$를 나타내는 동경과 각 $2\theta$를 나타내는 동경이 직선 $y=x$
에 대하여 대칭이므로

$$\theta+2\theta=2n\pi+\frac{\pi}{2} \ (n\text{은 정수})$$

$$\therefore \theta=\frac{2n}{3}\pi+\frac{\pi}{6} \qquad \cdots\cdots ©$$

그런데 $0<\theta<\pi$이므로

$$0<\frac{2n}{3}\pi+\frac{\pi}{6}<\pi \qquad \therefore -\frac{1}{4}<n<\frac{5}{4}$$

이때 $n$은 정수이므로 $\quad n=0,\ 1$

이것을 ©에 대입하면

$$\theta=\frac{\pi}{6},\ \frac{5}{6}\pi \qquad \cdots\cdots ②$$

©, ②에서 $\quad \theta=\dfrac{\pi}{6},\ \dfrac{5}{6}\pi$

따라서 모든 각 $\theta$의 크기의 합은

$$\frac{\pi}{6}+\frac{5}{6}\pi=\pi$$

답 $\pi$

**0529** 반지름의 길이가 $\sqrt{3}a$인 원의 넓이는

$$\pi\times(\sqrt{3}a)^2=3a^2\pi$$

반지름의 길이가 $3a$이고 호의 길이가 $6\pi$인 부채꼴의 넓이는

$$\frac{1}{2}\times 3a\times 6\pi=9a\pi$$

이때 원의 넓이와 부채꼴의 넓이가 서로 같으므로

$$3a^2\pi=9a\pi$$
$$a^2-3a=0,\qquad a(a-3)=0$$
$$\therefore a=3 \ (\because a>0)$$

답 ⑤

**0530** 부채꼴의 반지름의 길이를 $r$ cm라 하면 호의 길이는

$$(40-2r)\,\text{cm} \ (0<r<20)$$

부채꼴의 넓이를 $S$ cm²라 하면

$$S=\frac{1}{2}r(40-2r)=-r^2+20r$$
$$=-(r-10)^2+100$$

따라서 $r=10$일 때 $S$는 최댓값 $100$을 가지므로 부채꼴의 넓이의 최댓값은 $100$ cm²이다.

답 **100 cm²**

**0531** 오른쪽 그림과 같이 호 CA와 호 DB의 교점을 P라 하면

$$\overline{PB}=\overline{PC}=6$$

이므로 삼각형 PBC는 정삼각형이다.

$$\therefore \angle PBC=\angle PCB=\frac{\pi}{3}$$

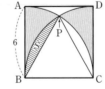

이때 $\angle ABP=\dfrac{\pi}{2}-\dfrac{\pi}{3}=\dfrac{\pi}{6}$이므로 부채꼴 ABP의 넓이는

$$\frac{1}{2}\times 6^2\times\frac{\pi}{6}=3\pi$$

한편 위의 그림에서 빗금 친 부분의 넓이를 $S$라 하면 $S$는 부채꼴 CPB의 넓이에서 정삼각형 PBC의 넓이를 뺀 것과 같으므로

$$S=\frac{1}{2}\times 6^2\times\frac{\pi}{3}-\frac{\sqrt{3}}{4}\times 6^2=6\pi-9\sqrt{3}$$

따라서 색칠한 부분의 넓이는

$$2\times\{3\pi-(6\pi-9\sqrt{3})\}=18\sqrt{3}-6\pi$$

즉 $a=18,\ b=6$이므로 $\quad ab=108$

답 ③

**RPM 비법노트**

**정삼각형의 넓이**

한 변의 길이가 $a$인 정삼각형의 넓이는 $\quad \dfrac{\sqrt{3}}{4}a^2$

**0532** $\overline{OP}=\sqrt{(-3)^2+4^2}=5$이므로

$$\sin\theta=\frac{4}{5},\ \cos\theta=-\frac{3}{5},\ \tan\theta=-\frac{4}{3}$$

$$\therefore \frac{\sin\theta-\cos\theta}{\tan\theta}=\frac{\dfrac{4}{5}-\left(-\dfrac{3}{5}\right)}{-\dfrac{4}{3}}=-\frac{21}{20}$$

답 ①

**0533** $12x+5y=0$에서 $\quad y=-\dfrac{12}{5}x$

오른쪽 그림에서 직선 $y=-\dfrac{12}{5}x$ 위의 점

P$(-5,\ 12)$에 대하여

$$\overline{OP}=\sqrt{(-5)^2+12^2}=13$$

따라서 $\sin\theta=\dfrac{12}{13}$, $\cos\theta=-\dfrac{5}{13}$이므로

$$\sin\theta+\cos\theta=\frac{12}{13}+\left(-\frac{5}{13}\right)=\frac{7}{13}$$

답 $\dfrac{7}{13}$

**0534** $\theta$가 제4사분면의 각이므로

$$\sin\theta<0,\ \cos\theta>0,\ \tan\theta<0$$

① $\sin\theta\tan\theta>0$

③ $\cos\theta\tan\theta<0$

④ $\sin\theta\cos\theta\tan\theta>0$

⑤ $\dfrac{\sin\theta}{\tan\theta}>0$

답 ②

**0535** $\theta$가 제3사분면의 각이므로

$$\sin\theta<0,\ \cos\theta<0$$

따라서 $\sin\theta-\dfrac{1}{2}<0$, $\cos\theta-\dfrac{1}{2}<0$, $\sin\theta+\cos\theta<0$이므로

(주어진 식)

$$=\left|\sin\theta-\frac{1}{2}\right|+\left|\cos\theta-\frac{1}{2}\right|-|\sin\theta+\cos\theta|$$
$$=-\left(\sin\theta-\frac{1}{2}\right)-\left(\cos\theta-\frac{1}{2}\right)+(\sin\theta+\cos\theta)$$
$$=-\sin\theta+\frac{1}{2}-\cos\theta+\frac{1}{2}+\sin\theta+\cos\theta$$
$$=1$$

답 **1**

**0536** $\sqrt{\cos\theta}\sqrt{\tan\theta}=-\sqrt{\cos\theta\tan\theta}$이고 $\cos\theta\tan\theta\neq0$이므로

$$\cos\theta<0,\ \tan\theta<0$$

즉 $\theta$는 제2사분면의 각이므로

$$\sin\theta>0$$

따라서 $\cos\theta+\tan\theta<0$, $\sin\theta-\tan\theta>0$이므로

(주어진 식)

$$=|\tan\theta|\times\cos\theta+|\cos\theta|-|\cos\theta+\tan\theta|$$
$$\quad-|\sin\theta-\tan\theta|$$
$$=-\tan\theta\cos\theta-\cos\theta+(\cos\theta+\tan\theta)$$
$$\quad-(\sin\theta-\tan\theta)$$
$$=-\frac{\sin\theta}{\cos\theta}\times\cos\theta-\cos\theta+\cos\theta+\tan\theta$$
$$\quad-\sin\theta+\tan\theta$$
$$=-2\sin\theta+2\tan\theta$$

**립 ②**

**0537** ① $\tan^2\theta-\sin^2\theta=\dfrac{\sin^2\theta}{\cos^2\theta}-\sin^2\theta$

$$=\frac{\sin^2\theta(1-\cos^2\theta)}{\cos^2\theta}=\tan^2\theta\sin^2\theta$$

② $\dfrac{1}{1+\sin\theta}+\dfrac{1}{1-\sin\theta}=\dfrac{1-\sin\theta+1+\sin\theta}{(1+\sin\theta)(1-\sin\theta)}$

$$=\frac{2}{1-\sin^2\theta}=\frac{2}{\cos^2\theta}$$

③ $\dfrac{\tan\theta}{\cos\theta}+\dfrac{1}{\cos^2\theta}=\dfrac{\sin\theta}{\cos\theta}\times\dfrac{1}{\cos\theta}+\dfrac{1}{\cos^2\theta}=\dfrac{\sin\theta+1}{\cos^2\theta}$

$$=\frac{\sin\theta+1}{1-\sin^2\theta}=\frac{1+\sin\theta}{(1+\sin\theta)(1-\sin\theta)}$$
$$=\frac{1}{1-\sin\theta}$$

④ $\dfrac{1-\sin^2\theta}{1-\cos^2\theta}\times\tan^2\theta=\dfrac{\cos^2\theta}{\sin^2\theta}\times\dfrac{\sin^2\theta}{\cos^2\theta}=1$

⑤ $\dfrac{\tan^2\theta}{1-\cos\theta}+\dfrac{\tan^2\theta}{1+\cos\theta}=\dfrac{\tan^2\theta(1+\cos\theta+1-\cos\theta)}{(1-\cos\theta)(1+\cos\theta)}$

$$=\frac{2\tan^2\theta}{1-\cos^2\theta}=\frac{2}{\sin^2\theta}\times\frac{\sin^2\theta}{\cos^2\theta}$$
$$=\frac{2}{\cos^2\theta}$$

**립 ⑤**

**0538** $\alpha=(1-\tan^4\theta)\cos^2\theta+\tan^2\theta$

$$=\left(1-\frac{\sin^4\theta}{\cos^4\theta}\right)\cos^2\theta+\frac{\sin^2\theta}{\cos^2\theta}$$
$$=\cos^2\theta-\frac{\sin^4\theta}{\cos^2\theta}+\frac{\sin^2\theta}{\cos^2\theta}$$
$$=\frac{\cos^4\theta-\sin^4\theta+\sin^2\theta}{\cos^2\theta}$$
$$=\frac{(\cos^2\theta-\sin^2\theta)(\cos^2\theta+\sin^2\theta)+\sin^2\theta}{\cos^2\theta}$$
$$=\frac{\cos^2\theta-\sin^2\theta+\sin^2\theta}{\cos^2\theta}=\frac{\cos^2\theta}{\cos^2\theta}=1$$

$\beta=\dfrac{1}{\sin^2\theta}(1-\sin^2\theta)(1-\cos^2\theta)(1+\tan^2\theta)$

$$=\frac{1}{\sin^2\theta}\times\cos^2\theta\times\sin^2\theta\times\left(1+\frac{\sin^2\theta}{\cos^2\theta}\right)$$
$$=\cos^2\theta+\sin^2\theta=1$$
$$\therefore\alpha+\beta=2$$

**립 2**

**0539** $\dfrac{\sin\theta}{1-\sin\theta}-\dfrac{\sin\theta}{1+\sin\theta}$

$$=\frac{\sin\theta(1+\sin\theta)-\sin\theta(1-\sin\theta)}{(1-\sin\theta)(1+\sin\theta)}$$
$$=\frac{2\sin^2\theta}{1-\sin^2\theta}=\frac{2(1-\cos^2\theta)}{\cos^2\theta}$$

따라서 $\dfrac{2(1-\cos^2\theta)}{\cos^2\theta}=4$이므로

$$1-\cos^2\theta=2\cos^2\theta,\qquad 3\cos^2\theta=1$$
$$\therefore\cos^2\theta=\frac{1}{3}$$

이때 $\theta$가 제2사분면의 각이므로

$$\cos\theta=-\frac{\sqrt{3}}{3}\ (\because\cos\theta<0)$$

**립 ①**

**0540** $\dfrac{\sqrt{\cos\theta}}{\sqrt{\tan\theta}}=-\sqrt{\dfrac{\cos\theta}{\tan\theta}}$이고 $\cos\theta\tan\theta\neq0$이므로

$$\cos\theta>0,\ \tan\theta<0$$

$\tan\theta+\dfrac{1}{\tan\theta}=-2$에서

$$\tan^2\theta+2\tan\theta+1=0,\qquad(\tan\theta+1)^2=0$$
$$\therefore\tan\theta=-1$$

즉 $\dfrac{\sin\theta}{\cos\theta}=-1$이므로

$$\sin\theta=-\cos\theta\qquad\qquad\cdots\cdots\ \text{㉠}$$

$\sin^2\theta+\cos^2\theta=1$이므로

$$(-\cos\theta)^2+\cos^2\theta=1,\qquad2\cos^2\theta=1$$
$$\cos^2\theta=\frac{1}{2}\qquad\therefore\cos\theta=\frac{\sqrt{2}}{2}\ (\because\cos\theta>0)$$

이것을 ㉠에 대입하면

$$\sin\theta-\frac{\sqrt{2}}{2}$$

$\therefore$ (주어진 식)

$$=|\sin\theta-\cos\theta|+|\sin\theta|+|2\cos\theta|-\cos\theta$$
$$=\left|-\frac{\sqrt{2}}{2}-\frac{\sqrt{2}}{2}\right|+\left|-\frac{\sqrt{2}}{2}\right|+2\times\frac{\sqrt{2}}{2}-\frac{\sqrt{2}}{2}$$
$$=\sqrt{2}+\frac{\sqrt{2}}{2}+\sqrt{2}-\frac{\sqrt{2}}{2}=2\sqrt{2}$$

**립 $2\sqrt{2}$**

**0541** $\sin\theta-\cos\theta=\sqrt{2}$의 양변을 제곱하면

$$\sin^2\theta-2\sin\theta\cos\theta+\cos^2\theta=2$$
$$1-2\sin\theta\cos\theta=2\qquad\therefore\sin\theta\cos\theta=-\frac{1}{2}$$

$$\therefore \ \frac{1}{\cos\theta}-\frac{1}{\sin\theta}=\frac{\sin\theta-\cos\theta}{\sin\theta\cos\theta}$$
$$=\frac{\frac{\sqrt{2}}{2}}{-\frac{1}{2}}=-2\sqrt{2}$$
답 ②

**0542** $\sin^4\theta-\cos^4\theta=(\sin^2\theta+\cos^2\theta)(\sin^2\theta-\cos^2\theta)$
$$=(\sin\theta+\cos\theta)(\sin\theta-\cos\theta)$$

이므로  $\dfrac{\sqrt{7}}{4}=\dfrac{\sqrt{7}}{2}(\sin\theta-\cos\theta)$

$$\therefore \ \sin\theta-\cos\theta=\frac{1}{2}$$

$\sin\theta+\cos\theta=\dfrac{\sqrt{7}}{2}$ 의 양변을 제곱하면

$$\sin^2\theta+2\sin\theta\cos\theta+\cos^2\theta=\frac{7}{4}$$
$$1+2\sin\theta\cos\theta=\frac{7}{4} \qquad \therefore \ \sin\theta\cos\theta=\frac{3}{8}$$
$$\therefore \ \sin^3\theta-\cos^3\theta$$
$$=(\sin\theta-\cos\theta)(\sin^2\theta+\sin\theta\cos\theta+\cos^2\theta)$$
$$=\frac{1}{2}\left(1+\frac{3}{8}\right)=\frac{11}{16}$$
답 ②

**0543** 조건 ㈎에서 $\dfrac{\sqrt{\sin\theta}}{\sqrt{\cos\theta}}=-\sqrt{\dfrac{\sin\theta}{\cos\theta}}$ 이고

$\sin\theta\cos\theta\neq0$ 이므로

$$\sin\theta>0, \ \cos\theta<0 \qquad\qquad \cdots\cdots \ \text{㉠}$$

조건 ㈏의 양변을 제곱하면

$$\sin^2\theta+2\sin\theta\cos\theta+\cos^2\theta=\frac{1}{3}$$
$$1+2\sin\theta\cos\theta=\frac{1}{3} \qquad \therefore \ \sin\theta\cos\theta=-\frac{1}{3}$$
$$\therefore \ (\sin\theta-\cos\theta)^2=\sin^2\theta-2\sin\theta\cos\theta+\cos^2\theta$$
$$=1-2\times\left(-\frac{1}{3}\right)=\frac{5}{3}$$

이때 ㉠에서 $\sin\theta-\cos\theta>0$ 이므로

$$\sin\theta-\cos\theta=\frac{\sqrt{15}}{3}$$
$$\therefore \ \sin^2\theta-\cos^2\theta=(\sin\theta+\cos\theta)(\sin\theta-\cos\theta)$$
$$=\frac{\sqrt{3}}{3}\times\frac{\sqrt{15}}{3}=\frac{\sqrt{5}}{3}$$
답 $\dfrac{\sqrt{5}}{3}$

**0544** 주어진 이차방정식의 두 근을 $\alpha$, $\beta$ 라 하면 근과 계수의 관계에 의하여

$$\alpha+\beta=-2+2\cos\theta, \ \alpha\beta=-\sin^2\theta$$

이때 $|\alpha-\beta|=2$ 에서 $|\alpha-\beta|^2=4$ 이고

$$|\alpha-\beta|^2=(\alpha+\beta)^2-4\alpha\beta$$
$$=(-2+2\cos\theta)^2-4(-\sin^2\theta)$$
$$=4-8\cos\theta+4\cos^2\theta+4\sin^2\theta$$
$$=8-8\cos\theta$$

이므로  $8-8\cos\theta=4$

$$8\cos\theta=4 \qquad \therefore \ \cos\theta=\frac{1}{2}$$

$\sin^2\theta+\cos^2\theta=1$ 이므로

$$\sin^2\theta=1-\cos^2\theta=1-\left(\frac{1}{2}\right)^2=\frac{3}{4}$$

$0<\theta<\dfrac{\pi}{2}$ 이므로  $\sin\theta=\dfrac{\sqrt{3}}{2}$ ($\because \sin\theta>0$)

$$\therefore \ \tan\theta=\frac{\sin\theta}{\cos\theta}=\frac{\frac{\sqrt{3}}{2}}{\frac{1}{2}}=\sqrt{3}$$
답 ④

**0545** 계수가 유리수인 이차방정식의 한 근이 $2+\sqrt{3}$ 이므로 다른 한 근은 $2-\sqrt{3}$ 이다.

따라서 이차방정식의 근과 계수의 관계에 의하여

$$\tan\theta+\frac{1}{\tan\theta}=(2+\sqrt{3})+(2-\sqrt{3})=4$$

이때

$$\tan\theta+\frac{1}{\tan\theta}=\frac{\sin\theta}{\cos\theta}+\frac{\cos\theta}{\sin\theta}=\frac{\sin^2\theta+\cos^2\theta}{\sin\theta\cos\theta}$$
$$=\frac{1}{\sin\theta\cos\theta}$$

이므로  $\dfrac{1}{\sin\theta\cos\theta}=4$

$$\therefore \ \sin\theta\cos\theta=\frac{1}{4}$$
답 $\dfrac{1}{4}$

**다른 풀이** 이차방정식 $x^2-\left(\tan\theta+\dfrac{1}{\tan\theta}\right)x+1=0$ 에

$x=2+\sqrt{3}$ 을 대입하면

$$(2+\sqrt{3})^2-\left(\tan\theta+\frac{1}{\tan\theta}\right)\times(2+\sqrt{3})+1=0$$
$$\left(\tan\theta+\frac{1}{\tan\theta}\right)\times(2+\sqrt{3})=8+4\sqrt{3}$$
$$\therefore \ \tan\theta+\frac{1}{\tan\theta}=\frac{8+4\sqrt{3}}{2+\sqrt{3}}=4$$

**0546** 각 $\theta$ 를 나타내는 동경과 각 $5\theta$ 를 나타내는 동경이 일치하므로

$$5\theta-\theta=2n\pi \ (n\text{은 정수})$$
$$\therefore \ \theta=\frac{n}{2}\pi \qquad\qquad \cdots\cdots \ \text{㉠} \qquad \cdots \boxed{\text{1단계}}$$

그런데 $\pi<\theta<2\pi$ 이므로  $\pi<\dfrac{n}{2}\pi<2\pi$

$$\therefore \ 2<n<4$$

이때 $n$ 은 정수이므로  $n=3$ $\qquad\qquad \cdots \boxed{\text{2단계}}$

$n=3$ 을 ㉠에 대입하면

$$\theta=\frac{3}{2}\pi \qquad\qquad\qquad\qquad\qquad \cdots \boxed{\text{3단계}}$$
$$\therefore \ \cos(\theta-\pi)=\cos\left(\frac{3}{2}\pi-\pi\right)$$
$$=\cos\frac{\pi}{2}=0 \qquad \cdots \boxed{\text{4단계}}$$
답 0

| | 채점 요소 | 비율 |
|---|---|---|
| 1단계 | $\theta$를 정수 $n$에 대한 식으로 나타내기 | 30 % |
| 2단계 | $n$의 값 구하기 | 30 % |
| 3단계 | 각 $\theta$의 크기 구하기 | 20 % |
| 4단계 | $\cos(\theta-\pi)$의 값 구하기 | 20 % |

**0547** 부채꼴의 반지름의 길이를 $r$라 하면 호의 길이는
$$16-2r \ (0<r<8)$$
부채꼴의 넓이를 $S$라 하면
$$S=\frac{1}{2}r(16-2r)=-r^2+8r \qquad \cdots \text{1단계}$$
$S\geq12$이므로 $\quad -r^2+8r\geq12$
$$r^2-8r+12\leq0, \qquad (r-2)(r-6)\leq0$$
$$\therefore 2\leq r\leq6 \qquad \cdots \text{2단계}$$
이때 부채꼴의 중심각의 크기를 $\theta$라 하면
$r\theta=16-2r$이므로

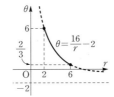

$$\theta=\frac{16-2r}{r}=\frac{16}{r}-2$$
따라서 $2\leq r\leq6$에서 $r=2$일 때 $\theta$는 최
댓값 6을 갖는다. $\qquad \cdots \text{3단계}$

**답 6**

| | 채점 요소 | 비율 |
|---|---|---|
| 1단계 | 부채꼴의 넓이를 반지름의 길이 $r$에 대한 식으로 나타내기 | 30 % |
| 2단계 | $r$의 값의 범위 구하기 | 30 % |
| 3단계 | 부채꼴의 중심각의 크기의 최댓값 구하기 | 40 % |

**0548** $\tan\theta=\frac{\sqrt{2}}{2}$에서 $\quad \frac{\sin\theta}{\cos\theta}=\frac{\sqrt{2}}{2}$
$$\therefore \sin\theta=\frac{\sqrt{2}}{2}\cos\theta \qquad \cdots\cdots \text{㉠} \quad \cdots \text{1단계}$$
$\sin^2\theta+\cos^2\theta=1$이므로 $\quad \left(\frac{\sqrt{2}}{2}\cos\theta\right)^2+\cos^2\theta=1$
$$\frac{3}{2}\cos^2\theta=1 \quad \therefore \cos^2\theta=\frac{2}{3}$$
이때 $\theta$가 제3사분면의 각이므로
$$\cos\theta=-\frac{\sqrt{6}}{3} \ (\because \cos\theta<0)$$
이것을 ㉠에 대입하면
$$\sin\theta=\frac{\sqrt{2}}{2}\times\left(-\frac{\sqrt{6}}{3}\right)=-\frac{\sqrt{3}}{3} \qquad \cdots \text{2단계}$$
$$\therefore \sin\theta+\cos\theta=-\frac{\sqrt{3}}{3}+\left(-\frac{\sqrt{6}}{3}\right)$$
$$=-\frac{\sqrt{3}+\sqrt{6}}{3} \qquad \cdots \text{3단계}$$

**답 $-\dfrac{\sqrt{3}+\sqrt{6}}{3}$**

| | 채점 요소 | 비율 |
|---|---|---|
| 1단계 | $\sin\theta$를 $\cos\theta$에 대한 식으로 나타내기 | 30 % |
| 2단계 | $\cos\theta$, $\sin\theta$의 값 구하기 | 60 % |
| 3단계 | $\sin\theta+\cos\theta$의 값 구하기 | 10 % |

**0549** 이차방정식 $2x^2+ax+1=0$의 두 근이 $\sin\theta$, $\cos\theta$이
므로 근과 계수의 관계에 의하여
$$\sin\theta+\cos\theta=-\frac{a}{2}, \ \sin\theta\cos\theta=\frac{1}{2}$$
$\sin\theta+\cos\theta=-\dfrac{a}{2}$의 양변을 제곱하면
$$\sin^2\theta+2\sin\theta\cos\theta+\cos^2\theta=\frac{a^2}{4}$$
$$1+2\times\frac{1}{2}=\frac{a^2}{4} \qquad \therefore a^2=8$$
이때 $a>0$이므로
$$a=2\sqrt{2} \qquad \cdots \text{1단계}$$
즉 $\sin\theta+\cos\theta=-\sqrt{2}$이므로
$$\frac{1}{\sin\theta}+\frac{1}{\cos\theta}=\frac{\sin\theta+\cos\theta}{\sin\theta\cos\theta}=\frac{-\sqrt{2}}{\frac{1}{2}}=-2\sqrt{2},$$
$$\frac{1}{\sin\theta}\times\frac{1}{\cos\theta}=\frac{1}{\sin\theta\cos\theta}=\frac{1}{\frac{1}{2}}=2 \qquad \cdots \text{2단계}$$
따라서 $\dfrac{1}{\sin\theta}$, $\dfrac{1}{\cos\theta}$을 두 근으로 하고 $x^2$의 계수가 1인 이차방
정식은
$$x^2+2\sqrt{2}x+2=0$$
$$\therefore b=2\sqrt{2}, \ c=2 \qquad \cdots \text{3단계}$$
$$\therefore abc=2\sqrt{2}\times2\sqrt{2}\times2=16 \qquad \cdots \text{4단계}$$

**답 16**

| | 채점 요소 | 비율 |
|---|---|---|
| 1단계 | $a$의 값 구하기 | 30 % |
| 2단계 | $\dfrac{1}{\sin\theta}+\dfrac{1}{\cos\theta}$, $\dfrac{1}{\sin\theta}\times\dfrac{1}{\cos\theta}$의 값 구하기 | 30 % |
| 3단계 | $b$, $c$의 값 구하기 | 30 % |
| 4단계 | $abc$의 값 구하기 | 10 % |

**0550** 전략 $n$에 1, 2, 3, …을 차례대로 대입하여 동경 $\text{OP}_n$이 나타내는
각의 크기를 구하고 규칙을 찾는다.
$360°\times n+(-1)^n\times90°\times n$에서
동경 $\text{OP}_1$이 나타내는 각의 크기는
$$360°-90°$$
동경 $\text{OP}_2$가 나타내는 각의 크기는
$$360°\times2+180°$$
동경 $\text{OP}_3$이 나타내는 각의 크기는
$$360°\times3-270°$$
동경 $\text{OP}_4$가 나타내는 각의 크기는
$$360°\times4+360°$$
동경 $\text{OP}_5$가 나타내는 각의 크기는
$$360°\times5-450°=360°\times4-90°$$
동경 $\text{OP}_6$이 나타내는 각의 크기는
$$360°\times6+540°=360°\times7+180°$$
$$\vdots$$
따라서 동경 $\text{OP}_n$의 위치는 동경 $\text{OP}_1$, $\text{OP}_2$, $\text{OP}_3$, $\text{OP}_4$의 위치
가 이 순서대로 반복된다.

즉 동경 $OP_n$이 동경 $OP_1$과 같은 위치에 있으려면
$n=4k+1$ ($k$는 자연수)의 꼴이어야 하므로
$$n=5,\ 9,\ 13,\ \cdots,\ 97$$
따라서 구하는 동경의 개수는 24이다. 답 **24**

**0551** 전략 높이가 같은 두 삼각형의 넓이의 비는 두 삼각형의 밑변의 길이의 비와 같음을 이용한다.

점 A의 좌표를 $(a,\ b)$라 하면 $\overline{OA}=1$이므로
$$a=\cos\theta,\ b=\sin\theta$$
$$\therefore A(\cos\theta,\ \sin\theta) \qquad \cdots\cdots \text{㉠}$$
따라서 점 A에서의 접선 $l$의 방정식은
$$x\cos\theta+y\sin\theta=1$$
$$\therefore B\left(\frac{1}{\cos\theta},\ 0\right),\ C\left(0,\ \frac{1}{\sin\theta}\right)$$
이때 $\overline{AB}:\overline{AC}=\triangle OBA:\triangle OAC=1:2$이므로 점 A는 선분 BC를 1 : 2로 내분하는 점이다.

따라서 점 A의 $y$좌표는
$$\frac{1\times\dfrac{1}{\sin\theta}+2\times 0}{1+2},\ 즉\ \frac{1}{3\sin\theta}$$
이므로 ㉠에서
$$\frac{1}{3\sin\theta}=\sin\theta,\qquad \sin^2\theta=\frac{1}{3}$$
$$\therefore \sin\theta=-\frac{\sqrt{3}}{3}\ (\because \sin\theta<0)$$

답 $-\dfrac{\sqrt{3}}{3}$

참고 | 점 A의 $x$좌표를 이용하여 $\sin\theta$의 값을 구할 수도 있다.

점 A의 $x$좌표는 $\dfrac{1\times 0+2\times\dfrac{1}{\cos\theta}}{1+2}$, 즉 $\dfrac{2}{3\cos\theta}$이므로 ㉠에서
$$\frac{2}{3\cos\theta}=\cos\theta\quad\therefore \cos^2\theta=\frac{2}{3}$$
이때 $\sin^2\theta+\cos^2\theta=1$에서
$$\sin^2\theta=1-\cos^2\theta=1-\frac{2}{3}=\frac{1}{3}$$
$$\therefore \sin\theta=-\frac{\sqrt{3}}{3}\ (\because \sin\theta<0)$$

**0552** 전략 $\sin^2\theta+\cos^2\theta=1$임을 이용하여 $\sin(\angle BAP)$의 값을 구한다.

오른쪽 그림과 같이 반지름의 길이가 $r_1$인 원의 중심을 C, 호 BP와 직선 OC가 만나는 점을 D, 선분 AP의 중점을 E, 호 AP를 이등분하는 점을 F라 하

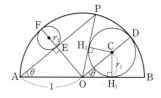

고, 점 C에서 선분 OB와 선분 OP에 내린 수선의 발을 각각 $H_1$, $H_2$라 하자.

$\angle BAP=\theta$라 하면 $\cos\theta=\dfrac{4}{5}$이고 $\sin^2\theta+\cos^2\theta=1$이므로
$$\sin^2\theta=1-\cos^2\theta=1-\left(\frac{4}{5}\right)^2=\frac{9}{25}$$
이때 $0<\theta<\dfrac{\pi}{2}$이므로 $\sin\theta=\dfrac{3}{5}\ (\because \sin\theta>0)$

한편 원에서 한 호에 대한 중심각의 크기는 그 호에 대한 원주각의 크기의 2배이므로
$$\angle BOP=2\angle BAP=2\theta$$
이때 $\triangle OCH_1\equiv\triangle OCH_2$ (RHS 합동)이므로
$$\angle COH_1=\angle COH_2=\frac{1}{2}\angle BOP=\theta$$
따라서 직각삼각형 $OCH_1$에서 $\sin\theta=\dfrac{\overline{CH_1}}{\overline{OC}}$이므로
$$\overline{OC}=\frac{r_1}{\sin\theta}=\frac{5}{3}r_1$$
$\overline{OC}+\overline{CD}=\overline{OD}$이므로
$$\frac{5}{3}r_1+r_1=1,\qquad \frac{8}{3}r_1=1$$
$$\therefore r_1=\frac{3}{8}$$
또 직각삼각형 AOE에서 $\overline{OE}=\sin\theta$이고 $\overline{OE}+\overline{EF}=\overline{OF}$이므로
$$\sin\theta+2r_2=1,\qquad \frac{3}{5}+2r_2=1$$
$$2r_2=\frac{2}{5}\qquad\therefore r_2=\frac{1}{5}$$
$$\therefore r_1r_2=\frac{3}{8}\times\frac{1}{5}=\frac{3}{40}$$

답 ①

# 06 삼각함수의 그래프

## 교과서 **문제** 정복하기

본책 077쪽

**0553** $y=-3\sin x$의 그래프는 $y=\sin x$의 그래프를 $y$축의 방향으로 3배 한 후 $x$축에 대하여 대칭이동한 것이므로 오른쪽 그림과 같다.

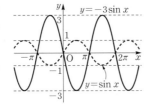

따라서 치역은 $\{y|-3\leq y\leq 3\}$, 주기는 $2\pi$이다.

**답** 풀이 참조

**0554** $y=2\sin(2x-\pi)$
$=2\sin 2\left(x-\dfrac{\pi}{2}\right)$

의 그래프는 $y=\sin x$의 그래프를 $x$축의 방향으로 $\dfrac{1}{2}$배, $y$축의

방향으로 2배 한 후 $x$축의 방향으로 $\dfrac{\pi}{2}$만큼 평행이동한 것이므로 위의 그림과 같다.

따라서 치역은 $\{y|-2\leq y\leq 2\}$, 주기는 $\dfrac{2\pi}{2}=\pi$이다.

**답** 풀이 참조

**0555** $y=\dfrac{1}{2}\cos x$의 그래프는 $y=\cos x$의 그래프를 $y$축의 방향으로 $\dfrac{1}{2}$배 한 것이므로 오른쪽 그림과 같다.

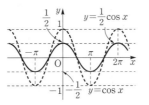

따라서 치역은 $\left\{y|-\dfrac{1}{2}\leq y\leq\dfrac{1}{2}\right\}$, 주기는 $2\pi$이다.

**답** 풀이 참조

**0556** $y=3\cos\left(2x+\dfrac{\pi}{2}\right)$
$=3\cos 2\left(x+\dfrac{\pi}{4}\right)$

의 그래프는 $y=\cos x$의 그래프를 $x$축의 방향으로 $\dfrac{1}{2}$배, $y$축의 방향

으로 3배 한 후 $x$축의 방향으로 $-\dfrac{\pi}{4}$만큼 평행이동한 것이므로 위의 그림과 같다.

따라서 치역은 $\{y|-3\leq y\leq 3\}$, 주기는 $\dfrac{2\pi}{2}=\pi$이다.

**답** 풀이 참조

**0557** $y=-\tan\dfrac{x}{4}$의 그래프는 $y=\tan x$의 그래프를 $x$축의 방향으로 4배 한 후 $x$축에 대하여 대칭이동한 것이므로 오른쪽 그림과 같다.

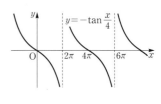

따라서 주기는 $\dfrac{\pi}{\dfrac{1}{4}}=4\pi$이고, 점근선의 방정식은

$\dfrac{x}{4}=n\pi+\dfrac{\pi}{2}$에서 $x=4n\pi+2\pi$ ($n$은 정수)

**답** 풀이 참조

**0558** $y=\dfrac{1}{2}\tan 4x$의 그래프는 $y=\tan x$의 그래프를 $x$축의 방향으로 $\dfrac{1}{4}$배, $y$축의 방향으로 $\dfrac{1}{2}$배 한 것이므로 오른쪽 그림과 같다.

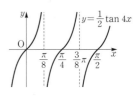

따라서 주기는 $\dfrac{\pi}{4}$이고, 점근선의 방정식은

$4x=n\pi+\dfrac{\pi}{2}$에서 $x=\dfrac{n}{4}\pi+\dfrac{\pi}{8}$ ($n$은 정수)

**답** 풀이 참조

**0559** 최댓값은 $\left|-\dfrac{1}{3}\right|=\dfrac{1}{3}$

최솟값은 $-\left|-\dfrac{1}{3}\right|=-\dfrac{1}{3}$

주기는 $\dfrac{2\pi}{\dfrac{1}{2}}=4\pi$

**답** 최댓값: $\dfrac{1}{3}$, 최솟값: $-\dfrac{1}{3}$, 주기: $4\pi$

**0560** 최댓값은 $2+1=3$
최솟값은 $-2+1=-1$
주기는 $2\pi$

**답** 최댓값: 3, 최솟값: $-1$, 주기: $2\pi$

**0561** 최댓값과 최솟값은 없다.

주기는 $\dfrac{\pi}{\dfrac{\pi}{2}}=2$

**답** 최댓값, 최솟값: 없다., 주기: 2

**0562** $y=|\sin x|$의 그래프는 $y=\sin x$의 그래프에서 $y\geq 0$인 부분은 그대로 두고 $y<0$인 부분을 $x$축에 대하여 대칭이동한 것이므로 오른쪽 그림과 같다.

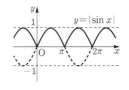

따라서 $y=|\sin x|$의 주기는 $\pi$이다.

**답** $\pi$

**0563** $y=|\cos x|$의 그래프는 $y=\cos x$의 그래프에서 $y\geq0$인 부분은 그대로 두고 $y<0$인 부분을 $x$축에 대하여 대칭이동한 것이므로 오른쪽 그림과 같다.

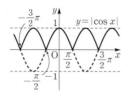

따라서 $y=|\cos x|$의 주기는 $\pi$이다.  답 $\pi$

**0564** $y=\cos|x|$의 그래프는 $x\geq0$에서 $y=\cos x$의 그래프를 그리고 $x<0$인 부분은 $x\geq0$인 부분을 $y$축에 대하여 대칭이동하여 그린 것이므로 위의 그림과 같다.

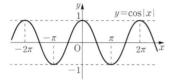

따라서 $y=\cos|x|$의 주기는 $2\pi$이다.  답 $2\pi$

**0565** $y=|\tan x|$의 그래프는 $y=\tan x$의 그래프에서 $y\geq0$인 부분은 그대로 두고 $y<0$인 부분을 $x$축에 대하여 대칭이동한 것이므로 오른쪽 그림과 같다.

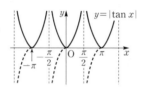

따라서 $y=|\tan x|$의 주기는 $\pi$이다.  답 $\pi$

---

**RPM 비법 노트**

$y=|a\sin bx|$의 주기 $\Rightarrow \dfrac{1}{2}\times\dfrac{2\pi}{|b|}=\dfrac{\pi}{|b|}$

$y=|a\cos bx|$의 주기 $\Rightarrow \dfrac{1}{2}\times\dfrac{2\pi}{|b|}=\dfrac{\pi}{|b|}$

$y=|a\tan bx|$의 주기 $\Rightarrow \dfrac{\pi}{|b|}$

---

**0566** $\sin765°=\sin(360°\times2+45°)$
$=\sin45°=\dfrac{\sqrt{2}}{2}$  답 $\dfrac{\sqrt{2}}{2}$

**0567** $\cos\dfrac{25}{6}\pi=\cos\left(4\pi+\dfrac{\pi}{6}\right)=\cos\dfrac{\pi}{6}=\dfrac{\sqrt{3}}{2}$  답 $\dfrac{\sqrt{3}}{2}$

**0568** $\tan\dfrac{17}{4}\pi=\tan\left(4\pi+\dfrac{\pi}{4}\right)=\tan\dfrac{\pi}{4}=1$  답 $1$

**0569** $\sin\left(-\dfrac{\pi}{3}\right)=-\sin\dfrac{\pi}{3}=-\dfrac{\sqrt{3}}{2}$  답 $-\dfrac{\sqrt{3}}{2}$

**0570** $\cos315°=\cos(360°-45°)=\cos(-45°)$
$=\cos45°=\dfrac{\sqrt{2}}{2}$  답 $\dfrac{\sqrt{2}}{2}$

**0571** $\tan\dfrac{11}{6}\pi=\tan\left(2\pi-\dfrac{\pi}{6}\right)=\tan\left(-\dfrac{\pi}{6}\right)$
$=-\tan\dfrac{\pi}{6}=-\dfrac{\sqrt{3}}{3}$  답 $-\dfrac{\sqrt{3}}{3}$

**0572** $\sin\dfrac{5}{6}\pi=\sin\left(\pi-\dfrac{\pi}{6}\right)=\sin\dfrac{\pi}{6}=\dfrac{1}{2}$  답 $\dfrac{1}{2}$

**0573** $\cos\dfrac{5}{4}\pi=\cos\left(\pi+\dfrac{\pi}{4}\right)=-\cos\dfrac{\pi}{4}=-\dfrac{\sqrt{2}}{2}$

답 $-\dfrac{\sqrt{2}}{2}$

**0574** $\tan210°=\tan(180°+30°)=\tan30°=\dfrac{\sqrt{3}}{3}$

답 $\dfrac{\sqrt{3}}{3}$

**0575** 오른쪽 그림에서 $y=\sin x$의 그래프와 직선 $y=-\dfrac{1}{2}$의 교점의 $x$좌표가 $\dfrac{7}{6}\pi$, $\dfrac{11}{6}\pi$이므로

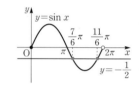

$x=\dfrac{7}{6}\pi$ 또는 $x=\dfrac{11}{6}\pi$  답 $x=\dfrac{7}{6}\pi$ 또는 $x=\dfrac{11}{6}\pi$

**0576** $2\cos x-\sqrt{3}=0$에서 $\cos x=\dfrac{\sqrt{3}}{2}$

오른쪽 그림에서 $y=\cos x$의 그래프와 직선 $y=\dfrac{\sqrt{3}}{2}$의 교점의 $x$좌표가 $\dfrac{\pi}{6}$, $\dfrac{11}{6}\pi$이므로

$x=\dfrac{\pi}{6}$ 또는 $x=\dfrac{11}{6}\pi$  답 $x=\dfrac{\pi}{6}$ 또는 $x=\dfrac{11}{6}\pi$

**0577** 오른쪽 그림에서 $y=\tan x$의 그래프와 직선 $y=-\sqrt{3}$의 교점의 $x$좌표가 $\dfrac{2}{3}\pi$, $\dfrac{5}{3}\pi$이므로

$x=\dfrac{2}{3}\pi$ 또는 $x=\dfrac{5}{3}\pi$

답 $x=\dfrac{2}{3}\pi$ 또는 $x=\dfrac{5}{3}\pi$

**0578** $\sqrt{2}\sin x+1<0$에서 $\sin x<-\dfrac{\sqrt{2}}{2}$

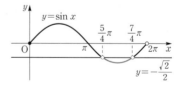

함수 $y=\sin x$의 그래프와 직선 $y=-\dfrac{\sqrt{2}}{2}$의 교점의 $x$좌표는

$\dfrac{5}{4}\pi$, $\dfrac{7}{4}\pi$

따라서 구하는 해는

$\dfrac{5}{4}\pi<x<\dfrac{7}{4}\pi$  답 $\dfrac{5}{4}\pi<x<\dfrac{7}{4}\pi$

**0579** $2\cos x \geq \sqrt{3}$에서 $\qquad \cos x \geq \dfrac{\sqrt{3}}{2}$

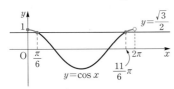

함수 $y=\cos x$의 그래프와 직선 $y=\dfrac{\sqrt{3}}{2}$의 교점의 $x$좌표는

$\dfrac{\pi}{6}, \dfrac{11}{6}\pi$

따라서 구하는 해는 $\qquad 0 \leq x \leq \dfrac{\pi}{6}$ 또는 $\dfrac{11}{6}\pi \leq x < 2\pi$

답 $0 \leq x \leq \dfrac{\pi}{6}$ 또는 $\dfrac{11}{6}\pi \leq x < 2\pi$

**0580**

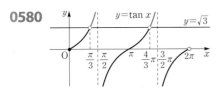

함수 $y=\tan x$의 그래프와 직선 $y=\sqrt{3}$의 교점의 $x$좌표는

$\dfrac{\pi}{3}, \dfrac{4}{3}\pi$

따라서 구하는 해는 $\qquad \dfrac{\pi}{3} < x < \dfrac{\pi}{2}$ 또는 $\dfrac{4}{3}\pi < x < \dfrac{3}{2}\pi$

답 $\dfrac{\pi}{3} < x < \dfrac{\pi}{2}$ 또는 $\dfrac{4}{3}\pi < x < \dfrac{3}{2}\pi$

### 유형 익히기

● 본책 078~089쪽

**0581** 함수 $f(x)$의 주기가 $p$이므로 모든 실수 $x$에 대하여
$f(x+p)=f(x)$
$\therefore f(p)=f(0)=\sin 0 + \cos 0 + \tan^2 0 = 1$ 　답 **1**

**0582** $f\left(\dfrac{91}{3}\right)=f\left(30+\dfrac{1}{3}\right)=f\left(3\times 10+\dfrac{1}{3}\right)=f\left(\dfrac{1}{3}\right)$
$0 \leq x < 3$일 때, $f(x)=\cos \pi x$이므로

$f\left(\dfrac{1}{3}\right)=\cos \dfrac{\pi}{3}=\dfrac{1}{2}$

$\therefore f\left(\dfrac{91}{3}\right)=f\left(\dfrac{1}{3}\right)=\dfrac{1}{2}$ 　답 $\dfrac{1}{2}$

**0583** 함수 $f(x)$의 주기가 $p$이므로 모든 실수 $x$에 대하여
$f(x)=f(x+np)$ ($n$은 정수)
따라서 $f(0)=f(2p)=f(4p)=\cdots=f(20p)$이므로
$f(2p)+f(4p)+f(6p)+\cdots+f(20p)$
$=10f(0)$
$=10\times \dfrac{\sin 0+\cos 0+1}{3\sin 0 + 4}$
$=10\times \dfrac{1}{2}=5$ 　답 **5**

**0584** 모든 실수 $x$에 대하여 $f(x-2)=f(x+1)$이 성립하므로 양변에 $x$ 대신 $x+2$를 대입하면
$f(x)=f(x+3)$
따라서 함수 $f(x)$는 주기가 3인 주기함수이므로
$f(2021)=f(3\times 674-1)=f(-1)=2$
$f(2023)=f(3\times 674+1)=f(1)=1$
$f(2025)=f(3\times 675+0)=f(0)=-1$
$\therefore f(2021)+f(2023)+f(2025)=2+1+(-1)=2$
답 **2**

**0585** ① 최댓값은 $\qquad 2-1=1$
② 최솟값은 $\qquad -2-1=-3$
③ 주기는 $\qquad \dfrac{2\pi}{2}=\pi$
④ $f\left(\dfrac{5}{12}\pi\right)=2\sin\left(2\times \dfrac{5}{12}\pi + \dfrac{\pi}{6}\right)-1=2\sin \pi - 1 = -1$
⑤ $f(x)=2\sin\left(2x+\dfrac{\pi}{6}\right)-1=2\sin 2\left(x+\dfrac{\pi}{12}\right)-1$
　따라서 $y=f(x)$의 그래프는 함수 $y=2\sin 2x$의 그래프를 $x$축의 방향으로 $-\dfrac{\pi}{12}$만큼, $y$축의 방향으로 $-1$만큼 평행이동한 것이다.
답 ⑤

**0586** $y=\sin 3x+1$의 그래프를 $x$축에 대하여 대칭이동한 그래프의 식은
$-y=\sin 3x+1 \qquad \therefore y=-\sin 3x-1$ ··· **1단계**
이 함수의 그래프를 $y$축의 방향으로 $-\dfrac{3}{2}$만큼 평행이동한 그래프의 식은

$y=-\sin 3x-1-\dfrac{3}{2} \qquad \therefore y=-\sin 3x-\dfrac{5}{2}$ ··· **2단계**

따라서 $a=-1$, $b=-\dfrac{5}{2}$이므로

$ab=\dfrac{5}{2}$ ··· **3단계**

답 $\dfrac{5}{2}$

| 채점 요소 | 비율 |
|---|---|
| **1단계** $x$축에 대하여 대칭이동한 그래프의 식 구하기 | 40 % |
| **2단계** $y$축의 방향으로 $-\dfrac{3}{2}$만큼 평행이동한 그래프의 식 구하기 | 40 % |
| **3단계** $ab$의 값 구하기 | 20 % |

**0587** 주기는 $\dfrac{2\pi}{4}=\dfrac{\pi}{2}$이므로 $\qquad a=\dfrac{1}{2}$

최댓값은 $\left|-\dfrac{1}{2}\right|+1=\dfrac{3}{2}$이므로 $\qquad b=\dfrac{3}{2}$

최솟값은 $-\left|-\dfrac{1}{2}\right|+1=\dfrac{1}{2}$이므로 $\qquad c=\dfrac{1}{2}$

$\therefore abc=\dfrac{3}{8}$ 　답 $\dfrac{3}{8}$

**0588** ① 최댓값은  $2+3=5$

② 최솟값은  $-2+3=1$

③ 주기는  $\dfrac{2\pi}{\frac{1}{2}}=4\pi$

④ $x=\pi$를 대입하면

$$y=2\cos\left(\frac{\pi}{2}-\frac{\pi}{3}\right)+3=2\cos\frac{\pi}{6}+3=\sqrt{3}+3$$

따라서 그래프가 점 $(\pi,\ \sqrt{3}+3)$을 지난다.

⑤ $y=2\cos\left(\dfrac{x}{2}-\dfrac{\pi}{3}\right)+3=2\cos\dfrac{1}{2}\left(x-\dfrac{2}{3}\pi\right)+3$

이므로 그래프는 함수 $y=2\cos\dfrac{x}{2}$의 그래프를 $x$축의 방향으로 $\dfrac{2}{3}\pi$만큼, $y$축의 방향으로 3만큼 평행이동한 것이다.

🖩 ④

**0589** ㄱ. $y=\cos(2x-5\pi)=\cos2\left(x-\dfrac{5}{2}\pi\right)$의 그래프는 $y=\cos2x$의 그래프를 $x$축의 방향으로 $\dfrac{5}{2}\pi$만큼 평행이동한 것이다.

ㄴ. $y=\cos4x+2$의 그래프는 $y=\cos2x$의 그래프를 $x$축의 방향으로 $\dfrac{1}{2}$배 한 후 $y$축의 방향으로 2만큼 평행이동한 것이다.

ㄷ. $y=2\cos2x-3$의 그래프는 $y=\cos2x$의 그래프를 $y$축의 방향으로 2배 한 후 $y$축의 방향으로 $-3$만큼 평행이동한 것이다.

ㄹ. $y=-\cos2x-1$의 그래프는 $y=\cos2x$의 그래프를 $x$축에 대하여 대칭이동한 후 $y$축의 방향으로 $-1$만큼 평행이동한 것이다.

이상에서 $y=\cos2x$의 그래프를 평행이동 또는 대칭이동하여 겹쳐질 수 있는 그래프의 식은 ㄱ, ㄹ이다.

🖩 ㄱ, ㄹ

**0590** 함수 $y=-2\cos3x$의 그래프를 $x$축의 방향으로 $-\dfrac{\pi}{3}$만큼, $y$축의 방향으로 4만큼 평행이동한 그래프의 식은

$$y=-2\cos3\left(x+\frac{\pi}{3}\right)+4$$

이 함수의 최댓값은 $|-2|+4=6$, 최솟값은 $-|-2|+4=2$

이므로  $M=6,\ m=2$  $\therefore\ Mm=12$

🖩 **12**

**0591** ㄱ. 주기는 $\dfrac{\pi}{2}$이다. (참)

ㄴ. $y=3\tan\left(2x+\dfrac{\pi}{2}\right)+1=3\tan2\left(x+\dfrac{\pi}{4}\right)+1$

따라서 그래프는 함수 $y=3\tan2x$의 그래프를 $x$축의 방향으로 $-\dfrac{\pi}{4}$만큼, $y$축의 방향으로 1만큼 평행이동한 것이다.

(거짓)

ㄷ. 그래프의 점근선의 방정식은 $2x+\dfrac{\pi}{2}=n\pi+\dfrac{\pi}{2}$에서

$$x=\frac{n}{2}\pi\ (n\text{은 정수}) \text{ (참)}$$

이상에서 옳은 것은 ㄱ, ㄷ이다.

🖩 ㄱ, ㄷ

**0592** $y=-2\tan\left(\dfrac{x}{3}+\pi\right)+3$의 주기는  $\dfrac{\pi}{\frac{1}{3}}=3\pi$

이때 주어진 함수의 주기는 다음과 같다.

① $\dfrac{2\pi}{\frac{1}{3}}=6\pi$　　② $\dfrac{2\pi}{\pi}=2$　　③ $\pi$

④ $\dfrac{2\pi}{\frac{2}{3}}=3\pi$　　⑤ $\dfrac{2\pi}{\frac{\pi}{2}}=4$

따라서 주기가 같은 함수는 ④이다.

🖩 ④

**0593** 함수 $y=\tan\pi x$의 그래프를 $x$축의 방향으로 $\dfrac{1}{2}$만큼 평행이동한 그래프의 식은

$$y=\tan\pi\left(x-\frac{1}{2}\right)$$

이 함수의 그래프가 점 $\left(\dfrac{2}{3},\ a\right)$를 지나므로

$$a=\tan\pi\left(\frac{2}{3}-\frac{1}{2}\right)=\tan\frac{\pi}{6}=\frac{\sqrt{3}}{3}$$

🖩 $\dfrac{\sqrt{3}}{3}$

**0594** $a>0$이므로 함수 $f(x)$의 최댓값은 $a+c$, 최솟값은 $-a+c$이다.

따라서 조건 (가)에서  $a+c-(-a+c)=6$

$2a=6$  $\therefore\ a=3$

또 $b>0$이므로 조건 (나)에서

$$\frac{2\pi}{b}=\frac{3}{2}\pi \qquad \therefore\ b=\frac{4}{3}$$

즉 조건 (다)에서 $f(x)=3\cos\dfrac{4}{3}x+c$의 그래프가 점 $\left(\dfrac{\pi}{4},\ \dfrac{1}{2}\right)$을 지나므로  $\dfrac{1}{2}=3\cos\dfrac{\pi}{3}+c$

$$\frac{1}{2}=\frac{3}{2}+c \qquad \therefore\ c=-1$$

$\therefore\ a+3b+2c=5$

🖩 **5**

**0595** 함수 $f(x)=a\tan bx$의 주기가 $\dfrac{\pi}{3}$이고 $b>0$이므로

$$\frac{\pi}{b}=\frac{\pi}{3} \qquad \therefore\ b=3$$

또 $f\left(\dfrac{\pi}{12}\right)=3$이므로  $a\tan\dfrac{\pi}{4}=3$  $\therefore\ a=3$

$\therefore\ ab=9$

🖩 **9**

**0596** 함수 $f(x)=a\sin\left(x+\dfrac{\pi}{2}\right)+b$의 최댓값이 4이고 $a>0$이므로

$$a+b=4 \qquad\qquad \cdots\cdots\ ㉠$$

또 $f\left(-\dfrac{\pi}{3}\right)=\dfrac{3}{2}$이므로

$$a\sin\left(-\frac{\pi}{3}+\frac{\pi}{2}\right)+b=\frac{3}{2},\qquad a\sin\frac{\pi}{6}+b=\frac{3}{2}$$

$$\therefore\ \frac{1}{2}a+b=\frac{3}{2} \qquad\qquad \cdots\cdots\ ㉡$$

㉠, ㉡을 연립하여 풀면    $a=5, b=-1$

$$\therefore f(x)=5\sin\left(x+\frac{\pi}{2}\right)-1$$

따라서 $f(x)$의 최솟값은    $-5-1=-6$    답 ②

**0597** 주어진 그래프에서 함수의 최댓값이 2, 최솟값이 $-2$이고 $a>0$이므로    $a=2$

또 주기는 $\dfrac{5}{4}\pi-\dfrac{\pi}{4}=\pi$이고 $b>0$이므로

$$\frac{2\pi}{b}=\pi    \therefore b=2$$

따라서 주어진 함수의 식은 $y=2\sin(2x-c)$이고 그래프가 점 $\left(\dfrac{\pi}{4},\ 0\right)$을 지나므로

$$0=2\sin\left(\frac{\pi}{2}-c\right)    \therefore \sin\left(\frac{\pi}{2}-c\right)=0$$

이때 $0<c<\pi$이므로    $c=\dfrac{\pi}{2}$

$$\therefore a-b+2c=2-2+2\times\frac{\pi}{2}=\pi$$    답 $\pi$

**0598** 주어진 그래프에서 함수의 주기가 $\dfrac{1}{3}$이고 $a>0$이므로

$$\frac{\pi}{a\pi}=\frac{1}{3}    \therefore a=3$$

따라서 주어진 함수의 식은 $y=\tan\pi(3x-b)$이고 그래프가 점 $\left(\dfrac{1}{6},\ 0\right)$을 지나므로    $0=\tan\left(\dfrac{\pi}{2}-b\pi\right)$

이때 $0<b<1$이므로    $-\dfrac{\pi}{2}<\dfrac{\pi}{2}-b\pi<\dfrac{\pi}{2}$

즉 $\dfrac{\pi}{2}-b\pi=0$이므로    $b=\dfrac{1}{2}$

$$\therefore a+2b=3+2\times\frac{1}{2}=4$$    답 **4**

**0599** 주어진 그래프에서 함수의 최댓값이 4, 최솟값이 $-4$이고 $a>0$이므로    $a=4$    ··· **1단계**

또 주기는 $3\pi-(-\pi)=4\pi$이고 $b>0$이므로

$$\frac{2\pi}{b}=4\pi    \therefore b=\frac{1}{2}$$    ··· **2단계**

따라서 주어진 함수의 식은 $y=4\cos\left(\dfrac{1}{2}x+c\right)$이고 그래프가 원점을 지나므로

$$0=4\cos c    \therefore \cos c=0$$

이때 $\pi<c<2\pi$이므로    $c=\dfrac{3}{2}\pi$    ··· **3단계**

$$\therefore abc=4\times\frac{1}{2}\times\frac{3}{2}\pi=3\pi$$    ··· **4단계**

답 $3\pi$

| 채점 요소 | 비율 |
|---|---|
| **1단계** $a$의 값 구하기 | 30 % |
| **2단계** $b$의 값 구하기 | 30 % |
| **3단계** $c$의 값 구하기 | 30 % |
| **4단계** $abc$의 값 구하기 | 10 % |

**0600** 주어진 그래프에서 함수의 최댓값이 5, 최솟값이 $-1$이고 $a>0$이므로    $a+b=5, -a+b=-1$

두 식을 연립하여 풀면    $a=3, b=2$

따라서 주어진 함수의 식은

$$y=3\cos\frac{\pi}{6}(2x+1)+2=3\cos\left(\frac{\pi}{3}x+\frac{\pi}{6}\right)+2$$

이때 이 함수의 그래프에서 주기가 $2(c-2)$이므로

$$\frac{2\pi}{\frac{\pi}{3}}=2(c-2)    \therefore c=5$$

$$\therefore abc=3\times2\times5=30$$    답 **30**

**0601** 함수 $y=|\tan ax|$의 주기는    $\dfrac{\pi}{|a|}$

함수 $y=3\cos 5x$의 주기는    $\dfrac{2\pi}{5}$

따라서 $\dfrac{\pi}{|a|}=\dfrac{2\pi}{5}$이고 $a$는 양수이므로

$$a=\frac{5}{2}$$    답 $\dfrac{5}{2}$

**0602** 함수 $y=|2\tan x|$의 그래프는 다음 그림과 같다.

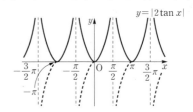

① 주기는 $\pi$이다.
② 최댓값은 없다.
③ 최솟값은 0이다.
④ 그래프는 $y$축에 대하여 대칭이다.

답 ⑤

**0603** 함수 $f(x)=a|\cos bx|+c$의 주기가 $\dfrac{\pi}{3}$이고 $b>0$이므로    $\dfrac{\pi}{b}=\dfrac{\pi}{3}$    $\therefore b=3$

$a>0$이므로 $0\le|\cos bx|\le1$에서

$$c\le a|\cos bx|+c\le a+c$$

이때 함수 $f(x)$의 최댓값이 5이므로

$$a+c=5$$    ······ ㉠

$f\left(\dfrac{\pi}{6}\right)=1$이므로    $a\left|\cos\dfrac{\pi}{2}\right|+c=1$    $\therefore c=1$

㉠에 $c=1$을 대입하면    $a+1=5$    $\therefore a=4$

$$\therefore 3a-2b+c=3\times4-2\times3+1=7$$    답 **7**

**0604** 함수 $y=\sin\dfrac{\pi}{3}x$의 주기가

$\dfrac{2\pi}{\dfrac{\pi}{3}}=6$이므로 오른쪽 그림에서

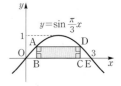

$\overline{\text{OE}}=3$

$$\therefore \overline{\text{OB}}=\frac{1}{2}(\overline{\text{OE}}-\overline{\text{BC}})=\frac{1}{2}\times(3-2)=\frac{1}{2}$$

즉 점 A의 $x$좌표는 $\dfrac{1}{2}$이므로 $y$좌표는

$$\sin\dfrac{\pi}{6}=\dfrac{1}{2}$$

따라서 $\overline{\text{AB}}$의 길이가 $\dfrac{1}{2}$이므로 직사각형 ABCD의 넓이는

$$2\times\dfrac{1}{2}=1$$

답 ①

**0605** 함수 $y=2\cos\dfrac{\pi}{2}x$의 주기는 $\quad\dfrac{2\pi}{\dfrac{\pi}{2}}=4$

오른쪽 그림에서 빗금 친 두 부분의
넓이가 같으므로 구하는 넓이는
$$2\times4=8$$

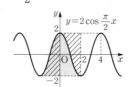

답 8

**0606** 함수 $y=\tan ax$의 주기가 $3\pi-\pi=2\pi$이고 $a>0$이므로

$$\dfrac{\pi}{a}=2\pi \qquad \therefore a=\dfrac{1}{2}$$

오른쪽 그림에서 빗금 친 두 부분의 넓
이가 같으므로 구하는 넓이는

$$2\pi\times\dfrac{1}{2}=\pi$$

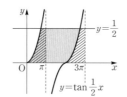

답 $\pi$

**0607** 두 점 $(a,\,0)$, $(b,\,0)$은 직선 $x=\dfrac{\pi}{2}$에 대하여 대칭이므로

$$\dfrac{a+b}{2}=\dfrac{\pi}{2} \qquad \therefore a+b=\pi$$

두 점 $(c,\,0)$, $(d,\,0)$은 직선 $x=\dfrac{5}{2}\pi$에 대하여 대칭이므로

$$\dfrac{c+d}{2}=\dfrac{5}{2}\pi \qquad \therefore c+d=5\pi$$

$$\therefore a+b+c+d=\pi+5\pi=6\pi$$

답 ③

**0608** $y=\cos x$의 그래프에서 두 점 $(a,\,0)$, $(c,\,0)$은 직선 $x=\pi$에 대하여 대칭이므로

$$\dfrac{a+c}{2}=\pi \qquad \therefore a+c=2\pi \qquad \cdots \text{1단계}$$

$y=\sin x$의 그래프에서 두 점 $(b,\,0)$, $(d,\,0)$은 직선 $x=\dfrac{3}{2}\pi$에 대하여 대칭이므로

$$\dfrac{b+d}{2}=\dfrac{3}{2}\pi \qquad \therefore b+d=3\pi \qquad \cdots \text{2단계}$$

$$\therefore \sin\dfrac{-a+b-c+d}{4}=\sin\dfrac{-(a+c)+(b+d)}{4}$$
$$=\sin\dfrac{-2\pi+3\pi}{4}$$
$$=\sin\dfrac{\pi}{4}=\dfrac{\sqrt{2}}{2} \qquad \cdots \text{3단계}$$

답 $\dfrac{\sqrt{2}}{2}$

| 채점 요소 | 비율 |
|---|---|
| 1단계 $a+c$의 값 구하기 | 40 % |
| 2단계 $b+d$의 값 구하기 | 40 % |
| 3단계 $\sin\dfrac{-a+b-c+d}{4}$의 값 구하기 | 20 % |

**0609** $y=\cos\dfrac{1}{2}x$의 주기는 $\quad\dfrac{2\pi}{\dfrac{1}{2}}=4\pi$

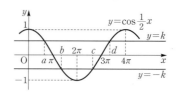

따라서 위의 그림에서 두 점 $(b,\,0)$, $(c,\,0)$은 직선 $x=2\pi$에 대하여 대칭이므로

$$\dfrac{b+c}{2}=2\pi \qquad \therefore b+c=4\pi$$

두 점 $(c,\,0)$, $(d,\,0)$은 직선 $x=3\pi$에 대하여 대칭이므로

$$\dfrac{c+d}{2}=3\pi \qquad \therefore c+d=6\pi$$

$$\therefore \cos\dfrac{b+2c+d}{5}=\cos\dfrac{(b+c)+(c+d)}{5}$$
$$=\cos\dfrac{4\pi+6\pi}{5}$$
$$=\cos 2\pi=1$$

답 1

**0610** $\sin(\pi+\theta)=-\sin\theta$, $\tan(\pi-\theta)=-\tan\theta$,

$\cos\left(\dfrac{3}{2}\pi-\theta\right)=-\sin\theta$, $\sin\left(\dfrac{3}{2}\pi-\theta\right)=-\cos\theta$,

$\sin\left(\dfrac{\pi}{2}+\theta\right)=\cos\theta$, $\cos(2\pi+\theta)=\cos\theta$

$$\therefore (\text{주어진 식})=\dfrac{-\sin\theta\times(-\tan\theta)^2}{-\sin\theta}+\dfrac{-\cos\theta}{\cos\theta\cos^2\theta}$$
$$=\tan^2\theta-\dfrac{1}{\cos^2\theta}$$
$$=\dfrac{\sin^2\theta}{\cos^2\theta}-\dfrac{1}{\cos^2\theta}$$
$$=\dfrac{\sin^2\theta-1}{\cos^2\theta}$$
$$=\dfrac{-\cos^2\theta}{\cos^2\theta}=-1$$

답 ②

**0611** ㄱ. $\sin(-\theta)=-\sin\theta$

ㄴ. $\cos\left(\dfrac{\pi}{2}-\theta\right)=\sin\theta$

ㄷ. $\sin(\pi-\theta)=\sin\theta$

ㄹ. $\cos\left(\dfrac{3}{2}\pi+\theta\right)=\sin\theta$

ㅁ. $\cos(2\pi-\theta)=\cos\theta$

ㅂ. $\cos(\pi+\theta)=-\cos\theta$

이상에서 $\sin\theta$의 값과 항상 같은 것은 ㄴ, ㄷ, ㄹ의 3개이다.

답 3

**0612** $\cos 100° = \cos(90° + 10°) = -\sin 10°$
$\qquad\qquad\quad = -0.1736$

$\tan 200° = \tan(90° \times 2 + 20°) = \tan 20° = 0.3640$

$\therefore \cos 100° + \tan 200° = -0.1736 + 0.3640$
$\qquad\qquad\qquad\qquad\quad = 0.1904$

📋 0.1904

**0613** $\cos \dfrac{13}{6}\pi = \cos\left(2\pi + \dfrac{\pi}{6}\right) = \cos \dfrac{\pi}{6} = \dfrac{\sqrt{3}}{2}$

$\tan \dfrac{5}{3}\pi = \tan\left(2\pi - \dfrac{\pi}{3}\right) = -\tan \dfrac{\pi}{3} = -\sqrt{3}$

$\sin \dfrac{7}{3}\pi = \sin\left(2\pi + \dfrac{\pi}{3}\right) = \sin \dfrac{\pi}{3} = \dfrac{\sqrt{3}}{2}$

$\sin \dfrac{7}{6}\pi = \sin\left(\pi + \dfrac{\pi}{6}\right) = -\sin \dfrac{\pi}{6} = -\dfrac{1}{2}$

$\tan \dfrac{2}{3}\pi = \tan\left(\pi - \dfrac{\pi}{3}\right) = -\tan \dfrac{\pi}{3} = -\sqrt{3}$

$\cos\left(-\dfrac{5}{3}\pi\right) = \cos \dfrac{5}{3}\pi = \cos\left(2\pi - \dfrac{\pi}{3}\right)$
$\qquad\qquad\qquad = \cos \dfrac{\pi}{3} = \dfrac{1}{2}$

$\therefore$ (주어진 식) $= \dfrac{\left(\dfrac{\sqrt{3}}{2}\right)^2 - \sqrt{3}}{\dfrac{\sqrt{3}}{2}} + \dfrac{\left(-\dfrac{1}{2}\right)^2 - \sqrt{3}}{\dfrac{1}{2}}$

$\qquad\qquad\qquad = \dfrac{\sqrt{3} - 4}{2} + \dfrac{1 - 4\sqrt{3}}{2}$

$\qquad\qquad\qquad = -\dfrac{3 + 3\sqrt{3}}{2}$

📋 $-\dfrac{3 + 3\sqrt{3}}{2}$

**0614** $\cos\left(\dfrac{\pi}{2} + \theta\right) = -\sin\theta, \quad \tan(\pi + \theta) = \tan\theta,$

$\tan(\pi - \theta) = -\tan\theta, \quad \sin\left(\dfrac{\pi}{2} - \theta\right) = \cos\theta$

$\therefore$ (주어진 식)

$= \dfrac{\cos\theta \times (-\sin\theta)}{\tan\theta} + \sin\theta \times (-\tan\theta) \times \cos\theta$

$= \dfrac{-\sin\theta\cos\theta}{\dfrac{\sin\theta}{\cos\theta}} + \sin\theta \times \left(-\dfrac{\sin\theta}{\cos\theta}\right) \times \cos\theta$

$= -\cos^2\theta - \sin^2\theta$

$= -(\sin^2\theta + \cos^2\theta) = -1$

📋 $-1$

**0615** $\dfrac{\pi}{4} + \theta = A$ 라 하면 $\theta = A - \dfrac{\pi}{4}$ 이므로

$\dfrac{\pi}{4} - \theta = \dfrac{\pi}{4} - \left(A - \dfrac{\pi}{4}\right) = \dfrac{\pi}{2} - A$

$\therefore \sin^2\left(\dfrac{\pi}{4} + \theta\right) + \sin^2\left(\dfrac{\pi}{4} - \theta\right) = \sin^2 A + \sin^2\left(\dfrac{\pi}{2} - A\right)$

$\qquad\qquad\qquad\qquad\qquad\qquad = \sin^2 A + \cos^2 A$

$\qquad\qquad\qquad\qquad\qquad\qquad = 1$

📋 ②

**0616** $\cos(-110°) = \cos 110° = \cos(180° - 70°)$
$\qquad\qquad\qquad = -\cos 70° = \alpha$

이므로 $\cos 70° = -\alpha$

$\therefore \sin 250° = \sin(180° + 70°) = -\sin 70°$
$\qquad\qquad\quad = -\sqrt{1 - \cos^2 70°} = -\sqrt{1 - \alpha^2}$ 📋 ①

**다른 풀이** $\alpha = \cos(-110°) = \cos 110°$ 이므로

$\sin 250° = \sin(360° - 110°) = -\sin 110°$
$\qquad\qquad = -\sqrt{1 - \cos^2 110°} = -\sqrt{1 - \alpha^2}$

**0617** $\cos \dfrac{9}{20}\pi = \cos\left(\dfrac{\pi}{2} - \dfrac{\pi}{20}\right) = \sin \dfrac{\pi}{20}$

$\cos \dfrac{7}{20}\pi = \cos\left(\dfrac{\pi}{2} - \dfrac{3}{20}\pi\right) = \sin \dfrac{3}{20}\pi$

$\therefore$ (주어진 식)

$= \left(\cos^2 \dfrac{\pi}{20} + \cos^2 \dfrac{9}{20}\pi\right) + \left(\cos^2 \dfrac{3}{20}\pi + \cos^2 \dfrac{7}{20}\pi\right)$
$\quad + \cos^2 \dfrac{5}{20}\pi$

$= \left(\cos^2 \dfrac{\pi}{20} + \sin^2 \dfrac{\pi}{20}\right) + \left(\cos^2 \dfrac{3}{20}\pi + \sin^2 \dfrac{3}{20}\pi\right)$
$\quad + \cos^2 \dfrac{\pi}{4}$

$= 1 + 1 + \dfrac{1}{2} = \dfrac{5}{2}$

📋 $\dfrac{5}{2}$

**0618** $\sin^2 89° = \sin^2(90° - 1°) = \cos^2 1°$

$\sin^2 88° = \sin^2(90° - 2°) = \cos^2 2°$

$\qquad\qquad \vdots$

$\sin^2 46° = \sin^2(90° - 44°) = \cos^2 44°$

$\therefore$ (주어진 식)

$= (\sin^2 1° + \sin^2 89°) + (\sin^2 2° + \sin^2 88°)$
$\quad + \cdots + (\sin^2 44° + \sin^2 46°) + \sin^2 45°$

$= (\sin^2 1° + \cos^2 1°) + (\sin^2 2° + \cos^2 2°)$
$\quad + \cdots + (\sin^2 44° + \cos^2 44°) + \sin^2 45°$

$= \underbrace{1 + 1 + \cdots + 1}_{44개} + \dfrac{1}{2}$

$= 44 + \dfrac{1}{2} = \dfrac{89}{2}$

📋 $\dfrac{89}{2}$

**0619** $\theta = 9°$ 에서 $20\theta = 180°$ 이므로

$\cos 21\theta = \cos(180° + \theta) = -\cos\theta$

$\cos 22\theta = \cos(180° + 2\theta) = -\cos 2\theta$

$\qquad\qquad \vdots$

$\cos 40\theta = \cos(180° + 20\theta) = -\cos 20\theta$

$\therefore \cos\theta + \cos 2\theta + \cdots + \cos 40\theta$

$= (\cos\theta + \cos 2\theta + \cdots + \cos 20\theta)$
$\quad + (\cos 21\theta + \cos 22\theta + \cdots + \cos 40\theta)$

$= (\cos\theta + \cos 2\theta + \cdots + \cos 20\theta)$
$\quad - (\cos\theta + \cos 2\theta + \cdots + \cos 20\theta)$

$= 0$

📋 ①

**0620** $\angle P_1OP=\theta$라 하면 $9\theta=\dfrac{\pi}{2}$이고

$\angle P_nOP=n\theta \ (n=1, 2, 3, \cdots, 8)$

이때 $\overline{OP_n}=1$이므로 직각삼각형 $P_nOQ_n$에서

$\overline{P_nQ_n}=\sin n\theta$

$\therefore$ (주어진 식)

$=\sin^2\theta+\sin^2 2\theta+\cdots+\sin^2 7\theta+\sin^2 8\theta$

$=\sin^2\theta+\sin^2 2\theta+\sin^2 3\theta+\sin^2 4\theta$

$\quad+\sin^2\left(\dfrac{\pi}{2}-4\theta\right)+\sin^2\left(\dfrac{\pi}{2}-3\theta\right)+\sin^2\left(\dfrac{\pi}{2}-2\theta\right)$

$\quad+\sin^2\left(\dfrac{\pi}{2}-\theta\right)$

$=\sin^2\theta+\sin^2 2\theta+\sin^2 3\theta+\sin^2 4\theta$

$\quad+\cos^2 4\theta+\cos^2 3\theta+\cos^2 2\theta+\cos^2\theta$

$=(\sin^2\theta+\cos^2\theta)+(\sin^2 2\theta+\cos^2 2\theta)$

$\quad+(\sin^2 3\theta+\cos^2 3\theta)+(\sin^2 4\theta+\cos^2 4\theta)$

$=1+1+1+1=4$     답 **4**

**0621** $-1\le\sin x\le 1$이므로

$1\le\sin x+2\le 3, \quad 1\le|\sin x+2|\le 3$

$-3\le-|\sin x+2|\le -1$

$\therefore k-3\le-|\sin x+2|+k\le k-1$

따라서 주어진 함수의 최댓값은 $k-1$, 최솟값은 $k-3$이고 최댓값과 최솟값의 합이 1이므로

$(k-1)+(k-3)=1, \quad 2k=5$

$\therefore k=\dfrac{5}{2}$     답 $\dfrac{5}{2}$

**0622** $y=\cos\left(x+\dfrac{\pi}{2}\right)-2\sin x-1$

$\quad=-\sin x-2\sin x-1$

$\quad=-3\sin x-1$

이때 $-1\le\sin x\le 1$이므로

$-3\le-3\sin x\le 3$

$\therefore -4\le-3\sin x-1\le 2$

따라서 주어진 함수의 최댓값은 2, 최솟값은 $-4$이므로

$M=2, m=-4$

$\therefore M-m=6$     답 **6**

**0623** $-1\le\cos 2x\le 1$이므로

$-2\le\cos 2x-1\le 0$

$0\le|\cos 2x-1|\le 2$

$\therefore b\le a|\cos 2x-1|+b\le 2a+b \ (\because a>0)$

이때 주어진 함수의 최댓값이 7, 최솟값이 3이므로

$2a+b=7, b=3$

$b=3$을 $2a+b=7$에 대입하면

$2a+3=7 \quad \therefore a=2$

$\therefore ab=6$     답 **6**

**0624** $y=|2+3\cos(x-\pi)|-1$

$\quad=|2+3\cos(\pi-x)|-1$

$\quad=|2-3\cos x|-1$

이때 $-1\le\cos x\le 1$이므로

$-3\le-3\cos x\le 3, \quad -1\le 2-3\cos x\le 5$

$0\le|2-3\cos x|\le 5$

$\therefore -1\le|2-3\cos x|-1\le 4$

따라서 주어진 함수의 최댓값은 4, 최솟값은 $-1$이므로

$M=4, m=-1$

$\therefore M+m=3$     답 ③

**0625** $y=-2\sin^2 x+2\cos x+1$

$\quad=-2(1-\cos^2 x)+2\cos x+1$

$\quad=2\cos^2 x+2\cos x-1$

$\cos x=t$로 놓으면 $-1\le t\le 1$이고 주어진 함수는

$y=2t^2+2t-1=2\left(t+\dfrac{1}{2}\right)^2-\dfrac{3}{2}$

$-1\le t\le 1$일 때, 이 함수는

$t=1$에서 최댓값 3,

$t=-\dfrac{1}{2}$에서 최솟값 $-\dfrac{3}{2}$

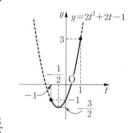

을 가지므로    $M=3, m=-\dfrac{3}{2}$

$\therefore M+m=\dfrac{3}{2}$     답 $\dfrac{3}{2}$

**0626** $y=\cos^2 x+2\sin x+2$

$\quad=(1-\sin^2 x)+2\sin x+2$

$\quad=-\sin^2 x+2\sin x+3$

$\sin x=t$로 놓으면 $-\pi\le x\le\pi$에서 $-1\le t\le 1$이고 주어진 함수는

$y=-t^2+2t+3=-(t-1)^2+4$

$-1\le t\le 1$일 때, 이 함수는

$t=1$에서 최댓값 4

를 가지므로    $M=4$

한편 $t=1$, 즉 $\sin x=1$에서

$x=\dfrac{\pi}{2} \ (\because -\pi\le x\le\pi)$

이므로    $a=\dfrac{\pi}{2}$

$\therefore aM=\dfrac{\pi}{2}\times 4=2\pi$     답 ③

**0627** $y=\sin^2 x-4\cos x+k$

$\quad=(1-\cos^2 x)-4\cos x+k$

$\quad=-\cos^2 x-4\cos x+k+1$    ··· 1단계

$\cos x=t$로 놓으면 $-1\le t\le 1$이고 주어진 함수는

$y=-t^2-4t+k+1$

$\quad=-(t+2)^2+k+5$    ··· 2단계

$-1 \leq t \leq 1$일 때, 이 함수는

$\quad t=-1$에서 최댓값 $k+4$

를 가지므로

$\quad k+4=3$

$\quad \therefore k=-1 \qquad$ ··· 3단계

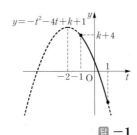

답 $-1$

| 채점 요소 | 비율 |
|---|---|
| 1단계 주어진 함수를 $\cos x$에 대한 함수로 변형하기 | 30 % |
| 2단계 $\cos x = t$로 치환하기 | 30 % |
| 3단계 $k$의 값 구하기 | 40 % |

**0628** $x - \dfrac{\pi}{6} = \theta$라 하면 $x = \theta + \dfrac{\pi}{6}$이므로

$\quad x + \dfrac{\pi}{3} = \theta + \dfrac{\pi}{6} + \dfrac{\pi}{3} = \theta + \dfrac{\pi}{2}$이므로

$\quad \therefore y = \sin^2\left(x - \dfrac{\pi}{6}\right) + 2\sin\left(x + \dfrac{\pi}{3}\right) + a$

$\qquad = \sin^2\theta + 2\sin\left(\theta + \dfrac{\pi}{2}\right) + a$

$\qquad = (1 - \cos^2\theta) + 2\cos\theta + a$

$\qquad = -\cos^2\theta + 2\cos\theta + 1 + a$

$\cos\theta = t$로 놓으면 $-1 \leq t \leq 1$이고 주어진 함수는

$\quad y = -t^2 + 2t + 1 + a = -(t-1)^2 + 2 + a$

$-1 \leq t \leq 1$일 때, 이 함수는

$\quad t=1$에서 최댓값 $2+a$,

$\quad t=-1$에서 최솟값 $-2+a$

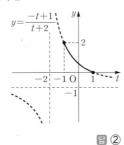

를 가지므로

$\quad 2+a=5, \ -2+a=b$

$2+a=5$에서 $\quad a=3$

이것을 $b=-2+a$에 대입하면 $\quad b=-2+3=1$

$\quad \therefore a+b=4 \qquad$ 답 **4**

**0629** $\sin x = t$로 놓으면 $-1 \leq t \leq 1$이고 주어진 함수는

$\quad y = \dfrac{-t+1}{t+2} = \dfrac{-(t+2)+3}{t+2} = \dfrac{3}{t+2} - 1$

$-1 \leq t \leq 1$일 때, 이 함수는

$\quad t=-1$에서 최댓값 2,

$\quad t=1$에서 최솟값 0

을 가지므로

$\quad M=2, \ m=0$

$\quad \therefore M+m=2$

답 ②

**0630** $\tan x = t$로 놓으면 $0 \leq x \leq \dfrac{\pi}{4}$에서 $0 \leq t \leq 1$이고 주어진 함수는

$\quad y = \dfrac{2t+1}{t+2} = \dfrac{2(t+2)-3}{t+2} = -\dfrac{3}{t+2} + 2$

$0 \leq t \leq 1$일 때, 이 함수는

$\quad t=1$에서 최댓값 1,

$\quad t=0$에서 최솟값 $\dfrac{1}{2}$

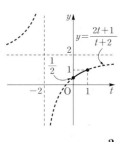

을 가지므로

$\quad M=1, \ m=\dfrac{1}{2}$

$\quad \therefore M+m=\dfrac{3}{2}$

답 $\dfrac{3}{2}$

**0631** $\cos x = t$로 놓으면 $-1 \leq t \leq 1$이고 주어진 함수는

$\quad y = \dfrac{-2t+k}{t+3} = \dfrac{-2(t+3)+k+6}{t+3} = -2 + \dfrac{k+6}{t+3}$

한편 $k > -6$에서 $k+6 > 0$이므로 $-1 \leq t \leq 1$일 때, 이 함수는

$\quad t=1$에서 최솟값 $-\dfrac{5}{4}$

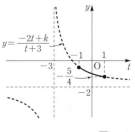

를 갖는다.

즉 $\dfrac{-2+k}{1+3} = -\dfrac{5}{4}$이므로

$\quad -2+k=-5 \qquad \therefore k=-3$

답 $-3$

**0632** $|\sin x| = t$로 놓으면 $0 \leq t \leq 1$이고 주어진 함수는

$\quad y = \dfrac{t}{t+1} = \dfrac{(t+1)-1}{t+1} = -\dfrac{1}{t+1} + 1$

$0 \leq t \leq 1$일 때, 이 함수는

$\quad t=1$에서 최댓값 $\dfrac{1}{2}$,

$\quad t=0$에서 최솟값 0

을 가지므로 주어진 함수의 치역은

$\quad \left\{ y \,\middle|\, 0 \leq y \leq \dfrac{1}{2} \right\}$

따라서 $a=0, \ b=\dfrac{1}{2}$이므로

$\quad a+b=\dfrac{1}{2}$

답 $\dfrac{1}{2}$

**0633** $2\sin\left(2x + \dfrac{\pi}{3}\right) = 1$에서 $\quad \sin\left(2x + \dfrac{\pi}{3}\right) = \dfrac{1}{2}$

$2x + \dfrac{\pi}{3} = t$로 놓으면 $\quad \sin t = \dfrac{1}{2}$

한편 $0 \leq x < \pi$에서 $\quad 0 \leq 2x < 2\pi$

$\quad \dfrac{\pi}{3} \leq 2x + \dfrac{\pi}{3} < \dfrac{7}{3}\pi \qquad \therefore \dfrac{\pi}{3} \leq t < \dfrac{7}{3}\pi$

오른쪽 그림과 같이

$\dfrac{\pi}{3} \leq t < \dfrac{7}{3}\pi$에서 함수

$y = \sin t$의 그래프와 직선

$y = \dfrac{1}{2}$의 교점의 $t$좌표는

$\dfrac{5}{6}\pi, \ \dfrac{13}{6}\pi$이므로

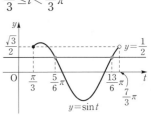

$$2x+\frac{\pi}{3}=\frac{5}{6}\pi \text{ 또는 } 2x+\frac{\pi}{3}=\frac{13}{6}\pi$$

$$\therefore x=\frac{\pi}{4} \text{ 또는 } x=\frac{11}{12}\pi$$

따라서 모든 근의 합은

$$\frac{\pi}{4}+\frac{11}{12}\pi=\frac{7}{6}\pi \qquad \text{답 } \frac{7}{6}\pi$$

**0634** $x-\frac{\pi}{4}=t$로 놓으면 $\quad \cos t=-\frac{\sqrt{3}}{2}$

$0\le x<2\pi$에서

$$-\frac{\pi}{4}\le x-\frac{\pi}{4}<\frac{7}{4}\pi \qquad \therefore -\frac{\pi}{4}\le t<\frac{7}{4}\pi$$

오른쪽 그림과 같이
$-\frac{\pi}{4}\le t<\frac{7}{4}\pi$에서 함수
$y=\cos t$의 그래프와 직선
$y=-\frac{\sqrt{3}}{2}$의 교점의 $t$좌표는

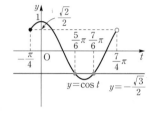

$\frac{5}{6}\pi$, $\frac{7}{6}\pi$이므로

$$x-\frac{\pi}{4}=\frac{5}{6}\pi \text{ 또는 } x-\frac{\pi}{4}=\frac{7}{6}\pi$$

$$\therefore x=\frac{13}{12}\pi \text{ 또는 } x=\frac{17}{12}\pi$$

따라서 구하는 차는

$$\frac{17}{12}\pi-\frac{13}{12}\pi=\frac{\pi}{3} \qquad \text{답 } \frac{\pi}{3}$$

**0635** $\sin\left(\frac{\pi}{2}-x\right)=\cos x$, $\sin(\pi-x)=\sin x$,

$\sin\left(\frac{3}{2}\pi-x\right)=-\cos x$, $\sin(2\pi-x)=-\sin x$

이므로 주어진 방정식은

$$\cos x+\sin x=-\cos x-\sin x$$

$$2\sin x=-2\cos x, \qquad \sin x=-\cos x$$

$$\therefore \tan x=-1$$

이때 $0\le x\le 2\pi$이므로 주어진 방정식의 해는

$$x=\frac{3}{4}\pi \text{ 또는 } x=\frac{7}{4}\pi$$

따라서 모든 $x$의 값의 합은

$$\frac{3}{4}\pi+\frac{7}{4}\pi=\frac{5}{2}\pi \qquad \text{답 ④}$$

**0636** $3\sin x-2\cos^2 x=0$에서

$$3\sin x-2(1-\sin^2 x)=0, \qquad 2\sin^2 x+3\sin x-2=0$$

$$\therefore (\sin x+2)(2\sin x-1)=0$$

그런데 $-1\le \sin x\le 1$이므로 $\quad \sin x=\frac{1}{2}$

이때 $0\le x<2\pi$에서 $\quad x=\frac{\pi}{6} \text{ 또는 } x=\frac{5}{6}\pi$

따라서 모든 근의 합은

$$\frac{\pi}{6}+\frac{5}{6}\pi=\pi \qquad \text{답 } \pi$$

**0637** $2\sin^2 x+a\cos x-1=0$에서

$$2(1-\cos^2 x)+a\cos x-1=0$$

$$\therefore 2\cos^2 x-a\cos x-1=0 \qquad \cdots\cdots \text{㉠}$$

이때 방정식 ㉠의 한 근이 $x=\frac{\pi}{3}$이므로

$$2\cos^2\frac{\pi}{3}-a\cos\frac{\pi}{3}-1=0$$

$$\frac{1}{2}-\frac{1}{2}a-1=0 \qquad \therefore a=-1$$

즉 ㉠에서 $2\cos^2 x+\cos x-1=0$이므로

$$(\cos x+1)(2\cos x-1)=0$$

$$\therefore \cos x=-1 \text{ 또는 } \cos x=\frac{1}{2}$$

(i) $\cos x=-1$일 때, $0\le x<2\pi$에서 $\quad x=\pi$

(ii) $\cos x=\frac{1}{2}$일 때, $0\le x<2\pi$에서

$$x=\frac{\pi}{3} \text{ 또는 } x=\frac{5}{3}\pi$$

(i), (ii)에서 주어진 방정식의 해는

$$x=\frac{\pi}{3} \text{ 또는 } x=\pi \text{ 또는 } x=\frac{5}{3}\pi$$

따라서 $\alpha=\pi$, $\beta=\frac{5}{3}\pi$ 또는 $\alpha=\frac{5}{3}\pi$, $\beta=\pi$이므로

$$\alpha+\beta=\frac{8}{3}\pi \qquad \text{답 } \frac{8}{3}\pi$$

**0638** $\sqrt{2\sin^2 x+2\sin x+\cos^2 x}=\frac{1}{2}$에서

$$\sqrt{2\sin^2 x+2\sin x+(1-\sin^2 x)}=\frac{1}{2} \qquad \cdots \boxed{\text{1단계}}$$

$$\sqrt{\sin^2 x+2\sin x+1}=\frac{1}{2}, \qquad \sqrt{(\sin x+1)^2}=\frac{1}{2}$$

$$|\sin x+1|=\frac{1}{2}$$

$$\therefore \sin x=-\frac{3}{2} \text{ 또는 } \sin x=-\frac{1}{2}$$

그런데 $-1\le \sin x\le 1$이므로 $\quad \sin x=-\frac{1}{2} \qquad \cdots \boxed{\text{2단계}}$

이때 $0\le x<2\pi$에서

$$x=\frac{7}{6}\pi \text{ 또는 } x=\frac{11}{6}\pi \qquad \cdots \boxed{\text{3단계}}$$

$$\text{답 } x=\frac{7}{6}\pi \text{ 또는 } x=\frac{11}{6}\pi$$

| 채점 요소 | | 비율 |
|---|---|---|
| **1단계** | 한 종류의 삼각함수에 대한 방정식으로 변형하기 | 30 % |
| **2단계** | $\sin x$의 값 구하기 | 40 % |
| **3단계** | 방정식의 해 구하기 | 30 % |

**0639** $3\cos^2 x-1=\sin x\cos x$에서

$$3\cos^2 x-(\sin^2 x+\cos^2 x)=\sin x\cos x$$

$$2\cos^2 x-\sin x\cos x-\sin^2 x=0$$

$$(2\cos x+\sin x)(\cos x-\sin x)=0$$

$$\therefore \cos x=-\frac{1}{2}\sin x \text{ 또는 } \cos x=\sin x$$

$$\therefore \tan x=-2 \text{ 또는 } \tan x=1$$

그런데 $0\leq x<\dfrac{\pi}{2}$에서 $\tan x\geq 0$이므로  $\tan x=1$

$\therefore x=\dfrac{\pi}{4}$  답 $x=\dfrac{\pi}{4}$

**0640** $3\cos^2 A-7\cos A+2=0$에서
$(3\cos A-1)(\cos A-2)=0$

그런데 $-1\leq\cos A\leq 1$이므로  $\cos A=\dfrac{1}{3}$

이때 $A+B+C=\pi$이므로  $B+C=\pi-A$

$\therefore \sin(B+C)=\sin(\pi-A)$
$=\sin A=\sqrt{1-\cos^2 A}\ (\because 0<A<\pi)$
$=\sqrt{1-\left(\dfrac{1}{3}\right)^2}=\dfrac{2\sqrt{2}}{3}$  답 ④

**0641** $4\cos^2 A+4\sqrt{3}\sin A-7=0$에서
$4(1-\sin^2 A)+4\sqrt{3}\sin A-7=0$
$4\sin^2 A-4\sqrt{3}\sin A+3=0$
$(2\sin A-\sqrt{3})^2=0$  $\therefore \sin A=\dfrac{\sqrt{3}}{2}$

이때 삼각형 ABC는 예각삼각형이므로

$0<A<\dfrac{\pi}{2}$  $\therefore A=\dfrac{\pi}{3}$

또 $A+B+C=\pi$이므로  $\pi-(B+C)=A$

$\therefore \tan\{\pi-(B+C)\}=\tan A=\tan\dfrac{\pi}{3}=\sqrt{3}$  답 ⑤

**0642** $A+B+C=\pi$이므로  $B+C=\pi-A$

$\therefore \sin\dfrac{B+C}{2}=\sin\dfrac{\pi-A}{2}=\sin\left(\dfrac{\pi}{2}-\dfrac{A}{2}\right)=\cos\dfrac{A}{2}$

따라서 주어진 방정식에서  $2\cos^2\dfrac{A}{2}+\cos\dfrac{A}{2}-1=0$

$\therefore \left(\cos\dfrac{A}{2}+1\right)\left(2\cos\dfrac{A}{2}-1\right)=0$

이때 $0<\dfrac{A}{2}<\dfrac{\pi}{2}$이므로  $0<\cos\dfrac{A}{2}<1$

$\therefore \cos\dfrac{A}{2}=\dfrac{1}{2}$

따라서 $\dfrac{A}{2}=\dfrac{\pi}{3}$이므로  $A=\dfrac{2}{3}\pi$

$\therefore \sin A=\sin\dfrac{2}{3}\pi=\sin\left(\pi-\dfrac{\pi}{3}\right)=\sin\dfrac{\pi}{3}=\dfrac{\sqrt{3}}{2}$  답 $\dfrac{\sqrt{3}}{2}$

**0643** $4\cos^2 A+4\sin A=5$에서
$4(1-\sin^2 A)+4\sin A=5$
$4\sin^2 A-4\sin A+1=0$
$(2\sin A-1)^2=0$  $\therefore \sin A=\dfrac{1}{2}$

$\therefore \cos\left(\dfrac{\pi}{2}+B+C\right)$
$=-\sin(B+C)$
$=-\sin(\pi-A)\ (\because A+B+C=\pi)$
$=-\sin A=-\dfrac{1}{2}$  답 $-\dfrac{1}{2}$

**0644** $\sin^2 x+\cos x+a=0$에서
$(1-\cos^2 x)+\cos x+a=0$
$\therefore \cos^2 x-\cos x-1=a$

이 방정식이 실근을 가지려면 $y=\cos^2 x-\cos x-1$의 그래프와 직선 $y=a$의 교점이 존재해야 한다.

이때 $\cos x=t$로 놓으면 $-1\leq t\leq 1$이고
$y=t^2-t-1=\left(t-\dfrac{1}{2}\right)^2-\dfrac{5}{4}$

따라서 주어진 방정식이 실근을 가지려면 오른쪽 그림에서

$-\dfrac{5}{4}\leq a\leq 1$

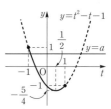

답 $-\dfrac{5}{4}\leq a\leq 1$

**0645** $\sin^2 x+2\cos\left(x+\dfrac{\pi}{2}\right)+k=0$에서
$\sin^2 x-2\sin x+k=0$
$\therefore -\sin^2 x+2\sin x=k$

이 방정식이 실근을 가지려면 $y=-\sin^2 x+2\sin x$의 그래프와 직선 $y=k$의 교점이 존재해야 한다.

이때 $\sin x=t$로 놓으면 $-1\leq t\leq 1$이고
$y=-t^2+2t=-(t-1)^2+1$

주어진 방정식이 실근을 가지려면 오른쪽 그림에서

$-3\leq k\leq 1$

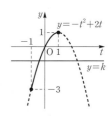

따라서 정수 $k$는 $-3$, $-2$, $-1$, $0$, $1$이므로 구하는 합은
$-3+(-2)+(-1)+0+1=-5$

답 ①

**0646** $\sin^2\theta-2\cos\left(\theta+\dfrac{3}{2}\pi\right)-a-1=0$에서
$\sin^2\theta-2\sin\theta-a-1=0$
$\therefore \sin^2\theta-2\sin\theta-1=a$  … 1단계

이 방정식을 만족시키는 $\theta$가 존재하려면 $y=\sin^2\theta-2\sin\theta-1$의 그래프와 직선 $y=a$의 교점이 존재해야 한다.

이때 $\sin\theta=t$로 놓으면 $-1\leq t\leq 1$이고
$y=t^2-2t-1$
$=(t-1)^2-2$  … 2단계

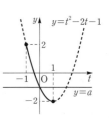

따라서 주어진 방정식을 만족시키는 $\theta$가 존재하려면 오른쪽 그림에서

$-2\leq a\leq 2$  … 3단계

답 $-2\leq a\leq 2$

| 채점 요소 | | 비율 |
|---|---|---|
| 1단계 | 한 종류의 삼각함수로 변형하기 | 30 % |
| 2단계 | $\sin\theta=t$로 치환하기 | 30 % |
| 3단계 | $a$의 값의 범위 구하기 | 40 % |

**0647** $\cos\left(\dfrac{\pi}{2}+x\right)\cos\left(\dfrac{\pi}{2}-x\right)+4\sin(\pi+x)=k$ 에서

$$-\sin x \times \sin x - 4\sin x = k$$
$$\therefore -\sin^2 x - 4\sin x = k$$

이 방정식이 실근을 가지려면 $y=-\sin^2 x-4\sin x$의 그래프와 직선 $y=k$의 교점이 존재해야 한다.

이때 $\sin x = t$로 놓으면 $0 \le x < \pi$에서 $0 \le t \le 1$이고

$$y=-t^2-4t=-(t+2)^2+4$$

따라서 주어진 방정식이 실근을 가지려면 오른쪽 그림에서

$$-5 \le k \le 0$$

즉 정수 $k$는 $-5$, $-4$, $-3$, $-2$, $-1$, $0$의 6개이다.　　**답 6**

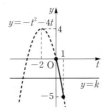

**0648** $\sin\left(x-\dfrac{\pi}{3}\right) \ge \dfrac{1}{2}$ 에서 $x-\dfrac{\pi}{3}=t$로 놓으면

$$\sin t \ge \dfrac{1}{2}$$

한편 $0 \le x \le 2\pi$에서

$$-\dfrac{\pi}{3} \le x-\dfrac{\pi}{3} \le \dfrac{5}{3}\pi \quad \therefore -\dfrac{\pi}{3} \le t \le \dfrac{5}{3}\pi$$

$-\dfrac{\pi}{3} \le t \le \dfrac{5}{3}\pi$에서 부등식

$\sin t \ge \dfrac{1}{2}$의 해는

$$\dfrac{\pi}{6} \le t \le \dfrac{5}{6}\pi$$

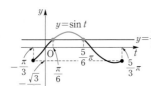

따라서 $\dfrac{\pi}{6} \le x-\dfrac{\pi}{3} \le \dfrac{5}{6}\pi$이므로

$$\dfrac{\pi}{2} \le x \le \dfrac{7}{6}\pi$$

즉 $\alpha=\dfrac{\pi}{2}$, $\beta=\dfrac{7}{6}\pi$이므로

$$\alpha+\beta=\dfrac{5}{3}\pi$$　　**답 $\dfrac{5}{3}\pi$**

**0649** $0 \le \theta < \pi$이므로 오른쪽 그림에서

부등식 $-\dfrac{\sqrt{3}}{2} \le \cos\theta < \dfrac{1}{2}$의 해는

$$\dfrac{\pi}{3} < \theta \le \dfrac{5}{6}\pi$$　　**답 ④**

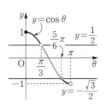

**0650** 부등식 $\sin x \ge \cos x$의 해는 $y=\sin x$의 그래프가 $y=\cos x$의 그래프와 만나거나 $y=\cos x$의 그래프보다 위쪽에 있는 $x$의 값의 범위이므로 오른쪽 그림에서

$$\dfrac{\pi}{4} \le x \le \dfrac{5}{4}\pi$$

**답 $\dfrac{\pi}{4} \le x \le \dfrac{5}{4}\pi$**

**0651** (ⅰ) $2\cos\alpha < \sqrt{3}$에서　$\cos\alpha < \dfrac{\sqrt{3}}{2}$

$$\therefore \dfrac{\pi}{6} < \alpha < \dfrac{\pi}{2} \left(\because 0 < \alpha < \dfrac{\pi}{2}\right)$$

(ⅱ) $2\sin\alpha \le \sqrt{2}$에서　$\sin\alpha \le \dfrac{\sqrt{2}}{2}$

$$\therefore 0 < \alpha \le \dfrac{\pi}{4} \left(\because 0 < \alpha < \dfrac{\pi}{2}\right)$$

(ⅰ), (ⅱ)에서 연립부등식 $\begin{cases} 2\cos\alpha < \sqrt{3} \\ 2\sin\alpha \le \sqrt{2} \end{cases}$ 의 해는

$$\dfrac{\pi}{6} < \alpha \le \dfrac{\pi}{4} \qquad \cdots\cdots ㉠$$

이때 각 $\alpha$를 나타내는 동경과 각 $\beta$를 나타내는 동경이 $y$축에 대하여 대칭이므로

$$\alpha+\beta=\pi$$

즉 $\alpha=\pi-\beta$이므로 ㉠에 대입하면

$$\dfrac{\pi}{6} < \pi-\beta \le \dfrac{\pi}{4}, \qquad -\dfrac{5}{6}\pi < -\beta \le -\dfrac{3}{4}\pi$$

$$\therefore \dfrac{3}{4}\pi \le \beta < \dfrac{5}{6}\pi$$　　**답 $\dfrac{3}{4}\pi \le \beta < \dfrac{5}{6}\pi$**

**0652** $2\sin^2 x > 3\cos x$에서

$$2(1-\cos^2 x) > 3\cos x$$
$$2\cos^2 x + 3\cos x - 2 < 0$$
$$\therefore (\cos x+2)(2\cos x-1) < 0$$

그런데 $\cos x + 2 > 0$이므로

$$2\cos x-1 < 0 \qquad \therefore \cos x < \dfrac{1}{2}$$

따라서 오른쪽 그림에서 주어진 부등식의 해는

$$\dfrac{\pi}{3} < x < \dfrac{5}{3}\pi$$

즉 $a=\dfrac{\pi}{3}$, $b=\dfrac{5}{3}\pi$이므로

$$a+b=2\pi$$　　**답 ⑤**

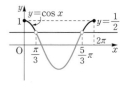

**0653** $2\cos^2 x < \sin x + 1$에서

$$2(1-\sin^2 x) < \sin x + 1$$
$$2\sin^2 x + \sin x - 1 > 0$$
$$\therefore (\sin x+1)(2\sin x-1) > 0$$

그런데 $\sin x + 1 \ge 0$이므로

$$2\sin x-1 > 0 \qquad \therefore \sin x > \dfrac{1}{2}$$

따라서 오른쪽 그림에서 주어진 부등식의 해는

$$\dfrac{\pi}{6} < x < \dfrac{5}{6}\pi$$

**답 $\dfrac{\pi}{6} < x < \dfrac{5}{6}\pi$**

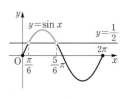

**0654** $x-\dfrac{\pi}{3}=t$로 놓으면　$x=\dfrac{\pi}{3}+t$

$$\therefore \cos\left(x+\dfrac{\pi}{6}\right)=\cos\left(\dfrac{\pi}{2}+t\right)=-\sin t$$

따라서 주어진 부등식은

$$2\cos^2 t + \sin t - 1 \geq 0 \qquad \cdots\cdots \ ㉠$$

이때 $0 \leq x < 2\pi$이므로

$$-\frac{\pi}{3} \leq x - \frac{\pi}{3} < \frac{5}{3}\pi \qquad \therefore \ -\frac{\pi}{3} \leq t < \frac{5}{3}\pi$$

㉠에서 $\quad 2(1 - \sin^2 t) + \sin t - 1 \geq 0$

$$2\sin^2 t - \sin t - 1 \leq 0, \qquad (2\sin t + 1)(\sin t - 1) \leq 0$$

$$\therefore \ -\frac{1}{2} \leq \sin t \leq 1$$

따라서 오른쪽 그림에서 주어
진 부등식의 해는

$$-\frac{\pi}{6} \leq t \leq \frac{7}{6}\pi$$

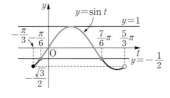

즉 $-\dfrac{\pi}{6} \leq x - \dfrac{\pi}{3} \leq \dfrac{7}{6}\pi$이

므로

$$\frac{\pi}{6} \leq x \leq \frac{3}{2}\pi$$

따라서 $\alpha = \dfrac{\pi}{6}$, $\beta = \dfrac{3}{2}\pi$이므로

$$\frac{\beta}{\alpha} = 9 \qquad\qquad\qquad\qquad 답 \ 9$$

**0655** $\cos^2\theta + 4\sin\theta \leq 2a$에서

$$(1 - \sin^2\theta) + 4\sin\theta \leq 2a$$

$$\therefore \ \sin^2\theta - 4\sin\theta + 2a - 1 \geq 0$$

이때 $\sin\theta = t$로 놓으면 $-1 \leq t \leq 1$이고 주어진 부등식은

$$t^2 - 4t + 2a - 1 \geq 0 \qquad \cdots\cdots \ ㉠$$

$-1 \leq t \leq 1$일 때, 함수

$$y = t^2 - 4t + 2a - 1$$

$$= (t - 2)^2 + 2a - 5$$

는 $t = 1$에서 최솟값을 가지므로 부등식
㉠이 성립하려면

$$1 - 4 + 2a - 1 \geq 0$$

$$\therefore \ a \geq 2 \qquad\qquad\qquad\qquad 답 \ a \geq 2$$

**0656** 모든 실수 $x$에 대하여 $x^2 - 2x\sin\theta - 3\cos^2\theta + 2 \geq 0$이
성립하려면 이차방정식 $x^2 - 2x\sin\theta - 3\cos^2\theta + 2 = 0$의 판별
식을 $D$라 할 때

$$\frac{D}{4} = (-\sin\theta)^2 - (-3\cos^2\theta + 2) \leq 0$$

$$\sin^2\theta + 3\cos^2\theta - 2 \leq 0, \qquad (1 - \cos^2\theta) + 3\cos^2\theta - 2 \leq 0$$

$$2\cos^2\theta - 1 \leq 0, \qquad (\sqrt{2}\cos\theta + 1)(\sqrt{2}\cos\theta - 1) \leq 0$$

$$\therefore \ -\frac{\sqrt{2}}{2} \leq \cos\theta \leq \frac{\sqrt{2}}{2}$$

따라서 오른쪽 그림에서 $\theta$의 값
의 범위는

$$\frac{\pi}{4} \leq \theta \leq \frac{3}{4}\pi$$

$$답 \ \frac{\pi}{4} \leq \theta \leq \frac{3}{4}\pi$$

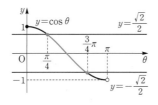

**0657** 이차방정식 $x^2 - 4x\sin\theta + 1 = 0$의 판별식을 $D$라 할 때

$$\frac{D}{4} = (-2\sin\theta)^2 - 1 = 0 \qquad \cdots 1단계$$

$$4\sin^2\theta - 1 = 0 \qquad \therefore \ (2\sin\theta + 1)(2\sin\theta - 1) = 0$$

이때 $0 < \theta < \pi$에서 $0 < \sin\theta \leq 1$이므로

$$\sin\theta = \frac{1}{2}$$

$$\therefore \ \theta = \frac{\pi}{6} \ 또는 \ \theta = \frac{5}{6}\pi \qquad \cdots 2단계$$

따라서 $\alpha = \dfrac{\pi}{6}$, $\beta = \dfrac{5}{6}\pi$이므로

$$\cos(\beta - \alpha) = \cos\left(\frac{5}{6}\pi - \frac{\pi}{6}\right) = \cos\frac{2}{3}\pi$$

$$= \cos\left(\pi - \frac{\pi}{3}\right) = -\cos\frac{\pi}{3}$$

$$= -\frac{1}{2} \qquad\qquad \cdots 3단계$$

$$답 \ -\frac{1}{2}$$

| 채점 요소 | 비율 |
|---|---|
| **1단계** 판별식을 이용하여 $\theta$에 대한 방정식 세우기 | 30 % |
| **2단계** $\theta$의 값 구하기 | 50 % |
| **3단계** $\cos(\beta - \alpha)$의 값 구하기 | 20 % |

**0658** $x$에 대한 이차방정식 $x^2 - 3x + \sin^2\theta - 3\cos^2\theta = 0$이
서로 다른 부호의 실근을 가지려면 두 근의 곱이 음수이어야 하므
로 이차방정식의 근과 계수의 관계에 의하여

$$\sin^2\theta - 3\cos^2\theta < 0, \qquad (1 - \cos^2\theta) - 3\cos^2\theta < 0$$

$$4\cos^2\theta - 1 > 0, \qquad (2\cos\theta + 1)(2\cos\theta - 1) > 0$$

$$\therefore \ \cos\theta < -\frac{1}{2} \ 또는 \ \cos\theta > \frac{1}{2}$$

오른쪽 그림에서 $\theta$의 값의 범위는

$$0 \leq \theta < \frac{\pi}{3}$$

$$또는 \ \frac{2}{3}\pi < \theta < \frac{4}{3}\pi$$

$$또는 \ \frac{5}{3}\pi < \theta \leq 2\pi$$

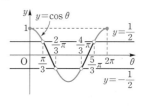

따라서 $\theta$의 값이 아닌 것은 ③ $\dfrac{2}{5}\pi$이다. $\qquad$ 답 ③

**0659** (i) 이차방정식 $x^2 - 4x\cos\theta + 6\sin\theta = 0$이 서로 다른
두 양의 실근을 가지려면 이 이차방정식의 판별식을 $D$라 할
때

$$\frac{D}{4} = (-2\cos\theta)^2 - 6\sin\theta > 0$$

$$4\cos^2\theta - 6\sin\theta > 0$$

$$4(1 - \sin^2\theta) - 6\sin\theta > 0$$

$$2\sin^2\theta + 3\sin\theta - 2 < 0$$

$$\therefore \ (\sin\theta + 2)(2\sin\theta - 1) < 0$$

그런데 $\sin\theta + 2 > 0$이므로

$$2\sin\theta - 1 < 0 \qquad \therefore \ \sin\theta < \frac{1}{2}$$

(ii) 두 근의 합이 0보다 커야 하므로

$4\cos\theta>0$ $\quad\therefore\cos\theta>0$

(iii) 두 근의 곱이 0보다 커야 하므로

$6\sin\theta>0$ $\quad\therefore\sin\theta>0$

이상에서 $\quad 0<\sin\theta<\dfrac{1}{2},\ \cos\theta>0$

오른쪽 그림에서 $\theta$의 값의 범위는

$0<\theta<\dfrac{\pi}{6}$

따라서 $\alpha=0,\ \beta=\dfrac{\pi}{6}$이므로

$\cos\alpha+\sin\beta$

$=\cos0+\sin\dfrac{\pi}{6}=1+\dfrac{1}{2}=\dfrac{3}{2}$ 　답 $\dfrac{3}{2}$

**0660** $A+B+C=\pi$이므로

ㄱ. $\sin\dfrac{B+C}{2}=\sin\dfrac{\pi-A}{2}=\sin\left(\dfrac{\pi}{2}-\dfrac{A}{2}\right)$

$=\cos\dfrac{A}{2}$ (참)

ㄴ. $\tan\dfrac{A}{2}=\tan\dfrac{\pi-(B+C)}{2}=\tan\left(\dfrac{\pi}{2}-\dfrac{B+C}{2}\right)$

$=\dfrac{1}{\tan\dfrac{B+C}{2}}$ (거짓)

ㄷ. $\cos(B+C)=\cos(\pi-A)=-\cos A$

따라서 $-\cos A>0$이므로 $\quad\cos A<0$

즉 $\dfrac{\pi}{2}<A<\pi$이므로 삼각형 ABC는 둔각삼각형이다. (거짓)

이상에서 옳은 것은 ㄱ뿐이다. 　답 ㄱ

**0661** $A+C=\pi,\ B+D=\pi$이므로

$C=\pi-A,\ D=\pi-B$

ㄱ. $\sin A+\sin B+\sin C+\sin D$

$=\sin A+\sin B+\sin(\pi-A)+\sin(\pi-B)$

$=2(\sin A+\sin B)>0\ (\because\ 0<A<\pi,\ 0<B<\pi)$ (거짓)

ㄴ. $\cos A+\cos B+\cos C+\cos D$

$=\cos A+\cos B+\cos(\pi-A)+\cos(\pi-B)$

$=\cos A+\cos B-\cos A-\cos B=0$ (참)

ㄷ. $\tan A+\tan B+\tan C+\tan D$

$=\tan A+\tan B+\tan(\pi-A)+\tan(\pi-B)$

$=\tan A+\tan B-\tan A-\tan B=0$ (참)

이상에서 옳은 것은 ㄴ, ㄷ이다. 　답 ㄴ, ㄷ

참고| 원에 내접하는 사각형에서 한 쌍의 대각의 크기의 합은 180°이다.

**0662** $10\theta=2\pi$에서 $\quad 5\theta=\pi$

① $\sin6\theta=\sin(5\theta+\theta)=\sin(\pi+\theta)=-\sin\theta$

$\therefore\sin\theta+\sin6\theta=\sin\theta+(-\sin\theta)=0$

② $\sin(-5\theta)=-\sin5\theta=-\sin\pi=0$

이때 $\sin\theta\neq0$이므로 $\quad\sin\theta+\sin(-5\theta)\neq0$

③ $\cos4\theta=\cos(5\theta-\theta)=\cos(\pi-\theta)=-\cos\theta$

$\therefore\cos2\theta+\cos4\theta=\cos2\theta-\cos\theta\neq0$

④ $\cos4\theta=\cos(5\theta-\theta)=\cos(\pi-\theta)=-\cos\theta$

$\cos6\theta=\cos(5\theta+\theta)=\cos(\pi+\theta)=-\cos\theta$

$\therefore\cos4\theta=\cos6\theta$

⑤ $\sin\theta$는 점 $P_1$의 $y$좌표이고, $\cos3\theta$는 점 $P_3$의 $x$좌표이므로

$\sin\theta\neq\cos3\theta$

답 ④

**0663** 방정식 $\sin\pi x=\dfrac{3}{10}x$의 서로 다른 실근의 개수는

$y=\sin\pi x$의 그래프와 직선 $y=\dfrac{3}{10}x$의 교점의 개수와 같다.

이때 $y=\sin\pi x$의 주기는 $\dfrac{2\pi}{\pi}=2$이므로 함수 $y=\sin\pi x$의 그래프와 직선 $y=\dfrac{3}{10}x$는 다음 그림과 같다.

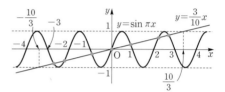

따라서 교점의 개수가 7이므로 주어진 방정식의 서로 다른 실근의 개수는 7이다. 　답 ④

**0664** 방정식 $\sin x=\cos2x$의 서로 다른 실근의 개수는

$y=\sin x$와 $y=\cos2x$의 그래프의 교점의 개수와 같다.

이때 $y=\cos2x$의 주기는 $\dfrac{2\pi}{2}=\pi$이므로 $0\leq x\leq2\pi$에서 함수 $y=\sin x$와 $y=\cos2x$의 그래프는 다음 그림과 같다.

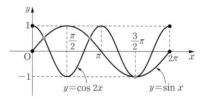

따라서 교점의 개수가 3이므로 주어진 방정식의 서로 다른 실근의 개수는 3이다. 　답 3

**0665** 방정식 $|\cos2x|=\dfrac{2}{\pi}x$의 서로 다른 실근의 개수는

$y=|\cos2x|$의 그래프와 직선 $y=\dfrac{2}{\pi}x$의 교점의 개수와 같다.

이때 $y=|\cos2x|$의 주기는 $\dfrac{\pi}{2}$이므로 함수 $y=|\cos2x|$의 그래프와 직선 $y=\dfrac{2}{\pi}x$는 다음 그림과 같다.

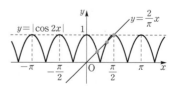

따라서 교점의 개수는 3이므로 주어진 방정식의 서로 다른 실근의 개수는 3이다. 　답 3

**0666** 방정식 $f(x)-g(x)=0$, 즉 $f(x)=g(x)$의 서로 다른 실근의 개수는 $y=f(x)$와 $y=g(x)$의 그래프의 교점의 개수와 같다.

이때 $f(x)=\sqrt{1-\cos^2\pi x}=\sqrt{\sin^2\pi x}=|\sin\pi x|$에서 $y=f(x)$의 주기는 $\dfrac{\pi}{\pi}=1$이므로 $y=f(x)$와 $y=g(x)$의 그래프는 다음 그림과 같다.

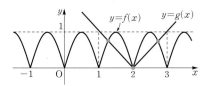

따라서 교점의 개수가 3이므로 주어진 방정식의 서로 다른 실근의 개수는 3이다.　　　**답 ②**

**시험에 꼭 나오는 문제**　　　● 본책 090~093쪽

**0667** 주어진 함수의 주기는 다음과 같다.

① $2\pi$　　　② $2\pi$　　　③ $\pi$

④ $\dfrac{\pi}{\frac{1}{2}}=2\pi$　　　⑤ $\dfrac{2\pi}{\frac{1}{2}}=4\pi$

따라서 주기가 가장 큰 것은 ⑤이다.　　　**답 ⑤**

**0668** 함수 $f(x)$가 정의역에 속하는 모든 실수 $x$에 대하여 $f(x+8)=f(x)$를 만족시키려면 $f(x)$가 주기함수이고 주기를 $p$라 할 때, $pn=8$을 만족시키는 정수 $n$이 존재해야 한다.

① 함수의 주기가 $\dfrac{2\pi}{\pi}=2$이므로　　　$2\times4=8$

② 함수의 주기가 $\dfrac{2\pi}{\frac{3}{2}\pi}=\dfrac{4}{3}$이므로　　　$\dfrac{4}{3}\times6=8$

③ 함수의 주기가 $\dfrac{2\pi}{\frac{5}{2}\pi}=\dfrac{4}{5}$이므로　　　$\dfrac{4}{5}\times10=8$

④ 함수의 주기가 $\dfrac{2\pi}{\frac{\pi}{3}}=6$이므로 $6n=8$을 만족시키는 정수 $n$이

존재하지 않는다.

따라서 $f(x+8)=f(x)$를 만족시키지 않는다.

⑤ 함수의 주기가 $\dfrac{\pi}{2\pi}=\dfrac{1}{2}$이므로　　　$\dfrac{1}{2}\times16=8$

　　　**답 ④**

**0669** 주기는 $\dfrac{2\pi}{2\pi}=1$이므로　　　$a=1$

최댓값은 $1+5=6$이므로　　　$b=6$

$f(x)=\sin\left(2\pi x-\dfrac{\pi}{3}\right)+5=\sin2\pi\left(x-\dfrac{1}{6}\right)+5$

이므로 $y=f(x)$의 그래프는 함수 $y=\sin2\pi x$의 그래프를 $x$축의 방향으로 $\dfrac{1}{6}$만큼, $y$축의 방향으로 5만큼 평행이동한 것이다.

즉 $c=\dfrac{1}{6}$, $d=5$이므로

$$ad+bc=1\times5+6\times\dfrac{1}{6}=6$$

　　　**답 6**

**0670** $(g\circ f)(x)=g(f(x))=-3f(x)+2$
$$=-3(a\sin x-b)+2$$
$$=-3a\sin x+3b+2$$

이때 $a>0$에서　　　$-3a<0$

$(g\circ f)(x)$의 최댓값이 11이므로　　　$|-3a|+3b+2=11$

$3a+3b=9$　　　$\therefore a+b=3$　　　……㉠

$(g\circ f)(x)$의 최솟값이 $-13$이므로

$-|-3a|+3b+2=-13$

$-3a+3b=-15$　　　$\therefore a-b=5$　　　……㉡

㉠, ㉡을 연립하여 풀면　　　$a=4$, $b=-1$

$\therefore ab=-4$　　　**답 $-4$**

**0671** 주어진 그래프에서 함수의 주기가 $\dfrac{2}{3}\pi-\left(-\dfrac{\pi}{3}\right)=\pi$이고 $a>0$이므로　　　$\dfrac{2\pi}{a}=\pi$　　　$\therefore a=2$

따라서 주어진 함수의 식은 $y=\cos2(x+b)+1$이고 그래프가 점 $\left(\dfrac{2}{3}\pi,\ 2\right)$를 지나므로

$2=\cos\left(\dfrac{4}{3}\pi+2b\right)+1$　　　$\therefore \cos\left(\dfrac{4}{3}\pi+2b\right)=1$

이때 $0<b<\pi$이므로　　　$\dfrac{4}{3}\pi<\dfrac{4}{3}\pi+2b<\dfrac{10}{3}\pi$

즉 $\dfrac{4}{3}\pi+2b=2\pi$이므로　　　$2b=\dfrac{2}{3}\pi$　　　$\therefore b=\dfrac{\pi}{3}$

$\therefore ab=2\times\dfrac{\pi}{3}=\dfrac{2}{3}\pi$　　　**답 $\dfrac{2}{3}\pi$**

**0672** $a>0$이므로 $0\leq|\sin bx|\leq1$에서
$$c\leq a|\sin bx|+c\leq a+c$$

이때 조건 ㈎에서 최댓값과 최솟값의 차가 2이므로

$(a+c)-c=2$　　　$\therefore a=2$

또 조건 ㈏에서 함수 $y=\cos6x$의 주기는 $\dfrac{2\pi}{6}=\dfrac{\pi}{6}$이고 $b>0$이

므로　　　$\dfrac{\pi}{b}=\dfrac{\pi}{3}$　　　$\therefore b=3$

따라서 조건 ㈐에서 함수 $f(x)=2|\sin3x|+c$의 그래프가 점 $(0,\ 3)$을 지나므로

$2|\sin0|+c=3$　　　$\therefore c=3$

$\therefore a+b+c=8$　　　**답 8**

**0673** 함수 $y=a\cos bx$의 그래프와 직선 $l$의 교점의 $x$좌표가 1, 5이고 $\dfrac{1+5}{2}=3$이므로 함수 $y=a\cos bx$의 그래프는 직선 $x=3$에 대하여 대칭이다.

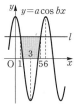

따라서 함수 $y=a\cos bx$의 주기는 $2\times 3=6$이고 $b>0$이므로

$$\frac{2\pi}{b}=6 \qquad \therefore b=\frac{\pi}{3}$$

즉 주어진 함수의 식은 $y=a\cos\frac{\pi}{3}x$이므로 $x=1$을 대입하면

$$y=a\cos\frac{\pi}{3}=\frac{1}{2}a$$

이때 직선 $l$과 $x$축 및 두 직선 $x=1$, $x=5$로 둘러싸인 도형의 넓이가 24이므로

$$(5-1)\times\frac{1}{2}a=24, \qquad 2a=24 \qquad \therefore a=12$$

$$\therefore ab=12\times\frac{\pi}{3}=4\pi$$

답 $4\pi$

**0674** $y=\sin 2x$의 주기는 $\qquad \dfrac{2\pi}{2}=\pi$

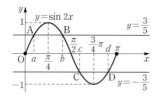

따라서 위의 그림에서 두 점 A, B는 직선 $x=\dfrac{\pi}{4}$에 대하여 대칭이므로

$$\frac{a+b}{2}=\frac{\pi}{4} \qquad \therefore a+b=\frac{\pi}{2}$$

두 점 C, D는 직선 $x=\dfrac{3}{4}\pi$에 대하여 대칭이므로

$$\frac{c+d}{2}=\frac{3}{4}\pi \qquad \therefore c+d=\frac{3}{2}\pi$$

두 점 B, C는 점 $\left(\dfrac{\pi}{2},\,0\right)$에 대하여 대칭이므로

$$\frac{b+c}{2}=\frac{\pi}{2} \qquad \therefore b+c=\pi$$

$$\therefore a+2b+2c+d=(a+b)+(b+c)+(c+d)$$
$$=\frac{\pi}{2}+\pi+\frac{3}{2}\pi=3\pi$$

답 $3\pi$

다른 풀이 두 점 A, D는 점 $\left(\dfrac{\pi}{2},\,0\right)$에 대하여 대칭이므로

$$\frac{a+d}{2}=\frac{\pi}{2} \qquad \therefore a+d=\pi$$

$$\therefore a+2b+2c+d=(a+d)+2(b+c)$$
$$=\pi+2\times\pi=3\pi$$

**0675** $y=\cos 2x+1$의 그래프를 $x$축의 방향으로 $\dfrac{\pi}{2}$만큼 평행이동한 그래프의 식은

$$y=\cos 2\left(x-\frac{\pi}{2}\right)+1=\cos(2x-\pi)+1$$
$$=\cos(\pi-2x)+1$$
$$=-\cos 2x+1$$

이 함수의 그래프를 $y$축에 대하여 대칭이동한 그래프의 식은

$$y=-\cos(-2x)+1=-\cos 2x+1$$

답 ④

**0676** $\cos(\pi+\theta)=-\cos\theta$, $\tan(2\pi-\theta)=-\tan\theta$,

$\sin\left(\dfrac{5}{2}\pi+\theta\right)=\cos\theta$, $\sin(3\pi-\theta)=\sin\theta$,

$\tan(-\theta)=-\tan\theta$, $\cos\left(\dfrac{3}{2}\pi-\theta\right)=-\sin\theta$

$\therefore$ (주어진 식)

$$=\frac{-\cos\theta\times(-\tan\theta)}{\cos\theta}-\frac{\sin\theta\times(-\tan\theta)}{-\sin\theta}$$
$$=\tan\theta-\tan\theta$$
$$=0$$

답 ③

**0677** $\cos^2(\pi-\theta)=\cos^2\theta$이므로

$\cos^2\dfrac{\pi}{10}=\cos^2\dfrac{9}{10}\pi$, $\cos^2\dfrac{2}{10}\pi=\cos^2\dfrac{8}{10}\pi$,

$\cos^2\dfrac{3}{10}\pi=\cos^2\dfrac{7}{10}\pi$, $\cos^2\dfrac{4}{10}\pi=\cos^2\dfrac{6}{10}\pi$

$\therefore$ (주어진 식)

$$=2\left(\cos^2\frac{\pi}{10}+\cos^2\frac{2}{10}\pi+\cos^2\frac{3}{10}\pi+\cos^2\frac{4}{10}\pi\right)$$
$$\quad+\cos^2\frac{5}{10}\pi$$
$$=2\left\{\cos^2\frac{\pi}{10}+\cos^2\frac{2}{10}\pi+\cos^2\left(\frac{\pi}{2}-\frac{2}{10}\pi\right)\right.$$
$$\left.\quad+\cos^2\left(\frac{\pi}{2}-\frac{\pi}{10}\right)\right\}$$
$$=2\left(\cos^2\frac{\pi}{10}+\cos^2\frac{2}{10}\pi+\sin^2\frac{2}{10}\pi+\sin^2\frac{\pi}{10}\right)$$
$$=2\times(1+1)=4$$

답 4

다른 풀이 (주어진 식)

$$=\cos^2\frac{\pi}{10}+\cos^2\frac{2}{10}\pi+\cos^2\frac{3}{10}\pi+\cos^2\frac{4}{10}\pi+\cos^2\frac{5}{10}\pi$$
$$\quad+\cos^2\left(\frac{\pi}{2}+\frac{\pi}{10}\right)+\cos^2\left(\frac{\pi}{2}+\frac{2}{10}\pi\right)$$
$$\quad+\cos^2\left(\frac{\pi}{2}+\frac{3}{10}\pi\right)+\cos^2\left(\frac{\pi}{2}+\frac{4}{10}\pi\right)$$
$$=\cos^2\frac{\pi}{10}+\cos^2\frac{2}{10}\pi+\cos^2\frac{3}{10}\pi+\cos^2\frac{4}{10}\pi+\cos^2\frac{5}{10}\pi$$
$$\quad+\sin^2\frac{\pi}{10}+\sin^2\frac{2}{10}\pi+\sin^2\frac{3}{10}\pi+\sin^2\frac{4}{10}\pi$$
$$=4$$

**0678** $-1\le\cos x\le 1$이고 $0<a<1$이므로 주어진 함수는 $\cos x=a$일 때 최솟값 1을 갖는다.

즉 $2a=1$이므로 $\qquad a=\dfrac{1}{2}$

따라서 주어진 함수는

$$y=\left|\cos x-\frac{1}{2}\right|+1$$

이고 이 함수는

$\cos x=-1$일 때 최댓값 $\left|-1-\dfrac{1}{2}\right|+1=\dfrac{5}{2}$

를 갖는다.

답 $\dfrac{5}{2}$

**0679** $y=\cos\left(\dfrac{\pi}{2}-x\right)\cos\left(\dfrac{\pi}{2}+x\right)-2\sin(\pi+x)+a$

$\qquad =\sin x\times(-\sin x)-2(-\sin x)+a$

$\qquad =-\sin^2 x+2\sin x+a$

$\sin x=t$로 놓으면 $-1\le t\le 1$이고 주어진 함수는

$\qquad y=-t^2+2t+a=-(t-1)^2+a+1$

$-1\le t\le 1$일 때, 이 함수는

$\qquad t=1$에서 최댓값 $a+1$,

$\qquad t=-1$에서 최솟값 $a-3$

을 가지므로

$\qquad a+1=3 \qquad \therefore a=2$

따라서 구하는 최솟값은 $\quad 2-3=-1$ **답** $-1$

**0680** $y=\dfrac{\sin x+\cos x}{3\cos x-\sin x}=\dfrac{\dfrac{\sin x}{\cos x}+1}{3-\dfrac{\sin x}{\cos x}}=\dfrac{\tan x+1}{3-\tan x}$

$\tan x=t$로 놓으면 $0\le x\le\dfrac{\pi}{4}$에서 $0\le t\le 1$이고 주어진 함수는

$\qquad y=\dfrac{t+1}{3-t}=-\dfrac{(t-3)+4}{t-3}=-\dfrac{4}{t-3}-1$

$0\le t\le 1$일 때, 이 함수는

$\qquad t=1$에서 최댓값 $1$,

$\qquad t=0$에서 최솟값 $\dfrac{1}{3}$

을 가지므로

$\qquad M=1,\ m=\dfrac{1}{3}$

$\qquad \therefore M-m=\dfrac{2}{3}$ **답** $\dfrac{2}{3}$

**0681** $y=x^2-2x\sin\theta-\cos^2\theta$

$\qquad =(x-\sin\theta)^2-\sin^2\theta-\cos^2\theta$

$\qquad =(x-\sin\theta)^2-1$

이므로 꼭짓점의 좌표는 $\quad(\sin\theta,\ -1)$

따라서 점 $(\sin\theta,\ -1)$이 직선 $y=2\sqrt{3}x+2$ 위에 있어야 하므로

$\qquad -1=2\sqrt{3}\sin\theta+2 \qquad \therefore \sin\theta=-\dfrac{\sqrt{3}}{2}$

$\qquad \therefore \theta=\dfrac{4}{3}\pi$ 또는 $\theta=\dfrac{5}{3}\pi\ (\because 0\le\theta<2\pi)$

**답** $\dfrac{4}{3}\pi,\ \dfrac{5}{3}\pi$

**0682** $f(g(x))=g(x)$에서 $g(x)=t\,(-1\le t\le 1)$라 하면

$\qquad f(t)=t, \qquad 2t^2+2t-1=t$

$\qquad 2t^2+t-1=0, \qquad (t+1)(2t-1)=0$

$\qquad \therefore t=-1$ 또는 $t=\dfrac{1}{2}$

$\qquad \therefore g(x)=-1$ 또는 $g(x)=\dfrac{1}{2}$

(ⅰ) $g(x)=-1$, 즉 $\cos\dfrac{\pi}{3}x=-1$일 때

$\quad 0\le x<12$에서 $0\le\dfrac{\pi}{3}x<4\pi$이므로

$\qquad \dfrac{\pi}{3}x=\pi$ 또는 $\dfrac{\pi}{3}x=3\pi$

$\qquad \therefore x=3$ 또는 $x=9$

(ⅱ) $g(x)=\dfrac{1}{2}$, 즉 $\cos\dfrac{\pi}{3}x=\dfrac{1}{2}$일 때

$\quad 0\le x<12$에서 $0\le\dfrac{\pi}{3}x<4\pi$이므로

$\qquad \dfrac{\pi}{3}x=\dfrac{\pi}{3}$ 또는 $\dfrac{\pi}{3}x=\dfrac{5}{3}\pi$ 또는 $\dfrac{\pi}{3}x=\dfrac{7}{3}\pi$

$\qquad$ 또는 $\dfrac{\pi}{3}x=\dfrac{11}{3}\pi$

$\qquad \therefore x=1$ 또는 $x=5$ 또는 $x=7$ 또는 $x=11$

(ⅰ), (ⅱ)에서 모든 실수 $x$의 값의 합은

$\qquad 1+3+5+7+9+11=36$ **답** 36

**다른 풀이** 함수 $g(x)=\cos\dfrac{\pi}{3}x$의 주기는 $\quad\dfrac{2\pi}{\dfrac{\pi}{3}}=6$

따라서 $y=\cos\dfrac{\pi}{3}x$의 그래프는 다음 그림과 같다.

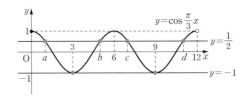

$g(x)=\cos\dfrac{\pi}{3}x$의 그래프가 직선 $y=-1$과 만나는 점의 $x$좌표는

$\qquad 3,\ 9$

또 $g(x)=\cos\dfrac{\pi}{3}x$의 그래프가 직선 $y=\dfrac{1}{2}$과 만나는 점의 $x$좌표를 작은 것부터 차례대로 $a,\ b,\ c,\ d$라 하면 두 점 $(a,\ 0)$, $(b,\ 0)$은 직선 $x=3$에 대하여 대칭이므로

$\qquad \dfrac{a+b}{2}=3 \qquad \therefore a+b=6$

두 점 $(c,\ 0),\ (d,\ 0)$은 직선 $x=9$에 대하여 대칭이므로

$\qquad \dfrac{c+d}{2}=9 \qquad \therefore c+d=18$

따라서 모든 실수 $x$의 값의 합은

$\qquad 3+9+a+b+c+d=12+6+18=36$

**0683** $\dfrac{\pi}{2}<x<\dfrac{3}{2}\pi$에서 $\cos x\ne 0$이므로

$\sqrt{3}\sin^2 x-2\sin x\cos x-\sqrt{3}\cos^2 x=0$의 양변을 $\cos^2 x$로 나누면

$\qquad \sqrt{3}\times\left(\dfrac{\sin x}{\cos x}\right)^2-2\times\dfrac{\sin x}{\cos x}-\sqrt{3}=0$

$\qquad \sqrt{3}\tan^2 x-2\tan x-\sqrt{3}=0$

$\qquad (\sqrt{3}\tan x+1)(\tan x-\sqrt{3})=0$

$\qquad \therefore \tan x=-\dfrac{1}{\sqrt{3}}$ 또는 $\tan x=\sqrt{3}$

(i) $\tan x = -\dfrac{1}{\sqrt{3}}$일 때, $\dfrac{\pi}{2} < x < \dfrac{3}{2}\pi$에서　　$x = \dfrac{5}{6}\pi$

(ii) $\tan x = \sqrt{3}$일 때, $\dfrac{\pi}{2} < x < \dfrac{3}{2}\pi$에서　　$x = \dfrac{4}{3}\pi$

(i), (ii)에서　　$x = \dfrac{5}{6}\pi$ 또는 $x = \dfrac{4}{3}\pi$

따라서 모든 근의 합은

$$\dfrac{5}{6}\pi + \dfrac{4}{3}\pi = \dfrac{13}{6}\pi$$

답 $\dfrac{13}{6}\pi$

**0684** $\sin^2 x + \sin x = \cos^2 x + \cos x$에서

$(\sin^2 x - \cos^2 x) + (\sin x - \cos x) = 0$

$(\sin x - \cos x)(\sin x + \cos x) + (\sin x - \cos x) = 0$

$(\sin x - \cos x)(\sin x + \cos x + 1) = 0$

　$\therefore \sin x - \cos x = 0$ 또는 $\sin x + \cos x + 1 = 0$

(i) $\sin x - \cos x = 0$에서　　$\sin x = \cos x$

$0 \le x < 2\pi$에서　　$x = \dfrac{\pi}{4}$ 또는 $x = \dfrac{5}{4}\pi$

(ii) $\sin x + \cos x + 1 = 0$에서

$\sin x + 1 = -\cos x$　　…… ㉠

양변을 제곱하면

$\sin^2 x + 2\sin x + 1 = \cos^2 x$

$\sin^2 x + 2\sin x + 1 = 1 - \sin^2 x$

$\sin^2 x + \sin x = 0$,　　$\sin x(\sin x + 1) = 0$

　$\therefore \sin x = 0$ 또는 $\sin x = -1$

$0 \le x < 2\pi$에서　　$x = 0$ 또는 $x = \pi$ 또는 $x = \dfrac{3}{2}\pi$

그런데 $x = 0$은 방정식 ㉠을 만족시키지 않으므로

$x = \pi$ 또는 $x = \dfrac{3}{2}\pi$

(i), (ii)에서

$x = \dfrac{\pi}{4}$ 또는 $x = \pi$ 또는 $x = \dfrac{5}{4}\pi$ 또는 $x = \dfrac{3}{2}\pi$

따라서 $a = 4$, $b = \dfrac{3}{2}\pi$, $c = \dfrac{\pi}{4}$이므로

$a\cos(b+c) = 4\cos\left(\dfrac{3}{2}\pi + \dfrac{\pi}{4}\right) = 4\sin\dfrac{\pi}{4}$

$\qquad\qquad\qquad = 2\sqrt{2}$

답 $2\sqrt{2}$

**0685** $\cos A = -\dfrac{1}{2}$이므로　　$A = \dfrac{2}{3}\pi \ (\because 0 < A < \pi)$

이때 $A + B + C = \pi$이므로　　$B + C = \pi - A$

　$\therefore \sin\dfrac{B+C-2\pi}{2} = \sin\dfrac{\pi - A - 2\pi}{2}$

$\qquad\qquad\qquad = \sin\left(-\dfrac{\pi}{2} - \dfrac{A}{2}\right)$

$\qquad\qquad\qquad = -\sin\left(\dfrac{\pi}{2} + \dfrac{A}{2}\right)$

$\qquad\qquad\qquad = -\cos\dfrac{A}{2} = -\cos\dfrac{\pi}{3}$

$\qquad\qquad\qquad = -\dfrac{1}{2}$

답 ②

**0686** $\sin\left(\dfrac{\pi}{2} + x\right) = \cos x$이므로 주어진 부등식은

$2\sin^2 x - 3\cos x \ge 2\cos x - 4\cos^2 x$

$2(1 - \cos^2 x) - 3\cos x \ge 2\cos x - 4\cos^2 x$

$2\cos^2 x - 5\cos x + 2 \ge 0$

　$\therefore (2\cos x - 1)(\cos x - 2) \ge 0$

그런데 $\cos x - 2 < 0$이므로　　$2\cos x - 1 \le 0$

　$\therefore \cos x \le \dfrac{1}{2}$

따라서 오른쪽 그림에서 주어진 부등식의 해는

$\dfrac{\pi}{3} \le x \le \dfrac{5}{3}\pi$

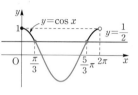

답 $\dfrac{\pi}{3} \le x \le \dfrac{5}{3}\pi$

**0687** 이차방정식 $x^2 - (2\sin\theta)x - 3\cos^2\theta - 5\sin\theta + 5 = 0$의 판별식을 $D$라 하면

$\dfrac{D}{4} = (-\sin\theta)^2 - (-3\cos^2\theta - 5\sin\theta + 5) \ge 0$

$\sin^2\theta + 3\cos^2\theta + 5\sin\theta - 5 \ge 0$

$\sin^2\theta + 3(1 - \sin^2\theta) + 5\sin\theta - 5 \ge 0$

$2\sin^2\theta - 5\sin\theta + 2 \le 0$

　$\therefore (2\sin\theta - 1)(\sin\theta - 2) \le 0$

이때 $\sin\theta - 2 < 0$이므로　　$2\sin\theta - 1 \ge 0$

　$\therefore \sin\theta \ge \dfrac{1}{2}$

오른쪽 그림에서 $\theta$의 값의 범위는

$\dfrac{\pi}{6} \le \theta \le \dfrac{5}{6}\pi$

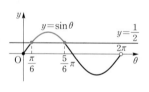

따라서 $\alpha = \dfrac{\pi}{6}$, $\beta = \dfrac{5}{6}\pi$이므로

$4\beta - 2\alpha = 4 \times \dfrac{5}{6}\pi - 2 \times \dfrac{\pi}{6} = 3\pi$

답 ①

**0688** 사각형 ABCD가 원에 내접하므로　　$\alpha + \beta = \pi$

　$\therefore \cos\beta = \cos(\pi - \alpha) = -\cos\alpha = -\dfrac{1}{3}$

$\sin^2\beta + \cos^2\beta = 1$이므로

$\sin^2\beta = 1 - \cos^2\beta = 1 - \left(-\dfrac{1}{3}\right)^2 = \dfrac{8}{9}$

　$\therefore \sin\beta = \dfrac{2\sqrt{2}}{3} \ (\because 0 < \beta < \pi)$

　$\therefore \tan\beta = \dfrac{\sin\beta}{\cos\beta} = -2\sqrt{2}$

답 $-2\sqrt{2}$

**0689** 함수 $f(x) = a\sin b\left(x + \dfrac{\pi}{2}\right) + c$의 최댓값이 1, 최솟값이 $-3$이고 $a > 0$이므로

$a + c = 1$, $-a + c = -3$

두 식을 연립하여 풀면

$a=2, c=-1$ ··· 1단계

한편 모든 실수 $x$에 대하여 $f(x+p)=f(x)$를 만족시키는 양수 $p$의 최솟값이 $4\pi$이므로 함수 $f(x)$의 주기는 $4\pi$이다.

이때 $b>0$이므로   $\dfrac{2\pi}{b}=4\pi$

$\therefore b=\dfrac{1}{2}$ ··· 2단계

$\therefore abc=2\times\dfrac{1}{2}\times(-1)=-1$ ··· 3단계

답 $-1$

| | 채점 요소 | 비율 |
|---|---|---|
| 1단계 | $a$, $c$의 값 구하기 | 40 % |
| 2단계 | $b$의 값 구하기 | 40 % |
| 3단계 | $abc$의 값 구하기 | 20 % |

**0690** $\sin\left(\dfrac{\pi}{2}+\theta\right)=\cos\theta$, $\cos\left(\dfrac{3}{2}\pi+\theta\right)=\sin\theta$,

$\sin(\pi-\theta)=\sin\theta$, $\cos(2\pi-\theta)=\cos\theta$

이므로 주어진 식은

$(\cos\theta+\sin\theta+1)^2=2\sin\theta\cos\theta+3$ ··· 1단계

$\sin^2\theta+\cos^2\theta+1+2(\sin\theta\cos\theta+\sin\theta+\cos\theta)$
$=2\sin\theta\cos\theta+3$

$2+2\sin\theta\cos\theta+2(\sin\theta+\cos\theta)=2\sin\theta\cos\theta+3$

$\therefore \sin\theta+\cos\theta=\dfrac{1}{2}$ ··· 2단계

양변을 제곱하면

$\sin^2\theta+2\sin\theta\cos\theta+\cos^2\theta=\dfrac{1}{4}$

$1+2\sin\theta\cos\theta=\dfrac{1}{4}$

$\therefore \sin\theta\cos\theta=-\dfrac{3}{8}$ ··· 3단계

답 $-\dfrac{3}{8}$

| | 채점 요소 | 비율 |
|---|---|---|
| 1단계 | 주어진 식을 간단히 정리하기 | 40 % |
| 2단계 | $\sin\theta+\cos\theta$의 값 구하기 | 30 % |
| 3단계 | $\sin\theta\cos\theta$의 값 구하기 | 30 % |

**0691** $y=\sin^2\left(x-\dfrac{\pi}{2}\right)+\cos\left(x+\dfrac{\pi}{2}\right)$

$=(-\cos x)^2-\sin x$

$=(1-\sin^2 x)-\sin x$

$=-\sin^2 x-\sin x+1$ ··· 1단계

$\sin x=t$로 놓으면 $-\pi\leq x\leq\pi$에서 $-1\leq t\leq1$이고 주어진 함수는

$y=-t^2-t+1=-\left(t+\dfrac{1}{2}\right)^2+\dfrac{5}{4}$ ··· 2단계

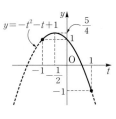

$-1\leq t\leq1$일 때, 이 함수는

$t=-\dfrac{1}{2}$에서 최댓값 $\dfrac{5}{4}$,

$t=1$에서 최솟값 $-1$

을 가지므로 최댓값과 최솟값의 합은

$\dfrac{5}{4}+(-1)=\dfrac{1}{4}$ ··· 3단계

답 $\dfrac{1}{4}$

| | 채점 요소 | 비율 |
|---|---|---|
| 1단계 | 한 종류의 삼각함수로 변형하기 | 30 % |
| 2단계 | $\sin x=t$로 치환하기 | 30 % |
| 3단계 | 최댓값과 최솟값의 합 구하기 | 40 % |

**0692** 이차방정식 $x^2+2\sqrt{2}x\cos\theta+3\sin\theta=0$의 판별식을 $D$라 할 때

$\dfrac{D}{4}=(\sqrt{2}\cos\theta)^2-3\sin\theta\geq0$ ··· 1단계

$2\cos^2\theta-3\sin\theta\geq0$,   $2(1-\sin^2\theta)-3\sin\theta\geq0$

$2\sin^2\theta+3\sin\theta-2\leq0$

$\therefore (\sin\theta+2)(2\sin\theta-1)\leq0$

이때 $\sin\theta+2>0$이므로

$2\sin\theta-1\leq0$   $\therefore \sin\theta\leq\dfrac{1}{2}$ ··· 2단계

따라서 오른쪽 그림에서 $\theta$의 값의 범위는

$\dfrac{5}{6}\pi\leq\theta\leq\dfrac{3}{2}\pi$ ··· 3단계

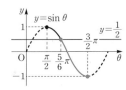

답 $\dfrac{5}{6}\pi\leq\theta\leq\dfrac{3}{2}\pi$

| | 채점 요소 | 비율 |
|---|---|---|
| 1단계 | 판별식을 이용하여 부등식 세우기 | 30 % |
| 2단계 | $\sin\theta$의 값의 범위 구하기 | 40 % |
| 3단계 | $\theta$의 값의 범위 구하기 | 30 % |

**0693** 전략 $\tan(\pi-\theta)=-\tan\theta$임을 이용한다.

$\tan179°=\tan(180°-1°)=-\tan1°$

$\tan159°=\tan(180°-21°)=-\tan21°$

$\tan139°=\tan(180°-41°)=-\tan41°$

$\tan119°=\tan(180°-61°)=-\tan61°$

$\tan99°=\tan(180°-81°)=-\tan81°$

$\therefore A+B$

$=(\tan1°+\tan179°)+(\tan21°+\tan159°)$

$\quad+(\tan41°+\tan139°)+(\tan61°+\tan119°)$

$\quad+(\tan81°+\tan99°)$

$=(\tan1°-\tan1°)+(\tan21°-\tan21°)$

$\quad+(\tan41°-\tan41°)+(\tan61°-\tan61°)$

$\quad+(\tan81°-\tan81°)$

$=0$

답 0

**0694** 전략 두 함수 $y=f(x)$, $y=g(x)$의 그래프가 만나는 점의 $x$좌표는 방정식 $f(x)=g(x)$의 해임을 이용한다.

함수 $f(x)=\cos\dfrac{\pi x}{8}$의 최댓값은 1, 최솟값은 $-1$이고 주기가

$\dfrac{2\pi}{\frac{\pi}{8}}=16$이므로 곡선 $y=f(x)$는 다음 그림과 같다.

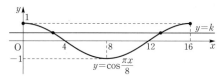

이때 $\alpha_1<\alpha_2$라 하면 $\dfrac{\alpha_1+\alpha_2}{2}=8$에서

$\qquad \alpha_1+\alpha_2=16$ $\qquad\qquad$ ...... ㉠

또 $|\alpha_1-\alpha_2|=12$에서 $\qquad \alpha_2-\alpha_1=12$ $\qquad$ ...... ㉡

㉠, ㉡을 연립하여 풀면 $\qquad \alpha_1=2$, $\alpha_2=14$

따라서 곡선 $y=f(x)$가 점 $(2,\ k)$를 지나므로

$\qquad k=f(2)=\cos\dfrac{\pi}{4}=\dfrac{\sqrt{2}}{2}$

곡선 $y=g(x)$와 직선 $y=k$, 즉 $y=\dfrac{\sqrt{2}}{2}$가 만나는 두 점의 $x$좌

표는 $-3\cos\dfrac{\pi x}{8}-\sqrt{2}=\dfrac{\sqrt{2}}{2}$에서

$\qquad -3\cos\dfrac{\pi x}{8}=\dfrac{3\sqrt{2}}{2}$ $\qquad \therefore \cos\dfrac{\pi x}{8}=-\dfrac{\sqrt{2}}{2}$

이때 $0\le x\le16$에서 $0\le\dfrac{\pi x}{8}\le2\pi$이므로

$\qquad \dfrac{\pi x}{8}=\dfrac{3}{4}\pi$ 또는 $\dfrac{\pi x}{8}=\dfrac{5}{4}\pi$

$\qquad \therefore x=6$ 또는 $x=10$

따라서 $\beta_1=6$, $\beta_2=10$ 또는 $\beta_1=10$, $\beta_2=6$이므로

$\qquad |\beta_1-\beta_2|=4$ $\qquad\qquad\qquad\qquad$ 답 **4**

**0695** 전략 $\sin^2 x+\cos^2 x=1$임을 이용하여 주어진 부등식을 $\sin x$에 대한 이차부등식으로 변형한다.

$\cos^2 x+(a+2)\sin x-(2a+1)>0$에서

$\qquad (1-\sin^2 x)+(a+2)\sin x-(2a+1)>0$

$\qquad \sin^2 x-(a+2)\sin x+2a<0$

$\qquad \therefore (\sin x-2)(\sin x-a)<0$

이때 모든 실수 $x$에 대하여 $\sin x-2<0$이므로

$\qquad \sin x-a>0$ $\qquad \therefore \sin x>a$

이 부등식이 모든 실수 $x$에 대하여 성립하려면

$\qquad a<-1$ $\qquad\qquad\qquad\qquad\qquad$ 답 $a<-1$

**0696** 전략 두 함수 $y=f(x)$와 $y=g(x)$의 그래프의 교점의 개수는 방정식 $f(x)=g(x)$의 서로 다른 실근의 개수와 같음을 이용한다.

함수 $y=f(x)$의 그래프가 직선 $y=2$와 만나는 점의 $x$좌표는

$0\le x<\dfrac{4\pi}{a}$일 때 방정식 $f(x)=2$, 즉

$\qquad \left|4\sin\left(ax-\dfrac{\pi}{3}\right)+2\right|=2$ $\qquad$ ...... ㉠

의 실근과 같다.

$ax-\dfrac{\pi}{3}=t$라 하면 $0\le x<\dfrac{4\pi}{a}$에서

$\qquad 0\le ax<4\pi$ ($\because a>0$)

$\qquad -\dfrac{\pi}{3}\le ax-\dfrac{\pi}{3}<\dfrac{11}{3}\pi$

$\qquad \therefore -\dfrac{\pi}{3}\le t<\dfrac{11}{3}\pi$

이때 ㉠에서

$\qquad |4\sin t+2|=2$

$\qquad 4\sin t+2=-2$ 또는 $4\sin t+2=2$

$\qquad \therefore \sin t=-1$ 또는 $\sin t=0$

(ⅰ) $\sin t=-1$일 때,

$\qquad -\dfrac{\pi}{3}\le t<\dfrac{11}{3}\pi$에서 $\qquad t=\dfrac{3}{2}\pi$ 또는 $t=\dfrac{7}{2}\pi$

(ⅱ) $\sin t=0$일 때,

$\qquad -\dfrac{\pi}{3}\le t<\dfrac{11}{3}\pi$에서

$\qquad t=0$ 또는 $t=\pi$ 또는 $t=2\pi$ 또는 $t=3\pi$

(ⅰ), (ⅱ)에서

$\qquad t=0$ 또는 $t=\pi$ 또는 $t=\dfrac{3}{2}\pi$ 또는 $t=2\pi$

$\qquad$ 또는 $t=3\pi$ 또는 $t=\dfrac{7}{2}\pi$

따라서 방정식 ㉠의 실근의 개수가 6이므로

$\qquad n=6$

한편 함수 $y=f(x)$의 그래프와 직선 $y=2$가 만나는 서로 다른 6개의 점의 $x$좌표의 합이 39이므로 방정식 ㉠의 6개의 실근의 합이 39이다.

이때 $ax-\dfrac{\pi}{3}=t$에서 $x=\dfrac{1}{a}\left(t+\dfrac{\pi}{3}\right)$이므로

$\qquad \dfrac{1}{a}\left(0+\pi+\dfrac{3}{2}\pi+2\pi+3\pi+\dfrac{7}{2}\pi+\dfrac{\pi}{3}\times6\right)=39$

$\qquad 13\pi=39a$ $\qquad \therefore a=\dfrac{\pi}{3}$

$\qquad \therefore n\times a=6\times\dfrac{\pi}{3}=2\pi$ $\qquad\qquad$ 답 ④

# 07 삼각함수의 활용

## 교과서 **문제** 정복하기

**0697** 사인법칙에 의하여 $\dfrac{c}{\sin 45°}=\dfrac{4}{\sin 60°}$ 이므로

$c\sin 60°=4\sin 45°$

$\therefore c=4\times\dfrac{\sqrt{2}}{2}\times\dfrac{2}{\sqrt{3}}=\dfrac{4\sqrt{6}}{3}$ **달** $\dfrac{4\sqrt{6}}{3}$

**0698** 사인법칙에 의하여 $\dfrac{b}{\sin 30°}=\dfrac{5}{\sin 45°}$ 이므로

$b\sin 45°=5\sin 30°$

$\therefore b=5\times\dfrac{1}{2}\times\dfrac{2}{\sqrt{2}}=\dfrac{5\sqrt{2}}{2}$ **달** $\dfrac{5\sqrt{2}}{2}$

**0699** 사인법칙에 의하여 $\dfrac{a}{\sin 30°}=\dfrac{12}{\sin 120°}$ 이므로

$a\sin 120°=12\sin 30°$

$\therefore a=12\times\dfrac{1}{2}\times\dfrac{2}{\sqrt{3}}=4\sqrt{3}$ **달** $4\sqrt{3}$

**0700** 사인법칙에 의하여 $\dfrac{1}{\sin A}=\dfrac{\sqrt{2}}{\sin 135°}$ 이므로

$\sqrt{2}\sin A=\sin 135°$

$\therefore \sin A=\dfrac{\sqrt{2}}{2}\times\dfrac{1}{\sqrt{2}}=\dfrac{1}{2}$

$0°<A<180°$이므로 $A=30°$ 또는 $A=150°$

그런데 $A+C<180°$이어야 하므로

$A=30°$ **달** $30°$

**0701** 사인법칙에 의하여 $\dfrac{2}{\sin 30°}=\dfrac{2\sqrt{2}}{\sin B}$ 이므로

$2\sin B=2\sqrt{2}\sin 30°$

$\therefore \sin B=2\sqrt{2}\times\dfrac{1}{2}\times\dfrac{1}{2}=\dfrac{\sqrt{2}}{2}$

$0°<B<180°$이므로 $B=45°$ 또는 $B=135°$

**달** $45°$ 또는 $135°$

**0702** 사인법칙에 의하여 $\dfrac{2}{\sin 45°}=\dfrac{\sqrt{6}}{\sin C}$ 이므로

$2\sin C=\sqrt{6}\sin 45°$

$\therefore \sin C=\sqrt{6}\times\dfrac{\sqrt{2}}{2}\times\dfrac{1}{2}=\dfrac{\sqrt{3}}{2}$

$0°<C<180°$이므로 $C=60°$ 또는 $C=120°$

**달** $60°$ 또는 $120°$

**0703** 사인법칙에 의하여 $2R=\dfrac{\sqrt{3}}{\sin 60°}$

$\therefore R=\dfrac{1}{2}\times\dfrac{\sqrt{3}}{\dfrac{\sqrt{3}}{2}}=1$ **달** $1$

**0704** $A+B+C=180°$이므로

$A=180°-(100°+50°)=30°$

사인법칙에 의하여 $2R=\dfrac{6}{\sin 30°}$

$\therefore R=\dfrac{1}{2}\times\dfrac{6}{\dfrac{1}{2}}=6$ **달** $6$

**0705** $b=c=2$이므로 삼각형 ABC는 $B=C$인 이등변삼각형이다.

$\therefore B=C=\dfrac{1}{2}(180°-120°)=30°$

사인법칙에 의하여 $2R=\dfrac{2}{\sin 30°}$

$\therefore R=\dfrac{1}{2}\times\dfrac{2}{\dfrac{1}{2}}=2$ **달** $2$

**0706** 코사인법칙에 의하여

$a^2=5^2+7^2-2\times 5\times 7\times\cos 60°$

$=25+49-70\times\dfrac{1}{2}=39$

그런데 $a>0$이므로 $a=\sqrt{39}$ **달** $\sqrt{39}$

**0707** 코사인법칙에 의하여

$b^2=(2\sqrt{2})^2+6^2-2\times 2\sqrt{2}\times 6\times\cos 45°$

$=8+36-24\sqrt{2}\times\dfrac{\sqrt{2}}{2}=20$

그런데 $b>0$이므로 $b=\sqrt{20}=2\sqrt{5}$ **달** $2\sqrt{5}$

**0708** 코사인법칙에 의하여

$c^2=12^2+6^2-2\times 12\times 6\times\cos 120°$

$=144+36-144\times\left(-\dfrac{1}{2}\right)=252$

그런데 $c>0$이므로 $c=\sqrt{252}=6\sqrt{7}$ **달** $6\sqrt{7}$

**0709** 코사인법칙에 의하여

$\cos A=\dfrac{5^2+(3\sqrt{2})^2-1^2}{2\times 5\times 3\sqrt{2}}=\dfrac{7}{5\sqrt{2}}=\dfrac{7\sqrt{2}}{10}$ **달** $\dfrac{7\sqrt{2}}{10}$

**0710** 코사인법칙에 의하여

$\cos B=\dfrac{2^2+(2\sqrt{3})^2-2^2}{2\times 2\times 2\sqrt{3}}=\dfrac{3}{2\sqrt{3}}=\dfrac{\sqrt{3}}{2}$

$0°<B<180°$이므로 $B=30°$ **달** $30°$

**0711** 삼각형 ABC의 넓이를 $S$라 하면

$$S = \frac{1}{2} \times 8 \times 12 \times \sin 30°$$
$$= \frac{1}{2} \times 8 \times 12 \times \frac{1}{2} = 24$$

답 **24**

**0712** 삼각형 ABC의 넓이를 $S$라 하면

$$S = \frac{1}{2} \times 6 \times 5 \times \sin 120°$$
$$= \frac{1}{2} \times 6 \times 5 \times \frac{\sqrt{3}}{2} = \frac{15\sqrt{3}}{2}$$

답 $\dfrac{15\sqrt{3}}{2}$

**0713** 삼각형 ABC의 넓이를 $S$라 하면

$$S = \frac{1}{2} \times 8 \times 9 \times \sin 135°$$
$$= \frac{1}{2} \times 8 \times 9 \times \frac{\sqrt{2}}{2} = 18\sqrt{2}$$

답 $18\sqrt{2}$

**0714** (1) 코사인법칙에 의하여

$$\cos A = \frac{8^2 + 9^2 - 7^2}{2 \times 8 \times 9} = \frac{2}{3}$$

(2) $0° < A < 180°$에서 $\sin A > 0$이므로

$$\sin A = \sqrt{1 - \cos^2 A} = \sqrt{1 - \left(\frac{2}{3}\right)^2} = \frac{\sqrt{5}}{3}$$

(3) $\triangle ABC = \frac{1}{2} \times 8 \times 9 \times \frac{\sqrt{5}}{3} = 12\sqrt{5}$

답 (1) $\dfrac{2}{3}$ (2) $\dfrac{\sqrt{5}}{3}$ (3) $12\sqrt{5}$

**다른 풀이** (3) 헤론의 공식을 이용하면 $s = \dfrac{7+8+9}{2} = 12$이므로

삼각형 ABC의 넓이는

$$\sqrt{12(12-7)(12-8)(12-9)} = 12\sqrt{5}$$

**0715** $B = D = 60°$이므로

$$\square ABCD = 2 \times 3 \times \sin 60°$$
$$= 6 \times \frac{\sqrt{3}}{2} = 3\sqrt{3}$$

답 $3\sqrt{3}$

**0716** $A + B = 180°$이므로 $A = 45°$

$$\therefore \square ABCD = 3 \times 4 \times \sin 45°$$
$$= 12 \times \frac{\sqrt{2}}{2} = 6\sqrt{2}$$

답 $6\sqrt{2}$

**0717** $C = A = 150°$이므로

$$\square ABCD = 4 \times 5 \times \sin 150°$$
$$= 20 \times \frac{1}{2} = 10$$

답 **10**

**0718** $\square ABCD = \dfrac{1}{2} \times 10 \times 14 \times \sin 120°$

$$= 70 \times \frac{\sqrt{3}}{2} = 35\sqrt{3}$$

답 $35\sqrt{3}$

**0719** 사인법칙에 의하여 $\dfrac{2}{\sin B} = \dfrac{2\sqrt{3}}{\sin 120°}$이므로

$$2\sqrt{3} \sin B = 2 \sin 120°$$
$$\therefore \sin B = 2 \times \frac{\sqrt{3}}{2} \times \frac{1}{2\sqrt{3}} = \frac{1}{2}$$
$$\therefore \cos^2 B = 1 - \sin^2 B$$
$$= 1 - \left(\frac{1}{2}\right)^2 = \frac{3}{4}$$

답 $\dfrac{3}{4}$

**0720** 삼각형 ABC에서

$$A = 180° - (45° + 75°) = 60°$$

사인법칙에 의하여 $\dfrac{a}{\sin 60°} = \dfrac{8}{\sin 45°}$이므로

$$a \sin 45° = 8 \sin 60°$$
$$\therefore a = 8 \times \frac{\sqrt{3}}{2} \times \frac{2}{\sqrt{2}} = 4\sqrt{6}$$

답 ②

**0721** 삼각형 ABC에서

$$C = 180° - (105° + 45°) = 30°$$

사인법칙에 의하여 $\dfrac{\overline{AB}}{\sin 30°} = \dfrac{10}{\sin 45°}$이므로

$$\overline{AB} \times \sin 45° = 10 \sin 30°$$
$$\therefore \overline{AB} = 10 \times \frac{1}{2} \times \frac{2}{\sqrt{2}} = 5\sqrt{2}$$

답 $5\sqrt{2}$

**다른 풀이** 오른쪽 그림과 같이 점 A
에서 선분 BC에 내린 수선의 발을
H라 하면 삼각형 ABH는 직각이등
변삼각형이므로

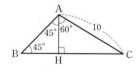

$$\angle CAH = 105° - 45° = 60°$$

이때 직각삼각형 AHC에서

$$\overline{AH} = 10 \cos 60° = 10 \times \frac{1}{2} = 5$$

따라서 직각삼각형 ABH에서

$$\overline{AB} = \frac{5}{\sin 45°} = 5 \times \frac{2}{\sqrt{2}} = 5\sqrt{2}$$

**0722** $\angle ABC = 90°$, $\angle ABD = 60°$이므로

$$\angle DBC = 90° - 60° = 30°$$

또 삼각형 ABC는 $\overline{AB} = \overline{BC}$인 직각이등변삼각형이므로

$$\angle BAC = \angle BCA = 45°$$

한편 한 호에 대한 원주각의 크기는 같으므로

$$\angle BDC = \angle BAC = 45°$$

따라서 삼각형 BCD에서 사인법칙에 의하여

$$\frac{\overline{CD}}{\sin 30°} = \frac{6\sqrt{2}}{\sin 45°}$$이므로

$$6\sqrt{2} \sin 30° = \overline{CD} \times \sin 45°$$
$$\therefore \overline{CD} = 6\sqrt{2} \times \frac{1}{2} \times \frac{2}{\sqrt{2}} = 6$$

답 **6**

**다른 풀이** 삼각형 ABC는 $\overline{AB}=\overline{BC}$인 직각이등변삼각형이므로

$$\overline{AC}=\sqrt{(6\sqrt{2})^2+(6\sqrt{2})^2}=12$$

이때 두 삼각형 ABC, BCD는 같은 원에 내접하므로 삼각형 BCD의 외접원의 반지름의 길이를 $R$라 하면

$$R=\frac{1}{2}\overline{AC}=\frac{1}{2}\times 12=6$$

$\angle DBC=90°-60°=30°$이므로 삼각형 BCD에서 사인법칙에 의하여

$$\frac{\overline{CD}}{\sin 30°}=2\times 6 \qquad \therefore \overline{CD}=12\times\frac{1}{2}=6$$

**RPM 비법 노트**

**원주각의 성질**

한 원에서 한 호에 대한 원주각의 크기는 모두 같다.

$\Rightarrow \angle AP_1B=\angle AP_2B=\angle AP_3B$

**0723** 삼각형 ABC의 외접원의 반지름의 길이가 12이므로 사인법칙에 의하여

$$\overline{AC}=2\times 12\times\frac{5}{8}=15$$

**답** 15

**0724** $a+b+c$

$$=2\times 10\times\sin A+2\times 10\times\sin B+2\times 10\times\sin C$$

$$=20(\sin A+\sin B+\sin C)=20\times\frac{3}{2}=30$$

**답** ⑤

**0725** 삼각형 ABC에서 $A+B=\pi-C$이므로

$$\sin(A+B)=\sin(\pi-C)=\sin C \qquad \cdots\cdots \text{1단계}$$

즉 $5\sin(A+B)\sin C=4$에서

$$5\sin^2 C=4 \qquad \therefore \sin^2 C=\frac{4}{5}$$

$0<C<\pi$에서 $\sin C>0$이므로

$$\sin C=\frac{2}{\sqrt{5}} \qquad \cdots\cdots \text{2단계}$$

이때 삼각형 ABC의 외접원의 반지름의 길이가 $\sqrt{5}$이므로

$$c=2\times\sqrt{5}\times\frac{2}{\sqrt{5}}=4 \qquad \cdots\cdots \text{3단계}$$

**답** 4

| 채점 요소 | 비율 |
|---|---|
| 1단계 $\sin(A+B)$를 $\sin C$에 대한 식으로 나타내기 | 30 % |
| 2단계 $\sin C$의 값 구하기 | 40 % |
| 3단계 $c$의 값 구하기 | 30 % |

**0726** 선분 BD를 그으면 삼각형 ABD에서 사인법칙에 의하여

$$\sin A=\frac{\overline{BD}}{2\times 3}=\frac{\overline{BD}}{6}$$

또 삼각형 BCD에서 사인법칙에 의하여

$$\sin C=\frac{\overline{BD}}{2\times 6}=\frac{\overline{BD}}{12}$$

$$\therefore \frac{\sin A}{\sin C}=\frac{\dfrac{\overline{BD}}{6}}{\dfrac{\overline{BD}}{12}}=2$$

**답** 2

**0727** $A+B+C=180°$이고 $A:B:C=1:2:3$이므로

$$A=180°\times\frac{1}{6}=30°$$

$$B=180°\times\frac{2}{6}=60°$$

$$C=180°\times\frac{3}{6}=90°$$

따라서 사인법칙에 의하여

$$a:b:c=\sin 30°:\sin 60°:\sin 90°$$

$$=\frac{1}{2}:\frac{\sqrt{3}}{2}:1$$

$$=1:\sqrt{3}:2$$

**답** ③

**0728** $\dfrac{a+b}{4}=\dfrac{b+c}{5}=\dfrac{c+a}{5}=k\ (k>0)$라 하면

$$a+b=4k \qquad \cdots\cdots ㉠$$
$$b+c=5k \qquad \cdots\cdots ㉡$$
$$c+a=5k \qquad \cdots\cdots ㉢$$

㉠+㉡+㉢을 하면 $2(a+b+c)=14k$

$$\therefore a+b+c=7k \qquad \cdots\cdots ㉣$$

㉣에서 ㉠, ㉡, ㉢을 각각 빼면

$$c=3k,\ a=2k,\ b=2k$$

따라서 사인법칙에 의하여

$$\sin A:\sin B:\sin C=a:b:c=2k:2k:3k$$

$$=2:2:3$$

**답** ②

**0729** $3a-2b+c=0 \qquad \cdots\cdots ㉠$

$a+2b-3c=0 \qquad \cdots\cdots ㉡$

㉠+㉡을 하면 $4a-2c=0$

$$\therefore c=2a$$

이것을 ㉠에 대입하면 $3a-2b+2a=0$

$$\therefore b=\frac{5}{2}a$$

$$\therefore \sin A:\sin B:\sin C=a:b:c$$

$$=a:\frac{5}{2}a:2a$$

$$=2:5:4$$

$\sin A=2k$, $\sin B=5k$, $\sin C=4k\ (k>0)$라 하면

$$\frac{\sin B}{\sin A}+\frac{\sin C}{\sin B}+\frac{\sin A}{\sin C}=\frac{5k}{2k}+\frac{4k}{5k}+\frac{2k}{4k}$$

$$=\frac{5}{2}+\frac{4}{5}+\frac{1}{2}$$

$$=\frac{19}{5}$$

**답** $\dfrac{19}{5}$

**0730** 삼각형 ABC에서 $A+B+C=\pi$이므로

$\sin(A+B) : \sin(B+C) : \sin(C+A)$

$=\sin(\pi-C) : \sin(\pi-A) : \sin(\pi-B)$

$=\sin C : \sin A : \sin B$

$=c : a : b$

$=5 : 4 : 7$

즉 $a : b : c=4 : 7 : 5$이므로

$a=4k,\ b=7k,\ c=5k\ (k>0)$

라 하면

$$\dfrac{a^2+b^2+c^2}{ac}=\dfrac{(4k)^2+(7k)^2+(5k)^2}{4k\times5k}=\dfrac{90k^2}{20k^2}=\dfrac{9}{2}$$

답 $\dfrac{9}{2}$

**0731** 삼각형 ABC의 외접원의 반지름의 길이를 $R$라 하면 사인법칙에 의하여

$$\sin A=\dfrac{a}{2R},\ \sin B=\dfrac{b}{2R},\ \sin C=\dfrac{c}{2R}$$

이것을 $(b-c)\sin A=b\sin B-c\sin C$에 대입하면

$$(b-c)\times\dfrac{a}{2R}=b\times\dfrac{b}{2R}-c\times\dfrac{c}{2R}$$

$(b-c)a=b^2-c^2$

$(b-c)a-(b-c)(b+c)=0$

$(b-c)\{a-(b+c)\}=0$

$\therefore b=c$ 또는 $a=b+c$

그런데 $b+c>a$에서 $a\neq b+c$이므로

$b=c$

따라서 삼각형 ABC는 $b=c$인 이등변삼각형이다.

답 ③

**0732** $\cos^2 A-\cos^2 B-\cos^2 C=-1$에서

$(1-\sin^2 A)-(1-\sin^2 B)-(1-\sin^2 C)=-1$

$\therefore \sin^2 A=\sin^2 B+\sin^2 C$ ······ ㉠

이때 삼각형 ABC의 외접원의 반지름의 길이를 $R$라 하면 사인법칙에 의하여

$$\sin A=\dfrac{a}{2R},\ \sin B=\dfrac{b}{2R},\ \sin C=\dfrac{c}{2R}$$

이것을 ㉠에 대입하면

$$\left(\dfrac{a}{2R}\right)^2=\left(\dfrac{b}{2R}\right)^2+\left(\dfrac{c}{2R}\right)^2$$

$\therefore a^2=b^2+c^2$

따라서 삼각형 ABC는 $A=90°$인 직각삼각형이다.

답 ④

**0733** 주어진 이차방정식의 판별식을 $D$라 하면

$$\dfrac{D}{4}=\{-3\sqrt{b}\sin(A+B)\}^2-9a(-\cos^2 C+1)=0$$

$9b\sin^2(A+B)-9a(1-\cos^2 C)=0$

$b\sin^2(\pi-C)-a\sin^2 C=0$

$b\sin^2 C-a\sin^2 C=0$

$\therefore (b-a)\sin^2 C=0$ ······ ㉠

이때 삼각형 ABC의 외접원의 반지름의 길이를 $R$라 하면

$$\sin C=\dfrac{c}{2R}$$

이것을 ㉠에 대입하면

$(b-a)\times\left(\dfrac{c}{2R}\right)^2=0,\qquad (b-a)c^2=0$

$\therefore a=b$ 또는 $c=0$

이때 $c\neq0$이므로 $a=b$

따라서 삼각형 ABC는 $a=b$인 이등변삼각형이다.

답 ④

**0734** 삼각형 ABC에서 코사인법칙에 의하여

$(3\sqrt{2})^2=(2\sqrt{3})^2+a^2-2\times2\sqrt{3}\times a\times\cos60°$

$a^2-2\sqrt{3}a-6=0$

$\therefore a=3+\sqrt{3}\ (\because a>0)$

답 ④

**0735** 평행사변형 ABCD에서 $B=60°$이므로

$A=180°-60°=120°$

$\overline{AD}=\overline{BC}=3$이므로 삼각형 ABD에서 코사인법칙에 의하여

$\overline{BD}^2=5^2+3^2-2\times5\times3\times\cos120°=49$

그런데 $\overline{BD}>0$이므로

$\overline{BD}=7$

답 7

**0736** 오른쪽 그림의 세 점 A, B, C에 대하여

$\overline{AC}=10\times\dfrac{2}{5}=4,$

$\overline{BC}=10\times\dfrac{3}{5}=6$

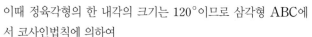

이때 정육각형의 한 내각의 크기는 $120°$이므로 삼각형 ABC에서 코사인법칙에 의하여

$\overline{AB}^2=4^2+6^2-2\times4\times6\times\cos120°=76$

그런데 $\overline{AB}>0$이므로

$\overline{AB}=2\sqrt{19}$

$\therefore S_1+S_2=6\times\dfrac{\sqrt{3}}{4}\times10^2+6\times\dfrac{\sqrt{3}}{4}\times(2\sqrt{19})^2$

$=150\sqrt{3}+114\sqrt{3}$

$=264\sqrt{3}$

답 $264\sqrt{3}$

**0737** $3a+2b-3c=0$ ······ ㉠

$4a-4b+c=0$ ······ ㉡

㉠$+$㉡$\times3$을 하면 $15a-10b=0$

$\therefore b=\dfrac{3}{2}a$

이것을 ㉠에 대입하면 $3a+3a-3c=0$

$\therefore c=2a$

따라서 삼각형 ABC에서 코사인법칙에 의하여

$$\cos A=\dfrac{\left(\dfrac{3}{2}a\right)^2+(2a)^2-a^2}{2\times\dfrac{3}{2}a\times2a}=\dfrac{7}{8}$$

답 $\dfrac{7}{8}$

**0738** $\overline{CF}=\overline{CH}=\sqrt{6^2+3^2}=3\sqrt{5}$

$\overline{FH}=\sqrt{3^2+3^2}=3\sqrt{2}$

따라서 삼각형 CFH에서 코사인법칙에 의하여

$$\cos\theta=\frac{(3\sqrt{5})^2+(3\sqrt{5})^2-(3\sqrt{2})^2}{2\times3\sqrt{5}\times3\sqrt{5}}=\frac{4}{5}$$

답 $\dfrac{4}{5}$

**0739** 오른쪽 그림과 같이 두 직선

$y=3x$, $y=x$와 직선 $y=3$의 교점을 각

각 A, B라 하면

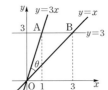

A(1, 3), B(3, 3)

$\therefore \overline{OA}=\sqrt{1^2+3^2}=\sqrt{10}$,

$\overline{OB}=\sqrt{3^2+3^2}=3\sqrt{2}$,

$\overline{AB}=3-1=2$

따라서 삼각형 AOB에서 코사인법칙에 의하여

$$\cos\theta=\frac{(\sqrt{10})^2+(3\sqrt{2})^2-2^2}{2\times\sqrt{10}\times3\sqrt{2}}=\frac{2\sqrt{5}}{5}$$

답 $\dfrac{2\sqrt{5}}{5}$

**0740** 삼각형 ABC에서 코사인법칙에 의하여

$$\cos C=\frac{12^2+10^2-8^2}{2\times12\times10}=\frac{3}{4}$$

이때 점 D는 변 BC를 1 : 3으로 내분하는 점이므로

$$\overline{CD}=12\times\frac{3}{4}=9$$

따라서 삼각형 ADC에서 코사인법칙에 의하여

$$\overline{AD}^2=10^2+9^2-2\times10\times9\times\frac{3}{4}=46$$

그런데 $\overline{AD}>0$이므로

$$\overline{AD}=\sqrt{46}$$

답 $\sqrt{46}$

**0741** 가장 긴 변의 길이가 $\sqrt{13}$이므로 최대각은 길이가 $\sqrt{13}$인 변의 대각이다.

최대각의 크기를 $\theta$라 하면 코사인법칙에 의하여

$$\cos\theta=\frac{1^2+(2\sqrt{2})^2-(\sqrt{13})^2}{2\times1\times2\sqrt{2}}=\frac{-4}{4\sqrt{2}}=-\frac{\sqrt{2}}{2}$$

그런데 $0°<\theta<180°$이므로

$$\theta=135°$$

따라서 삼각형 ABC의 최대각의 크기는 $135°$이다. 답 **135°**

**0742** $\sqrt{a^2+ab+b^2}>\sqrt{a^2}=a>b$이므로 $\sqrt{a^2+ab+b^2}$이 가장 긴 변의 길이이다.

즉 최대각은 길이가 $\sqrt{a^2+ab+b^2}$인 변의 대각이므로 최대각의 크기를 $\theta$라 하면 코사인법칙에 의하여

$$\cos\theta=\frac{a^2+b^2-(\sqrt{a^2+ab+b^2})^2}{2\times a\times b}=-\frac{1}{2}$$

그런데 $0°<\theta<180°$이므로

$$\theta=120°$$

따라서 삼각형 ABC의 최대각의 크기는 $120°$이다. 답 ③

**0743** $\dfrac{2a-b}{2}=\dfrac{2b-c}{3}=\dfrac{4c-5a}{5}=k\ (k>0)$라 하면

$2a-b=2k$, $2b-c=3k$, $4c-5a=5k$

세 식을 연립하여 풀면

$a=3k$, $b=4k$, $c=5k$ ··· **1단계**

이때 가장 짧은 변의 길이가 $a$이므로 $A$가 최소각의 크기이다.

··· **2단계**

따라서 코사인법칙에 의하여

$$\cos\theta=\cos A=\frac{(4k)^2+(5k)^2-(3k)^2}{2\times4k\times5k}=\frac{4}{5}$$ ··· **3단계**

답 $\dfrac{4}{5}$

| 채점 요소 | 비율 |
|---|---|
| **1단계** $a$, $b$, $c$를 $k$에 대한 식으로 나타내기 | 40 % |
| **2단계** $A$가 최소각의 크기임을 알기 | 20 % |
| **3단계** $\cos\theta$의 값 구하기 | 40 % |

**0744** 코사인법칙에 의하여

$$\cos C=\frac{6^2+b^2-3^2}{2\times6\times b}=\frac{b^2+27}{12b}=\frac{b}{12}+\frac{9}{4b}$$

$\dfrac{b}{12}>0$, $\dfrac{9}{4b}>0$이므로 산술평균과 기하평균의 관계에 의하여

$$\frac{b}{12}+\frac{9}{4b}\geq2\sqrt{\frac{b}{12}\times\frac{9}{4b}}=2\times\frac{\sqrt{3}}{4}=\frac{\sqrt{3}}{2}$$

이때 등호는 $\dfrac{b}{12}=\dfrac{9}{4b}$일 때 성립하므로

$$4b^2=108, \qquad b^2=27$$

$$\therefore b=3\sqrt{3}\ (\because b>0)$$

답 $3\sqrt{3}$

**RPM 비법 노트**

**산술평균과 기하평균의 관계**

$a>0$, $b>0$일 때,

$\dfrac{a+b}{2}\geq\sqrt{ab}$ (단, 등호는 $a=b$일 때 성립)

**0745** 코사인법칙에 의하여

$$b^2=3^2+6^2-2\times3\times6\times\cos60°=27$$

$$\therefore b=3\sqrt{3}\ (\because b>0)$$

이때 삼각형 ABC의 외접원의 반지름의 길이를 $R$라 하면 사인법칙에 의하여

$$\frac{3\sqrt{3}}{\sin60°}=2R$$

$$\therefore R=\frac{1}{2}\times\frac{3\sqrt{3}}{\frac{\sqrt{3}}{2}}=3$$

따라서 삼각형 ABC의 외접원의 넓이는

$$\pi\times3^2=9\pi$$

답 ③

**0746** 사인법칙에 의하여

$$\frac{7\sqrt{3}}{\sin A}=2\times7 \qquad \therefore \sin A=\frac{\sqrt{3}}{2}$$

**07**

삼각함수의 활용

그런데 $90°<A<180°$이므로 $\qquad A=120°$

따라서 코사인법칙에 의하여

$$(7\sqrt{3})^2=b^2+(2b)^2-2\times b\times 2b\times\cos 120°$$

$$7b^2=147, \qquad b^2=21$$

$$\therefore b=\sqrt{21} \ (\because b>0) \qquad\qquad\qquad \text{답} \ ②$$

**0747** $6\sin A=2\sqrt{3}\sin B=3\sin C$에서

$$\sin A:\sin B:\sin C=1:\sqrt{3}:2$$

$$\therefore a:b:c=\sin A:\sin B:\sin C=1:\sqrt{3}:2$$

$a=k$, $b=\sqrt{3}k$, $c=2k \ (k>0)$라 하면 $a$가 가장 짧은 변의 길이이므로 최소각의 크기는 $A$이다.

삼각형 ABC에서 코사인법칙에 의하여

$$\cos A=\frac{(\sqrt{3}k)^2+(2k)^2-k^2}{2\times\sqrt{3}k\times 2k}=\frac{\sqrt{3}}{2}$$

그런데 $0°<A<180°$이므로 $\qquad A=30°$ $\qquad\qquad$ 답 **30°**

**0748** $\overline{AC}$를 그으면 삼각형 ABC에서 코사인법칙에 의하여

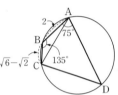

$$\overline{AC}^2=2^2+(\sqrt{6}-\sqrt{2})^2$$
$$\qquad -2\times 2\times(\sqrt{6}-\sqrt{2})$$
$$\qquad \times\cos 135°$$
$$\qquad =8$$

$$\therefore \overline{AC}=2\sqrt{2} \ (\because \overline{AC}>0)$$

또 삼각형 ABC에서 사인법칙에 의하여

$$\frac{2\sqrt{2}}{\sin 135°}=\frac{2}{\sin(\angle BCA)}$$

$$2\sqrt{2}\sin(\angle BCA)=2\sin 135°$$

$$\therefore \sin(\angle BCA)=2\times\frac{\sqrt{2}}{2}\times\frac{1}{2\sqrt{2}}=\frac{1}{2}$$

그런데 $\angle B+\angle BCA<180°$이어야 하므로

$$\angle BCA=30°$$

따라서 $\angle BAC=180°-(135°+30°)=15°$이므로

$$\angle CAD=75°-15°=60°$$

한편 $D=180°-B=180°-135°=45°$이므로 삼각형 ACD에서 사인법칙에 의하여

$$\frac{\overline{CD}}{\sin 60°}=\frac{2\sqrt{2}}{\sin 45°}, \qquad \overline{CD}\times\sin 45°=2\sqrt{2}\sin 60°$$

$$\therefore \overline{CD}=2\sqrt{2}\times\frac{\sqrt{3}}{2}\times\frac{2}{\sqrt{2}}=2\sqrt{3} \qquad \text{답} \ \mathbf{2\sqrt{3}}$$

**0749** $a\cos C=c\cos A$에서

$$a\times\frac{a^2+b^2-c^2}{2ab}=c\times\frac{b^2+c^2-a^2}{2bc}$$

$$a^2+b^2-c^2=b^2+c^2-a^2$$

$$a^2-c^2=0, \qquad (a+c)(a-c)=0$$

$$\therefore a=-c \ \text{또는} \ a=c$$

그런데 $a>0$, $c>0$이므로 $\qquad a=c$

따라서 삼각형 ABC는 $a=c$인 이등변삼각형이다. $\qquad$ 답 ③

**0750** $a\cos B-b\cos A=c$에서

$$a\times\frac{c^2+a^2-b^2}{2ca}-b\times\frac{b^2+c^2-a^2}{2bc}=c$$

$$c^2+a^2-b^2-(b^2+c^2-a^2)=2c^2$$

$$\therefore a^2=b^2+c^2$$

따라서 삼각형 ABC는 빗변의 길이가 $a$인 직각삼각형이다.

$\qquad\qquad\qquad\qquad\qquad\qquad\qquad\qquad\qquad$ 답 ④

**0751** $\tan A\sin A=\tan B\sin B$에서

$$\frac{\sin A}{\cos A}\times\sin A=\frac{\sin B}{\cos B}\times\sin B$$

$$\therefore \cos B\sin^2 A=\cos A\sin^2 B$$

이때 삼각형 ABC의 외접원의 반지름의 길이를 $R$라 하면

$$\frac{c^2+a^2-b^2}{2ca}\times\left(\frac{a}{2R}\right)^2=\frac{b^2+c^2-a^2}{2bc}\times\left(\frac{b}{2R}\right)^2$$

$$a(c^2+a^2-b^2)=b(b^2+c^2-a^2)$$

$$a^3+ac^2-ab^2=b^3+bc^2-a^2b$$

$$a^3-b^3+(a-b)c^2+(a-b)ab=0$$

$$(a-b)(a^2+ab+b^2+c^2+ab)=0$$

$$(a-b)\{(a+b)^2+c^2\}=0$$

$$\therefore a=b \ \text{또는} \ (a+b)^2+c^2=0$$

그런데 $a>0$, $b>0$, $c>0$에서 $(a+b)^2+c^2\neq 0$이므로

$$a=b$$

따라서 삼각형 ABC는 $a=b$인 이등변삼각형이다. $\qquad$ 답 ②

**0752** $\overline{AD}=x$라 하면 $\triangle ABC=\triangle ABD+\triangle ADC$이므로

$$\frac{1}{2}\times 6\times 3\times\sin 120°$$

$$=\frac{1}{2}\times 6\times x\times\sin 60°+\frac{1}{2}\times 3\times x\times\sin 60°$$

$$\frac{18\sqrt{3}}{4}=\frac{9\sqrt{3}}{4}x$$

$$\therefore x=2$$

따라서 선분 AD의 길이는 2이다. $\qquad\qquad\qquad$ 답 **2**

**0753** 삼각형 ABC의 넓이가 $2\sqrt{3}$이므로

$$\frac{1}{2}\times\sqrt{10}\times 2\sqrt{2}\times\sin A=2\sqrt{3}$$

$$\therefore \sin A=\frac{\sqrt{15}}{5}$$

이때 $\sin\left(\frac{\pi}{2}+A\right)=\cos A$, $\cos\left(\frac{3}{2}\pi+A\right)=\sin A$이고

$0<A<\frac{\pi}{2}$에서 $\cos A>0$이므로

$$\sin\left(\frac{\pi}{2}+A\right)\cos\left(\frac{3}{2}\pi+A\right)$$

$$=\cos A\sin A$$

$$=\sqrt{1-\sin^2 A}\times\sin A$$

$$=\sqrt{1-\left(\frac{\sqrt{15}}{5}\right)^2}\times\frac{\sqrt{15}}{5}=\frac{\sqrt{6}}{5} \qquad \text{답} \ \mathbf{\frac{\sqrt{6}}{5}}$$

**0754** $\widehat{AB} : \widehat{BC} : \widehat{CA} = 3 : 4 : 5$이므로

$$\angle AOB = 360° \times \frac{3}{12} = 90°$$

$$\angle BOC = 360° \times \frac{4}{12} = 120°$$

$$\angle COA = 360° \times \frac{5}{12} = 150°$$

$$\therefore \triangle ABC = \triangle AOB + \triangle BOC + \triangle COA$$

$$= \frac{1}{2} \times 2 \times 2 \times \sin 90° + \frac{1}{2} \times 2 \times 2 \times \sin 120°$$

$$+ \frac{1}{2} \times 2 \times 2 \times \sin 150°$$

$$= 2 + \sqrt{3} + 1$$

$$= 3 + \sqrt{3}$$

답 ⑤

**0755** 삼각형 ABC에서 코사인법칙에 의하여

$$\cos A = \frac{5^2 + 8^2 - 7^2}{2 \times 5 \times 8} = \frac{1}{2}$$

$0° < A < 180°$에서 $\sin A > 0$이므로

$$\sin A = \sqrt{1 - \cos^2 A} = \sqrt{1 - \left(\frac{1}{2}\right)^2} = \frac{\sqrt{3}}{2}$$

삼각형 ABC의 넓이를 $S$라 하면

$$S = \frac{1}{2} \times 5 \times 8 \times \frac{\sqrt{3}}{2} = 10\sqrt{3}$$

이때 삼각형 ABC의 내접원의 반지름의 길이를 $r$라 하면

$S = \frac{1}{2} r(a+b+c)$에서

$$10\sqrt{3} = \frac{1}{2} r(7+5+8), \qquad 10\sqrt{3} = 10r$$

$$\therefore r = \sqrt{3}$$

답 ③

다른 풀이 헤론의 공식을 이용하면 $s = \frac{7+5+8}{2} = 10$이므로

삼각형 ABC의 넓이는

$$\sqrt{10(10-7)(10-5)(10-8)} = 10\sqrt{3}$$

 **RPM 비법 노트**

**삼각형의 넓이와 내접원의 반지름의 길이**

오른쪽 그림과 같이 삼각형 ABC의 내심을 I, 내접원이 반지름이 길이를 $r$라 하면

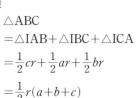

$$\triangle ABC$$

$$= \triangle IAB + \triangle IBC + \triangle ICA$$

$$= \frac{1}{2}cr + \frac{1}{2}ar + \frac{1}{2}br$$

$$= \frac{1}{2}r(a+b+c)$$

**0756** 길이가 11인 변의 대각의 크기를 $\theta$라 하면 삼각형 ABC에서 코사인법칙에 의하여

$$\cos \theta = \frac{9^2 + 10^2 - 11^2}{2 \times 9 \times 10} = \frac{1}{3}$$

$0° < \theta < 180°$에서 $\sin \theta > 0$이므로

$$\sin \theta = \sqrt{1 - \cos^2 \theta} = \sqrt{1 - \left(\frac{1}{3}\right)^2} = \frac{2\sqrt{2}}{3}$$

$$\therefore \triangle ABC = \frac{1}{2} \times 9 \times 10 \times \frac{2\sqrt{2}}{3} = 30\sqrt{2} \quad \cdots \text{1단계}$$

이때 $\triangle ABC = \frac{1}{2}ab\sin C = \frac{1}{2}ab \times \frac{c}{2R} = \frac{abc}{4R}$에서

$$30\sqrt{2} = \frac{9 \times 10 \times 11}{4R} \qquad \therefore R = \frac{33\sqrt{2}}{8} \quad \cdots \text{2단계}$$

또 $\triangle ABC = \frac{1}{2}r(a+b+c)$에서

$$30\sqrt{2} = \frac{1}{2}r(9+10+11)$$

$$30\sqrt{2} = 15r \qquad \therefore r = 2\sqrt{2} \quad \cdots \text{3단계}$$

$$\therefore R - r = \frac{33\sqrt{2}}{8} - 2\sqrt{2} = \frac{17\sqrt{2}}{8} \quad \cdots \text{4단계}$$

답 $\dfrac{17\sqrt{2}}{8}$

| | 채점 요소 | 비율 |
|---|---|---|
| 1단계 | 삼각형 ABC의 넓이 구하기 | 30 % |
| 2단계 | $R$의 값 구하기 | 30 % |
| 3단계 | $r$의 값 구하기 | 30 % |
| 4단계 | $R-r$의 값 구하기 | 10 % |

**0757** 조건 ㈎에서 $a : b : c = \sin A : \sin B : \sin C = 2 : 3 : 3$이므로 $a = 2k$, $b = 3k$, $c = 3k$ $(k > 0)$라 하면 코사인법칙에 의하여

$$\cos C = \frac{(2k)^2 + (3k)^2 - (3k)^2}{2 \times 2k \times 3k} = \frac{1}{3}$$

$0° < C < 180°$에서 $\sin C > 0$이므로

$$\sin C = \sqrt{1 - \cos^2 C} = \sqrt{1 - \left(\frac{1}{3}\right)^2} = \frac{2\sqrt{2}}{3}$$

따라서 삼각형 ABC의 넓이는

$$\frac{1}{2} \times 2k \times 3k \times \frac{2\sqrt{2}}{3} = 2\sqrt{2}k^2$$

이때 조건 ㈏에서 $2\sqrt{2}k^2 = 8\sqrt{2}$이므로

$$k^2 = 4 \qquad \therefore k = 2 \ (\because k > 0)$$

따라서 삼각형 ABC의 둘레의 길이는

$$a + b + c = 2k + 3k + 3k = 8k = 8 \times 2 = 16$$

답 16

**0758** 삼각형 BCD에서 코사인법칙에 의하여

$$\cos C = \frac{8^2 + 2^2 - 8^2}{2 \times 8 \times 2} = \frac{1}{8}$$

$0° < C < 180°$에서 $\sin C > 0$이므로

$$\sin C = \sqrt{1 - \cos^2 C} = \sqrt{1 - \left(\frac{1}{8}\right)^2} = \frac{3\sqrt{7}}{8}$$

$$\therefore \square ABCD = \triangle ABD + \triangle BCD$$

$$= \frac{1}{2} \times 4 \times 8 \times \sin 30° + \frac{1}{2} \times 8 \times 2 \times \frac{3\sqrt{7}}{8}$$

$$= 8 + 3\sqrt{7}$$

답 $8 + 3\sqrt{7}$

**0759** $\overline{BD}$를 그으면 삼각형 ABD에서 코사인법칙에 의하여

$$\overline{BD}^2 = 5^2 + 3^2 - 2 \times 5 \times 3 \times \cos 120° = 49$$
$$\therefore \overline{BD} = 7 \ (\because \overline{BD} > 0)$$

삼각형 BCD에서 코사인법칙에 의하여

$$\cos C = \frac{8^2 + 3^2 - 7^2}{2 \times 8 \times 3} = \frac{1}{2}$$

$0° < C < 180°$에서 $\sin C > 0$이므로

$$\sin C = \sqrt{1 - \cos^2 C} = \sqrt{1 - \left(\frac{1}{2}\right)^2} = \frac{\sqrt{3}}{2}$$

$$\therefore \square ABCD = \triangle ABD + \triangle BCD$$
$$= \frac{1}{2} \times 5 \times 3 \times \sin 120° + \frac{1}{2} \times 8 \times 3 \times \frac{\sqrt{3}}{2}$$
$$= \frac{15\sqrt{3}}{4} + 6\sqrt{3}$$
$$= \frac{39\sqrt{3}}{4}$$

답 ④

**0760** $\overline{BD}$를 그으면 삼각형 BCD에서 코사인법칙에 의하여

$$\overline{BD}^2 = 4^2 + 8^2 - 2 \times 4 \times 8 \times \cos 60° = 48$$
$$\therefore \overline{BD} = 4\sqrt{3} \ (\because \overline{BD} > 0)$$

$\angle CBD = \theta$라 하면 사인법칙에 의하여

$$\frac{4}{\sin \theta} = \frac{4\sqrt{3}}{\sin 60°}, \qquad 4\sin 60° = 4\sqrt{3}\sin\theta$$

$$\therefore \sin\theta = 4 \times \frac{\sqrt{3}}{2} \times \frac{1}{4\sqrt{3}} = \frac{1}{2}$$

그런데 $\theta < 75°$이므로 $\theta = 30°$

$$\therefore \angle ABD = 75° - 30° = 45°$$

$$\therefore \square ABCD$$
$$= \triangle ABD + \triangle BCD$$
$$= \frac{1}{2} \times 3 \times 4\sqrt{3} \times \sin 45° + \frac{1}{2} \times 4 \times 8 \times \sin 60°$$
$$= 3\sqrt{6} + 8\sqrt{3}$$

답 $3\sqrt{6} + 8\sqrt{3}$

**0761** 삼각형 ABC에서 코사인법칙에 의하여

$$\cos B = \frac{7^2 + 8^2 - 13^2}{2 \times 7 \times 8} = -\frac{1}{2}$$

그런데 $90° < B < 180°$이므로

$$B = 120°$$

따라서 평행사변형 ABCD의 넓이는

$$7 \times 8 \times \sin 120° = 28\sqrt{3}$$

답 ⑤

**0762** $\overline{AD} = \overline{BC} = 4$이고 평행사변형 ABCD의 넓이가 $4\sqrt{2}$이므로

$$2 \times 4 \times \sin A = 4\sqrt{2}$$

$$\therefore \sin A = \frac{\sqrt{2}}{2}$$

그런데 $90° < A < 180°$이므로

$$A = 135°$$

답 ④

**0763** 삼각형 ABC에서 코사인법칙에 의하여

$$(3\sqrt{3})^2 = 3^2 + \overline{BC}^2 - 2 \times 3 \times \overline{BC} \times \cos 60°$$
$$\overline{BC}^2 - 3\overline{BC} - 18 = 0, \qquad (\overline{BC} + 3)(\overline{BC} - 6) = 0$$
$$\therefore \overline{BC} = 6 \ (\because \overline{BC} > 0) \qquad \cdots \text{1단계}$$

따라서 평행사변형 ABCD의 넓이는

$$3 \times 6 \times \sin 60° = 18 \times \frac{\sqrt{3}}{2} = 9\sqrt{3} \qquad \cdots \text{2단계}$$

답 $9\sqrt{3}$

| 채점 요소 | 비율 |
|---|---|
| 1단계 선분 BC의 길이 구하기 | 50% |
| 2단계 평행사변형 ABCD의 넓이 구하기 | 50% |

**다른 풀이** 삼각형 ABC에서 사인법칙에 의하여

$$\frac{3\sqrt{3}}{\sin 60°} = \frac{3}{\sin(\angle ACB)}$$
$$3\sqrt{3}\sin(\angle ACB) = 3\sin 60°$$
$$\therefore \sin(\angle ACB) = 3 \times \frac{\sqrt{3}}{2} \times \frac{1}{3\sqrt{3}} = \frac{1}{2}$$

이때 $\angle BCD = 180° - 60° = 120°$에서 $\angle ACB < 120°$이므로

$$\angle ACB = 30°$$

$$\therefore \angle BAC = 180° - (60° + 30°) = 90°$$

따라서 직각삼각형 ABC의 넓이는

$$\frac{1}{2} \times 3 \times 3\sqrt{3} = \frac{9\sqrt{3}}{2}$$

이므로 평행사변형 ABCD의 넓이는

$$2\triangle ABC = 2 \times \frac{9\sqrt{3}}{2} = 9\sqrt{3}$$

**0764** 사각형 ABCD의 넓이가 $3\sqrt{3}$이므로

$$\frac{1}{2} \times 4 \times \overline{AC} \times \sin 120° = 3\sqrt{3}$$
$$2 \times \overline{AC} \times \frac{\sqrt{3}}{2} = 3\sqrt{3}$$
$$\therefore \overline{AC} = 3$$

답 3

**0765** 사각형 ABCD의 넓이가 2이므로

$$\frac{1}{2} \times a \times b \times \sin 30° = 2$$
$$\frac{1}{2}ab \times \frac{1}{2} = 2 \qquad \therefore ab = 8$$
$$\therefore a^2 + b^2 = (a+b)^2 - 2ab$$
$$= 6^2 - 2 \times 8 = 20$$

답 20

**0766** 사각형 ABCD의 두 대각선의 길이를 $a$, $b$라 하면 $a + b = 8$에서 $b = 8 - a \ (0 < a < 8)$

사각형 ABCD의 넓이를 $S$라 하면

$$S = \frac{1}{2}ab\sin 45° = \frac{1}{2}a(8-a) \times \frac{\sqrt{2}}{2}$$
$$= \frac{\sqrt{2}}{4}(-a^2 + 8a) = -\frac{\sqrt{2}}{4}(a-4)^2 + 4\sqrt{2}$$

따라서 사각형 ABCD의 넓이의 최댓값은 $4\sqrt{2}$이다.

답 ②

**0767** 오른쪽 그림과 같이 평행사변형 ABCD의 두 대각선 AC, BD의 교점을 O라 하자.

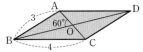

평행사변형의 두 대각선은 서로 다른 것을 이등분하므로
$\overline{AC}=2a$, $\overline{BD}=2b$라 하면

$$\overline{AO}=\overline{CO}=a, \ \overline{BO}=\overline{DO}=b$$

삼각형 ABO에서 코사인법칙에 의하여

$$3^2=a^2+b^2-2ab\cos 60°$$
$$\therefore a^2+b^2-ab=9 \qquad \cdots\cdots ㉠$$

삼각형 BCO에서

$$\angle BOC=180°-60°=120°$$

이므로 코사인법칙에 의하여

$$4^2=a^2+b^2-2ab\cos 120°$$
$$\therefore a^2+b^2+ab=16 \qquad \cdots\cdots ㉡$$

㉡-㉠을 하면  $2ab=7$

$$\therefore ab=\frac{7}{2}$$

따라서 평행사변형 ABCD의 넓이는

$$\frac{1}{2}\times 2a\times 2b\times \sin 60°=2\times \frac{7}{2}\times \frac{\sqrt{3}}{2}=\frac{7\sqrt{3}}{2} \qquad \boxed{답}\ \frac{7\sqrt{3}}{2}$$

**0768** 삼각형 ABC에서

$$C=180°-(60°+75°)=45°$$

사인법칙에 의하여 $\dfrac{50}{\sin 45°}=\dfrac{\overline{BC}}{\sin 60°}$이므로

$$\overline{BC}\times \sin 45°=50\sin 60°$$
$$\therefore \overline{BC}=50\times \frac{\sqrt{3}}{2}\times \frac{2}{\sqrt{2}}=25\sqrt{6}\,(\mathrm{m})$$

따라서 두 지점 B, C 사이의 거리는 $25\sqrt{6}$ m이다. $\boxed{답}$ ③

**0769** 삼각형 ABC에서

$$C=180°-(50°+70°)=60°$$

삼각형 ABC의 외접원의 반지름의 길이를 $R$라 하면 사인법칙에 의하여

$$\frac{5}{\sin 60°}=2R$$
$$\therefore R=\frac{1}{2}\times \frac{5}{\frac{\sqrt{3}}{2}}=\frac{5\sqrt{3}}{3}$$

따라서 물통의 부피는

$$\pi \times \left(\frac{5\sqrt{3}}{3}\right)^2\times 9=75\pi \qquad \boxed{답}\ 75\pi$$

**0770** 오른쪽 그림과 같이 두 건물 위의 끝의 두 지점을 각각 A, C라 하고, 지면 위의 두 지점을 각각 B, D라 하자.

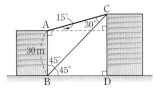

삼각형 ABC에서

$$\angle BAC=15°+90°=105°,$$
$$\angle ABC=90°-45°=45°$$

이므로

$$\angle ACB=180°-(105°+45°)=30°$$

사인법칙에 의하여 $\dfrac{\overline{BC}}{\sin 105°}=\dfrac{30}{\sin 30°}$이고

$$\sin 105°=\sin(90°+15°)=\cos 15°=\frac{\sqrt{6}+\sqrt{2}}{4}$$이므로

$$\overline{BC}=\sin 105°\times \frac{30}{\sin 30°}=\frac{\sqrt{6}+\sqrt{2}}{4}\times \frac{30}{\frac{1}{2}}$$
$$=15(\sqrt{6}+\sqrt{2})\,(\mathrm{m})$$

따라서 삼각형 CBD에서

$$\overline{CD}=\overline{BC}\sin 45°=15(\sqrt{6}+\sqrt{2})\times \frac{\sqrt{2}}{2}$$
$$=15(\sqrt{3}+1)\,(\mathrm{m})$$

즉 옆 건물의 높이는 $15(\sqrt{3}+1)$ m이다. $\boxed{답}\ 15(\sqrt{3}+1)$ m

**0771** 삼각형 ACB에서 코사인법칙에 의하여

$$\overline{AB}^2=50^2+60^2-2\times 50\times 60\times \cos 60°=3100$$
$$\therefore \overline{AB}=10\sqrt{31}\,(\mathrm{m})\ (\because \overline{AB}>0)$$

따라서 두 나무 A, B 사이의 거리는 $10\sqrt{31}$ m이다.

$$\boxed{답}\ 10\sqrt{31}\ \mathrm{m}$$

**0772** $\overline{CD}=x\,\mathrm{m}$라 하면 삼각형 ACD에서

$$\overline{AC}=\frac{x}{\tan 30°}=\sqrt{3}x\,(\mathrm{m})$$

또 삼각형 BCD는 $\angle BCD=90°$인 직각이등변삼각형이므로

$$\overline{BC}=\overline{CD}=x\,(\mathrm{m})$$

따라서 삼각형 ABC에서 코사인법칙에 의하여

$$10^2=(\sqrt{3}x)^2+x^2-2\times \sqrt{3}x\times x\times \cos 30°$$
$$x^2=100 \qquad \therefore x=10\ (\because x>0)$$

따라서 가로등의 높이는 10 m이다. $\boxed{답}$ ⑤

**0773** 오른쪽 그림의 원뿔의 옆면의 전개도에서 구하는 등산로의 최단 거리는 선분 AP의 길이이다.

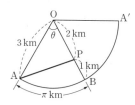

이때 원뿔의 밑면의 둘레의 길이가 $2\pi$ km이므로

$$\widehat{AB}=\frac{1}{2}\widehat{AA'}=\frac{1}{2}\times 2\pi=\pi\,(\mathrm{km})$$

부채꼴 OAB의 중심각의 크기를 $\theta$라 하면

$$3\times \theta=\pi \qquad \therefore \theta=\frac{\pi}{3}$$

따라서 삼각형 OAP에서 코사인법칙에 의하여

$$\overline{AP}^2 = 3^2 + 2^2 - 2 \times 3 \times 2 \times \cos\frac{\pi}{3} = 7$$

$$\therefore \overline{AP} = \sqrt{7} \text{ (km)} \; (\because \overline{AP} > 0)$$

즉 구하는 최단 거리는 $\sqrt{7}$ km이다. <답> $\sqrt{7}$ **km**

시험에 꼭 나오는 문제 ● 본책 104~107쪽

**0774** 삼각형 ABC에서

$$A = 180° - (60° + 75°) = 45°$$

사인법칙에 의하여 $\dfrac{a}{\sin 45°} = \dfrac{\sqrt{6}}{\sin 60°}$이므로

$$a \sin 60° = \sqrt{6} \sin 45°$$

$$\therefore a = \sqrt{6} \times \frac{\sqrt{2}}{2} \times \frac{2}{\sqrt{3}} = 2$$

$$\therefore \frac{a}{\cos A} = \frac{2}{\cos 45°} = \frac{2}{\frac{\sqrt{2}}{2}} = 2\sqrt{2}$$

<답> ④

**0775** 접선 AC와 현 AB가 이루는
각의 크기가 60°이므로 오른쪽 그림에
서

$$\angle APB = 60°$$

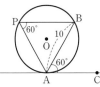

이때 원 $O$의 반지름의 길이를 $R$라 하
면 삼각형 ABP에서 사인법칙에 의하여

$$\frac{10}{\sin 60°} = 2R$$

$$\therefore R = \frac{1}{2} \times \frac{10}{\frac{\sqrt{3}}{2}} = \frac{10\sqrt{3}}{3}$$

따라서 원 $O$의 넓이는

$$\pi \times \left(\frac{10\sqrt{3}}{3}\right)^2 = \frac{100}{3}\pi$$

<답> ⑤

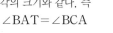

**접선과 현이 이루는 각**

원의 접선과 그 접점을 지나는 현이 이루는
각의 크기는 그 각의 내부에 있는 호에 대한
원주각의 크기와 같다. 즉

$$\angle BAT = \angle BCA$$

**0776** $\overline{CD} = \dfrac{1}{2} \times 4 = 2$이므로 직각삼각
형 BCD에서

$$\overline{BD} = \sqrt{4^2 + 2^2} = 2\sqrt{5}$$

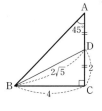

삼각형 ABD의 외접원의 반지름의 길이를
$R$라 하면 $A = 45°$이므로 사인법칙에 의하
여

$$\frac{2\sqrt{5}}{\sin 45°} = 2R$$

$$\therefore R = \frac{1}{2} \times \frac{2\sqrt{5}}{\frac{\sqrt{2}}{2}} = \sqrt{10}$$

<답> $\sqrt{10}$

**0777** 삼각형 ABC의 외접원의 반지름의 길이가 5이므로 사인
법칙에 의하여

$$\sin A = \frac{a}{10}, \; \sin B = \frac{b}{10}$$

이것을 $\sqrt{3} \sin A = \sin B$에 대입하면

$$\sqrt{3} \times \frac{a}{10} = \frac{b}{10}$$

$$\therefore b = \sqrt{3}a \qquad \cdots\cdots \text{㉠}$$

이때 $C = 90°$이므로 직각삼각형 ABC에서 피타고라스 정리에
의하여

$$a^2 + (\sqrt{3}a)^2 = 10^2$$

$$4a^2 = 100, \qquad a^2 = 25$$

$$\therefore a = 5 \; (\because a > 0)$$

이것을 ㉠에 대입하면 $b = 5\sqrt{3}$

$$\therefore \triangle ABC = \frac{1}{2} \times 5 \times 5\sqrt{3} = \frac{25\sqrt{3}}{2}$$

<답> $\dfrac{25\sqrt{3}}{2}$

**0778** $2a - b = 9k$, $2b - c = 6k$, $2c - a = k \; (k > 0)$라 하고
세 식을 연립하여 풀면

$$a = 7k, \; b = 5k, \; c = 4k$$

따라서 사인법칙에 의하여

$$\sin A : \sin B : \sin C = a : b : c = 7k : 5k : 4k$$

$$= 7 : 5 : 4$$

<답> ⑤

**0779** 삼각형 ABC의 외접원의 반지름의 길이를 $R$라 하면 사
인법칙에 의하여

$$\sin A = \frac{a}{2R}, \; \sin B = \frac{b}{2R}$$

이것을 $a \sin A = b \sin B$에 대입하면

$$a \times \frac{a}{2R} = b \times \frac{b}{2R}$$

$$\therefore a^2 = b^2$$

이때 $a > 0$, $b > 0$이므로

$$a = b$$

따라서 삼각형 ABC는 $a = b$인 이등변삼각형이다.

<답> ④

**0780** 삼각형 ABC에서 코사인법칙에 의하여

$$\overline{BC}^2 = x^2 + \left(\frac{4}{x}\right)^2 - 2 \times x \times \frac{4}{x} \times \cos 120°$$

$$= x^2 + \frac{16}{x^2} + 4$$

이때 $x^2 > 0$, $\dfrac{16}{x^2} > 0$이므로 산술평균과 기하평균의 관계에 의하여

$$x^2 + \frac{16}{x^2} \geq 2\sqrt{x^2 \times \frac{16}{x^2}} = 2 \times 4 = 8$$

$$\left(\text{단, 등호는 } x^2 = \frac{16}{x^2}, \text{ 즉 } x = 2\text{일 때 성립}\right)$$

즉 $\overline{BC}^2 \geq 8 + 4 = 12$이므로

$$\overline{BC} \geq 2\sqrt{3}$$

따라서 $\overline{BC}$의 길이의 최솟값은 $2\sqrt{3}$이다.　　　**답 $2\sqrt{3}$**

**0781** $\overline{AC} = x$라 하면 $x > 3$이고 삼각형 ABC에서 코사인법칙에 의하여

$$2^2 = 3^2 + x^2 - 2 \times 3 \times x \times \frac{7}{8}$$

$$4 = 9 + x^2 - \frac{21}{4}x, \qquad 4x^2 - 21x + 20 = 0$$

$$(4x - 5)(x - 4) = 0$$

$$\therefore x = 4 \ (\because x > 3)$$

따라서 $\overline{AM} = \overline{CM} = \dfrac{1}{2}\overline{AC} = \dfrac{1}{2} \times 4 = 2$이므로 삼각형 ABM에서 코사인법칙에 의하여

$$\overline{BM}^2 = 3^2 + 2^2 - 2 \times 3 \times 2 \times \frac{7}{8} = \frac{5}{2}$$

그런데 $\overline{BM} > 0$이므로

$$\overline{BM} = \frac{\sqrt{10}}{2}$$

이때 $\triangle ABM \varpropto \triangle DCM$ (AA 닮음)이므로

$\overline{AM} : \overline{DM} = \overline{BM} : \overline{CM}$에서

$$2 : \overline{DM} = \frac{\sqrt{10}}{2} : 2, \qquad \frac{\sqrt{10}}{2}\overline{DM} = 4$$

$$\therefore \overline{DM} = \frac{4\sqrt{10}}{5}$$

**답 ③**

참고 | $\triangle ABM$과 $\triangle DCM$에서 $\angle AMB = \angle DMC$ (맞꼭지각)이고 $\angle BAM$, $\angle CDM$은 호 BC에 대한 원주각이므로 $\angle BAM = \angle CDM$이다.

따라서 $\triangle ABM$, $\triangle DCM$은 AA 닮음이다.

**0782** $c^2 - 3ab = (a - b)^2$에서

$$c^2 - 3ab = a^2 - 2ab + b^2$$

$$\therefore c^2 = a^2 + b^2 + ab$$

삼각형 ABC에서 코사인법칙에 의하여

$$\cos C = \frac{a^2 + b^2 - c^2}{2 \times a \times b}$$

$$= \frac{a^2 + b^2 - (a^2 + ab + b^2)}{2 \times a \times b}$$

$$= \frac{-ab}{2ab} = -\frac{1}{2}$$

그런데 $0° < C < 180°$이므로　　$C = 120°$　　**답 120°**

**0783** 정사각형 ABCD의 한 변의 길이를 $3a \ (a > 0)$라 하면

$$\overline{BE} = \overline{BF} = \sqrt{a^2 + (3a)^2} = \sqrt{10}\,a,$$

$$\overline{EF} = \sqrt{(2a)^2 + (2a)^2} = 2\sqrt{2}\,a$$

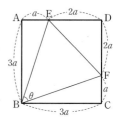

따라서 삼각형 BFE에서 코사인법칙에 의하여

$$\cos\theta = \frac{(\sqrt{10}\,a)^2 + (\sqrt{10}\,a)^2 - (2\sqrt{2}\,a)^2}{2 \times \sqrt{10}\,a \times \sqrt{10}\,a}$$

$$= \frac{12a^2}{20a^2} = \frac{3}{5}$$

**답 $\dfrac{3}{5}$**

**0784** $\overline{AD} /\!/ \overline{BC}$이므로　　$\angle DAC = \angle BCA$

$\overline{AC} = x$, $\angle DAC = \angle BCA = \theta$라 하면

삼각형 ABC에서 코사인법칙에 의하여

$$\cos\theta = \frac{10^2 + x^2 - 6^2}{2 \times 10 \times x} = \frac{x^2 + 64}{20x} \quad \cdots\cdots ㉠$$

또 삼각형 ACD에서 코사인법칙에 의하여

$$\cos\theta = \frac{x^2 + 4^2 - 8^2}{2 \times x \times 4} = \frac{x^2 - 48}{8x} \quad \cdots\cdots ㉡$$

㉠, ㉡에서

$$\frac{x^2 + 64}{20x} = \frac{x^2 - 48}{8x}, \qquad 3x^2 = 368$$

$$x^2 = \frac{368}{3} \qquad \therefore x = \frac{4\sqrt{69}}{3} \ (\because x > 0)$$

**답 ⑤**

**0785** $5 - x$가 가장 짧은 변의 길이이므로

$$\cos 30° = \frac{(5 + x)^2 + 5^2 - (5 - x)^2}{2 \times (5 + x) \times 5}$$

$$\frac{\sqrt{3}}{2} = \frac{25 + 10x + x^2 + 25 - (25 - 10x + x^2)}{10(5 + x)}$$

$$5\sqrt{3} + \sqrt{3}x = 4x + 5$$

$$(4 - \sqrt{3})x = 5\sqrt{3} - 5$$

$$\therefore x = \frac{5\sqrt{3} - 5}{4 - \sqrt{3}} = \frac{15\sqrt{3} - 5}{13}$$

**답 ③**

**0786** $\dfrac{7}{\sin A} = \dfrac{5}{\sin B} = \dfrac{3}{\sin C}$에서

$$\sin A : \sin B : \sin C = 7 : 5 : 3$$

$$\therefore a : b : c = \sin A : \sin B : \sin C = 7 : 5 : 3$$

$a=7k$, $b=5k$, $c=3k$ $(k>0)$라 하면 코사인법칙에 의하여

$$\cos A = \frac{(5k)^2+(3k)^2-(7k)^2}{2\times 5k\times 3k} = -\frac{1}{2}$$

그런데 $0°<A<180°$이므로　　　$A=120°$

삼각형 ABC의 외접원의 반지름의 길이를 $R$라 하면 사인법칙에 의하여

$$\frac{3}{\sin 120°}=2R$$

$$\therefore R = \frac{1}{2}\times\frac{3}{\frac{\sqrt{3}}{2}}=\sqrt{3}$$

따라서 삼각형 ABC의 외접원의 넓이는

$$\pi\times(\sqrt{3})^2=3\pi$$　　　　　답 ③

**0787** 조건 ㈎에서 $\sin(B+C)=\sin(\pi-A)=\sin A$이므로

$$\sin A+\sin C=2\sin A \qquad \therefore \sin A=\sin C$$

이때 삼각형 ABC의 외접원의 반지름의 길이를 $R$라 하면

$$\frac{a}{2R}=\frac{c}{2R} \qquad \therefore a=c \qquad \cdots\cdots ㉠$$

또 조건 ㈏에서

$$\frac{\frac{a}{2R}}{\frac{b}{2R}}=\frac{a^2+b^2-c^2}{2ab}, \qquad 2a^2=a^2+b^2-c^2$$

$$\therefore b^2=a^2+c^2 \qquad\cdots\cdots ㉡$$

㉠, ㉡에서 삼각형 ABC는 $B=90°$인 직각이등변삼각형이다.

답 ⑤

**0788** 부채꼴 OAB의 반지름의 길이를 $r$라 하면 점 P는 선분 OA를 $3:1$로 내분하는 점이므로

$$\overline{OP}=\frac{3}{4}\overline{OA}=\frac{3}{4}r$$

또 점 Q는 선분 OB를 $1:2$로 내분하는 점이므로

$$\overline{OQ}=\frac{1}{3}\overline{OB}=\frac{1}{3}r$$

이때 삼각형 OPQ의 넓이가 $4\sqrt{3}$이므로

$$\frac{1}{2}\times\frac{3}{4}r\times\frac{1}{3}r\times\sin\frac{\pi}{3}=4\sqrt{3}$$

$$\frac{\sqrt{3}}{16}r^2=4\sqrt{3}, \qquad r^2=64$$

$$\therefore r=8\ (\because r>0)$$

따라서 호 AB의 길이는　　　$8\times\frac{\pi}{3}=\frac{8}{3}\pi$　　　답 ④

**0789** $a+c=10$에서　　　$c=10-a$ $(0<a<10)$

삼각형 ABC의 넓이를 $S$라 하면

$$S=\frac{1}{2}\times a\times(10-a)\times\sin 30°$$

$$=\frac{1}{4}(-a^2+10a)=-\frac{1}{4}(a-5)^2+\frac{25}{4}$$

따라서 삼각형 ABC의 넓이의 최댓값은 $\frac{25}{4}$이다.　답 $\dfrac{25}{4}$

**0790** $\angle BAD=180°-45°=135°$이므로 $\overline{BD}$를 그으면

$$\square ABCD$$
$$=\triangle ABD+\triangle BCD$$
$$=\frac{1}{2}\times 2\times 2\sqrt{2}\times\sin 135°+\frac{1}{2}\times 2\sqrt{2}\times 6\times\sin 45°$$
$$=2+6=8$$　　　　답 8

**0791** 평행사변형 ABCD의 넓이가 $10\sqrt{3}$이므로

$$4\times 5\times\sin B=10\sqrt{3}$$

$$\therefore \sin B=\frac{\sqrt{3}}{2}$$

$90°<B<180°$이므로　　　$B=120°$

삼각형 ABC에서 코사인법칙에 의하여

$$\overline{AC}^2=4^2+5^2-2\times 4\times 5\times\cos 120°=61$$

$$\therefore \overline{AC}=\sqrt{61}\ (\because \overline{AC}>0)$$　　答 ①

**0792** 등변사다리꼴 ABCD의 한 대각선의 길이를 $a$라 하면 등변사다리꼴의 넓이가 16이므로

$$\frac{1}{2}\times a\times a\times\sin 30°=16$$

$$\frac{1}{2}a^2\times\frac{1}{2}=16, \qquad a^2=64$$

$$\therefore a=8\ (\because a>0)$$

따라서 한 대각선의 길이는 8이다.　　　答 ③

**0793** 사각형 ABCD에서 $\overline{AC}=p$, $\overline{BD}=q$, $\overline{AC}$와 $\overline{BD}$가 이루는 각의 크기를 $\theta$라 하면 사각형 ABCD의 넓이가 100이므로

$$\frac{1}{2}pq\sin\theta=100$$

새로운 사각형의 넓이를 $S$라 하면

$$S=\frac{1}{2}\times 0.8p\times 1.1q\times\sin\theta$$
$$=0.88\times\frac{1}{2}pq\sin\theta$$
$$=0.88\times 100=88$$　　　答 88

**0794** 직각삼각형 ABC에서

$$\cos 30°=\frac{30}{\overline{BC}}$$

$$\therefore \overline{BC}=\frac{30}{\cos 30°}=20\sqrt{3}\ (\text{m})$$

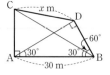

또 삼각형 ABD에서

$$\angle ADB=180°-(30°+60°)=90°$$

이므로

$$\overline{BD}=30\times\cos 60°=15\ (\text{m})$$

이때 삼각형 BDC에서

$$\angle CBD=60°-30°=30°$$

이므로 $\overline{CD}=x$ m라 하면 코사인법칙에 의하여

$$x^2=(20\sqrt{3})^2+15^2-2\times 20\sqrt{3}\times 15\times\cos 30°$$
$$=525$$

$$\therefore x=5\sqrt{21}\ (\because x>0)$$

따라서 두 지점 C, D 사이의 거리는 $5\sqrt{21}$ m이다.

답 $5\sqrt{21}$ m

**0795** 주어진 이차방정식의 판별식을 $D$라 하면

$$\frac{D}{4}=\sin^2 C-(\cos A+\cos B)(\cos A-\cos B)=0$$

$$\sin^2 C-(\cos^2 A-\cos^2 B)=0$$

$$\sin^2 C-(1-\sin^2 A)+(1-\sin^2 B)=0$$

$$\therefore \sin^2 C+\sin^2 A=\sin^2 B \quad\cdots\cdots\ \unicode{x1D4F} \quad \cdots\ \text{1단계}$$

이때 삼각형 ABC의 외접원의 반지름의 길이를 $R$라 하면 사인법칙에 의하여

$$\sin A=\frac{a}{2R},\ \sin B=\frac{b}{2R},\ \sin C=\frac{c}{2R}$$

이것을 ㉠에 대입하면

$$\left(\frac{c}{2R}\right)^2+\left(\frac{a}{2R}\right)^2=\left(\frac{b}{2R}\right)^2$$

$$\therefore b^2=a^2+c^2$$

따라서 삼각형 ABC는 $B=90°$인 직각삼각형이다. $\cdots$ 2단계

답 $B=90°$인 직각삼각형

| | 채점 요소 | 비율 |
|---|---|---|
| 1단계 | 중근을 가질 조건 구하기 | 50% |
| 2단계 | 삼각형 ABC의 모양 구하기 | 50% |

**0796** 길이가 7인 변의 대각의 크기를 $\theta$라 하면 코사인법칙에 의하여

$$\cos\theta=\frac{4^2+5^2-7^2}{2\times 4\times 5}=-\frac{1}{5} \quad\cdots\ \text{1단계}$$

$0°<\theta<180°$에서 $\sin\theta>0$이므로

$$\sin\theta=\sqrt{1-\cos^2\theta}=\sqrt{1-\left(-\frac{1}{5}\right)^2}$$

$$=\frac{2\sqrt{6}}{5} \quad\cdots\ \text{2단계}$$

이때 삼각형 ABC의 외접원의 반지름의 길이를 $R$라 하면 사인법칙에 의하여

$$\frac{7}{\sin\theta}=2R$$

$$\therefore R=\frac{1}{2}\times\frac{7}{\frac{2\sqrt{6}}{5}}=\frac{35\sqrt{6}}{24} \quad\cdots\ \text{3단계}$$

답 $\dfrac{35\sqrt{6}}{24}$

| | 채점 요소 | 비율 |
|---|---|---|
| 1단계 | 길이가 7인 변의 대각의 크기를 $\theta$라 하고 $\cos\theta$의 값 구하기 | 30% |
| 2단계 | $\sin\theta$의 값 구하기 | 30% |
| 3단계 | 외접원의 반지름의 길이 구하기 | 40% |

**0797** $a+b=7k$, $b+c=5k$, $c+a=6k$ $(k>0)$ $\cdots$ ㉠
라 하고 세 식을 변끼리 더하면

$$2(a+b+c)=18k \quad \therefore a+b+c=9k \quad\cdots\ \unicode{x1D4EE}$$

㉡에서 ㉠을 각각 빼면

$$a=4k,\ b=3k,\ c=2k \quad\cdots\ \text{1단계}$$

삼각형 ABC에서 코사인법칙에 의하여

$$\cos A=\frac{(3k)^2+(2k)^2-(4k)^2}{2\times 3k\times 2k}=-\frac{1}{4}$$

$0°<A<180°$에서 $\sin A>0$이므로

$$\sin A=\sqrt{1-\cos^2 A}=\sqrt{1-\left(-\frac{1}{4}\right)^2}=\frac{\sqrt{15}}{4}$$

따라서 삼각형 ABC의 넓이는

$$\frac{1}{2}\times 2k\times 3k\times\frac{\sqrt{15}}{4}=\frac{3\sqrt{15}}{4}k^2 \quad\cdots\ \text{2단계}$$

즉 $\dfrac{3\sqrt{15}}{4}k^2=3\sqrt{15}$이므로

$$k^2=4 \quad\therefore k=2\ (\because k>0) \quad\cdots\ \text{3단계}$$

$$\therefore a=4k=4\times 2=8 \quad\cdots\ \text{4단계}$$

답 8

| | 채점 요소 | 비율 |
|---|---|---|
| 1단계 | $a$, $b$, $c$를 $k$에 대한 식으로 나타내기 | 30% |
| 2단계 | 삼각형 ABC의 넓이를 $k$에 대한 식으로 나타내기 | 40% |
| 3단계 | $k$의 값 구하기 | 20% |
| 4단계 | $a$의 값 구하기 | 10% |

**0798** $\angle CPD=\theta$라 하면 삼각형 CDP에서 코사인법칙에 의하여

$$\cos\theta=\frac{2^2+4^2-4^2}{2\times 2\times 4}=\frac{1}{4} \quad\cdots\ \text{1단계}$$

$0°<\theta<180°$에서 $\sin\theta>0$이므로

$$\sin\theta=\sqrt{1-\cos^2\theta}=\sqrt{1-\left(\frac{1}{4}\right)^2}=\frac{\sqrt{15}}{4} \quad\cdots\ \text{2단계}$$

$$\therefore \square ABCD=\frac{1}{2}\times(3+4)\times(6+2)\times\sin\theta$$

$$=\frac{1}{2}\times 7\times 8\times\frac{\sqrt{15}}{4}$$

$$=7\sqrt{15} \quad\cdots\ \text{3단계}$$

답 $7\sqrt{15}$

| | 채점 요소 | 비율 |
|---|---|---|
| 1단계 | $\cos(\angle CPD)$의 값 구하기 | 40% |
| 2단계 | $\sin(\angle CPD)$의 값 구하기 | 20% |
| 3단계 | $\square ABCD$의 넓이 구하기 | 40% |

**0799** 전략 사인법칙을 이용하여 $\dfrac{a}{R}$의 값이 정수가 되도록 하는 조건을 구한다.

삼각형 ABC에서 사인법칙에 의하여 $\sin A=\dfrac{a}{2R}$이므로

$$\frac{a}{R}=2\sin A$$

이때 $\dfrac{a}{R}$, 즉 $2\sin A$의 값이 정수이어야 하고 $0°<A<180°$에서 $0<\sin A\le 1$이므로

$$0<2\sin A\le 2$$

따라서 $2\sin A=1$ 또는 $2\sin A=2$이므로

$$\sin A=\frac{1}{2} \text{ 또는 } \sin A=1$$

(ⅰ) $\sin A=\frac{1}{2}$에서    $A=30°$ 또는 $A=150°$

(ⅱ) $\sin A=1$에서    $A=90°$

(ⅰ), (ⅱ)에서    $A=30°$ 또는 $A=90°$ 또는 $A=150°$

따라서 모든 $A$의 크기의 합은

$$30°+90°+150°=270°$$

**답 270°**

---

**0800** **전략** 이등변삼각형의 성질을 이용하여 $C$의 크기를 구한다.

$\overline{AB}=\overline{AC}=k$라 하면 삼각형 ABC에서 코사인법칙에 의하여

$$8^2=k^2+k^2-2\times k\times k\times\cos 120°$$

$$64=3k^2, \qquad k^2=\frac{64}{3}$$

$$\therefore k=\frac{8\sqrt{3}}{3}\ (\because k>0)$$

이때 삼각형 ABC는 $\overline{AB}=\overline{AC}$인 이등변삼각형이고 $A=120°$이므로

$$C=\frac{1}{2}\times(180°-120°)=30°$$

따라서 $\overline{CP}=x\left(0<x\le\frac{8\sqrt{3}}{3}\right)$라 하면 삼각형 BCP에서 코사인법칙에 의하여

$$\overline{BP}^2=x^2+8^2-2\times x\times 8\times\cos 30°$$
$$=x^2-8\sqrt{3}x+64$$
$$\therefore \overline{BP}^2+\overline{CP}^2=(x^2-8\sqrt{3}x+64)+x^2$$
$$=2x^2-8\sqrt{3}x+64$$
$$=2(x-2\sqrt{3})^2+40$$

즉 $\overline{BP}^2+\overline{CP}^2$의 최솟값은 40이다.

**답 40**

---

**0801** **전략** 삼각형 PAC의 넓이가 최대가 되도록 하는 점 P의 위치를 파악한다.

삼각형 PAC의 넓이가 최대가 되려면 점 P와 직선 AC 사이의 거리가 최대가 되어야 한다.

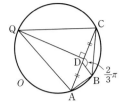

따라서 오른쪽 그림과 같이 점 B를 포함하지 않는 호 AC와 선분 AC의 수직이등분선의 교점이 점 Q이다.

이때 $\overline{QA}=6\sqrt{10}$이므로

$$\overline{QC}=\overline{QA}=6\sqrt{10}$$

한편 $\cos(\angle ABC)=-\frac{5}{8}$이므로

$$\cos(\angle AQC)=\cos(\pi-\angle ABC)$$
$$=-\cos(\angle ABC)=\frac{5}{8}$$

따라서 삼각형 QAC에서 코사인법칙에 의하여

$$\overline{AC}^2$$
$$=(6\sqrt{10})^2+(6\sqrt{10})^2-2\times 6\sqrt{10}\times 6\sqrt{10}\times\cos(\angle AQC)$$
$$=270 \qquad\qquad \cdots\cdots\ ㉠$$

$\overline{AB}=x\ (x>0)$라 하면 $2\overline{AB}=\overline{BC}$에서

$$\overline{BC}=2x$$

삼각형 ABC에서 코사인법칙에 의하여

$$\overline{AC}^2=x^2+(2x)^2-2\times x\times 2x\times\cos(\angle ABC)$$
$$=\frac{15}{2}x^2 \qquad\qquad \cdots\cdots\ ㉡$$

㉠, ㉡에서    $\frac{15}{2}x^2=270$

$$x^2=36 \qquad\therefore x=6\ (\because x>0)$$

즉 $\overline{BC}=2\times 6=12$이므로 삼각형 CDB의 외접원의 반지름의 길이를 $R$라 하면 삼각형 CDB에서 사인법칙에 의하여

$$\frac{12}{\sin\frac{2}{3}\pi}=2R$$

$$\therefore R=\frac{1}{2}\times\frac{12}{\frac{\sqrt{3}}{2}}=4\sqrt{3}$$

**답 ②**

**참고** 선분 AC와 선분 AC의 수직이등분선의 교점을 H라 하면 △QAH와 △QCH에서 $\overline{AH}=\overline{CH}$, $\angle QHA=\angle QHC=90°$, $\overline{QH}$는 공통이므로    △QAH≡△QCH (SAS 합동)
$$\therefore \overline{QC}=\overline{QA}=6\sqrt{10}$$

# 08 등차수열과 등비수열

**0802** 3−1=2에서 공차가 2이므로 주어진 수열은

1, 3, $\boxed{5}$, $\boxed{7}$, 9, ⋯ **답 5, 7**

**0803** 5−10=−5에서 공차가 −5이므로 주어진 수열은

20, $\boxed{15}$, 10, 5, $\boxed{0}$, ⋯ **답 15, 0**

**0804** $a_n = -2 + (n-1) \times 5 = 5n - 7$ **답 $a_n = 5n - 7$**

**0805** 첫째항이 3, 공차가 6−3=3이므로

$a_n = 3 + (n-1) \times 3 = 3n$ **답 $a_n = 3n$**

**0806** 공차를 $d$라 하면 $a_1 = 5$, $a_8 = 33$에서

$5 + (8-1)d = 33$, $7d = 28$

∴ $d = 4$ **답 4**

**0807** 공차를 $d$라 하면 $a_1 = -5$, $a_6 = -40$에서

$-5 + (6-1)d = -40$, $5d = -35$

∴ $d = -7$ **답 −7**

**0808** $x = \dfrac{1+19}{2} = 10$ **답 10**

**0809** $\dfrac{20(2+40)}{2} = 420$ **답 420**

**0810** $\dfrac{20\{2 \times 4 + (20-1) \times (-2)\}}{2} = -300$ **답 −300**

**0811** 수열 33, 30, 27, ⋯, 3은 첫째항이 33, 공차가

30−33=−3인 등차수열이므로 일반항 $a_n$은

$a_n = 33 + (n-1) \times (-3) = -3n + 36$

3을 제 $n$ 항이라 하면

$-3n + 36 = 3$ ∴ $n = 11$

∴ $33 + 30 + 27 + \cdots + 3 = \dfrac{11(33+3)}{2} = 198$ **답 198**

**0812** 수열 2, 5, 8, ⋯, 41은 첫째항이 2, 공차가 5−2=3인

등차수열이므로 일반항 $a_n$은

$a_n = 2 + (n-1) \times 3 = 3n - 1$

41을 제 $n$ 항이라 하면

$3n - 1 = 41$ ∴ $n = 14$

∴ $2 + 5 + 8 + \cdots + 41 = \dfrac{14(2+41)}{2} = 301$ **답 301**

**0813** $\dfrac{6}{3} = 2$에서 공비가 2이므로 주어진 수열은

3, 6, $\boxed{12}$, $\boxed{24}$, 48, ⋯ **답 12, 24**

**0814** $\dfrac{-2}{2} = -1$에서 공비가 −1이므로 주어진 수열은

2, −2, $\boxed{2}$, $\boxed{-2}$, 2, ⋯ **답 2, −2**

**0815** **답 $a_n = 5 \times (-3)^{n-1}$**

**0816** 첫째항이 2, 공비가 $\dfrac{2\sqrt{2}}{2} = \sqrt{2}$이므로

$a_n = 2 \times (\sqrt{2})^{n-1}$ **답 $a_n = 2 \times (\sqrt{2})^{n-1}$**

**0817** 공비를 $r$라 하면 $a_1 = \dfrac{2}{27}$, $a_4 = 2$에서

$\dfrac{2}{27} \times r^{4-1} = 2$, $r^3 = 27$

∴ $r = 3$ **답 3**

**0818** 공비를 $r$라 하면 $a_1 = 1$, $a_5 = \dfrac{1}{81}$에서

$1 \times r^{5-1} = \dfrac{1}{81}$, $r^4 = \dfrac{1}{81}$

∴ $r = \pm\dfrac{1}{3}$ **답 $-\dfrac{1}{3}$ 또는 $\dfrac{1}{3}$**

**0819** $x^2 = 3 \times 48 = 144$ ∴ $x = \pm 12$

**답 −12 또는 12**

**0820** $\dfrac{4(2^8-1)}{2-1} = 1020$ **답 1020**

**0821** 첫째항이 3, 공비가 $\dfrac{-6}{3} = -2$인 등비수열이므로

$\dfrac{3\{1-(-2)^8\}}{1-(-2)} = -255$ **답 −255**

**0822** 수열 1, 3, 9, ⋯, 243은 첫째항이 1, 공비가 $\dfrac{3}{1} = 3$인

등비수열이므로 일반항 $a_n$은

$a_n = 1 \times 3^{n-1} = 3^{n-1}$

243을 제 $n$ 항이라 하면

$3^{n-1} = 243 = 3^5$, $n - 1 = 5$

∴ $n = 6$

∴ $1 + 3 + 9 + \cdots + 243 = \dfrac{1 \times (3^6 - 1)}{3 - 1} = 364$ **답 364**

**0823** 수열 $\dfrac{1}{2}$, $-\dfrac{1}{4}$, $\dfrac{1}{8}$, ⋯, $-\dfrac{1}{256}$은 첫째항이 $\dfrac{1}{2}$, 공비

가 $-\dfrac{1}{4} \div \dfrac{1}{2} = -\dfrac{1}{2}$인 등비수열이므로 일반항 $a_n$은

$a_n = \dfrac{1}{2} \times \left(-\dfrac{1}{2}\right)^{n-1}$

$-\dfrac{1}{256}$을 제 $n$ 항이라 하면

$$\dfrac{1}{2}\times\left(-\dfrac{1}{2}\right)^{n-1}=-\dfrac{1}{256}$$

$$\left(-\dfrac{1}{2}\right)^{n-1}=-\dfrac{1}{128}=\left(-\dfrac{1}{2}\right)^{7}$$

$$n-1=7 \qquad \therefore n=8$$

$$\therefore \dfrac{1}{2}-\dfrac{1}{4}+\dfrac{1}{8}-\cdots-\dfrac{1}{256}=\dfrac{\dfrac{1}{2}\left\{1-\left(-\dfrac{1}{2}\right)^{8}\right\}}{1-\left(-\dfrac{1}{2}\right)}=\dfrac{85}{256}$$

답 $\dfrac{85}{256}$

---

📝 **유형 익히기**　　　　　　　　　• 본책 112~124쪽

**0824** 주어진 등차수열의 첫째항이 20, 공차가 $-3$이므로 일반항 $a_n$은

$$a_n=20+(n-1)\times(-3)=-3n+23$$

$-118$을 제 $n$ 항이라 하면

$$-3n+23=-118, \qquad -3n=-141$$

$$\therefore n=47$$

따라서 $-118$은 제 47 항이다.　　답 **제 47 항**

**0825** $a_n=-4n+14$에서

$$a_1=-4\times1+14=10, \quad a_2=-4\times2+14=6$$

따라서 등차수열 $\{a_n\}$의 공차는 $6-10=-4$이므로 구하는 곱은

$$10\times(-4)=-40$$

답 ③

📝 **RPM 비법 노트**

수열 $\{a_n\}$의 일반항 $a_n$이 $a_n=An+B$ ($A$, $B$는 상수)의 꼴이면

$$a_1=A+B,$$

$$a_{n+1}-a_n=\{A(n+1)+B\}-(An+B)=A$$

이므로 수열 $\{a_n\}$은 첫째항이 $A+B$, 공차가 $A$인 등차수열이다.

**0826** 등차수열 $\{a_n\}$의 첫째항을 $a$라 하면

$a_5=-2$에서　　$a+4\times4=-2$　　$\therefore a=-18$

$$\therefore a_n=-18+(n-1)\times4=4n-22$$

$a_k=38$이므로　　$4k-22=38$

$4k=60$　　$\therefore k=15$　　　　答 **15**

**0827** 등차수열 $\{a_n\}$의 첫째항을 $a$, 공차를 $d$라 하면

$a_2=10$에서　　$a+d=10$　　　　……㉠

$a_5=43$에서　　$a+4d=43$　　　　……㉡

㉠, ㉡을 연립하여 풀면　　$a=-1$, $d=11$

따라서 $a_n=-1+(n-1)\times11=11n-12$이므로

$$a_{50}=11\times50-12=538$$

答 **538**

---

**0828** 등차수열 $\{a_n\}$의 첫째항을 $a$, 공차를 $d$라 하면

$a_8=26$에서　　$a+7d=26$　　　　……㉠

$a_6:a_{10}=5:8$에서　　$(a+5d):(a+9d)=5:8$

$$8(a+5d)=5(a+9d), \qquad 8a+40d=5a+45d$$

$$\therefore 3a-5d=0 \qquad\qquad\qquad\cdots\cdots ㉡$$

㉠, ㉡을 연립하여 풀면　　$a=5$, $d=3$

따라서 $a_n=5+(n-1)\times3=3n+2$이므로

$$a_{30}=3\times30+2=92$$

답 ③

**0829** 등차수열 $\{a_n\}$의 첫째항을 $a$, 공차를 $d$라 하면

$a_2+a_6=20$에서　　$(a+d)+(a+5d)=20$

$$\therefore a+3d=10 \qquad\qquad\qquad\cdots\cdots ㉠$$

$a_4+a_5=24$에서　　$(a+3d)+(a+4d)=24$

$$\therefore 2a+7d=24 \qquad\qquad\qquad\cdots\cdots ㉡$$

㉠, ㉡을 연립하여 풀면　　$a=-2$, $d=4$

따라서 $a_n=-2+(n-1)\times4=4n-6$이므로

$$a_8=4\times8-6=26$$

답 **26**

**0830** 등차수열 $\{a_n\}$의 공차를 $d$라 하면 $a_2+a_6=0$이므로

$$(-6+d)+(-6+5d)=0$$

$6d=12$　　$\therefore d=2$　　　　… **1단계**

$$\therefore a_n=-6+(n-1)\times2=2n-8$　　… **2단계**$$

12를 제 $n$ 항이라 하면　　$2n-8=12$　　$\therefore n=10$

따라서 12는 제 10 항이다.　　　　… **3단계**

답 **제 10 항**

| 채점 요소 | | 비율 |
|---|---|---|
| **1단계** | 공차 구하기 | 50 % |
| **2단계** | $a_n$ 구하기 | 20 % |
| **3단계** | 12가 제몇 항인지 구하기 | 30 % |

**0831** 등차수열 $\{a_n\}$의 첫째항을 $a$, 공차를 $d$ ($d>0$)라 하면

$a_4+a_8=0$에서　　$(a+3d)+(a+7d)=0$

$$2a+10d=0 \qquad \therefore a=-5d \qquad\cdots\cdots ㉠$$

$|a_5|=|a_6|+2$에서　　$|a+4d|=|a+5d|+2$　　……㉡

㉠을 ㉡에 대입하면　　$|-5d+4d|=|-5d+5d|+2$

$$|-d|=2 \qquad \therefore |d|=2$$

이때 $d>0$이므로　　$d=2$

$d=2$를 ㉠에 대입하면　　$a=-5\times2=-10$

따라서 $a_n=-10+(n-1)\times2=2n-12$이므로

$$a_3=2\times3-12=-6$$

답 $-6$

**다른 풀이** $a_6$이 $a_4$와 $a_8$의 등차중항이므로

$$a_6=\dfrac{a_4+a_8}{2}=0$$

이것을 $|a_5|=|a_6|+2$에 대입하면　　$|a_5|=2$

이때 $d>0$이므로　　$a_5=-2$　　$\therefore d=2$

$$\therefore a_3=a_5-2d=-2-2\times2=-6$$

**0832** 등차수열 $\{a_n\}$의 첫째항을 $a$, 공차를 $d$라 하면
$a_3=63$에서　　$a+2d=63$　　　　…… ㉠
$a_{10}=35$에서　　$a+9d=35$　　　　…… ㉡
㉠, ㉡을 연립하여 풀면　　$a=71$, $d=-4$
　　∴ $a_n=71+(n-1)\times(-4)=-4n+75$
$a_n<0$에서　　$-4n+75<0$　　∴ $n>18.75$
따라서 처음으로 음수가 되는 항은 제19항이다.　　탭 ②

**0833** $a_n=-62+(n-1)\times5=5n-67$
$a_n>0$에서　　$5n-67>0$　　∴ $n>13.4$
따라서 처음으로 양수가 되는 항은 제14항이다.　　탭 ③

**0834** 등차수열 $\{a_n\}$의 공차를 $d$라 하면
$a_6-a_4=8$에서　　$(a+5d)-(a+3d)=8$
　　$2d=8$　　∴ $d=4$
　　∴ $a_n=5+(n-1)\times4=4n+1$
$a_n>100$에서　　$4n+1>100$　　∴ $n>24.75$
따라서 처음으로 100보다 커지는 항은 제25항이다.　　탭 **제25항**

**0835** 등차수열 $\{a_n\}$의 첫째항을 $a$ $(a>0)$, 공차를 $d$라 하면
$a_{10}+a_{16}=0$이므로　　$(a+9d)+(a+15d)=0$
　　$2a+24d=0$　　∴ $a=-12d$
　　∴ $a_n=a+(n-1)d=-12d+(n-1)d$
　　　　$=(n-13)d$
이때 $a>0$이므로 $d<0$이고 $a_n<0$에서
　　$(n-13)d<0$,　　$n-13>0$　　∴ $n>13$
따라서 처음으로 음수가 되는 항은 제14항이다.　　탭 **제14항**

**0836** 등차수열 1, $a_1$, $a_2$, $a_3$, $\cdots$, $a_{10}$, 100의 공차를 $d$라 하면
첫째항이 1, 제12항이 100이므로
　　$1+11d=100$　　∴ $d=9$　← $d=\dfrac{100-1}{12-1}$
이때 $a_7$은 주어진 수열의 제8항이므로
　　$a_7=1+7\times9=64$　　탭 **64**

**0837** 등차수열 3, $x$, $y$, $z$, 23의 공차를 $d$라 하면 첫째항이 3,
제5항이 23이므로
　　$3+4d=23$　　∴ $d=5$
　　∴ $x=3+d=3+5=8$,
　　　　$y=x+d=8+5=13$,
　　　　$z=y+d=13+5=18$　　탭 $x=8$, $y=13$, $z=18$

**0838** 주어진 등차수열은 첫째항이 $-20$, 공차가 4이고,
제$(n+2)$항이 100이므로
　　$-20+(n+1)\times4=100$
　　$4(n+1)=120$,　　$n+1=30$
　　∴ $n=29$　　탭 **29**

**0839** 등차수열 2, $a_1$, $a_2$, $a_3$, $\cdots$, $a_n$, 107의 공차를 $d$라 하면
첫째항이 2, 제$(n+2)$항이 107이므로
　　$2+(n+1)d=107$
　　$(n+1)d=105$　　∴ $d=\dfrac{105}{n+1}$
이때 $n$은 자연수이므로 $d$의 값이 될 수 없는 것은 ⑤이다.　　탭 ⑤

참고| ① $n=20$일 때,　　$d=\dfrac{105}{21}=5$
② $n=14$일 때,　　$d=\dfrac{105}{15}=7$
③ $n=6$일 때,　　$d=\dfrac{105}{7}=15$
④ $n=4$일 때,　　$d=\dfrac{105}{5}=21$

**0840** 세 수 $x-1$, $x^2$, $3x+7$이 이 순서대로 등차수열을 이루므로
　　$2x^2=(x-1)+(3x+7)$
　　$x^2-2x-3=0$,　　$(x+1)(x-3)=0$
　　∴ $x=-1$ 또는 $x=3$
따라서 구하는 합은　　$-1+3=2$　　탭 **2**
참고| $x=-1$이면 주어진 세 수는 $-2$, 1, 4이므로 공차가 3인 등차수열을 이루고, $x=3$이면 주어진 세 수는 2, 9, 16이므로 공차가 7인 등차수열을 이룬다.

**0841** 세 수 $-9$, $x$, $-1$이 이 순서대로 등차수열을 이루므로
　　$2x=-9+(-1)$　　∴ $x=-5$
세 수 $-1$, $y$, 5도 이 순서대로 등차수열을 이루므로
　　$2y=-1+5$　　∴ $y=2$
　　∴ $x+y=-3$　　탭 ③

**0842** $f(x)=ax^2+x+4$라 하면 $f(x)$를 $x+1$, $x-2$, $x-3$으로 나누었을 때의 나머지는 각각
　　$f(-1)=a+3$, $f(2)=4a+6$, $f(3)=9a+7$
따라서 세 수 $a+3$, $4a+6$, $9a+7$이 이 순서대로 등차수열을 이루므로
　　$2(4a+6)=(a+3)+(9a+7)$
　　$8a+12=10a+10$　　∴ $a=1$　　탭 ④

> **RPM 비법 노트**
> **나머지정리**
> 다항식 $f(x)$를 일차식 $x-a$로 나누었을 때의 나머지를 $R$라 하면
> 　　$R=f(a)$

**0843** $\log a$, $\log 3$, $\log b$가 이 순서대로 등차수열을 이루므로
　　$2\log 3=\log a+\log b$,　　$\log 3^2=\log ab$
　　∴ $ab=9$
이때 $a$, $b$는 서로 다른 자연수이므로
　　$a=1$, $b=9$ 또는 $a=9$, $b=1$
　　∴ $a+b=10$　　탭 **10**

**0844** 세 수를 $a-d$, $a$, $a+d$라 하면 세 수의 합이 15이므로
$$(a-d)+a+(a+d)=15, \qquad 3a=15$$
$$\therefore a=5$$
세 수의 곱이 $-55$이므로
$$(5-d)\times 5\times(5+d)=-55$$
$$25-d^2=-11, \qquad d^2=36$$
$$\therefore d=\pm 6$$
따라서 세 수는 $-1$, 5, 11이므로 세 수의 제곱의 합은
$$(-1)^2+5^2+11^2=147$$
🔲 **147**

**0845** 삼차방정식의 세 근을 $a-d$, $a$, $a+d$라 하면 삼차방정식의 근과 계수의 관계에 의하여
$$(a-d)+a+(a+d)=6, \qquad 3a=6$$
$$\therefore a=2$$
따라서 주어진 방정식의 한 근이 2이므로 $x=2$를 방정식에 대입하면
$$8-24+2k+24=0, \qquad 2k=-8$$
$$\therefore k=-4$$
🔲 **④**

**다른 풀이** 삼차방정식의 세 근을 $a-d$, $a$, $a+d$라 하면 삼차방정식의 근과 계수의 관계에 의하여
$$(a-d)+a+(a+d)=6, (a-d)\times a\times(a+d)=-24$$
$$\therefore a=2, d=\pm 4$$
따라서 세 근이 $-2$, 2, 6이므로
$$k=-2\times 2+2\times 6+6\times(-2)=-4$$

📝**RPM 비법 노트**

**삼차방정식의 근과 계수의 관계**
삼차방정식 $ax^3+bx^2+cx+d=0$의 세 근을 $\alpha$, $\beta$, $\gamma$라 하면
$$\alpha+\beta+\gamma=-\frac{b}{a}, \ \alpha\beta+\beta\gamma+\gamma\alpha=\frac{c}{a}, \ \alpha\beta\gamma=-\frac{d}{a}$$

**0846** 네 수를 $a-3d$, $a-d$, $a+d$, $a+3d$ $(d>0)$라 하면 네 수의 합이 8이므로
$$(a-3d)+(a-d)+(a+d)+(a+3d)=8$$
$$4a=8 \qquad \therefore a=2$$
가장 큰 수가 가장 작은 수의 3배이므로
$$2+3d=3(2-3d), \qquad 12d=4$$
$$\therefore d=\frac{1}{3}$$
따라서 네 수는 1, $\dfrac{5}{3}$, $\dfrac{7}{3}$, 3이므로 네 수의 곱은
$$1\times\frac{5}{3}\times\frac{7}{3}\times 3=\frac{35}{3}$$
🔲 $\dfrac{35}{3}$

**0847** 직각삼각형의 세 변의 길이를 $a-d$, $a$, $a+d$ $(d>0)$라 하면 빗변의 길이가 15이므로
$$a+d=15 \qquad \cdots\cdots ㉠$$

피타고라스 정리에 의하여
$$(a+d)^2=(a-d)^2+a^2, \qquad a(a-4d)=0$$
$$\therefore a=4d \ (\because a\neq 0)$$
$a=4d$를 ㉠에 대입하면 $5d=15$ $\therefore d=3$
$$\therefore a=12$$
따라서 직각삼각형의 세 변의 길이가 9, 12, 15이므로 구하는 넓이는
$$\frac{1}{2}\times 9\times 12=54$$
🔲 **54**

**0848** 등차수열 $\{a_n\}$의 첫째항을 $a$, 공차를 $d$라 하면
$a_6=44$에서 $a+5d=44$ $\cdots\cdots ㉠$
$a_{18}=116$에서 $a+17d=116$ $\cdots\cdots ㉡$
㉠, ㉡을 연립하여 풀면
$$a=14, d=6$$
이때 등차수열 $\{a_n\}$의 첫째항부터 제$n$항까지의 합이 280이므로
$$\frac{n\{2\times 14+(n-1)\times 6\}}{2}=280$$
$$3n^2+11n-280=0, \qquad (3n+35)(n-8)=0$$
$$\therefore n=-\frac{35}{3} \ \text{또는} \ n=8$$
그런데 $n$은 자연수이므로 $n=8$
🔲 **②**

**0849** 등차수열 $\{a_n\}$의 첫째항이 $-100$, 공차가 8이므로
$$S_n=\frac{n\{2\times(-100)+(n-1)\times 8\}}{2}=4n^2-104n$$
$S_n>0$에서 $4n^2-104n>0$
$$n(n-26)>0 \qquad \therefore n>26$$
따라서 구하는 자연수 $n$의 최솟값은 27이다. 🔲 **27**

**0850** 첫째항이 15, 제$n$항이 $-6$인 등차수열 $\{a_n\}$의 첫째항부터 제$n$항까지의 합이 36이므로
$$\frac{n\{15+(-6)\}}{2}=36, \qquad \frac{9}{2}n=36$$
$$\therefore n=8$$
즉 제8항이 $-6$이므로 등차수열 $\{a_n\}$의 공차를 $d$라 하면
$$15+7d=-6 \qquad \therefore d=-3$$
따라서 $a_n=15+(n-1)\times(-3)=-3n+18$이므로
$$a_5=-3\times 5+18=3$$
🔲 **3**

**0851** 등차수열 $\{a_n\}$의 공차를 $d$라 하면 $a_1=6$, $a_{10}=-12$에서 $6+9d=-12$
$$\therefore d=-2 \qquad \cdots \boxed{1단계}$$
$$\therefore a_n=6+(n-1)\times(-2)=-2n+8 \qquad \cdots \boxed{2단계}$$
$-2n+8<0$에서 $n>4$
따라서 수열 $\{a_n\}$은 제5항부터 음수이고
$$a_4=-2\times 4+8=0,$$
$$a_5=-2\times 5+8=-2,$$
$$a_{20}=-2\times 20+8=-32$$

이므로

$$|a_1|+|a_2|+|a_3|+\cdots+|a_{20}|$$
$$=(a_1+a_2+a_3+a_4)-(a_5+a_6+a_7+\cdots+a_{20})$$
$$=\frac{4(6+0)}{2}-\frac{16\{-2+(-32)\}}{2}$$
$$=12-(-272)$$
$$=284$$

··· **3단계**

**답** 284

| 채점 요소 | 비율 |
|---|---|
| **1단계** 공차 구하기 | 30 % |
| **2단계** $a_n$ 구하기 | 20 % |
| **3단계** $|a_1|+|a_2|+|a_3|+\cdots+|a_{20}|$의 값 구하기 | 50 % |

**0852** $24+a_1+a_2+a_3+\cdots+a_n+(-44)$
$=24+(-120)+(-44)=-140$
즉 첫째항이 24, 끝항이 $-44$, 항수가 $n+2$인 등차수열의 합이
$-140$이므로

$$\frac{(n+2)\{24+(-44)\}}{2}=-140$$
$$n+2=14 \qquad \therefore n=12$$

**답** 12

**0853** 첫째항이 $-9$, 끝항이 31, 항수가 $n+2$인 등차수열의
합이 231이므로

$$\frac{(n+2)(-9+31)}{2}=231$$
$$n+2=21 \qquad \therefore n=19$$

따라서 31은 제21 항이므로
$$-9+20d=31 \qquad \therefore d=2$$
$$\therefore n+d=21$$

**답** ④

**0854** 주어진 등차수열의 공차를 $d$라 하면 첫째항이 2,
제$(n+2)$ 항이 37이므로
$$2+(n+1)d=37$$
$$\therefore (n+1)d=35$$

이때 모든 항이 자연수이므로 $d$는 자연수이어야 한다.
따라서 가능한 순서쌍 $(n, d)$는
$$(4, 7), (6, 5), (34, 1)$$
한편 첫째항이 2, 끝항이 37, 항수가 $n+2$인 등차수열의 합은
$$\frac{(n+2)(2+37)}{2}=\frac{39}{2}(n+2)$$

즉 $n=4$일 때 합이 최소가 되므로 구하는 최솟값은
$$\frac{39}{2}\times 6=117$$

**답** 117

**0855** 주어진 등차수열의 첫째항을 $a$, 공차를 $d$라 하고, 첫째
항부터 제$n$ 항까지의 합을 $S_n$이라 하면

$$S_{20}=\frac{20(2a+19d)}{2}=120에서$$
$$2a+19d=12 \qquad \cdots\cdots\ \text{㉠}$$

$$S_{30}=\frac{30(2a+29d)}{2}=300에서$$
$$2a+29d=20 \qquad \cdots\cdots\ \text{㉡}$$

㉠, ㉡을 연립하여 풀면 $a=-\dfrac{8}{5}$, $d=\dfrac{4}{5}$

$$\therefore S_{10}=\frac{10\left\{2\times\left(-\dfrac{8}{5}\right)+9\times\dfrac{4}{5}\right\}}{2}=20$$

**답** ①

**0856** 주어진 등차수열의 공차를 $d$, 첫째항부터 제$n$ 항까지의
합을 $S_n$이라 하면 $S_{12}=\dfrac{12(2\times 10+11d)}{2}=252$에서
$$20+11d=42 \qquad \therefore d=2$$
$$\therefore S_{15}=\frac{15(2\times 10+14\times 2)}{2}=360$$

**답** 360

**0857** 등차수열 $\{a_n\}$의 첫째항을 $a$, 공차를 $d$라 하면
$$S_{10}=\frac{10(2a+9d)}{2}=55에서$$
$$2a+9d=11 \qquad \cdots\cdots\ \text{㉠}$$
$$S_{20}=\frac{20(2a+19d)}{2}=210에서$$
$$2a+19d=21 \qquad \cdots\cdots\ \text{㉡}$$

㉠, ㉡을 연립하여 풀면 $a=1$, $d=1$
$$\therefore S_{15}-S_5$$
$$=\frac{15(2\times 1+14\times 1)}{2}-\frac{5(2\times 1+4\times 1)}{2}$$
$$=120-15=105$$

**답** ④

**다른 풀이** 등차수열 $\{a_n\}$의 첫째항을 $a$, 공차를 $d$라 하면
$$S_{10}=a_1+a_2+\cdots+a_{10}$$
$$=a+(a+d)+\cdots+(a+9d)=55$$
이때
$$S_{20}-S_{10}=a_{11}+a_{12}+\cdots+a_{20}$$
$$=(a+10d)+(a+11d)+\cdots+(a+19d)$$
$$=S_{10}+10d\times 10=55+100d$$
이므로 $55+100d=210-55$
$$100d=100 \qquad \therefore d=1$$
$$\therefore S_{15}-S_5=a_6+a_7+\cdots+a_{15}$$
$$=(a+5d)+(a+6d)+\cdots+(a+14d)$$
$$=S_{10}+5d\times 10$$
$$=55+5\times 10=105$$

**0858** 등차수열 $\{a_n\}$의 첫째항을 $a$, 공차를 $d$라 하면
$a_5=11$에서 $a+4d=11$ $\qquad \cdots\cdots\ \text{㉠}$
$a_{15}=-9$에서 $a+14d=-9$ $\qquad \cdots\cdots\ \text{㉡}$
㉠, ㉡을 연립하여 풀면 $a=19$, $d=-2$
$$\therefore a_n=19+(n-1)\times(-2)=-2n+21$$
$-2n+21<0$에서 $n>10.5$
즉 수열 $\{a_n\}$은 제11항부터 음수이므로 첫째항부터 제10항까
지의 합이 최대이다.

이때 $a_{10}=-2\times10+21=1$이므로 구하는 최댓값은

$$S_{10}=\frac{10(19+1)}{2}=100$$

**답** **100**

**다른 풀이** $S_n=\dfrac{n\{2\times19+(n-1)\times(-2)\}}{2}$

$$=-n^2+20n=-(n-10)^2+100$$

따라서 $n=10$일 때 $S_n$은 최대이므로 구하는 최댓값은 100이다.

**0859** $a_n=-\dfrac{5}{2}+(n-1)\times\dfrac{1}{3}=\dfrac{1}{3}n-\dfrac{17}{6}$

$\dfrac{1}{3}n-\dfrac{17}{6}>0$에서 $n>8.5$

즉 수열 $\{a_n\}$은 제9항부터 양수이므로 첫째항부터 제8항까지의 합이 최소이다.

따라서 구하는 $n$의 값은 8이다. **답** **8**

**0860** 등차수열 $\{a_n\}$의 공차를 $d$라 하면 첫째항부터 제17항까지의 합이 최대이므로

$a_{17}\geq0$, $a_{18}<0$

$100+16d\geq0$, $100+17d<0$

$\therefore -\dfrac{25}{4}\leq d<-\dfrac{100}{17}$

이때 $d$는 정수이므로 $d=-6$

따라서 $a_n=100+(n-1)\times(-6)=-6n+106$이므로

$a_{10}=-6\times10+106=46$ **답** **②**

**0861** 첫째항이 $-28$, 끝항이 44, 항수가 $k+2$인 등차수열의 합이 200이므로

$\dfrac{(k+2)(-28+44)}{2}=200$, $k+2=25$

$\therefore k=23$ … **1단계**

주어진 등차수열의 공차를 $d$라 하면 44는 제25항이므로

$-28+24d=44$ $\therefore d=3$

따라서 등차수열 $\{a_n\}$의 첫째항이 $-28+3=-25$이고 공차가 3이므로

$a_n=-25+(n-1)\times3=3n-28$ … **2단계**

$3n-28>0$에서 $n>\dfrac{28}{3}=9.\times\times\times$

즉 수열 $\{a_n\}$은 제10항부터 양수이므로 첫째항부터 제9항까지의 합이 최소이다. … **3단계**

이때 $a_9=3\times9-28=-1$이므로 구하는 최솟값은

$$S_9=\frac{9\{-25+(-1)\}}{2}=-117$$ … **4단계**

**답** **$-117$**

| 채점 요소 | | 비율 |
|---|---|---|
| **1단계** | $k$의 값 구하기 | 20 % |
| **2단계** | $a_n$ 구하기 | 30 % |
| **3단계** | $S_n$의 값이 최소일 때의 $n$의 값 구하기 | 30 % |
| **4단계** | $S_n$의 최솟값 구하기 | 20 % |

**0862** 두 자리 자연수 중에서 7로 나누었을 때의 나머지가 2인 수를 작은 것부터 순서대로 나열하면

16, 23, 30, $\cdots$, 93

이것은 첫째항이 16, 공차가 7인 등차수열이므로 일반항 $a_n$은

$a_n=16+(n-1)\times7=7n+9$

93을 제$n$항이라 하면 $7n+9=93$ $\therefore n=12$

따라서 구하는 총합은

$$\frac{12(16+93)}{2}=654$$ **답** **④**

**0863** 50 이하의 자연수 중에서 4로 나누어떨어지는 수는

4, 8, 12, $\cdots$, 48

$48=4\times12$에서 4로 나누어떨어지는 수의 총합은 첫째항이 4, 끝항이 48, 항수가 12인 등차수열의 합이므로

$$\frac{12(4+48)}{2}=312$$

50 이하의 자연수 중에서 6으로 나누어떨어지는 수는

6, 12, 18, $\cdots$, 48

$48=6\times8$에서 6으로 나누어떨어지는 수의 총합은 첫째항이 6, 끝항이 48, 항수가 8인 등차수열의 합이므로

$$\frac{8(6+48)}{2}=216$$

한편 50 이하의 자연수 중에서 4와 6의 최소공배수인 12로 나누어떨어지는 수는

12, 24, 36, 48

이므로 그 합은 $12+24+36+48=120$

따라서 50 이하의 자연수 중에서 4 또는 6으로 나누어떨어지는 수의 총합은

$312+216-120=408$ **답** **408**

**0864** 6으로 나누었을 때의 나머지가 5인 수를 작은 것부터 순서대로 나열하면

5, 11, 17, 23, 29, 35, $\cdots$

8로 나누었을 때의 나머지가 3인 수를 작은 것부터 순서대로 나열하면

3, 11, 19, 27, 35, $\cdots$

이들의 공통인 수를 작은 것부터 순서대로 나열하면

11, 35, 59, $\cdots$

따라서 수열 $\{a_n\}$은 첫째항이 11, 공차가 24인 등차수열이므로

$$a_1+a_2+\cdots+a_8=\frac{8(2\times11+7\times24)}{2}=760$$

**답** **③**

**0865** $a_1=S_1=-3\times1^2+2\times1=-1$

$a_{10}=S_{10}-S_9$

$=(-3\times10^2+2\times10)-(-3\times9^2+2\times9)$

$=-55$

$\therefore a_1+a_{10}=-1+(-55)=-56$ **답** **②**

**0866** $S_n=n^2+kn$이라 하면
$$a_8=S_8-S_7=(8^2+8k)-(7^2+7k)=15+k$$
$T_n=2n^2+n$이라 하면
$$b_8=T_8-T_7=(2\times8^2+8)-(2\times7^2+7)=31$$
따라서 $a_8=b_8$에서　　$15+k=31$
$$\therefore k=16 \qquad\qquad\qquad\text{답 } \mathbf{16}$$

**0867** (i) $n=1$일 때
$$a_1=S_1=-(1-2)^2+k=-1+k$$
(ii) $n\geq2$일 때
$$\begin{aligned}a_n=S_n-S_{n-1}&=\{-(n-2)^2+k\}-\{-(n-3)^2+k\}\\&=-2n+5 \qquad\cdots\cdots\ \text{㉠}\end{aligned}$$
이때 $a_1=-1+k$와 ㉠에 $n=1$을 대입한 것이 같아야 하므로
$$-1+k=-2+5 \qquad\therefore k=4$$
따라서 $a_1=-1+4=3$이므로
$$a_1+k=3+4=7 \qquad\qquad\text{답 } \mathbf{7}$$

**다른 풀이** $S_n=-(n-2)^2+k=-n^2+4n-4+k$
이때 수열 $\{a_n\}$이 첫째항부터 등차수열을 이루려면 $-4+k=0$
이어야 하므로
$$k=4$$

**0868** (i) $n=1$일 때
$$a_1=S_1=1^2+3\times1+1=5$$
(ii) $n\geq2$일 때
$$\begin{aligned}a_n=S_n-S_{n-1}&=(n^2+3n+1)-\{(n-1)^2+3(n-1)+1\}\\&=2n+2\end{aligned}$$
$$\begin{aligned}\therefore a_1+a_3+a_5+\cdots+a_{21}&=5+8+12+\cdots+44\\&=5+\frac{10(8+44)}{2}\\&=5+260\\&=265 \qquad\qquad\text{답 } \mathbf{265}\end{aligned}$$

**0869** 등비수열 $\{a_n\}$의 첫째항을 $a$, 공비를 $r$라 하면
$a_2=2$에서　　$ar=2$　　　　$\cdots\cdots$ ㉠
$a_5=16$에서　　$ar^4=16$　　　$\cdots\cdots$ ㉡
㉡÷㉠을 하면　　$r^3=8$　　$\therefore r=2$
$r=2$를 ㉠에 대입하면　　$a=1$
따라서 $a_n=1\times2^{n-1}=2^{n-1}$이므로
$$a_{10}=2^9=512 \qquad\qquad\text{답 } ③$$

**0870** $a_n=2\times3^{1-2n}$에서
$$a_1=2\times3^{-1}=\frac{2}{3},\ a_2=2\times3^{-3}=\frac{2}{27}$$
따라서 수열 $\{a_n\}$의 공비는
$$\frac{2}{27}\div\frac{2}{3}=\frac{1}{9} \qquad\text{답 } \text{첫째항: }\frac{2}{3}\text{, 공비: }\frac{1}{9}$$

**다른 풀이** $a_n=2\times3^{1-2n}=\frac{2}{3}\times\left(\frac{1}{9}\right)^{n-1}$

따라서 수열 $\{a_n\}$의 첫째항은 $\frac{2}{3}$, 공비는 $\frac{1}{9}$이다.

**0871** 주어진 등비수열의 첫째항이 $\frac{1}{4}$, 공비가
$-\frac{1}{2}\div\frac{1}{4}=-2$이므로 일반항 $a_n$은
$$a_n=\frac{1}{4}\times(-2)^{n-1}$$
$256$을 제$n$항이라 하면
$$\frac{1}{4}\times(-2)^{n-1}=256,\qquad(-2)^{n-1}=1024=(-2)^{10}$$
$$n-1=10 \qquad\therefore n=11$$
따라서 $256$은 제$11$항이다. 　　　　**답 제11항**

**0872** 주어진 등비수열의 첫째항이 $\sqrt{2}+1$, 공비가
$\dfrac{1}{\sqrt{2}+1}=\sqrt{2}-1$이므로
$$\begin{aligned}&a_n=(\sqrt{2}+1)(\sqrt{2}-1)^{n-1}\\\therefore\ &a_{100}=(\sqrt{2}+1)(\sqrt{2}-1)^{99}\\&=(\sqrt{2}+1)(\sqrt{2}-1)(\sqrt{2}-1)^{98}\\&=1\times(\sqrt{2}-1)^{98}\\&=(\sqrt{2}-1)^{98}\qquad\text{답 }(\sqrt{2}-1)^{98}\end{aligned}$$

**0873** 등비수열 $\{a_n\}$의 첫째항을 $a$, 공비를 $r$라 하면
$a_3=8$에서　　$ar^2=8$　　　　$\cdots\cdots$ ㉠
$a_8=64a_5$에서　　$ar^7=64ar^4$,　　$r^3=64\ (\because a\neq0,\ r\neq0)$
$$\therefore r=4$$
$r=4$를 ㉠에 대입하면　　$16a=8$　　$\therefore a=\frac{1}{2}$
따라서 $a_n=\frac{1}{2}\times4^{n-1}$이므로
$$a_4=\frac{1}{2}\times4^3=32 \qquad\qquad\text{답 }⑤$$

**0874** 등비수열 $\{a_n\}$의 공비를 $r$라 하면
$(a_1+a_2):(a_3+a_4)=1:\sqrt{2}$에서
$$(a_1+a_1r):(a_1r^2+a_1r^3)=1:\sqrt{2}$$
$$1:r^2=1:\sqrt{2} \qquad\therefore r^2=\sqrt{2}$$
$$\begin{aligned}\therefore a_3:a_7&=a_1r^2:a_1r^6\\&=1:r^4=1:(r^2)^2\\&=1:(\sqrt{2})^2=1:2\qquad\text{답 }①\end{aligned}$$

**0875** 등비수열 $\{a_n\}$의 공비를 $r$라 하면
$$\frac{a_{12}}{a_2}=\frac{a_{13}}{a_3}=\frac{a_{14}}{a_4}=\cdots=\frac{a_{21}}{a_{11}}=r^{10} \qquad\cdots\text{1단계}$$
따라서 $\dfrac{a_{12}}{a_2}+\dfrac{a_{13}}{a_3}+\dfrac{a_{14}}{a_4}+\cdots+\dfrac{a_{21}}{a_{11}}=10r^{10}$이므로
$$10r^{10}=20 \qquad\therefore r^{10}=2 \qquad\cdots\text{2단계}$$
$$\therefore \frac{a_{50}}{a_{30}}=r^{20}=(r^{10})^2=2^2=4 \qquad\cdots\text{3단계}$$
$$\text{답 }\mathbf{4}$$

08 등차수열과 등비수열

| | 채점 요소 | 비율 |
|---|---|---|
| **1단계** | 공비를 $r$라 하고 $\dfrac{a_{12}}{a_2}$, $\dfrac{a_{13}}{a_3}$, $\dfrac{a_{14}}{a_4}$, $\cdots$, $\dfrac{a_{21}}{a_{11}}$을 각각 $r$에 대한 식으로 나타내기 | 40 % |
| **2단계** | $r^{10}$의 값 구하기 | 30 % |
| **3단계** | $\dfrac{a_{50}}{a_{30}}$의 값 구하기 | 30 % |

**0876** 등비수열 $\{a_n\}$의 첫째항을 $a$, 공비를 $r$ $(r>1)$라 하면
조건 (가)에서  $ar \times ar^3 \times ar^5 = 64$
$$a^3 r^9 = 64, \quad (ar^3)^3 = 4^3$$
$$\therefore ar^3 = 4 \qquad\qquad \cdots\cdots \text{㉠}$$
조건 (나)에서  $\dfrac{ar^2 + ar^6}{ar^4} = \dfrac{5}{2}$
$$\dfrac{1+r^4}{r^2} = \dfrac{5}{2}, \qquad 2(1+r^4) = 5r^2$$
$$2r^4 - 5r^2 + 2 = 0, \qquad (2r^2-1)(r^2-2) = 0$$
$$\therefore r^2 = 2 \ (\because r>1) \qquad\qquad \cdots\cdots \text{㉡}$$
$$\therefore a_{10} = ar^9 = ar^3 \times (r^2)^3$$
$$= 4 \times 2^3 \ (\because \text{㉠}, \text{㉡})$$
$$= 32$$

답 **32**

**다른 풀이** ㉡에서  $r = \sqrt{2} \ (\because r>1)$
$r = \sqrt{2}$를 ㉠에 대입하면  $a \times (\sqrt{2})^3 = 4$
$$\therefore a = \sqrt{2}$$
따라서 $a_n = \sqrt{2} \times (\sqrt{2})^{n-1} = (\sqrt{2})^n$이므로
$$a_{10} = (\sqrt{2})^{10} = 32$$

**0877** 등비수열 $\{a_n\}$의 첫째항을 $a$, 공비를 $r$라 하면
$a_3 = 4$에서  $ar^2 = 4$ $\qquad\qquad \cdots\cdots$ ㉠
$a_6 = 32$에서  $ar^5 = 32$ $\qquad\qquad \cdots\cdots$ ㉡
㉡÷㉠을 하면  $r^3 = 8$  $\therefore r = 2$
$r = 2$를 ㉠에 대입하면  $4a = 4$  $\therefore a = 1$
$$\therefore a_n = 1 \times 2^{n-1} = 2^{n-1}$$
$2^{n-1} > 2000$에서 $2^{10} = 1024$, $2^{11} = 2048$이므로
$$n-1 \geq 11 \quad \therefore n \geq 12$$
따라서 처음으로 2000보다 커지는 항은 제12항이다. 답 ③

**0878** 등비수열 $\{a_n\}$의 첫째항을 $a$, 공비를 $r$라 하면
$a_2 = 40$에서  $ar = 40$ $\qquad\qquad \cdots\cdots$ ㉠
$a_5 = 5$에서  $ar^4 = 5$ $\qquad\qquad \cdots\cdots$ ㉡
㉡÷㉠을 하면  $r^3 = \dfrac{1}{8}$  $\therefore r = \dfrac{1}{2}$
$r = \dfrac{1}{2}$을 ㉠에 대입하면  $\dfrac{1}{2}a = 40$  $\therefore a = 80$
$$\therefore a_n = 80 \times \left(\dfrac{1}{2}\right)^{n-1}$$
$80 \times \left(\dfrac{1}{2}\right)^{n-1} < \dfrac{1}{50}$에서  $\left(\dfrac{1}{2}\right)^{n-1} < \dfrac{1}{4000}$
$$\therefore 2^{n-1} > 4000$$

이때 $2^{11} = 2048$, $2^{12} = 4096$이므로
$$n-1 \geq 12 \quad \therefore n \geq 13$$
따라서 $a_n < \dfrac{1}{50}$을 만족시키는 자연수 $n$의 최솟값은 13이다.

답 **13**

**0879** 등비수열 $\{a_n\}$의 첫째항을 $a$, 공비를 $r$라 하면
$a_2 + a_3 = 6$에서  $ar + ar^2 = 6$
$$\therefore ar(1+r) = 6 \qquad\qquad \cdots\cdots \text{㉠}$$
$a_3 + a_4 = -18$에서  $ar^2 + ar^3 = -18$
$$\therefore ar^2(1+r) = -18 \qquad\qquad \cdots\cdots \text{㉡}$$
㉡÷㉠을 하면  $r = -3$
$r = -3$을 ㉠에 대입하면
$$6a = 6 \quad \therefore a = 1$$
$$\therefore a_n = 1 \times (-3)^{n-1} = (-3)^{n-1}$$
$\left|\dfrac{1}{a_n}\right| = \left|\dfrac{1}{(-3)^{n-1}}\right| = \dfrac{1}{3^{n-1}}$이므로 $\left|\dfrac{1}{a_n}\right| > \dfrac{1}{1000}$에서
$$\dfrac{1}{3^{n-1}} > \dfrac{1}{1000} \qquad \therefore 3^{n-1} < 1000$$
이때 $3^6 = 729$, $3^7 = 2187$이므로
$$n-1 \leq 6 \qquad \therefore n \leq 7$$
따라서 $\left|\dfrac{1}{a_n}\right| > \dfrac{1}{1000}$을 만족시키는 자연수 $n$은 1, 2, 3, $\cdots$, 7
이므로 구하는 합은
$$1+2+3+\cdots+7 = 28$$

답 **28**

**0880** 주어진 등비수열의 공비를 $r$라 하면 첫째항이 3, 제12항이 40이므로
$$3 \times r^{11} = 40 \qquad \therefore r^{11} = \dfrac{40}{3}$$
이때 $a_2$, $a_9$는 각각 주어진 수열의 제3항, 제10항이므로
$$a_2 a_9 = 3r^2 \times 3r^9 = 9r^{11} = 9 \times \dfrac{40}{3} = 120$$

답 ⑤

**0881** 첫째항이 18, 공비가 $\dfrac{1}{3}$인 등비수열의 제$(n+2)$항이 $\dfrac{2}{729}$이므로
$$18 \times \left(\dfrac{1}{3}\right)^{n+1} = \dfrac{2}{729}, \qquad \left(\dfrac{1}{3}\right)^{n+1} = \left(\dfrac{1}{3}\right)^8$$
$$n+1 = 8 \quad \therefore n = 7$$

답 **7**

**0882** 주어진 등비수열의 공비를 $r$라 하면 첫째항이 1, 제10항이 2이므로
$$1 \times r^9 = 2 \quad \therefore r^9 = 2$$
$a_1 = r$, $a_2 = r^2$, $a_3 = r^3$, $\cdots$, $a_8 = r^8$이므로
$$a_1 a_2 a_3 \cdots a_8 = r \times r^2 \times r^3 \times \cdots \times r^8$$
$$= r^{1+2+3+\cdots+8}$$
$$= r^{36} = (r^9)^4$$
$$= 2^4 = 16$$

답 ②

**0883** 첫째항이 2, 공비가 $r$인 등비수열의 제$(n+2)$항이 512
이므로
$$2 \times r^{n+1} = 512 \qquad \therefore r^{n+1} = 256$$
이때 $256 = 16^2 = 4^4 = 2^8$이므로 이를 만족시키는 순서쌍 $(n, r)$는
$$(1, 16), (3, 4), (7, 2)$$
따라서 $n+r$의 값은
$$1+16=17 \text{ 또는 } 3+4=7 \text{ 또는 } 7+2=9$$
이므로 구하는 최솟값은 7이다. **탭 7**

**0884** 세 양수 $x, x+2, 3x+11$이 이 순서대로 등비수열을
이루므로
$$(x+2)^2 = x(3x+11)$$
$$2x^2+7x-4=0, \quad (x+4)(2x-1)=0$$
$$\therefore x = \frac{1}{2} \ (\because x>0) \qquad \text{탭 } \frac{1}{2}$$

**0885** 다항식 $f(x)$를 $x-2, x, x+1$로 나누었을 때의 나머
지는 각각
$$f(2)=3a+4, f(0)=a, f(-1)=1$$
따라서 세 수 $3a+4, a, 1$이 이 순서대로 등비수열을 이루므로
$$a^2 = (3a+4) \times 1, \quad a^2-3a-4=0$$
$$(a+1)(a-4)=0$$
$$\therefore a=-1 \text{ 또는 } a=4$$
즉 구하는 합은 $-1+4=3$ **탭 3**

**0886** $1, a, b$가 이 순서대로 등차수열을 이루므로
$$2a=1+b \qquad \therefore b=2a-1 \qquad \cdots\cdots \ㄱ$$
$a, \sqrt{3}, b$가 이 순서대로 등비수열을 이루므로
$$(\sqrt{3})^2 = ab \qquad \therefore ab=3 \qquad \cdots\cdots \ㄴ$$
ㄱ을 ㄴ에 대입하면
$$a(2a-1)=3, \quad 2a^2-a-3=0$$
$$(a+1)(2a-3)=0$$
$$\therefore a=-1 \text{ 또는 } a=\frac{3}{2}$$
그런데 $a$는 정수이므로 $a=-1$
$a=-1$을 ㄱ에 대입하면
$$b=2 \times (-1)-1=-3$$
$$\therefore a^2+b^2=(-1)^2+(-3)^2=10 \qquad \text{탭 10}$$

**0887** 이차방정식의 근과 계수의 관계에 의하여
$$\alpha+\beta=6, \alpha\beta=4$$
세 수 $\alpha, p, \beta$가 이 순서대로 등차수열을 이루므로
$$2p=\alpha+\beta=6 \qquad \therefore p=3$$
세 수 $\alpha, q, \beta$가 이 순서대로 등비수열을 이루므로
$$q^2=\alpha\beta=4 \qquad \therefore q=2 \ (\because q>0)$$
따라서 두 수 3, 2를 근으로 하고 $x^2$의 계수가 1인 이차방정식은
$$x^2-(3+2)x+3 \times 2=0$$
$$\therefore x^2-5x+6=0 \qquad \text{탭 ⑤}$$

**0888** 세 실수를 $a, ar, ar^2$이라 하면
$$a+ar+ar^2=13$$이므로
$$a(1+r+r^2)=13 \qquad \cdots\cdots \ㄱ$$
$a \times ar \times ar^2=27$이므로 $(ar)^3=27$
$$ar=3 \qquad \therefore a=\frac{3}{r} \qquad \cdots\cdots \ㄴ$$
ㄴ을 ㄱ에 대입하면
$$\frac{3}{r}(1+r+r^2)=13, \quad 3r^2-10r+3=0$$
$$(3r-1)(r-3)=0 \qquad \therefore r=\frac{1}{3} \text{ 또는 } r=3$$
ㄴ에서 $r=\frac{1}{3}$이면 $a=9$, $r=3$이면 $a=1$이다.
따라서 세 실수는 1, 3, 9이므로 가장 큰 수는 9이다. **탭 9**

**0889** 삼차방정식의 세 실근을 $a, ar, ar^2$이라 하면 삼차방정
식의 근과 계수의 관계에 의하여
$$a+ar+ar^2=k \qquad \cdots\cdots \ㄱ$$
$$a \times ar+ar \times ar^2+ar^2 \times a=56 \qquad \cdots\cdots \ㄴ$$
$$a \times ar \times ar^2=64 \qquad \cdots\cdots \ㄷ$$
ㄷ에서 $(ar)^3=64 \qquad \therefore ar=4 \qquad \cdots\cdots \ㄹ$
ㄴ에서 $ar(a+ar+ar^2)=56$이므로 ㄱ, ㄹ을 대입하면
$$4k=56 \qquad \therefore k=14 \qquad \text{탭 ④}$$

**0890** 두 곡선 $y=x^3-4x^2+14x$, $y=3x^2+k$의 교점의 $x$좌
표는 방정식 $x^3-4x^2+14x=3x^2+k$, 즉
$x^3-7x^2+14x-k=0$의 세 실근이다.
세 실근을 $a, ar, ar^2$이라 하면 삼차방정식의 근과 계수의 관계
에 의하여
$$a+ar+ar^2=7 \qquad \cdots\cdots \ㄱ$$
$$a \times ar+ar \times ar^2+ar^2 \times a=ar(a+ar+ar^2)$$
$$=14 \qquad \cdots\cdots \ㄴ$$
$$a \times ar \times ar^2=(ar)^3=k \qquad \cdots\cdots \ㄷ$$
ㄴ÷ㄱ을 하면 $ar=2$
이것을 ㄷ에 대입하면
$$k=2^3=8 \qquad \text{탭 8}$$

**0891** 직육면체의 밑면의 가로, 세로의 길이와 높이를 각각
$a, ar, ar^2$이라 하면 직육면체의 모든 모서리의 길이의 합이 104
이므로
$$4(a+ar+ar^2)=104$$
$$\therefore a+ar+ar^2=26 \qquad \cdots\cdots \ㄱ$$
직육면체의 겉넓이가 312이므로
$$2(a \times ar+ar \times ar^2+ar^2 \times a)=312$$
$$\therefore ar(a+ar+ar^2)=156 \qquad \cdots\cdots \ㄴ$$
ㄴ÷ㄱ을 하면 $ar=6$
따라서 직육면체의 부피는
$$a \times ar \times ar^2=(ar)^3=6^3=216 \qquad \text{탭 216}$$

**0892** 한 변의 길이가 1인 정삼각형의 넓이는

$\dfrac{\sqrt{3}}{4} \times 1^2 = \dfrac{\sqrt{3}}{4}$ 이므로

1회 시행 후 남아 있는 종이의 넓이는

$\dfrac{\sqrt{3}}{4} \times \dfrac{3}{4}$

2회 시행 후 남아 있는 종이의 넓이는

$\left( \dfrac{\sqrt{3}}{4} \times \dfrac{3}{4} \right) \times \dfrac{3}{4} = \dfrac{\sqrt{3}}{4} \times \left( \dfrac{3}{4} \right)^2$

3회 시행 후 남아 있는 종이의 넓이는

$\left\{ \dfrac{\sqrt{3}}{4} \times \left( \dfrac{3}{4} \right)^2 \right\} \times \dfrac{3}{4} = \dfrac{\sqrt{3}}{4} \times \left( \dfrac{3}{4} \right)^3$

$\vdots$

$n$회 시행 후 남아 있는 종이의 넓이는

$\dfrac{\sqrt{3}}{4} \times \left( \dfrac{3}{4} \right)^n$

따라서 8회 시행 후 남아 있는 종이의 넓이는

$\dfrac{\sqrt{3}}{4} \times \left( \dfrac{3}{4} \right)^8$      답 ④

---

**0893** 한 변의 길이가 3인 정사각형의 넓이는 $3^2 = 9$이므로

첫 번째 시행 후 남아 있는 도형의 넓이는

$9 \times \dfrac{8}{9}$

두 번째 시행 후 남아 있는 도형의 넓이는

$\left( 9 \times \dfrac{8}{9} \right) \times \dfrac{8}{9} = 9 \times \left( \dfrac{8}{9} \right)^2$

세 번째 시행 후 남아 있는 도형의 넓이는

$\left\{ 9 \times \left( \dfrac{8}{9} \right)^2 \right\} \times \dfrac{8}{9} = 9 \times \left( \dfrac{8}{9} \right)^3$

$\vdots$

$n$번째 시행 후 남아 있는 도형의 넓이는

$9 \times \left( \dfrac{8}{9} \right)^n$

따라서 시행을 10번 반복한 후 남아 있는 도형의 넓이는

$9 \times \left( \dfrac{8}{9} \right)^{10} = \dfrac{8^{10}}{9^9} = \dfrac{2^{30}}{3^{18}}$

즉 $p = 30$, $q = 18$이므로

$p + q = 48$      답 ④

---

**0894** 등비수열 $\{a_n\}$의 첫째항을 $a$, 공비를 $r$라 하면

$a_3 = 32$에서    $ar^2 = 32$       $\cdots\cdots$ ㉠

$a_6 = 4$에서    $ar^5 = 4$       $\cdots\cdots$ ㉡

㉡÷㉠을 하면    $r^3 = \dfrac{1}{8}$    $\therefore r = \dfrac{1}{2}$

$r = \dfrac{1}{2}$을 ㉠에 대입하면    $a \times \left( \dfrac{1}{2} \right)^2 = 32$    $\therefore a = 128$

$\therefore S_8 = \dfrac{128 \left\{ 1 - \left( \dfrac{1}{2} \right)^8 \right\}}{1 - \dfrac{1}{2}} = 256 \left\{ 1 - \left( \dfrac{1}{2} \right)^8 \right\}$

$= 256 - 1 = 255$      답 ①

---

**0895** 주어진 수열은 첫째항이 $-6$, 공비가 $\dfrac{18}{-6} = -3$인 등비수열이므로

$S_n = \dfrac{-6\{1 - (-3)^n\}}{1 - (-3)} = -\dfrac{3}{2} \{1 - (-3)^n\}$

$S_k = 1092$에서     $-\dfrac{3}{2}\{1 - (-3)^k\} = 1092$

$1 - (-3)^k = -728$,     $(-3)^k = 729 = (-3)^6$

$\therefore k = 6$      답 **6**

---

**0896** 등비수열 $\{a_n\}$의 첫째항을 $a$, 공비를 $r$라 하면

$a_2 : a_5 = 1 : 27$에서

$ar : ar^4 = 1 : 27$,     $27ar = ar^4$

$r^3 = 27$    $\therefore r = 3$

$a_{16} - a_1 = 3^{15} - 1$에서

$a \times 3^{15} - a = 3^{15} - 1$,     $a(3^{15} - 1) = 3^{15} - 1$

$\therefore a = 1$

따라서 등비수열 $\{a_n\}$의 첫째항부터 제15항까지의 합은

$\dfrac{1 \times (3^{15} - 1)}{3 - 1} = \dfrac{3^{15} - 1}{2}$      답 ①

---

**0897** 등비수열 $\{a_n\}$의 첫째항을 $a$, 공비를 $r$라 하면

$a_1 + a_3 = 15$에서

$a + ar^2 = 15$    $\therefore a(1 + r^2) = 15$       $\cdots\cdots$ ㉠

$a_3 + a_5 = 60$에서

$ar^2 + ar^4 = 60$    $\therefore ar^2(1 + r^2) = 60$       $\cdots\cdots$ ㉡

㉡÷㉠을 하면

$r^2 = 4$    $\therefore r = -2 \ (\because r < 0)$     **1단계**

$r = -2$를 ㉠에 대입하면

$5a = 15$    $\therefore a = 3$     **2단계**

따라서 등비수열 $\{a_n\}$의 첫째항부터 제10항까지의 합은

$\dfrac{3\{1 - (-2)^{10}\}}{1 - (-2)} = 1 - 2^{10} = -1023$     **3단계**

답 **$-1023$**

| 채점 요소 | | 비율 |
|---|---|---|
| **1단계** | 공비 구하기 | 30 % |
| **2단계** | 첫째항 구하기 | 30 % |
| **3단계** | 첫째항부터 제10항까지의 합 구하기 | 40 % |

---

**0898** 등비수열 $\{a_n\}$의 첫째항을 $a$, 공비를 $r$라 하면

$S_{10} = \dfrac{a(r^{10} - 1)}{r - 1} = 4$       $\cdots\cdots$ ㉠

$S_{20} = \dfrac{a(r^{20} - 1)}{r - 1}$

$= \dfrac{a(r^{10} + 1)(r^{10} - 1)}{r - 1} = 44$       $\cdots\cdots$ ㉡

㉡÷㉠을 하면    $r^{10} + 1 = 11$

$\therefore r^{10} = 10$

$$\therefore S_{30} = \frac{a(r^{30}-1)}{r-1} = \frac{a(r^{10}-1)(r^{20}+r^{10}+1)}{r-1}$$
$$= \frac{a(r^{10}-1)}{r-1} \times (r^{20}+r^{10}+1)$$
$$= 4 \times (10^2 + 10 + 1) = 444$$

답 **444**

**0899** 주어진 등비수열의 첫째항을 $a$, 공비를 $r$라 하면
첫째항부터 제10항까지의 합이 2이므로
$$\frac{a(r^{10}-1)}{r-1} = 2 \qquad \cdots\cdots ㉠$$

제11항부터 제20항까지의 합은 첫째항이 $ar^{10}$, 공비가 $r$인 등비수열의 첫째항부터 제10항까지의 합과 같고 그 합이 12이므로
$$\frac{ar^{10}(r^{10}-1)}{r-1} = 12 \qquad \cdots\cdots ㉡$$

㉡÷㉠을 하면 $\quad r^{10} = 6$

제21항부터 제30항까지의 합은 첫째항이 $ar^{20}$, 공비가 $r$인 등비수열의 첫째항부터 제10항까지의 합과 같으므로
$$\frac{ar^{20}(r^{10}-1)}{r-1} = (r^{10})^2 \times \frac{a(r^{10}-1)}{r-1} = 6^2 \times 2 = 72$$

답 ②

**0900** 등비수열 $\{a_n\}$의 공비를 $r$라 하면
$$S_n = \frac{5(r^n-1)}{r-1} = 75 \qquad \cdots\cdots ㉠$$
$$S_{2n} = \frac{5(r^{2n}-1)}{r-1}$$
$$= \frac{5(r^n+1)(r^n-1)}{r-1} = 1275 \qquad \cdots\cdots ㉡$$

㉡÷㉠을 하면 $\quad r^n+1 = 17$
$$\therefore r^n = 16$$

㉠에 $r^n = 16$을 대입하면 $\quad \dfrac{5(16-1)}{r-1} = 75$
$$r-1 = 1 \quad \therefore r = 2$$
$$\therefore a_1 + a_3 + a_5 + \cdots + a_{2n-1}$$
$$= 5 + 5r^2 + 5r^4 + \cdots + 5r^{2n-2} \quad \begin{array}{l}\text{첫째항이 5, 공비가 } r^2,\\ \text{항수가 } n \text{인 등비수열의 합}\end{array}$$
$$= \frac{5\{(r^2)^n-1\}}{r^2-1} = \frac{5\{(r^n)^2-1\}}{r^2-1}$$
$$= \frac{5(16^2-1)}{2^2-1} = 425$$

답 **425**

다른 풀이 $r = 2$를 $r^n = 16$에 대입하면
$$2^n = 16 = 2^4 \quad \therefore n = 4$$
$$\therefore a_1 + a_3 + a_5 + \cdots + a_{2n-1} = a_1 + a_3 + a_5 + a_7$$
$$= \frac{5\{(2^2)^4-1\}}{2^2-1} = 425$$

**0901** 수열 $\{a_n\}$이 등비수열이므로 수열 $\left\{\dfrac{1}{a_n}\right\}$도 등비수열이다.

수열 $\left\{\dfrac{1}{a_n}\right\}$의 첫째항을 $a$, 공비를 $r$라 하면
$$T_3 = \frac{a(1-r^3)}{1-r} = \frac{1}{4} \qquad \cdots\cdots ㉠$$

$$T_6 = \frac{a(1-r^6)}{1-r}$$
$$= \frac{a(1+r^3)(1-r^3)}{1-r} = 1 \qquad \cdots\cdots ㉡ \qquad \text{1단계}$$

㉡÷㉠을 하면 $\quad 1+r^3 = 4$
$$\therefore r^3 = 3 \qquad \cdots \text{2단계}$$

$$\therefore T_9 = \frac{a(1-r^9)}{1-r} = \frac{a(1-r^3)(1+r^3+r^6)}{1-r}$$
$$= \frac{a(1-r^3)}{1-r} \times (1+r^3+r^6)$$
$$= \frac{1}{4} \times (1+3+3^2) = \frac{13}{4} \qquad \cdots \text{3단계}$$

답 $\dfrac{13}{4}$

| | 채점 요소 | 비율 |
|---|---|---|
| 1단계 | 수열 $\left\{\dfrac{1}{a_n}\right\}$의 첫째항을 $a$, 공비를 $r$라 하고 $T_3$, $T_6$을 $a$, $r$에 대한 식으로 나타내기 | 40 % |
| 2단계 | $r^3$의 값 구하기 | 30 % |
| 3단계 | $T_9$의 값 구하기 | 30 % |

참고 수열 $\{a_n\}$의 첫째항을 $a'$, 공비를 $r'$이라 하면 $a_n = a' \times (r')^{n-1}$이므로
$$\frac{1}{a_n} = \frac{1}{a' \times (r')^{n-1}} = \frac{1}{a'} \times \left(\frac{1}{r'}\right)^{n-1}$$
따라서 수열 $\left\{\dfrac{1}{a_n}\right\}$은 첫째항이 $\dfrac{1}{a'}$, 공비가 $\dfrac{1}{r'}$인 등비수열이다.

**0902** 등비수열 $\{a_n\}$의 첫째항을 $a$, 공비를 $r$라 하면
$$a_2 = 3 에서 \quad ar = 3 \qquad \cdots\cdots ㉠$$
$$a_5 = 24 에서 \quad ar^4 = 24 \qquad \cdots\cdots ㉡$$

㉡÷㉠을 하면 $\quad r^3 = 8 \quad \therefore r = 2$

$r = 2$를 ㉠에 대입하면 $\quad 2a = 3 \quad \therefore a = \dfrac{3}{2}$

따라서 수열 $\{a_n\}$의 첫째항부터 제$n$항까지의 합은
$$\frac{\frac{3}{2}(2^n-1)}{2-1} = \frac{3}{2}(2^n-1)$$
$$\frac{3}{2}(2^n-1) > 720 에서 \quad 2^n-1 > 480$$
$$\therefore 2^n > 481$$

이때 $2^8 = 256$, $2^9 = 512$이므로 $\quad n > 9$

따라서 첫째항부터 제9항까지의 합이 처음으로 720보다 커진다.

답 **제9항**

**0903** 주어진 등비수열의 첫째항이 1, 공비가 $\dfrac{1}{2}$이므로
$$S_n = \frac{1 \times \left\{1-\left(\frac{1}{2}\right)^n\right\}}{1-\frac{1}{2}} = 2\left\{1-\left(\frac{1}{2}\right)^n\right\} = 2-\left(\frac{1}{2}\right)^{n-1}$$

$|2-S_n| < 0.05$에서
$$\left|2-\left\{2-\left(\frac{1}{2}\right)^{n-1}\right\}\right| < 0.05, \quad \left(\frac{1}{2}\right)^{n-1} < \frac{1}{20}$$
$$\therefore 2^{n-1} > 20$$

이때 $2^4=16$, $2^5=32$이므로

$$n-1\geq 5 \qquad \therefore n\geq 6$$

따라서 자연수 $n$의 최솟값은 6이다.     답 ①

**0904** 등비수열 $\{a_n\}$의 공비를 $r$라 하면

$(a_1+a_2):(a_3+a_4)=1:4$에서

$$(a_1+a_1r):(a_1r^2+a_1r^3)=1:4$$

$$1:r^2=1:4, \qquad r^2=4$$

$$\therefore r=2 \ (\because r>0)$$

따라서 $S_n>100a_1$에서 $\qquad \dfrac{a_1(2^n-1)}{2-1}>100a_1$

$$2^n-1>100 \ (\because a_1>0) \qquad \therefore 2^n>101$$

이때 $2^6=64$, $2^7=128$이므로 $\qquad n\geq 7$

즉 자연수 $n$의 최솟값은 7이다.     답 7

**0905** $2S_n+1=5^n$에서 $\qquad S_n=\dfrac{5^n-1}{2}$

(i) $n=1$일 때

$$a_1=S_1=\dfrac{5^1-1}{2}=2$$

(ii) $n\geq 2$일 때

$$a_n=S_n-S_{n-1}=\dfrac{5^n-1}{2}-\left(\dfrac{5^{n-1}-1}{2}\right)$$

$$=2\times 5^{n-1} \qquad\qquad \cdots\cdots\ ㉠$$

이때 $a_1=2$는 ㉠에 $n=1$을 대입한 것과 같으므로

$$a_n=2\times 5^{n-1}$$

따라서 $a=2$, $r=5$이므로

$$a-r=-3$$     답 ②

**0906** (i) $n=1$일 때

$$a_1=S_1=2^1-2=0$$

(ii) $n\geq 2$일 때

$$a_n=S_n-S_{n-1}=2^n-2-(2^{n-1}-2)=2^{n-1}$$

(i), (ii)에서 $\qquad a_1+a_3+a_5=0+2^2+2^4=20$     답 ②

**0907** (i) $n=1$일 때

$$a_1=S_1=3^0+k=1+k$$

(ii) $n\geq 2$일 때

$$a_n=S_n-S_{n-1}$$
$$=3^{n-1}+k-(3^{n-2}+k)$$
$$=2\times 3^{n-2} \qquad\qquad \cdots\cdots\ ㉠$$

이때 수열 $\{a_n\}$이 첫째항부터 등비수열을 이루려면 $a_1=1+k$와

㉠에 $n=1$을 대입한 것이 같아야 하므로

$$1+k=2\times 3^{1-2} \qquad \therefore k=-\dfrac{1}{3}$$     답 $-\dfrac{1}{3}$

**0908** 14개의 선분과 직선의 교점의 $x$좌표를 작은 것부터 순서대로 $x_1$, $x_2$, $x_3$, $\cdots$, $x_{14}$라 하면 수열 $\{x_n\}$은 등차수열을 이룬다. ← $x_n-x_{n-1}=$(일정)

또 교점의 $x$좌표가 $x_n$인 선분의 길이를 $l_n$이라 하면

$$l_n=a(x_n-1)-x_n=(a-1)x_n-a$$

이므로 수열 $\{l_n\}$도 등차수열을 이룬다.

이때 $l_1=3$, $l_{14}=42$이므로 14개의 선분의 길이의 합은

$$\dfrac{14(3+42)}{2}=315$$     답 ③

**0909** 도형 $A_1$을 만드는 데 필요한 정사각형은     1개

도형 $A_2$를 만드는 데 필요한 정사각형은     $(1+4)$개

도형 $A_3$을 만드는 데 필요한 정사각형은     $(1+4+4)$개

$$\vdots$$

도형 $A_n$을 만드는 데 필요한 정사각형은

$$\{1+4(n-1)\}개$$

따라서 도형 $A_n$을 만드는 데 필요한 정사각형의 넓이의 합을 $a_n$이라 하면 수열 $\{a_n\}$은 첫째항이 1, 공차가 4인 등차수열이므로

도형 $A_1$, $A_2$, $A_3$, $\cdots$, $A_{20}$의 넓이의 합은

$$a_1+a_2+\cdots+a_{20}=\dfrac{20(2\times 1+19\times 4)}{2}$$
$$=780$$     답 780

**0910** $n$각형의 내각의 크기의 합은

$$180°\times(n-2)=180°\times n-360°$$

첫째항이 54°, 공차가 20°, 항수가 $n$인 등차수열의 합은

$$\dfrac{n\{2\times 54°+(n-1)\times 20°\}}{2}=10°\times n^2+44°\times n$$

따라서 $180°\times n-360°=10°\times n^2+44°\times n$에서

$$5n^2-68n+180=0$$
$$(5n-18)(n-10)=0$$
$$\therefore n=10 \ (\because n은 자연수)$$     답 10

**0911** 첫 번째 시행에서 색칠한 부분의 넓이는 한 변의 길이가 2인 정사각형의 넓이의 $\dfrac{1}{4}$이므로

$$4\times\dfrac{1}{4}=1$$

두 번째 시행에서 색칠한 부분의 넓이는

$$1\times\dfrac{1}{4}\times 3=\dfrac{3}{4}$$

세 번째 시행에서 색칠한 부분의 넓이는

$$\dfrac{1}{4}\times\dfrac{1}{4}\times 3^2=\left(\dfrac{3}{4}\right)^2$$

$$\vdots$$

따라서 시행을 10회 반복했을 때 색칠한 부분의 넓이의 합은

$$1+\dfrac{3}{4}+\left(\dfrac{3}{4}\right)^2+\cdots+\left(\dfrac{3}{4}\right)^9=\dfrac{1\times\left\{1-\left(\dfrac{3}{4}\right)^{10}\right\}}{1-\dfrac{3}{4}}$$

$$=4\left\{1-\left(\dfrac{3}{4}\right)^{10}\right\}$$

답 $4\left\{1-\left(\dfrac{3}{4}\right)^{10}\right\}$

**0912** 수열 $\{a_n\}$은 첫째항이 3, 공비가 $-2$인 등비수열이므로
$$a_n = 3 \times (-2)^{n-1}$$
이때 세 점 $A_n(n, a_n)$, $B_n(n, 0)$, $B_{n+1}(n+1, 0)$에 대하여 삼각형 $A_nB_nB_{n+1}$의 넓이 $S_n$은
$$S_n = \frac{1}{2} \times |a_n| \times 1 = \frac{1}{2} \times |3 \times (-2)^{n-1}|$$
$$= \frac{1}{2} \times 3 \times 2^{n-1} = \frac{3}{2} \times 2^{n-1}$$
$$\therefore S_1 + S_3 + S_5 + S_7 + S_9$$
$$= \frac{3}{2} + \frac{3}{2} \times 2^2 + \frac{3}{2} \times 2^4 + \frac{3}{2} \times 2^6 + \frac{3}{2} \times 2^8$$
$$= \frac{\frac{3}{2} \times (4^5-1)}{4-1} = \frac{4^5-1}{2}$$
$$= \frac{1023}{2}$$

답 ④

**0913** 2013년의 사과 생산량을 $a$톤이라 하고 매년 사과 생산량이 전년도 사과 생산량의 $r$배라 하면
2013년부터 2017년까지의 사과 생산량이 2000톤이므로
$$\frac{a(r^5-1)}{r-1} = 2000 \qquad \cdots\cdots ㉠$$
2018년부터 2022년까지의 사과 생산량이 2500톤이므로
$$\frac{ar^5(r^5-1)}{r-1} = 2500 \qquad \cdots\cdots ㉡$$
㉡$\div$㉠을 하면 $r^5 = \dfrac{5}{4}$
따라서 2023년의 사과 생산량은
$$ar^{10} = a(r^5)^2 = a \times \left(\frac{5}{4}\right)^2 = \frac{25}{16}a \text{ (톤)}$$
즉 2023년의 사과 생산량은 2013년의 사과 생산량의 $\dfrac{25}{16}$ 배이다.

답 $\dfrac{25}{16}$ 배

**0914** 10년째 말의 적립금의 원리합계는
$$100(1+0.05) + 100(1+0.05)^2 + \cdots + 100(1+0.05)^{10}$$
$$= \frac{100(1+0.05)\{(1+0.05)^{10}-1\}}{(1+0.05)-1}$$
$$= \frac{100 \times 1.05 \times 0.6}{0.05} = 1260 \text{ (만 원)}$$

답 **1260만 원**

**0915** 아영이의 2027년 말의 적립금의 원리합계는
$$10(1+0.1) + 10(1+0.1)^2 + \cdots + 10(1+0.1)^{10}$$
$$= \frac{10(1+0.1)\{(1+0.1)^{10}-1\}}{(1+0.1)-1}$$
$$= \frac{10 \times 1.1 \times 1.6}{0.1} = 176 \text{ (만 원)} \qquad \cdots \text{1단계}$$
재민이의 2027년 말의 적립금의 원리합계는
$$15 + 15(1+0.06) + 15(1+0.06)^2 + \cdots + 15(1+0.06)^9$$
$$= \frac{15\{(1+0.06)^{10}-1\}}{(1+0.06)-1}$$
$$= \frac{15 \times 0.8}{0.06} = 200 \text{ (만 원)} \qquad \cdots \text{2단계}$$

따라서 두 사람의 적립금의 원리합계의 차는
$$200 - 176 = 24 \text{ (만 원)} \qquad \cdots \text{3단계}$$

답 **24만 원**

| 채점 요소 | 비율 |
|---|---|
| 1단계 아영이의 적립금의 원리합계 구하기 | 40 % |
| 2단계 재민이의 적립금의 원리합계 구하기 | 40 % |
| 3단계 두 사람의 적립금의 원리합계의 차 구하기 | 20 % |

**0916** 1년 후의 적립금의 원리합계는
$$a(1+0.01) + a(1+0.01)^2 + \cdots + a(1+0.01)^{12}$$
$$= \frac{a(1+0.01)\{(1+0.01)^{12}-1\}}{(1+0.01)-1}$$
$$= \frac{a \times 1.01 \times 0.13}{0.01}$$
$$= 13.13a \text{ (원)}$$
$13.13a = 1000000$이므로
$$a = \frac{1000000}{13.13} = 76161.\times\times\times$$
이때 십의 자리에서 반올림하므로
$$a = 76200$$

답 ⑤

## 시험에 꼭 나오는 문제

**0917** 두 수열 $\{a_n\}$, $\{b_n\}$의 첫째항을 각각 $a$, $b$라 하면
$$a_n = a + (n-1) \times (-3) = -3n+3+a$$
$$b_n = b + (n-1) \times 2 = 2n-2+b$$
$$\therefore 3a_n + 2b_n = 3(-3n+3+a) + 2(2n-2+b)$$
$$= -5n+5+3a+2b$$
따라서
$$3a_1 + 2b_1 = -5 \times 1 + 5 + 3a + 2b = 3a + 2b,$$
$$3a_2 + 2b_2 = -5 \times 2 + 5 + 3a + 2b = 3a + 2b - 5$$
이므로 구하는 공차는
$$(3a+2b-5) - (3a+2b) = -5$$

답 $-5$

### RPM 비법노트

두 등차수열 $\{a_n\}$, $\{b_n\}$의 첫째항이 각각 $a$, $b$이고 공차가 각각 $d_1$, $d_2$이면 수열 $\{ka_n + lb_n\}$ ($k$, $l$은 상수)의 첫째항은 $ka + lb$, 공차는 $kd_1 + ld_2$이다.

**0918** 등차수열 $\{a_n\}$의 공차를 $d$라 하면
$$a_3 + a_8 = (a_1 + 2d) + (a_1 + 7d) = 2a_1 + 9d,$$
$$a_4 + a_5 = (a_1 + 3d) + (a_1 + 4d) = 2a_1 + 7d$$

이때 $(a_3+a_8):(a_4+a_5)=1:3$이므로

$$(2a_1+9d):(2a_1+7d)=1:3$$
$$3(2a_1+9d)=2a_1+7d$$
$$6a_1+27d=2a_1+7d, \qquad 20d=-4a_1$$
$$\therefore d=-\frac{1}{5}a_1$$
$$\therefore a_{31}=a_1+30d=a_1+30\times\left(-\frac{1}{5}a_1\right)$$
$$=-5a_1$$

**답** ②

**0919** 등차수열 $\{a_n\}$의 첫째항을 $a$라 하면 $a_3 a_7=64$에서

$$\{a+2\times(-3)\}\{a+6\times(-3)\}=64$$
$$(a-6)(a-18)=64$$
$$a^2-24a+44=0, \qquad (a-2)(a-22)=0$$
$$\therefore a=2 \text{ 또는 } a=22$$

(i) $a=2$이면

$$a_8=2+7\times(-3)=-19<0$$

(ii) $a=22$이면

$$a_8=22+7\times(-3)=1>0$$

(i), (ii)에서 $a=22$

$$\therefore a_2=22+(-3)=19$$

**답** ③

**0920** 등차수열 $\{a_n\}$의 첫째항을 $a$, 공차를 $d$라 하면

$a_5=-35$에서 $\qquad a+4d=-35$ $\qquad$ ……㉠
$a_{10}=-20$에서 $\qquad a+9d=-20$ $\qquad$ ……㉡

㉠, ㉡을 연립하여 풀면

$$a=-47, \ d=3$$
$$\therefore a_n=-47+(n-1)\times3=3n-50$$

$a_n>0$에서 $\qquad 3n-50>0$

$$\therefore n>\frac{50}{3}=16.\times\times\times$$

따라서 처음으로 양수가 되는 항은 제 17 항이다.

**답** ④

**0921** $\overline{BH}=a-d$, $\overline{CH}=a$, $\overline{AB}=a+d$라 하면
$\triangle ABH \circ \triangle CBA$ (AA 닮음)이므로

$$\overline{AB}:\overline{CB}=\overline{BH}:\overline{BA}$$
$$(a+d):(2a-d)=(a-d):(a+d)$$
$$(a+d)^2=(2a-d)(a-d), \qquad a(a-5d)=0$$
$$\therefore a=5d \ (\because a>0)$$

즉 $\overline{AB}=a+d=5d+d=6d$, $\overline{BC}=2a-d=2\times5d-d=9d$,
$\overline{AC}=5$이므로 직각삼각형 $ABC$에서 피타고라스 정리에 의하여

$$81d^2=36d^2+25, \qquad 45d^2=25$$
$$d^2=\frac{5}{9} \qquad \therefore d=\frac{\sqrt{5}}{3} \ (\because d>0)$$

따라서 선분 $BC$의 길이는

$$9\times\frac{\sqrt{5}}{3}=3\sqrt{5}$$

**답** $3\sqrt{5}$

**0922** 등차수열 $\{a_n\}$의 첫째항을 $a$, 공차를 $d$라 하면
$a_{10}=15$에서 $\qquad a+9d=15$ $\qquad$ ……㉠
첫째항부터 제 20 항까지의 합이 270이므로

$$\frac{20(2a+19d)}{2}=270$$
$$\therefore 2a+19d=27 \qquad ……㉡$$

㉠, ㉡을 연립하여 풀면 $\qquad a=42, \ d=-3$
따라서 첫째항부터 제 30 항까지의 합은

$$\frac{30\{2\times42+29\times(-3)\}}{2}=-45$$

**답** ②

**0923** 첫째항이 $-10$, 끝항이 30, 항수가 14인 등차수열의 합은

$$\frac{14(-10+30)}{2}=140$$

따라서 $-10+a_1+a_2+a_3+\cdots+a_{12}+30=140$이므로

$$a_1+a_2+a_3+\cdots+a_{12}=140-(-10+30)$$
$$=120$$

**답** ②

**0924** 등차수열 $\{a_n\}$의 첫째항을 $a$, 공차를 $d$라 하면

$$S_{10}=\frac{10(2a+9d)}{2}=195 \text{에서}$$
$$2a+9d=39 \qquad ……㉠$$
$$S_{15}=\frac{15(2a+14d)}{2}=105 \text{에서}$$
$$a+7d=7 \qquad ……㉡$$

㉠, ㉡을 연립하여 풀면 $\qquad a=42, \ d=-5$

$$\therefore a_n=42+(n-1)\times(-5)=-5n+47$$

$-5n+47<0$에서 $\qquad n>9.4$
즉 수열 $\{a_n\}$은 제 10 항부터 음수이므로 첫째항부터 제 9 항까지의 합이 최대이다.
따라서 구하는 $n$의 값은 9이다.

**답** 9

**0925** 60보다 작은 자연수 중에서 3으로 나누어떨어지는 수는

$$3, \ 6, \ 9, \ \cdots, \ 57$$

이때 $57=3\times19$에서 3으로 나누어떨어지는 수의 총합은 첫째항이 3, 끝항이 57, 항수가 19인 등차수열의 합이므로

$$\frac{19(3+57)}{2}=570$$

60보다 작은 자연수 중에서 4로 나누어떨어지는 수는

$$4, \ 8, \ 12, \ \cdots, \ 56$$

이때 $56=4\times14$에서 4로 나누어떨어지는 수의 총합은 첫째항이 4, 끝항이 56, 항수가 14인 등차수열의 합이므로

$$\frac{14(4+56)}{2}=420$$

한편 60보다 작은 자연수 중에서 3과 4의 최소공배수인 12로 나누어떨어지는 수는

$$12, \ 24, \ 36, \ 48$$

이므로 그 합은 $\qquad 12+24+36+48=120$

따라서 60보다 작은 자연수 중에서 3 또는 4로 나누어떨어지는 수의 총합은

$$570+420-120=870$$

답 **870**

**0926** 등차수열 $\{a_n\}$의 공차를 $d$라 하면 $a_{13}=4(S_3-S_2)$에서

$$a_{13}=4a_3, \qquad 4+12d=4(4+2d)$$
$$1+3d=4+2d \qquad \therefore d=3$$
$$\therefore S_{16}=\frac{16(2\times4+15\times3)}{2}=424$$

답 **424**

**0927** (i) $n=1$일 때

$$a_1=S_1=-2\times1^2+8\times1=6$$

(ii) $n\geq2$일 때

$$\begin{aligned}a_n&=S_n-S_{n-1}\\&=(-2n^2+8n)-\{-2(n-1)^2+8(n-1)\}\\&=-4n+10 \qquad\cdots\cdots\ \text{㉠}\end{aligned}$$

이때 $a_1=6$은 ㉠에 $n=1$을 대입한 것과 같으므로

$$a_n=-4n+10$$
$$-4n+10<0\text{에서} \qquad n>2.5$$

즉 수열 $\{a_n\}$이 처음으로 음수가 되는 항은 제3항이므로

$$\begin{aligned}&|a_1|+|a_2|+|a_3|+\cdots+|a_{10}|\\&=a_1+a_2-(a_3+a_4+\cdots+a_{10})\\&=6+2-\frac{8\{-2+(-30)\}}{2}\\&=6+2-(-128)\\&=136\end{aligned}$$

답 **136**

**0928** (i) $n=1$일 때

$$a_1=S_1=1^2-2\times1+4=3$$

(ii) $n\geq2$일 때

$$\begin{aligned}a_n&=S_n-S_{n-1}\\&=(n^2-2n+4)-\{(n-1)^2-2(n-1)+4\}\\&=2n-3\end{aligned}$$

ㄱ. $a_2=2\times2-3=1$ (참)

ㄴ. $a_3=2\times3-3=3$, $a_4=2\times4-3=5$이므로

$$a_3-a_1=3-3=0,\ a_4-a_2=5-1=4$$
$$\therefore a_3-a_1\neq a_4-a_2\ (\text{거짓})$$

ㄷ. $2n-3>100$에서 $\qquad n>51.5$

따라서 $a_n>100$을 만족시키는 자연수 $n$의 최솟값은 52이다.

(참)

이상에서 옳은 것은 ㄱ, ㄷ이다.

답 ③

**0929** 등비수열 $\{a_n\}$의 첫째항을 $a$, 공비를 $r\ (r>0)$라 하면

$$a_3=\sqrt{3}\text{에서} \qquad ar^2=\sqrt{3} \qquad\cdots\cdots\ \text{㉠}$$
$$a_5=3\sqrt{3}\text{에서} \qquad ar^4=3\sqrt{3} \qquad\cdots\cdots\ \text{㉡}$$

㉡÷㉠을 하면 $\qquad r^2=3$

$$\therefore r=\sqrt{3}\ (\because r>0)$$

$r=\sqrt{3}$을 ㉠에 대입하면

$$3a=\sqrt{3} \qquad \therefore a=\frac{\sqrt{3}}{3}$$

따라서 $a_n=\dfrac{\sqrt{3}}{3}\times(\sqrt{3})^{n-1}=3^{\frac{n-2}{2}}$이므로

$$\begin{aligned}a_1a_2a_3\cdots a_{10}&=3^{-\frac{1}{2}}\times3^0\times3^{\frac{1}{2}}\times\cdots\times3^4\\&=3^{-\frac{1}{2}+0+\frac{1}{2}+\cdots+4}\\&=3^{\frac{2+3+4+\cdots+8}{2}}\\&=3^{\frac{1}{2}\times\frac{7(2+8)}{2}}=3^{\frac{35}{2}}\end{aligned}$$

답 ③

**0930** 수열 $3,\ 6,\ 12,\ \cdots$는 첫째항이 3, 공비가 $\dfrac{6}{3}=2$인 등비수열이므로 일반항 $a_n$은

$$a_n=3\times2^{n-1}$$
$$3\times2^{n-1}>300\text{에서} \qquad 2^{n-1}>100$$

이때 $2^6=64,\ 2^7=128$이므로

$$n-1\geq7 \qquad \therefore n\geq8$$

따라서 처음으로 300보다 커지는 항은 제8항이다.

답 **제8항**

**0931** 수열 $2,\ a_1,\ a_2,\ a_3,\ 32$의 공차를 $d$라 하면 첫째항이 2, 제5항이 32이므로

$$2+4d=32 \qquad \therefore d=\frac{15}{2}$$
$$\begin{aligned}\therefore a_1+a_2+a_3&=\left(2+\frac{15}{2}\right)+\left(2+2\times\frac{15}{2}\right)+\left(2+3\times\frac{15}{2}\right)\\&=\frac{19}{2}+17+\frac{49}{2}=51\end{aligned}$$

수열 $2,\ b_1,\ b_2,\ b_3,\ 32$의 공비를 $r\ (r>0)$라 하면 첫째항이 2, 제5항이 32이므로

$$2r^4=32,\quad r^4=16 \qquad \therefore r=2\ (\because r>0)$$
$$\begin{aligned}\therefore b_1+b_2+b_3&=2\times2+2\times2^2+2\times2^3\\&=4+8+16=28\end{aligned}$$
$$\begin{aligned}\therefore (a_1+a_2+a_3)-(b_1+b_2+b_3)\\=51-28=23\end{aligned}$$

답 **23**

**0932** 세 수 $a^n,\ 2^6\times3^8,\ b^n$이 이 순서대로 등비수열을 이루므로

$$(2^6\times3^8)^2=a^nb^n$$
$$\therefore 2^{12}\times3^{16}=(ab)^n$$

$a,\ b,\ n$이 모두 자연수이려면 $n$은 12와 16의 최대공약수인 4의 약수이어야 한다.

이때 $n$의 값이 최대이면 $ab$의 값이 최소이므로 $n=4$일 때 $ab$는 최솟값을 갖는다.

즉 $n=4$일 때 $(ab)^4=2^{12}\times3^{16}=(2^3\times3^4)^4$에서

$$ab=2^3\times3^4=648$$

따라서 구하는 최솟값은 648이다.

답 **648**

**0933** 세 양수 $x$, $y$, $z$가 이 순서대로 등비수열을 이루므로 $y=xr$, $z=xr^2$ $(r>0)$이라 하면 조건 (가)에서

$$x+xr+xr^2=x(1+r+r^2)=\frac{31}{2} \qquad \cdots\cdots \text{㉠}$$

조건 (나)에서

$$\frac{1}{x}+\frac{1}{xr}+\frac{1}{xr^2}=\frac{1+r+r^2}{xr^2}=\frac{31}{8} \qquad \cdots\cdots \text{㉡}$$

㉠÷㉡을 하면

$$(xr)^2=4 \qquad \therefore xr=2 \ (\because xr>0)$$
$$\therefore xyz=x\times xr\times xr^2=(xr)^3=2^3=8 \qquad \text{답 } 8$$

**0934** 등비수열 $\{a_n\}$의 공비를 $r$라 하면

(ⅰ) $r=1$일 때

$S_6=1\times 6=6$, $S_3=1\times 3=3$, $a_4=1$이므로

$$\frac{S_6}{S_3}=\frac{6}{3}=2,\quad 2a_4-7=2\times1-7=-5$$
$$\therefore \frac{S_6}{S_3}\neq 2a_4-7$$

따라서 조건을 만족시키지 않는다.

(ⅱ) $r\neq1$일 때

$\dfrac{S_6}{S_3}=2a_4-7$에서

$$\frac{\dfrac{1\times(r^6-1)}{r-1}}{\dfrac{1\times(r^3-1)}{r-1}}=2(1\times r^3)-7$$
$$\frac{(r^3+1)(r^3-1)}{r^3-1}=2r^3-7$$
$$r^3+1=2r^3-7,\qquad r^3=8$$
$$\therefore r=2$$

(ⅰ), (ⅱ)에서 $r=2$

따라서 $a_n=1\times 2^{n-1}=2^{n-1}$이므로

$$a_7=2^6=64 \qquad \text{답 } 64$$

**0935** 주어진 등비수열의 공비를 $r$라 하면 첫째항이 2, 제 $(n+2)$항이 128이므로

$$2\times r^{n+1}=128$$
$$\therefore r^{n+1}=64 \qquad \cdots\cdots \text{㉠}$$

한편 첫째항이 2, 공비가 $r$, 항수가 $n+2$인 등비수열의 합이 86이므로

$$\frac{2(1-r^{n+2})}{1-r}=86$$

이 식에 ㉠을 대입하면

$$\frac{2(1-64r)}{1-r}=86$$
$$2-128r=86-86r$$
$$-42r=84 \qquad \therefore r=-2$$

이때 $x_4$는 주어진 수열의 제5항이므로

$$x_4=2\times(-2)^4=32 \qquad \text{답 } ⑤$$

**0936** $MN$의 모든 양의 약수의 합은 $M$의 양의 약수의 총합과 $N$의 양의 약수의 총합의 곱이므로

$$(1+2+2^2+\cdots+2^5)(1+3+3^2+\cdots+3^6)$$
$$=\frac{1\times(2^6-1)}{2-1}\times\frac{1\times(3^7-1)}{3-1}$$
$$=\frac{(2\times2^5-1)(3\times3^6-1)}{2}$$
$$=\frac{(2M-1)(3N-1)}{2} \qquad \text{답 } ①$$

**0937** ㄱ. $a_n=1\times\left(\dfrac{1}{2}\right)^{n-1}=\left(\dfrac{1}{2}\right)^{n-1}$이므로

$$a_{2n}=\left(\frac{1}{2}\right)^{2n-1}=\frac{1}{2}\times\left(\frac{1}{4}\right)^{n-1}$$

따라서 수열 $\{a_{2n}\}$은 첫째항이 $\dfrac{1}{2}$, 공비가 $\dfrac{1}{4}$인 등비수열이다. (참)

ㄴ. $S_n=\dfrac{1\times\left\{1-\left(\frac{1}{2}\right)^n\right\}}{1-\frac{1}{2}}=2\left\{1-\left(\frac{1}{2}\right)^n\right\}=2-\left(\frac{1}{2}\right)^{n-1}$

이므로 $\quad 2-S_n=2-\left\{2-\left(\dfrac{1}{2}\right)^{n-1}\right\}=\left(\dfrac{1}{2}\right)^{n-1}$

따라서 수열 $\{2-S_n\}$은 첫째항이 1, 공비가 $\dfrac{1}{2}$인 등비수열이다. (참)

ㄷ. $a_{n+1}-2a_n=\left(\dfrac{1}{2}\right)^n-2\times\left(\dfrac{1}{2}\right)^{n-1}=-\dfrac{3}{2}\times\left(\dfrac{1}{2}\right)^{n-1}$

따라서 수열 $\{a_{n+1}-2a_n\}$은 첫째항이 $-\dfrac{3}{2}$, 공비가 $\dfrac{1}{2}$인 등비수열이다. (참)

이상에서 ㄱ, ㄴ, ㄷ 모두 옳다.    답 ⑤

**0938** $b_n=\log_2 a_n$이라 하고 수열 $\{b_n\}$의 첫째항부터 제$n$항까지의 합을 $S_n$이라 하면

$$S_n=\frac{n^2+3n}{2}$$

(ⅰ) $n=1$일 때

$$b_1=S_1=\frac{1^2+3\times1}{2}=2$$

(ⅱ) $n\geq2$일 때

$$b_n=S_n-S_{n-1}$$
$$=\frac{n^2+3n}{2}-\left\{\frac{(n-1)^2+3(n-1)}{2}\right\}$$
$$=n+1 \qquad \cdots\cdots \text{㉠}$$

이때 $b_1=2$는 ㉠에 $n=1$을 대입한 것과 같으므로

$$b_n=n+1$$

즉 $\log_2 a_n=n+1$이므로

$$a_n=2^{n+1}=4\times2^{n-1}$$

따라서 등비수열 $\{a_n\}$의 첫째항이 4, 공비가 2이므로 첫째항부터 제10항까지의 합은

$$\frac{4(2^{10}-1)}{2-1}=4092 \qquad \text{답 } ④$$

**0939** 매년 5월 1일마다 $a$만 원씩 저축한다고 하면 5년 후의 적립금의 원리합계는

$$a(1+0.1)+a(1+0.1)^2+a(1+0.1)^3$$
$$+a(1+0.1)^4+a(1+0.1)^5$$
$$=\frac{a(1+0.1)\{(1+0.1)^5-1\}}{(1+0.1)-1}$$
$$=\frac{a\times1.1\times0.6}{0.1}=6.6a$$

$6.6a=3300$이므로  $a=500$

따라서 500만 원씩 일정하게 저축해야 한다.  [답] ⑤

**0940** 곡선 $y=x(x+4)(x-1)$과 직선 $y=k$의 교점의 $x$좌표는 방정식 $x(x+4)(x-1)=k$, 즉 $x^3+3x^2-4x-k=0$의 세 실근이다.

따라서 삼차방정식 $x^3+3x^2-4x-k=0$의 세 실근이 $\alpha$, $\beta$, $\gamma$이다.  … **1단계**

이때 $\alpha$, $\beta$, $\gamma$가 이 순서대로 등차수열을 이루므로 $\alpha=\beta-d$, $\gamma=\beta+d$라 하면 삼차방정식의 근과 계수의 관계에 의하여

$$(\beta-d)+\beta+(\beta+d)=-3$$
$$\therefore \beta=-1$$  … **2단계**

즉 $-1$이 삼차방정식 $x^3+3x^2-4x-k=0$의 한 근이므로 $x=-1$을 방정식에 대입하면

$$-1+3+4-k=0 \quad \therefore k=6$$  … **3단계**

[답] 6

| 채점 요소 | | 비율 |
|---|---|---|
| **1단계** | 삼차방정식 $x^3+3x^2-4x-k=0$의 세 실근이 $\alpha$, $\beta$, $\gamma$임을 알기 | 30 % |
| **2단계** | 삼차방정식의 근과 계수의 관계를 이용하여 $\beta$의 값 구하기 | 40 % |
| **3단계** | $k$의 값 구하기 | 30 % |

**0941** 등차수열 $\{a_n\}$의 첫째항을 $a$, 공차를 $d$, 첫째항부터 제$n$항까지의 합을 $S_n$이라 하면

$$S_{10}=\frac{10(2a+9d)}{2}=145$$에서

$$2a+9d=29 \quad \cdots\cdots ㉠$$  … **1단계**

첫째항부터 제20항까지의 합이 $145+445=590$이므로

$$S_{20}=\frac{20(2a+19d)}{2}=590$$에서

$$2a+19d=59 \quad \cdots\cdots ㉡$$  … **2단계**

㉠, ㉡을 연립하여 풀면  $a=1$, $d=3$  … **3단계**

$$\therefore S_{30}=\frac{30(2\times1+29\times3)}{2}=1335$$  … **4단계**

[답] 1335

| 채점 요소 | | 비율 |
|---|---|---|
| **1단계** | 첫째항부터 제10항까지의 합을 이용하여 식 세우기 | 30 % |
| **2단계** | 첫째항부터 제20항까지의 합을 이용하여 식 세우기 | 30 % |
| **3단계** | 첫째항과 공차 구하기 | 20 % |
| **4단계** | 첫째항부터 제30항까지의 합 구하기 | 20 % |

**0942** 등비수열 $\{a_n\}$의 첫째항을 $a$, 공비를 $r$라 하면

$a_1+a_2+a_3=3$에서

$$a+ar+ar^2=a(1+r+r^2)$$
$$=3 \quad \cdots\cdots ㉠$$

$a_4+a_5+a_6=81$에서

$$ar^3+ar^4+ar^5=ar^3(1+r+r^2)$$
$$=81 \quad \cdots\cdots ㉡ \quad \cdots \text{**1단계**}$$

㉡÷㉠을 하면

$$r^3=27 \quad \therefore r=3$$  … **2단계**

$r=3$을 ㉠에 대입하면

$$a(1+3+9)=3 \quad \therefore a=\frac{3}{13}$$  … **3단계**

$$\therefore a_1+a_3+a_5=a+ar^2+ar^4=a(1+r^2+r^4)$$
$$=\frac{3}{13}\times(1+9+81)=21$$  … **4단계**

[답] 21

| 채점 요소 | | 비율 |
|---|---|---|
| **1단계** | 첫째항을 $a$, 공비를 $r$라 하고 주어진 조건을 이용하여 $a$, $r$에 대한 식 세우기 | 40 % |
| **2단계** | $r$의 값 구하기 | 20 % |
| **3단계** | $a$의 값 구하기 | 20 % |
| **4단계** | $a_1+a_3+a_5$의 값 구하기 | 20 % |

**0943** 등차수열 $a$, $x$, $y$, $b$의 공차를 $d$라 하면

$$a+b=a+(a+3d)=(a+d)+(a+2d)$$
$$=x+y=5 \quad \cdots\cdots ㉠ \quad \cdots \text{**1단계**}$$

등비수열 $a$, $p$, $q$, $b$의 공비를 $r$라 하면

$$ab=a\times ar^3=ar\times ar^2=pq=6 \quad \cdots\cdots ㉡ \quad \cdots \text{**2단계**}$$

㉠, ㉡에서 $a$, $b$는 $t$에 대한 이차방정식 $t^2-5t+6=0$의 두 근이고 이 이차방정식에서

$$(t-2)(t-3)=0 \quad \therefore t=2 \text{ 또는 } t=3$$

이때 $a<b$이므로  $a=2$, $b=3$  … **3단계**

$$\therefore a^2-b^2=4-9=-5$$  … **4단계**

[답] $-5$

| 채점 요소 | | 비율 |
|---|---|---|
| **1단계** | $a+b$의 값 구하기 | 30 % |
| **2단계** | $ab$의 값 구하기 | 30 % |
| **3단계** | $a$, $b$의 값 구하기 | 30 % |
| **4단계** | $a^2-b^2$의 값 구하기 | 10 % |

**다른 풀이** ㉠, ㉡에서

$$(a-b)^2=(a+b)^2-4ab=5^2-4\times6=1$$

이때 $a<b$이므로  $a-b<0$

$$\therefore a-b=-1$$

$$\therefore a^2-b^2=(a+b)(a-b)=5\times(-1)=-5$$

**0944** **전략** 주어진 조건을 이용하여 등차수열 $\{a_n\}$의 공차와 등비수열 $\{b_n\}$의 공비를 각각 구한다.

**08**
등차수열과 등비수열

등차수열 $\{a_n\}$의 공차를 $d$, 등비수열 $\{b_n\}$의 공비를 $r$라 하면
$$a_7=a_6+d=9+d,\ b_7=b_6\times r=9r$$
이므로 조건 ㈎에서
$$9+d=9r \qquad \therefore r=1+\frac{d}{9} \qquad\qquad \cdots\cdots \text{㉠}$$
이때 $r$는 자연수이므로 $d$는 9의 배수이어야 한다.
한편 $a_{11}=a_6+5d=9+5d$이므로 조건 ㈏에서
$$94<9+5d<109,\qquad 85<5d<100$$
$$\therefore 17<d<20$$
그런데 $d$는 9의 배수이므로
$$d=18$$
이것을 ㉠에 대입하면
$$r=1+\frac{18}{9}=3$$
$$\therefore a_7+b_8=(a_6+d)+(b_6\times r^2)$$
$$=(9+18)+(9\times 3^2)$$
$$=27+81=108 \qquad\qquad \text{답 ⑤}$$

**0945** 전략 도형 $S_1,\ S_2,\ S_3,\ \cdots$의 넓이를 차례대로 구하여 규칙을 찾는다.

✡ 모양의 도형의 넓이는 12개의 합동인 작은 정삼각형의 넓이의 합과 같다.

오른쪽 그림과 같이 도형 $S_1$에서 작은 정삼각형의 한 변의 길이를 $a_1$이라 하면
$$2\times \frac{\sqrt{3}}{2}a_1=2\sqrt{3} \qquad \therefore a_1=2$$
즉 도형 $S_1$의 넓이는
$$12\times\left(\frac{\sqrt{3}}{4}\times 2^2\right)=12\sqrt{3}$$
$S_1$의 정육각형에 내접하는 원의 반지름의 길이는
$$\frac{1}{2}\times 2\sqrt{3}=\sqrt{3}$$
도형 $S_2$에서 작은 정삼각형의 한 변의 길이를 $a_2$라 하면
$$2\times \frac{\sqrt{3}}{2}a_2=\sqrt{3} \qquad \therefore a_2=1$$
즉 도형 $S_2$의 넓이는
$$12\times\left(\frac{\sqrt{3}}{4}\times 1^2\right)=3\sqrt{3}$$

$S_2$의 정육각형에 내접하는 원의 반지름의 길이는
$$\frac{1}{2}\times \sqrt{3}=\frac{\sqrt{3}}{2}$$
도형 $S_3$에서 작은 정삼각형의 한 변의 길이를 $a_3$이라 하면
$$2\times \frac{\sqrt{3}}{2}a_3=\frac{\sqrt{3}}{2} \qquad \therefore a_3=\frac{1}{2}$$
즉 도형 $S_3$의 넓이는
$$12\times\left\{\frac{\sqrt{3}}{4}\times\left(\frac{1}{2}\right)^2\right\}=\frac{3}{4}\sqrt{3}$$
$$\vdots$$
도형 $S_n$의 넓이는 $\quad 12\sqrt{3}\times\left(\frac{1}{4}\right)^{n-1}$
따라서 도형 $S_{10}$의 넓이는
$$12\sqrt{3}\times\left(\frac{1}{4}\right)^9=3\sqrt{3}\times\left(\frac{1}{4}\right)^8=\frac{3\sqrt{3}}{2^{16}} \qquad \text{답 ⑤}$$

다른 풀이 도형 $S_n$과 도형 $S_{n+1}$은 닮은 도형이고 닮음비가 $2:1$이므로 넓이의 비는 $4:1$이다.
이때 도형 $S_1$의 넓이가 $12\sqrt{3}$이므로 도형 $S_n$의 넓이는
$$12\sqrt{3}\times\left(\frac{1}{4}\right)^{n-1}$$

**0946** 전략 등비수열 $\{a_n\}$의 첫째항을 $a$, 공비를 $r$라 하고 주어진 조건을 $a$, $r$에 대한 식으로 나타낸다.

등비수열 $\{a_n\}$의 첫째항을 $a$, 공비를 $r$라 하면
$$a_1+a_2+a_3+\cdots+a_n$$
$$=\frac{a(1-r^n)}{1-r}=30 \qquad\qquad \cdots\cdots \text{㉠}$$
$$a_{2n+1}+a_{2n+2}+a_{2n+3}+\cdots+a_{3n}$$
$$=ar^{2n}+ar^{2n+1}+ar^{2n+2}+\cdots+ar^{3n-1}$$
$$=\frac{ar^{2n}(1-r^n)}{1-r}=270 \qquad\qquad \cdots\cdots \text{㉡}$$
㉡$\div$㉠을 하면 $\quad r^{2n}=9$
이때 수열 $\{a_n\}$의 모든 항이 양수이므로 $\quad r^n>0$
$$\therefore r^n=3$$
$$\therefore a_{n+1}+a_{n+2}+a_{n+3}+\cdots+a_{2n}$$
$$=ar^n+ar^{n+1}+ar^{n+2}+\cdots+ar^{2n-1}$$
$$=\frac{ar^n(1-r^n)}{1-r}=\frac{a(1-r^n)}{1-r}\times r^n$$
$$=30\times 3=90 \qquad\qquad \text{답 90}$$

# 09 수열의 합

## 교과서 **문제** 정복하기

본책 131쪽

**0947** $\displaystyle\sum_{k=1}^{6} 5k = 5\times1+5\times2+5\times3+5\times4+5\times5+5\times6$

$\qquad = 5+10+15+20+25+30$

> 답 $5+10+15+20+25+30$

**0948** $\displaystyle\sum_{i=1}^{5} 2^i = 2^1+2^2+2^3+2^4+2^5$

$\qquad = 2+4+8+16+32$

> 답 $2+4+8+16+32$

**0949** $\displaystyle\sum_{k=1}^{n} k^2 = 1^2+2^2+3^2+\cdots+n^2$

> 답 $1^2+2^2+3^2+\cdots+n^2$

**0950** $\displaystyle\sum_{j=2}^{n} \frac{1}{j+1} = \frac{1}{2+1}+\frac{1}{3+1}+\frac{1}{4+1}+\cdots+\frac{1}{n+1}$

$\qquad = \frac{1}{3}+\frac{1}{4}+\frac{1}{5}+\cdots+\frac{1}{n+1}$

> 답 $\dfrac{1}{3}+\dfrac{1}{4}+\dfrac{1}{5}+\cdots+\dfrac{1}{n+1}$

**0951** 수열 $\dfrac{1}{2}$, $\dfrac{1}{4}$, $\dfrac{1}{6}$, $\cdots$의 제$k$항을 $a_k$라 하면

$a_k = \dfrac{1}{2k}$

$\therefore\ \dfrac{1}{2}+\dfrac{1}{4}+\dfrac{1}{6}+\cdots+\dfrac{1}{2n} = \displaystyle\sum_{k=1}^{n} \dfrac{1}{2k}$

> 답 $\displaystyle\sum_{k=1}^{n} \dfrac{1}{2k}$

**0952** 수열 $1$, $3$, $3^2$, $\cdots$은 첫째항이 $1$, 공비가 $3$인 등비수열이 므로 제$k$항을 $a_k$라 하면

$a_k = 3^{k-1}$

이때 $3^{k-1}=3^9$에서 $\quad k-1=9$

$\therefore\ k=10$

$\therefore\ 1+3+3^2+\cdots+3^9 = \displaystyle\sum_{k=1}^{10} 3^{k-1}$

> 답 $\displaystyle\sum_{k=1}^{10} 3^{k-1}$

**0953** 수열 $1$, $4$, $7$, $\cdots$은 첫째항이 $1$, 공차가 $3$인 등차수열이 므로 제$k$항을 $a_k$라 하면

$a_k = 1+(k-1)\times3 = 3k-2$

이때 $3k-2=25$에서 $\quad k=9$

$\therefore\ 1+4+7+\cdots+25 = \displaystyle\sum_{k=1}^{9} (3k-2)$

> 답 $\displaystyle\sum_{k=1}^{9} (3k-2)$

**0954** 수열 $6$, $6$, $6$, $\cdots$의 제$k$항을 $a_k$라 하면

$a_k = 6$

$\therefore\ 6+6+6+6+6 = \displaystyle\sum_{k=1}^{5} 6$

> 답 $\displaystyle\sum_{k=1}^{5} 6$

**0955** $\displaystyle\sum_{k=1}^{7} (5a_k-2) = 5\sum_{k=1}^{7} a_k - \sum_{k=1}^{7} 2$

$\qquad = 5\times2-2\times7 = -4$

> 답 $-4$

**0956** $\displaystyle\sum_{k=1}^{7} (2a_k+3b_k) = 2\sum_{k=1}^{7} a_k + 3\sum_{k=1}^{7} b_k$

$\qquad = 2\times2+3\times3 = 13$

> 답 $13$

**0957** $\displaystyle\sum_{k=1}^{10} (4k+2) = 4\sum_{k=1}^{10} k + \sum_{k=1}^{10} 2$

$\qquad = 4\times\dfrac{10\times11}{2}+2\times10$

$\qquad = 220+20 = 240$

> 답 $240$

**0958** $\displaystyle\sum_{k=1}^{6} (2k^2-3k+1)$

$= 2\displaystyle\sum_{k=1}^{6} k^2 - 3\sum_{k=1}^{6} k + \sum_{k=1}^{6} 1$

$= 2\times\dfrac{6\times7\times13}{6} - 3\times\dfrac{6\times7}{2} + 1\times6$

$= 182-63+6 = 125$

> 답 $125$

**0959** $\displaystyle\sum_{k=1}^{8} k(k+1)(k-1) = \sum_{k=1}^{8} (k^3-k)$

$\qquad = \displaystyle\sum_{k=1}^{8} k^3 - \sum_{k=1}^{8} k$

$\qquad = \left(\dfrac{8\times9}{2}\right)^2 - \dfrac{8\times9}{2}$

$\qquad = 1296-36 = 1260$

> 답 $1260$

**0960** $\displaystyle\sum_{k=1}^{5} (k-1)^3 - \sum_{k=1}^{5} (k^3-1)$

$= \displaystyle\sum_{k=1}^{5} (k^3-3k^2+3k-1) - \sum_{k=1}^{5} (k^3-1)$

$= \displaystyle\sum_{k=1}^{5} \{k^3-3k^2+3k-1-(k^3-1)\}$

$= \displaystyle\sum_{k=1}^{5} (-3k^2+3k)$

$= -3\displaystyle\sum_{k=1}^{5} k^2 + 3\sum_{k=1}^{5} k$

$= -3\times\dfrac{5\times6\times11}{6} + 3\times\dfrac{5\times6}{2}$

$= -165+45 = -120$

> 답 $-120$

**0961** $3+6+9+\cdots+60 = \displaystyle\sum_{k=1}^{20} 3k$

$\qquad = 3\times\dfrac{20\times21}{2} = 630$

> 답 $630$

**0962** $5^2+6^2+7^2+\cdots+15^2 = \displaystyle\sum_{k=1}^{15} k^2 - \sum_{k=1}^{4} k^2$

$\qquad = \dfrac{15\times16\times31}{6} - \dfrac{4\times5\times9}{6}$

$\qquad = 1240-30 = 1210$

> 답 $1210$

**다른 풀이** $5^2+6^2+7^2+\cdots+15^2$

$=\sum\limits_{k=1}^{11}(k+4)^2=\sum\limits_{k=1}^{11}(k^2+8k+16)$

$=\sum\limits_{k=1}^{11}k^2+8\sum\limits_{k=1}^{11}k+\sum\limits_{k=1}^{11}16$

$=\dfrac{11\times12\times23}{6}+8\times\dfrac{11\times12}{2}+16\times11$

$=506+528+176=1210$

**0963** $2^3+4^3+6^3+\cdots+14^3=\sum\limits_{k=1}^{7}(2k)^3=8\sum\limits_{k=1}^{7}k^3$

$\qquad\qquad\qquad\qquad\qquad=8\times\left(\dfrac{7\times8}{2}\right)^2=6272$

**답 6272**

**0964** $1\times3+2\times4+3\times5+\cdots+10\times12$

$=\sum\limits_{k=1}^{10}k(k+2)=\sum\limits_{k=1}^{10}(k^2+2k)$

$=\sum\limits_{k=1}^{10}k^2+2\sum\limits_{k=1}^{10}k$

$=\dfrac{10\times11\times21}{6}+2\times\dfrac{10\times11}{2}$

$=385+110=495$

**답 495**

**0965** $\sum\limits_{k=1}^{20}\dfrac{1}{k(k+1)}$

$=\sum\limits_{k=1}^{20}\left(\dfrac{1}{k}-\dfrac{1}{k+1}\right)$

$=\left(1-\dfrac{1}{2}\right)+\left(\dfrac{1}{2}-\dfrac{1}{3}\right)+\left(\dfrac{1}{3}-\dfrac{1}{4}\right)+\cdots+\left(\dfrac{1}{20}-\dfrac{1}{21}\right)$

$=1-\dfrac{1}{21}=\dfrac{20}{21}$

**답 $\dfrac{20}{21}$**

**0966** $\sum\limits_{k=1}^{9}\dfrac{2}{(2k+1)(2k+3)}$

$=\sum\limits_{k=1}^{9}\left(\dfrac{1}{2k+1}-\dfrac{1}{2k+3}\right)$

$=\left(\dfrac{1}{3}-\dfrac{1}{5}\right)+\left(\dfrac{1}{5}-\dfrac{1}{7}\right)+\left(\dfrac{1}{7}-\dfrac{1}{9}\right)+\cdots+\left(\dfrac{1}{19}-\dfrac{1}{21}\right)$

$=\dfrac{1}{3}-\dfrac{1}{21}=\dfrac{2}{7}$

**답 $\dfrac{2}{7}$**

**0967** $\sum\limits_{k=1}^{80}\dfrac{1}{\sqrt{k+1}+\sqrt{k}}$

$=\sum\limits_{k=1}^{80}\dfrac{\sqrt{k+1}-\sqrt{k}}{(\sqrt{k+1}+\sqrt{k})(\sqrt{k+1}-\sqrt{k})}$

$=\sum\limits_{k=1}^{80}(\sqrt{k+1}-\sqrt{k})$

$=(\sqrt{2}-1)+(\sqrt{3}-\sqrt{2})+(\sqrt{4}-\sqrt{3})+\cdots+(\sqrt{81}-\sqrt{80})$

$=-1+\sqrt{81}=8$

**답 8**

**0968** $\sum\limits_{k=1}^{24}\dfrac{1}{\sqrt{2k-1}+\sqrt{2k+1}}$

$=\sum\limits_{k=1}^{24}\dfrac{\sqrt{2k-1}-\sqrt{2k+1}}{(\sqrt{2k-1}+\sqrt{2k+1})(\sqrt{2k-1}-\sqrt{2k+1})}$

$=\dfrac{1}{2}\sum\limits_{k=1}^{24}(\sqrt{2k+1}-\sqrt{2k-1})$

$=\dfrac{1}{2}\{(\sqrt{3}-1)+(\sqrt{5}-\sqrt{3})+(\sqrt{7}-\sqrt{5})+\cdots$

$\qquad\qquad+(\sqrt{49}-\sqrt{47})\}$

$=\dfrac{1}{2}(-1+\sqrt{49})=3$

**답 3**

**0969** $\sum\limits_{k=1}^{99}\log\dfrac{k}{k+1}$

$=\log\dfrac{1}{2}+\log\dfrac{2}{3}+\log\dfrac{3}{4}+\cdots+\log\dfrac{99}{100}$

$=\log\left(\dfrac{1}{2}\times\dfrac{2}{3}\times\dfrac{3}{4}\times\cdots\times\dfrac{99}{100}\right)$

$=\log\dfrac{1}{100}=-2$

**답 $-2$**

**0970** 수열 $\dfrac{1}{2\times3},\dfrac{1}{3\times4},\dfrac{1}{4\times5},\cdots$의 제$k$항을 $a_k$라 하면

$a_k=\dfrac{1}{(k+1)(k+2)}=\dfrac{1}{k+1}-\dfrac{1}{k+2}$

따라서 구하는 합은

$\sum\limits_{k=1}^{n}a_k=\sum\limits_{k=1}^{n}\left(\dfrac{1}{k+1}-\dfrac{1}{k+2}\right)$

$=\left(\dfrac{1}{2}-\dfrac{1}{3}\right)+\left(\dfrac{1}{3}-\dfrac{1}{4}\right)+\left(\dfrac{1}{4}-\dfrac{1}{5}\right)+\cdots$

$\qquad+\left(\dfrac{1}{n+1}-\dfrac{1}{n+2}\right)$

$=\dfrac{1}{2}-\dfrac{1}{n+2}=\dfrac{n}{2(n+2)}$

**답 $\dfrac{n}{2(n+2)}$**

**0971** 수열 $\dfrac{1}{\sqrt{4}+\sqrt{5}},\dfrac{1}{\sqrt{5}+\sqrt{6}},\dfrac{1}{\sqrt{6}+\sqrt{7}},\cdots$의 제$k$항을 $a_k$라 하면

$a_k=\dfrac{1}{\sqrt{k+3}+\sqrt{k+4}}$

$\quad=\dfrac{\sqrt{k+3}-\sqrt{k+4}}{(\sqrt{k+3}+\sqrt{k+4})(\sqrt{k+3}-\sqrt{k+4})}$

$\quad=\sqrt{k+4}-\sqrt{k+3}$

따라서 구하는 합은

$\sum\limits_{k=1}^{n}a_k=\sum\limits_{k=1}^{n}(\sqrt{k+4}-\sqrt{k+3})$

$=(\sqrt{5}-\sqrt{4})+(\sqrt{6}-\sqrt{5})+(\sqrt{7}-\sqrt{6})+\cdots$

$\qquad+(\sqrt{n+4}-\sqrt{n+3})$

$=\sqrt{n+4}-\sqrt{4}=\sqrt{n+4}-2$

**답 $\sqrt{n+4}-2$**

### 유형 익히기

• 본책 132~138쪽

**0972** $\sum\limits_{k=1}^{n}(a_{2k-1}+a_{2k})=(a_1+a_2)+(a_3+a_4)+\cdots$

$\qquad\qquad\qquad\qquad+(a_{2n-1}+a_{2n})$

이므로 $\sum\limits_{k=1}^{2n}a_k=5n^2$

$\therefore \sum\limits_{k=1}^{20}a_k=5\times10^2=500$

**답 500**

**0973** ① $\sum\limits_{k=1}^{n+1} 2k = 2\times1 + 2\times2 + 2\times3 + \cdots + 2\times(n+1)$
$\qquad\qquad = 2 + 4 + 6 + \cdots + 2(n+1)$

② $\sum\limits_{k=1}^{8}(2k-1)$
$= (2\times1-1) + (2\times2-1) + (2\times3-1) + \cdots + (2\times8-1)$
$= 1 + 3 + 5 + \cdots + 15$

③ $\sum\limits_{k=1}^{9} \dfrac{1}{2^{k-1}} = \dfrac{1}{2^{1-1}} + \dfrac{1}{2^{2-1}} + \dfrac{1}{2^{3-1}} + \cdots + \dfrac{1}{2^{9-1}}$
$\qquad\qquad = 1 + \dfrac{1}{2} + \dfrac{1}{4} + \cdots + \dfrac{1}{256}$

④ $\sum\limits_{k=1}^{6}(-1)^{k-1}$
$= (-1)^{1-1} + (-1)^{2-1} + (-1)^{3-1} + \cdots + (-1)^{6-1}$
$= 1 - 1 + 1 - 1 + 1 - 1$

⑤ $\sum\limits_{k=1}^{10}(k+2)^2$
$= (1+2)^2 + (2+2)^2 + (3+2)^2 + \cdots + (10+2)^2$
$= 9 + 16 + 25 + \cdots + 144$　　　답 ⑤

참고ㅣ ⑤ $9 + 16 + 25 + \cdots + 121 = \sum\limits_{k=1}^{9}(k+2)^2$

**0974** $\sum\limits_{k=1}^{2024} a_{k+1} - \sum\limits_{n=2}^{2025} a_{n-1}$
$= (a_2 + a_3 + a_4 + \cdots + a_{2025}) - (a_1 + a_2 + a_3 + \cdots + a_{2024})$
$= a_{2025} - a_1 = 105 - 5$
$= 100$　　　답 **100**

**0975** $\sum\limits_{k=1}^{20} ka_k = 200$에서
$a_1 + 2a_2 + 3a_3 + \cdots + 20a_{20} = 200$ $\qquad$ …… ㉠
$\sum\limits_{k=1}^{19} ka_{k+1} = 100$에서
$a_2 + 2a_3 + 3a_4 + \cdots + 19a_{20} = 100$ $\qquad$ …… ㉡
㉠-㉡을 하면 $\quad a_1 + a_2 + a_3 + \cdots + a_{20} = 100$
$\therefore \sum\limits_{k=1}^{20} a_k = 100$　　　답 **100**

**0976** $\sum\limits_{k=1}^{n}(a_k + b_k)^2 = 20$에서
$\sum\limits_{k=1}^{n}(a_k{}^2 + 2a_k b_k + b_k{}^2) = 20$
$\therefore \sum\limits_{k=1}^{n} a_k{}^2 + 2\sum\limits_{k=1}^{n} a_k b_k + \sum\limits_{k=1}^{n} b_k{}^2 = 20$ $\qquad$ …… ㉠
$\sum\limits_{k=1}^{n}(a_k - b_k)^2 = 8$에서
$\sum\limits_{k=1}^{n}(a_k{}^2 - 2a_k b_k + b_k{}^2) = 8$
$\therefore \sum\limits_{k=1}^{n} a_k{}^2 - 2\sum\limits_{k=1}^{n} a_k b_k + \sum\limits_{k=1}^{n} b_k{}^2 = 8$ $\qquad$ …… ㉡
㉠-㉡을 하면 $\quad 4\sum\limits_{k=1}^{n} a_k b_k = 12$
$\therefore \sum\limits_{k=1}^{n} a_k b_k = 3$　　　답 **3**

**0977** $\sum\limits_{k=1}^{9}(2a_k-1)^2 = \sum\limits_{k=1}^{9}(4a_k{}^2 - 4a_k + 1)$
$\qquad\qquad = 4\sum\limits_{k=1}^{9} a_k{}^2 - 4\sum\limits_{k=1}^{9} a_k + \sum\limits_{k=1}^{9} 1$
$\qquad\qquad = 4\times12 - 4\times(-3) + 1\times9$
$\qquad\qquad = 69$　　　답 ⑤

**0978** $\sum\limits_{k=1}^{20}(a_k + b_k) = 13$에서
$\sum\limits_{k=1}^{20} a_k + \sum\limits_{k=1}^{20} b_k = 13$ $\qquad$ …… ㉠
$\sum\limits_{k=1}^{20}(a_k - b_k) = -3$에서
$\sum\limits_{k=1}^{20} a_k - \sum\limits_{k=1}^{20} b_k = -3$ $\qquad$ …… ㉡
㉠+㉡을 하면 $\quad 2\sum\limits_{k=1}^{20} a_k = 10 \quad \therefore \sum\limits_{k=1}^{20} a_k = 5$
㉠-㉡을 하면 $\quad 2\sum\limits_{k=1}^{20} b_k = 16 \quad \therefore \sum\limits_{k=1}^{20} b_k = 8$
$\therefore \sum\limits_{k=1}^{20}(3a_k + b_k - 1) = 3\sum\limits_{k=1}^{20} a_k + \sum\limits_{k=1}^{20} b_k - \sum\limits_{k=1}^{20} 1$
$\qquad\qquad\qquad = 3\times5 + 8 - 1\times20$
$\qquad\qquad\qquad = 3$　　　답 **3**

**0979** $\sum\limits_{j=1}^{n} a_j = n^2$에 $n=30$, $n=20$을 각각 대입하면
$\sum\limits_{j=1}^{30} a_j = 900, \ \sum\limits_{j=1}^{20} a_j = 400$　　… 1단계
$\sum\limits_{j=1}^{n} b_j = 6n$에 $n=30$, $n=20$을 각각 대입하면
$\sum\limits_{j=1}^{30} b_j = 180, \ \sum\limits_{j=1}^{20} b_j = 120$　　… 2단계
$\therefore \sum\limits_{j=21}^{30}(2a_j - 3b_j)$
$= 2\sum\limits_{j=21}^{30} a_j - 3\sum\limits_{j=21}^{30} b_j$
$= 2\left(\sum\limits_{j=1}^{30} a_j - \sum\limits_{j=1}^{20} a_j\right) - 3\left(\sum\limits_{j=1}^{30} b_j - \sum\limits_{j=1}^{20} b_j\right)$
$= 2\times(900-400) - 3\times(180-120)$
$= 820$　　… 3단계
답 **820**

| 채점 요소 | 비율 |
|---|---|
| 1단계 $\sum\limits_{j=1}^{30} a_j, \ \sum\limits_{j=1}^{20} a_j$의 값 구하기 | 20 % |
| 2단계 $\sum\limits_{j=1}^{30} b_j, \ \sum\limits_{j=1}^{20} b_j$의 값 구하기 | 20 % |
| 3단계 $\sum\limits_{j=21}^{30}(2a_j - 3b_j)$의 값 구하기 | 60 % |

**0980** $\sum\limits_{k=1}^{12} \dfrac{5^k + 3^k}{4^k}$
$= \sum\limits_{k=1}^{12}\left(\dfrac{5}{4}\right)^k + \sum\limits_{k=1}^{12}\left(\dfrac{3}{4}\right)^k$
$= \dfrac{\dfrac{5}{4}\left\{\left(\dfrac{5}{4}\right)^{12} - 1\right\}}{\dfrac{5}{4} - 1} + \dfrac{\dfrac{3}{4}\left\{1 - \left(\dfrac{3}{4}\right)^{12}\right\}}{1 - \dfrac{3}{4}}$

$$=5\left\{\left(\frac{5}{4}\right)^{12}-1\right\}+3\left\{1-\left(\frac{3}{4}\right)^{12}\right\}$$

$$=5\times\left(\frac{5}{4}\right)^{12}-3\times\left(\frac{3}{4}\right)^{12}-2$$

따라서 $a=5$, $b=-3$, $c=-2$이므로

$$a+b+c=0 \qquad \text{답 ③}$$

**0981** $\displaystyle\sum_{k=1}^{10}a_k=\sum_{k=1}^{10}2^{-k}\cos k\pi$

$$=\frac{\cos\pi}{2}+\frac{\cos 2\pi}{2^2}+\frac{\cos 3\pi}{2^3}+\cdots+\frac{\cos 10\pi}{2^{10}}$$

$$=-\frac{1}{2}+\frac{1}{2^2}-\frac{1}{2^3}+\cdots-\frac{1}{2^9}+\frac{1}{2^{10}}$$

$$=\frac{-\frac{1}{2}\left\{1-\left(-\frac{1}{2}\right)^{10}\right\}}{1-\left(-\frac{1}{2}\right)}$$

$$=-\frac{1}{3}\left\{1-\left(\frac{1}{2}\right)^{10}\right\} \qquad \text{답 ②}$$

**0982** 등비수열 $1$, $2$, $2^2$, $\cdots$의 첫째항이 $1$, 공비가 $2$이므로

$$S_k=\frac{1\times(2^k-1)}{2-1}=2^k-1$$

$$\therefore \sum_{k=1}^{n}S_k=\sum_{k=1}^{n}(2^k-1)=\sum_{k=1}^{n}2^k-\sum_{k=1}^{n}1$$

$$=\frac{2(2^n-1)}{2-1}-1\times n$$

$$=2\times 2^n-n-2$$

따라서 $a=2$, $b=-1$, $c=-2$이므로

$$abc=4 \qquad \text{답 4}$$

**0983** 등차수열 $\{a_n\}$의 첫째항을 $a$, 공차를 $d$라 하면

$a_3=2$에서 $\quad a+2d=2 \qquad \cdots\cdots$ ㉠

$a_7=18$에서 $\quad a+6d=18 \qquad \cdots\cdots$ ㉡

㉠, ㉡을 연립하여 풀면 $\quad a=-6$, $d=4$

$$\therefore \sum_{k=1}^{10}a_k=\frac{10\{2\times(-6)+9\times 4\}}{2}=120 \qquad \text{답 ③}$$

**0984** 등비수열 $\{a_n\}$의 첫째항을 $a$, 공비를 $r$라 하면

$a_1a_4=8$에서 $\quad a\times ar^3=8$

$$\therefore a^2r^3=8 \qquad \cdots\cdots$$ ㉠

$a_3a_6=128$에서 $\quad ar^2\times ar^5=128$

$$\therefore a^2r^7=128 \qquad \cdots\cdots$$ ㉡

㉡÷㉠을 하면 $\quad r^4=16$

$$\therefore r=2 \; (\because r>0)$$

$r=2$를 ㉠에 대입하면 $\quad 8a^2=8$

$a^2=1 \quad \therefore a=1 \; (\because a>0)$

$$\therefore \sum_{k=1}^{n}a_k=\frac{1\times(2^n-1)}{2-1}=2^n-1$$

$\displaystyle\sum_{k=1}^{n}a_k=511$에서 $\quad 2^n-1=511$

$2^n=512=2^9 \quad \therefore n=9 \qquad \text{답 9}$

**0985** 등차수열 $\{a_n\}$의 공차를 $d$라 하면

$a_8-a_2=12$에서 $\quad 6d=12 \quad \therefore d=2$

$$\therefore a_n=3+(n-1)\times 2=2n+1$$

따라서 $a_{11}=2\times 11+1=23$, $a_{20}=2\times 20+1=41$이므로

$$\sum_{k=11}^{20}a_k=\frac{10(23+41)}{2}=320 \qquad \text{답 ⑤}$$

**다른 풀이** 수열 $\{a_n\}$은 첫째항이 $3$, 공차가 $2$인 등차수열이므로

$$\sum_{k=11}^{20}a_k=\sum_{k=1}^{20}a_k-\sum_{k=1}^{10}a_k$$

$$=\frac{20(2\times 3+19\times 2)}{2}-\frac{10(2\times 3+9\times 2)}{2}$$

$$=440-120=320$$

**0986** $\displaystyle\sum_{k=1}^{10}(2k-1)^2+\sum_{k=1}^{10}(2k)^2$

$$=\sum_{k=1}^{10}(4k^2-4k+1)+\sum_{k=1}^{10}4k^2$$

$$=\sum_{k=1}^{10}(4k^2-4k+1+4k^2)$$

$$=\sum_{k=1}^{10}(8k^2-4k+1)$$

$$=8\sum_{k=1}^{10}k^2-4\sum_{k=1}^{10}k+\sum_{k=1}^{10}1$$

$$=8\times\frac{10\times 11\times 21}{6}-4\times\frac{10\times 11}{2}+1\times 10$$

$$=3080-220+10=2870 \qquad \text{답 2870}$$

**다른 풀이** $\displaystyle\sum_{k=1}^{10}(2k-1)^2+\sum_{k=1}^{10}(2k)^2$

$$=(1^2+3^2+5^2+\cdots+19^2)+(2^2+4^2+6^2+\cdots+20^2)$$

$$=1^2+2^2+3^2+\cdots+20^2$$

$$=\sum_{k=1}^{20}k^2=\frac{20\times 21\times 41}{6}=2870$$

**0987** $\displaystyle\sum_{k=2}^{n}(2k-1)=\sum_{k=1}^{n}(2k-1)-\sum_{k=1}^{1}(2k-1)$

$$=2\sum_{k=1}^{n}k-\sum_{k=1}^{n}1-1$$

$$=2\times\frac{n(n+1)}{2}-1\times n-1$$

$$=n^2-1$$

즉 $n^2-1=80$이므로 $\quad n^2=81$

$$\therefore n=9 \; (\because n\geq 2) \qquad \text{답 9}$$

**0988** $1+2+3+\cdots+k=\displaystyle\sum_{i=1}^{k}i=\frac{k(k+1)}{2}$이므로

$$\sum_{k=1}^{20}\frac{1+2+3+\cdots+k}{k+1}=\sum_{k=1}^{20}\frac{\frac{k(k+1)}{2}}{k+1}$$

$$=\sum_{k=1}^{20}\frac{k}{2}=\frac{1}{2}\sum_{k=1}^{20}k$$

$$=\frac{1}{2}\times\frac{20\times 21}{2}$$

$$=105 \qquad \text{답 105}$$

**0989** $\displaystyle\sum_{k=1}^{11}(k-c)(2k-c)$

$=\displaystyle\sum_{k=1}^{11}(2k^2-3ck+c^2)$

$=2\displaystyle\sum_{k=1}^{11}k^2-3c\sum_{k=1}^{11}k+\sum_{k=1}^{11}c^2$

$=2\times\dfrac{11\times12\times23}{6}-3c\times\dfrac{11\times12}{2}+c^2\times11$

$=11c^2-198c+1012$

$=11(c-9)^2+121$

따라서 $\displaystyle\sum_{k=1}^{11}(k-c)(2k-c)$의 값이 최소가 되도록 하는 $c$의 값은
9이다.　　　　　　　　　　　　　　　　　　**답 ⑤**

**0990** 주어진 수열의 제 $k$항을 $a_k$라 하면　　$a_k=k^2(k+1)$
따라서 주어진 수열의 첫째항부터 제 10 항까지의 합은

$\displaystyle\sum_{k=1}^{10}a_k=\sum_{k=1}^{10}k^2(k+1)=\sum_{k=1}^{10}(k^3+k^2)$

$=\displaystyle\sum_{k=1}^{10}k^3+\sum_{k=1}^{10}k^2$

$=\left(\dfrac{10\times11}{2}\right)^2+\dfrac{10\times11\times21}{6}$

$=3025+385=3410$　　　　　　　**답 3410**

**0991** $6+7+8+\cdots+n=\displaystyle\sum_{k=6}^{n}k=\sum_{k=1}^{n}k-\sum_{k=1}^{5}k$

$=\dfrac{n(n+1)}{2}-\dfrac{5\times6}{2}$

$=\dfrac{1}{2}n^2+\dfrac{1}{2}n-15$

$\dfrac{1}{2}n^2+\dfrac{1}{2}n-15=105$에서　　$n^2+n-240=0$

$(n+16)(n-15)=0$

$\therefore n=15\ (\because n$은 자연수$)$　　　　　**답 ①**

**다른 풀이** $6+7+8+\cdots+n$

$=\displaystyle\sum_{k=1}^{n-5}(k+5)=\sum_{k=1}^{n-5}k+\sum_{k=1}^{n-5}5$

$=\dfrac{(n-5)(n-4)}{2}+5\times(n-5)=\dfrac{1}{2}n^2+\dfrac{1}{2}n-15$

**0992** 수열 $1\times20,\ 2\times19,\ 3\times18,\ \cdots,\ 20\times1$의 제 $k$항을 $a_k$
라 하면　　$a_k=k(21-k)$

$\therefore 1\times20+2\times19+3\times18+\cdots+20\times1$

$=\displaystyle\sum_{k=1}^{20}a_k=\sum_{k=1}^{20}k(21-k)=\sum_{k=1}^{20}(21k-k^2)$

$=21\displaystyle\sum_{k=1}^{20}k-\sum_{k=1}^{20}k^2$

$=21\times\dfrac{20\times21}{2}-\dfrac{20\times21\times41}{6}$

$=4410-2870=1540$　　　　　　　**답 ④**

**0993** $a_k=2+4+6+\cdots+2k$

$=\displaystyle\sum_{n=1}^{k}2n=2\sum_{n=1}^{k}n$

$=2\times\dfrac{k(k+1)}{2}=k^2+k$

$\therefore \displaystyle\sum_{k=1}^{12}a_k=\sum_{k=1}^{12}(k^2+k)=\sum_{k=1}^{12}k^2+\sum_{k=1}^{12}k$

$=\dfrac{12\times13\times25}{6}+\dfrac{12\times13}{2}$

$=650+78=728$　　　　　　　**답 728**

**0994** 수열 $\{a_n\}$의 첫째항부터 제 $n$항까지의 합을 $S_n$이라 하면

$S_n=\displaystyle\sum_{k=1}^{n}a_k=n^2$

(ⅰ) $n=1$일 때

$a_1=S_1=1^2=1$

(ⅱ) $n\geq2$일 때

$a_n=S_n-S_{n-1}=n^2-(n-1)^2$

$=2n-1$　　　　　　　$\cdots\cdots$ ㉠

이때 $a_1=1$은 ㉠에 $n=1$을 대입한 것과 같으므로

$a_n=2n-1$

$\therefore \displaystyle\sum_{k=1}^{5}a_k^2=\sum_{k=1}^{5}(2k-1)^2=\sum_{k=1}^{5}(4k^2-4k+1)$

$=4\displaystyle\sum_{k=1}^{5}k^2-4\sum_{k=1}^{5}k+\sum_{k=1}^{5}1$

$=4\times\dfrac{5\times6\times11}{6}-4\times\dfrac{5\times6}{2}+1\times5$

$=220-60+5=165$　　　　　　**답 ③**

**0995** 수열 $\{a_n\}$의 첫째항부터 제 $n$항까지의 합을 $S_n$이라 하면

$S_n=\displaystyle\sum_{k=1}^{n}a_k=\dfrac{n}{n+1}$

(ⅰ) $n=1$일 때

$a_1=S_1=\dfrac{1}{1+1}=\dfrac{1}{2}$

(ⅱ) $n\geq2$일 때

$a_n=S_n-S_{n-1}=\dfrac{n}{n+1}-\dfrac{n-1}{n}$

$=\dfrac{1}{n(n+1)}$　　　　　$\cdots\cdots$ ㉠

이때 $a_1=\dfrac{1}{2}$은 ㉠에 $n=1$을 대입한 것과 같으므로

$a_n=\dfrac{1}{n(n+1)}$　　　　　**1단계**

$\therefore \displaystyle\sum_{k=1}^{9}\dfrac{1}{a_k}=\sum_{k=1}^{9}k(k+1)=\sum_{k=1}^{9}k^2+\sum_{k=1}^{9}k$

$=\dfrac{9\times10\times19}{6}+\dfrac{9\times10}{2}$

$=285+45=330$　　　　　**2단계**

　　　　　　　　　　　　　　　**답 330**

| 채점 요소 | 비율 |
| --- | --- |
| **1단계** $a_n$ 구하기 | 50 % |
| **2단계** $\displaystyle\sum_{k=1}^{9}\dfrac{1}{a_k}$의 값 구하기 | 50 % |

**0996** 수열 $\{a_n\}$의 첫째항부터 제 $n$항까지의 합을 $S_n$이라 하면

$S_n=\displaystyle\sum_{k=1}^{n}a_k=2^{n+1}-2$

(ⅰ) $n=1$일 때

$a_1=S_1=2^2-2=2$

(ii) $n \geq 2$일 때
$$a_n = S_n - S_{n-1} = 2^{n+1} - 2 - (2^n - 2)$$
$$= 2^n \qquad \cdots\cdots \text{㉠}$$
이때 $a_1 = 2$는 ㉠에 $n=1$을 대입한 것과 같으므로
$$a_n = 2^n$$
$$\therefore \sum_{k=1}^{n} a_{3k} = \sum_{k=1}^{n} 2^{3k} = \sum_{k=1}^{n} 8^k = \frac{8(8^n - 1)}{8 - 1} = \frac{8}{7}(8^n - 1)$$
답 ④

**0997** $a_1, a_2, a_3, \cdots, a_n$의 평균이 $n+1$이므로
$$\frac{a_1 + a_2 + a_3 + \cdots + a_n}{n} = n+1$$
$$\therefore a_1 + a_2 + a_3 + \cdots + a_n = n(n+1)$$
이때 수열 $\{a_n\}$의 첫째항부터 제 $n$항까지의 합을 $S_n$이라 하면
$$S_n = \sum_{k=1}^{n} a_k = n(n+1)$$
( i ) $n=1$일 때
$$a_1 = S_1 = 1 \times (1+1) = 2$$
(ii) $n \geq 2$일 때
$$a_n = S_n - S_{n-1} = n(n+1) - (n-1)n$$
$$= 2n \qquad \cdots\cdots \text{㉠}$$
이때 $a_1 = 2$는 ㉠에 $n=1$을 대입한 것과 같으므로
$$a_n = 2n$$
$$\therefore \sum_{k=1}^{10} k a_k = \sum_{k=1}^{10} (k \times 2k) = 2 \sum_{k=1}^{10} k^2$$
$$= 2 \times \frac{10 \times 11 \times 21}{6} = 770$$
답 ①

**0998** $\sum_{l=1}^{n}\left(\sum_{k=1}^{l} k\right) = \sum_{l=1}^{n} \frac{l(l+1)}{2}$
$$= \frac{1}{2}\left(\sum_{l=1}^{n} l^2 + \sum_{l=1}^{n} l\right)$$
$$= \frac{1}{2}\left\{\frac{n(n+1)(2n+1)}{6} + \frac{n(n+1)}{2}\right\}$$
$$= \frac{n(n+1)(n+2)}{6}$$
따라서 $\frac{n(n+1)(n+2)}{6} = 35$이므로
$$n(n+1)(n+2) = 5 \times 6 \times 7$$
$$\therefore n = 5$$
답 5

**0999** $\sum_{i=1}^{10}\left(\sum_{k=1}^{5} i^2 k\right) = \sum_{i=1}^{10}\left(i^2 \sum_{k=1}^{5} k\right)$
$$= \sum_{i=1}^{10}\left(i^2 \times \frac{5 \times 6}{2}\right) = 15 \sum_{i=1}^{10} i^2$$
$$= 15 \times \frac{10 \times 11 \times 21}{6} = 5775$$
답 ④

**1000** $\sum_{m=1}^{4}\left[\sum_{l=1}^{m}\left\{\sum_{k=1}^{l}(2k-m+1)\right\}\right]$
$$= \sum_{m=1}^{4}\left[\sum_{l=1}^{m}\left\{2\sum_{k=1}^{l} k + \sum_{k=1}^{l}(-m+1)\right\}\right]$$
$$= \sum_{m=1}^{4}\left[\sum_{l=1}^{m}\left\{2 \times \frac{l(l+1)}{2} + (-m+1) \times l\right\}\right]$$
$$= \sum_{m=1}^{4}\left[\sum_{l=1}^{m}\left\{l^2 + (-m+2)l\right\}\right]$$

$$= \sum_{m=1}^{4}\left\{\sum_{l=1}^{m} l^2 + (-m+2)\sum_{l=1}^{m} l\right\}$$
$$= \sum_{m=1}^{4}\left\{\frac{m(m+1)(2m+1)}{6} + (-m+2) \times \frac{m(m+1)}{2}\right\}$$
$$= \sum_{m=1}^{4} \frac{m(m+1)(-m+7)}{6}$$
$$= -\frac{1}{6}\sum_{m=1}^{4}(m^3 - 6m^2 - 7m)$$
$$= -\frac{1}{6}\left(\sum_{m=1}^{4} m^3 - 6\sum_{m=1}^{4} m^2 - 7\sum_{m=1}^{4} m\right)$$
$$= -\frac{1}{6}\left\{\left(\frac{4 \times 5}{2}\right)^2 - 6 \times \frac{4 \times 5 \times 9}{6} - 7 \times \frac{4 \times 5}{2}\right\}$$
$$= -\frac{1}{6}(100 - 180 - 70) = 25$$
답 ②

**1001** 주어진 수열의 제 $k$항을 $a_k$라 하면
$$a_k = \frac{1}{(2k)^2 - 1} = \frac{1}{(2k-1)(2k+1)}$$
$$= \frac{1}{2}\left(\frac{1}{2k-1} - \frac{1}{2k+1}\right)$$
따라서 주어진 수열의 첫째항부터 제 10항까지의 합은
$$\sum_{k=1}^{10} a_k = \sum_{k=1}^{10} \frac{1}{2}\left(\frac{1}{2k-1} - \frac{1}{2k+1}\right)$$
$$= \frac{1}{2}\left\{\left(1 - \frac{1}{3}\right) + \left(\frac{1}{3} - \frac{1}{5}\right) + \left(\frac{1}{5} - \frac{1}{7}\right) + \cdots\right.$$
$$\left. + \left(\frac{1}{19} - \frac{1}{21}\right)\right\}$$
$$= \frac{1}{2}\left(1 - \frac{1}{21}\right) = \frac{10}{21}$$
답 ③

**1002** $f(x) = x^2 + 4x + 3$이라 하면 $f(x)$를 $x-n$으로 나누었을 때의 나머지가 $f(n)$이므로
$$a_n = n^2 + 4n + 3$$
$$\therefore \sum_{n=1}^{7} \frac{1}{a_n} = \sum_{n=1}^{7} \frac{1}{n^2 + 4n + 3}$$
$$= \sum_{n=1}^{7} \frac{1}{(n+1)(n+3)}$$
$$= \frac{1}{2}\sum_{n=1}^{7}\left(\frac{1}{n+1} - \frac{1}{n+3}\right)$$
$$= \frac{1}{2}\left\{\left(\frac{1}{2} - \frac{1}{4}\right) + \left(\frac{1}{3} - \frac{1}{5}\right) + \left(\frac{1}{4} - \frac{1}{6}\right) + \cdots\right.$$
$$\left. + \left(\frac{1}{7} - \frac{1}{9}\right) + \left(\frac{1}{8} - \frac{1}{10}\right)\right\}$$
$$= \frac{1}{2}\left(\frac{1}{2} + \frac{1}{3} - \frac{1}{9} - \frac{1}{10}\right)$$
$$= \frac{14}{45}$$
답 $\dfrac{14}{45}$

**1003** ( i ) $n=1$일 때
$$a_1 = S_1 = 2 \times 1^2 + 3 \times 1 = 5$$
(ii) $n \geq 2$일 때
$$a_n = S_n - S_{n-1}$$
$$= (2n^2 + 3n) - \{2(n-1)^2 + 3(n-1)\}$$
$$= 4n + 1 \qquad \cdots\cdots \text{㉠}$$
이때 $a_1 = 5$는 ㉠에 $n=1$을 대입한 것과 같으므로
$$a_n = 4n + 1$$

$$\therefore \text{(주어진 식)} = \sum_{k=1}^{5} \frac{1}{a_k a_{k+1}}$$
$$= \sum_{k=1}^{5} \frac{1}{(4k+1)(4k+5)}$$
$$= \frac{1}{4} \sum_{k=1}^{5} \left( \frac{1}{4k+1} - \frac{1}{4k+5} \right)$$
$$= \frac{1}{4} \left\{ \left( \frac{1}{5} - \frac{1}{9} \right) + \left( \frac{1}{9} - \frac{1}{13} \right) + \cdots + \left( \frac{1}{21} - \frac{1}{25} \right) \right\}$$
$$= \frac{1}{4} \left( \frac{1}{5} - \frac{1}{25} \right)$$
$$= \frac{1}{25}$$

답 $\dfrac{1}{25}$

**1004** $(g \circ f)(n) = g(f(n)) = g(2n+1)$
$$= (2n+1-1)(2n+1+1)$$
$$= 4n(n+1)$$
$$\therefore \sum_{n=1}^{11} \frac{8}{(g \circ f)(n)}$$
$$= \sum_{n=1}^{11} \frac{8}{4n(n+1)} = 2 \sum_{n=1}^{11} \left( \frac{1}{n} - \frac{1}{n+1} \right)$$
$$= 2 \left\{ \left( 1 - \frac{1}{2} \right) + \left( \frac{1}{2} - \frac{1}{3} \right) + \cdots + \left( \frac{1}{11} - \frac{1}{12} \right) \right\}$$
$$= 2 \left( 1 - \frac{1}{12} \right) = \frac{11}{6}$$

답 ①

**1005** 이차방정식의 근과 계수의 관계에 의하여
$$\alpha_n + \beta_n = -4, \quad \alpha_n \beta_n = -(2n-1)(2n+1)$$
$$\therefore \frac{1}{\alpha_n} + \frac{1}{\beta_n} = \frac{\alpha_n + \beta_n}{\alpha_n \beta_n} = \frac{-4}{-(2n-1)(2n+1)}$$
$$= 2 \left( \frac{1}{2n-1} - \frac{1}{2n+1} \right) \quad \cdots \text{1단계}$$
$$\therefore \sum_{n=1}^{15} \left( \frac{1}{\alpha_n} + \frac{1}{\beta_n} \right)$$
$$= \sum_{n=1}^{15} 2 \left( \frac{1}{2n-1} - \frac{1}{2n+1} \right)$$
$$= 2 \left\{ \left( 1 - \frac{1}{3} \right) + \left( \frac{1}{3} - \frac{1}{5} \right) + \cdots + \left( \frac{1}{29} - \frac{1}{31} \right) \right\}$$
$$= 2 \left( 1 - \frac{1}{31} \right) = \frac{60}{31} \quad \cdots \text{2단계}$$

답 $\dfrac{60}{31}$

| 채점 요소 | 비율 |
|---|---|
| 1단계 $\dfrac{1}{\alpha_n} + \dfrac{1}{\beta_n}$ 을 부분분수로 변형하기 | 50 % |
| 2단계 $\sum\limits_{n=1}^{15} \left( \dfrac{1}{\alpha_n} + \dfrac{1}{\beta_n} \right)$의 값 구하기 | 50 % |

**1006** 수열 $\dfrac{3}{1^2}, \dfrac{5}{1^2+2^2}, \dfrac{7}{1^2+2^2+3^2}, \cdots,$
$\dfrac{27}{1^2+2^2+3^2+ \cdots +13^2}$ 의 제 $k$ 항을 $a_k$ 라 하면
$$a_k = \frac{2k+1}{1^2+2^2+ \cdots +k^2} = \frac{2k+1}{\dfrac{k(k+1)(2k+1)}{6}}$$
$$= \frac{6}{k(k+1)} = 6 \left( \frac{1}{k} - \frac{1}{k+1} \right)$$

$$\therefore \text{(주어진 식)} = \sum_{k=1}^{13} a_k = \sum_{k=1}^{13} 6 \left( \frac{1}{k} - \frac{1}{k+1} \right)$$
$$= 6 \left\{ \left( 1 - \frac{1}{2} \right) + \left( \frac{1}{2} - \frac{1}{3} \right) + \cdots + \left( \frac{1}{13} - \frac{1}{14} \right) \right\}$$
$$= 6 \left( 1 - \frac{1}{14} \right) = \frac{39}{7}$$

답 ②

**1007** $a_n = \dfrac{1}{\sqrt{n+1} + \sqrt{n+2}}$
$$= \frac{\sqrt{n+1} - \sqrt{n+2}}{(\sqrt{n+1} + \sqrt{n+2})(\sqrt{n+1} - \sqrt{n+2})}$$
$$= \sqrt{n+2} - \sqrt{n+1}$$

따라서 첫째항부터 제 $k$ 항까지의 합은
$$\sum_{n=1}^{k} (\sqrt{n+2} - \sqrt{n+1})$$
$$= (\sqrt{3} - \sqrt{2}) + (\sqrt{4} - \sqrt{3}) + \cdots + (\sqrt{k+2} - \sqrt{k+1})$$
$$= \sqrt{k+2} - \sqrt{2}$$

즉 $\sqrt{k+2} - \sqrt{2} = \sqrt{2}$ 이므로 $\sqrt{k+2} = 2\sqrt{2}$
$$k+2 = 8 \quad \therefore k = 6$$

답 6

**1008** $\dfrac{2}{\sqrt{k-1} + \sqrt{k+1}}$
$$= \frac{2(\sqrt{k-1} - \sqrt{k+1})}{(\sqrt{k-1} + \sqrt{k+1})(\sqrt{k-1} - \sqrt{k+1})}$$
$$= \sqrt{k+1} - \sqrt{k-1}$$
$$\therefore \sum_{k=1}^{80} \frac{2}{\sqrt{k-1} + \sqrt{k+1}}$$
$$= \sum_{k=1}^{80} (\sqrt{k+1} - \sqrt{k-1})$$
$$= (\sqrt{2} - 0) + (\sqrt{3} - 1) + (\sqrt{4} - \sqrt{2}) + \cdots$$
$$+ (\sqrt{80} - \sqrt{78}) + (\sqrt{81} - \sqrt{79})$$
$$= -1 + \sqrt{80} + \sqrt{81}$$
$$= 8 + 4\sqrt{5}$$

답 ③

**1009** $A_n(n, \sqrt{n+1})$, $B_n(n, \sqrt{n})$ 이므로
$$\overline{A_n B_n} = \sqrt{n+1} - \sqrt{n}$$
$$\therefore \sum_{n=1}^{120} \overline{A_n B_n} = \sum_{n=1}^{120} (\sqrt{n+1} - \sqrt{n})$$
$$= (\sqrt{2} - 1) + (\sqrt{3} - \sqrt{2}) + \cdots$$
$$+ (\sqrt{121} - \sqrt{120})$$
$$= \sqrt{121} - 1 = 10$$

답 10

**1010** $a_n = 3 \times 3^{n-1} = 3^n$ 이므로
$$\sum_{k=1}^{20} \log_9 a_k = \sum_{k=1}^{20} \log_{3^2} 3^k$$
$$= \sum_{k=1}^{20} \frac{k}{2} = \frac{1}{2} \sum_{k=1}^{20} k$$
$$= \frac{1}{2} \times \frac{20 \times 21}{2} = 105$$

답 105

**1011** $\sum\limits_{k=1}^{39}\log_3\{\log_{2k+1}(2k+3)\}$

$=\log_3(\log_3 5)+\log_3(\log_5 7)+\cdots+\log_3(\log_{79}81)$

$=\log_3(\log_3 5\times\log_5 7\times\cdots\times\log_{79}81)$

$=\log_3\left(\dfrac{\log 5}{\log 3}\times\dfrac{\log 7}{\log 5}\times\cdots\times\dfrac{\log 81}{\log 79}\right)$

$=\log_3\left(\dfrac{\log 81}{\log 3}\right)$

$=\log_3(\log_3 81)$

$=\log_3 4$      답 ②

**1012** 수열 $\{a_n\}$의 첫째항부터 제 $n$항까지의 합을 $S_n$이라 하면

$$S_n=\sum_{k=1}^{n}a_k=\log_2\frac{(n+1)(n+2)}{2}$$

(ⅰ) $n=1$일 때

$$a_1=S_1=\log_2\frac{2\times 3}{2}=\log_2 3$$

(ⅱ) $n\geq 2$일 때

$$a_n=S_n-S_{n-1}$$
$$=\log_2\frac{(n+1)(n+2)}{2}-\log_2\frac{n(n+1)}{2}$$
$$=\log_2\frac{n+2}{n} \qquad\cdots\cdots\ \boxdot$$

이때 $a_1=\log_2 3$은 $\boxdot$에 $n=1$을 대입한 것과 같으므로

$$a_n=\log_2\frac{n+2}{n}$$

$$\therefore p=\sum_{k=1}^{10}a_{2k}=\sum_{k=1}^{10}\log_2\frac{2k+2}{2k}=\sum_{k=1}^{10}\log_2\frac{k+1}{k}$$
$$=\log_2\frac{2}{1}+\log_2\frac{3}{2}+\cdots+\log_2\frac{11}{10}$$
$$=\log_2\left(\frac{2}{1}\times\frac{3}{2}\times\cdots\times\frac{11}{10}\right)$$
$$=\log_2 11$$

$$\therefore 8^p=8^{\log_2 11}=11^3=1331$$      답 **1331**

**1013** 수열 $1\times n,\ 2\times(n-1),\ 3\times(n-2),\ \cdots,\ n\times 1$의 제 $k$항을 $a_k$라 하면

$$a_k=k\{n-(k-1)\}=-k^2+(n+1)k$$

따라서 주어진 수열의 합은

$$\sum_{k=1}^{n}a_k=\sum_{k=1}^{n}\{-k^2+(n+1)k\}$$
$$=-\sum_{k=1}^{n}k^2+(n+1)\sum_{k=1}^{n}k$$
$$=-\frac{n(n+1)(2n+1)}{6}+(n+1)\times\frac{n(n+1)}{2}$$
$$=\frac{n(n+1)(n+2)}{6}$$      답 $\dfrac{n(n+1)(n+2)}{6}$

**1014** 수열 $\left(\dfrac{n+2}{n}\right)^2,\ \left(\dfrac{n+4}{n}\right)^2,\ \left(\dfrac{n+6}{n}\right)^2,\ \cdots,\ \left(\dfrac{3n}{n}\right)^2$의 제 $k$항을 $a_k$라 하면

$$a_k=\left(\frac{n+2k}{n}\right)^2=\left(1+\frac{2k}{n}\right)^2=1+\frac{4k}{n}+\frac{4k^2}{n^2}$$

따라서 주어진 수열의 합은

$$\sum_{k=1}^{n}a_k=\sum_{k=1}^{n}\left(1+\frac{4k}{n}+\frac{4k^2}{n^2}\right)$$
$$=\sum_{k=1}^{n}1+\frac{4}{n}\sum_{k=1}^{n}k+\frac{4}{n^2}\sum_{k=1}^{n}k^2$$
$$=1\times n+\frac{4}{n}\times\frac{n(n+1)}{2}+\frac{4}{n^2}\times\frac{n(n+1)(2n+1)}{6}$$
$$=\frac{13n^2+12n+2}{3n}$$      답 ②

**1015** 수열 $1\times(2n-1),\ 2\times(2n-3),\ 3\times(2n-5),\ \cdots,$ $n\times 1$의 제 $k$항을 $a_k$라 하면

$$a_k=k\{2n-(2k-1)\}=(2n+1)k-2k^2 \qquad\cdots\ \boxed{\text{1단계}}$$
$$\therefore 1\times(2n-1)+2\times(2n-3)+3\times(2n-5)+\cdots+n\times 1$$
$$=\sum_{k=1}^{n}a_k=\sum_{k=1}^{n}\{(2n+1)k-2k^2\}$$
$$=(2n+1)\sum_{k=1}^{n}k-2\sum_{k=1}^{n}k^2$$
$$=(2n+1)\times\frac{n(n+1)}{2}-2\times\frac{n(n+1)(2n+1)}{6}$$
$$=\frac{n(n+1)(2n+1)}{6} \qquad\cdots\ \boxed{\text{2단계}}$$

따라서 $a=1,\ b=2,\ c=1$이므로

$$a+b+c=4 \qquad\cdots\ \boxed{\text{3단계}}$$      답 **4**

| | 채점 요소 | 비율 |
|---|---|---|
| **1단계** | 수열 $1\times(2n-1),\ 2\times(2n-3),\ 3\times(2n-5),\ \cdots,\ n\times 1$ 의 제 $k$항 구하기 | 30% |
| **2단계** | 주어진 등식의 좌변을 간단히 하기 | 50% |
| **3단계** | $a+b+c$의 값 구하기 | 20% |

**1016** 주어진 수열을 각 묶음의 마지막 항이 1이 되도록 묶으면

$$(1),\ (3,\ 1),\ (5,\ 3,\ 1),\ (7,\ 5,\ 3,\ 1),\ \cdots$$

$n$번째 묶음의 항의 개수는 $n$이므로 첫 번째 묶음부터 $n$번째 묶음까지의 항의 개수는

$$\sum_{k=1}^{n}k=\frac{n(n+1)}{2}$$

$n=13$일 때, $\dfrac{13\times 14}{2}=91$이므로 제 95항은 14번째 묶음의 4번째 항이다.

이때 $n$번째 묶음의 첫째항은 $2n-1$이므로 14번째 묶음의 첫째항은 $2\times 14-1=27$이다.

따라서 14번째 묶음은 $27,\ 25,\ 23,\ 21,\ \cdots,\ 1$이므로 제 95항은 21이다.      답 ②

**1017** 주어진 수열을 같은 수끼리 묶으면

$$(1),\ (2,\ 2),\ (3,\ 3,\ 3),\ (4,\ 4,\ 4,\ 4),\ (5,\ 5,\ 5,\ 5,\ 5),\ \cdots$$

12가 마지막으로 나오는 항은 12번째 묶음의 마지막 항이다.

이때 $n$번째 묶음의 항의 개수는 $n$이므로 첫 번째 묶음부터 12번째 묶음까지의 항의 개수는

$$\sum_{k=1}^{12} k = \frac{12 \times 13}{2} = 78$$

$$\therefore m = 78$$

답 **78**

**1018** 주어진 수열을 분모가 같은 항끼리 묶으면

$$\left(\frac{1}{1}\right), \left(\frac{1}{2}, \frac{2}{2}\right), \left(\frac{1}{3}, \frac{2}{3}, \frac{3}{3}\right), \cdots$$

$n$번째 묶음의 모든 항의 분모는 $n$이므로 $\dfrac{8}{14}$은 14번째 묶음의 8번째 항이다.

이때 $n$번째 묶음의 항의 개수는 $n$이므로 첫 번째 묶음부터 13번째 묶음까지의 항의 개수는

$$\sum_{k=1}^{13} k = \frac{13 \times 14}{2} = 91$$

따라서 $91+8=99$이므로 $\dfrac{8}{14}$은 제 99 항이다.

답 **제 99 항**

**1019** 주어진 수열을 두 수의 곱이 같은 순서쌍끼리 묶으면

$$\{(1, 2), (2, 1)\}, \{(1, 4), (2, 2), (4, 1)\},$$
$$\{(1, 8), (2, 4), (4, 2), (8, 1)\}, \cdots$$

$n$번째 묶음의 항의 개수는 $n+1$이므로 첫 번째 묶음부터 $n$번째 묶음까지의 항의 개수는

$$\sum_{k=1}^{n} (k+1) = \frac{n(n+1)}{2} + n = \frac{n(n+3)}{2}$$

$n=12$일 때, $\dfrac{12 \times 15}{2} = 90$이므로 제 100 항은 13번째 묶음의 10번째 항이다.

이때 $n$번째 묶음의 $k$번째 항은 $(2^{k-1}, 2^{n-k+1})$이므로 13번째 묶음의 10번째 항은 $(2^9, 2^4)$, 즉 $(512, 16)$

따라서 $a=512$, $b=16$이므로

$$a-b = 496$$

답 **496**

**시험에 꼭 나오는 문제** ● 본책 139~142쪽

**1020** $\sum_{k=5}^{8} u_k - \sum_{k=1}^{8} a_k - \sum_{k=1}^{4} a_k = S_8 - S_4$
$= (2^8 + 8^2) - (2^4 + 4^2)$
$= 320 - 32 = 288$

답 ③

**1021** $\sum_{k=1}^{n} (a_{k+1} - a_k)$
$= (a_2 - a_1) + (a_3 - a_2) + (a_4 - a_3) + \cdots + (a_{n+1} - a_n)$
$= -a_1 + a_{n+1} = a_{n+1} - 2$

이므로 $a_{n+1} - 2 = n^2 - 3n$

$$\therefore a_{n+1} = n^2 - 3n + 2$$

양변에 $n=12$를 대입하면

$$a_{13} = 12^2 - 3 \times 12 + 2 = 110$$

답 **110**

**1022** 자연수 $k$에 대하여

( i ) $n=3k-2$일 때
$$n^2 = (3k-2)^2 = 9k^2 - 12k + 4 = 3(3k^2 - 4k + 1) + 1$$
이므로 $a_{3k-2} = 1$

(ii) $n=3k-1$일 때
$$n^2 = (3k-1)^2 = 9k^2 - 6k + 1 = 3(3k^2 - 2k) + 1$$
이므로 $a_{3k-1} = 1$

(iii) $n=3k$일 때
$$n^2 = (3k)^2 = 9k^2 = 3 \times 3k^2$$
이므로 $a_{3k} = 0$

이상에서

$$\sum_{k=1}^{60} a_k = \sum_{k=1}^{20} (a_{3k-2} + a_{3k-1} + a_{3k})$$
$$= \sum_{k=1}^{20} (1+1+0) = \sum_{k=1}^{20} 2$$
$$= 2 \times 20 = 40$$

답 **40**

**1023** $\sum_{k=1}^{n} (a_k^2 + b_k^2) = \sum_{k=1}^{n} \{(a_k+b_k)^2 - 2a_k b_k\}$
$$= \sum_{k=1}^{n} (a_k + b_k)^2 - 2\sum_{k=1}^{n} a_k b_k$$
$$= 30 - 2 \times 6 = 18$$

답 ①

**1024** $\sum_{k=11}^{20} (2a_k + b_k) = 2\sum_{k=11}^{20} a_k + \sum_{k=11}^{20} b_k$
$$= 2\left(\sum_{k=1}^{20} a_k - \sum_{k=1}^{10} a_k\right) + \left(\sum_{k=1}^{20} b_k - \sum_{k=1}^{10} b_k\right)$$
$$= 2 \times (55 - 35) + (40 - 25)$$
$$= 55$$

답 ④

**1025** $\sum_{k=1}^{10} a_k - \sum_{k=1}^{7} \dfrac{a_k}{2} = 56$의 양변에 2를 곱하면

$$2\sum_{k=1}^{10} a_k - \sum_{k=1}^{7} a_k = 112 \qquad \cdots\cdots ㉠$$

$\sum_{k=1}^{10} 2a_k - \sum_{k=1}^{8} a_k = 100$에서

$$2\sum_{k=1}^{10} a_k - \sum_{k=1}^{8} a_k = 100 \qquad \cdots\cdots ㉡$$

㉠-㉡을 하면 $-\sum_{k=1}^{7} a_k + \sum_{k=1}^{8} a_k = 12$

$$\therefore a_8 = 12$$

답 **12**

**1026** 등차수열 $\{a_n\}$의 첫째항을 $a$, 공차를 $d$라 하면

$a_2 = 1$에서 $a + d = 1 \qquad \cdots\cdots ㉠$

$a_8 = -17$에서 $a + 7d = -17 \qquad \cdots\cdots ㉡$

㉠, ㉡을 연립하여 풀면 $a=4$, $d=-3$

$$\therefore \sum_{k=1}^{50} a_{2k} - \sum_{k=1}^{50} a_{2k+1}$$
$$= (a_2 + a_4 + a_6 + \cdots + a_{100})$$
$$\quad - (a_3 + a_5 + a_7 + \cdots + a_{101})$$
$$= (a_2 - a_3) + (a_4 - a_5) + (a_6 - a_7) + \cdots$$
$$\quad + (a_{100} - a_{101})$$
$$= -50d = -50 \times (-3) = 150$$

답 ④

**1027** 등비수열 $\{a_n\}$의 첫째항을 $a$, 공비를 $r$라 하면

$\dfrac{a_2}{a_1}-\dfrac{a_4}{a_2}=\dfrac{1}{4}$에서 $\quad \dfrac{ar}{a}-\dfrac{ar^3}{ar}=\dfrac{1}{4}$

$r-r^2=\dfrac{1}{4}, \qquad 4r^2-4r+1=0$

$(2r-1)^2=0 \qquad \therefore r=\dfrac{1}{2}$

$\displaystyle\sum_{k=1}^{6} a_k=9$에서 $\quad \dfrac{a\left\{1-\left(\dfrac{1}{2}\right)^6\right\}}{1-\dfrac{1}{2}}=9$

$\dfrac{63}{32}a=9 \qquad \therefore a=\dfrac{32}{7}$

따라서 $a_n=\dfrac{32}{7}\times\left(\dfrac{1}{2}\right)^{n-1}$이므로

$a_2+a_4+a_6=\dfrac{32}{7}\times\dfrac{1}{2}+\dfrac{32}{7}\times\left(\dfrac{1}{2}\right)^3+\dfrac{32}{7}\times\left(\dfrac{1}{2}\right)^5$

$\qquad\qquad\quad =\dfrac{32}{7}\left\{\dfrac{1}{2}+\left(\dfrac{1}{2}\right)^3+\left(\dfrac{1}{2}\right)^5\right\}$

$\qquad\qquad\quad =\dfrac{32}{7}\times\dfrac{21}{32}=3$

답 **3**

**1028** $a_n=3+2(n-1)=2n+1$이므로

$\displaystyle\sum_{k=1}^{15}(3a_k-1)=\sum_{k=1}^{15}\{3(2k+1)-1\}$

$\qquad\qquad\quad =\sum_{k=1}^{15}(6k+2)$

$\qquad\qquad\quad =6\sum_{k=1}^{15}k+\sum_{k=1}^{15}2$

$\qquad\qquad\quad =6\times\dfrac{15\times16}{2}+2\times15$

$\qquad\qquad\quad =720+30=750$

답 **750**

**1029** $\displaystyle\sum_{k=1}^{12}k+\sum_{k=2}^{12}k+\sum_{k=3}^{12}k+\cdots+\sum_{k=12}^{12}k$

$=(1+2+3+\cdots+12)+(2+3+4+\cdots+12)$

$\quad +(3+4+5+\cdots+12)+\cdots+12$

$=1+2\times2+3\times3+\cdots+12\times12$

$=1^2+2^2+3^2+\cdots+12^2$

$=\displaystyle\sum_{k=1}^{12}k^2=\dfrac{12\times13\times25}{6}$

$=650$

답 **①**

**1030** 짝수의 제곱은 짝수이고 홀수의 제곱은 홀수이므로

$f(n^2)=\begin{cases} n^2 & (n\text{이 짝수}) \\ 1 & (n\text{이 홀수}) \end{cases}$

$\therefore \displaystyle\sum_{k=1}^{20}f(k^2)$

$\quad =1+2^2+1+4^2+\cdots+1+20^2$

$\quad =1\times10+(2^2+4^2+\cdots+20^2)$

$\quad =10+\displaystyle\sum_{k=1}^{10}(2k)^2=10+4\sum_{k=1}^{10}k^2$

$\quad =10+4\times\dfrac{10\times11\times21}{6}$

$\quad =10+1540=1550$

답 **1550**

**1031** 두 점 A, B는 곡선 $y=x^2+x$ 위의 점이므로 두 점 A, B의 좌표를 각각 $(\alpha_n, \alpha_n^2+\alpha_n)$, $(\beta_n, \beta_n^2+\beta_n)$이라 하면

$a_n=\dfrac{\alpha_n^2+\alpha_n-0}{\alpha_n-0}=\alpha_n+1$

$b_n=\dfrac{\beta_n^2+\beta_n-0}{\beta_n-0}=\beta_n+1$

$\therefore a_n+b_n=(\alpha_n+1)+(\beta_n+1)=\alpha_n+\beta_n+2$

이때 $\alpha_n$, $\beta_n$은 $x$에 대한 방정식 $x^2+x=nx+2$, 즉 $x^2-(n-1)x-2=0$의 두 실근이므로 이차방정식의 근과 계수의 관계에 의하여

$\alpha_n+\beta_n=n-1$

$\therefore a_n+b_n=\alpha_n+\beta_n+2=(n-1)+2=n+1$

$\therefore \displaystyle\sum_{n=1}^{18}(a_n+b_n)=\sum_{n=1}^{18}(n+1)$

$\qquad\qquad\qquad =\dfrac{18\times19}{2}+1\times18=171+18$

$\qquad\qquad\qquad =189$

답 **189**

**1032** 주어진 수열의 제$k$항을 $a_k$라 하면

$a_k=k+2k+3k+\cdots+k\times k$

$\quad =\displaystyle\sum_{n=1}^{k}nk=k\sum_{n=1}^{k}n$

$\quad =k\times\dfrac{k(k+1)}{2}=\dfrac{1}{2}(k^3+k^2)$

따라서 주어진 수열의 첫째항부터 제8항까지의 합은

$\displaystyle\sum_{k=1}^{8}a_k=\sum_{k=1}^{8}\dfrac{1}{2}(k^3+k^2)=\dfrac{1}{2}\left(\sum_{k=1}^{8}k^3+\sum_{k=1}^{8}k^2\right)$

$\qquad =\dfrac{1}{2}\left\{\left(\dfrac{8\times9}{2}\right)^2+\dfrac{8\times9\times17}{6}\right\}$

$\qquad =\dfrac{1}{2}(1296+204)=750$

답 **③**

**1033** $\displaystyle\sum_{k=1}^{n}\dfrac{4k-3}{a_k}=2n^2+7n$에서

( i ) $n=1$일 때

$\dfrac{1}{a_1}=9 \qquad \therefore a_1=\dfrac{1}{9}$

(ii) $n\geq2$일 때

$\dfrac{4n-3}{a_n}=\displaystyle\sum_{k=1}^{n}\dfrac{4k-3}{a_k}-\sum_{k=1}^{n-1}\dfrac{4k-3}{a_k}$

$\qquad\quad =(2n^2+7n)-\{2(n-1)^2+7(n-1)\}$

$\qquad\quad =4n+5$

$\therefore a_n=\dfrac{4n-3}{4n+5} \qquad\qquad \cdots\cdots \ominus$

이때 $a_1=\dfrac{1}{9}$은 $\ominus$에 $n=1$을 대입한 것과 같으므로

$a_n=\dfrac{4n-3}{4n+5}$

$\therefore a_5\times a_7\times a_9=\dfrac{17}{25}\times\dfrac{25}{33}\times\dfrac{33}{41}=\dfrac{17}{41}$

따라서 $p=41$, $q=17$이므로

$p+q=58$

답 **58**

**1034**
$$\sum_{n=1}^{5}\left(\sum_{k=1}^{n}2^{k+n-1}\right)=\sum_{n=1}^{5}\left(2^{n-1}\sum_{k=1}^{n}2^k\right)$$
$$=\sum_{n=1}^{5}\left\{2^{n-1}\times\frac{2(2^n-1)}{2-1}\right\}$$
$$=\sum_{n=1}^{5}2^{n-1}(2^{n+1}-2)=\sum_{n=1}^{5}(2^{2n}-2^n)$$
$$=\sum_{n=1}^{5}4^n-\sum_{n=1}^{5}2^n$$
$$=\frac{4(4^5-1)}{4-1}-\frac{2(2^5-1)}{2-1}$$
$$=1364-62$$
$$=1302$$
답 **1302**

**1035** 수열 $\dfrac{1}{1\times4}$, $\dfrac{1}{4\times7}$, $\dfrac{1}{7\times10}$, $\cdots$, $\dfrac{1}{28\times31}$의 제 $k$항을 $a_k$라 하면
$$a_k=\frac{1}{(3k-2)(3k+1)}=\frac{1}{3}\left(\frac{1}{3k-2}-\frac{1}{3k+1}\right)$$
$$\therefore\ (\text{주어진 식})=\sum_{k=1}^{10}\frac{1}{3}\left(\frac{1}{3k-2}-\frac{1}{3k+1}\right)$$
$$=\frac{1}{3}\left\{\left(1-\frac{1}{4}\right)+\left(\frac{1}{4}-\frac{1}{7}\right)+\cdots\right.$$
$$\left.+\left(\frac{1}{28}-\frac{1}{31}\right)\right\}$$
$$=\frac{1}{3}\left(1-\frac{1}{31}\right)=\frac{10}{31}$$
답 ①

**1036**
$$a_n=\sum_{k=1}^{n}\frac{k^2}{3}=\frac{1}{3}\sum_{k=1}^{n}k^2=\frac{1}{3}\times\frac{n(n+1)(2n+1)}{6}$$
$$=\frac{n(n+1)(2n+1)}{18}$$
$$\therefore\ \sum_{k=1}^{17}\frac{2k+1}{a_k}=\sum_{k=1}^{17}\left\{(2k+1)\times\frac{18}{k(k+1)(2k+1)}\right\}$$
$$=\sum_{k=1}^{17}\frac{18}{k(k+1)}=18\sum_{k=1}^{17}\left(\frac{1}{k}-\frac{1}{k+1}\right)$$
$$=18\left\{\left(1-\frac{1}{2}\right)+\left(\frac{1}{2}-\frac{1}{3}\right)+\cdots\right.$$
$$\left.+\left(\frac{1}{17}-\frac{1}{18}\right)\right\}$$
$$=18\left(1-\frac{1}{18}\right)=17$$
답 ②

**1037**
$$\sum_{k=1}^{n}\frac{1}{f(k)}$$
$$=\sum_{k=1}^{n}\frac{1}{\sqrt{k+2}+\sqrt{k+3}}$$
$$=\sum_{k=1}^{n}\frac{\sqrt{k+2}-\sqrt{k+3}}{(\sqrt{k+2}+\sqrt{k+3})(\sqrt{k+2}-\sqrt{k+3})}$$
$$=\sum_{k=1}^{n}(\sqrt{k+3}-\sqrt{k+2})$$
$$=(\sqrt4-\sqrt3)+(\sqrt5-\sqrt4)+\cdots+(\sqrt{n+3}-\sqrt{n+2})$$
$$=\sqrt{n+3}-\sqrt3$$
즉 $\sqrt{n+3}-\sqrt3=3\sqrt3$이므로
$$\sqrt{n+3}=4\sqrt3$$
$$n+3=48\quad\therefore\ n=45$$
답 **45**

**1038** $A_n(-n,\sqrt{2n})$, $B_n(-n+1,\sqrt{2n-2})$, $C_n(-n,0)$, $D_n(-n+1,0)$이므로
$$S_n=\frac{1}{2}\times(\sqrt{2n}+\sqrt{2n-2})\times1=\frac{1}{2}(\sqrt{2n}+\sqrt{2n-2})$$
$$\therefore\ \sum_{n=2}^{50}\frac{1}{S_n}=\sum_{n=2}^{50}\frac{2}{\sqrt{2n}+\sqrt{2n-2}}$$
$$=\sum_{n=2}^{50}\frac{2(\sqrt{2n}-\sqrt{2n-2})}{(\sqrt{2n}+\sqrt{2n-2})(\sqrt{2n}-\sqrt{2n-2})}$$
$$=\sum_{n=2}^{50}(\sqrt{2n}-\sqrt{2n-2})$$
$$=(\sqrt4-\sqrt2)+(\sqrt6-\sqrt4)+\cdots$$
$$+(\sqrt{100}-\sqrt{98})$$
$$=-\sqrt2+\sqrt{100}$$
$$=10-\sqrt2$$
답 $10-\sqrt2$

**1039**
$$\sum_{k=1}^{n}\log\left(1+\frac{2}{k}\right)$$
$$=\sum_{k=1}^{n}\log\frac{k+2}{k}$$
$$=\log\frac{3}{1}+\log\frac{4}{2}+\log\frac{5}{3}+\cdots+\log\frac{n+1}{n-1}+\log\frac{n+2}{n}$$
$$=\log\left(\frac{3}{1}\times\frac{4}{2}\times\frac{5}{3}\times\cdots\times\frac{n+1}{n-1}\times\frac{n+2}{n}\right)$$
$$=\log\frac{(n+1)(n+2)}{2}$$
즉 $\log\dfrac{(n+1)(n+2)}{2}=1$이므로
$$\frac{(n+1)(n+2)}{2}=10,\quad(n+1)(n+2)=20$$
$$n^2+3n-18=0,\quad(n+6)(n-3)=0$$
$$\therefore\ n=3\ (\because\ n\text{은 자연수})$$
답 **3**

**1040** 수열 $\left(1+\dfrac{1}{n}\right)^2$, $\left(1+\dfrac{2}{n}\right)^2$, $\left(1+\dfrac{3}{n}\right)^2$, $\cdots$, $\left(1+\dfrac{n}{n}\right)^2$의 제 $k$항을 $a_k$라 하면
$$a_k=\left(1+\frac{k}{n}\right)^2=1+\frac{2k}{n}+\frac{k^2}{n^2}$$
따라서 주어진 수열의 합은
$$\sum_{k=1}^{n}a_k=\sum_{k=1}^{n}\left(1+\frac{2k}{n}+\frac{k^2}{n^2}\right)$$
$$=\sum_{k=1}^{n}1+\frac{2}{n}\sum_{k=1}^{n}k+\frac{1}{n^2}\sum_{k=1}^{n}k^2$$
$$=1\times n+\frac{2}{n}\times\frac{n(n+1)}{2}+\frac{1}{n^2}\times\frac{n(n+1)(2n+1)}{6}$$
$$=\frac{(2n+1)(7n+1)}{6n}$$
답 ③

**1041** 주어진 수열을 분모와 분자의 합이 같은 항끼리 묶으면
$$\left(\frac{1}{1}\right),\ \left(\frac{1}{2},\frac{2}{1}\right),\ \left(\frac{1}{3},\frac{2}{2},\frac{3}{1}\right),\ \left(\frac{1}{4},\frac{2}{3},\frac{3}{2},\frac{4}{1}\right),\cdots$$
$n$번째 묶음의 항의 개수는 $n$이므로 첫 번째 묶음부터 $n$번째 묶음까지의 항의 개수는
$$\sum_{k=1}^{n}k=\frac{n(n+1)}{2}$$

09
수열의 합

$n=11$일 때, $\dfrac{11 \times 12}{2}=66$이므로 제70항은 12번째 묶음의 4번째 항이다.

이때 12번째 묶음은 $\dfrac{1}{12}$, $\dfrac{2}{11}$, $\dfrac{3}{10}$, $\dfrac{4}{9}$, $\cdots$, $\dfrac{12}{1}$이므로

제70항은 $\dfrac{4}{9}$이다.　　　　　　　　　　　　　답 $\dfrac{4}{9}$

**1042** 위에서 $n$번째 줄에 나열된 수들은 첫째항이 1이고 공차가 $n$인 등차수열이다.

따라서 구하는 수는 첫째항이 1이고 공차가 50인 등차수열의 제30항이므로

$$1+29 \times 50=1451$$　　　　　　　　　　답 **1451**

**1043** 수열 $1 \times 3$, $3 \times 5$, $5 \times 7$, $\cdots$, $19 \times 21$의 제$k$항을 $a_k$라 하면

$$a_k=(2k-1)(2k+1)=4k^2-1$$　　　··· 1단계

$$\therefore \text{(주어진 식)}=\sum_{k=1}^{10} a_k=\sum_{k=1}^{10}(4k^2-1)$$

$$=4\sum_{k=1}^{10}k^2-\sum_{k=1}^{10}1$$

$$=4 \times \frac{10 \times 11 \times 21}{6}-1 \times 10$$

$$=1540-10$$

$$=1530$$　　　　··· 2단계

답 **1530**

| 채점 요소 | 비율 |
|---|---|
| 1단계 수열 $1 \times 3$, $3 \times 5$, $5 \times 7$, $\cdots$, $19 \times 21$의 제$k$항 구하기 | 40 % |
| 2단계 $1 \times 3+3 \times 5+5 \times 7+\cdots+19 \times 21$의 값 구하기 | 60 % |

**1044** $\displaystyle\sum_{m=1}^{n}\left\{\sum_{k=1}^{m}(k+m)\right\}$

$$=\sum_{m=1}^{n}\left(\sum_{k=1}^{m}k+\sum_{k=1}^{m}m\right)$$

$$=\sum_{m=1}^{n}\left\{\frac{m(m+1)}{2}+m \times m\right\}$$

$$=\sum_{m=1}^{n}\left(\frac{3}{2}m^2+\frac{1}{2}m\right)$$　　··· 1단계

$$=\frac{3}{2}\sum_{m=1}^{n}m^2+\frac{1}{2}\sum_{m=1}^{n}m$$

$$=\frac{3}{2} \times \frac{n(n+1)(2n+1)}{6}+\frac{1}{2} \times \frac{n(n+1)}{2}$$

$$=\frac{n(n+1)^2}{2}$$　　　··· 2단계

$\dfrac{n(n+1)^2}{2}=90$이므로　　$n(n+1)^2=180=5 \times 6^2$

$$\therefore n=5$$　　　··· 3단계

답 **5**

| 채점 요소 | 비율 |
|---|---|
| 1단계 $\displaystyle\sum_{k=1}^{m}(k+m)$ 구하기 | 40 % |
| 2단계 $\displaystyle\sum_{m=1}^{n}\left\{\sum_{k=1}^{m}(k+m)\right\}$ 구하기 | 40 % |
| 3단계 $n$의 값 구하기 | 20 % |

**1045** 수열 $\{a_n\}$의 첫째항부터 제$n$항까지의 합을 $S_n$이라 하면

$$S_n=\sum_{k=1}^{n}a_k=n^2+4n$$

(ⅰ) $n=1$일 때

$$a_1=S_1=1^2+4 \times 1=5$$

(ⅱ) $n \geq 2$일 때

$$a_n=S_n-S_{n-1}=n^2+4n-\{(n-1)^2+4(n-1)\}$$

$$=2n+3$$　　　······ ㉠

이때 $a_1=5$는 ㉠에 $n=1$을 대입한 것과 같으므로

$$a_n=2n+3$$　　　··· 1단계

$$\therefore \sum_{k=1}^{p}\frac{1}{a_k a_{k+1}}=\sum_{k=1}^{p}\frac{1}{(2k+3)(2k+5)}$$

$$=\frac{1}{2}\sum_{k=1}^{p}\left(\frac{1}{2k+3}-\frac{1}{2k+5}\right)$$

$$=\frac{1}{2}\left\{\left(\frac{1}{5}-\frac{1}{7}\right)+\left(\frac{1}{7}-\frac{1}{9}\right)+\cdots\right.$$

$$\left.+\left(\frac{1}{2p+3}-\frac{1}{2p+5}\right)\right\}$$

$$=\frac{1}{2}\left(\frac{1}{5}-\frac{1}{2p+5}\right)$$

$$=\frac{p}{5(2p+5)}$$　　　··· 2단계

$\dfrac{p}{5(2p+5)}=\dfrac{2}{25}$에서　　$25p=10(2p+5)$

$$5p=50　　\therefore p=10$$　　　··· 3단계

답 **10**

| 채점 요소 | 비율 |
|---|---|
| 1단계 $a_n$ 구하기 | 40 % |
| 2단계 $\displaystyle\sum_{k=1}^{p}\frac{1}{a_k a_{k+1}}$ 구하기 | 40 % |
| 3단계 $p$의 값 구하기 | 20 % |

**1046** $a_n=2+(n-1) \times 2=2n$이므로　··· 1단계

$$\sum_{k=1}^{15}\frac{1}{\sqrt{a_k}+\sqrt{a_{k+1}}}$$

$$=\sum_{k=1}^{15}\frac{1}{\sqrt{2k}+\sqrt{2k+2}}$$

$$=\sum_{k=1}^{15}\frac{\sqrt{2k}-\sqrt{2k+2}}{(\sqrt{2k}+\sqrt{2k+2})(\sqrt{2k}-\sqrt{2k+2})}$$

$$=\frac{1}{2}\sum_{k=1}^{15}(\sqrt{2k+2}-\sqrt{2k})$$　··· 2단계

$$=\frac{1}{2}\{(\sqrt{4}-\sqrt{2})+(\sqrt{6}-\sqrt{4})+\cdots+(\sqrt{32}-\sqrt{30})\}$$

$$=\frac{1}{2}(\sqrt{32}-\sqrt{2})=\frac{3\sqrt{2}}{2}$$　··· 3단계

답 $\dfrac{3\sqrt{2}}{2}$

| 채점 요소 | 비율 |
|---|---|
| 1단계 $a_n$ 구하기 | 20 % |
| 2단계 $\dfrac{1}{\sqrt{a_k}+\sqrt{a_{k+1}}}$ 의 분모를 유리화하기 | 40 % |
| 3단계 $\displaystyle\sum_{k=1}^{15}\frac{1}{\sqrt{a_k}+\sqrt{a_{k+1}}}$ 의 값 구하기 | 40 % |

**1047** 전략 $x_1$, $x_2$, $x_3$, $\cdots$, $x_{10}$ 중 0, 1, 2의 개수를 각각 구한다.

$x_1$, $x_2$, $x_3$, $\cdots$, $x_{10}$ 중 0의 개수를 $a$, 1의 개수를 $b$, 2의 개수를 $c$라 하면

$$a+b+c=10 \qquad \cdots\cdots \text{㉠}$$

$\displaystyle\sum_{k=1}^{10} x_k = 8$에서　$0 \times a + 1 \times b + 2 \times c = 8$

$$\therefore b+2c=8 \qquad \cdots\cdots \text{㉡}$$

$\displaystyle\sum_{k=1}^{10} x_k^2 = 12$에서　$0^2 \times a + 1^2 \times b + 2^2 \times c = 12$

$$\therefore b+4c=12 \qquad \cdots\cdots \text{㉢}$$

㉡, ㉢을 연립하여 풀면

$$b=4,\ c=2$$

이것을 ㉠에 대입하면

$$a+4+2=10 \qquad \therefore a=4$$

$$\therefore \sum_{k=1}^{10} |x_k - 1| = |0-1| \times 4 + |1-1| \times 4 + |2-1| \times 2$$
$$= 6$$

답 ③

**1048** 전략 등차수열 $\{a_n\}$이 제몇 항에서 처음으로 음수가 되는지 구한다.

등차수열 $\{a_n\}$의 첫째항을 $a$, 공차를 $d$라 하면

$a_2 = 8$에서　$a+d=8 \qquad \cdots\cdots \text{㉠}$

$a_6 = 0$에서　$a+5d=0 \qquad \cdots\cdots \text{㉡}$

㉠, ㉡을 연립하여 풀면

$$a=10,\ d=-2$$
$$\therefore a_n = 10 + (n-1) \times (-2) = -2n+12$$

$-2n+12 < 0$에서　$n > 6$

따라서 수열 $\{a_n\}$이 처음으로 음수가 되는 항은 제7항이다.

이때

$$S_6 = \sum_{k=1}^{6} |a_k|$$
$$= \sum_{k=1}^{6} (-2k+12)$$
$$= \frac{6\{10 + (-2 \times 6 + 12)\}}{2} = 30$$

이므로 $S_n$의 값이 120 이상이 되려면 $n \geq 7$이어야 한다.

$n \geq 7$일 때

$$S_n = \sum_{k=1}^{n} |a_k|$$
$$= \sum_{k=1}^{6} |a_k| + \sum_{k=7}^{n} |a_k|$$
$$= 30 + \sum_{k=7}^{n} (2k-12)$$
$$= 30 + \frac{(n-6)\{(2 \times 7 - 12) + (2n-12)\}}{2}$$
$$= 30 + (n-6)(n-5)$$
$$= n^2 - 11n + 60$$

$n^2 - 11n + 60 \geq 120$에서

$$n^2 - 11n - 60 \geq 0, \qquad (n+4)(n-15) \geq 0$$
$$\therefore n \geq 15 \ (\because n\text{은 자연수})$$

따라서 $S_n$의 값이 120 이상이 되도록 하는 자연수 $n$의 최솟값은 15이다.

답 15

참고 | $|a_k| \geq 0$이므로

$$S_1 \leq S_2 \leq S_3 \leq \cdots \leq S_n \leq S_{n+1} \leq \cdots$$

**1049** 전략 함수 $f(x)$가 주기함수임을 이용하여 $x$가 정수인 경우와 정수가 아닌 경우의 $f(x)$의 값을 각각 구한다.

$f(x+1) = f(x)$에서 함수 $f(x)$는 주기가 1인 주기함수이므로 $y=f(x)$의 그래프는 오른쪽 그림과 같다.

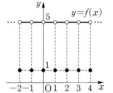

즉 $x$가 정수이면 $f(x)=1$이고, $x$가 정수가 아니면 $f(x)=5$이다.

이때 $\sqrt{k}$가 정수가 되려면 $k$는 정수의 제곱의 꼴이어야 하므로 $1 \leq k \leq 25$인 자연수 $k$에 대하여

$$f(\sqrt{k}) = \begin{cases} 1 & (k=1,\ 4,\ 9,\ 16,\ 25) \\ 5 & (k \neq 1,\ 4,\ 9,\ 16,\ 25) \end{cases}$$

따라서 $k=1$, 4, 9, 16, 25일 때

$$\frac{k \times f(\sqrt{k})}{5} = \frac{k \times 1}{5} = \frac{k}{5}$$

$k \neq 1$, 4, 9, 16, 25일 때

$$\frac{k \times f(\sqrt{k})}{5} = \frac{k \times 5}{5} = k$$

$$\therefore \sum_{k=1}^{25} \frac{k \times f(\sqrt{k})}{5}$$
$$= \sum_{k=1}^{25} k - (1+4+9+16+25)$$
$$\quad + \left(\frac{1}{5} + \frac{4}{5} + \frac{9}{5} + \frac{16}{5} + \frac{25}{5}\right)$$
$$= \frac{25 \times 26}{2} - 55 + 11$$
$$= 325 - 55 + 11 = 281$$

답 281

**1050** 전략 $a_1$, $a_2$, $a_3$, $\cdots$, $a_9$의 양의 약수의 개수가 각각 짝수인지 홀수인지 구해 본다.

$100 = 2^2 \times 5^2$이므로 100의 양의 약수는

$$1,\ 2,\ 2^2,\ 5,\ 2 \times 5,\ 2^2 \times 5,\ 5^2,\ 2 \times 5^2,\ 2^2 \times 5^2$$

이때

$$f(1)=1,\ f(2)=f(5)=2,\ f(2^2)=f(5^2)=3,$$
$$f(2 \times 5)=4,\ f(2^2 \times 5)=f(2 \times 5^2)=6,\ f(2^2 \times 5^2)=9$$

이므로 $f(1)$, $f(2^2)$, $f(5^2)$, $f(2^2 \times 5^2)$은 홀수이고,

$f(2)$, $f(5)$, $f(2 \times 5)$, $f(2^2 \times 5)$, $f(2 \times 5^2)$은 짝수이다.

$$\therefore \sum_{k=1}^{9} \{(-1)^{f(a_k)} \times \log a_k\}$$
$$= -\log 1 + \log 2 - \log 2^2 + \log 5 + \log (2 \times 5)$$
$$\quad + \log (2^2 \times 5) - \log 5^2 + \log (2 \times 5^2)$$
$$\quad - \log (2^2 \times 5^2)$$
$$= \log \frac{2 \times 5 \times (2 \times 5) \times (2^2 \times 5) \times (2 \times 5^2)}{1 \times 2^2 \times 5^2 \times (2^2 \times 5^2)}$$
$$= \log 10$$
$$= 1$$

답 1

# 10 수학적 귀납법

본책 145쪽

**교과서문제** 정복하기

**1051** $a_1=3$, $a_{n+1}=2a_n-1$이므로
$$a_2=2a_1-1=2\times3-1=5$$
$$a_3=2a_2-1=2\times5-1=9$$
$$a_4=2a_3-1=2\times9-1=17$$ **답 17**

**1052** $a_1=-1$, $a_{n+1}=a_n^2+1$이므로
$$a_2=a_1^2+1=(-1)^2+1=2$$
$$a_3=a_2^2+1=2^2+1=5$$
$$a_4=a_3^2+1=5^2+1=26$$ **답 26**

**1053** $a_1=1$, $a_{n+1}=\dfrac{1}{a_n}+2$이므로
$$a_2=\dfrac{1}{a_1}+2=1+2=3$$
$$a_3=\dfrac{1}{a_2}+2=\dfrac{1}{3}+2=\dfrac{7}{3}$$
$$a_4=\dfrac{1}{a_3}+2=\dfrac{3}{7}+2=\dfrac{17}{7}$$ **답 $\dfrac{17}{7}$**

**1054** $a_1=1$, $a_2=3$, $a_{n+2}=2a_{n+1}+a_n$이므로
$$a_3=2a_2+a_1=2\times3+1=7$$
$$a_4=2a_3+a_2=2\times7+3=17$$ **답 17**

**1055** **답 $a_1=2$, $a_{n+1}=a_n+3$ $(n=1, 2, 3, \cdots)$**

**1056** **답 $a_1=9$, $a_{n+1}=-\dfrac{1}{3}a_n$ $(n=1, 2, 3, \cdots)$**

**1057** 수열 $\{a_n\}$은 첫째항이 10, 공차가 $-4$인 등차수열이므로 수열 $\{a_n\}$을 귀납적으로 정의하면
$$a_1=10, a_{n+1}=a_n-4 \ (n=1, 2, 3, \cdots)$$
**답 $a_1=10$, $a_{n+1}=a_n-4$ $(n=1, 2, 3, \cdots)$**

참고 | 수열 $\{a_n\}$이 등차수열이므로
$\quad a_1=10, a_2=6, a_{n+1}-a_n=a_{n+2}-a_{n+1} \ (n=1, 2, 3, \cdots)$
또는 $a_1=10, a_2=6, 2a_{n+1}=a_n+a_{n+2} \ (n=1, 2, 3, \cdots)$
와 같이 정의할 수도 있다.

**1058** 수열 $\{a_n\}$은 첫째항이 1, 공비가 2인 등비수열이므로 수열 $\{a_n\}$을 귀납적으로 정의하면
$$a_1=1, a_{n+1}=2a_n \ (n=1, 2, 3, \cdots)$$
**답 $a_1=1$, $a_{n+1}=2a_n$ $(n=1, 2, 3, \cdots)$**

참고 | 수열 $\{a_n\}$이 등비수열이므로
$\quad a_1=1, a_2=2, a_{n+1}\div a_n=a_{n+2}\div a_{n+1} \ (n=1, 2, 3, \cdots)$
또는 $a_1=1, a_2=2, a_{n+1}^2=a_n a_{n+2} \ (n=1, 2, 3, \cdots)$
와 같이 정의할 수도 있다.

**1059** $a_{n+1}=a_n-3$이므로 수열 $\{a_n\}$은 공차가 $-3$인 등차수열이다.
이때 첫째항이 3이므로
$$a_n=3+(n-1)\times(-3)=-3n+6$$ **답 $a_n=-3n+6$**

**1060** $a_{n+1}=2a_n$이므로 수열 $\{a_n\}$은 공비가 2인 등비수열이다.
이때 첫째항이 5이므로
$$a_n=5\times2^{n-1}$$ **답 $a_n=5\times2^{n-1}$**

**1061** $2a_{n+1}=a_n+a_{n+2}$이므로 수열 $\{a_n\}$은 등차수열이다.
이때 첫째항이 3, 공차가 $a_2-a_1=2-3=-1$이므로
$$a_n=3+(n-1)\times(-1)=-n+4$$
**답 $a_n=-n+4$**

**1062** $a_{n+1}^2=a_n a_{n+2}$이므로 수열 $\{a_n\}$은 등비수열이다.
이때 첫째항이 1, 공비가 $a_2\div a_1=-2\div1=-2$이므로
$$a_n=1\times(-2)^{n-1}=(-2)^{n-1}$$ **답 $a_n=(-2)^{n-1}$**

**1063** $a_{n+1}=a_n+4n$의 $n$에 1, 2, 3, $\cdots$, 9를 차례대로 대입하면
$$a_2=a_1+4$$
$$a_3=a_2+8=a_1+4+8$$
$$a_4=a_3+12=a_1+4+8+12$$
$$\vdots$$
$$\therefore a_{10}=a_9+36=a_1+4+8+12+\cdots+36$$
$$=1+\sum_{k=1}^{9}4k$$
$$=1+4\times\dfrac{9\times10}{2}=181$$ **답 181**

**1064** $a_{n+1}-a_n=2n+1$에서
$$a_{n+1}=a_n+2n+1$$
$n$에 1, 2, 3, $\cdots$, 9를 차례대로 대입하면
$$a_2=a_1+3$$
$$a_3=a_2+5=a_1+3+5$$
$$a_4=a_3+7=a_1+3+5+7$$
$$\vdots$$
$$\therefore a_{10}=a_9+19$$
$$=a_1+3+5+7+\cdots+19$$
$$=3+\sum_{k=1}^{9}(2k+1)$$
$$=3+2\times\dfrac{9\times10}{2}+1\times9=102$$ **답 102**

**1065** $a_{n+1}=\dfrac{n}{n+1}a_n$의 $n$에 1, 2, 3, $\cdots$, 9를 차례대로 대입하면
$$a_2=\dfrac{1}{2}a_1$$
$$a_3=\dfrac{2}{3}a_2=\dfrac{2}{3}\times\dfrac{1}{2}a_1$$

$$a_4=\frac{3}{4}a_3=\frac{3}{4}\times\frac{2}{3}\times\frac{1}{2}a_1$$

$$\vdots$$

$$\therefore a_{10}=\frac{9}{10}a_9=\frac{9}{10}\times\frac{8}{9}\times\frac{7}{8}\times\cdots\times\frac{1}{2}a_1$$

$$=\frac{1}{10}a_1=\frac{1}{10}\times2=\frac{1}{5}$$

답 $\dfrac{1}{5}$

**1066** $a_{n+1}\div a_n=2^n$에서

$$a_{n+1}=2^n a_n$$

$n$에 1, 2, 3, $\cdots$, 9를 차례대로 대입하면

$$a_2=2a_1$$
$$a_3=2^2a_2=2^2\times2a_1$$
$$a_4=2^3a_3=2^3\times2^2\times2a_1$$
$$\vdots$$
$$\therefore a_{10}=2^9a_9=2^9\times2^8\times2^7\times\cdots\times2a_1$$
$$=2^{1+2+3+\cdots+9}\times1$$
$$=2^{\frac{9\times10}{2}}=2^{45}$$

답 $2^{45}$

**1067** (ii) $n=k$일 때, ㉠이 성립한다고 가정하면

$$\frac{1}{1\times2}+\frac{1}{2\times3}+\frac{1}{3\times4}+\cdots+\frac{1}{k(k+1)}=\frac{k}{k+1}$$

양변에 $\boxed{^{(가)}\dfrac{1}{(k+1)(k+2)}}$을 더하면

$$\frac{1}{1\times2}+\frac{1}{2\times3}+\frac{1}{3\times4}+\cdots$$
$$+\frac{1}{k(k+1)}+\boxed{^{(가)}\dfrac{1}{(k+1)(k+2)}}$$
$$=\frac{k}{k+1}+\boxed{^{(가)}\dfrac{1}{(k+1)(k+2)}}$$
$$=\frac{k(k+2)+1}{(k+1)(k+2)}$$
$$=\frac{(k+1)^2}{(k+1)(k+2)}$$
$$=\boxed{^{(나)}\dfrac{k+1}{k+2}}$$

답 (가) $\dfrac{1}{(k+1)(k+2)}$ (나) $\dfrac{k+1}{k+2}$

**1068** $a_{n+1}+3=a_n$에서 $a_{n+1}-a_n=-3$이므로 수열 $\{a_n\}$은 공차가 $-3$인 등차수열이다.

이때 첫째항이 110이므로

$$a_n=110+(n-1)\times(-3)=-3n+113$$

따라서 $a_k=17$에서 $-3k+113=17$

$$3k=96 \quad \therefore k=32$$

답 32

**1069** $a_{n+2}-a_{n+1}=a_{n+1}-a_n$이므로 수열 $\{a_n\}$은 등차수열이다.

이때 첫째항이 2, 공차가 $a_2-a_1=4-2=2$이므로

$$a_n=2+(n-1)\times2=2n$$

$$\therefore \sum_{k=1}^{20}\frac{1}{a_k a_{k+1}}$$
$$=\sum_{k=1}^{20}\frac{1}{2k\times2(k+1)}=\frac{1}{4}\sum_{k=1}^{20}\frac{1}{k(k+1)}$$
$$=\frac{1}{4}\sum_{k=1}^{20}\left(\frac{1}{k}-\frac{1}{k+1}\right)$$
$$=\frac{1}{4}\left\{\left(1-\frac{1}{2}\right)+\left(\frac{1}{2}-\frac{1}{3}\right)+\cdots+\left(\frac{1}{20}-\frac{1}{21}\right)\right\}$$
$$=\frac{1}{4}\left(1-\frac{1}{21}\right)$$
$$=\frac{5}{21}$$

답 ③

**1070** $2a_{n+1}=a_n+a_{n+2}$이므로 수열 $\{a_n\}$은 등차수열이다.

이때 첫째항이 90, 공차가 $a_2-a_1=86-90=-4$이므로

$$a_n=90+(n-1)\times(-4)=-4n+94$$

$a_k<0$에서 $-4k+94<0$

$$4k>94 \quad \therefore k>23.5$$

따라서 $a_k<0$을 만족시키는 자연수 $k$의 최솟값은 24이다.

답 24

**1071** $(a_{n+1}+a_n)^2=4a_n a_{n+1}+36$에서

$$a_{n+1}{}^2+2a_n a_{n+1}+a_n{}^2=4a_n a_{n+1}+36$$
$$a_{n+1}{}^2-2a_n a_{n+1}+a_n{}^2=36$$
$$\therefore (a_{n+1}-a_n)^2=36$$

그런데 $a_{n+1}<a_n$이므로

$$a_{n+1}-a_n=-6$$

즉 수열 $\{a_n\}$은 첫째항이 2, 공차가 $-6$인 등차수열이므로

$$a_n=2+(n-1)\times(-6)=-6n+8$$

$$\therefore a_{10}=-6\times10+8=-52$$

답 $-52$

**1072** $a_{n+1}=4a_n$이므로 수열 $\{a_n\}$은 공비가 4인 등비수열이다.

이때 첫째항이 1이므로

$$a_n=1\times4^{n-1}=4^{n-1}$$

$$\therefore \log_2 a_{100}=\log_2 4^{99}=\log_2 2^{198}=198$$

답 ③

**1073** $a_{n+1}{}^2=a_n a_{n+2}$이므로 수열 $\{a_n\}$은 등비수열이다.

이때 수열 $\{a_n\}$의 공비를 $r$라 하면

$$\frac{a_{11}}{a_1}=\frac{a_{13}}{a_3}=\frac{a_{15}}{a_5}=\frac{a_{17}}{a_7}=r^{10}$$

$$\frac{a_{11}}{a_1}+\frac{a_{13}}{a_3}+\frac{a_{15}}{a_5}+\frac{a_{17}}{a_7}=12$$에서

$$r^{10}+r^{10}+r^{10}+r^{10}=12, \quad 4r^{10}=12$$
$$\therefore r^{10}=3$$

이때 첫째항이 1이므로

$$a_{31}=1\times r^{30}=(r^{10})^3=3^3=27$$

답 ④

**1074** $\dfrac{a_{n+2}}{a_{n+1}}=\dfrac{a_{n+1}}{a_n}$ 이므로 수열 $\{a_n\}$은 등비수열이다.

이때 수열 $\{a_n\}$의 첫째항을 $a$, 공비를 $r$라 하면

$$S_3=\dfrac{a(r^3-1)}{r-1}=78 \qquad \cdots\cdots \text{㉠}$$

$$S_6=\dfrac{a(r^6-1)}{r-1}$$

$$=\dfrac{a(r^3-1)(r^3+1)}{r-1}=2184 \qquad \cdots\cdots \text{㉡} \quad \cdots \boxed{\text{1단계}}$$

㉡÷㉠을 하면

$$r^3+1=28, \qquad r^3=27$$

$$\therefore r=3$$

$r=3$을 ㉠에 대입하면

$$13a=78 \quad \therefore a=6 \qquad \cdots \boxed{\text{2단계}}$$

$$\therefore S_7=\dfrac{6(3^7-1)}{3-1}=6558 \qquad \cdots \boxed{\text{3단계}}$$

**답 6558**

| 채점 요소 | | 비율 |
|---|---|---|
| 1단계 | 수열 $\{a_n\}$의 첫째항과 공비 사이의 관계식 구하기 | 40 % |
| 2단계 | 수열 $\{a_n\}$의 첫째항과 공비 구하기 | 40 % |
| 3단계 | $S_7$의 값 구하기 | 20 % |

**1075** $a_{n+1}=a_n+3n$의 $n$에 $1, 2, 3, \cdots$을 차례대로 대입하면

$$a_2=a_1+3$$

$$a_3=a_2+6=a_1+3+6$$

$$a_4=a_3+9=a_1+3+6+9$$

$$\vdots$$

$$\therefore a_n=a_1+3+6+9+\cdots+3(n-1)$$

$$=-3+\sum_{k=1}^{n-1}3k$$

$$=-3+3\times\dfrac{(n-1)n}{2}$$

$$=\dfrac{3}{2}(n^2-n-2)$$

$$\therefore \sum_{k=1}^{10}a_k=\dfrac{3}{2}\sum_{k=1}^{10}(k^2-k-2)$$

$$=\dfrac{3}{2}\left(\dfrac{10\times11\times21}{6}-\dfrac{10\times11}{2}-2\times10\right)$$

$$=\dfrac{3}{2}(385-55-20)$$

$$=465$$

**답 ②**

**1076** $a_{n+1}=a_n+\dfrac{1}{\sqrt{n+1}+\sqrt{n}}=a_n+\sqrt{n+1}-\sqrt{n}$

$n$에 $1, 2, 3, \cdots$을 차례대로 대입하면

$$a_2=a_1+\sqrt{2}-1$$

$$a_3=a_2+\sqrt{3}-\sqrt{2}=a_1+\sqrt{2}-1+\sqrt{3}-\sqrt{2}$$

$$=a_1+\sqrt{3}-1$$

$$a_4=a_3+\sqrt{4}-\sqrt{3}=a_1+\sqrt{3}-1+\sqrt{4}-\sqrt{3}$$

$$=a_1+\sqrt{4}-1$$

$$\vdots$$

$$\therefore a_n=a_1+\sqrt{n}-1=2+\sqrt{n}-1=\sqrt{n}+1$$

$a_k=13$에서 $\quad \sqrt{k}+1=13, \qquad \sqrt{k}=12$

$$\therefore k=144$$

**답 144**

**1077** $a_{n+1}=a_n+f(n)$의 $n$에 $1, 2, 3, \cdots, 10$을 차례대로 대입하면

$$a_2=a_1+f(1)$$

$$a_3=a_2+f(2)=a_1+f(1)+f(2)$$

$$a_4=a_3+f(3)=a_1+f(1)+f(2)+f(3)$$

$$\vdots$$

$$\therefore a_{11}=a_1+f(1)+f(2)+f(3)+\cdots+f(10)$$

$$=1+\sum_{k=1}^{10}f(k)=1+10^2-1$$

$$=100$$

**답 100**

**1078** $a_{n+1}=\dfrac{n+2}{n}a_n$의 $n$에 $1, 2, 3, \cdots, 29$를 차례대로 대입하면

$$a_2=\dfrac{3}{1}a_1$$

$$a_3=\dfrac{4}{2}a_2=\dfrac{4}{2}\times\dfrac{3}{1}a_1$$

$$a_4=\dfrac{5}{3}a_3=\dfrac{5}{3}\times\dfrac{4}{2}\times\dfrac{3}{1}a_1$$

$$\vdots$$

$$\therefore a_{30}=\dfrac{31}{29}\times\dfrac{30}{28}\times\cdots\times\dfrac{5}{3}\times\dfrac{4}{2}\times\dfrac{3}{1}a_1$$

$$=\dfrac{31\times30}{2\times1}\times1$$

$$=465$$

**답 ④**

**1079** $a_{n+1}=5^n a_n$의 $n$에 $1, 2, 3, \cdots$을 차례대로 대입하면

$$a_2=5a_1$$

$$a_3=5^2a_2=5^2\times5a_1$$

$$a_4=5^3a_3=5^3\times5^2\times5a_1$$

$$\vdots$$

$$\therefore a_n=5^{n-1}\times5^{n-2}\times\cdots\times5^3\times5^2\times5a_1$$

$$=5^{1+2+3+\cdots+(n-1)}\times1$$

$$=5^{\frac{(n-1)n}{2}}$$

$a_k=5^{66}$에서 $\quad 5^{\frac{(k-1)k}{2}}=5^{66}$

$$\dfrac{(k-1)k}{2}=66, \qquad k^2-k-132=0$$

$$(k-12)(k+11)=0$$

$$\therefore k=12 \ (\because k\text{는 자연수})$$

**답 ③**

**1080** $\sqrt{n+2}\,a_{n+1}=\sqrt{n+1}\,a_n$에서

$$a_{n+1}=\dfrac{\sqrt{n+1}}{\sqrt{n+2}}\,a_n$$

$n$에 $1, 2, 3, \cdots$을 차례대로 대입하면

$$a_2=\dfrac{\sqrt{2}}{\sqrt{3}}\,a_1$$

$$a_3 = \frac{\sqrt{3}}{\sqrt{4}} a_2 = \frac{\sqrt{3}}{\sqrt{4}} \times \frac{\sqrt{2}}{\sqrt{3}} a_1 = \frac{\sqrt{2}}{\sqrt{4}} a_1$$

$$a_4 = \frac{\sqrt{4}}{\sqrt{5}} a_3 = \frac{\sqrt{4}}{\sqrt{5}} \times \frac{\sqrt{2}}{\sqrt{4}} a_1 = \frac{\sqrt{2}}{\sqrt{5}} a_1$$

$$\vdots$$

$$\therefore a_n = \frac{\sqrt{2}}{\sqrt{n+1}} a_1$$

$$= \frac{\sqrt{2}}{\sqrt{n+1}} \times 1 = \frac{\sqrt{2}}{\sqrt{n+1}}$$

$$\therefore \sum_{k=1}^{15} (a_k a_{k+1})^2$$

$$= \sum_{k=1}^{15} \left( \frac{\sqrt{2}}{\sqrt{k+1}} \times \frac{\sqrt{2}}{\sqrt{k+2}} \right)^2$$

$$= 4 \sum_{k=1}^{15} \frac{1}{(k+1)(k+2)}$$

$$= 4 \sum_{k=1}^{15} \left( \frac{1}{k+1} - \frac{1}{k+2} \right)$$

$$= 4 \left\{ \left( \frac{1}{2} - \frac{1}{3} \right) + \left( \frac{1}{3} - \frac{1}{4} \right) + \cdots + \left( \frac{1}{16} - \frac{1}{17} \right) \right\}$$

$$= 4 \left( \frac{1}{2} - \frac{1}{17} \right)$$

$$= \frac{30}{17}$$

답 $\dfrac{30}{17}$

**1081** $a_{n+1} = \dfrac{a_n + 2}{4a_n - 3}$ 의 $n$에 1, 2, 3을 차례대로 대입하면

$$a_2 = \frac{a_1 + 2}{4a_1 - 3} = \frac{1+2}{4 \times 1 - 3} = 3$$

$$a_3 = \frac{a_2 + 2}{4a_2 - 3} = \frac{3+2}{4 \times 3 - 3} = \frac{5}{9}$$

$$\therefore a_4 = \frac{a_3 + 2}{4a_3 - 3} = \frac{\frac{5}{9} + 2}{4 \times \frac{5}{9} - 3} = -\frac{23}{7}$$

답 $-\dfrac{23}{7}$

**1082** $a_n + a_{n+1} = 3n^2$ 의 $n$에 1, 3, 5, $\cdots$, 19를 차례대로 대입하면

$$a_1 + a_2 = 3 \times 1^2$$

$$a_3 + a_4 = 3 \times 3^2$$

$$a_5 + a_6 = 3 \times 5^2$$

$$\vdots$$

$$a_{19} + a_{20} = 3 \times 19^2$$

$$\therefore \sum_{k=1}^{20} a_k = (a_1 + a_2) + (a_3 + a_4) + \cdots + (a_{19} + a_{20})$$

$$= 3 \times 1^2 + 3 \times 3^2 + 3 \times 5^2 + \cdots + 3 \times 19^2$$

$$= 3(1^2 + 3^2 + 5^2 + \cdots + 19^2)$$

$$= 3 \sum_{k=1}^{10} (2k-1)^2$$

$$= 3 \sum_{k=1}^{10} (4k^2 - 4k + 1)$$

$$= 3 \left( 4 \times \frac{10 \times 11 \times 21}{6} - 4 \times \frac{10 \times 11}{2} + 1 \times 10 \right)$$

$$= 3(1540 - 220 + 10)$$

$$= 3990$$

답 3990

**1083** $a_{n+1} + 4a_n = (-1)^n \times n$ 에서

$$a_{n+1} = -4a_n + (-1)^n \times n$$

$n$에 1, 2, 3, 4를 차례대로 대입하면

$$a_2 = -4a_1 + (-1)^1 \times 1 = -4a_1 - 1$$

$$a_3 = -4a_2 + (-1)^2 \times 2 = -4a_2 + 2$$

$$= -4(-4a_1 - 1) + 2$$

$$= 16a_1 + 6$$

$$a_4 = -4a_3 + (-1)^3 \times 3 = -4a_3 - 3$$

$$= -4(16a_1 + 6) - 3$$

$$= -64a_1 - 27$$

$$\therefore a_5 = -4a_4 + (-1)^4 \times 4 = -4a_4 + 4$$

$$= -4(-64a_1 - 27) + 4$$

$$= 256a_1 + 112$$

즉 $256a_1 + 112 = -144$이므로

$$256a_1 = -256 \quad \therefore a_1 = -1$$

답 $-1$

**다른 풀이** $a_{n+1} + 4a_n = (-1)^n \times n$의 $n$에 4를 대입하면

$$a_5 + 4a_4 = (-1)^4 \times 4$$

$$-144 + 4a_4 = 4 \quad \therefore a_4 = 37$$

$n$에 3을 대입하면 $\quad a_4 + 4a_3 = (-1)^3 \times 3$

$$37 + 4a_3 = -3 \quad \therefore a_3 = -10$$

$n$에 2를 대입하면 $\quad a_3 + 4a_2 = (-1)^2 \times 2$

$$-10 + 4a_2 = 2 \quad \therefore a_2 = 3$$

$n$에 1을 대입하면 $\quad a_2 + 4a_1 = (-1)^1 \times 1$

$$3 + 4a_1 = -1 \quad \therefore a_1 = -1$$

**1084** $a_1 < 0$이므로

$$a_2 = 3 - a_1 = 3 - (-5) = 8$$

$a_2 > 0$이므로 $\quad a_3 = a_2 + p = 8 + p$

(i) $a_3 \geq 0$, 즉 $p \geq -8$인 경우

$$a_4 = a_3 + p$$이므로 $\quad 6 = (8+p) + p$

$$2p = -2 \quad \therefore p = -1$$

(ii) $a_3 < 0$, 즉 $p < -8$인 경우

$$a_4 = 3 - a_3$$이므로 $\quad 6 = 3 - (8+p)$

$$\therefore p = -11$$

(i), (ii)에서 모든 $p$의 값의 곱은

$$-1 \times (-11) = 11$$

답 11

**1085** $a_{n+1} = \begin{cases} 2a_n + 1 & (a_n \leq 1) \\ a_n - 1 & (a_n > 1) \end{cases}$ 의 $n$에 1, 2, 3, $\cdots$을 차례대로 대입하면

$$a_2 = a_1 - 1 = 3 - 1 = 2$$

$$a_3 = a_2 - 1 = 2 - 1 = 1$$

$$a_4 = 2 \times a_3 + 1 = 2 \times 1 + 1 = 3$$

$$a_5 = a_4 - 1 = 3 - 1 = 2$$

$$\vdots$$

따라서 수열 $\{a_n\}$은 3, 2, 1이 이 순서대로 반복된다.

이때 $200 = 3 \times 66 + 2$이므로 $\quad a_{200} = 2$

답 2

10 수학적 귀납법

**1086** $a_{n+2}=a_{n+1}-a_n$의 $n$에 1, 2, 3, …을 차례대로 대입하면

$$a_3=a_2-a_1=12-4=8$$
$$a_4=a_3-a_2=8-12=-4$$
$$a_5=a_4-a_3=-4-8=-12$$
$$a_6=a_5-a_4=-12-(-4)=-8$$
$$a_7=a_6-a_5=-8-(-12)=4$$
$$a_8=a_7-a_6=4-(-8)=12$$
$$\vdots$$

따라서 수열 $\{a_n\}$은 4, 12, 8, $-4$, $-12$, $-8$이 이 순서대로 반복된다.

이때 반복되는 6개의 수 중에서 $|a_k|=12$를 만족시키는 것은 12, $-12$의 2개이고 $100=6\times16+4$이므로 구하는 자연수 $k$의 개수는

$$2\times16+1=33$$

**답 33**

**1087** 조건 ㈎의 $n$에 1, 2, 3, 4를 차례대로 대입하면

$$a_3=a_1-3$$
$$a_4=a_2+3$$
$$a_5=a_3-3=(a_1-3)-3=a_1-6$$
$$a_6=a_4+3=(a_2+3)+3=a_2+6$$
$$\therefore a_1+a_2+a_3+a_4+a_5+a_6$$
$$=a_1+a_2+(a_1-3)+(a_2+3)+(a_1-6)+(a_2+6)$$
$$=3(a_1+a_2)$$

이때 조건 ㈏에 의하여

$$a_7+a_8+a_9+a_{10}+a_{11}+a_{12}=a_1+a_2+a_3+a_4+a_5+a_6$$
$$=3(a_1+a_2)$$
$$a_{13}+a_{14}+a_{15}+a_{16}+a_{17}+a_{18}=a_1+a_2+a_3+a_4+a_5+a_6$$
$$=3(a_1+a_2)$$
$$\vdots$$
$$a_{43}+a_{44}+a_{45}+a_{46}+a_{47}+a_{48}=a_1+a_2+a_3+a_4+a_5+a_6$$
$$=3(a_1+a_2)$$
$$a_{49}+a_{50}=a_1+a_2$$

이므로

$$\sum_{k=1}^{50}a_k=8\times3(a_1+a_2)+a_1+a_2$$
$$=25(a_1+a_2)=25\times7=175$$

**답 175**

**1088** $S_n=2a_n-2$에서

$$S_{n+1}=2a_{n+1}-2$$

한편 $a_{n+1}=S_{n+1}-S_n$ $(n=1, 2, 3, \cdots)$이므로

$$a_{n+1}=2a_{n+1}-2-(2a_n-2)$$
$$\therefore a_{n+1}=2a_n$$

따라서 수열 $\{a_n\}$은 첫째항이 2, 공비가 2인 등비수열이므로

$$a_n=2\times2^{n-1}=2^n$$
$$\therefore a_8=2^8=256$$

**답 256**

**1089** $S_{n+1}=3S_n+1$의 $n$에 1, 2, 3, 4, 5를 차례대로 대입하면

$$S_2=3S_1+1=3\times1+1=4$$
$$S_3=3S_2+1=3\times4+1=13$$
$$S_4=3S_3+1=3\times13+1=40$$
$$S_5=3S_4+1=3\times40+1=121$$
$$S_6=3S_5+1=3\times121+1=364$$
$$\therefore a_6=S_6-S_5=364-121=243$$

**답 243**

**다른 풀이** $S_{n+1}=3S_n+1$에서

$$S_{n+2}=3S_{n+1}+1$$

한편 $a_{n+2}=S_{n+2}-S_{n+1}$ $(n=1, 2, 3, \cdots)$이므로

$$a_{n+2}=3S_{n+1}+1-(3S_n+1)$$
$$\therefore a_{n+2}=3a_{n+1}$$ …… ㉠

이때 $a_1=S_1=1$이고 $S_{n+1}=3S_n+1$의 $n$에 1을 대입하면

$$S_2=3S_1+1, \qquad 1+a_2=3\times1+1$$
$$\therefore a_2=3$$

즉 $a_2=3a_1$이므로 ㉠에서

$$a_{n+1}=3a_n\ (n=1, 2, 3, \cdots)$$

따라서 수열 $\{a_n\}$은 첫째항이 1, 공비가 3인 등비수열이므로

$$a_n=1\times3^{n-1}=3^{n-1} \quad \therefore a_6=3^5=243$$

**1090** $2S_n=a_n+n$, 즉 $S_n=\dfrac{1}{2}a_n+\dfrac{n}{2}$에서

$$S_{n+1}=\dfrac{1}{2}a_{n+1}+\dfrac{n+1}{2}$$

한편 $a_{n+1}=S_{n+1}-S_n$ $(n=1, 2, 3, \cdots)$이므로

$$a_{n+1}=\dfrac{1}{2}a_{n+1}+\dfrac{n+1}{2}-\left(\dfrac{1}{2}a_n+\dfrac{n}{2}\right)$$
$$\therefore a_{n+1}=-a_n+1$$

$n$에 1, 2, 3, …을 차례대로 대입하면

$$a_2=-a_1+1=-3+1=-2$$
$$a_3=-a_2+1=-(-2)+1=3$$
$$a_4=-a_3+1=-3+1=-2$$
$$\vdots$$

따라서 수열 $\{a_n\}$은 3, $-2$가 이 순서대로 반복된다.

이때 $100=2\times50$이므로 $\qquad a_{100}=-2$

**답 $-2$**

**1091** $3S_n=a_{n+1}-2$, 즉 $S_n=\dfrac{1}{3}a_{n+1}-\dfrac{2}{3}$에서

$$S_{n+1}=\dfrac{1}{3}a_{n+2}-\dfrac{2}{3}$$

한편 $a_{n+1}=S_{n+1}-S_n$ $(n=1, 2, 3, \cdots)$이므로

$$a_{n+1}=\dfrac{1}{3}a_{n+2}-\dfrac{2}{3}-\left(\dfrac{1}{3}a_{n+1}-\dfrac{2}{3}\right)$$
$$\therefore a_{n+2}=4a_{n+1}$$ …… ㉠  … **1단계**

$3S_n=a_{n+1}-2$의 $n$에 1을 대입하면

$$3S_1=a_2-2$$

이때 $S_1=a_1=2$이므로

$$3\times2=a_2-2 \quad \therefore a_2=8$$

즉 $\dfrac{a_2}{a_1}=\dfrac{8}{2}=4$이므로 ㉠에서

$$a_{n+1}=4a_n \ (n=1,\ 2,\ 3,\ \cdots)$$

따라서 수열 $\{a_n\}$은 첫째항이 2, 공비가 4인 등비수열이므로

$$a_n=2\times 4^{n-1} \qquad \cdots \text{2단계}$$

$a_k=512$에서 $\quad 2\times 4^{k-1}=512$

$$4^{k-1}=256=4^4, \quad k-1=4$$

$$\therefore k=5 \qquad \cdots \text{3단계}$$

**답 5**

| | 채점 요소 | 비율 |
|---|---|---|
| **1단계** | $a_{n+1}$과 $a_{n+2}$ 사이의 관계식 구하기 | 40 % |
| **2단계** | $a_n$ 구하기 | 30 % |
| **3단계** | 자연수 $k$의 값 구하기 | 30 % |

**1092** ① 조건 ㈎에서 $p(1)$이 참이므로 조건 ㈏에 의하여 $p(2)$도 참이다.

$p(2)$가 참이므로 조건 ㈐에 의하여 $p(4)$도 참이다.

③ $p(4)$가 참이므로 조건 ㈐에 의하여 $p(7)$도 참이다.

④ $p(7)$이 참이므로 조건 ㈏에 의하여 $p(8)$도 참이다.

⑤ $p(8)$이 참이므로 조건 ㈐에 의하여 $p(13)$도 참이다.

따라서 $p(5)$가 참인지는 알 수 없으므로 반드시 참이라고 할 수 없는 명제는 ②이다.

**답 ②**

**1093** ㄱ. $p(1)$이 참이면 주어진 조건에 의하여

$$p(3),\ p(5),\ p(7),\ \cdots,\ p(2k+1)$$

이 참이다. (참)

ㄴ. $p(2)$가 참이면 주어진 조건에 의하여

$$p(4),\ p(6),\ p(8),\ \cdots,\ p(2k)$$

가 참이지만 $p(2k+3)$이 참인지는 알 수 없다. (거짓)

ㄷ. ㄱ, ㄴ에서 $p(1)$이 참이면 $p(2k+1)$이 참이고, $p(2)$가 참이면 $p(2k)$가 참이다.

따라서 $p(1),\ p(2)$가 참이면 $p(k)$가 참이다. (참)

이상에서 옳은 것은 ㄱ, ㄷ이다.

**답 ④**

**1094** (ii) $n=\boxed{㈎\ k}$일 때, ㉠이 성립한다고 가정하면

$$1+2+2^2+\cdots+2^{k-1}=2^k-1$$

양변에 $\boxed{㈏\ 2^k}$을 더하면

$$1+2+2^2+\cdots+2^{k-1}+\boxed{㈏\ 2^k}$$

$$=2^k-1+\boxed{㈏\ 2^k}=\boxed{㈐\ 2^{k+1}-1}$$

따라서 $n=\boxed{㈑\ k+1}$일 때에도 ㉠이 성립한다.

(i), (ii)에서 모든 자연수 $n$에 대하여 ㉠이 성립한다.

**답 ②**

**1095** (ii) $n=k$일 때, ㉠이 성립한다고 가정하면

$$1+3+5+\cdots+(2k-1)=k^2$$

양변에 $\boxed{㈎\ 2k+1}$을 더하면

$$1+3+5+\cdots+(2k-1)+\boxed{㈎\ 2k+1}$$

$$=k^2+\boxed{㈎\ 2k+1}=\boxed{㈏\ (k+1)^2}$$

따라서 $n=k+1$일 때에도 ㉠이 성립한다.

(i), (ii)에서 모든 자연수 $n$에 대하여 ㉠이 성립한다.

즉 $f(k)=2k+1,\ g(k)=(k+1)^2$이므로

$$f(3)+g(2)=7+3^2=16$$

**답 16**

**1096** (ii) $n=k$일 때, ㉠이 성립한다고 가정하면

$$1^3+2^3+3^3+\cdots+k^3=(1+2+3+\cdots+k)^2$$

양변에 $\boxed{㈎\ (k+1)^3}$을 더하면

$$1^3+2^3+3^3+\cdots+k^3+\boxed{㈎\ (k+1)^3}$$

$$=(1+2+3+\cdots+k)^2+\boxed{㈎\ (k+1)^3}$$

$$=\left\{\dfrac{k(k+1)}{2}\right\}^2+\boxed{㈎\ (k+1)^3}$$

$$=\dfrac{k^2(k+1)^2+4(k+1)^3}{4}$$

$$=\dfrac{(k+1)^2(k^2+4k+4)}{4}=\dfrac{(k+1)^2(k+2)^2}{4}$$

$$=\boxed{㈏\ \left\{\dfrac{(k+1)(k+2)}{2}\right\}^2}$$

따라서 $n=k+1$일 때에도 ㉠이 성립한다.

(i), (ii)에서 모든 자연수 $n$에 대하여 ㉠이 성립한다.

즉 $f(k)=(k+1)^3,\ g(k)=\left\{\dfrac{(k+1)(k+2)}{2}\right\}^2$이므로

$$\dfrac{g(10)}{f(5)}=\dfrac{\left(\dfrac{11\times 12}{2}\right)^2}{6^3}=\dfrac{121}{6}$$

**답 $\dfrac{121}{6}$**

**1097** $\dfrac{4}{3}+\dfrac{8}{3^2}+\dfrac{12}{3^3}+\cdots+\dfrac{4n}{3^n}$

$$=3-\dfrac{2n+3}{3^n} \qquad \cdots\cdots ㉠$$

(i) $n=1$일 때

$$(\text{좌변})=\dfrac{4\times 1}{3^1}=\dfrac{4}{3},\ (\text{우변})=3-\dfrac{2\times 1+3}{3^1}=\dfrac{4}{3}$$

따라서 ㉠이 성립한다. $\quad \cdots \text{1단계}$

(ii) $n=k$일 때, ㉠이 성립한다고 가정하면

$$\dfrac{4}{3}+\dfrac{8}{3^2}+\dfrac{12}{3^3}+\cdots+\dfrac{4k}{3^k}=3-\dfrac{2k+3}{3^k}$$

양변에 $\dfrac{4(k+1)}{3^{k+1}}$을 더하면

$$\dfrac{4}{3}+\dfrac{8}{3^2}+\dfrac{12}{3^3}+\cdots+\dfrac{4k}{3^k}+\dfrac{4(k+1)}{3^{k+1}}$$

$$=3-\dfrac{2k+3}{3^k}+\dfrac{4(k+1)}{3^{k+1}}$$

$$=3-\dfrac{3(2k+3)-4(k+1)}{3^{k+1}}$$

$$=3-\dfrac{2k+5}{3^{k+1}}$$

따라서 $n=k+1$일 때에도 ㉠이 성립한다. $\quad \cdots \text{2단계}$

(i), (ii)에서 모든 자연수 $n$에 대하여 ㉠이 성립한다. $\quad \cdots \text{3단계}$

**답 풀이 참조**

10 수학적 귀납법

**1098** (ii) $n=k$일 때, ㉠이 성립한다고 가정하면

$$a_k = \boxed{^{(가)}\dfrac{2k-1}{k}}$$

이므로

$$a_{k+1} = \dfrac{4-a_k}{3-a_k} = \dfrac{4-\dfrac{2k-1}{k}}{3-\dfrac{2k-1}{k}}$$

$$= \dfrac{2k+1}{k+1} = \boxed{^{(나)}\dfrac{2(k+1)-1}{k+1}}$$

따라서 $n=k+1$일 때에도 ㉠이 성립한다.

(i), (ii)에서 모든 자연수 $n$에 대하여 ㉠이 성립한다.

즉 $f(k)=\dfrac{2k-1}{k}$, $g(k)=\dfrac{2(k+1)-1}{k+1}$이므로

$$f(3)g(4)=\dfrac{5}{3}\times\dfrac{9}{5}=3 \qquad\qquad \text{답 ②}$$

**1099** (ii) $n=k$ $(k\geq 4)$일 때, ㉠이 성립한다고 가정하면

$$1\times 2\times 3\times \cdots \times k > 2^k$$

양변에 $\boxed{^{(가)}k+1}$을 곱하면

$$1\times 2\times 3\times \cdots \times k\times(\boxed{^{(가)}k+1})$$

$$>2^k\times(\boxed{^{(가)}k+1}) \qquad\qquad \cdots\cdots ㉡$$

이때 $k\geq 4$에서 $k+1>2$이므로

$$2^k\times(\boxed{^{(가)}k+1})>2^k\times 2=\boxed{^{(나)}2^{k+1}} \qquad \cdots\cdots ㉢$$

㉡, ㉢에서

$$1\times 2\times 3\times \cdots \times k\times(\boxed{^{(가)}k+1})>\boxed{^{(나)}2^{k+1}}$$

따라서 $n=k+1$일 때에도 ㉠이 성립한다.

(i), (ii)에서 $n\geq 4$인 모든 자연수 $n$에 대하여 ㉠이 성립한다.

즉 $f(k)=k+1$, $g(k)=2^{k+1}$이므로

$$\dfrac{g(5)}{f(3)}=\dfrac{2^6}{4}=16 \qquad\qquad \text{답 ⑤}$$

**1100** (ii) $n=k$일 때, ㉠이 성립한다고 가정하면

$$\dfrac{1}{k+1}+\dfrac{1}{k+2}+\dfrac{1}{k+3}+\cdots+\dfrac{1}{3k+1}>1$$

양변에 $\dfrac{1}{3k+2}+\dfrac{1}{3k+3}+\dfrac{1}{3k+4}-\boxed{^{(가)}\dfrac{1}{k+1}}$을 더하면

$$\dfrac{1}{k+2}+\dfrac{1}{k+3}+\dfrac{1}{k+4}+\cdots+\dfrac{1}{3k+4}$$

$$>1+\dfrac{1}{3k+2}+\dfrac{1}{3k+3}+\dfrac{1}{3k+4}-\boxed{^{(가)}\dfrac{1}{k+1}} \cdots ㉡$$

이때 $(3k+2)(3k+4)=9k^2+18k+8$,

$(3k+3)^2=9k^2+18k+9$에서

$$(3k+2)(3k+4)<(3k+3)^2$$

이므로

$$\dfrac{1}{3k+2}+\dfrac{1}{3k+4}=\dfrac{6k+6}{(3k+2)(3k+4)}$$

$$>\dfrac{6k+6}{(3k+3)^2}=\boxed{^{(나)}\dfrac{2}{3k+3}}$$

$$\therefore 1+\dfrac{1}{3k+2}+\dfrac{1}{3k+3}+\dfrac{1}{3k+4}-\boxed{^{(가)}\dfrac{1}{k+1}}$$

$$>1+\dfrac{1}{3k+3}+\boxed{^{(나)}\dfrac{2}{3k+3}}-\boxed{^{(가)}\dfrac{1}{k+1}}$$

$$=1 \qquad\qquad\qquad \cdots\cdots ㉢$$

㉡, ㉢에서

$$\dfrac{1}{k+2}+\dfrac{1}{k+3}+\dfrac{1}{k+4}+\cdots+\dfrac{1}{3k+4}>1$$

따라서 $n=k+1$일 때에도 ㉠이 성립한다.

(i), (ii)에서 모든 자연수 $n$에 대하여 ㉠이 성립한다.

즉 $f(k)=\dfrac{1}{k+1}$, $g(k)=\dfrac{2}{3k+3}$이므로

$$f(8)+g(2)=\dfrac{1}{9}+\dfrac{2}{9}=\dfrac{1}{3} \qquad\qquad \text{답 }\dfrac{1}{3}$$

**1101** $n$개의 직선에 1개의 직선을 추가하면 이 직선이 기존의 직선과 각각 한 번씩 만나므로 $n$개의 새로운 교점이 생긴다.

즉 $(n+1)$개의 직선의 교점의 개수는 $n$개의 직선의 교점보다 $n$개 더 많으므로

$$a_{n+1}=a_n+n \qquad\qquad \cdots\cdots ㉠$$

이때 1개의 직선을 그을 때 생기는 교점은 없으므로 $\qquad a_1=0$

㉠의 $n$에 1, 2, 3, $\cdots$, 19를 차례대로 대입하면

$$a_2=a_1+1=1$$
$$a_3=a_2+2=1+2$$
$$a_4=a_3+3=1+2+3$$
$$\vdots$$
$$\therefore a_{20}=1+2+3+\cdots+19$$
$$=\sum_{k=1}^{19}k=\dfrac{19\times 20}{2}=190 \qquad\qquad \text{답 }190$$

**1102** 훈련을 시작하여 $(n+1)$일째 되는 날은 $a_n$ km의 $\dfrac{4}{3}$배보다 2 km 적은 거리를 뛰므로

$$a_{n+1}=\dfrac{4}{3}a_n-2 \ (n=1, 2, 3, \cdots)$$

$$\text{답 }a_{n+1}=\dfrac{4}{3}a_n-2 \ (n=1, 2, 3, \cdots)$$

**1103** $n$회 시행 후 그릇 A에 들어 있는 물의 양이 $a_n$ L이면 그릇 B에 들어 있는 물의 양은 $(3-a_n)$ L이다.

그릇 A에서 50 %의 물을 퍼내어 그릇 B에 부었을 때 그릇 A, B에 들어 있는 물의 양은 각각

$$\dfrac{1}{2}a_n \text{ L}, \ (3-a_n)+\dfrac{1}{2}a_n=3-\dfrac{1}{2}a_n \text{ (L)}$$

다시 그릇 B에서 50 %의 물을 퍼내어 그릇 A에 부었을 때 그릇 A에 들어 있는 물의 양은

$$\frac{1}{2}a_n+\frac{1}{2}\left(3-\frac{1}{2}a_n\right)=\frac{1}{4}a_n+\frac{3}{2} \ (L)$$

즉 $a_{n+1}=\frac{1}{4}a_n+\frac{3}{2}$이므로 $p=\frac{1}{4}, q=\frac{3}{2}$

$$\therefore p+q=\frac{7}{4}$$

답 $\dfrac{7}{4}$

---

**시험에 꼭 나오는 문제**

**1104** $a_n-2a_{n+1}+a_{n+2}=0$에서 $2a_{n+1}=a_n+a_{n+2}$이므로 수열 $\{a_n\}$은 등차수열이다.

이때 첫째항이 4, 공차가 $a_2-a_1=7-4=3$이므로

$$a_n=4+(n-1)\times3=3n+1$$

$$\therefore \sum_{k=1}^{10}a_k=\sum_{k=1}^{10}(3k+1)$$

$$=3\times\frac{10\times11}{2}+1\times10$$

$$=165+10=175$$

답 **175**

**1105** $\dfrac{1}{a_{n+1}}-\dfrac{1}{a_n}=\dfrac{1}{3}$이므로 수열 $\left\{\dfrac{1}{a_n}\right\}$은 공차가 $\dfrac{1}{3}$인 등차수열이다.

이때 첫째항이 $\dfrac{1}{a_1}=1$이므로

$$\frac{1}{a_n}=1+(n-1)\times\frac{1}{3}=\frac{n+2}{3}$$

즉 $a_n=\dfrac{3}{n+2}$이므로

$$a_{13}=\frac{3}{13+2}=\frac{1}{5}$$

답 ②

**1106** $\dfrac{a_{n+2}}{a_{n+1}}=\dfrac{a_{n+1}}{a_n}$이므로 수열 $\{a_n\}$은 등비수열이다.

이때 첫째항이 3, 공비가 $a_2\div a_1=9\div3=3$이므로

$$a_n=3\times3^{n-1}=3^n$$

즉 $a_k=9^{10}$에서 $3^k=9^{10}=3^{20}$

$$\therefore k=20$$

답 **20**

**1107** 이차방정식 $a_nx^2-a_{n+1}x+a_n=0$이 중근을 가지므로 이 이차방정식의 판별식을 $D$라 하면

$$D=(-a_{n+1})^2-4\times a_n\times a_n=0$$

$$\therefore a_{n+1}{}^2=4a_n{}^2$$

그런데 $a_n>0$이므로 $a_{n+1}=2a_n$

즉 수열 $\{a_n\}$은 공비가 2인 등비수열이다.

이때 첫째항이 4이므로

$$a_n=4\times2^{n-1}=2^{n+1}$$

$$\therefore \sum_{k=1}^{6}a_k=\sum_{k=1}^{6}2^{k+1}=\frac{4(2^6-1)}{2-1}=252$$

답 **252**

**1108** $a_{n+1}=a_n+n+1$의 $n$에 1, 2, 3, …을 차례대로 대입하면

$$a_2=a_1+2$$
$$a_3=a_2+3=a_1+2+3$$
$$a_4=a_3+4=a_1+2+3+4$$
$$\vdots$$

$$\therefore a_n=a_1+2+3+4+\cdots+n$$

$$=a_1+\sum_{k=1}^{n-1}(k+1)$$

$$=1+\frac{(n-1)n}{2}+1\times(n-1)$$

$$=\frac{n^2+n}{2}$$

$$\therefore \sum_{k=1}^{15}\frac{1}{a_k}=\sum_{k=1}^{15}\frac{2}{k^2+k}=\sum_{k=1}^{15}\frac{2}{k(k+1)}$$

$$=2\sum_{k=1}^{15}\left(\frac{1}{k}-\frac{1}{k+1}\right)$$

$$=2\left\{\left(1-\frac{1}{2}\right)+\left(\frac{1}{2}-\frac{1}{3}\right)+\cdots+\left(\frac{1}{15}-\frac{1}{16}\right)\right\}$$

$$=2\left(1-\frac{1}{16}\right)$$

$$=\frac{15}{8}$$

답 $\dfrac{15}{8}$

**1109** $a_{n+1}=a_n+2^{n-1}$의 $n$에 1, 2, 3, …을 차례대로 대입하면

$$a_2=a_1+1$$
$$a_3=a_2+2=a_1+1+2$$
$$a_4=a_3+4=a_1+1+2+4$$
$$\vdots$$

$$\therefore a_n=a_1+1+2+4+\cdots+2^{n-2}$$

$$=4+\sum_{k=1}^{n-1}2^{k-1}=4+\frac{1\times(2^{n-1}-1)}{2-1}$$

$$=2^{n-1}+3$$

$a_k=1027$에서 $2^{k-1}+3=1027$

$$2^{k-1}=1024=2^{10}, \quad k-1=10$$

$$\therefore k=11$$

답 **11**

**1110** $a_{n+1}=3^na_n$의 $n$에 1, 2, 3, …, 11을 차례대로 대입하면

$$a_2=3a_1$$
$$a_3=3^2a_2=3^2\times3a_1$$
$$a_4=3^3a_3=3^3\times3^2\times3a_1$$
$$\vdots$$

$$\therefore a_{12}=3^{11}\times3^{10}\times3^9\times\cdots\times3^2\times3a_1$$

$$=3^{1+2+3+\cdots+11}\times1$$

$$=3^{\frac{11\times12}{2}}=3^{66}$$

$$\therefore \log_9 a_{12}=\log_{3^2}3^{66}=33$$

답 **33**

**1111** $\dfrac{a_{n+1}}{a_n}=1-\dfrac{1}{(n+1)^2}$에서

$$a_{n+1}=\left\{1-\dfrac{1}{(n+1)^2}\right\}a_n=\dfrac{n(n+2)}{(n+1)^2}a_n$$

$$=\dfrac{n+2}{n+1}\times\dfrac{n}{n+1}a_n$$

첫째항이 $a$이므로 $n$에 1, 2, 3, $\cdots$, 9를 차례대로 대입하면

$$a_2=\dfrac{3}{2}\times\dfrac{1}{2}a_1=\dfrac{3}{2}\times\dfrac{1}{2}a$$

$$a_3=\dfrac{4}{3}\times\dfrac{2}{3}a_2=\dfrac{4}{3}\times\dfrac{2}{3}\times\dfrac{3}{2}\times\dfrac{1}{2}a$$

$$=\dfrac{4}{3}\times\dfrac{1}{2}a$$

$$a_4=\dfrac{5}{4}\times\dfrac{3}{4}a_3=\dfrac{5}{4}\times\dfrac{3}{4}\times\dfrac{4}{3}\times\dfrac{1}{2}a$$

$$=\dfrac{5}{4}\times\dfrac{1}{2}a$$

$$\vdots$$

$$\therefore a_{10}=\dfrac{11}{10}\times\dfrac{1}{2}a=\dfrac{11}{20}a$$

이때 $a_{10}=11$이므로　$\dfrac{11}{20}a=11$

$$\therefore a=20 \qquad\qquad\qquad 답\ \mathbf{20}$$

**1112** $a_{n+1}=\dfrac{a_n}{4a_n+1}$의 $n$에 1, 2, 3, $\cdots$을 차례대로 대입하면

$$a_2=\dfrac{a_1}{4a_1+1}=\dfrac{1}{4\times1+1}=\dfrac{1}{5}$$

$$a_3=\dfrac{a_2}{4a_2+1}=\dfrac{\dfrac{1}{5}}{4\times\dfrac{1}{5}+1}=\dfrac{1}{9}$$

$$a_4=\dfrac{a_3}{4a_3+1}=\dfrac{\dfrac{1}{9}}{4\times\dfrac{1}{9}+1}=\dfrac{1}{13}$$

$$\vdots$$

$$\therefore a_n=\dfrac{1}{4n-3}$$

따라서 $a_k=\dfrac{1}{41}$에서　$\dfrac{1}{4k-3}=\dfrac{1}{41}$

$$4k-3=41 \quad \therefore k=11 \qquad\qquad 답\ \mathbf{11}$$

**1113** $a_{n+1}=|a_n|-2$에서 $a_n>0$일 때

$$a_{n+1}=a_n-2$$

따라서 $1\le n\le10$일 때 수열 $\{a_n\}$은 첫째항이 20, 공차가 $-2$인 등차수열이므로

$$a_n=20+(n-1)\times(-2)=-2n+22$$

이때 $a_{10}=-2\times10+22=2$이고 $a_{n+1}=|a_n|-2$의 $n$에 10, 11, 12, $\cdots$를 차례대로 대입하면

$$a_{11}=|a_{10}|-2=2-2=0$$

$$a_{12}=|a_{11}|-2=0-2=-2$$

$$a_{13}=|a_{12}|-2=2-2=0$$

$$a_{14}=|a_{13}|-2=0-2=-2$$

$$\vdots$$

따라서 $n\ge11$일 때 수열 $\{a_n\}$은 0, $-2$가 이 순서대로 반복된다.

$$\therefore \sum_{n=1}^{30}a_n=\sum_{n=1}^{10}a_n+\sum_{n=11}^{30}a_n$$

$$=\sum_{n=1}^{10}(-2n+22)+10\times\{0+(-2)\}$$

$$=-2\times\dfrac{10\times11}{2}+22\times10-20$$

$$=-110+220-20=90 \qquad 답\ ②$$

**1114** ②, ③ 조건 ㈎에서 $p(1)$이 참이므로 조건 ㈏에 의하여 $p(4)$가 참이다.

또 $p(4)$가 참이므로 조건 ㈏에 의하여 $p(6)$, $p(7)$이 참이다.

④, ⑤ $p(6)$이 참이므로 조건 ㈏에 의하여 $p(8)$, $p(9)$가 참이다.

따라서 $p(5)$가 참인지는 알 수 없으므로 반드시 참이라고 할 수 없는 명제는 ①이다. 　　　　　　　　　 답\ ①

**1115** (ii) $n=k$일 때, $n^3+2n$이 3의 배수라 가정하면

$$k^3+2k=3m \ (m은 \ 자연수)$$

으로 놓을 수 있다. 이때 $n=k+1$이면

$$(k+1)^3+2(k+1)$$

$$=k^3+3k^2+3k+1+2k+2$$

$$=k^3+2k+3(\boxed{㈎\ k^2+k+1})$$

$$=\boxed{㈏\ 3m}+3(\boxed{㈎\ k^2+k+1})$$

이므로 $n=k+1$일 때에도 $n^3+2n$이 3의 배수이다.

(i), (ii)에서 모든 자연수 $n$에 대하여 $n^3+2n$은 3의 배수이다.

따라서 $f(k)=k^2+k+1$, $g(m)=3m$이므로

$$\dfrac{g(14)}{f(4)}=\dfrac{3\times14}{4^2+4+1}=2 \qquad\qquad 답\ \mathbf{2}$$

**1116** (i) $n=1$일 때,

$$(좌변)=(우변)=\boxed{㈎\ \dfrac{1}{2}}$$

이므로 ㉠이 성립한다.

(ii) $n=k$일 때, ㉠이 성립한다고 가정하면

$$\dfrac{1}{2}+\dfrac{2}{4}+\dfrac{3}{8}+\cdots+\dfrac{k}{2^k}=2-\dfrac{k+2}{2^k}$$

양변에 $\boxed{㈏\ \dfrac{k+1}{2^{k+1}}}$을 더하면

$$\dfrac{1}{2}+\dfrac{2}{4}+\dfrac{3}{8}+\cdots+\dfrac{k}{2^k}+\boxed{㈏\ \dfrac{k+1}{2^{k+1}}}$$

$$=2-\dfrac{k+2}{2^k}+\boxed{㈏\ \dfrac{k+1}{2^{k+1}}}$$

$$=2-\dfrac{2(k+2)-(k+1)}{2^{k+1}}$$

$$=2-\dfrac{k+3}{2^{k+1}}$$

따라서 $n=k+1$일 때에도 ㉠이 성립한다.

(i), (ii)에서 모든 자연수 $n$에 대하여 ㉠이 성립한다.

즉 $a = \frac{1}{2}$, $f(k) = \frac{k+1}{2^{k+1}}$ 이므로

$$f(6a) = f(3) = \frac{4}{2^4} = \frac{1}{4}$$

답 $\frac{1}{4}$

**1117** (ii) $n = k$ $(k \geq 2)$일 때, ㉠이 성립한다고 가정하면

$$1 + \frac{1}{\sqrt{2}} + \frac{1}{\sqrt{3}} + \cdots + \frac{1}{\sqrt{k}} > 2 - \frac{1}{\sqrt{k}}$$

양변에 $\frac{1}{\sqrt{k+1}}$을 더하면

$$1 + \frac{1}{\sqrt{2}} + \frac{1}{\sqrt{3}} + \cdots + \frac{1}{\sqrt{k}} + \frac{1}{\sqrt{k+1}}$$
$$> 2 - \frac{1}{\sqrt{k}} + \frac{1}{\sqrt{k+1}} \quad \cdots\cdots ㉡$$

이때

$$\left(2 - \frac{1}{\sqrt{k}} + \frac{1}{\sqrt{k+1}}\right) - \left(\boxed{\text{(가)} \; 2 - \frac{1}{\sqrt{k+1}}}\right)$$
$$= \frac{2}{\sqrt{k+1}} - \frac{1}{\sqrt{k}}$$
$$= \frac{\boxed{\text{(나)} \; 2\sqrt{k} - \sqrt{k+1}}}{\sqrt{k^2 + k}} > 0$$

이므로

$$2 - \frac{1}{\sqrt{k}} + \frac{1}{\sqrt{k+1}} > \boxed{\text{(가)} \; 2 - \frac{1}{\sqrt{k+1}}} \quad \cdots\cdots ㉢$$

㉡, ㉢에서

$$1 + \frac{1}{\sqrt{2}} + \frac{1}{\sqrt{3}} + \cdots + \frac{1}{\sqrt{k+1}} > \boxed{\text{(가)} \; 2 - \frac{1}{\sqrt{k+1}}}$$

따라서 $n = k+1$일 때에도 ㉠이 성립한다.

(i), (ii)에서 $n \geq 2$인 모든 자연수 $n$에 대하여 ㉠이 성립한다.

답 ④

참고 모든 자연수 $k$에 대하여 $4k > k+1$이므로 $\sqrt{4k} > \sqrt{k+1}$, 즉 $2\sqrt{k} - \sqrt{k+1} > 0$이다.

**1118** 주어진 그림에서

$a_1 = 4$
$a_2 = a_1 + 6$
$a_3 = a_2 + 8$
$a_4 = a_3 + 10$
$\vdots$
$\therefore a_{n+1} = a_n + 2(n+2)$
$\qquad = a_n + 2n + 4$ $(n = 1, 2, 3, \cdots)$

답 $a_{n+1} = a_n + 2n + 4$ $(n = 1, 2, 3, \cdots)$

**1119** $\overline{P_n P_{n+1}} = a_n$이라 하면 규칙 (가), (나)에서

$a_1 = 1$, $a_n = \frac{n-1}{n+1} a_{n-1}$ $(n = 2, 3, 4, \cdots)$

$a_n = \frac{n-1}{n+1} a_{n-1}$의 $n$에 2, 3, 4, $\cdots$를 차례대로 대입하면

$$a_2 = \frac{1}{3} a_1$$
$$a_3 = \frac{2}{4} a_2 = \frac{2}{4} \times \frac{1}{3} a_1$$

$$a_4 = \frac{3}{5} a_3 = \frac{3}{5} \times \frac{2}{4} \times \frac{1}{3} a_1$$
$$\vdots$$
$$\therefore a_n = \frac{n-1}{n+1} a_{n-1}$$
$$= \frac{n-1}{n+1} \times \frac{n-2}{n} \times \cdots \times \frac{3}{5} \times \frac{2}{4} \times \frac{1}{3} a_1$$
$$= \frac{2 \times 1}{n(n+1)} \times 1 = \frac{2}{n(n+1)}$$

따라서 $S_n = \frac{1}{2} \times \frac{2}{n(n+1)} \times 1 = \frac{1}{n(n+1)}$이므로

$$\sum_{n=1}^{10} S_n = \sum_{n=1}^{10} \frac{1}{n(n+1)} = \sum_{n=1}^{10} \left(\frac{1}{n} - \frac{1}{n+1}\right)$$
$$= \left(1 - \frac{1}{2}\right) + \left(\frac{1}{2} - \frac{1}{3}\right) + \cdots + \left(\frac{1}{10} - \frac{1}{11}\right)$$
$$= 1 - \frac{1}{11} = \frac{10}{11}$$

즉 $p = 11$, $q = 10$이므로

$$p + q = 21$$

답 **21**

**1120** $a_{n+1} = a_n + 3$에서 수열 $\{a_n\}$은 공차가 3인 등차수열이다.

이때 첫째항이 $-100$이므로

$$a_n = -100 + (n-1) \times 3 = 3n - 103 \qquad \cdots \text{1단계}$$

$a_n > 0$에서 $3n - 103 > 0$

$$\therefore n > \frac{103}{3} = 34.\times\times\times$$

따라서 수열 $\{a_n\}$은 제35항부터 양수이므로 첫째항부터 제34항까지의 합이 최소이다. $\qquad \cdots \text{2단계}$

이때 $a_{34} = 3 \times 34 - 103 = -1$이므로 구하는 최솟값은

$$S_{34} = \frac{34 \times \{-100 + (-1)\}}{2} = -1717 \qquad \cdots \text{3단계}$$

답 **$-1717$**

| 채점 요소 | 비율 |
|---|---|
| 1단계 $a_n$ 구하기 | 30 % |
| 2단계 $S_n$의 값이 최소일 때의 $n$의 값 구하기 | 30 % |
| 3단계 $S_n$의 최솟값 구하기 | 40 % |

**1121** $a_{n+1} = -2a_n$이므로 수열 $\{a_n\}$은 공비가 $-2$인 등비수열이다.

이때 첫째항이 3이므로

$$a_n = 3 \times (-2)^{n-1} \qquad \cdots \text{1단계}$$

$3 \times (-2)^{n-1} > 300$에서 $(-2)^{n-1} > 100$

따라서 $(-2)^6 = 64$, $(-2)^7 = -128$, $(-2)^8 = 256$이므로 자연수 $n$의 최솟값은 9이다. $\qquad \cdots \text{2단계}$

답 **9**

| 채점 요소 | 비율 |
|---|---|
| 1단계 $a_n$ 구하기 | 50 % |
| 2단계 $a_n > 300$을 만족시키는 자연수 $n$의 최솟값 구하기 | 50 % |

**1122** $S_n = n^2 a_n$에서

$$S_{n+1} = (n+1)^2 a_{n+1}$$

한편 $a_{n+1} = S_{n+1} - S_n \ (n=1, 2, 3, \cdots)$이므로

$$a_{n+1} = (n+1)^2 a_{n+1} - n^2 a_n$$
$$(n^2 + 2n)a_{n+1} = n^2 a_n$$
$$\therefore a_{n+1} = \frac{n}{n+2} a_n \qquad \cdots \text{1단계}$$

$n$에 $1, 2, 3, \cdots, 9$를 차례대로 대입하면

$$a_2 = \frac{1}{3} a_1$$
$$a_3 = \frac{2}{4} a_2 = \frac{2}{4} \times \frac{1}{3} a_1$$
$$a_4 = \frac{3}{5} a_3 = \frac{3}{5} \times \frac{2}{4} \times \frac{1}{3} a_1$$
$$\vdots$$
$$\therefore a_{10} = \frac{9}{11} a_9 = \frac{9}{11} \times \frac{8}{10} \times \cdots \times \frac{3}{5} \times \frac{2}{4} \times \frac{1}{3} a_1$$
$$= \frac{2 \times 1}{11 \times 10} a_1 = \frac{1}{55} a_1$$
$$= \frac{1}{55} \times 1 = \frac{1}{55} \qquad \cdots \text{2단계}$$

답 $\dfrac{1}{55}$

| 채점 요소 | 비율 |
|---|---|
| **1단계** $a_n$과 $a_{n+1}$ 사이의 관계식 구하기 | 50 % |
| **2단계** $a_{10}$의 값 구하기 | 50 % |

**1123** $3+7+11+\cdots+(4n-1) = 2n^2+n$ $\quad\cdots\cdots$ ㉠

(i) $n=1$일 때

$$(좌변) = 4 \times 1 - 1 = 3, \ (우변) = 2 \times 1^2 + 1 = 3$$

따라서 ㉠이 성립한다. $\qquad \cdots \text{1단계}$

(ii) $n=k$일 때, ㉠이 성립한다고 가정하면

$$3+7+11+\cdots+(4k-1) = 2k^2+k$$

양변에 $4k+3$을 더하면

$$3+7+11+\cdots+(4k-1)+(4k+3)$$
$$= 2k^2+k+4k+3$$
$$= 2(k^2+2k+1)+k+1$$
$$= 2(k+1)^2 + (k+1)$$

따라서 $n=k+1$일 때에도 ㉠이 성립한다. $\qquad \cdots \text{2단계}$

(i), (ii)에서 모든 자연수 $n$에 대하여 ㉠이 성립한다. $\qquad \cdots \text{3단계}$

답 **풀이 참조**

| 채점 요소 | 비율 |
|---|---|
| **1단계** $n=1$일 때 주어진 등식이 성립함을 보이기 | 30 % |
| **2단계** $n=k$일 때 주어진 등식이 성립한다고 가정하면 $n=k+1$일 때에도 주어진 등식이 성립함을 보이기 | 60 % |
| **3단계** 모든 자연수 $n$에 대하여 주어진 등식이 성립함을 보이기 | 10 % |

**1124** 전략 주어진 조건을 이용하여 $\displaystyle\sum_{k=1}^{48} a_k$를 $a_1+a_2+a_3+a_4$에 대한 식으로 나타낸다.

조건 (가), (나)에 의하여

$$a_2 = a_1 + 3 = 2 + 3 = 5,$$
$$a_3 = a_2 + 3 = 5 + 3 = 8,$$
$$a_4 = a_3 + 3 = 8 + 3 = 11$$

조건 (다)에 의하여

$$a_5+a_6+a_7+a_8 = 3(a_1+a_2+a_3+a_4)$$
$$a_9+a_{10}+a_{11}+a_{12} = 3(a_5+a_6+a_7+a_8)$$
$$= 3^2(a_1+a_2+a_3+a_4)$$
$$a_{13}+a_{14}+a_{15}+a_{16} = 3(a_9+a_{10}+a_{11}+a_{12})$$
$$= 3^3(a_1+a_2+a_3+a_4)$$
$$\vdots$$
$$a_{45}+a_{46}+a_{47}+a_{48} = 3(a_{41}+a_{42}+a_{43}+a_{44})$$
$$= 3^{11}(a_1+a_2+a_3+a_4)$$
$$\therefore \sum_{k=1}^{48} a_k = (a_1+a_2+a_3+a_4)(1+3+3^2+\cdots+3^{11})$$
$$= (2+5+8+11) \times \frac{1 \times (3^{12}-1)}{3-1}$$
$$= 26 \times \frac{3^{12}-1}{2}$$
$$= 13(3^{12}-1)$$

답 ③

**1125** 전략 $a_n > n$인 경우와 $a_n \le n$인 경우로 나누어 $a_4, a_3, a_2, a_1$의 값을 차례대로 구해 본다.

주어진 조건을 이용하여 $a_4, a_3, a_2, a_1$의 값을 차례대로 구하면 다음과 같다.

(i) $a_4 > 4$이면 $a_5 = a_4$이므로 $\quad a_4 = 5$

$a_4 \le 4$이면 $a_5 = 3 \times 4 - 2 - a_4$이므로

$$5 = 10 - a_4 \quad \therefore a_4 = 5$$

그런데 $a_4 \le 4$를 만족시키지 않는다.

(ii) $a_3 > 3$이면 $a_4 = a_3$이므로 $\quad a_3 = 5$

$a_3 \le 3$이면 $a_4 = 3 \times 3 - 2 - a_3$이므로

$$5 = 7 - a_3 \quad \therefore a_3 = 2$$

(iii) ⓐ $a_3 = 5$인 경우

$a_2 > 2$이면 $a_3 = a_2$이므로 $\quad a_2 = 5$

$a_2 \le 2$이면 $a_3 = 3 \times 2 - 2 - a_2$이므로

$$5 = 4 - a_2 \quad \therefore a_2 = -1$$

ⓑ $a_3 = 2$인 경우

$a_2 > 2$이면 $a_3 = a_2$이므로 $\quad a_2 = 2$

그런데 $a_2 > 2$를 만족시키지 않는다.

$a_2 \le 2$이면 $a_3 = 3 \times 2 - 2 - a_2$이므로

$$2 = 4 - a_2 \quad \therefore a_2 = 2$$

ⓐ, ⓑ에서

$$a_2 = 5 \ 또는 \ a_2 = -1 \ 또는 \ a_2 = 2$$

(iv) ⓐ $a_2 = 5$인 경우

$a_1 > 1$이면 $a_2 = a_1$이므로 $\quad a_1 = 5$

$a_1 \le 1$이면 $a_2 = 3 \times 1 - 2 - a_1$이므로

$$5 = 1 - a_1 \quad \therefore a_1 = -4$$

ⓑ $a_2=-1$인 경우

$a_1>1$이면 $a_2=a_1$이므로 $a_1=-1$

그런데 $a_1>1$을 만족시키지 않는다.

$a_1 \leq 1$이면 $a_2=3 \times 1-2-a_1$이므로

$-1=1-a_1$ ∴ $a_1=2$

그런데 $a_1 \leq 1$을 만족시키지 않는다.

ⓒ $a_2=2$인 경우

$a_1>1$이면 $a_2=a_1$이므로 $a_1=2$

$a_1 \leq 1$이면 $a_2=3 \times 1-2-a_1$이므로

$2=1-a_1$ ∴ $a_1=-1$

ⓐ, ⓑ, ⓒ에서

$a_1=5$ 또는 $a_1=-4$ 또는 $a_1=2$ 또는 $a_1=-1$

이상에서 모든 $a_1$의 값의 곱은

$5 \times (-4) \times 2 \times (-1)=40$

답 ③

**1126** 전략 $P_n(x_n)$이라 하고 $x_n$, $x_{n+1}$, $x_{n+2}$ 사이의 관계식을 구한다.

$P_n(x_n)$이라 하면

$$x_{n+2}=\frac{2x_{n+1}+3x_n}{2+3}=\frac{3}{5}x_n+\frac{2}{5}x_{n+1}$$

$n$에 1, 2, 3을 차례대로 대입하면

$$x_3=\frac{3}{5}x_1+\frac{2}{5}x_2=\frac{3}{5} \times 0+\frac{2}{5} \times 8$$

$$=\frac{16}{5}$$

$$x_4=\frac{3}{5}x_2+\frac{2}{5}x_3=\frac{3}{5} \times 8+\frac{2}{5} \times \frac{16}{5}$$

$$=\frac{152}{25}$$

$$x_5=\frac{3}{5}x_3+\frac{2}{5}x_4=\frac{3}{5} \times \frac{16}{5}+\frac{2}{5} \times \frac{152}{25}$$

$$=\frac{544}{125}$$

따라서 점 $P_5$의 좌표는 $\frac{544}{125}$이다.

답 $\frac{544}{125}$

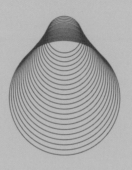

개념원리 RPM 대수